U0829806

职业教育双语教材

燃气输配

党天伟　王新华　单元太　主编

天津大学出版社
TIANJIN UNIVERSITY PRESS

图书在版编目（CIP）数据

燃气输配 ：汉文、俄文 / 党天伟，王新华，单元太主编. -- 天津 ：天津大学出版社，2024. 10. --（职业教育双语教材）. -- ISBN 978-7-5618-7848-4

Ⅰ. TU996.6

中国国家版本馆CIP数据核字第2024BP0260号

RANQI SHUPEI

策划编辑 陈柄岐
责任编辑 陈柄岐
封面设计 谷英卉

出版发行 天津大学出版社
地　　址 天津市卫津路92号天津大学内（邮编：300072）
电　　话 发行部：022-27403647
网　　址 www.tjupress.com.cn
印　　刷 廊坊市海涛印刷有限公司
经　　销 全国各地新华书店
开　　本 787mm×1092mm　1/16
印　　张 36.75
字　　数 905千
版　　次 2024年10月第1版
印　　次 2024年10月第1次
定　　价 120.00元

编委会

主　审： 李清彬

主　编： 党天伟　王新华　单元太

副主编： 魏旭春　高玉丽　刘　杰　王　杰

参　编： 王　成

Т. Р. Холмуратов

П. С. Хужаев

Р. Г. Абдуллаев

前言

塔吉克斯坦鲁班工坊由天津城市建设管理职业技术学院与塔吉克斯坦技术大学共同建设，旨在加强中国与塔吉克斯坦在应用技术及职业教育领域的合作，分享中国职业教育优质资源。

本教材立足于塔吉克斯坦鲁班工坊教学与培训发展的需求，以培养城市燃气工程技术专业高质量技术技能人才为目标，将我国先进的燃气输配技术与世界分享，搭建起天津职业教育与世界沟通的桥梁。

本教材按照项目驱动模式和以实际工作任务为导向的职业教育理念开发建设，突出职业教育的特点和实践性教育环节，重视理论和实践相结合，体现理实一体化、模块化教学，并配有信息化教学资源，通过手机扫描书中二维码即可查看。

本教材融入燃气安全事故典型实例等内容，对接城市燃气工程技术和供热供燃气通风与空调工程专业岗位能力需求，包含9个教学项目、28个典型工作任务，并配套19个视频资源。根据学生的认知规律，每个任务由任务导入、任务准备、任务实施、技能训练、思考与练习等部分组成。项目一、项目三由党天伟、王新华编写，项目二由党天伟、单元太编写，项目四由王新华编写，项目五由王杰编写，项目六由高玉丽编写，项目七由单元太编写，项目八由刘杰编写，项目九由魏旭春编写。塔吉克斯坦技术大学供热供燃气通风教研室 Т. Р. Холмуратов、П. С. Хужаев、Р. Т. Абдуллаев 参与了教材的编写。津燃华润燃气有限公司柴伟、宋金祥、张建峰提供了相关的技术支持。全书由党天伟、王新华、单元太负责策划并统稿。吴海月参与了翻译的校核工作。

本教材采用中俄两种语言编写，适合中文和俄文语言环境国家的各类院校教学、职业技能培训使用，还可作为城镇燃气输配工程、油气储运工程等相关专业以及燃气生产、燃气输配等工程技术人员的参考用书。

编者在编写本教材过程中得到了天津能源投资集团有限公司、津燃华润燃气有限公司、天津市燃气热力规划设计研究院有限公司和华德智慧能源管理（天津）有限公司的帮助和支持，也参阅了相关文献资料，在此一并表示衷心感谢。

由于编者水平有限，书中难免有一些错误和不足之处，恳请广大读者批评指正。

编者

2024年10月

数字资源列表

页码	名称	二维码	页码	名称	二维码
2	能源概念与分类		114	工业企业燃气管网系统	
2	燃气的基础知识		128	居民用户燃气管网系统	
2	城镇燃气的分类		128	燃气壁挂炉	
25	天然气加臭		136	燃气管道知识简介	
32	城镇燃气用气工况		136	燃气管材及连接方式	
37	城镇燃气输配系统储气调峰		138	镀锌钢管的螺纹连接	
41	城镇燃气需用量		141	燃气管道的腐蚀与防腐	
79	燃气调压器		149	燃气管道的附属设备	
88	城镇燃气管网系统及其选择		182	压缩天然气加气站	
102	城镇燃气管道的布线				

目录

项目一

城镇燃气的基础知识

【项目描述】

城镇燃气是从城市、乡镇或居民点中的地区性气源点，通过输配系统供给城镇居民生活、商业、工业企业生产、采暖通风和空气调节以及燃气汽车等各类用户公用性质的，且符合国家规范燃气质量要求的气体燃料，其是现代城镇必不可少的重要基础设施。随着我国国民经济的快速发展，21 世纪以来，我国天然气开发利用取得了长足发展，并进入快速发展期。天然气作为清洁、高效的低碳化石能源，在实现“碳达峰、碳中和”的进程中，依然会在我国城镇燃气范围和能源结构中占有主要地位。本项目主要围绕城镇燃气的分类、主要性质、质量要求等方面进行介绍，使学生对城镇燃气有初步的认识与了解，为之后燃气输配相关知识的学习打下基础。

【项目目标】

能源概念与分类

- 城镇燃气的基础知识
  - 素质目标
    1. 培养学生知识获取和应用的自主学习能力
    2. 培养学生科学思维和判断分析问题的能力
    3. 培养学生探索实践的创新能力
    4. 培养学生动手操作的能力
  - 知识目标
    1. 了解城镇燃气的分类
    2. 掌握城镇燃气的主要性质
    3. 掌握城镇燃气的质量要求
    4. 掌握城镇燃气的加臭技术
  - 技能目标
    1. 能够区分各类城镇燃气的特点和用途
    2. 能够掌握城镇燃气的主要性质
    3. 能够分析各类城镇燃气的质量要求
    4. 能够分析各类加臭技术的工艺流程

燃气的基础知识

任务一 城镇燃气的分类

城镇燃气的分类

燃气是气体燃料的总称，其燃烧可以放出热量。城镇燃气是从城市、乡镇或居民点中的地区性气源点，通过输配系统供给城镇居民生活、商业、工业企业生产、采暖通风和空气调节以及燃气汽车等各类用户公用性质的，且符合国家规范燃气质量要求的气体燃料，其是现代城镇必不可少的重要基础设施，也是提升城镇竞争力的重要指标。城镇燃气是优质的可燃气体，它对保护环境、减少污染，方便人们生活、提升人民生活质量，促进生产、繁荣经济等发挥着重大作用。

【任务准备】

城镇燃气是指由气源点通过城镇或居住区的燃气输配和供应系统，供给城镇或居民区，用于生产、生活等用途，且符合国家规范燃气质量要求的气体燃料。

城镇燃气是由多种气体组成的混合气体，主要由可燃气体和不可燃气体组成。其中，可燃气体的主要组分有碳氢化合物、氢气和一氧化碳等，不可燃气体有二氧化碳、氮气等。在这些可燃气体和不可燃气体及其燃烧产物中，有一些会污染环境、具有一定的毒性成分，如硫化物、氮氧化物、氨气、一氧化碳、二氧化碳等。另外，气体燃料具有的流动性使其极易与空气混合形成有爆炸危险的混合气体，因此城镇燃气是一种易燃、易爆的气体燃料。

城镇燃气的种类很多，主要有天然气、人工燃气、液化石油气、生物气等。

1. 天然气

随着全球经济的发展以及环境保护意识的不断加强，人们越来越重视使用清洁、环保、经济、高效的能源。天然气是指通过生物化学作用及地质变质作用，在不同地质条件下生成、运移，在一定压力下储集的可燃气体。天然气已成为 21 世纪城市燃气的重要组成部分。天然气主要是以甲烷为主的低分子量烷烃类混合物。天然气无色、无味、无毒，属于清洁能源。

1）天然气的分类

天然气有多种分类方式，按照勘探、开采技术可分为常规天然气和非常规天然气两大类。

Ⅰ. 常规天然气

常规天然气按照矿藏特点可分为气田气、石油伴生气和凝析气田气等。

（1）气田气是指从气井中开采出来的天然气，也称纯天然气。气田气组分以甲烷为主（一般甲烷含量在 98% 左右），主要产于我国的四川、华北及陕北地区。在标准状态（即在 T=273.15 K，P=101 325 Pa 时气体的状态）下，气田气热值在 36 MJ/Nm^3 左右，密度为 0.74 kg/Nm^3，相对密度（即比重）为 0.58，爆炸极限在 5%~15%，属于不易形成爆炸气体。

（2）石油伴生气是指与石油共生的、伴随石油一起开采出来的天然气。石油伴生气的主要成分是甲烷、乙烷、丙烷和丁烷，还有少量的戊烷和重烃，其中甲烷含量在 80% 左右，乙烷、丙烷、丁烷等含量约为 15%，主要产于我国的沈阳、鞍山等地区。在标准状态下，石油伴生气热值在 45 MJ/Nm^3 左右，密度为 1.04 kg/Nm^3，相对密度为 0.8，爆炸极限在 4%~14%。

（3）凝析气田气是指从深层气田开采的含石油轻质馏分的天然气。凝析气田气除含有大量甲烷外，还含有 2%~5% 的戊烷及戊烷以上的碳氢化合物。

Ⅱ. 非常规天然气

非常规天然气是指由于目前技术经济条件的限制尚未投入工业开采的天然气资源，包括煤层气、页岩气、天然气水合物、水溶气、浅层生物气及致密砂岩气等。我国非常规天然气资源丰富，在未来具有巨大的应用前景。

（1）煤层气又称煤层甲烷气，是煤层形成过程中经过生物化学和变质作用，以吸附或游离状态存在于煤层及固岩中的自储式天然气。煤层气的成分以甲烷为主，含有少量的二氧化碳、氮、氢以及烃类化合物。煤层气的开发利用可以防范煤矿瓦斯事故、有效减排温室气体，其可作为一种高效、清洁的城镇燃气气源。我国鼓励煤层气的开发利用，目前煤层气已经像常规天然气一样得到开采利用，初步形成产业化发展模式。

（2）页岩气是以吸附或游离状态存在于暗色泥页岩或高碳泥页岩中的天然气。页岩气储层的渗透率低，使页岩气的开采难度较大。美国是世界上页岩气勘探开发利用技术较成熟的国家，已经实现页岩气的商业开发。我国页岩气资源广泛分布于海相、陆相盆地，资源丰富。

（3）天然气水合物是天然气与水在高压低温条件下形成的类冰状固态化合物。形成天然气水合物的主要气体为甲烷，在标准状态下，1 单位体积的甲烷水合物最多可结合 164 单位体积的甲烷。由于天然气水合物外观像冰，而且遇火即可燃烧，所以又被称作“可燃冰”。天然气水合物资源丰富，全球分布广泛，具有极高的资源价值，因而成为油气工业界长期研究的热点。在天然气水合物的开采过程中，最大限度地减少对环境和气候的影响等技术难题是目前需要解决的问题。

2）天然气的优点

（1）清洁：天然气是当今最清洁的可用矿物燃料之一，几乎不含硫及其他杂质。天然气燃烧时，主要产生二氧化碳及水蒸气，几乎不释放二氧化硫或小微粒物质，所释放的有害物质也比其他矿物燃料（如煤及原油）要少得多。

（2）经济：就相对热值而言，天然气价格比其他大多数燃料便宜。例如，天然气比煤气便宜 34%~88%，比液化石油气便宜 38%~52%，比电力便宜 63%~80%。

（3）安全：天然气爆炸极限在 5%~15%，范围很小，不易形成爆炸气体；天然气不含一氧化碳或其他有毒气体，纵使吸入少量天然气也不致危害人体健康，这一点比人工燃气安全；天然气以管道输送至最终用户，避免使用罐装液化石油气时高压储存带来的危险；天然气比空气轻，万一发生泄漏会迅速扩散而不容易聚集形成爆炸。

（4）高效能：天然气纯净、燃烧充分、燃烧效率高，因此天然气燃烧时较相同热值的大部分其他矿物燃料释放出的热量更高。

（5）方便：由于天然气采用管道输送工艺，故无须像其他燃料（如煤、罐装液化石油气）一样需要搬运。此外，天然气燃烧设备比煤或其他矿物燃料的燃烧设备简单、容易操作及方便保养，而且使用天然气后无须弃置固体废料或烟灰。

2. 人工燃气

20 世纪 50 年代，我国城镇燃气供应系统的气源基本是人工燃气。作为居民生活、工业企业生产和商业用气的人工燃气主要是指以煤或油为原料，经制气及净化处理后，通过城镇燃气管网为用户提供的气体燃料。

根据煤和油的原料组分、原料性质以及制气的加工方式，人工煤气一般可分为四种：固体燃料干馏煤气、固体燃料汽化煤气、油制气和高炉煤气。

（1）固体燃料干馏煤气是利用焦炉、连续式直立炭化炉和立箱炉等对煤进行干馏所获得的煤气，这是最早开始使用的城市燃气气源，也是我国 20 世纪城镇燃气的重要气源之一。其在标准状态下的热值在 16.7 MJ/Nm^3 左右，密度约为 0.5 kg/Nm^3，相对密度为 0.4，爆炸极限一般在 4.5%~36%，属于容易形成爆炸的气体。

（2）固体燃料汽化煤气即一般所说的水煤气、发生炉煤气，其热值低（在 5.4~10.5 MJ/Nm^3），毒性大（即一氧化碳含量高），一般不作为城镇燃气的气源，主要用于工业和工业区的居民用户。

（3）油制气是利用重油裂解制取的燃气。重油裂解可分为热裂解和催化裂解两种方法，热裂解就是用加热方法让重油裂解产生可燃气体，而催化裂解就是用催化剂让重油裂解产生燃气。热裂解的热值在 41.9 MJ/Nm^3 左右，催化裂解的热值在 20 MJ/Nm^3 左右。重油裂解制取燃气具有设备简单、投资省、占地少、建设速度快、管理人员少、启停炉灵活等优点，缺点是原材料紧张、价格较贵，因为重油也是重要的化工原材料。曾经很多城市将油制气作为城镇燃气的调峰气源。

（4）高炉煤气是炼铁时的副产品，其热值低（在 4 MJ/Nm^3 左右），毒性大，主要用在工业上。

3. 液化石油气

液化石油气是在开采和炼制石油的过程中，作为副产品而获得的一部分碳氢化合物。液化石油气的产量通常占石油催化裂化处理量的 7%~8%，其主要特点是常温常压下呈气态，当温度降低或压力升高时很容易转变为液态，其从气态转变为液态时体积约缩小为气态时的 1/250。液化石油气运输、储存和供应方便，且热值高，可完全燃烧，其是目前城镇燃气重要的辅助气源之一，具有投资省、建设快、供应灵活等优点。在标准状态下，液化石油气热值约为 108 MJ/Nm^3，密度为 2.36 kg/Nm^3，相对密度为 1.8，爆炸极限在 2%~10%，属于不易形成爆炸的气体。

4. 生物气

各种有机物质（如蛋白质、纤维素、脂肪、淀粉等）在隔绝空气的条件下发酵，在微生物的作用下产生的可燃气体称为生物气（沼气）。发酵的原料来源广泛，农作物的秸秆、人畜粪便、垃圾、杂草和落叶等有机物质都可以作为制取生物气的原料，因此生物气属于可再生能源。生物气的组分中甲烷的含量约为 60%，二氧化碳约为 35%，此外还含有少量的氢气和一氧化碳等气体。生物气主要用于农村清洁能源的发展，其热值在 20.9 MJ/Nm^3 左右。

各种燃气的主要组分及低发热值见表 1-1-1。

表 1-1-1 各种燃气的主要组分及低发热值

序号	燃气类别	组分（体积 %）									低发热值（kJ/Nm³）
		CH_4	C_3H_8	C_4H_{10}	C_mH_n	CO	H_2	CO_2	O_2	N_2	
一	天然气										
1	纯天然气	98	0.3	0.3	0.4					1.0	36 220
2	石油伴生气	81.7	6.2	4.86	4.94			0.3	0.2	1.8	45 470
3	凝析气田气	74.3	6.75	1.87	14.91			1.62		0.55	48 360
4	矿井气	52.4						4.6	7.0	36.0	18 840
二	人工燃气										
(一)	固体燃料干馏煤气										
1	焦炉煤气	27			2	6	56	3	1	5	18 250
2	连续式直立炭化炉煤气	18			1.7	17	56	5	0.3	2	16 160
3	立箱炉煤气	25				9.5	55	6	0.5	4	16 120
(二)	固体燃料汽化煤气										
1	压力汽化煤气	18			0.7	18	56	3	0.3	4	15 410
2	水煤气	1.2				34.4	52	8.2	0.2	4.0	10 380
3	发生炉煤气	1.8		0.4		30.4	8.4	2.4	0.2	56.4	5 900
(三)	油制气										
1	重油蓄热热裂解气	28.5			32.17	2.68	31.51	2.13	0.62	2.39	42 160
2	重油蓄热催化裂解气	16.6			5	17.2	46.5	7	1	6.7	17 540
(四)	高炉煤气	0.3				28.0	2.7	10.5		58.5	3 940
三	液化石油气（概略值）		50	50							108 440
四	生物气（沼气）	60				少量	少量	35	少量		21 770

【任务实施】

根据项目任务书和项目任务完成报告进行任务实施，见表 1-1-2 和 1-1-3。

表 1-1-2　项目任务书

任务名称	城镇燃气的分类		
小组成员			
指导教师		计划用时	
实施时间		实施地点	
任务内容与目标			
1. 了解城镇燃气的分类； 2. 掌握各类城镇燃气的组成； 3. 掌握天然气的分类。			
考核项目	1. 城镇燃气的分类； 2. 各类城镇燃气的组成； 3. 天然气的分类。		
备注			

表 1-1-3　项目任务完成报告

任务名称	城镇燃气的分类		
小组成员			
具体分工			
计划用时		实际用时	
备注			
1. 简述什么是城镇燃气以及其组成。 2. 简要说明城镇燃气有哪些分类。 3. 简要说明天然气的分类有哪些以及各有什么特点。 4. 分析各类城镇燃气的主要组成成分。			

【任务评价】

根据项目任务综合评价表进行任务评价，见表 1-1-4。

表 1-1-4　项目任务综合评价表

任务名称：　　　　　　　　　　　　　　　　　　　测评时间：　　年　　月　　日

考核明细		标准分	实训得分								
			小组成员								
			小组自评	小组互评	教师评价	小组自评	小组互评	教师评价	小组自评	小组互评	教师评价
团队（60分）	小组成员是否能在总体上把握学习目标与进度	10									
	小组成员是否分工明确	10									
	小组成员是否有合作意识	10									
	小组成员是否有创新想（做）法	10									
	小组成员是否如实填写项目任务完成报告	10									
	小组成员是否存在问题和具有解决问题的方案	10									
个人（40分）	个人是否服从团队安排	10									
	个人是否完成团队分配任务	10									
	个人是否能与团队成员及时沟通和交流	10									
	个人是否能够认真描述困难、错误和修改的地方	10									
合计		100									

【知识巩固】

1. 城镇燃气的种类很多，主要有______、人工燃气、_______、生物气等。

2. 城镇燃气是由多种气体组成的混合气体，主要是由_______和_________组成。可燃气体的主要组分有_______、_______和一氧化碳等。

3. 天然气的主要成分是________。

任务二　城镇燃气的主要性质

【任务准备】

燃气是由多种气体组成的混合气体，它主要由低级烃（甲烷、乙烷、丙烷、丁烷、乙烯、丙烯、丁烯等）、氢气和一氧化碳等可燃组分，二氧化碳、氮气和氧气等不可燃组分，以及氨气、硫化物、氰化物、水蒸气、焦油、萘和灰尘等杂质所组成。燃气组成中常见的低级烃和某些单一气体的基本性质分别列于表 1-2-1 和表 1-2-2。

1. 混合气体及混合液体的平均分子量、平均密度和相对密度

1）平均分子量（平均摩尔质量）

混合气体和混合液体的平均分子量分别按式（1-2-1）和式（1-2-2）计算。

$$M=\sum y_iM_i=y_1M_1+y_2M_2+\cdots+y_nM_n \tag{1-2-1}$$

式中　M——混合气体的平均分子量（kg/kmol）；

y_1，y_2，…，y_n——混合气体中各组分的摩尔分数（气体的摩尔分数与体积分数数值相等）；

M_1，M_2，…，M_n——混合气体中各组分的分子量（kg/kmol）。

$$M=\sum x_iM_i=x_1M_1+x_2M_2+\cdots+x_nM_n \tag{1-2-2}$$

式中　M——混合液体的平均分子量（kg/kmol）；

x_1，x_2，…，x_n——混合液体中各组分的摩尔分数；

M_1，M_2，…，M_n——混合液体中各组分的分子量（kg/kmol）。

2）平均密度和相对密度

混合气体的平均密度和相对密度分别按式（1-2-3）和式（1-2-4）计算：

$$\rho=\frac{m}{V}=\frac{M}{V_{\mathrm{M}}} \tag{1-2-3}$$

$$S=\frac{\rho_0}{1.293}=\frac{M}{1.293V_{0,\mathrm{M}}} \tag{1-2-4}$$

式中　ρ——混合气体的平均密度（kg/Nm³）；

m——混合气体的质量（kg）；

V——混合气体的体积（m³）；

表 1-2-1　常见低级烃的基本性质（273.15 K、101.325 kPa）

气体		甲烷	乙烷	乙烯	丙烷	丙烯	正丁烷	异丁烷	正戊烷
分子式		CH_4	C_2H_6	C_2H_4	C_3H_8	C_3H_6	C_4H_{10}	C_4H_{10}	C_5H_{12}
分子量 M（kg/kmol）		16.043 0	30.070 0	28. 0540	44.097 0	42.081 0	58.124 0	58.124 0	72.151 0
摩尔体积 V_M（Nm^3/kmol）		22.362 1	22.187 2	22.256 7	21.936 0	21.990 0	21.503 6	21.597 7	20.891 0
密度 ρ（kg/Nm^3）		0.717 4	1.355 3	1.260 5	2.010 2	1.913 6	2.703 0	2.691 2	3.453 7
气体常数 R［kJ/（kg·K）］		517.1	273.7	284.3	184.5	193.8	137.2	137.8	107.3
临界参数	临界温度 T_c（K）	191.05	305.45	282.95	368.85	364.75	425.95	407.15	470.35
	临界压力 P_c（MPa）	4.640 7	4.883 9	5.339 8	4.397 5	4.762 3	3.617 3	3.657 8	3.343 7
	临界密度 ρ_c（kg/Nm^3）	162	210	220	226	232	225	221	232
发热值	高发热值 H_h（MJ/Nm^3）	39.842	70.351	63.438	101.266	93.667	133.886	133.048	169.377
	低发热值 H_l（MJ/Nm^3）	35.902	64.397	59.477	93.240	87.667	123.649	122.853	156.733
爆炸极限①	爆炸下限 L_l（体积 %）	5.0	2.9	2.7	2.1	2.0	1.5	1.8	1.4
	爆炸上限 L_h（体积 %）	15.0	13.0	34.0	9.5	11.7	8.5	8.5	8.3
黏度	动力黏度 μ（$\times 10^6$ Pa·s）	10.395	8.600	9.316	7.502	7.649	6.835	—	6.355
	运动黏度 v（$\times 10^6$ m^2/s）	14.50	6.41	7.46	3.81	3.99	2.53	—	1.85
	无因次系数 C	164	252	225	278	321	377	368	383

注：①在常压和 293 K 条件下，可燃气体在空气中的体积百分数。

表 1-2-2　某些单一气体的基本性质（273.15 K、101.325 kPa）

气体		一氧化碳	氢	氮	氧	二氧化碳	硫化氢	空气	水蒸气
分子式		CO	H_2	N_2	O_2	CO_2	H_2S	—	H_2O
分子量 M（kg/kmol）		28.010 4	2.016 0	28.013 4	31.998 8	44.009 8	34.076 0	28. 966 0	18.015 4
摩尔体积 V_M（Nm^3/kmol）		22.398 4	22.427 0	22.403 0	22.392 3	22.260 1	22.180 2	22.400 3	21.629 0
密度 ρ（kg/Nm^3）		1.250 6	0.089 9	1.250 4	1.429 1	1.977 1	1. 536 3	1.293 1	0.833 0
气体常数 R［kJ/（kg•K）］		296.63	412.664	296.66	259.585	188.74	211.15	286.867	445.357
临界参数	临界温度 T_c（K）	133.0	33.3	126.2	154.8	304.2	—	132.5	647.3
	临界压力 P_c（MPa）	3.193 7	1.297 0	3.394 4	5.076 4	7.386 6	—	3.766 3	22.119 3
	临界密度 P_c（kg/Nm^3）	300.86	31.015	310.910	430.090	468.190	—	320.070	321.700
发热值	高发热值 H_h（MJ/Nm^3）	12.636	12.745	—	—	—	25.348	—	—
	低发热值 H_l（MJ/Nm^3）	12.636	10.786	—	—	—	23.368	—	—
爆炸极限①	爆炸下限 L_l（体积 %）	12.5	4.0	—	—	—	4.3	—	—
	爆炸上限 L_h（体积 %）	74.2	75.9	—			45.5	—	—
黏度	动力黏度 μ（$\times10^6$ Pa•s）	16.573	8.355	16.671	19.417	14.023	11.670	17.162	8.434
	运动黏度 v（$\times10^6$ m^2/s）	13.30	93.00	13.30	13.60	7.09	7.63	13.40	10.12
	无因次系数 C	104	81.7	112	131	266	—	122	—

注：①在常压和 293 K 条件下，可燃气体在空气中的体积百分数。

V_M——混合气体的平均摩尔体积（m^3/kmol）；

S——混合气体的相对密度；

ρ_0——标准状态下混合气体的平均密度（kg/Nm^3）；

1.293——标准状态下空气的密度（kg/Nm^3）；

$V_{0,\mathrm{M}}$——标准状态下混合气体的平均摩尔体积（Nm³/kmol）。

对于由双原子气体和甲烷组成的混合气体，$V_{0,\mathrm{M}}$ 可取 22.4 Nm³/kmol，而对于由其他碳氢化合物组成的混合气体，$V_{0,\mathrm{M}}$ 则取 22.0 Nm³/kmol，可按式（1-2-5）精确计算：

$$V_{0,\mathrm{M}} = \sum y_i V_{0,\mathrm{M}_i} = y_1 V_{0,\mathrm{M}_1} + y_2 V_{0,\mathrm{M}_2} + \cdots + y_n V_{0,\mathrm{M}_n} \tag{1-2-5}$$

式中　$V_{0,\mathrm{M}_1}, V_{0,\mathrm{M}_2}, \cdots, V_{0,\mathrm{M}_n}$——标准状态下混合气体中各组分的摩尔体积（Nm³/kmol）。

混合气体的平均密度还可根据混合气体中各组分的密度及体积分数按式（1-2-6）计算：

$$\rho_0 = \sum y_i \rho_{0,i} = y_1 \rho_{0,1} + y_2 \rho_{0,2} + \cdots + y_n \rho_{0,n} \tag{1-2-6}$$

式中　$\rho_{0,1}, \rho_{0,2}, \cdots, \rho_{0,n}$——标准状态下混合气体中各组分的密度（kg/Nm³）。

含有水蒸气的燃气称为湿燃气，其密度按式（1-2-7）计算：

$$\rho_0^{\mathrm{w}} = (\rho_0^{\mathrm{g}} + d)\frac{0.833}{0.833 + d} \tag{1-2-7}$$

式中　ρ_0^{w}——标准状态下湿燃气的密度（kg/Nm³）；

ρ_0^{g}——标准状态下干燃气的密度（kg/Nm³）；

d——燃气含湿量（$\mathrm{kg}_{水蒸气}/\mathrm{Nm}^3_{干燃气}$）；

0.833——标准状态下水蒸气的密度（kg/Nm³）。

干燃气和湿燃气的体积分数按式（1-2-8）换算：

$$y^{\mathrm{w}} = k y^{\mathrm{g}} \tag{1-2-8}$$

式中　y^{w}——湿燃气体积分数；

y^{g}——干燃气体积分数；

k——换算系数，$k = \dfrac{0.833}{0.833 + d}$。

几种燃气在标准状态下的密度（平均密度）和相对密度（平均相对密度）列于表 1-2-3 中。

表 1-2-3　几种燃气在标准状态下的密度和相对密度

燃气种类	密度（kg/Nm³）	相对密度
天然气	0.75~0.8	0.58~0.62
焦炉煤气	0.4~0.5	0.3~0.4
气态液化石油气	1.9~2.5	1.5~2.0

由表 1-2-3 可知，天然气、焦炉煤气都比空气轻，而气态液化石油气比空气约重 1 倍。

混合液体的平均密度与相同状态下水的密度之比称为混合液体的相对密度。在常温下，液态液化石油气的密度在 500 kg/Nm³ 左右，约为水的一半。

2. 黏度

燃气是具有黏滞性的，这种特性用黏度表示。气体的黏度随温度的升高而增加，而液体的黏度则随温度的升高而降低。这是因为流体的黏度一方面是由分子间的吸引力所引起的，另一方面也是分子不规则的热运动而变换动量的结果。对于燃气，其分子间吸引力很小，温度升高则体积膨胀，对分子间吸引力的影响不大，但气体分子的运动速度会增大，于是气体层间做相对运动时产生的内摩擦力就增大，即黏度增大。

混合气体的动力黏度可以近似地按式（1-2-9）计算：

$$\mu=\frac{\sum g_i}{\sum \frac{g_i}{\mu_i}}=\frac{g_1+g_2+\cdots+g_n}{\frac{g_1}{\mu_1}+\frac{g_2}{\mu_2}+\cdots+\frac{g_n}{\mu_n}} \tag{1-2-9}$$

式中　μ——混合气体在 0 ℃时的动力黏度（Pa・s）；

$g_1,g_2,\cdots,g_n$——混合气体中各组分的质量分数；

$\mu_1,\mu_2,\cdots,\mu_n$——混合气体中各组分在 0 ℃时的动力黏度（Pa・s）。

3. 含湿量

1 Nm^3（或 1 kg）干燃气中所含有的水蒸气质量称为燃气的含湿量（d），单位为 $kg_{水蒸气}/kg_{干燃气}$或 $kg_{水蒸气}/Nm^3_{干燃气}$，工程上常用后者。

4. 临界参数及实际气体状态方程

当温度不超过某一数值时，对气体进行加压，可以使气体液化，而在该温度以上，无论压力加到多大都不能使气体液化，该个温度称为该气体的临界温度。在临界温度下，使气体液化所必需的压力称为临界压力。

图 1-2-1 所示为在不同温度下压缩气体时，其压力和体积的变化情况。

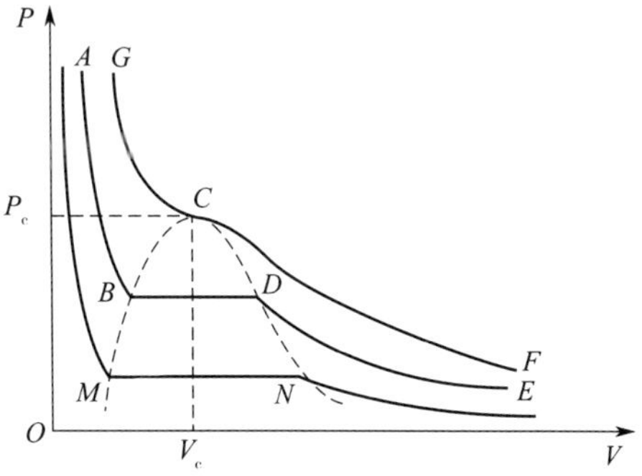

图 1-2-1　气体压力和体积的变化情况

由图 1-2-1 可知，从 *E* 点开始压缩至 *D* 点时气体开始液化，到 *B* 点液化完成；而从 *F* 点开始压缩至 *C* 点时气体开始液化，但此时没有相当于 *BD* 的直线部分，其液化的状态与前者不同。其中，*C* 点为临界点，气体在 *C* 点所处的状态称为临界状态，它既不属于气相，也不属于液相，这时的温度、压力、比容、密度分别称为临界温度、临界压力、临界比容和临界密度。在图 1-2-1 中，*NDCG* 线的右边是气体状态，*MBCG* 线的左边是液体状态，而 *MCN* 线以下为气液共存状态，*CM* 和 *CN* 为边界线。

气体的临界温度越高，越易于液化。天然气的主要成分甲烷的临界温度较低，故较难液化；而组成液化石油气的碳氢化合物的临界温度较高，故较容易液化。

几种气体的液态－气态平衡曲线如图 1-2-2 所示，其中曲线左侧为液态，曲线右侧为气态，曲线的顶点为临界点。

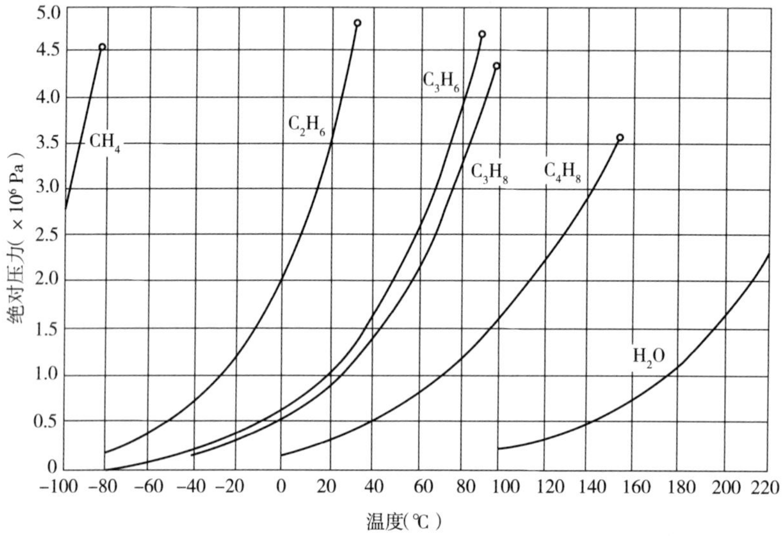

图 1-2-2　几种气体的液态 - 气态平衡曲线

由图 1-2-2 可知，气体温度相比临界温度越低，则其液化所需压力越小。例如，当温度为 20 ℃时使丙烷液化的绝对压力为 0.846 MPa，而当温度为 −20 ℃时，在 0.248 MPa 绝对压力下即可使丙烷液化。

混合气体的平均临界压力和平均临界温度按式（1-2-10）和式（1-2-11）计算：

$$P_{m,c} = y_1 P_{c_1} + y_2 P_{c_2} + \cdots + y_n P_{c_n} \tag{1-2-10}$$

$$T_{m,c} = y_1 T_{c_1} + y_2 T_{c_2} + \cdots + y_n T_{c_n} \tag{1-2-11}$$

式中　$P_{m,c}, T_{m,c}$——混合气体的平均临界压力（MPa）、平均临界温度（K）；

$P_{c_1}, P_{c_2}, \cdots, P_{c_n}$——混合气体中各组分的临界压力（MPa）；

$T_{c_1}, T_{c_2}, \cdots, T_{c_n}$——混合气体中各组分的临界温度（K）；

$y_1, y_2, \cdots, y_n$——混合气体中各组分的体积分数。

5. 沸点和露点

1）沸点

通常所说的沸点是指 101.325 kPa 压力下液体沸腾时的温度。一些低级烃的沸点列于表 1-2-4。

表 1-2-4　一些低级烃的沸点（101.325 kPa）

气体名称	甲烷	乙烷	丙烷	正丁烷	异丁烷	正戊烷	异戊烷	辛戊烷	乙烯	丙烯
沸点（℃）	−162.6	−88.5	−42.1	−0.5	−10.2	36.2	27.85	9.5	−103.7	−47

由表 1-2-4 可知，液体丙烷在 101.325 kPa 压力下，−42.1 ℃时就处于沸腾状态，而液体正丁烷在 101.325 kPa 压力下，−0.5 ℃时才处于沸腾状态。如果冬季液化石油气容器设置在 0 ℃以下的地方，应该使用低沸点的丙烷、丙烯含量高的液化石油气，因为丙烷、丙烯在寒冷地区或寒冷季节也可以汽化。

2）露点

饱和蒸气经冷却或加压，立即处于过饱和状态，当遇到接触面或凝结核便液化成露，此时的温度称为露点。

对于气态碳氢化合物，其在饱和蒸气压下相应的温度就是露点。例如，丙烷在 0.349 MPa 压力时露点为 −10 ℃，而在 0.846 MPa 压力时露点为 20 ℃。单一的气态碳氢化合物在某一蒸气压时的露点也就是其液体在同一压力时的沸点。

6. 燃气的汽化潜热

单位数量物质由液态变成与之处于平衡状态的蒸气所吸收的热量称为该物质的汽化潜热；反之，单位数量物质由蒸气变成与之处于平衡状态的液体所放出的热量称为该物质的凝结热。同一物质在同一状态时汽化潜热与凝结热是同一值，其实质为饱和蒸气与饱和液体的焓差，单位为 kJ/kg 或 kJ/kmol。

某些碳氢化合物在 101.325 kPa 压力下，其沸点及沸点时的汽化潜热列于表 1-2-5。

表 1-2-5　部分碳氢化合物的沸点及沸点时的汽化潜热

名称	甲烷	乙烷	丙烷	正丁烷	异丁烷	乙烯	丙烯	丁烯-1	顺丁烯-2	反丁烯-2	异丁烯	正戊烷
沸点（101.325 kPa）	−162.6	−88.5	−42.1	−0.5	−10.2	−103.7	−47.0	−6.26	3.72	0.88	−6.9	36.2
汽化潜热（kJ/kg）	510.8	485.7	422.9	383.5	366.3	481.5	439.6	391.0	416.2	405.7	394.4	355.9

混合液体的汽化潜热按式（1-2-12）计算：

$$r = g_1 r_1 + g_2 r_2 + \cdots + g_n r_n \tag{1-2-12}$$

式中　r——混合液体的汽化潜热（kJ/kg）；

$g_1, g_2, \cdots, g_n$——混合液体各组分的质量分数；

$r_1, r_2, \cdots, r_n$——混合液体各组分的汽化潜热（kJ/kg）。

汽化潜热因汽化时的压力和温度而异，汽化潜热与温度的关系用式（1-2-13）表示：

$$r_1 = r_2\left(\frac{t_c - t_1}{t_c - t_2}\right)^{0.38} \quad (1\text{-}2\text{-}13)$$

式中　r_1——温度为 t_1 时的汽化潜热（kJ/kg）；

r_2——温度为 t_2 时的汽化潜热（kJ/kg）；

t_c——临界温度（℃）。

液态丙烷、丁烷的汽化潜热与温度的关系列于表 1-2-6。

表 1-2-6　液态丙烷、丁烷的汽化潜热与温度的关系

温度（℃）		−20	−15	−10	−5	0	5	10	15	20	25	30	35	40	45	50	55	60
汽化潜热（kJ/ kg）	丙烷	399.8	396.1	387.7	383.9	379.7	368.9	364.3	355.5	345.4	339.1	329.1	320.3	309.8	301.4	284.7	270.0	262.1
	丁烷	400.2	397.3	392.7	388.5	384.3	380.2	276.0	370.5	366.8	362.2	358.4	355.0	346.7	341.2	333.3	328.2	321.5

由表 1-2-6 可知，随着温度升高，汽化潜热减小，到达临界温度时，汽化潜热等于零。

7. 燃气的热值

燃气热值是指单位数量（1 kmol、1 Nm^3 或 1 kg）燃气完全燃烧时所放出的全部热量，单位分别为 kJ/kmol，kJ/Nm^3、kJ/kg，燃气工程中常用 kJ/Nm^3，液化石油气有时用 kJ/kg。

燃气热值可分为高热值和低热值。高热值是指单位数量的燃气完全燃烧后，其燃烧产物和周围环境恢复至燃烧前温度，而其中的水蒸气被凝结成同一温度的水后放出的全部热量；低热值是指单位数量燃气完全燃烧后，其燃烧产物和周围环境恢复至燃烧前温度，而不计其中水蒸气的凝结热所放出的热量。燃气工程中常用标准体积的高、低热值来表示燃气的燃烧热能，其单位为 kJ/Nm^3 或 MJ/Nm^3。

显然，燃气的高热值在数值上大于其低热值，两者差值为水蒸气的汽化潜热。

对于间接加热的换热设备，烟气中水蒸气的汽化潜热往往无法利用，而是随着烟气被排放掉，因此常用低热值进行计算。对于直接加热的换热设备，如浸没燃烧装置，由于烟气直接与液体接触，水蒸气被冷凝，其汽化潜热可以利用，因此常用高热值进行计算；如果仍用低热值进行计算，其加热设备的热效率就可能会大于 100%。

单一可燃气体的热值可根据该气体燃烧反应的热效应计算或直接查取。实际使用的燃气是含有多种组分的混合气体，混合气体的热值可直接用热量计测定，也可由各单一气体的热值根据混合法则按式（1-2-14）计算：

$$H = H_1 r_1 + H_2 r_2 + \cdots + H_n r_n \quad (1\text{-}2\text{-}14)$$

式中　H——燃气（混合气体）的高热值或低热值（kJ/Nm^3）；

$H_1, H_2, \cdots, H_n$——燃气中各可燃组分的高热值或低热值（kJ/Nm^3）；

$r_1, r_2, \cdots, r_n$——燃气中各可燃组分的容积成分。

一般的工作燃气中都含有水分，含有水分的燃气称为湿燃气。湿燃气的低热值与干燃气的低热值可按式（1-2-15）换算：

$$H_1^{w}=H_1^{dr}\frac{0.833}{0.833+d_w} \tag{1-2-15}$$

式中　H_1^{w}——湿燃气的低热值（kJ/Nm³）；

H_1^{dr}——干燃气的低热值（kJ/Nm³）；

d_w——湿燃气的含湿量（$kg/Nm^3_{干燃气}$）。

8. 着火温度

一种可燃物只有达到着火温度时才能着火。所谓着火，就是可燃气体与空气中的氧由稳定缓慢的氧化反应加速到发热发光的燃烧反应的突变点，突变点的最低温度称为着火温度。实际上，着火温度不是一个固定数值，它取决于可燃气体在空气中的浓度及其混合程度、压力以及燃烧室的形状与大小。

燃烧速度是气体燃烧的最重要特性之一，其大小与燃气的成分、温度、混合速度、混合气体压力、燃气与空气的混合比例有关。

9. 容积膨胀

液态碳氢化合物的容积膨胀系数很大，约比水大16倍。在灌装容器时必须考虑由温度变化引起的容积增大，留出必需的气相空间容积。

10. 爆炸极限

可燃气体和空气的混合物遇明火而引起爆炸时的可燃气体浓度范围称为爆炸极限。在这种混合物中，当可燃气体含量减少到不能形成爆炸混合物时的含量称为可燃气体的爆炸下限，而当可燃气体含量增加到不能形成爆炸混合物时的含量称为爆炸上限。

甲烷的爆炸极限为5%~15%，丙烯的爆炸极限为2.0%~11.7%，人工煤气混合组成的爆炸极限为11%~75%或22%~68%。爆炸极限可按式（1-2-16）计算：

$$L=\frac{1}{\frac{y_1}{L_1}+\frac{y_2}{L_2}+\cdots+\frac{y_n}{L_n}} \tag{1-2-16}$$

式中　L——混合气体的爆炸下（上）限（体积%）；

$L_1,L_2,\cdots,L_n$——混合气体中各可燃组分的爆炸下（上）限（体积%）；

$y_1,y_2,\cdots,y_n$——混合气体中各可燃组分的体积分数。

11. 水合物

如果碳氢化合物中的水分含量超过一定值，在一定温度、压力条件下，水能与液相和气相的C_1、C_2、C_3和C_4生成结晶水合物$C_mH_n\cdot xH_2O$（对于甲烷，x=6~7；对于乙烷，x=6；对于丙烷及异丁烷，x=7）。水合物在聚集状态下是白色或带铁锈色的疏松结晶体，一般水合物类似于冰或致密的雪，若在输气管道中生成水合物，会缩小管路的流通截面面积，造成管路、阀件和设备的堵塞。另外，在地球的深海和永久冻土层下存在大量的甲烷水合物，而水合物是不稳定的结合物，在低压或高温的条件下易分解为烃类气体和水，因此自然界中存在的甲烷水合物具有潜在的开发价值，应该列入能源资源。

在湿气中生成水合物的主要条件是压力及温度，次要条件是含有杂质、高速、紊流、脉动（如由活塞式压送机引起的脉动）、急剧转弯等因素。

可采取降低压力、升高温度、加入可以使水合物分解的反应剂（防冻剂）以及脱水等措施，使气体中水分含量降低到不致形成水合物的程度来防止水合物的生成。

【任务实施】

根据项目任务书和项目任务完成报告进行任务实施，见表 1-2-7 和 1-2-8。

表 1-2-7　项目任务书

任务名称	城镇燃气的主要性质		
小组成员			
指导教师		计划用时	
实施时间		实施地点	
任务内容与目标			
1. 了解燃气的组成与燃气的主要性质之间的关系； 2. 掌握燃气的密度与相对密度； 3. 掌握燃气的黏度、热值、爆炸极限等主要性质。			
考核项目	1. 燃气的组成与燃气的主要性质之间的关系； 2. 燃气的密度与相对密度； 3. 燃气的黏度、热值、爆炸极限等主要性质。		
备注			

表 1-2-8　项目任务完成报告

任务名称	城镇燃气的主要性质		
小组成员			
具体分工			
计划用时		实际用时	
备注			

续表

1. 简述燃气的组成与燃气的主要性质之间的关系。   2. 简要说明城镇燃气有哪些主要性质。   3. 简要说明什么是爆炸极限，爆炸上限和爆炸下限分别是多少。

【任务评价】

根据项目任务综合评价表进行任务评价，见表 1-2-9。

表 1-2-9　项目任务综合评价表

任务名称：　　　　　　　　　　　　　　　　　　测评时间：　年　月　日

考核明细		标准分	实训得分								
			小组成员								
			小组自评	小组互评	教师评价	小组自评	小组互评	教师评价	小组自评	小组互评	教师评价
团队（60分）	小组成员是否能在总体上把握学习目标与进度	10									
	小组成员是否分工明确	10									
	小组成员是否有合作意识	10									
	小组成员是否有创新想（做）法	10									
	小组成员是否如实填写项目任务完成报告	10									
	小组成员是否存在问题和具有解决问题的方案	10									

续表

考核明细		标准分	实训得分								
			小组成员								
			小组自评	小组互评	教师评价	小组自评	小组互评	教师评价	小组自评	小组互评	教师评价
个人（40分）	个人是否服从团队安排	10									
	个人是否完成团队分配任务	10									
	个人是否能与团队成员及时沟通和交流	10									
	个人是否能够认真描述困难、错误和修改的地方	10									
合计		100									

【知识巩固】

（1）燃气黏度的影响因素主要包括__________、__________和__________。

（2）气体燃气的临界温度越高，越易__________。

（3）燃气中气态碳氢化合物的动力黏度随温度的增加而__________，液态碳氢化合物则正相反。

（4）燃气中水合物形成的主要影响因素是__________和__________，而减少水合物产生的主要两种方法是__________和__________。

（5）天然气的爆炸极限是__________。

任务三 城镇燃气的质量要求

【任务准备】

1. 城镇燃气的基本要求

作为城镇燃气气源，应尽量满足以下要求。

1）热值高

城镇燃气应尽量选择热值较高的气源。若燃气热值过低，输配系统的投资和金属耗量就会增加。只有在特殊情况下，经技术经济比较认为合理时，才容许使用热值较低的燃气作为城镇气源。根据相关规范，燃气低热值一般应大于 147 MJ/m³。当小城镇采用人工燃气作为气源时，燃气的热值可适当降低，但不应低于 117 MJ/m³。

2）毒性小

为防止燃气泄漏而引起中毒，确保用气安全，必须控制城镇燃气中的一氧化碳等有毒成分的含量。

3）杂质少

在城镇燃气供应中，通常存在由于燃气中的杂质及有害成分而影响燃气的安全供应等问题。杂质可引起燃气系统的设备故障、仪表失灵、管道阻塞、燃具不能正常使用，甚至造成事故。

2. 人工燃气和天然气中的主要杂质

人工燃气中的主要杂质有焦油与灰尘、硫化物、萘、氨、一氧化碳、氧化氮等。天然气中的主要杂质有烃类凝析液、冷凝水、夹带的岩屑粉尘、硫化氢等，在输送天然气时都需要去除。

1）焦油与灰尘

焦油与灰尘的主要危害是影响燃气的正常输送与使用。天然气中的灰尘是因管道腐蚀而产生的氧化铁尘粒，在输送天然气的过程中由于尘粒所引起的故障多发生在远离气源的用户端。人工煤气中通常含有焦油和灰尘，当其含量较高时所引起的故障多发生在煤气厂内部或离煤气厂不远的厂外管道内。

2）硫化物

燃气中的硫化物主要是硫化氢，此外还有少量的硫醇（RSH）、二硫化碳（CS_2）。天然气中的硫化物主要是硫化氢。硫化氢是无色、有臭鸡蛋味的气体，燃烧后生成二氧化硫。硫化氢和二氧化硫都是有害气体。燃气输配系统中硫化氢的腐蚀可分为两种：一种是硫化氢和氧在干燥的钢管内壁发生缓慢的腐蚀作用，另一种是在钢管内壁上形成一层水膜，即使硫化氢含量不大，金属的腐蚀速度也很快，而硫化氢和氧的浓度越高，腐蚀越严重。硫化氢的燃烧产物二氧化硫也具有腐蚀性。

有机硫对燃气用具的腐蚀有两种情况：一种是燃气在燃具内部与高温金属表面接触后，有机硫分解生成硫化氢造成腐蚀；另一种是燃气燃烧后生成二氧化硫和三氧化硫造成腐蚀。其中，前者常发生在点火器、火孔等高温部位，由于腐蚀物的堵塞引起点火不良等故障；后者因二氧化硫溶于燃烧产物中的水分，并在设备低温部位的金属表面上冷凝下来而发生腐蚀。

3）萘

人工燃气中萘含量比较高。当温度较低时，气态萘会以结晶状态析出，并附着于管壁，使管道流通截面变小甚至堵死。

4）氨

氨对燃气管道、设备及燃具都有腐蚀作用，燃气燃烧时会生成氮氧化物（一氧化氮、二氧化氮）等有害气体。但氨对硫化物产生的酸性物质有中和作用，因此燃气中含有微量的氨有利于保护金属管道及设备。

5）一氧化碳

一氧化碳是无色、无味、有剧毒的气体。一般要求城镇燃气中一氧化碳含量小于10%（容积成分）。

6）氧化氮

氧化氮易与双键的烃类聚合成气态胶质，并附着于输气设备及燃具上，从而引起故障。燃气燃烧产物中的氧化氮对人体也是有害的，当空气中氧化氮的浓度达到0.01%时，可刺激人的呼吸器官，长时间呼吸则会危及生命。燃气中的一氧化氮与氧反应生成二氧化氮，后者与燃气中的二烯烃特别是丁二烯及环戊二烯等具有共轭双键的烃类反应，再经聚合形成气态胶质，因此也称为一氧化氮胶质，易沉积于流速及流向变化的地方，或附着于输气设备及燃具，从而引起各种故障。从燃气厂输出的燃气中即使只含有0.114 g/m^3 的一氧化氮胶质，在管道末端也会出现胶质的沉积现象。如果每立方米燃气中胶质达数十毫克，胶质将会沉积在压缩机的叶轮和中间冷却器的管壁上，使压送能力急剧降低，而且经很短时间就需要拆卸清除。如果胶质附着在调压器内，会使调压器动作失灵，造成不良的后果。

7）水

在天然气进入长距离输送管道前，必须脱除其中的水分。因为在高压状态下，天然气中的水很容易与其中的烃类反应生成水合物；水与其他杂质在局部的积聚还会降低管道的输送能力；水的存在还会加剧硫化氢和二氧化碳等酸性气体对金属管道及设备的腐蚀；如果输送含水的燃气，输配系统还需要增加排水设施和管道的维护工作。

3. 液化石油气中的主要杂质

1）硫分

如果液化石油气中含有硫化氢和有机硫化物，会造成运输、储存和汽化设备的腐蚀。硫化氢的燃烧产物二氧化硫，也是强腐蚀性气体。

2）水分

水和水蒸气与液态或气态的 C_2、C_3 和 C_4 会生成结晶水合物。若在液化石油气容器底部形成水合物，会使容器与吹扫管、排液管及液位计的接口管堵塞。液化石油气中的水蒸气也能加剧氧气、硫化氢和二氧化硫对管道、阀件及燃具的腐蚀。

由于水分具有上述危害，通常要求液化石油气中不含水分。

3）二烯烃

从炼油厂获得的液化石油气中可能含有二烯烃，它会聚合成分子量高达 4×10^5 的橡胶状固体聚合物。在气体中，当温度在60~75 ℃时其即开始强烈地聚合。在液态碳氢化合物中，丁二烯的强烈聚合反应在40~60 ℃时就开始了。

当汽化含有二烯烃的液化石油气时，在汽化装置的加热面上可能生成固体聚合物，使汽化装置在很短的时间内就不能正常工作。

4）乙烷和乙烯

由于乙烷和乙烯的饱和蒸气压总是高于丙烷和丙烯的饱和蒸气压，而液化石油气的容器多是按纯丙烷设计的，因此液化石油气中乙烷和乙烯的含量应予以限制。

5）残液

C_5 和 C_5 以上的组分沸点较高，在常温下不能汽化而留存在容器内，故称为残液。残液量多会增加用户更换气瓶的次数，并增加运输量，因此对其含量应加以限制。

4. 城镇燃气的质量要求

城镇燃气偏离基准气的波动范围应符合现行国家标准《城镇燃气分类和基本特性》（GB/T 13611—2018）的规定。采用不同种类的燃气作为城镇燃气时，还应分别符合下列规定。

1）天然气质量指标

开采出来的天然气中常伴有一些有害物质和在应用中不利的物质，如硫化物、二氧化碳和水分等。硫在大气中存在的形式主要有硫氧化物、硫酸盐、硫化氢和硫醇等。硫化物及其燃烧产物是主要的大气污染物之一，例如英国伦敦曾多次发生由排烟引起大气污染的烟雾事件，被称为“伦敦型烟雾”，就属于硫氧化物污染。硫化物的燃烧产物二氧化硫释放到大气中，经气相或液相氧化反应生成的硫酸是造成酸性降水即酸雨的主要原因之一。燃气中的硫化氢是一种无色气体，但有臭鸡蛋味，被吸入人体进入血液后，可与血红蛋白结合，生成硫化血红蛋白，使人出现中毒症状甚至死亡。另外，硫化氢还会造成运输、储存和蒸发设备及管道的腐蚀，也可使含铅颜料和铜变黑，还会侵蚀混凝土等。

因此，天然气质量指标应满足现行国家标准《天然气》（GB 17820—2018）的规定。

天然气可按硫和二氧化碳含量分为一类、二类和三类。其中，一类和二类天然气主要用作民用燃料和工业原料，三类天然气主要作为工业用气。城镇燃气应符合一类天然气或二类天然气的规定。

天然气的烃露点控制的原则主要是在管输条件下不产生烃类凝析物。在天然气交接点的压力和温度条件下，天然气中的烃露点应比最低环境温度低 5 ℃。

天然气中固体颗粒含量应不影响天然气的输送和利用，天然气中不应有固态、液态或胶状物质。

天然气的质量应根据经济效益、安全卫生、环境保护等三个方面综合考虑，通常天然气的质量指标主要有以下几项。

Ⅰ. 热值

热值可分为高热值与低热值，单位为 kJ/m^3。一般来说，含重烃量多，则其热值高，一般要求低热值不低于 31.4 kJ/m^3。

Ⅱ. 水露点

水露点是指在一定压力下与天然气的饱和水汽量对应的温度。水露点要求是用来防止在输气管道中有液态水析出。液态水的存在会加速天然气中酸性组分（硫化氢、二氧化硫）对钢材的腐蚀，还会形成固态天然气水合物，堵塞管道和设备。此外，液态水聚集于管道低洼处，也会减少管道的流通面积，影响输送效率。而冬季水会结冰，也会堵塞管道和设备。因此，在天然气外输前，必须对其进行处理，以降低水露点。在我国，对于管输天然气，要求其水露点应比可能达到的最低环境温度低 5 ℃。

Ⅲ. 硫含量

硫含量要求主要是用来控制天然气中硫化物的腐蚀性和对大气的污染。硫含量常用硫化氧和总硫含量来表示。我国规定天然气的硫化氢含量应低于 6 mg/m³，20 mg/m³（一、二类天然气），总硫含量一般要求低于 150 mg/m³，270 mg/m³，480 mg/m³（一、二、三类天然气）。

Ⅳ. 二氧化碳含量

二氧化碳也是天然气中的酸性组分，当有液态水存在时，对管道和设备有腐蚀性。尤其是当有硫化氢、二氧化碳与水同时存在时，对钢材的腐蚀更加严重。此外，二氧化碳还是天然气中的不可燃组分。因此，天然气中的二氧化碳含量不应高于 2%~4%。

天然气的质量指标要求列于表 1-3-1。

表 1-3-1　天然气的质量指标要求

项目	一类天然气	二类天然气	三类天然气
高位发热值（MJ/m³）	31.4		
总硫含量（以硫计）（mg/m³）	≤100	≤200	≤460
硫化氢（mg/m³）	≤6	≤20	≤460
二氧化碳摩尔分数（%）	≤3.0		
水露点（℃）	在天然气交接点的压力和温度条件下，天然气的水露点应比最低环境温度低 5 ℃		

注：1. 气体体积的标准参比条件是 101.325 kPa，20 ℃。

2. 在天然气交接点的压力和温度下，天然气输送管道中的天然气中应无游离水。无游离水是指天然气经机械分离设备分不出游离水。

2）人工燃气质量指标

人工燃气的质量指标应符合现行国家标准《人工煤气》（GB/T 13612—2006）的规定。人工煤气的质量指标要求列于表 1-3-2。

表 1-3-2　人工煤气的质量指标要求

项目	质量指标
热值（MJ/m³）	>14.7
焦油和灰尘（mg/m³） 硫化氢（mg/m³） 氨（mg/m³）	<10 <20 <50

续表

项目	质量指标
萘（mg/m^3）	<50×10^2/P（冬天）
	<100×10^2/P（夏天）
含氧量（%，体积分数）	<1
含一氧化碳量（%，体积分数）	<10

注：1. 在 101.325 kPa，20 ℃状态下。

2. 当管网输气点压力 P 小于 202.65 kPa 时，压力 P 可不计。

3. 汽化燃气或掺有汽化燃气的人工煤气，其一氧化碳含量应小于 20%（体积分数）。

3）液化石油气质量指标

液化石油气的质量指标应符合现行国家标准《液化石油气》（GB 11174—2011）的规定。液化石油气的质量指标要求列于表 1-3-3。

表 1-3-3　液化石油气的质量指标要求

项目		质量指标
密度（15 ℃）（kg/m^3）		报告
蒸气压（37.8 ℃）（kPa）		<1 380
C_5 及 C_5 以上组分含量（%，体积分数）		<3.0
残留物	蒸发残留物（mL/100 mL）	<0.05
	油渍观察	通过
铜片腐蚀等级		<1
总硫含量（mg/m^3）		<343
游离水		无

4）液化石油气与空气的混合气质量指标

当液化石油气与空气的混合气作为主气源时，液化石油气的体积分数应大于其爆炸上限的2倍，且混合气的露点温度应低于管道外壁温度 5 ℃，硫化氢浓度不应大于 20 mg/m^3。

5. 城镇燃气的加臭技术

1）城镇燃气为什么要加臭

天然气加臭

天然气本身无色无味、易燃易爆，在输送或使用过程中，一旦泄漏很难被发现，而加入对燃气泄漏有示警作用的加臭剂之后，即使天然气有微量的泄漏，也可被及时发现并补救，所以加臭剂的添加至关重要。目前，国内外城镇燃气普遍采用的加臭剂为四氢噻吩。如果加臭量过大，既会增加燃气供应不必要的成本，造成资金的浪费，加臭剂在燃烧后又会产生过多的含硫物，加大环境污染的潜在危险；但是加臭量偏低又将导致燃气一旦泄漏不能被用户及时发现并报警，起不到示警作用，从而给燃气供应和使用带来安全隐患。现行国家标准《城镇燃气设计规范（2020 年版）》规定，城镇燃气应具有可以察觉的臭味，无臭味或臭味不足的燃气应加臭，且天然气中以四氢噻吩为加臭剂的用量不低于 20 mg/m³。

2）城镇燃气对加臭剂的性质要求

城镇燃气使用的加臭剂应符合下列要求：

（1）加臭剂和燃气混合后应具有特殊的臭味，不易被土壤和家具吸收，漏气消除后不应再有臭味保留；

（2）加臭剂不应对人体、管道或与其接触的材料有害；

（3）加臭剂的燃烧产物不应对人体呼吸有害，并不应腐蚀或损害与此燃烧产物常接触的材料；

（4）加臭剂溶解于水的程度不应大于 2.5%（体积分数）；

（5）加臭剂应有在空气中能察觉的含量指标；

（6）加臭剂应便于制造、价格低廉。

3）加臭剂的类型

目前，国内外常用的加臭剂有四氢噻吩（THT）和硫醇（TBH）等。其中，使用较为普遍的加臭剂是四氢噻吩。四氢噻吩是一种具有强烈气味的有机化合物，其以很低的浓度加入天然气中，可使燃气有一种特殊的警示性臭味，以便泄漏的燃气在达到其爆炸下限 5% 或达到对人体允许的有害浓度时即被察觉。常用的加臭剂还有其他类型，如乙硫醇、三丁基硫醇等，目前应用最为广泛的是四氢噻吩。

4）加臭的方式

城镇燃气的加臭方式主要有滴入式、吸收式和注入式等三种。

（1）滴入式是指液体加臭剂以液滴形式加入燃气管道中，液体加臭剂在管道中蒸发后与燃气混合，如图 1-3-1 所示。

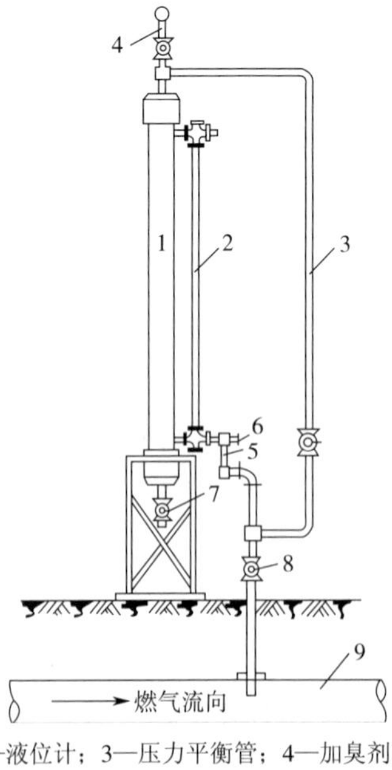

1—加臭剂储槽；2—液位计；3—压力平衡管；4—加臭剂充装管；5—观察管；
6—针形阀；7—排出管阀门；8—滴入管阀门；9—燃气管道

图 1-3-1 滴入式加臭装置简图

（2）吸收式是指使部分燃气进入加臭器，该部分燃气与蒸发后的加臭剂混合后一起进入燃气管道。

（3）注入式是指加臭剂通过储罐由计量加臭泵导入加臭管线，再由加臭阀将加臭剂注入燃气管道中与燃气混合。其中，加臭剂的流量由计量加臭泵调节，调节依据来源于控制器，控制器根据从被加臭管道输送燃气中获取的加臭浓度采样，如图 1-3-2 所示。

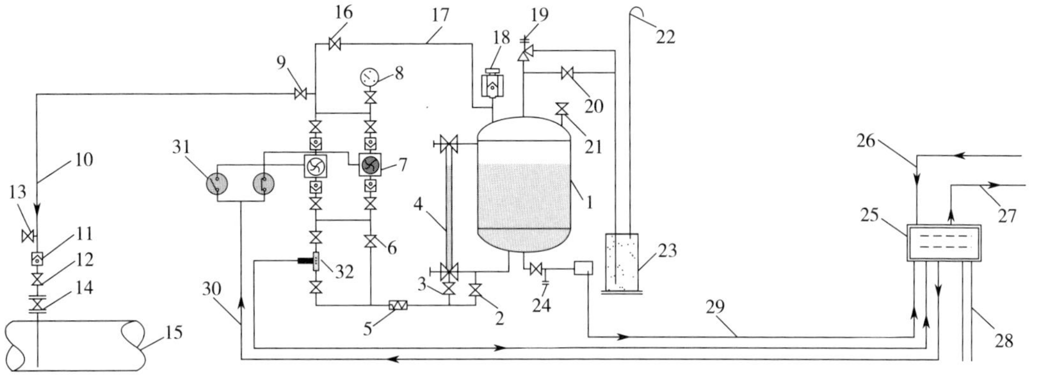

1—加臭剂储罐；2—出料阀；3—标定阀；4—标定液位计；5—过滤器；6—旁通阀；
7—燃气加臭泵；8—压力表；9—加臭阀；10—加臭管线；11—逆止阀；12—加臭剂注入喷嘴；
13—清洗检查阀；14—加臭点法兰球阀；15—燃气管道；16—回流阀；17—回流管；18—真空阀；
19—安全放散阀；20—排空阀；21—加臭剂充装管；22—排空管；23—吸收器；24—排污口；
25—燃气加臭装置控制器；26—输入燃气流量信号；27—数据输出；28—供电电源；
29—信号反馈电缆；30—控制电缆；31—防爆开关；32—输出监视仪

图 1-3-2　注入式加臭装置简图

5）城镇燃气对加臭剂的计量要求

为了能及时消除因管道漏气引起的中毒、燃爆事故，城镇燃气应具有可以察觉的臭味。根据《城镇燃气设计规范（2020 年版）》（GB 50028—2006）的规定，燃气中加臭剂的最小量应符合下列规定：

（1）无毒燃气泄漏到空气中，达到爆炸下限的 20% 时，应能察觉；

（2）有毒燃气泄漏到空气中，达到对人体允许的有害浓度时，应能察觉。

有毒燃气一般是指含一氧化碳的可燃气体。若空气中含有 0.01%（体积分数）左右的一氧化碳，人就会感到头痛、出现呕吐等轻度中毒症状；一氧化碳含量达到 0.10% 即为致命界限。可见，当一氧化碳漏入空气中尚未达到其爆炸下限的 20% 时（一氧化碳的爆炸下限为 12.4%），人早已中毒。一氧化碳的毒性作用主要是一氧化碳在人体血液中生成碳氧血红蛋白（COHb），使血液失去吸氧能力。

当无毒燃气（如天然气）泄漏时，尽管使人中毒的可能性较小，但其危险在于管道泄漏的燃气逐渐将室内含氧的空气挤出，使人因缺氧而窒息。正常的空气含氧量为接近 21%（体积分数），如果空气中甲烷含量占 19%，相当于含氧量减少到 17%，人的呼吸会开始感到困难；当空气中的含氧量为 12%~9%（对应甲烷含量为 43%~57%），人会难以生存。因此，规定无毒燃气泄漏到空气中，达到爆炸下限的 20% 时（甲烷的爆炸下限为 5%），应能察觉。

【任务实施】

根据项目任务书和项目任务完成报告进行任务实施，见表 1-3-4 和 1-3-5。

表 1-3-4　项目任务书

任务名称	城镇燃气的质量要求		
小组成员			
指导教师		计划用时	
实施时间		实施地点	
任务内容与目标			
1. 了解作为气源，城镇燃气应满足的要求； 2. 理解燃气中各种杂质的危害性； 3. 掌握天然气的质量要求； 4. 掌握加臭方式的类型。			
考核项目	1. 作为气源，城镇燃气应满足的要求； 2. 燃气中各种杂质的危害性； 3. 天然气的质量要求； 4. 加臭方式的类型。		
备注			

表 1-3-5　项目任务完成报告

任务名称	城镇燃气的质量要求		
小组成员			
具体分工			
计划用时		实际用时	
备注			
1. 简要说明相关规范中对城镇燃气（人工燃气、天然气和液化石油气）的质量有何要求。 2. 分析为什么要对城镇燃气进行加臭，对加臭剂有哪些要求。 3. 简要说明加臭方式有哪些。			

【任务评价】

根据项目任务综合评价表进行任务评价，见表 1-3-6。

表 1-3-6　项目任务综合评价表

任务名称：　　　　　　　　　　　　　　　　　　　　　测评时间：　　年　　月　　日

考核明细		标准分	实训得分								
			小组成员								
			小组自评	小组互评	教师评价	小组自评	小组互评	教师评价	小组自评	小组互评	教师评价
团队（60分）	小组成员是否能在总体上把握学习目标与进度	10									
	小组成员是否分工明确	10									
	小组成员是否有合作意识	10									
	小组成员是否有创新想（做）法	10									
	小组成员是否如实填写项目任务完成报告	10									
	小组成员是否存在问题和具有解决问题的方案	10									
个人（40分）	个人是否服从团队安排	10									
	个人是否完成团队分配任务	10									
	个人是否能与团队成员及时沟通和交流	10									
	个人是否能够认真描述困难、错误和修改的地方	10									
合计		100									

【知识巩固】

（1）天然气的质量要求是什么？

（2）常用的加臭剂有哪些？

（3）注入式加臭方法的基本原理是什么？

项目二

城镇燃气用气量与供需平衡

【项目描述】

天然气作为一种清洁、高效的化石能源，在低碳能源的推进过程中，其是我国着力发展的现代清洁能源体系的主要组成部分，也是实现绿色发展的重要支撑。党的二十大报告指出："要确保粮食、能源资源、重要产业链供应链安全"，确保城镇燃气用气量供需平衡的意义重大。城镇燃气输配系统在设计时应充分考虑燃气的需用量，即年用气量。根据城镇燃气的供气对象及供气原则，确定用户燃气需用量。通过对城镇燃气输配系统的储气调峰，实现燃气输配系统的供需平衡。本项目通过对城镇燃气用气工况、储气调峰和供需平衡的介绍，让学生更加了解城镇燃气供需调节。

【项目目标】

城镇燃气用气量与供需平衡

- 素质目标
  - 1. 提高学生动手操作的能力
  - 2. 培养学生乐观向上的敬业精神
  - 3. 培养学生探索实践的创新能力
  - 4. 培养学生知识获取和应用的自主学习能力
  - 5. 培养学生科学思维和判断分析问题的能力
- 知识目标
  - 1. 了解城镇燃气用气不均匀性、燃气输配系统储气调峰的含义
  - 2. 掌握月高峰系数、日高峰系数、小时高峰系数的定义及计算方法
  - 3. 了解城镇燃气供气对象及供气原则
  - 4. 熟悉城镇燃气供需平衡方法分类、输配系统的储气调峰方法
  - 5. 掌握城镇燃气各级用户年用气量的计算
  - 6. 掌握确定城镇燃气小时计算流量的作用及计算方法
- 技能目标
  - 1. 掌握城镇燃气月高峰系数、日高峰系数、小时高峰系数的计算
  - 2. 掌握城镇燃气小时计算流量的计算
  - 3. 掌握各类用户年用气量的计算
  - 4. 能够确定选择合适的燃气输配系统的储气调峰手段

任务一　城镇燃气用气工况

城镇燃气用气工况

【任务准备】

城镇燃气用气量是不断变化的，特别是民用和公共建筑的用气量随月、日、时而变化，呈现用气不均匀性。城镇燃气用气不均匀性可分为三种，即月不均匀性（或季

节不均匀性）、日不均匀性和时不均匀性。

城镇燃气需用工况与各类用户的需用工况及这些用户在总用气量中所占的比例有关。城镇燃气各类用户的用气不均匀性取决于很多因素，如气候条件、居民的生活水平及生活习惯、机关的作息制度和工业企业的工作班次、建筑物和车间内设置用气设备的情况等，这些因素对用气不均匀性的影响，从理论上是推算不出来的，只有经过大量地积累资料，并加以科学地整理，才能取得需用工况的可靠数据。

1. 月用气工况

影响居民生活及商业用户用气月不均匀性的主要因素是气候条件。气温降低则用气量增大，因为冬季水温低，故用气量较多；又因为在冬季人们习惯吃热食，制备食品所需的用气量增多，需用的热水也较多。反之，在夏季用气量将会降低。

商业用户用气的月不均匀性及影响因素与各类用户的性质有关，但与居民生活用气的不均匀性情况基本相似。

工业企业用气的月不均匀性主要取决于生产工艺的性质，连续生产的大工业企业以及工业炉用气比较均匀，夏季由于室外气温及水温较高，这类用户的用气量会适当降低。

建筑物供暖的用气工况与城镇所在地区的气候有关，计算用气量时需要知道该地区月平均气温和供暖期的资料，供暖月用气量占年供暖用气量的百分数可按式（2-1-1）计算：

$$q_{m,i}=\frac{(t_1-t_i)n}{\sum(t_1-t_i)n_i}\times 100\% \tag{2-1-1}$$

式中　$q_{m,i}$——该供暖月（i）用气量占年供暖用气量百分数；

t_1——供暖期室内计算温度（℃）；

t_i——供暖期各月平均气温（℃）；

n_i——供暖期各月供暖天数（d）。

根据各类用户的年用气量及需用工况，可编制年用气图表。依照此图表可制订常年用户及缓冲用户的供气计划和所需的调峰设施，还可预先制订在用气量低的季节维修燃气管道及设备的计划。

一年中各月的用气不均匀情况用月不均匀系数表示，根据字面上的意义，其应该是各月的用气量与全年平均月用气量的比值，但这并不确切，因为每个月的天数是在28~31 d的范围内变化的。因此，月不均匀系数 K_m 可按式（2-1-2）计算：

$$K_m=\frac{\text{该月平均日用气量}}{\text{全年平均日用气量}} \tag{2-1-2}$$

一年的12个月中平均日用气量最大的月，即月不均匀系数值最大的月，称为计算月，并将该月最大不均匀系数 K_m^{max} 称为月高峰系数。

2. 日用气工况

一个月或一周中日用气量的波动主要由居民生活习惯、工业企业的工作和休息制度及室外气温变化等因素引起。其中，居民生活习惯对于各周（除包含节日的一些周外）的影响几乎是一样的；工业企业的工作和休息制度也比较有规律；而室外气温变化没有一定的规律，一般来说，一周中气温低的日子，用气量就大。

居民生活和商业用户用气工况主要取决于居民生活习惯，平日和节假日用气的规律各不相同。

根据实测的资料，我国一些城市在一周中周一至周五的用气量变化较少，而周六和周日的用气量有所增加，节日前和节假日用气量较大。

工业企业用气的日不均匀系数在平日波动较小，而在轮休日及节假日波动较大，在供暖期间，供暖用气的日不均匀系数变化不大。

通常用日不均匀系数表示一个月（或一周）中日用气量的变化情况，日不均匀系数 K_{d} 可按式（2-1-3）计算：

$$K_{\mathrm{d}}=\frac{\text{该月某日用气量}}{\text{该月平均日用气量}} \tag{2-1-3}$$

该月中日最大不均匀系数 $K_{\mathrm{d}}^{\max}$ 称为该月的日高峰系数。

3. 小时用气工况

城镇燃气管网系统的管径及设备均按计算月小时最大流量计算。只有掌握可靠的小时用气波动的数据，才能确定小时最大流量。一日中小时用气工况的变化图对燃气管网的运行以及计算平衡时不均匀性所需的储气容积都很重要。

城镇燃气管网系统中各类用户的小时用气工况均不相同，居民生活和商业用户的用气不均匀性最为显著。对于供暖用户，若为连续供暖，则小时用气波动小，一般晚间稍高；若为间歇供暖，则小时用气波动较大。

居民用户小时用气工况与居民的生活习惯、住宅的汽化数量以及居民的职业类别等因素有关。其中，每日有早、午、晚三个用气高峰，且早高峰用气量最低。由于居民的生活习惯和工作及休息制度不同等，有此城镇晚高峰用气量低于午高峰用气量，另一些城镇则晚高峰用气量高于午高峰用气量。周六、周日小时用气的波动与一周中其他各日又不相同，一般仅有午、晚两个高峰。

通常用小时不均匀系数表示一日中小时用气量的变化情况，小时不均匀系数 K_{h} 可按式（2-1-4）计算：

$$K_{\mathrm{h}}=\frac{\text{该日某小时用气量}}{\text{该日平均小时用气量}} \tag{2-1-4}$$

该日中小时不均匀系数的最大值 $K_{\mathrm{h}}^{\max}$ 称为该日的小时高峰系数。

我国某城镇居民生活和商业用户及工业企业小时用气的波动情况见表 2-1-1。

表 2-1-1　我国某城镇居民生活和商业用户及工业企业小时用气量占日用气量的百分数（%）

时间（时）	居民生活和商业用户	工业企业	时间（时）	居民生活和商业用户	工业企业	时间（时）	居民生活和商业用户	工业企业
6:00—7:00	4.87	4.88	14:00—15:00	2.27	5.53	22:00—23:00	1.27	2.39
7:00—8:00	5.20	4.81	15:00—16:00	4.05	5.24	23:00—24:00	0.98	2.75
8:00—9:00	5.17	5.46	16:00—17:00	7.10	5.45	24:00—1:00	1.35	2.97
9:00—10:00	6.55	4.82	17:00—18:00	9.59	5.55	1:00—2:00	1.30	2.68
10:00—11:00	11.27	3.87	18:00—19:00	6.10	4.87	2:00—3:00	1.65	2.23
11:00—12:00	10.42	4.85	19:00—20:00	3.42	4.48	3:00—4:00	0.99	2.96
12:00—13:00	4.09	3.03	20:00—21:00	2.13	4.34	4:00—5:00	1.63	3.22
13:00—14:00	2.77	5.27	21:00—22:00	1.48	4.84	5:00—6:00	4.35	3.51

【任务实施】

根据项目任务书和项目任务完成报告进行任务实施，见表 2-1-2 和表 2-1-3。

表 2-1-2　项目任务书

<table>
<tr><td>任务名称</td><td colspan="3">城镇燃气用气工况</td></tr>
<tr><td>小组成员</td><td colspan="3"></td></tr>
<tr><td>指导教师</td><td></td><td>计划用时</td><td></td></tr>
<tr><td>实施时间</td><td></td><td>实施地点</td><td></td></tr>
<tr><td colspan="4">任务内容与目标</td></tr>
<tr><td colspan="4">1. 了解用气不均匀性的含义；
2. 掌握月高峰系数、日高峰系数、小时高峰系数的定义；
3. 掌握月高峰系数、日高峰系数、小时高峰系数的计算。</td></tr>
<tr><td>考核项目</td><td colspan="3">1. 用气不均匀性的含义；
2. 月高峰系数、日高峰系数、小时高峰系数的定义；
3. 月高峰系数、日高峰系数、小时高峰系数的计算。</td></tr>
<tr><td>备注</td><td colspan="3"></td></tr>
</table>

表 2-1-3　项目任务完成报告

任务名称	城镇燃气用气工况		
小组成员			
具体分工			
计划用时		实际用时	
备注			

1. 简述城镇燃气各类用户的用气不均匀性。

2. 简述影响城镇燃气日不均匀性的因素有哪些。

3. 简述城镇燃气小时高峰系数的定义及计算方法。

【任务评价】

根据项目任务综合评价表进行任务评价，见表 2-1-4。

表 2-1-4　项目任务综合评价表

任务名称：　　　　　　　　　　　　　　　　测评时间：　　年　　月　　日

考核明细		标准分	实训得分								
			小组成员								
			小组自评	小组互评	教师评价	小组自评	小组互评	教师评价	小组自评	小组互评	教师评价
团队（60分）	小组成员是否能在总体上把握学习目标与进度	10									
	小组成员是否分工明确	10									
	小组成员是否有合作意识	10									
	小组成员是否有创新想（做）法	10									
	小组成员是否如实填写项目任务完成报告	10									
	小组成员是否存在问题和具有解决问题的方案	10									

续表

考核明细		标准分	实训得分								
			小组成员								
			小组自评	小组互评	教师评价	小组自评	小组互评	教师评价	小组自评	小组互评	教师评价
个人（40分）	个人是否服从团队安排	10									
	个人是否完成团队分配的任务	10									
	个人是否能与团队成员及时沟通和交流	10									
	个人是否能够认真描述困难、错误和修改的地方	10									
合计		100									

【知识巩固】

（1）简述城镇燃气小时不均匀系数的定义。

（2）简述影响城镇燃气月、日、时不均匀性的主要因素。

任务二　城镇燃气输配系统的储气调峰

【任务准备】

城镇燃气的需用工况是不均匀的，会随月、日、时而变化，但一般燃气气源的供应量是均匀的，不可能完全随需用工况而变化。为了解决均匀供气与不均匀用气之间的矛盾，不间断地向用户供应燃气，保证各类燃气用户有足够流量和正常压力的燃气，必须采取有效的储气调峰手段使燃气输配系统实现供需平衡。

1. 燃气输配系统储气调峰

城镇燃气输配系统储气调峰

2018年，国家发展改革委、国家能源局联合发布《关于印发〈关于加快储气设施建设和完善储气调峰辅助服务市场机制的意见〉的通知》（发改能源规〔2018〕637号），该文件对以下内容做了强调。

（1）明确政府、供气企业、城镇燃气企业等的储气调峰责任与义务，到 2020 年底应落实以下储气能力要求：

①供气企业要拥有不低于其年合同销售量 10% 的储气能力；

②县级以上地方人民政府至少形成不低于保障本行政区域日均 3 天消费量的储气能力；

③城镇燃气企业形成不低于其年用气量 5% 的储气能力。

（2）约定储气指标的核定范围包括：

①地下储气库（含枯竭油气藏、含水层、盐穴等）工作气量；

②沿海 LNG 接收站（或调峰站、储配站等，以下统称 LNG 接收站）储罐罐容；

③陆上（含内河等）具备一定规模，可为下游输配管网、终端汽化站等调峰的 LNG、CNG 储罐罐容等；

④可中断合同供气、高压管存、上游产量调节等不计入储气能力。

（3）调峰能力主要侧重于调峰时期的补充供应能力，调峰手段包括：

①地下储气库、沿海 LNG 接收站；

② LNG 储罐；

③气田调峰、可中断供应、可替代能源和其他调节手段。

通过燃气输配系统的储气调峰可实现城镇燃气的供需平衡，从行业政策、实施可能性及经济性等方面考虑，城镇燃气供需平衡可分为季节性供需平衡和日供需平衡，具体的调峰手段如下。

2. 季节性供需平衡方法

1）地下储气

地下储气库储气量大，造价和运行费用省，可用来平衡季节不均匀用气，但不应该用来平衡日不均匀用气及小时不均匀用气，因为地下储气库频繁地储气和采气会使储气库的投资和运行费用增加，经济可行性差。

2）液态储存

天然气的主要成分甲烷在常压、−162 ℃时即可被液化，将液化天然气储存在绝热良好的低温储罐或冻穴储气库中，在用气高峰时汽化后即可供出。液化天然气汽化方便，负荷调节范围广，适合于调节各种不均匀用气。但对于季节调峰量大的城镇和地区，液态存储不如建地下储气库经济，因此液态储存多用在不具备建设地下储气库地质条件的地区。

目前，国内外建设的液化天然气场站有卫星站和调峰全能站，站内设有储存和再汽化装置。其中，卫星站构造简单、可拆可装，还可用汽车拖载，可作为中小城镇调峰用气的手段，也可作为设备大修或事故处理过程中保证安全供气的措施；调峰全能站的容量比卫星站大，可作为天然气管道尚未到达的小城镇的燃气气源。

3. 日供需平衡方法

1）管道储气

高压燃气管束储气及长输干管末端储气是平衡日不均匀用气和小时不均匀用气的

有效方法。高压管束储气是将一组或几组钢管埋在地下，对管内燃气加压，利用燃气的可压缩性进行储气。以高压的天然气作为气源，充分利用天然气的压力能，采用长输干管储气或城镇外环高压管道储气是最经济的一种方法，也是国内外最常用的一种方法。

2）储气罐储气

储气罐只能用来平衡日不均匀用气及小时不均匀用气。储气罐储气与其他储气方式相比，投资及运营费用都较大。储气罐是地上储气库的主要设备，根据储气压力的不同可分为高压储气罐和低压储气罐，低压储气罐又可分为湿式和干式两种。

当以压缩天然气、液化天然气作为城镇主气源时，可不必考虑日和小时的调峰手段，而通过改变压缩天然气阀门或液化天然气汽化装置开启数量的方式实现供需平衡。

【任务实施】

根据项目任务书和项目任务完成报告进行任务实施，见表 2-2-1 和表 2-2-2。

表 2-2-1　项目任务书

任务名称	城镇燃气输配系统的储气调峰		
小组成员			
指导教师		计划用时	
实施时间		实施地点	
任务内容与目标			
1. 了解城镇燃气输配系统储气调峰的含义； 2. 掌握城镇燃气供需平衡方法的分类； 3. 掌握城镇燃气输配系统储气调峰的方法。			
考核项目	1. 城镇燃气输配系统储气调峰的含义； 2. 城镇燃气供需平衡方法的分类； 3. 城镇燃气输配系统储气调峰的方法。		
备注			

表 2-2-2　项目任务完成报告

任务名称	城镇燃气输配系统的储气调峰		
小组成员			
具体分工			
计划用时		实际用时	
备注			

续表

1. 简述储气调峰的含义。   2. 简述城镇燃气输配系统储气调峰的方法及应用场景。

【任务评价】

根据项目任务综合评价表进行任务评价，见表 2-2-3。

表 2-2-3　项目任务综合评价表

任务名称：　　　　　　　　　　　　　　　　　　测评时间：　　年　　月　　日

考核明细		标准分	实训得分								
			小组成员								
			小组自评	小组互评	教师评价	小组自评	小组互评	教师评价	小组自评	小组互评	教师评价
团队（60分）	小组成员是否能在总体上把握学习目标与进度	10									
	小组成员是否分工明确	10									
	小组成员是否有合作意识	10									
	小组成员是否有创新想（做）法	10									
	小组成员是否如实填写项目任务完成报告	10									
	小组成员是否存在问题和具有解决问题的方案	10									

续表

考核明细		标准分	实训得分								
			小组成员								
			小组自评	小组互评	教师评价	小组自评	小组互评	教师评价	小组自评	小组互评	教师评价
个人（40分）	个人是否服从团队安排	10									
	个人是否完成团队分配的任务	10									
	个人是否能与团队成员及时沟通和交流	10									
	个人是否能够认真描述困难、错误和修改的地方	10									
合计		100									

【知识巩固】

（1）季节性供需平衡方法有__________和__________。

（2）日供需平衡方法有__________和__________。

（3）城镇燃气输配系统的储气调峰的定义是什么？储气调峰的作用是什么？

（4）城镇燃气输配系统的储气调峰方法有哪些？其应用特点是什么？

任务三　城镇燃气年用气量

【任务准备】

在进行城镇燃气输配系统设计时，首先要确定燃气的需用量，即年用气量。年用气量是确定气源、管网和设备燃气通过能力的依据。年用气量主要取决于用户的类型、数量及用气量指标。

城镇燃气需用量

在进行城镇燃气年用气量计算时，应分别计算各类用户的年用气量，各类用户年用气量之和即为该城镇燃气的年用气量。

1. 居民生活年用气量

在计算居民生活年用气量时，需要确定用气人数。居民用气人数取决于城镇居民人口数及汽化率。汽化率是指城镇居民使用燃气的人口数占城镇总人口数的百分数。城镇燃气的供气原则涉及国家的能源政策，且与当地的具体情况密切相关。在天然气的利用方面，应综合考虑资源分配、社会效益、环保效益和经济效益等各方面因素。我国根据不同用户的用气特点，将天然气的利用分为优先类、允许类、限制类和禁止类，优先发展居民用户、商业用户、汽车用户和分布式冷热电联产用户的用气，其中居民用户的用气供气原则如下：

（1）应有限满足城镇居民炊事和生活用热水及商业用户的用气；

（2）采暖与空调对于改善北方冬季的室内环境及缓解南方夏季的用电高峰有重要作用，在天然气量充足的前提下应积极发展。

根据居民生活用气量指标、居民人口数和汽化率，可按式（2-3-1）计算居民生活年用气量：

$$Q_a = \frac{Nkq}{H_l} \tag{2-3-1}$$

式中 Q_a——居民生活年用气量（Nm^3/a）；

N——居民人口数（人）；

k——汽化率（%）；

q——居民生活用气量指标［kJ/（人·a）］；

H_l——燃气低热值（kJ/Nm^3）。

2. 商业用户年用气量

在计算商业用户年用气量时，首先要确定各类商业用户的用气量指标、居民人口数及各类用气人口数占总人口数的比例。对于商业用户，用气人口数取决于城镇居民人口数和商业用户设施标准，其中包括 1 000 名居民中入托儿所、幼儿园的人口数，为 1 000 名居民设置的医院、旅馆床位数等。

商业用户年用气量可按式（2-3-2）计算：

$$Q_a = \frac{MNq}{H_l} \tag{2-3-2}$$

式中 Q_a——商业用户年用气量（Nm^3/a）；

N——居民人口数（人）；

M——各类用气人口数占总人口数的比例；

q——各类商业用户用气量指标［kJ/（人·a）］；

H_l——燃气低热值（kJ/Nm^3）。

3. 工业企业年用气量

工业企业年用气量与生产规模、班制和工艺特点等有关，通常由计算确定，计算方法有以下两种。

（1）工业企业年用气量可利用各种工业产品的用气定额及其年产量来计算。工业产品的用气定额，可根据有关设计资料或参照已用气企业的产品用气定额选取。

（2）在缺乏工业产品用气定额资料的情况下，通常是将该工业企业其他燃料的年用量折算成年用气量，通常按式（2-3-3）折算：

$$Q_a = \frac{1\,000 G_a H_l' \eta'}{H_l \eta} \tag{2-3-3}$$

式中　Q_a——工业企业年用气量（Nm^3/a）；

G_a——其他燃料年用量（t/a）；

H_l'——其他燃料低热值（kJ/kg）；

H_l——燃气低热值（kJ/Nm^3）；

η'——其他燃料燃烧设备热效率；

η——燃气燃烧设备热效率。

4. 建筑物采暖年用气量

建筑物采暖年用气量与建筑面积、热指标和供暖期长短有关，可按式（2-3-4）计算：

$$Q_a = \frac{F q_f n}{H_l \eta} \tag{2-3-4}$$

式中　Q_a——建筑物采暖年用气量（Nm^3/a）；

F——使用燃气供暖的建筑面积（m^2）；

q_f——民用建筑物的热指标［kJ/（m^2·h）］；

η——供暖系统的热效率；

H_l——燃气低热值（kJ/Nm^3）：

n——供暖最大负荷利用小时数（h/a）。

由于各地区供暖计算温度不同，各地区的热指标 q_f 也是不同的，可由有关手册查得。供暖最大负荷利用小时数可按式（2-3-5）计算：

$$n = n_1 \frac{t_1 - t_2}{t_1 - t_3} \tag{2-3-5}$$

式中　n——供暖最大负荷利用小时数（h/a）；

n_1——供暖小时数（h/a）；

t_1——供暖期室内计算温度（℃）；

t_2——供暖期室外平均气温（℃）；

t_3——供暖期室外计算温度（℃）。

5. 燃气汽车、船舶年用气量

燃气汽车、船舶年用气量应根据当地燃气汽车、船舶的种类、型号和使用量的统计数据分析或计算后确定。

6. 燃气电站及分布式能源年用气量

燃气电站及分布式能源用户的年用气量应根据其发电量及设备效率统计分析及计算后确定。

7. 未预见量

城镇年用气量中还应计入未预见量，具体包括管网的燃气漏损量和发展过程中未预见的供气量。一般未预见量按年用气量的 5% 计算。

【任务实施】

根据项目任务书和项目任务完成报告进行任务实施，见表 2-3-1 和表 2-3-2。

表 2-3-1　项目任务书

任务名称	城镇燃气年用气量		
小组成员			
指导教师		计划用时	
实施时间		实施地点	
任务内容与目标			
1. 了解城镇燃气供气对象及供气原则； 2. 掌握城镇燃气年用气量的定义； 3. 掌握各类用户年用气量的计算。			
考核项目	1. 城镇燃气供气对象及供气原则； 2. 城镇燃气年用气量的定义； 3. 各类用户年用气量的计算。		
备注			

表 2-3-2　项目任务完成报告

任务名称	城镇燃气年用气量		
小组成员			
具体分工			
计划用时		实际用时	
备注			

续表

1. 简述城镇燃气年用气量的定义。
2. 简述影响城镇燃气年用气量的因素有哪些。
3. 简述常见的城镇燃气用户年用气量的计算方法有哪些。

【任务评价】

根据项目任务综合评价表进行任务评价，见表 2-3-3。

表 2-3-3　项目任务综合评价表

任务名称：　　　　　　　　　　　　　　　　　　　　测评时间：　　年　　月　　日

考核明细		标准分	实训得分								
			小组成员								
			小组自评	小组互评	教师评价	小组自评	小组互评	教师评价	小组自评	小组互评	教师评价
团队（60分）	小组成员是否能在总体上把握学习目标与进度	10									
	小组成员是否分工明确	10									
	小组成员是否有合作意识	10									
	小组成员是否有创新想（做）法	10									
	小组成员是否如实填写项目任务完成报告	10									
	小组成员是否存在问题和具有解决问题的方案	10									

续表

<table>
<tr><td colspan="2" rowspan="4">考核明细</td><td rowspan="4">标准分</td><td colspan="9">实训得分</td></tr>
<tr><td colspan="9">小组成员</td></tr>
<tr><td colspan="3"></td><td colspan="3"></td><td colspan="3"></td></tr>
<tr><td>小组自评</td><td>小组互评</td><td>教师评价</td><td>小组自评</td><td>小组互评</td><td>教师评价</td><td>小组自评</td><td>小组互评</td><td>教师评价</td></tr>
<tr><td rowspan="4">个人（40分）</td><td>个人是否服从团队安排</td><td>10</td><td></td><td></td><td></td><td></td><td></td><td></td><td></td><td></td><td></td></tr>
<tr><td>个人是否完成团队分配的任务</td><td>10</td><td></td><td></td><td></td><td></td><td></td><td></td><td></td><td></td><td></td></tr>
<tr><td>个人是否能与团队成员及时沟通和交流</td><td>10</td><td></td><td></td><td></td><td></td><td></td><td></td><td></td><td></td><td></td></tr>
<tr><td>个人是否能够认真描述困难、错误和修改的地方</td><td>10</td><td></td><td></td><td></td><td></td><td></td><td></td><td></td><td></td><td></td></tr>
<tr><td colspan="2">合计</td><td>100</td><td></td><td></td><td></td><td></td><td></td><td></td><td></td><td></td><td></td></tr>
</table>

【知识巩固】

（1）城镇燃气年用气量主要取决于用户的__________、__________和__________。

（2）居民用气人口数取决于城镇居民__________和__________。

（3）汽化率是指城镇居民__________占__________的百分数。

任务四　城镇燃气输配系统的小时计算流量

【任务准备】

城镇燃气输配系统的管径及设备燃气通过能力不能直接用燃气的年用量来确定，而应按燃气计算月的小时最大流量计算。燃气小时计算流量的确定，关系到燃气输配系统的经济性和可靠性。若燃气小时计算流量定得偏高，会增加燃气输配系统的金属用量和基建投资；若燃气小时计算流量定得偏低，又会影响用户的正常用气。

通常确定燃气小时计算流量的方法有两种：不均匀系数法和同时工作系数法。这两种方法各有其特点和适用范围。

1. 城镇燃气分配管道的小时计算流量

城镇燃气分配管道的小时计算流量是按计算月的高峰小时最大用气量计算，可按式（2-4-1）计算：

$$Q_h = \frac{Q_a}{365 \times 24} K_m^{max} K_d^{max} K_h^{max} \tag{2-4-1}$$

式中　Q_h——燃气小时计算流量（Nm^3/h）；

Q_a——年用气量（Nm^3/a）；

K_m^{max}——月高峰系数；

K_d^{max}——日高峰系数；

K_h^{max}——小时高峰系数。

用气高峰系数应根据城镇用气量的实际统计资料确定。居民生活和商业用户用气的高峰系数，应根据该城镇各类用户燃气用量的变化情况，编制月、日及小时用气负荷资料，经分析研究确定。工业企业生产用气的不均匀性，可按各类用户燃气用量的变化叠加后确定。

居民生活和商业用户用气的高峰系数，当缺乏用气量的实际统计资料时，结合当地具体情况，可按下列范围选用：

$$K_m^{max} = 1.1 \sim 1.3$$

$$K_d^{max} = 1.05 \sim 1.2$$

$$K_h^{max} = 2.2 \sim 3.2$$

因此，$K_m^{max} K_d^{max} K_h^{max} = 2.54 \sim 4.99$。

当供应用户数多时，小时高峰系数取偏小的数值。对于个别的独立居民点，当总用户数少于 1 500 户时，作为特殊情况，小时高峰系数的选取范围甚至可以为 3.3~4.0。供暖用气不均匀性可根据当地气象资料及供暖用气工况确定。

工业企业和燃气汽车用户的燃气小时计算流量，宜按每个独立用户生产的特点和燃气用量的变化情况，编制月、日和小时用气负荷资料确定。

2. 城镇燃气分配管道的最大小时流量

居民生活及商业用户的最大小时流量可采用供气量最大利用小时数来计算。假设把全年 8 760 h（24 h/d×365 d）所使用的燃气总量，按一年中最大小时用量连续大量使用所能延续的小时数称为供气量最大利用小时数。

城镇燃气分配管道的最大小时流量采用供气量最大利用小时数计算时，可按式（2-4-2）计算：

$$Q_h = \frac{Q_a}{n} \tag{2-4-2}$$

式中　Q_h——燃气管道最大小时流量（Nm³/h）；

Q_a——年用气量（Nm³/a）；

n——供气量最大利用小时数（h/a）。

由式（2-4-1）与式（2-4-2）可得供气量最大利用小时数与不均匀系数间的关系满足式（2-4-3）：

$$n = \frac{365 \times 24}{K_m^{max} K_d^{max} K_h^{max}} \tag{2-4-3}$$

可见，不均匀系数越大，则供气量最大利用小时数越小。居民生活及商业用户供气量最大利用小时数因城镇人口多少而异，城镇人口数越多，用气量越均匀，则最大利用小时数越大。大型工业企业用户可根据企业特点选用供气量最大利用小时数，其中一班制工业企业 n=2 000~3 000 h/d，两班制工业企业 n=3 500~4 000 h/d；三班制工业企业 n=6 000~6 500 h/d。

【任务实施】

根据项目任务书和项目任务完成报告进行任务实施，见表 2-4-1 和表 2-4-2。

表 2-4-1　项目任务书

任务名称	城镇燃气输配系统的小时计算流量		
小组成员			
指导教师		计划用时	
实施时间		实施地点	
任务内容与目标			
1. 了解确定城镇燃气输配系统小时计算流量的意义； 2. 掌握城镇燃气小时计算流量的计算方法。			
考核项目	1. 确定城镇燃气输配系统小时计算流量的意义； 2. 城镇燃气小时计算流量的计算方法。		
备注			

表 2-4-2　项目任务完成报告

任务名称	城镇燃气输配系统的小时计算流量		
小组成员			
具体分工			
计划用时		实际用时	

续表

备注	
1. 简要说明城镇燃气输配系统的小时计算流量的计算方法及适用范围。 2. 简述如何确定城镇燃气输配系统的小时计算流量。	

【任务评价】

根据项目任务综合评价表进行任务评价，见表 2-4-3。

表 2-4-3　项目任务综合评价表

任务名称：　　　　　　　　　　　　　　　　　　测评时间：　　年　　月　　日

考核明细		标准分	实训得分								
			小组成员								
			小组自评	小组互评	教师评价	小组自评	小组互评	教师评价	小组自评	小组互评	教师评价
团队（60分）	小组成员是否能在总体上把握学习目标与进度	10									
	小组成员是否分工明确	10									
	小组成员是否有合作意识	10									
	小组成员是否有创新想（做）法	10									
	小组成员是否如实填写项目任务完成报告	10									
	小组成员是否存在问题和具有解决问题的方案	10									

续表

考核明细		标准分	实训得分								
			小组成员								
			小组自评	小组互评	教师评价	小组自评	小组互评	教师评价	小组自评	小组互评	教师评价
个人（40分）	个人是否服从团队安排	10									
	个人是否完成团队分配的任务	10									
	个人是否能与团队成员及时沟通和交流	10									
	个人是否能够认真描述困难、错误和修改的地方	10									
合计		100									

【知识巩固】

（1）城镇燃气输配系统的管径及设备燃气通过能力不能直接用燃气的年用量来确定，而应按燃气计算月的______________计算。

（2）燃气小时计算流量的确定，关系到燃气输配系统的经济性和可靠性。若燃气小时计算流量定得偏高，会增加燃气输配系统的____________和____________；若燃气小时计算流量定得偏低，又会影响________________。

（3）确定燃气小时计算流量的方法有____________和____________。这两种方法各有其特点和适用范围。

项目三

燃气输送系统

【项目描述】

燃气从气井开采出来以后，经过矿场集输管道集中到净化厂处理后，由长输管道输送至城镇燃气管网，供给工业和民用的用户。从气井到用户，燃气都在密闭的状态下输送，形成一个完整的燃气输送系统。整个燃气输送系统包括上游长距离输送系统和下游城镇燃气输配系统。

西气东输是我国自行设计、建设的第一条世界级天然气管道，也是目前全世界距离最长的管道工程。西气东输工程不仅有利于促进我国能源结构和产业结构的调整，带动区域经济共同发展，还可以改善管道沿线地区人民的生活质量，有效治理大气污染。

【项目目标】

燃气输送系统

- 素质目标
  - 1. 培养学生知识获取和应用的自主学习能力
  - 2. 培养学生科学思维和判断分析问题的能力
  - 3. 培养学生探索实践的创新能力
  - 4. 培养学生动手操作的能力
- 知识目标
  - 1. 了解燃气输送系统的组成
  - 2. 掌握长距离输送系统的组成与功能
  - 3. 掌握城镇燃气输配系统的组成与功能
  - 4. 掌握门站、储配站、调压站的工艺流程与功能
- 技能目标
  - 1. 能够绘制长距离输送系统图
  - 2. 能够绘制城镇燃气输配系统图
  - 3. 能够绘制门站、储配站、调压站的工艺流程图
  - 4. 能够分析整个输送系统的组成以及门站、储配站、调压站各场站的工艺

任务一　燃气的长距离输送系统

【任务准备】

燃气的长距离输送系统是连接气田净化处理厂与城镇的干线输气管道，它具有输气量大、压力高、运距长的特点。

1. 长距离输送系统的起点与终点

长距离输送系统的起点是气井，终点是燃气分配站（门站）。

2. 长距离输送系统的作用

长距离输送系统的作用是将产气地的气源（天然气、油田气及人工燃气）输送到远离产地的使用地（城镇和工业区），如图 3-1-1 所示。

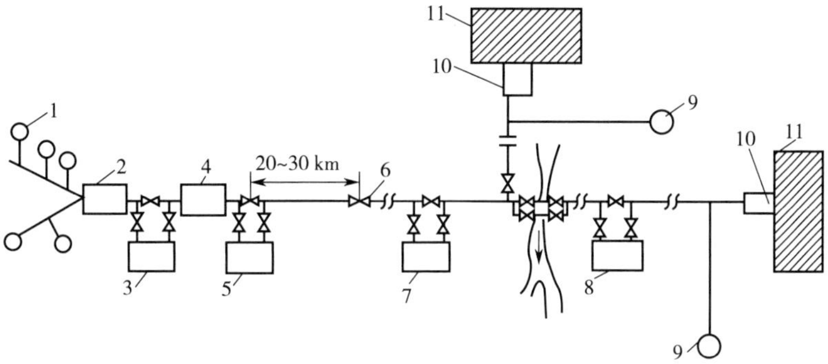

1—井口装置；2—集气站；3—矿场压气站；4—天然气处理厂；5—输气干线起点站；6—阀门；7—中间压气站；8—终点压气站；9—储气设施；10—燃气分输站；11—城镇或工业区

图 3-1-1　长距离输气系统示意图

3. 长距离输送系统的构成

长距离输气系统主要由集输管网、气体净化设备、起点站、输气干线、输气支线、中间调压计量站、压气站、燃气分配站、管理维修站、通信和遥控设备、阴极保护站（或其他电保护装置）等构成。

1）*矿场集输系统*

矿场集输系统指的是从气井口开始对天然气的采集和输送，如图 3-1-2 所示。

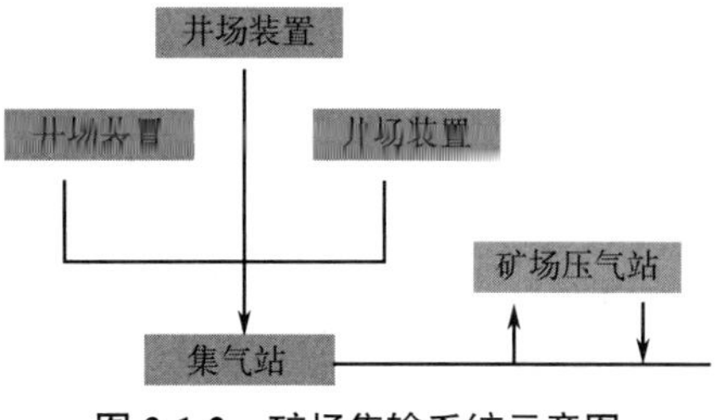

图 3-1-2　矿场集输系统示意图

Ⅰ. 井场

根据气田集输工艺的不同，可采用不同的井场工艺流程，主要可分为单井集气和多井集气。

单井集气是在气井附近直接设置单独的天然气节流减压、初次分离和计量等设备。

多井集气是将两口以上的气井用管线分别从井口连接到集气站，在每口气井只设置采气井口装置，而在集气站对各气井输送来的天然气分别进行节流减压、初次分离和计量等。

Ⅱ. 集气管网

集气管网是指各气井、集气站与天然气处理厂之间的管网，其按连接的几何方式可分为以下几种。

（1）放射状集气管网：集气干线呈放射状，如图 3-1-3 所示。

（2）树枝状集气管网（即线形集气管网）：集气干线呈直线形，如图 3-1-4 所示。

（3）环形集气管网：集气干线呈环状，如图 3-1-5 所示。

（4）组合型集气管网。

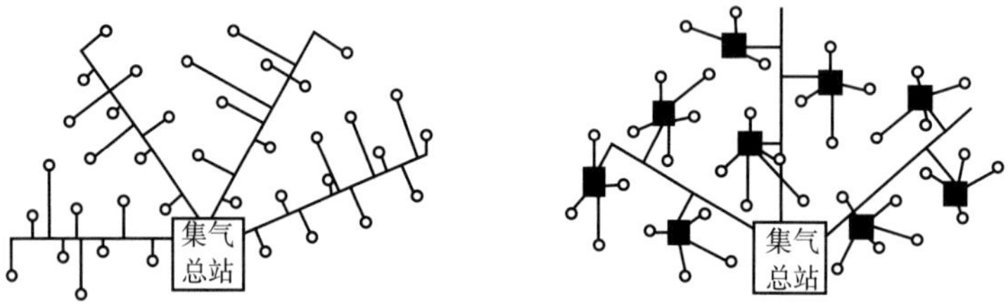

（a）　（b）

图 3-1-3　放射状集气管网

（a）单井集气　（b）多井集气

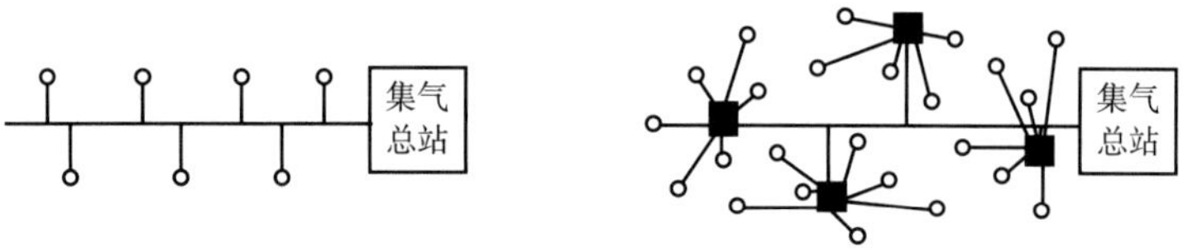

（a）　（b）

图 3-1-4　树枝状集气管网

（a）单井集气　（b）多井集气

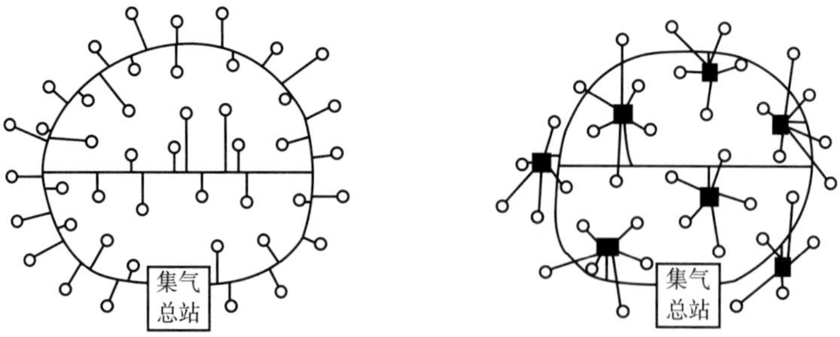

（a）　（b）

图 3-1-5　环状集气管网

（a）单井集气　（b）多井集气

Ⅲ. 矿场压气站

在气田开采后期（或对于低压气田），当地层压力不足以满足生产和输送要求时，需要用矿场压气站对低压天然气增压到所需压力，然后输送到天然气处理厂或输气干线。

矿场压气站的核心设备是压缩机，下面以活塞式压缩机为例介绍其工作原理。

在活塞式压缩机中，气体依靠在气缸内做往复运动的活塞进行加压。图 3-1-6 所示为单级单作用活塞式压缩机示意图。

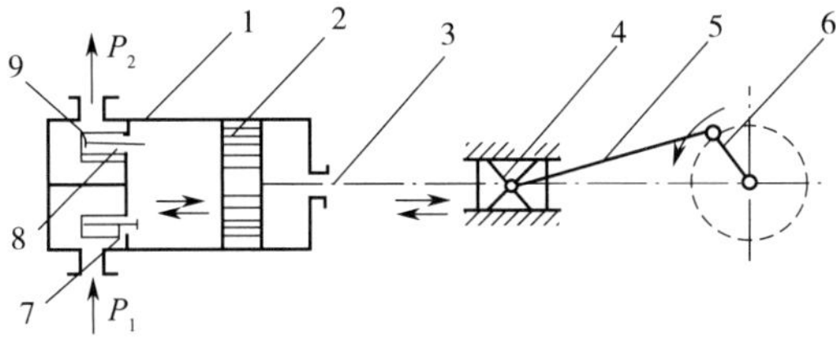

1—气缸；2—活塞；3—活塞杆；4—十字头；5—连杆；6—曲柄；
7—吸气阀；8—排气阀；9—弹簧

图 3-1-6 单级单作用活塞式压缩机示意图

当活塞 2 向右移动，气缸 1 中活塞左端的压力略低于低压燃气管道内的压力时，吸气阀 7 被打开，排气阀 8 关闭，燃气在压力 P_1 的作用下进入气缸 1 内，这个过程称为吸气过程；当活塞 2 返程时，吸气阀 7 关闭，吸入的燃气在气缸 1 内被活塞挤压，这个过程称为压缩过程；当气缸内的燃气压力被压缩到略高于高压燃气管道内的压力后，排气阀 8 即被打开，被压缩的燃气排入高压燃气管道内，这个过程称为排气过程。至此，完成一个工作循环。活塞再继续运动，上述工作循环将周而复始地进行，不断地压缩燃气。

2）天然气处理厂

当天然气中硫化氢、二氧化碳、凝析油的含量和含水量超过一定标准时，需设置天然气处理厂对天然气进行净化。

3）输气干线起点站

输气干线起点站主要包括过滤（除去固体悬浮物和游离水）、调压、计量等工艺，其流程如图 3-1-7 所示。

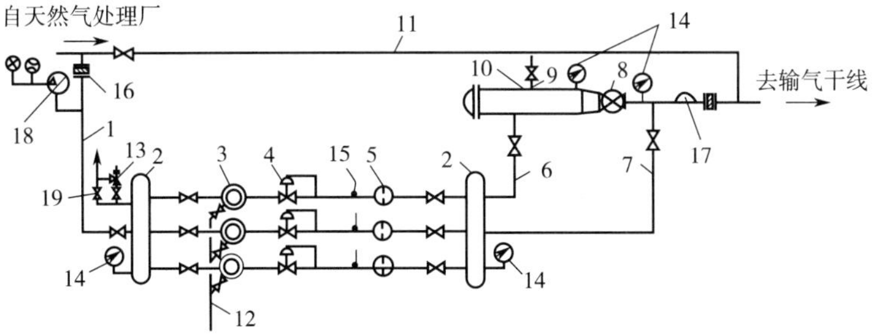

1—燃气进气管；2—汇气管；3—分离器；4—调压器；5—孔板流量计；6—清管旁通管；7—燃气输出管；8—球阀；
9—放空管；10—清管器发送筒；11—越站旁通管；12—分离器排污管；13—安全阀；14—压力表；15—温度计；
16—绝缘法兰；17—清管器通过指示器；18—带声光信号的电接点压力表；19—放空阀

图 3-1-7 输气干线起点站流程示意图

4）输气干线设施

输气干线设施包括中间压气站、清管球收发装置、阴极保护站、管理维修站、通信与遥控设施等。其主要设施是中间压气站（为了满足远距离输气，需设加压设施），中间压气站的数量和出口压力要经过技术经济计算确定，通常两个压气站间的距离为100~150 km。其他附属设备如清管球收发装置、阴极保护站以及遥控中心站等也可与压气站联合设置。

输气干线沿途最好设置地下储气库。地下储气库是将长距离输送管道输送来的天然气重新注入地下空间，一般是利用枯竭油气田、含水层、盐穴、废弃矿坑来储气。地下储气库一般是夏天注气、冬天采气，且储气量大，造价和运行费用省，可用来平衡季节不均匀用气；但不应该用来平衡日不均匀用气及小时不均匀用气，因为急剧增加采气强度会使地下储气库的投资和运行费用增加，经济可行性差。

5）燃气分配站

燃气分配站也称为城镇门站，它是长距离输送管线的终点站，也是城镇、工业区分配管网的气源站。其任务是接收长距离输送管线的燃气，经过除尘、调压（将燃气压力调至城镇高压环网或用户所需的压力）、计量和加臭后送入城镇和工业区的管网。

【任务实施】

根据项目任务书和项目任务完成报告进行任务实施，见表 3-1-1 和表 3-1-2。

表 3-1-1　项目任务书

任务名称	燃气的长距离输送系统		
小组成员			
指导教师		计划用时	
实施时间		实施地点	
任务内容与目标			
1. 了解长距离输送系统的作用； 2. 掌握长距离输送系统的组成； 3. 掌握长距离输送系统的工艺流程。			
考核项目	1. 长距离输送系统的作用； 2. 长距离输送系统的组成； 3. 长距离输送系统的工艺流程。		
备注			

表 3-1-2　项目任务完成报告

任务名称	燃气的长距离输送系统		
小组成员			
具体分工			
计划用时		实际用时	
备注			
1. 简述长距离输送系统的作用与起终点。 2. 分析长距离输送系统的各组成部分。 3. 绘制长距离输送系统图。			

【任务评价】

根据项目任务综合评价表进行任务评价，见表 3-1-3。

表 3-1-3　项目任务综合评价表

任务名称：　　　　　　　　　　　　　　　　　测评时间：　　年　　月　　日

考核明细		标准分	实训得分								
			小组成员								
			小组自评	小组互评	教师评价	小组自评	小组互评	教师评价	小组自评	小组互评	教师评价
团队（60分）	小组成员是否能在总体上把握学习目标与进度	10									
	小组成员是否分工明确	10									
	小组成员是否有合作意识	10									
	小组成员是否有创新想（做）法	10									
	小组成员是否如实填写项目任务完成报告	10									
	小组成员是否存在问题和具有解决问题的方案	10									

续表

考核明细		标准分	实训得分								
			小组成员								
			小组自评	小组互评	教师评价	小组自评	小组互评	教师评价	小组自评	小组互评	教师评价
个人（40分）	个人是否服从团队安排	10									
	个人是否完成团队分配任务	10									
	个人是否能与团队成员及时沟通和交流	10									
	个人是否能够认真描述困难、错误和修改的地方	10									
合计		100									

【知识巩固】

（1）长距离输送系统的起点是______________，终点是______________。

（2）长距离输送系统的作用是____。

（3）长距离输送系统主要由____等构成。

（4）绘制长距离输送系统图。

任务二　城镇燃气输配系统

【任务准备】

城镇燃气输配系统是指自门站至用户的全部设施构成的系统，包括门站、储气站、调压站、输配管道、计量装置、管理设施、监控系统等。

1. 城镇燃气输配系统的起点与终点

城镇燃气输配系统的起点是门站（燃气分配站），终点是用户。

2. 城镇燃气输配系统的作用

城镇燃气输配系统的作用是将上游输送来的燃气经过门站输送到各类用户。

3. 城镇燃气输配系统的构成

城镇燃气输配系统一般由门站、输配管网、储气站、调压站、监控与调度中心以及维护管理部门等共同组成。

1）门站（燃气分配站）

门站是城镇燃气输配系统的气源点，也是燃气进入城镇燃气输配管网的配气站，其任务是接收燃气，并在站内进行过滤、调压、计量、加臭、分配后，送入城镇燃气输配管网或直接送入大用户。

2）输配管网

输配管网是将门站的燃气输送至各储气站、调压站、燃气用户，并保证沿途输气安全可靠。

3）储气站

储气站的作用包括：

（1）储存一定量的燃气，以供用气高峰时调峰用；

（2）当输气设施发生暂时故障、维修管道时，保证一定程度的供气；

（3）对使用的多种燃气进行混合，使其组分均匀；

（4）将燃气加压（或减压），以保证输配管网或用户燃具前的燃气有足够的压力。

4）调压站

调压站在城镇燃气输配系统中的主要作用是调节和稳定系统压力，并控制燃气流量，防止调压器后设备被磨损和堵塞，保护输配系统，以免出口压力过低或超压。

5）监控与调度中心

为确保城镇燃气能够安全供应，需设置监控与调度中心，通常监控与调度中心具有以下功能：

（1）气源调度：监控上游的燃气组分、热值和[illegible]级输差，保证燃气输配系统的燃气连续供应。

（2）输配调度：监控燃气输配系统的燃气压力、流量、温度、加臭等各项技术参数在安全运行和规程规定的范围内；调度协调各场站和管线的运行操作和设备检修；保证燃气输配系统的安全运行和稳定供气。

（3）应急调度：编制应急调度预案，实施应急调度；当进气量高于供气量时，利用储气设施进行调峰，或采取紧急放散措施控制系统压力，保证安全运行；当气源不足时，采取必要的限气措施等，保证重点用户的燃气供应。

（4）抢险调度：当燃气输配系统发生燃气泄漏、火灾、爆炸等安全事故时，要及时调度抢险队伍赶赴现场抢险维修，并及时向有关领导和部门报告。

6）维护管理部门

城镇燃气输配系统在供气期间应保证不间断地、可靠地给用户供气，在运行管理方面应是安全的，在维修检测方面应是简便的；还应考虑在检修或发生故障时，可关断某些部分管段而不致影响全系统的工作。

【任务实施】

根据项目任务书和项目任务完成报告进行任务实施，见表 3-2-1 和表 3-2-2。

表 3-2-1　项目任务书

任务名称	城镇燃气输配系统		
小组成员			
指导教师		计划用时	
实施时间		实施地点	
任务内容与目标			
1. 了解城镇燃气输配系统的作用； 2. 掌握城镇燃气输配系统的组成； 3. 掌握城镇燃气输配系统的工艺流程。			
考核项目	1. 城镇燃气输配系统的作用； 2. 城镇燃气输配系统的组成； 3. 城镇燃气输配系统的工艺流程。		
备注			

表 3-2-2　项目任务完成报告

任务名称	城镇燃气输配系统		
小组成员			
具体分工			
计划用时		实际用时	
备注			
1. 简述城镇燃气输配系统的作用与起终点。 2. 分析城镇燃气输配系统的各组成部分。 3. 绘制城镇燃气输配系统图。			

【任务评价】

根据项目任务综合评价表进行任务评价，见表 3-2-3。

表 3-2-3　项目任务综合评价表

任务名称：　　　　　　　　　　　　　　　　测评时间：　　年　　月　　日

考核明细		标准分	实训得分								
			小组成员								
			小组自评	小组互评	教师评价	小组自评	小组互评	教师评价	小组自评	小组互评	教师评价
团队（60分）	小组成员是否能在总体上把握学习目标与进度	10									
	小组成员是否分工明确	10									
	小组成员是否有合作意识	10									
	小组成员是否有创新想（做）法	10									
	小组成员是否如实填写项目任务完成报告	10									
	小组成员是否存在问题和具有解决问题的方案	10									
个人（40分）	个人是否服从团队安排	10									
	个人是否完成团队分配任务	10									
	个人是否能与团队成员及时沟通和交流	10									
	个人是否能够认真描述困难、错误和修改的地方	10									
合计		100									

【知识巩固】

（1）城镇燃气输配系统的起点是________________，终点是________________。

（2）城镇燃气输配系统的作用是____。

（3）城镇燃气输配系统主要由____等构成。

（4）绘制城镇燃气输配系统图。

任务三　门站

【任务准备】

1. 城镇燃气门站

门站是城镇燃气输配系统的气源点，也是燃气进入城镇燃气输配管网的配气站，其任务是接收燃气，在站内进行过滤、调压、计量、加臭、分配后，送入城市燃气输配管网或直接送入大用户。

门站设于城镇燃气管道的起点，是城镇或工业区分配管网的气源站，在燃气门站内燃气经过滤除尘、调压、计量和加臭后送入城镇或工业区的管网。

在门站进站总管上设置分离器（或过滤器），当长距离输送管线采用清管工艺时，其清管器的接收装置可以设置在门站内。站内计量调压装置根据工作环境要求可以露天布置，也可以设在厂房内。储配站所建储罐容积应根据输配系统所需储气总容积、管网系统的调度平衡和气体混配要求确定，具体储配站的储气方式及储罐形式应根据燃气进站压力、供气规模、输配管网压力等因素，经技术经济比较后确定。若储气罐站和燃气分配站合并设置，则称为燃气储配站；两者也可单独设置。图 3-3-1 所示为燃气门站一级调压流程。

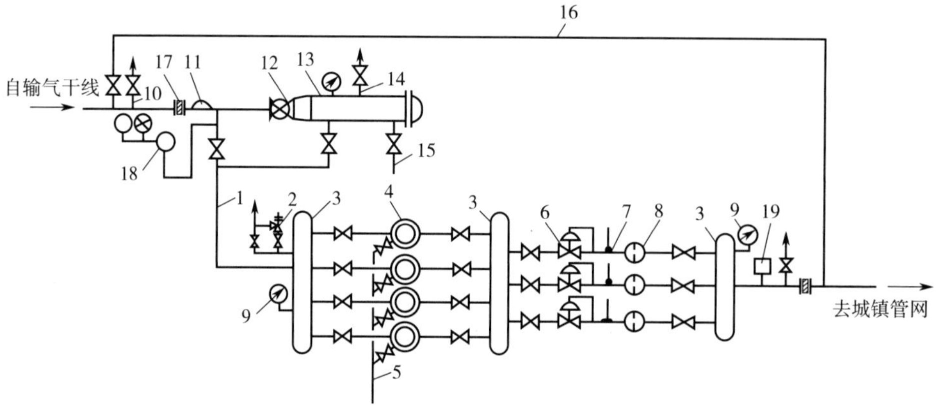

1—燃气进气管；2—安全阀；3—汇气管；4—过滤器；5—过滤器排污管；6—调压器；7—温度计；8—孔板流量计；9—压力表；10—干线放空管；11—清管器通过指示器；12—球阀；13—清管器接收筒；14—放空管；15—排污管；16—越站旁通管；17—绝缘法兰；18—电接点压力表；19—加臭装置

图 3-3-1　燃气门站一级调压流程示意图

门站内应设置收发球站、调压计量区或车间、储罐区、消防水池及消防水泵房、变配电及控制室、通信站房、机修及锅炉房、行政管理及生活用房等建构筑物，且应符合以下要求。

（1）平面布置分区可分为生产区（包括储罐区、调压计量区、加压区等）和辅助区，生产区宜布置在年最小频率风向的上风侧，辅助区布置在年最小频率风向的下风侧。

（2）站内的各建构筑物之间以及与站外建构筑物之间的防火间距应符合《建筑设计防火规范（2018 年版）》（GB 50016—2014）的有关规定，站内建筑物的耐火等级不应低于《建筑设计防火规范（2018 年版）》中的“二级”规定。

（3）储配站消防区应布置环形消防通道，消防车通道的宽度不应小于 3.5 m。

（4）储气罐与其他建构筑物之间的距离应符合《建筑设计防火规范（2018 年版）》的有关规定。

（5）站内的变配电室、水泵房、锅炉房等动力部分，可集中布置在辅助区距出入口较远、人员活动较少的一侧，以便于管理。

（6）站内的工艺管道布置应力求最短，采取放散和集中相结合的形式，用低支架敷设，与道路交叉时采用架空敷设，经常操作的管道阀门可集中布置，以便于操作；站内的其他管道如给水、热力等管道，均应明管敷设。

（7）门站、储配站周围应设置实体围墙。

燃气门站的站址选择，应遵守城镇总体规划，符合安全防火距离的规定，并应考虑地形、地质条件和场站对当地环境的影响以及附近企业对场站的影响。所选站址应交通方便、水电来源充足。在安全防火距离允许的范围内，场站应尽可能靠近城镇居民点，并位于城镇和居民区全年最小频率风向的上风侧。作为门站的站址，应有足够的面积，并为扩建留有必要的余地。最终的站址选择一般应对几个方案进行比较后确定。

2. 门站的主要设施

门站的主要设施包括阀门、过滤器、调压器、流量计、清管设备、旁通管及监控仪表等，有的调压站还装有计量设备。

1）阀门

门站进口及出口处设置阀门，主要作用是当流量计、调压器、过滤器检修时关断燃气。阀门的种类很多，常用的有球阀、闸阀、截止阀等。

2）过滤器

门站用到的过滤器主要有滤芯式过滤器和旋风分离器。

Ⅰ. 滤芯式过滤器

滤芯式过滤器主要由筒体、滤芯、排污口、顶盖及紧固件等组成，如图 3-3-2 所示。滤芯式过滤器安装在管道上能除去流体中的杂质，使设备、仪表能正常工作和运转，起到稳定工艺过程和保障安全生产的作用。

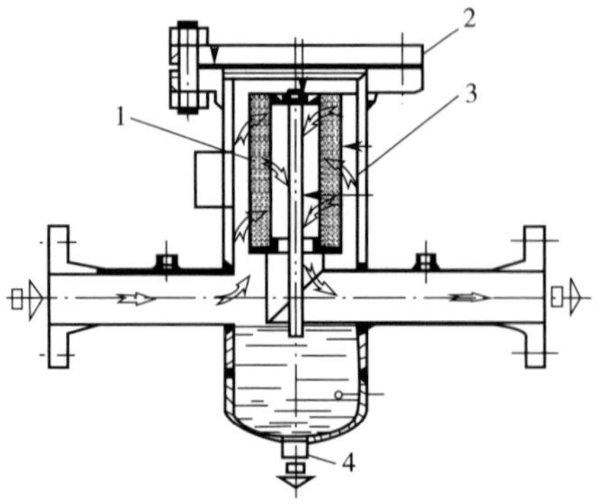

1—滤芯；2—顶盖；3—筒体；4—排污口

图 3-3-2 滤芯式过滤器

滤芯式过滤器的工作原理：当液体通过筒体经过滤芯后，固体杂质颗粒被留滞在滤芯内，而洁净的流体通过滤芯，并由过滤器出口排出。当滤芯式过滤器需要清洗时，旋开主管底部的排污口，排净流体，拆卸顶盖，清洗后重新装配即可。因此，滤芯式过滤器使用维护极为方便。

Ⅱ. 旋风分离器

旋风分离器的主要功能是尽可能除去输送介质气体中携带的固体颗粒杂质和液滴，达到气、固、液分离，以保证管道及设备的正常运行，适用于各种燃气及其他非腐蚀性气体。

旋风分离器的净化原理：旋风管是利用离心原理的直径 2 in（1 in=2.54 cm）的管状物，待过滤的燃气从进气口进入，在旋风管内形成旋流，由于固、液颗粒和燃气的密度差异，在离心力的作用下分离，清洁燃气从上导管流走，固、液颗粒从下导管落入过滤器底部，并从排污口排走，如图 3-3-3 所示。旋风管的数量是根据实际的气流量和允许的压降确定的。旋风分离器适用于净化大于 1~3 μm 的非黏性、非纤维的干燥粉尘；对固体颗粒和大量液滴的清除具有很高的效率。旋风分离器是一种结构简单、操作方便、耐高温、设备费用和阻力较高（80~160 mmH_2O）的净化设备，旋风除尘器在净化设备中应用得最为广泛。改进型的旋风分离器在部分装置中可以取代尾气过滤设备。

3）流量计

燃气流量计是用来指示燃气的瞬时流量和显示燃气积累流量的一种计量仪表。通常使用的燃气流量计有差压式流量计、临界流文丘里喷嘴流量计、涡轮流量计、罗茨流量计、旋涡流量计和超声波流量计。

Ⅰ. 差压式流量计

差压式流量计又称为节流式流量计，由节流装置和差压计两部分组成。根据节流件的形式，又可分为孔板式流量计和喷嘴式流量计。

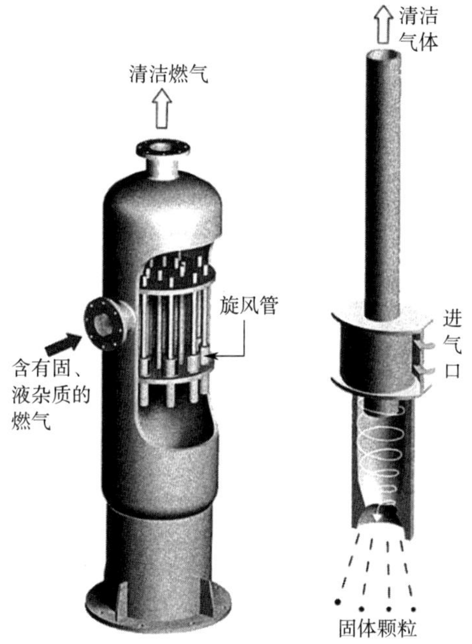

图 3-3-3　旋风分离器

差压式流量计的结构简单，既适用于气态燃气，又适用于液态燃气。其孔板和喷嘴已经标准化，只要严格遵照技术要求加工和安装，就可以根据计算结果制造和使用，不必单独检定。若采用非标准化的孔板和喷嘴，则应单独检定后方可使用。差压式流量计的主要缺点是测量范围窄，一般量程比为 3∶1，安装要求严格，压力损失较大，燃气中的焦油和萘等易冷凝的杂质附着于节流件上时对测量精确度影响大。此外，差压式流量计上的流量指示刻度为非线性，直观性差。

Ⅱ. 临界流文丘里（音速）喷嘴流量计

城市路边的汽车加油机传统采用容积式流量计，压缩天然气加气机则被（音速）喷嘴流量计所代替。加气机用（音速）喷嘴流量计测量准确度较高，但运行能耗较大。

Ⅲ. 涡轮流量计

涡轮流量计是一种速度式仪表，它具有精度高、重复性好、结构简单、运动部件少、耐高压、测量范围宽、体积小、质量轻、压力损失小和维修方便等优点，适用于在封闭管道中测量低黏度气体的体积流量和总量；缺点是对流体清洁度要求高，易受流体物性影响，还受到来流速度分布和流动脉动影响，且有活动件，轴承磨损会使特性偏移。

涡轮流量计的计量原理：计量时，气流通过进口端的整流器后，作用在轴向安装的叶轮上，叶轮的转数和气体的流速成正比，通过涡轮蜗杆及磁耦合机构将叶轮的转动传送至表头计数器，如图 3-3-4 所示。流量计机械表头显示工况压力和温度条件下的累计体积流量。

Ⅳ. 罗茨流量计

罗茨流量计是主要用于对管道中的液体流量进行连续或间歇测量的高精度计量仪表，它具有精度高、可靠性好、质量轻、寿命长、运行噪声低、安装使用方便等优点。罗茨流量计的工作原理：被测气体进入仪表进气口后，会在仪表腔内形成压力差，从而使叶轮转动，而定时齿轮会与叶轮同步反向转动，叶轮每旋转一周就会有固定体积的流量从出口排出，这样通过精密的齿轮转动，就可以将叶轮的旋转转换成固定体积的气体流过，齿轮的转动经磁耦合器传递给计数器，所以计数器就可以计量流过的气体体积，如图 3-3-5 所示。

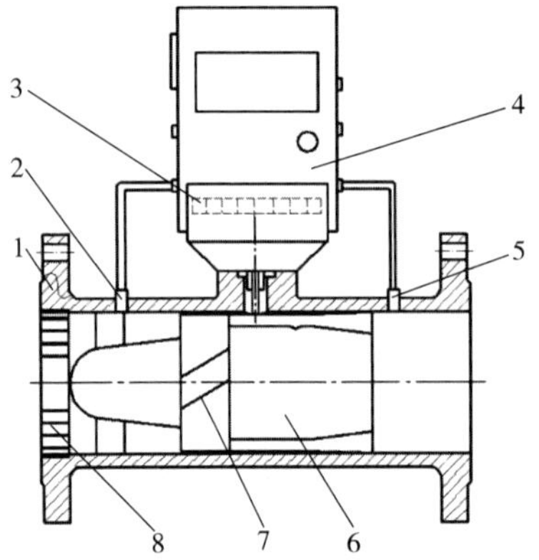

1—表体；2—压力传感器；3—计数器；4—体积修正仪；
5—温度传感器；6—机芯；7—涡轮；8—整流装置

图 3-3-4　涡轮流量计

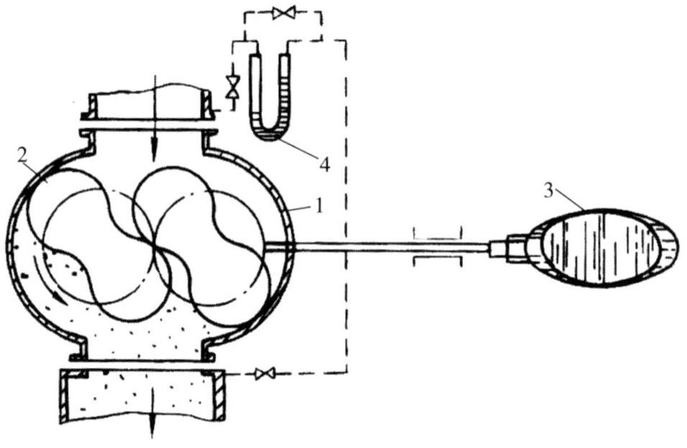

1—外壳；2—转子；3—计数机构；4—压差计

图 3-3-5　罗茨流量计

Ⅴ. 旋涡流量计

旋涡流量计可分为涡街式和旋进（旋涡进动）式，属于流体振动型流量计。涡街式和旋进式流量计的共同特点是无活动件；涡街式压损小；适用于中小管径，口径范围涡街式为 15~300 mm，旋进式为 15~400 mm，常用 40~300 mm；准确度高，涡街式为 ±1%R，旋进式为 ±0.5%R）；范围度宽（小口径除外），涡街式为 10：1~15：1，旋进式为 10：1~25：1。涡街式的缺点是对管道等机械振动敏感，对来流流速分布要求较高，需较长的前置直管段（15*D*~25*D*（*D* 表示前置直管管径）），与其相比旋进式则要求前置直管段较短（3*D*）；旋进式的缺点是压力损失较大，以 DN100 为例常压空气流量为 1　000　m^3/h 时，压损为 4 kPa。涡街式流量计原理如图 3-3-6 所示。

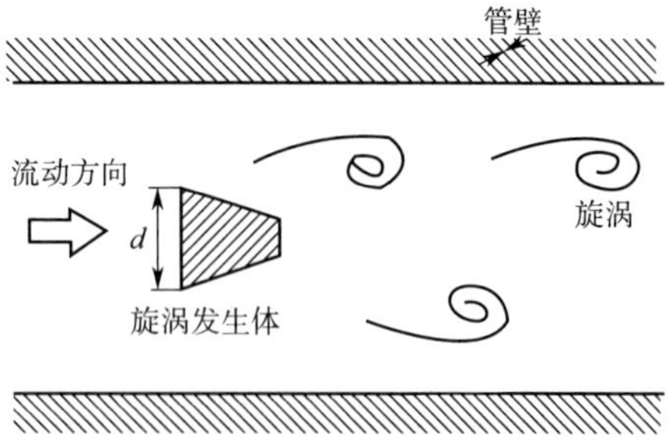

图 3-3-6　涡街式流量计原理图

Ⅵ. 超声波流量计

超声波流量计是 20 世纪 90 年代后期才成熟起来的一种新型流量计，它具有无可动部件、无阻力件、无压损、量程比宽、准确度高、全自动化、可测量双向流、含液流等特点。超声波流量计是一种非接触式测量仪表，可以用来测量不易接触、不易观察的流体流量和大管径流量，它不会改变流体的流动状态，也不会产生压力损失，且便于安装；也可以用来测量强腐蚀性介质和非导电介质的流量。超声波流量计的测量范围大，管径范围为 20 mm~5 m，且不受被测流体的温度、压力、黏度及密度等热物性参数的影响，可以做成捆绑式、管道式和便携式三种形式。

超声波流量计虽然有很多优点，但也有其固有的缺点：温度测量范围不高，一般只能测量温度低于 200 ℃的流体；抗干扰能力差；易受气泡、结垢、泵及其他声源混入的超声杂音干扰，进而影响测量精度；前后直管段要求严格，否则易导致离散性差、测量精度低；测量管道因结垢，会严重影响测量准确度，并带来显著的测量误差，甚至在严重时仪表无流量显示；可靠性、精度等级不高（一般为 1.5~2.5 级），重复性差；使用寿命短（一般精度只能保证一年）。

超声波流量计常用的测量方法为传播速度差法、多普勒法等。传播速度差法又包括直接时差法、相差法和频差法。传播速度差法的基本原理都是测量超声波脉冲顺水流和逆水流时的速度差来反映流体的流速，从而测出流量；多普勒法的基本原理则是应用超声波中的多普勒效应测得顺水流和逆水流时的频差来反映流体的流速，从而得出流量。

4）调压器

燃气调压器俗称减压阀，它是通过自动改变流经调节阀的燃气流量而使出口燃气保持规定压力的设备。

5）清管设备

清管设备是燃气管道在施工和运行中必需的设备之一。清管设备的作用包括清除管壁内部污物，提高管输效率，新建管道还包括清除管内积水、焊渣和其他杂物，智能型清管设备还具有测量检查管道周向变形、管道内壁损伤腐蚀情况和检测漏气点等功能。

清管设备的设计和安装应满足一定的使用要求，如清管检测器的尺寸和结构要求；并应遵循有关的设计规范，保证其适应性和安全性。

【任务实施】

根据项目任务书和项目任务完成报告进行任务实施，见表 3-3-1 和表 3-3-2。

表 3-3-1　项目任务书

任务名称	门站		
小组成员			
指导教师		计划用时	
实施时间		实施地点	
任务内容与目标			
1. 了解门站的作用； 2. 掌握门站的组成； 3. 掌握门站的工艺流程。			
考核项目	1. 门站的作用； 2. 门站的组成； 3. 门站的工艺流程。		
备注			

表 3-3-2　项目任务完成报告

任务名称	门站		
小组成员			
具体分工			
计划用时		实际用时	
备注			
1. 简述门站的定义、组成结构与作用。 2. 简述流量计的种类有哪些。 3. 绘制门站工艺流程图。			

【任务评价】

根据项目任务综合评价表进行任务评价，见表 3-3-3。

表 3-3-3　项目任务综合评价表

任务名称：　　　　　　　　　　　　　　　　　　　　　　　测评时间：　　年　　月　　日

<table>
<tr><td colspan="2" rowspan="4">考核明细</td><td rowspan="4">标准分</td><td colspan="9">实训得分</td></tr>
<tr><td colspan="9">小组成员</td></tr>
<tr><td colspan="3"></td><td colspan="3"></td><td colspan="3"></td></tr>
<tr><td>小组自评</td><td>小组互评</td><td>教师评价</td><td>小组自评</td><td>小组互评</td><td>教师评价</td><td>小组自评</td><td>小组互评</td><td>教师评价</td></tr>
<tr><td rowspan="6">团队（60分）</td><td>小组成员是否能在总体上把握学习目标与进度</td><td>10</td><td></td><td></td><td></td><td></td><td></td><td></td><td></td><td></td><td></td></tr>
<tr><td>小组成员是否分工明确</td><td>10</td><td></td><td></td><td></td><td></td><td></td><td></td><td></td><td></td><td></td></tr>
<tr><td>小组成员是否有合作意识</td><td>10</td><td></td><td></td><td></td><td></td><td></td><td></td><td></td><td></td><td></td></tr>
<tr><td>小组成员是否有创新想（做）法</td><td>10</td><td></td><td></td><td></td><td></td><td></td><td></td><td></td><td></td><td></td></tr>
<tr><td>小组成员是否如实填写项目任务完成报告</td><td>10</td><td></td><td></td><td></td><td></td><td></td><td></td><td></td><td></td><td></td></tr>
<tr><td>小组成员是否存在问题和具有解决问题的方案</td><td>10</td><td></td><td></td><td></td><td></td><td></td><td></td><td></td><td></td><td></td></tr>
<tr><td rowspan="4">个人（40分）</td><td>个人是否服从团队安排</td><td>10</td><td></td><td></td><td></td><td></td><td></td><td></td><td></td><td></td><td></td></tr>
<tr><td>个人是否完成团队分配任务</td><td>10</td><td></td><td></td><td></td><td></td><td></td><td></td><td></td><td></td><td></td></tr>
<tr><td>个人是否能与团队成员及时沟通和交流</td><td>10</td><td></td><td></td><td></td><td></td><td></td><td></td><td></td><td></td><td></td></tr>
<tr><td>个人是否能够认真描述困难、错误和修改的地方</td><td>10</td><td></td><td></td><td></td><td></td><td></td><td></td><td></td><td></td><td></td></tr>
<tr><td colspan="2">合计</td><td>100</td><td></td><td></td><td></td><td></td><td></td><td></td><td></td><td></td><td></td></tr>
</table>

【知识巩固】

（1）门站的作用是____________________________。

（2）门站的组成包括____。

（3）简述门站的工艺流程。

任务四 储配站

【任务准备】

燃气的储存是保证城镇燃气供需平衡的重要手段，燃气种类不同，储存方式也不尽相同。以人工煤气为气源时，多采用低压储存；以天然气为气源时，多采用高压储存。

1. 城镇燃气储配站

鉴于我国城镇燃气的现状和发展趋势，新发展的燃气气源基本上都是高压的天然气，原有的低压气源也逐渐改用高压燃气，因此下面只介绍高压储配站。

图 3-4-1 所示为以天然气为气源的高压储配站工艺流程，由于其比一般的燃气高压储配站多设置一个清管器接收筒，因此也可以兼作城镇燃气门站。

在用气低峰时，来自燃气高压干线的燃气一部分经过一级调压进入高压球罐，另一部分经过二级调压进入城镇燃气管网；在用气高峰时，高压球罐所储存的燃气与经过一级调压后的燃气高压干管来气汇合，经过二级调压送入城镇燃气管网。为了提高储气罐的利用系数，在站内安装了引射器，当储气罐内的燃气压力接近管网压力时，可以利用高压干管的高压燃气把燃气从压力较低的储气罐中引射出来，以提高整个罐站的容积利用系数。为了保证引射器的正常工作，高压球阀必须能迅速开启和关闭，因此应设为电动阀门。引射器除能提高高压储罐的利用系数外，当需要开罐检查时，可以把准备检查的储罐内压力降到最低，以减少开罐时所必须放散到大气中的燃气量，提高经济效益，减少大气污染。

为了保证储配站正常运行，高压干管来气在进入调压器前还需进行过滤、加臭和计量。

2. 储气罐

1）低压储气罐

低压储气罐储存的是低压气体（储气压力小于 10 kPa），其按密封方式可分为低压湿式罐和低压干式罐。

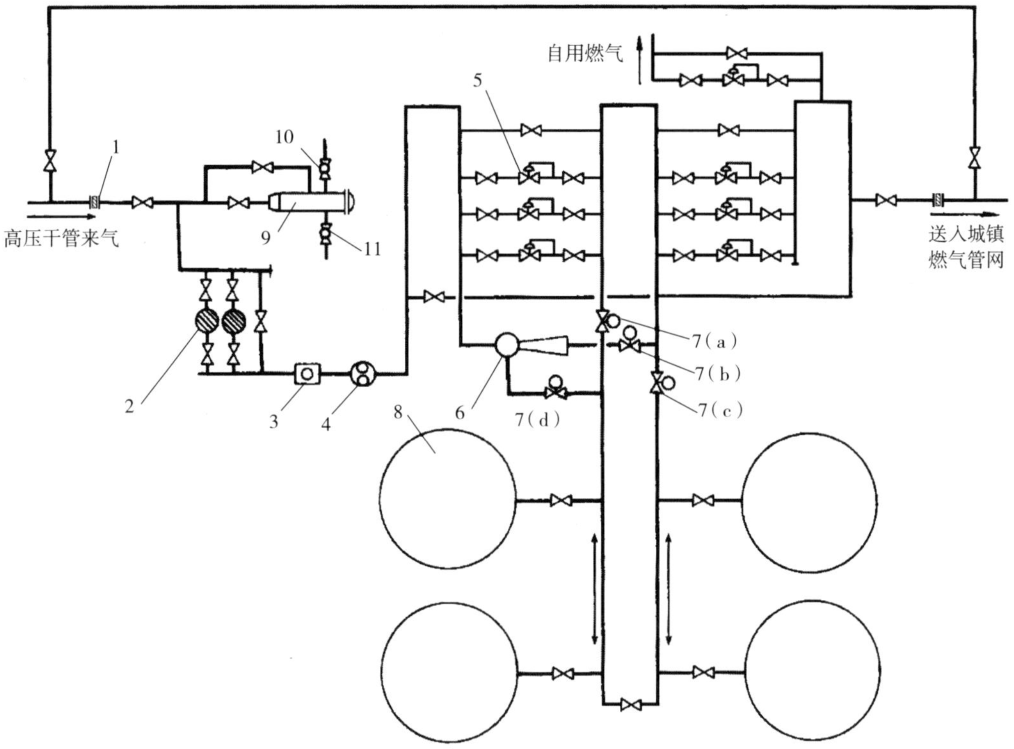

1—绝缘法兰；2—过滤器；3—加臭装置；4—流量计；5—调压器；6—引射器；7—电动球阀；8—储罐；9—清管器接收筒；10—放散阀；11—排污阀

图 3-4-1　以天然气为气源的高压储配站工艺流程图

Ⅰ. 低压湿式罐

低压湿式罐是以水封方式密封的储罐，按结构形式不同可分为直立罐和螺旋罐。其中，直立罐依靠钟罩和塔节的垂直升降改变储气容积，如图 3-4-2 所示；螺旋罐依靠钟罩和塔节的螺旋升降改变储气容积，如图 3-4-3 所示。

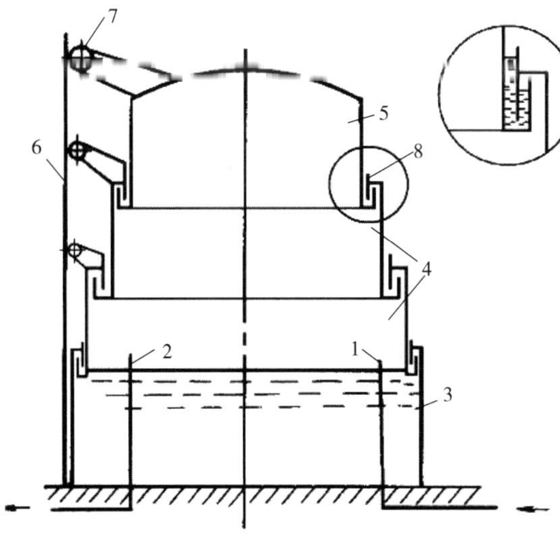

1—燃气进口；2—燃气出口；3—水槽；4—塔节；5—钟罩；6—导向装置；7—导轮；8—水封

图 3-4-2　直立罐示意图

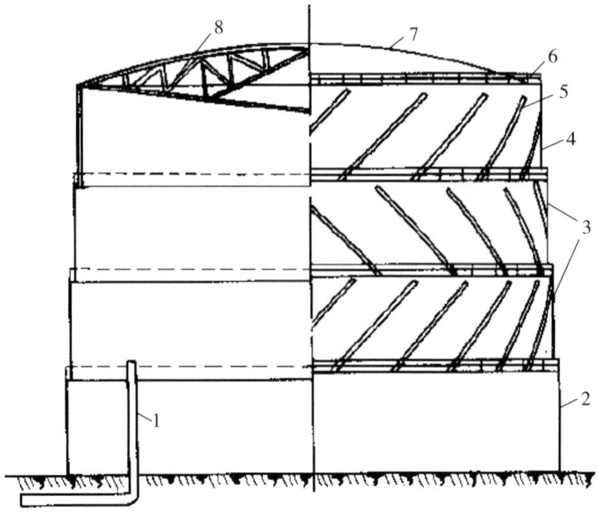

1—进气管；2—水槽；3—塔节；4—钟罩；5—导轨；6—平台；7—顶板；8—顶架

图 3-4-3　螺旋罐示意图

Ⅱ. 低压干式罐

低压干式罐按密封方式可分为阿曼阿恩型、可隆型和威金斯型，干式罐是以活塞的升降改变储气容积。其中，阿曼阿恩型干式罐依靠活塞外周的油杯密封，如图 3-4-4 所示；可隆型干式罐依靠密封垫圈密封，如图 3-4-5 所示；威金斯型干式罐依靠内外层密封帘密封，如图 3-4-6 所示。

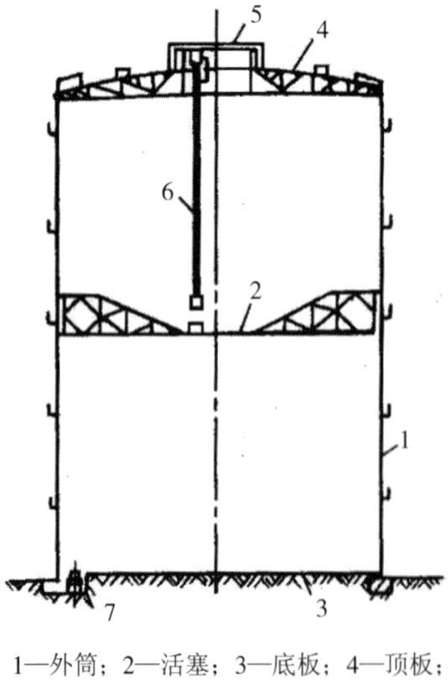

1—外筒；2—活塞；3—底板；4—顶板；
5—天窗；6—梯子；7—燃气入口

图 3-4-4　阿曼阿恩型干式罐示意图

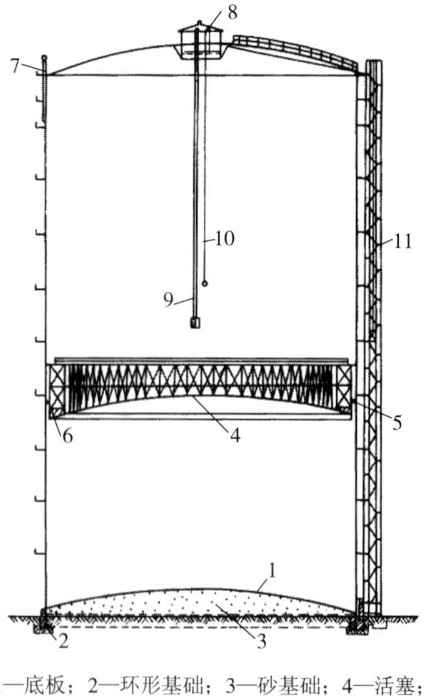

1—底板；2—环形基础；3—砂基础；4—活塞；
5—密封垫圈；6—加重块；7—燃气放散管；
8—换气装置；9—内部电梯；10—电梯平衡块；
11—外部电梯

图 3-4-5　可隆型干式罐示意图

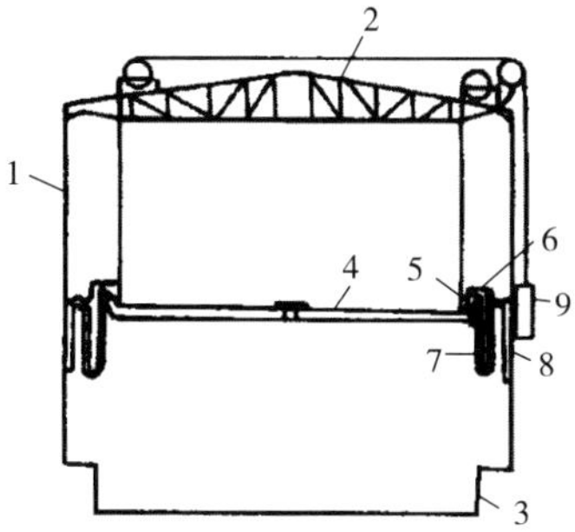

1—侧板；2—储罐顶；3—底板；4—活塞；5—活塞护栏；6—套筒式护栏；
7—内层密封帘；8—外层密封帘；9—平衡装置

图 3-4-6 威金斯型干式罐示意图

2）高压储气罐

高压储气罐储存燃气的原理与低压储气罐不同，其几何容积固定不变，通过改变其中燃气的压力进行燃气的储存，故也称为定容储罐。定容储罐没有活动的部分，因此结构比较简单。

高压储罐可以储存气态燃气，也可以储存液态燃气。根据储存的介质不同，高压储罐设有不同的附件，但所有的燃气储罐均设有进出口管、安全阀、压力表、人孔、梯子和平台等。

当需要以较高的压力将燃气送入城镇燃气管网时，一般采用高压储罐或高压管线进行储气。

高压储罐按照形状可分为圆筒形和球形两种。

（1）圆筒形罐是由钢板制成的圆筒体和两端封头构成的容器，其外形如图 3-4-7 所示。圆筒形罐的封头可为半球形、椭圆形和碟形。圆筒形罐根据安装方式可分为立式和卧式。其中，前者占地面积小，但对防止罐体倾倒的支柱及基础要求较高；后者占地面积较大，但支柱和基础做法较为简单。如果罐体直接安装在混凝土基础上，其接触面之间由于容易积水会加速罐体的腐蚀，故卧式储罐的罐体都设钢质鞍式支座，且支座与基础之间应能滑动，以防止罐体热胀冷缩时产生局部应力。

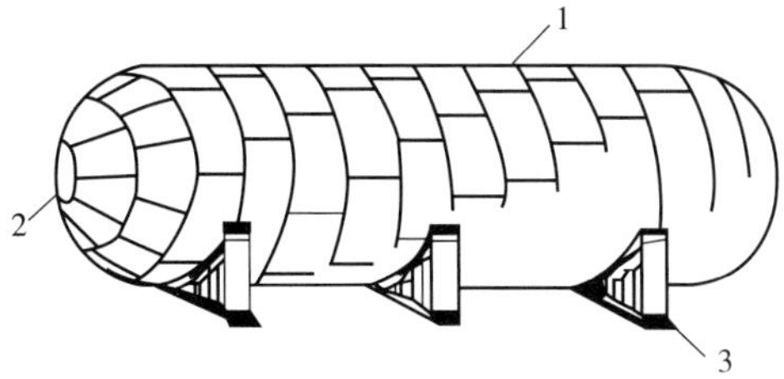

1—筒体；2—封头；3—鞍式支座

图 3-4-7 圆筒形罐

（2）球形罐通常由分瓣压制的钢板组装拼焊而成。储罐瓣片的分布形式有的颇似地球仪，一般分为极板、南北极带、南北温带、赤道带等；也有的类似足球外形。这两种球形罐如图 3-4-8 所示。

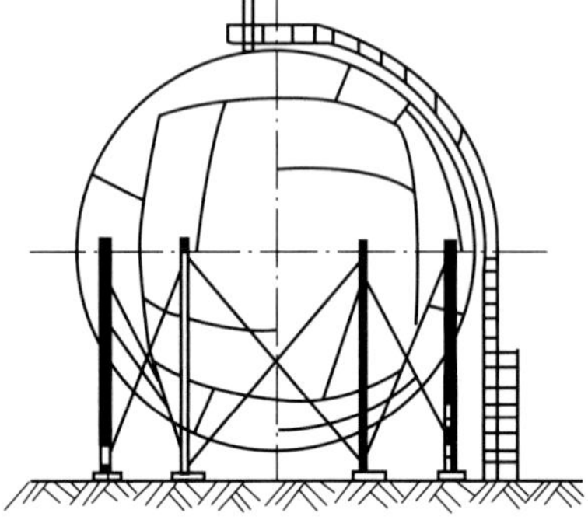

图 3-4-8　两种球形罐（上、下各一种）

球形罐的支座一般采用赤道正切式支柱和拉杆支撑体系，以便把水平方向的外力传到基础上。设计支座时应考虑罐体自重、风压、地震力以及试压充水的重量，并应有足够的安全系数。

燃气的进出气管一般安装在罐体的下部，为了使燃气在罐体内混合良好，有时也将进气管从储罐底部延长至罐顶附近。

为了排除积存于储罐内的冷凝水，在储罐的最下部应安装排污管，在储罐的顶部必须设置安全阀。

储罐除安装就地指示压力表外，还应安装远传指示控制仪表。此外，储罐根据需要可设置温度计，且必须设防雷防静电接地装置。

储罐上的人孔应设在维修管理及制作储罐均较方便的位置，一般在储罐顶部和底部各设置一个人孔。

容量较大的圆筒形罐与球形罐相比较，圆筒形罐单位容量的金属耗量大，但是球形罐制造较为复杂，且制造安装费用较高，所以一般小容量的储罐多选用圆筒形罐，大容量的储罐则多选用球形罐。

【任务实施】

根据项目任务书和项目任务完成报告进行任务实施，见表 3-4-1 和 3-4-2。

表 3-4-1 项目任务书

<table>
<tr><td>任务名称</td><td colspan="3">储配站</td></tr>
<tr><td>小组成员</td><td colspan="3"></td></tr>
<tr><td>指导教师</td><td></td><td>计划用时</td><td></td></tr>
<tr><td>实施时间</td><td></td><td>实施地点</td><td></td></tr>
<tr><td colspan="4">任务内容与目标</td></tr>
<tr><td colspan="4">1. 了解储配站的作用；
2. 掌握储罐的分类；
3. 掌握储配站的工艺流程。</td></tr>
<tr><td>考核项目</td><td colspan="3">1. 储配站的作用；
2. 储罐的分类；
3. 储配站的工艺流程。</td></tr>
<tr><td>备注</td><td colspan="3"></td></tr>
</table>

表 3-4-2 项目任务完成报告

<table>
<tr><td>任务名称</td><td colspan="3">储配站</td></tr>
<tr><td>小组成员</td><td></td><td></td><td></td></tr>
<tr><td>具体分工</td><td></td><td></td><td></td></tr>
<tr><td>计划用时</td><td></td><td>实际用时</td><td></td></tr>
<tr><td>备注</td><td colspan="3"></td></tr>
<tr><td colspan="4">1. 简述储配站的定义和作用。

2. 绘制以天然气为气源的高压储配站工艺流程图。

3. 简述高压球罐的构造。</td></tr>
</table>

【任务评价】

根据项目任务综合评价表进行任务评价，见表 3-4-3。

表 3-4-3　项目任务综合评价表

任务名称：　　　　　　　　　　　　　　　　　　　　　　测评时间：　　年　　月　　日

考核明细		标准分	实训得分								
			小组成员								
			小组自评	小组互评	教师评价	小组自评	小组互评	教师评价	小组自评	小组互评	教师评价
团队（60分）	小组成员是否能在总体上把握学习目标与进度	10									
	小组成员是否分工明确	10									
	小组成员是否有合作意识	10									
	小组成员是否有创新想（做）法	10									
	小组成员是否如实填写项目任务完成报告	10									
	小组成员是否存在问题和具有解决问题的方案	10									
个人（40分）	个人是否服从团队安排	10									
	个人是否完成团队分配任务	10									
	个人是否能与团队成员及时沟通和交流	10									
	个人是否能够认真描述困难、错误和修改的地方	10									
合计		100									

【知识巩固】

（1）储配站的作用是______________________________。

（2）储罐按照压力可以分为________________和______________。

（3）分析天然气高压储配站工艺流程图。

任务五　调压站

【任务准备】

调压站由调压器、阀门、过滤器、安全装置、旁通管以及测量仪表等组成。有的调压站还装有计量设备，除进行调压外，还起到计量作用，故称为调压计量站。

1. 调压站的分类和选址

1）调压站的分类

调压站按照调压范围可分为高中压调压站、高低压调压站、中低压调压站、低低压调压站；按照建筑形式可分为地上调压站、地下调压站，按照使用性质可分为区域调压站、用户调压箱、专用调压站。

2）调压站的选址

调压站应尽量避开城市繁华地段及主要道路、密集居民楼、重要建筑物及公共运动场所等，调压站为二级防火建筑，距明火或散发火花地点的防火间距不得小于 30 m。

调压站与邻近建筑物应有一定的安全距离，一般情况下应满足以下要求：

（1）当调压器的燃气入口压力为高压时，不应小于 12 m；

（2）当调压器的燃气入口压力为中压或低压时，不应小于 6 m；

（3）距离重要的公共建筑不应小于 25 m；

（4）调压站与其他建筑物、构筑物的水平净距离应符合《城镇燃气设计规范（2020 年版）》的要求；

（5）调压站应力求布置在负荷中心或接近大用户处，可布置在居民区的街坊内、广场或街头绿化带等地。

区域调压站通常是布置在地上特设的房屋中。在不产生冻结、保证设备正常运行的前提下，调压器及附属设备（仪表除外）也可以设置在露天（应设围墙）或专门制作的箱式、柜式调压装置内。

只有当受到地上条件限制，且燃气管道进口压力不大于 0.4 MPa 时，调压装置才可设置在地下构筑物内。目前，一些大城市在繁华地带设置了可以在地面对调压站内设备进行检修的地下调压装置。但由于液化石油气的密度比空气大，如有漏气不易排出，故气态液化石油气的调压装置不得设在地下构筑物中。

地上调压站的设置应尽可能避开城镇的繁华街道，可设在居民区的街区内或广场、公园等地；且调压站应力求布置在负荷中心或接近大用户处，调压站的作用半径应根据经济性比较确定。

图 3-5-1 所示为调压站平面和剖面图。

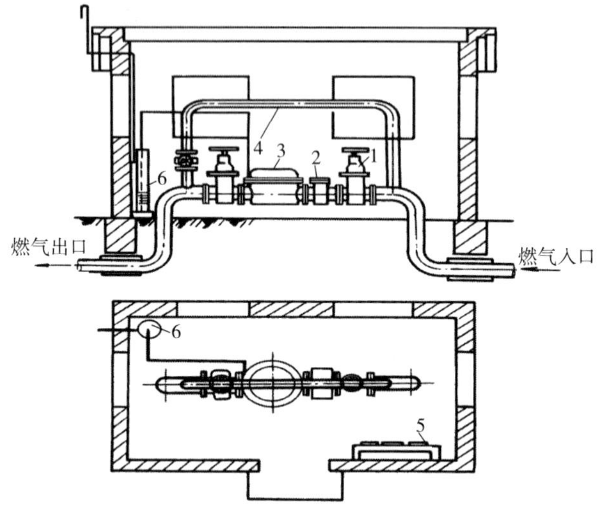

1—闸阀；2—过滤器；3—调压器；4—旁通管；5—压力检查测量仪表；6—水封

图 3-5-1　调压站平面和剖面图

2. 调压站的组成及装置

燃气调压器

调压站的主要设施包括阀门、调压器、过滤器、安全放散阀、切断阀、旁通管及监控仪表等，有的调压站还装有计量设备。

1）阀门

调压站进口及出口处设置的阀门的主要作用是当调压器、过滤器检修时关断燃气。在调压站外的进口及出口管道上也应设置总阀门，此阀门是常开的，但要求必须随时可以关断，并和调压站相隔一定的距离，以便当调压站发生事故时，不必靠近调压站即可关闭总阀门，从而避免事故蔓延和扩大。调压站使用的阀门主要有球阀、蝶阀和闸阀，这三种阀门由于结构不同，各有特点，也各有其不同的适用范围。其中，球阀与闸阀多采用双面密封的结构形式。

2）调压器

燃气调压器俗称减压阀，它是通过自动改变流经调节阀的燃气流量而使出口燃气保持规定压力的设备。调压器按作用原理通常可分为直接作用式和间接作用式两种；按用途或使用对象可分为区域调压器、专用调压器及用户调压器；按进出口压力可分为低低压调压器、中低压调压器、中中压调压器和高低压调压器、高中压调压器、高高压调压器；按结构形式可分为浮筒式及薄膜式，后者又可分为重块薄膜式和弹簧薄膜式；按被调参数可分为后压调压器和前压调压器。城镇燃气供应系统通常多采用后压调压器，即调压器的出口压力为被调参数。

Ⅰ. 直接作用式调压器

直接作用式调压器是利用出口压力的变化，直接控制传动装置（阀杆）带动调节元件（阀芯）运动的调压器，即只依靠敏感元件（薄膜）感受出口压力的变化，并移动阀芯进行调节，因此直接作用式调压器具有反应速度快的特点，一般用于小型工业用户或公共建筑、居民小区。

直接作用式调压器的结构如图 3-5-2 所示，其用弹簧（或重块）设定压力值。当出口压力变化时，下游出口压力通过导压管作用在薄膜下方，当出口压力与薄膜上方的弹簧（或重块）的设定压力不相等时，薄膜失去平衡并发生位移，带动阀芯运动，改变通过阀口的燃气量，从而恢复压力的平衡。

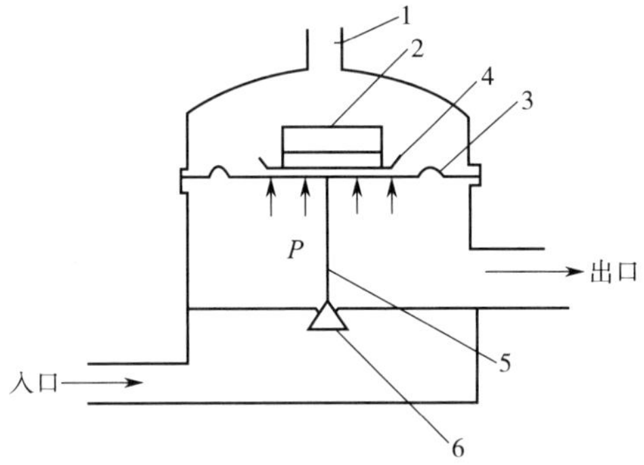

图 3-5-2　直接作用式调压器结构

1—呼吸孔；2—重块；3—悬吊阀杆的薄膜；4—薄膜上的金属压盘；5—阀杆；6—阀芯

燃气调压器

常用的直接作用式调压器有液化石油气减压器、用户调压器、中低压调压器、低低压调压器等。在城镇燃气输配系统中，直接作用式调压器可用于流量不大的区域调压站，直接和中压或高压管道相连，将燃气降压后送入中低压管网系统，也可直接进行居民用户、商业用户及小型工业用户的调压，具有调压性能可靠、响应时间短等优点。

图 3-5-2 中调压器出口压力为 P，气体作用在薄膜上的力可按式（3-5-1）计算：

$$N=F_aP=cFP \tag{3-5-1}$$

式中　N——气体作用在薄膜上的移动力（N）；

F_a——薄膜的有效面积（m^2）；

P——作用于薄膜上的燃气压力（Pa）；

c——薄膜的有效系数；

F——薄膜表面在其固定端的投影面积（m^2）。

$$N=W_g \tag{3-5-2}$$

式中　W_g——重块的重量（N）。

直接作用式调压器的工作原理：当出口燃气用量或燃气的出口压力 P 变化时，使 P 压力作用到薄膜的下方，由于它与薄膜上方重块的给定压力值不相等，故薄膜失去平衡，薄膜的移动通过阀杆带动调节阀改变流经孔口的燃气量，从而使压力恢复平衡。

由此看出，无论用气量及进口压力如何变化，调压器都可以通过给定压力部件的调节作用，自动保持稳定的供气压力。所以，调压器和与其相连的管网是一个自动调节系统，如图 3-5-3 所示。

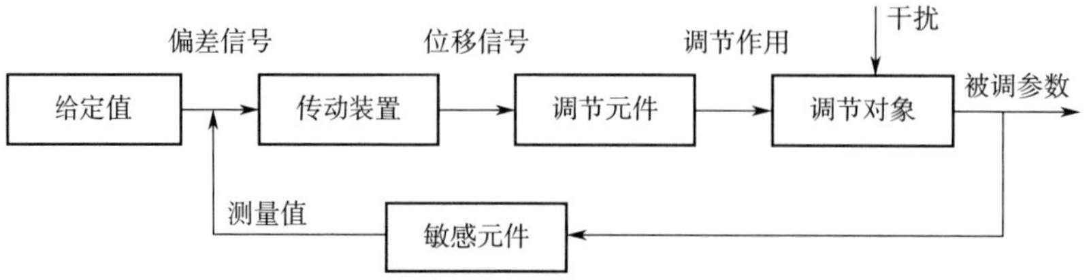

图 3-5-3　调压器自动调节系统框图

Ⅱ. 间接作用式调压器

在城镇燃气输配系统中，间接作用式调压器多用于流量比较大的区域调压站中。间接作用式调压器由指挥器和主调压器组成。其中，相同的指挥器和不同结构的主调压器或者是相同结构的主调压器和不同的指挥器组合均可以形成不同系列的产品。

间接作用式调压器的敏感元件和传动装置是分开的。当敏感元件感受到出口压力的变化后，使操纵机构（如指挥器）动作，接通外部能源或被调介质（压缩空气或燃气），使调节阀门动作。由于多数指挥器能将所受力放大，故出口压力的微小变化也会导致主调压器的调节阀门动作，因此间接作用式调压器的灵敏度较高。

轴流式间接作用调压器结构如图 3-5-4 所示，其进口压力为 P_1，进出口流线是直线，故称为轴流式。

轴流式间接作用调压器的出口压力 P_2 是由指挥器的调节螺丝 8 给定，稳压器 13 的作用是消除进口压力对调压的影响，使 P_4 始终保持在一个变化较小的范围。P_4 的大小取决于弹簧 1 和出口压力 P_2，通常比 P_2 大 0.05 MPa，稳压器 13 内的过滤器主要防止指挥器气流孔阻塞，避免操作故障。

在平衡状态时，主调压器弹簧 14 和出口压力 P_2 平衡，因此 $P_3>P_2$，指挥器内由阀 3 流进的流量与阀口流出的流量相等。

当用气量减小、P_2 增加时，指挥器阀室 10 内的压力 P_2 增加，破坏了和指挥器弹簧 9 的平衡，使指挥器薄膜 6 带动阀柱 7 上升。借助阀杆 5 的作用，阀 4 开大，阀 3 关小，使阀 3 流进的流量小于阀 4 和校准孔 11 流出的流量，使 P_3 降低，主调压器膜上、膜下压力失去平衡。主调压器阀向下移动，关小阀门，导致通过调压器的流量减小，因此使 P_2 下降。如果 P_2 增加较快，指挥器薄膜上升速度也较快，会使排气阀 12 打开，加快 P_3 降低的速度，主调压器阀尽快关小甚至完全关闭。当用气量增加、P_2 降低时，其各部分的动作相反。

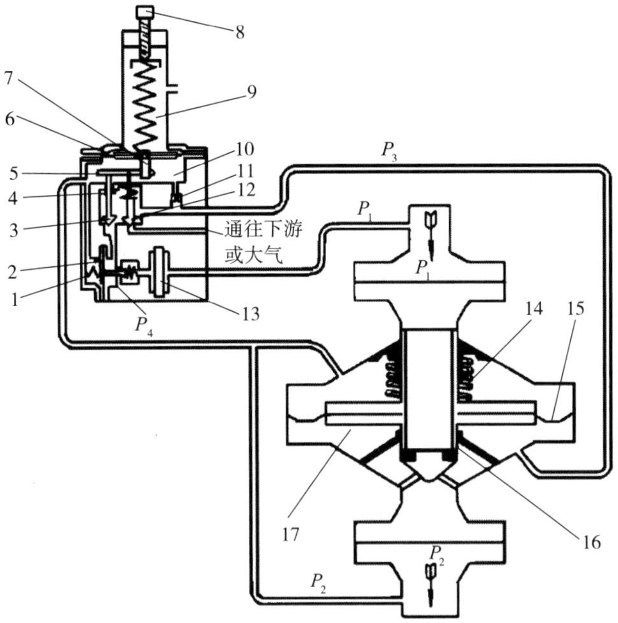

1—弹簧；2—皮膜；3、4—指挥器阀；5—阀杆；6—指挥器薄膜；7—阀柱；
8—调节螺丝；9—指挥器弹簧；10—指挥器阀室；11—校准孔；12—排气阀；
13—带过滤器的稳压器；14—主调压器弹簧；15—主调压器薄膜；
16—主调压器阀；17—主调压器阀室

图 3-5-4　轴流式间接作用调压器结构

该系列调压器流量可以为 160~15×10^4 m^3/h，进口压力可以为 0.01~1.6 MPa，出口压力可以为 500 Pa~0.8 MPa。其优点为燃气通过阀门时阻力损失小，在进出口压力较低的情况下通过较大的流量。所以，该调压器可用于大流量、压力变化范围大的场合。

Ⅲ. 调压器产品型号组成

燃气调压器的产品型号用汉语拼音字头和数字表示，如图 3-5-5 所示。产品型号分为两节，两节之间用连接符号“-”隔开。第一节前两位符号“RT”代表燃气调压器；第二位符号表示工作原理，“Z”代表直接作用式，“J”代表间接作用式。第二节第一位数字代表调压器进口压力级制，第二位数字代表调压器出口压力级制，进出口压力均应按表 3-5-1 中规定的压力上限确定，如果进口压力未达到规定的压力上限，应按低一级的级制编号；第三位数字表示公称管径代号，见表 3-5-2；第四位符号表示调压器连接方式，螺纹连接用“L”表示，法兰连接用“F”表示。通常调压器连接管径小于或等于 50 mm 采用螺纹连接，管径大于 50 mm 采用法兰连接，若连接方式符合上述规定，则该项可以不标注，否则应标注“L”或“F”。

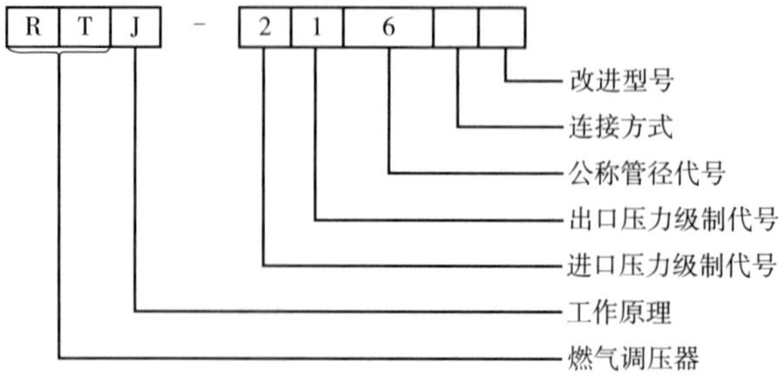

图 3-5-5　调压器产品型号

表 3-5-1　调压器压力级制

压力级制代号	1	2	3	4
压力值 P（$\times 10^5$ Pa）	<0.1	0.1~2.0	2.0~4.0	4.0~8.0

表 3-5-2　调压器公称直径代号

管径（mm）	15	20	25	50	80	100	150	200	300
代号	1/2	3/4	1	2	3	4	6	8	12

3）安全装置

调压站的安全装置即用来保证调压站下游用气设备在规定的压力范围内安全、可靠运行的辅助装置，也就是辅助调压站的主调压器安全运行的装置。调压站的安全装置主要包括安全切断装置、安全放散装置、监控器装置、调压器的并联装置和燃气报警装置。

Ⅰ. 安全切断装置

安全切断装置即安全切断阀，设置在调压器的上游管线上。当调压器正常工作时，安全切断阀常开；当调压器下游管线压力升高至设定值时，安全切断阀立即关闭，截断气流，从而有效避免下游用户的超压。

目前，有些安全切断阀还同时带有超低压保护功能，即在管道断裂或脱落时，由于燃气大量泄漏而造成管线突然失压，安全切断阀立即做出反应，切断气源，保障调压站的安全。

安全切断阀一旦关闭后，一般需采取人工复位，不能自动打开。

Ⅱ. 安全放散装置

安全放散装置即安全放散阀，设置在调压站的出口管线上。当调压器正常工作时，安全放散阀处于关闭状态；当调压器出现故障，造成出口压力升高至安全放散阀的设定压力时，安全放散阀自动开启，将燃气排入大气，使出口压力恢复到规定的允许范围内，以达到降低管线压力的目的。

安全放散阀可分为水封式、重块式、弹簧式等。水封式安全阀结构简单，故被广泛采用；但其缺点是尺寸较大，需要经常检查液位，在 0 ℃以下的房间内需采用不冻液，或在调压站安装采暖设备。

无论哪一种安全放散阀，都有压力过高时保护网路不间断供气的优点；主要缺点是当系统容量很大时，可能排出大量燃气，因此通常不安装在建筑物集中的地方。安全放散阀连接有放散管，放散管管口应高出调压站屋檐 1.5 m 以上。

Ⅲ. 监视器装置

监视器装置是由两个调压器串联连接的装置，如图 3-5-6 所示。其中，备用调压器 2 的给定出口压力略高于正常工作调压器 3 的出口压力，因此正常工作时备用调压器的调节阀是全开的。当正常工作调压器 3 失灵，出口压力上升到备用调压器 2 的给定出口压力时，备用调压器 2 投入运行。备用调压器也可以放在正常工作调压器之后，备用调压器的出口压力不得小于正常工作调压器的出口压力。

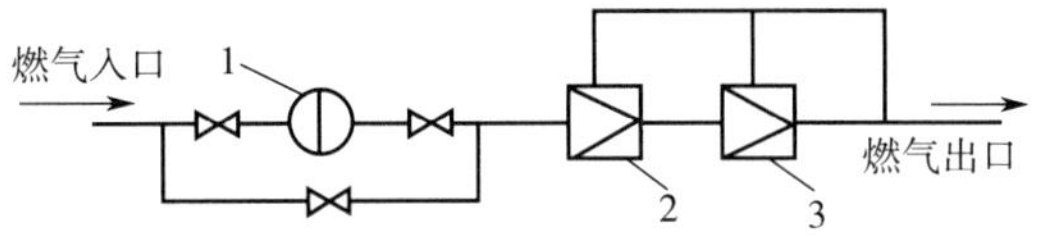

1—过滤器；2—备用调压器；3—正常工作调压器

图 3-5-6 监视器装置

Ⅳ. 调压器的并联装置

调压器的并联装置如图 3-5-7 所示，此种系统运行时，一个调压器正常工作，另一个调压器备用。当正常工作调压器出现故障时，备用调压器自动启动，并开始工作。其中，正常工作调压器的给定出口压力略高于备用调压器的给定出口压力，所以正常工作时，备用调压器呈关闭状态，当正常工作的调压器发生故障，使出口压力增加到允许范围时，其线路上的安全阀关闭，致使出口压力降低，当出口压力下降到备用调压器的给定出口压力时，备用调压器自行启动正常工作。备用线路上的安全切断阀的动作压力应略高于正常工作线路上安全切断阀的动作压力。

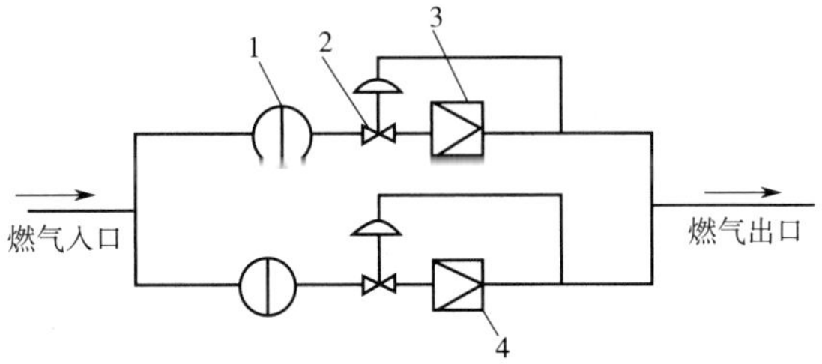

1—过滤器；2—安全切断阀；3—正常工作调压器；4—备用调压器

图 3-5-7 调压器的并联装置

Ⅴ. 燃气报警装置

调压站内也可以设置可燃气体报警装置，并与事故排风机连锁，一旦燃气泄漏浓度达到爆炸下限的 20%，报警装置自动报警，并启动风机排风。

调压站内通常将以上部分安全装置组合在一起形成安全保护系统，常用的组合有监控器装置和安全放散阀装置组合，安全切断阀装置和安全放散阀装置组合等。

调压室的出口压力由安全切断阀和安全放散阀进行控制。其中，安全切断阀控制出口压力的上限和下限，安全放散阀只控制出口压力的上限。安全放散阀的放散压力应比安全切断阀的关闭压力低。当调压器正常工作时，仅在应当关断时关闭不严（由于阀门上积存杂质、磨损等原因），燃气才会放散到大气中。此时，若经由关闭不严的阀门流过的燃气量大于用气量，出口压力就会增大。为了避免出口压力过高，就必须将多余的燃气排入大气。

3. 箱式调压装置

当燃气直接由中压管网（或压力较高的低压管网）供给生活用户时，应通过用户调压器将燃气压力直接降至燃具正常工作时的额定压力。这时通常将用户调压器装在金属箱中挂在墙上，即采用箱式调压装置，如图 3-5-8 所示。当箱式调压装置设在密集的楼群中时，可以不设安全放散阀，只设安全切断阀。

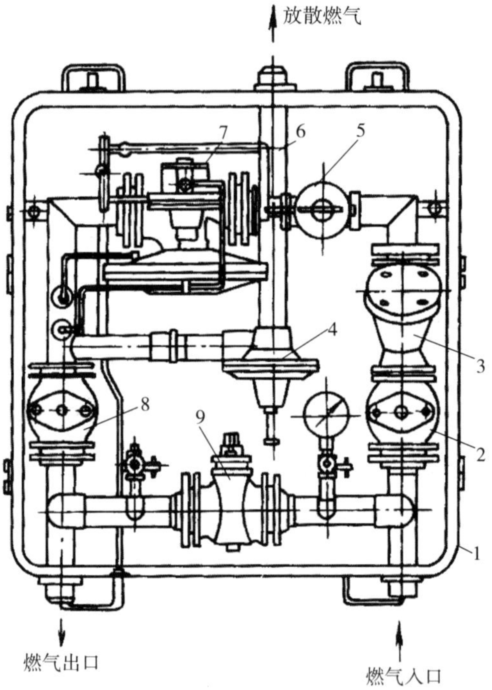

1—金属箱；2、8—关闭旋塞；3—网状过滤器；4—安全放散阀；
5—安全切断阀；6—放散管；7—调压器；9—旁通管阀门

图 3-5-8 箱式调压装置

在北方采暖地区，如果将箱式调压装置放在室外，则燃气必须是干燥的或者要有采暖设施；否则，冬季就会在管道中形成冰塞，影响正常供气。

最新出现的撬装调压站（通常称为调压柜或撬装站）在工厂进行装配，其连接质量好、结构紧凑、占地面积小、建设时间短，因此得到广泛应用。

【任务实施】

根据项目任务书和项目任务完成报告进行任务实施，见表 3-5-3 和表 3-5-4。

表 3-5-3　项目任务书

<table>
<tr><td>任务名称</td><td colspan="3">调压站</td></tr>
<tr><td>小组成员</td><td colspan="3"></td></tr>
<tr><td>指导教师</td><td></td><td>计划用时</td><td></td></tr>
<tr><td>实施时间</td><td></td><td>实施地点</td><td></td></tr>
<tr><td colspan="4">任务内容与目标</td></tr>
<tr><td colspan="4">1. 了解调压站的作用；
2. 掌握调压站的组成；
3. 掌握调压站的工艺流程；
4. 掌握调压器的工作原理。</td></tr>
<tr><td>考核项目</td><td colspan="3">1. 调压站的作用；
2. 调压站的组成；
3. 调压站的工艺流程；
4. 调压器的工作原理。</td></tr>
<tr><td>备注</td><td colspan="3"></td></tr>
</table>

表 3-5-4　项目任务完成报告

<table>
<tr><td>任务名称</td><td colspan="3">调压站</td></tr>
<tr><td>小组成员</td><td></td><td></td><td></td></tr>
<tr><td>具体分工</td><td></td><td></td><td></td></tr>
<tr><td>计划用时</td><td></td><td>实际用时</td><td></td></tr>
<tr><td>备注</td><td colspan="3"></td></tr>
<tr><td colspan="4">1. 简述调压站的定义、组成结构与作用。

2. 分析直接作用式调压器的工作原理。

3. 绘制调压站工艺流程图。

</td></tr>
</table>

【任务评价】

根据项目任务综合评价表进行任务评价，见表 3-5-5。

表 3-5-5　项目任务综合评价表

任务名称：　　　　　　　　　　　　　　　　　　　　测评时间：　　年　　月　　日

考核明细		标准分	实训得分								
			小组成员								
			小组自评	小组互评	教师评价	小组自评	小组互评	教师评价	小组自评	小组互评	教师评价
团队（60分）	小组成员是否能在总体上把握学习目标与进度	10									
	小组成员是否分工明确	10									
	小组成员是否有合作意识	10									
	小组成员是否有创新想（做）法	10									
	小组成员是否如实填写项目任务完成报告	10									
	小组成员是否存在问题和具有解决问题的方案	10									
个人（40分）	个人是否服从团队安排	10									
	个人是否完成团队分配任务	10									
	个人是否能与团队成员及时沟通和交流	10									
	个人是否能够认真描述困难、错误和修改的地方	10									
合计		100									

【知识巩固】

（1）调压器的作用是____________________。

（2）调压站的组成包括__________________________。

（3）调压器按照工作原理可分为____________和______________。

（4）简述间接作用式调压器的组成与工作原理。

项目四

城镇燃气管网系统

【项目描述】

城镇燃气管网系统是指自门站至用户的全部设施构成的系统，包括门站或气源厂压缩机站、储气设施、调压装置、输配管道、计量装置、管理设施、监控系统等。城镇燃气管网系统应根据燃气供应来源、用户的用气量及其分布、地形地貌、管材设备供应条件、施工和运行等因素，经过多方案比较，择优选取技术经济合理、安全可靠的方案，进而实现安全可靠地给用户供气，保障各类用户的用气需求。

【项目目标】

城镇燃气管网系统

- 素质目标
  - 1. 培养学生知识获取和应用的自主学习能力
  - 2. 培养学生科学思维和判断分析问题的能力
  - 3. 培养学生探索实践的创新能力
  - 4. 培养学生动手操作的能力
- 知识目标
  - 1. 了解城镇燃气管道的分类
  - 2. 掌握城镇燃气管网系统的分类及其选择
  - 3. 掌握城镇燃气管网系统的布置原则
  - 4. 掌握燃气管道穿越公路、铁路、河流等障碍物的方法
- 技能目标
  - 1. 能够辨别城镇燃气管网系统的类型
  - 2. 能够绘制城镇燃气管网各种类型的系统图
  - 3. 能够掌握城镇燃气管网系统的布置原则
  - 4. 能够分析燃气管道穿越公路、铁路、河流等障碍物时采用的方法

任务一 城镇燃气管网系统及其选择

【任务准备】

1. 城镇燃气管网系统

1）城镇燃气管网系统的分类

城镇燃气输配系统的主要部分是燃气管网，城镇燃气管网系统根据所采用的管网压力级制不同可分类如下。

城镇燃气管网系统及其选择

（1）一级系统：仅由低压或中压一级压力级别组成的管网输配系统。

（2）二级系统：由低压和中压 B 或低压和中压 A 两级组成的管网输配系统，如图 4-1-1 所示。

（3）三级系统：由低压、中压和次高压或高压三级组成的管网输配系统，如图 4-1-2 所示。

（4）多级系统：由低压、中压、次高压和高压组成的管网输配系统，如图 4-1-3 所示。

低压供应方式和低压一级制管网系统，低压气源以低压一级制管网系统供给燃气的输配方式一般只适用于小城镇。根据低压气源（燃气制造厂和储配站）压力的大小和城镇燃气管网，低压供应方式可分为利用低压储气柜的压力进行供应和由低压压送机供应两种。低压供应原则上应充分利用储气柜的压力，只有当储气柜的压力不足，以致低压管道的管径过大而不合理时，才采用低压压送机供应。

中压供应方式和中 - 低压二级制管网系统，中压燃气管道经中 - 低压调压站调至低压，由低压管网向用户供气；或将由低压气源厂和储气柜供应的燃气经压送机加至中压，由中压管网输气，再通过区域调压器调至低压，由低压管网向用户供气，在该系统中设置储配站以调节用气不均匀性。

高压供应方式和高 - 中 - 低三级制管网系统，高压燃气从城市燃气接收站（天然气门站）或气源厂输出，由高压管网输气，经区域高 - 中压调压器调至中压，输入中压管网，再经区域中 - 低压调压器调至低压，由低压管网向用户供气。可在燃气供应区域内设置储气柜，用以调节用气不均匀性，但目前多采用管道储气来调节用气不均匀性。

各类城镇燃气管网系统优缺点比较见表 4-1-1。

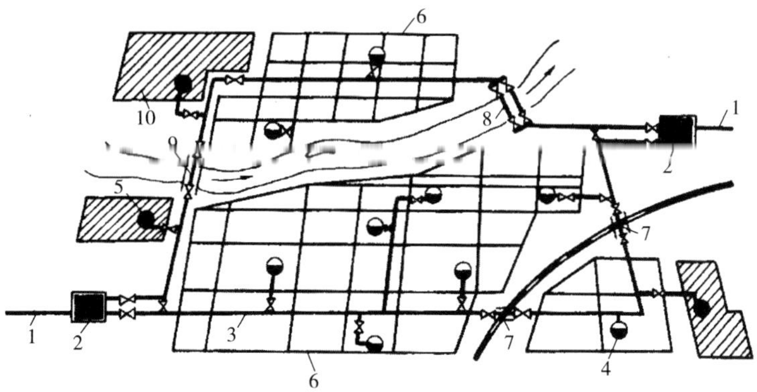

1—来自长输管线；2—城镇燃气门站；3—中压 A 管网；4—区域调压站；5—工业企业专用调压站；6—低压管网；7—穿越铁路的套管敷设管道；8—穿越河底的过河管道；9—沿桥敷设的过河管道；10—工业企业

图 4-1-1　低压 - 中压 A 二级管网系统

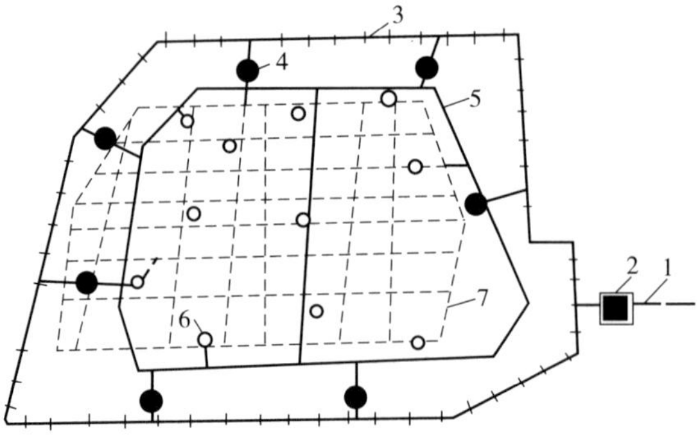

1—来自长输管线；2—城镇燃气门站；3—次高压 A 环；4—次高压 - 中压 B 调压站；
5—中压 B 环网；6—中 - 低压调压站；7—低压管网

图 4-1-2　三级管网系统

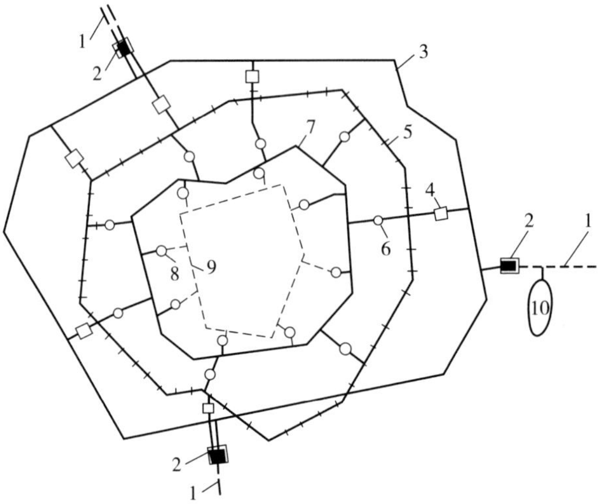

1—来自长输管线；2—城镇燃气门站；3—高压 A 环网；4—高 - 高压调压站；5—次高压 A 环网；
6—次高压 - 中压 A 调压站；7—中压 A 环网；8—中 - 中压调压站；9—中压 B 环网；10—地下储气库

图 4-1-3　多级管网系统

表 4-1-1　各类城镇燃气管网系统优缺点比较

序号	类型	优点	缺点
1	低压一级管网系统	系统简单，供气安全，运行费用低	压力低，且不稳定管径大
2	中压一级管网系统	节省管材，保证压力，提高燃烧效率	运行维护费用高，安全性稍差
3	低压 - 中压 A 管网系统	输气干管管径小	对管材、安全距离、安装要求高
4	低压 - 中压 B 管网系统	供气安全、可靠	投资较中压一级制较大
5	三级管网系统	供气安全、可靠	系统复杂，维修管理不便
6	多级管网系统	系统安全灵活，解决用气不均匀性	投资大，系统复杂，维修管理不便

2）采用不同压力级制的必要性

（1）管网采用不同的压力级制是比较经济的。

（2）各类用户需要的燃气压力不同。

（3）消防安全要求。

2. 城镇燃气管网系统的选择

在选择城镇燃气管网系统时，应考虑许多因素，其中最主要的因素包括以下内容。

（1）气源情况，即气井的布置及规模，产气层的数目和性能，供气量和供气压力，燃气近期和远期规划发展等。

（2）城镇规模和远景规划情况，街区和道路的现状及规划，城镇建筑特点、人口密度、各类用户的数量和分布情况。

（3）原有的城镇燃气供应设施情况。

（4）对不同类型用户的供气方针、汽化率及不同类型的用户对燃气压力的要求。

（5）大型燃气用户的数目和分布。

（6）储气设备的类型。

（7）城镇地理地形条件，敷设燃气管道时遇到天然和人工障碍物（如河流、湖泊、铁路等）的情况。

（8）城镇地下管线和地下建筑物、构筑物的现状以及改建、扩建规划。

（9）对城镇燃气发展的要求。

设计城镇燃气管网系统时，应全面考虑上述因素，从而提出数个方案进行技术经济比较，选用技术经济合理的最佳方案，且方案的比较必须在技术指标和工作可靠性相同的基础上进行。

3. 城镇燃气管网系统的举例

1）一级管网系统

Ⅰ. 低压一级管网系统

Ⅰ）工艺流程

低压一级管网系统工艺流程如图 4-1-4 所示。

图 4-1-4　低压一级管网系统工艺流程图

Ⅱ）管网系统图

低压一级管网系统如图 4-1-5 所示，从低压气源（储配站）送出的燃气利用储气罐的压力进入低压管网。当储气罐容积较小时，也可不设稳压器。该系统随着储气罐钟罩及塔节的升降，会产生 0.5~1.0 kPa 的压力波动，因而其供气压力不稳定且压力低，致使输送管道直径较大。

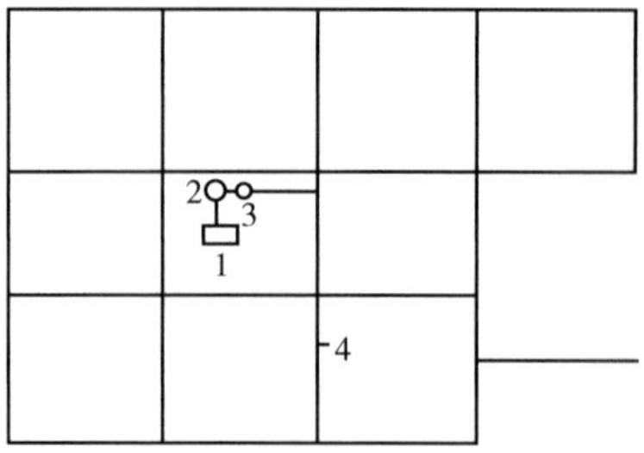

1—低压气源；2—低压储气罐；3—稳压器；4—低压管网

图 4-1-5　低压一级管网系统示意图

Ⅲ）系统特点

（1）系统简单，管理维护方便。

（2）供气安全可靠，无须压缩费用或只需少量压缩费用，运行费用低。

（3）若供气区域较大，则需敷设较大管径的管道，管材用量将急剧增加而不经济。

Ⅱ. 中压一级管网系统

Ⅰ）工艺流程

中压一级管网系统工艺流程如图 4-1-6 所示。

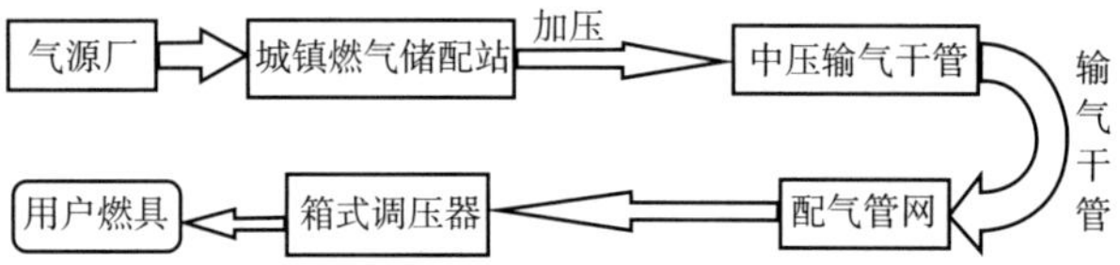

图 4-1-6　中压一级管网系统工艺流程图

Ⅱ）管网系统图

中压一级管网系统如图 4-1-7 所示，天然气自长输管线送入城镇门站，经过调压送入中压输气干管，再由输气干管送入配气管网，最后经过箱式调压器或用户调压器送至用户燃具。

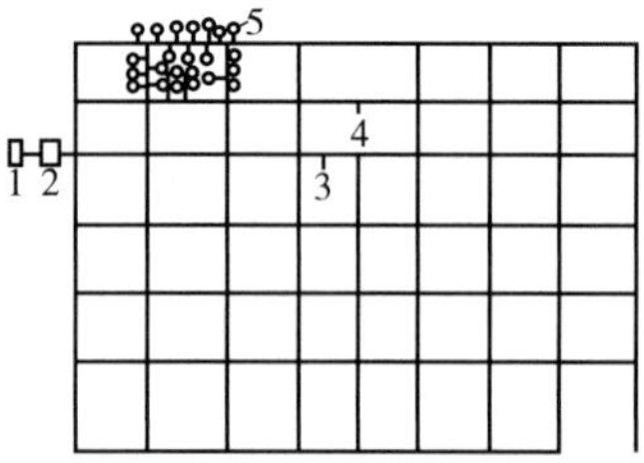

1—气源；2—储配站；3—中压输气管网；4—箱式调压器；5—用户调压器

图 4-1-7　中压一级管网系统示意图

Ⅲ）系统特点

（1）系统减少了管材，故投资省，比中 - 低压二级管网系统节省管网投资 20% 左右。

（2）由于采用了箱式调压器或用户调压器供气，可保证所有用户燃具在额定压力下工作，从而提高了燃烧效率。

（3）系统安装水平高，供气安全性比低压一级管网差。

2）二级管网系统

Ⅰ. 低压- 中压 A 二级管网系统

Ⅰ）工艺流程

低压 - 中压 A 二级管网系统工艺流程如图 4-1-8 所示。

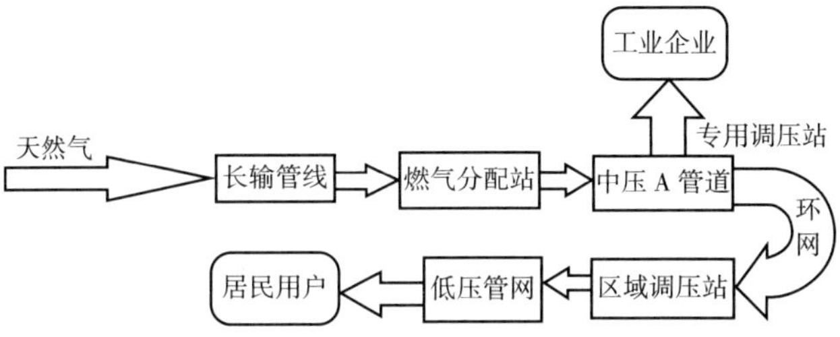

图 4-1-8　低压 - 中压 A 二级管网系统工艺流程图

Ⅱ）管网系统图

低压 - 中压 A 二级管网系统如图 4-1-1 所示，燃气由长输管线从东、西两个方向经配气站送入该城镇，中压 A 管道连成环网，通过区域调压站向低压管网供气，通过专用调压站向工业企业供气，其输气干管管径较小，可节省投资；低压管网根据地理条件分成三个互不连通的区域管网向居民用户和小型公共建筑用户供气。从供气安全可靠的角度来看，一个大型或中型城市的低压管网连成大片环网的必要性不大，穿过较多河流、湖泊、铁路和公路干线也并不合理。不同压力级制的管网应通过几个调压站来连接，以保证个别调压站关断后仍能正常供气，这样的管网方案才是比较可靠和经济的。

Ⅲ）系统特点

（1）因输气压力高于低压供气，输气能力较大，可用较小的管径输送较多的天然气，节省管网投资费用。

（2）只要合理设置中 - 低压调压器，就能维持比较稳定的供气压力。

（3）由于为中 - 低二级压力级制，需要设有压缩机和调压器，因而维护管理较复杂，运行费用较高。

（4）由于压缩机需要动力制动，一旦储配站停电或有其他事故，均会影响正常供气，因此供气可靠性比低压一级管网差。

Ⅳ）阀门

（1）低压一般不设阀门。

（2）中压及以上设阀门，包括分段阀门、分支阀门、调压站进出口跨越两端，其原则是非常必要的地方需要设置。

Ⅴ）调压站

（1）作用：降压、稳压。

（2）区域调压站作用半径：供气点到零点的平均直线距离。

（3）区域调压站在供气区的中心，且为地上单独建筑物。

Ⅱ. 低压- 中压 B 二级管网系统

Ⅰ）工艺流程

低压 - 中压 B 二级管网系统工艺流程如图 4-1-9 所示。

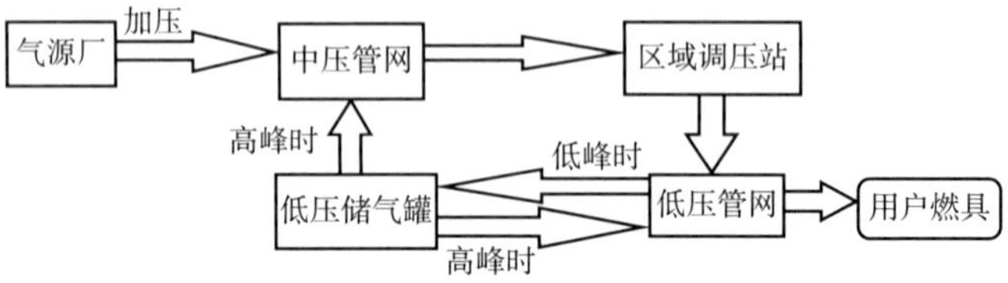

图 4-1-9　低压 - 中压 B 二级管网系统工艺流程图

Ⅱ）管网系统图

低压 - 中压 B 二级管网系统如图 4-1-10 所示。

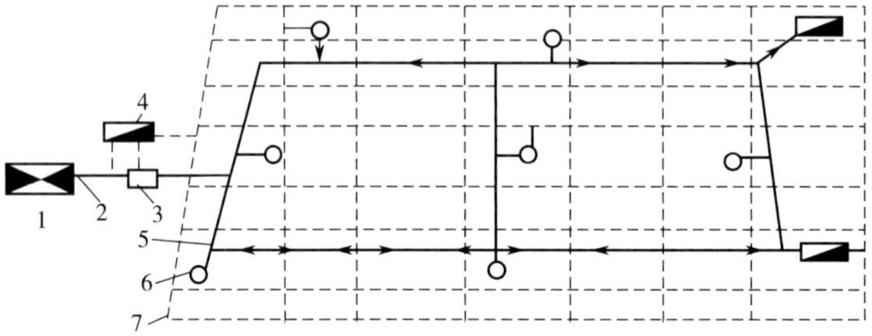

1—气源厂；2—低压管道；3—压气站；4—低压储气站；5—中压 B 管网；6—区域调压站；7—低压管网

图 4-1-10　低压 - 中压 B 二级管网系统示意图

Ⅲ）系统特点

低压储气罐分散布置有利于安全、可靠供气，同时庭院管道在低压下运行比较安全，但投资要比中压一级管网系统大。

3）高 - 中 - 低三级管网系统

Ⅰ）工艺流程

高 - 中 - 低三级管网系统工艺流程如图 4-1-11 所示。

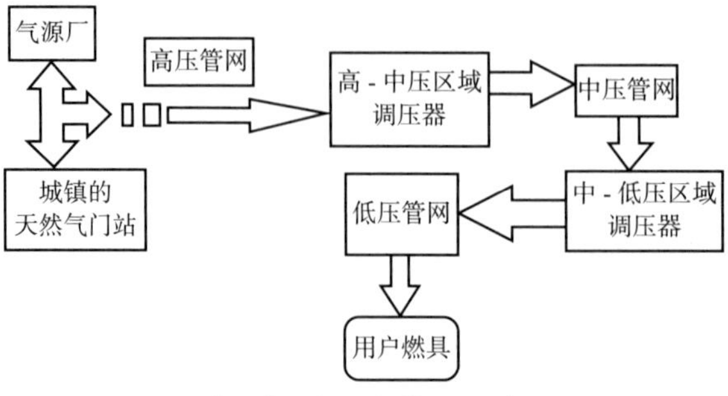

图 4-1-11　高 - 中 - 低三级管网系统工艺流程图

Ⅱ）管网系统图

高 - 中 - 低三级管网系统如图 4-1-12 所示，气源来自长输管线的高压天然气从天然气门站经调压、计量后输出，进入城镇高压管网，然后经区域高 - 中压调压器调至中压，输入中压管网，再经区域中 - 低调压器调至低压，由低压管网给用户供气。

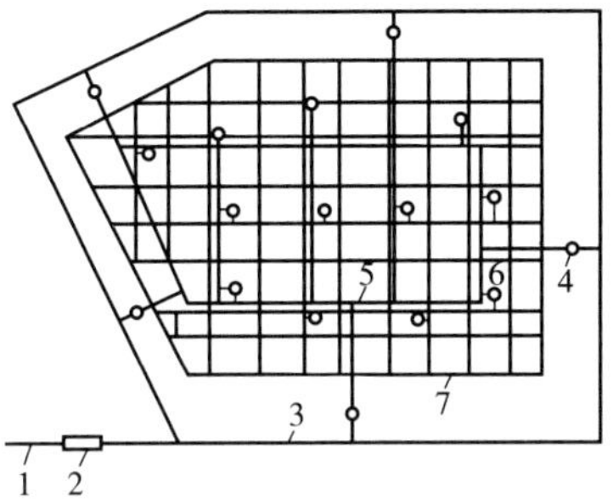

1—长输管线；2—门站；3—高压管网；4—高 - 中压调压站；
5—中压管网；6—中 - 低调压站；7—低压管网

图 4-1-12　高 - 中 - 低三级管网系统示意图

Ⅲ）系统特点

（1）高压管道的输送能力比中压管道更大，所用管径更小，因此供应范围大、供气量大且距离较远，可节省管网系统的建设投资。

（2）因采用管道储气或高压储气罐储气，可保证在短期停电事故时仍能供应天然气。

（3）高压管道一般布置在人口稀少的郊区，供气比较安全可靠。

（4）在同一条道路上往往要敷设两条不同压力等级的管道，配置的多级管道和调压器系统复杂，增加了运行维护管理的难度。

4）多级管道系统

Ⅰ）管网系统图

多级管网系统主要用于人口多且密度大的特大型城市，如图 4-1-13 所示。其气源一般是天然气，由地下储气库、高压储气罐站以及长输管线末端储气三种方式调节供气与用气之间的不均匀性。天然气通过几条长输管线进入城镇管网，两者的分界点是配气站，天然气的压力在配气站降到 2.0 MPa，进入城镇外环的高压管网，再分别通过各级调压站降压后进入较低压力级制的管网，各级管网分布组成环状。

Ⅱ）系统特点

（1）从运行管理方面来看，系统既安全又灵活。

（2）由于气源来自多个方向，主要管道均连成环网。

（3）采取多种手段协调解决用户用气不均匀性。

【任务实施】

根据项目任务书和项目任务完成报告进行任务实施，见表 4-1-2 和表 4-1-3。

表 4-1-2 项目任务书

任务名称	城镇燃气管网系统及其选择		
小组成员			
指导教师		计划用时	
实施时间		实施地点	
任务内容与目标			
1. 掌握城镇燃气管网系统的分类； 2. 理解城镇燃气管网系统分类的必要性； 3. 掌握城镇燃气管网系统的选择。			
考核项目	1. 城镇燃气管网系统的分类； 2. 城镇燃气管网系统分类的必要性； 3. 城镇燃气管网系统的选择。		
备注			

表 4-1-3 项目任务完成报告

任务名称	城镇燃气管网系统及其选择		
小组成员			
具体分工			
计划用时		实际用时	
备注			
1. 简述城镇燃气管网系统的分类有哪些。 2. 简要说明城镇燃气管网系统分类的必要性。 3. 简要分析各种类型的城镇燃气管网系统的特点。 4. 绘制二级城镇燃气管网系统图。			

【任务评价】

根据项目任务综合评价表进行任务评价，见表 4-1-4。

表 4-1-4　项目任务综合评价表

任务名称：　　　　　　　　　　　　　　　　测评时间：　　年　　月　　日

<table>
<tr><td colspan="2" rowspan="4">考核明细</td><td rowspan="4">标准分</td><td colspan="9">实训得分</td></tr>
<tr><td colspan="9">小组成员</td></tr>
<tr><td colspan="3"></td><td colspan="3"></td><td colspan="3"></td></tr>
<tr><td>小组自评</td><td>小组互评</td><td>教师评价</td><td>小组自评</td><td>小组互评</td><td>教师评价</td><td>小组自评</td><td>小组互评</td><td>教师评价</td></tr>
<tr><td rowspan="6">团队（60分）</td><td>小组成员是否能在总体上把握学习目标与进度</td><td>10</td><td></td><td></td><td></td><td></td><td></td><td></td><td></td><td></td><td></td></tr>
<tr><td>小组成员是否分工明确</td><td>10</td><td></td><td></td><td></td><td></td><td></td><td></td><td></td><td></td><td></td></tr>
<tr><td>小组成员是否有合作意识</td><td>10</td><td></td><td></td><td></td><td></td><td></td><td></td><td></td><td></td><td></td></tr>
<tr><td>小组成员是否有创新想（做）法</td><td>10</td><td></td><td></td><td></td><td></td><td></td><td></td><td></td><td></td><td></td></tr>
<tr><td>小组成员是否如实填写项目任务完成报告</td><td>10</td><td></td><td></td><td></td><td></td><td></td><td></td><td></td><td></td><td></td></tr>
<tr><td>小组成员是否存在问题和具有解决问题的方案</td><td>10</td><td></td><td></td><td></td><td></td><td></td><td></td><td></td><td></td><td></td></tr>
<tr><td rowspan="4">个人（40分）</td><td>个人是否服从团队安排</td><td>10</td><td></td><td></td><td></td><td></td><td></td><td></td><td></td><td></td><td></td></tr>
<tr><td>个人是否完成团队分配任务</td><td>10</td><td></td><td></td><td></td><td></td><td></td><td></td><td></td><td></td><td></td></tr>
<tr><td>个人是否能与团队成员及时沟通和交流</td><td>10</td><td></td><td></td><td></td><td></td><td></td><td></td><td></td><td></td><td></td></tr>
<tr><td>个人是否能够认真描述困难、错误和修改的地方</td><td>10</td><td></td><td></td><td></td><td></td><td></td><td></td><td></td><td></td><td></td></tr>
<tr><td colspan="2">合计</td><td>100</td><td></td><td></td><td></td><td></td><td></td><td></td><td></td><td></td><td></td></tr>
</table>

【知识巩固】

（1）简述城镇燃气管网系统的组成。

（2）绘制一级城镇燃气管网系统图。

任务二 城镇燃气管道的分类

【任务准备】

城镇燃气管道是将气源厂的燃气输送到各储气点、调压站、燃气用户，并保证沿途输气安全可靠的装置。城镇燃气管道可根据用途、敷设方式和输气压力进行以下分类。

1. 根据用途分类

1）长距离输气管线

长距离输气管线的干管及支管的末端连接城镇或大型工业企业，作为该供应区的气源点，管线的末端设有燃气分配站，即燃气城镇门站。

2）分配管道

分配管道是将供气地区的燃气分配给工业企业用户、公共建筑用户和居民用户的燃气管道，它包括输气管道、配气管道、用户引入管和室内燃气管道。

（1）输气管道：城镇燃气门站至城镇配气管道之间的管道。

（2）配气管道：在供气地区将燃气分配给居民用户、商业用户和工业企业用户的管道。配气管道包括街区和庭院分配管道。

（3）用户引入管：室外配气支管与用户内燃气进口管总阀门之间的管道。

（4）室内燃气管道：从用户内燃气进口管总阀门到用户各燃具或用气设备之间的燃气管道。

3）工业企业燃气管道

工业企业燃气管道包括工厂引入管和厂区燃气管道、车间燃气管道和炉前燃气管道。

（1）工厂引入管和厂区燃气管道：将燃气从城镇燃气管道引入工厂，并分配到各用气车间的管道。

（2）车间燃气管道：从车间的管道引入口将燃气送到车间内各个用气设备（如窑炉）的管道。车间燃气管道包括干管和支管。

（3）炉前燃气管道：从支管将燃气分送给炉上各个燃烧设备的管道。

2. 根据敷设方式分类

1）埋地管道

一般城市中的输气管道埋设于土壤中，当管段需要穿越铁路、公路时，有时需要加设套管或管沟，因此埋地管道敷设方法有直接埋设和间接埋设两种。

2）架空管道

工厂厂区、管道跨越障碍物以及建筑物内的天然气管道，常采用架空敷设的方式。

3. 根据输气压力分类

与其他管道相比，燃气管道的气密性有特别严格的要求，漏气可能导致火灾、爆炸、中毒或其他事故。燃气管道中的压力越高，管道接头脱开或管道本身出现裂缝的可能性和危险性就越大。当管道内燃气的压力不同时，对管道材质、安装质量、检验标准和运行管理的要求也不同。根据《城镇燃气设计规范（2020 年版）》的规定，城镇燃气管道按城镇燃气压力可分为低压燃气管道、中压燃气管道、次高压燃气管道和高压燃气管道等 4 类，设计压力分为 7 级，见表 4-2-1：

表 4-2-1　城镇燃气设计压力（表压）分级

管道分类		压力 P（MPa）
高压燃气管道	A	$2.5<P\leqslant 4.0$
	B	$1.6<P\leqslant 2.5$
次高压燃气管道	A	$0.8<P\leqslant 1.6$
	B	$0.4<P\leqslant 0.8$
中压燃气管道	A	$0.2<P\leqslant 0.4$
	B	$0.01\leqslant P\leqslant 0.2$
低压燃气管道		$P<0.01$

【任务实施】

根据项目任务书和项目任务完成报告进行任务实施，见表 4-2-2 和表 4-2-3。

表 4-2-2　项目任务书

<table>
<tr><td>任务名称</td><td colspan="3">城镇燃气管道的分类</td></tr>
<tr><td>小组成员</td><td colspan="3"></td></tr>
<tr><td>指导教师</td><td></td><td>计划用时</td><td></td></tr>
<tr><td>实施时间</td><td></td><td>实施地点</td><td></td></tr>
<tr><td colspan="4">任务内容与目标</td></tr>
<tr><td colspan="4">1. 了解城镇燃气管道的作用；
2. 掌握城镇燃气管道的各种分类。</td></tr>
<tr><td>考核项目</td><td colspan="3">1. 城镇燃气管道的作用；
2. 城镇燃气管道的各种分类。</td></tr>
</table>

续表

备注	

表 4-2-3　项目任务完成报告

任务名称	城镇燃气管道的分类		
小组成员			
具体分工			
计划用时		实际用时	
备注			

1. 简述城镇燃气管道的作用。

2. 简要说明根据用途城镇燃气管道的分类有哪些。

3. 简要说明根据敷设方式城镇燃气管道的分类有哪些。

4. 简要说明根据输气压力城镇燃气管道的分类有哪些。

【任务评价】

根据项目任务综合评价表进行任务评价，见表 4-2-4。

表 4-2-4　项目任务综合评价表

任务名称：　　　　　　　　　　　　　　　　　　　　测评时间：　　年　　月　　日

<table>
<tr><td colspan="2" rowspan="4">考核明细</td><td rowspan="4">标准分</td><td colspan="9">实训得分</td></tr>
<tr><td colspan="9">小组成员</td></tr>
<tr><td colspan="3"></td><td colspan="3"></td><td colspan="3"></td></tr>
<tr><td>小组自评</td><td>小组互评</td><td>教师评价</td><td>小组自评</td><td>小组互评</td><td>教师评价</td><td>小组自评</td><td>小组互评</td><td>教师评价</td></tr>
<tr><td rowspan="6">团队（60分）</td><td>小组成员否能在总体上把握学习目标与进度</td><td>10</td><td></td><td></td><td></td><td></td><td></td><td></td><td></td><td></td><td></td></tr>
<tr><td>小组成员是否分工明确</td><td>10</td><td></td><td></td><td></td><td></td><td></td><td></td><td></td><td></td><td></td></tr>
<tr><td>小组成员是否有合作意识</td><td>10</td><td></td><td></td><td></td><td></td><td></td><td></td><td></td><td></td><td></td></tr>
<tr><td>小组成员是否有创新想（做）法</td><td>10</td><td></td><td></td><td></td><td></td><td></td><td></td><td></td><td></td><td></td></tr>
<tr><td>小组成员是否如实填写项目任务完成报告</td><td>10</td><td></td><td></td><td></td><td></td><td></td><td></td><td></td><td></td><td></td></tr>
<tr><td>小组成员是否存在问题和具有解决问题的方案</td><td>10</td><td></td><td></td><td></td><td></td><td></td><td></td><td></td><td></td><td></td></tr>
<tr><td rowspan="4">个人（40分）</td><td>个人是否服从团队安排</td><td>10</td><td></td><td></td><td></td><td></td><td></td><td></td><td></td><td></td><td></td></tr>
<tr><td>个人是否完成团队分配任务</td><td>10</td><td></td><td></td><td></td><td></td><td></td><td></td><td></td><td></td><td></td></tr>
<tr><td>个人是否能与团队成员及时沟通和交流</td><td>10</td><td></td><td></td><td></td><td></td><td></td><td></td><td></td><td></td><td></td></tr>
<tr><td>个人是否能够认真描述困难、错误和修改的地方</td><td>10</td><td></td><td></td><td></td><td></td><td></td><td></td><td></td><td></td><td></td></tr>
<tr><td colspan="2">合计</td><td>100</td><td></td><td></td><td></td><td></td><td></td><td></td><td></td><td></td><td></td></tr>
</table>

【知识巩固】

（1）城镇燃气管道按敷设方式如何分类？

（2）城镇燃气管道按照输气压力如何分类？

任务三　城镇燃气管道的布置与敷设

【任务准备】

城镇燃气管道在保证安全可靠地供应压力与足够数量的燃气用户条件下，要尽量缩短管线，以节省投资和费用。在城镇燃气管网供气规模、供气方式和管网压力级制选定以后，应根据气源规模、用气量及其分布、城镇状况、地形地貌、地下管线与构筑物、管材设备供应条件、施工和运行条件等因素综合考虑，全面规划，远近结合，做出分期建设的安排，并按压力高低，先布置高、中压管网，后布置低压管网。

1. 城镇燃气管道的布置与敷设

1）管道布置与敷设原则

（1）高、中压燃气干管应靠近大型用户，尽量靠近调压站，以缩短支管长度。为保证燃气供应的可靠性，主要干线应逐步连成环状。

（2）城镇燃气管道应布置在道路下，尽量避开主要交通干道和繁华街道，以减少施工难度和运行维修的麻烦，并可节省投资。

（3）沿街道敷设燃气管道时，可以单侧布置，也可以双侧布置。双侧布置一般在街道很宽、横穿道路的支管很多、道路上敷设有轨电车轨道、输送燃气量较大，且单侧布置不能满足要求时采用。

（4）低压燃气干管应在小区内部的道路下敷设，可使管道两侧供气，也可兼作庭院管道，以节省投资。

（5）燃气管道不准敷设在建筑物、构筑物下面，不准与其他管道上下重叠、平行布置，并禁止在下列场所之下敷设：

①机械设备和货物堆放地；

②易燃易爆材料和腐蚀性液体的堆放场所；

③高压电线走廊。

（6）燃气管道应尽量避免穿越铁路、河流、主要公路和其他较大障碍物，必须穿越时应有防护措施。

2）管道布线依据

地下燃气管道宜沿城镇道路、人行便道敷设，或敷设在绿化带内。在解决城镇中不同压力燃气管道的布线问题时，必须考虑以下基本情况：

城镇燃气管道的布线

（1）管道中燃气的压力；

（2）街道及其他地下管道的密集程度与布置情况；

（3）道路现状和规划；

（4）街道交通量和路面结构情况，以及运输干线的分布情况；

（5）所输送燃气的含湿量，必要的管道坡度，街道地形变化情况；

（6）与该管道相连接的用户数量及用气情况，该管道是主要管道还是次要管道；

（7）线路上所遇到的障碍物情况；

（8）土壤性质、腐蚀性能和冰冻线深度；

（9）该管道在施工、运行和万一发生故障时，对交通和人民生活的影响。

由于城镇燃气输配系统各级管网的输气压力不同，其设施和防火安全的要求也不同，而且各自的功能也有所区别，因此应按各自的特点进行布线。

3）高、次高压管道的平面布置原则

高、次高压输气管网具有输气和储气双重功能，并通过调压站向中压管网各环网配气，其平面布置原则如下。

（1）服从城市总体规划，遵守有关法规与规范，考虑远近期结合，分期建设。

（2）结合门站与调压站选址，管道沿城区边沿敷设，避开重要设施与施工困难的情况，不宜进入城市四级地区，不宜从县城、卫星城、镇或居民区中间通过。

（3）尽可能少占农田，减少建筑物等的拆迁，除管道专用公路的隧道、桥梁外，不应通过铁路或公路的隧道和桥梁。

（4）对于大型城市，可考虑高压管道连成环状，以提高供气安全性，并考虑其储气功能。

（5）为方便运输与施工，管道宜在公路附近敷设。

（6）应进行多方案比较，选用符合上述各项要求，且长度较短、原有设施可利用、投资较省的方案。

4）中压管道的平面布置原则

中压输气管网在高（次高）- 中压或单级中压输配系统中都是输气主体，向数量众多的小区调压箱与楼栋调压箱以及专用调压箱供气，从而形成环支结合的输气干管以及从干管接出众多供气支管至调压设备。中低压输配系统的中压管道向区域调压站与专用调压箱供气，中压管道的密度远比高（次高）- 中压和单级中压输配系统低。中压输气管道的平面布置原则如下。

（1）服从城市总体规划，遵守有关法规与规范，考虑远近期结合，分期建设。

（2）干管布置应靠近用气量较大区域，以减少支管长度并连成环状，保证安全供气，但应避开繁华街区，且环数不宜过多。各中压调压站出口中压干管宜互通，在城市边缘布置枝状干管，形成环支结合的供气干管体系。

（3）对中小城镇的干管主环可设计为等管径环，以进一步提高供气安全性与适应性。

（4）管道布置应按先人行道、后非机动车道，尽量不在机动车道埋设的原则。

（5）管道应与道路同步建设，避免重复开挖，条件具备时可建设共同沟敷设。

（6）在安全供气的前提下，减少穿越工程与建筑拆迁量。

（7）避免与高压电缆平行敷设，以减少地下钢管电化学腐蚀。

（8）应进行多方案比较，选用供气安全、正常水力工况和事故水力工况良好、投资较省以及原有设施可利用的方案。

5）低压管道的平面布置原则

（1）低压管道供气能力低，沿程压力降的允许值较低，故低压管网的成环边长一般宜控制在 300~600 m。

（2）低压管道直接与用户相接，而用户数量随着城市建设发展逐步增加，故低压管道除以环状管网为主体布置外，也允许存在枝状管网。

（3）为保证和提高低压管网的供气稳定性，给低压管网供气的相邻调压室之间的连通管道的管径应大于相邻管网的低压管道管径。

（4）有条件时，低压管道应尽可能布置在街坊内兼作庭院管道，以节省投资。

（5）低压管网可以沿街道的一侧敷设，在有轨电车通过的街道上，当街道宽度大于 20 m，横穿街道的支管过多或输配气量大，而又限于条件不允许敷设大口径管道时，可采用双侧敷设。

（6）低压管道按规划道路布线，并应与道路轴线或建筑物的前沿平行，尽可能避免在高级路面的街道下敷设。

6）郊区燃气干线的布置原则

（1）了解城镇发展规划，避开未来的建筑物。

（2）少占良田，尽量在靠近现有公路和规划公路的位置敷设。

（3）管线应尽量避免穿越河流和大面积湖泊、水库，以减少工程量。

（4）燃气干线的位置除考虑城市发展的需要外，应兼顾城市周围小城镇的用气需要。

7）燃气管道的安全距离

地下燃气管道与建筑物、构筑物基础或相邻管道之间的水平净距和垂直净距不应小于表 4-3-1 和表 4-3-2 的规定。

如受地形限制，布置有困难而又无法解决时，经与有关部门协商，采取有效的防护措施后，表 4-3-1 和表 4-3-2 规定的净距可适当缩小。

8）管道的纵断面布置原则

（1）管道的埋深主要考虑地面动负荷特别是车辆重负荷的影响，以及冰冻层对管内输送气体中可凝性气体的影响。

①管道埋设在车行道下时，埋深不得小于 0.8 m。

②管道埋设在非机动车车道下时，埋深不得小于 0.6 m。

③管道埋设在庭院内时，埋深不得小于 0.3 m。

④管道埋设在水田下时，埋深不得小于 0.8 m。

表 4-3-1　地下燃气管道与建筑物、构筑物基础或相邻管道之间的水平净距　　单位：m

项目		地下燃气管道				
		低压	中压		高压	
			B	A	B	A
建筑物基础		0.7	1.5	2.0	4.0	6.0
给水管		0.5	0.5	0.5	1.0	1.5
排水管		1.0	1.2	1.2	1.5	2.0
电力电缆		0.5	0.5	0.5	1.0	1.5
通信电缆	直埋	0.5	0.5	0.5	1.0	1.5
	在导管内	1.0	1.0	1.0	1.0	1.5
其他燃气管道	*DN* ≤300 mm	0.4	0.4	0.4	0.4	0.4
	DN>300 mm	0.5	0.5	0.5	0.5	0.5
热力管	直埋	1.0	1.0	1.0	1.5	2.0
	在管沟内	1.0	1.5	1.5	2.0	4.0
电杆（塔）的基础	≤35 kV	1.0	1.0	1.0	1.0	1.0
	>35 kV	5.0	5.0	5.0	5.0	5.0
通信照明电杆（至电杆中心）		1.0	1.0	1.0	1.0	1.0
铁路钢轨		5.0	5.0	5.0	5.0	5.0
有轨电车钢轨		2.0	2.0	2.0	2.0	2.0
街树（至树中心）		1.2	1.2	1.2	1.2	1.2

表 4-3-2　地下燃气管道与构筑物基础或相邻管道之间的垂直净距　　单位：m

项目		地下燃气管道（当有套管时以套管计）
给水管、排水管或其他燃气管道		0.15
热力管的管沟底（或顶）		0.15
电缆	直埋	0.50
	在导管内	0.15
铁路轨道		1.20
有轨电车轨道		1.00

（2）输送湿燃气的燃气管道，应埋设在土壤冰冻线以下。燃气管道坡向凝水缸的坡度不宜小于 0.003。

（3）地下燃气管道与其他管道或构筑物之间的最小垂直间距应符合相关规范要求。

（4）燃气管道不得在地下穿过房屋或其他建筑物，不得平行敷设在有轨电车轨道之下，也不得与其他地下设施上下并置。

（5）一般情况下，燃气管道不得穿过其他管道本身，如因特殊情况要穿过其他大断面管道，需征得有关方面的同意，同时燃气管道必须安装在钢套管下。

2. 燃气管道穿越公路、铁路、河流等障碍物的方法

1）燃气管道穿越公路、铁路、河流等障碍物的实施方法（图 4-3-1 至图 4-3-6）

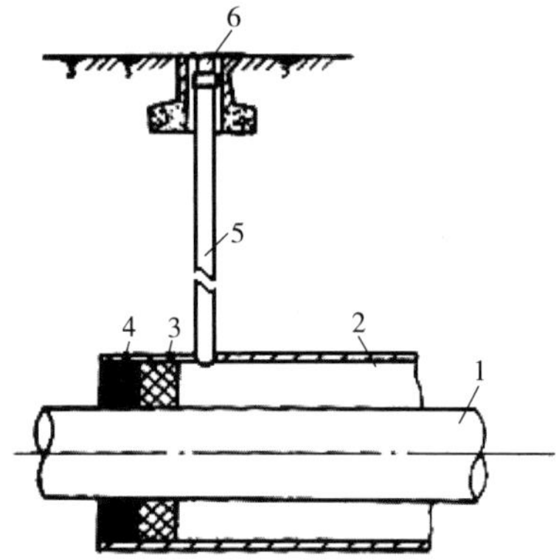

1—燃气管道；2—套管；3—油麻填料；4—沥青密封层；5—检漏管；6—防护罩

图 4-3-1　燃气管道外面安装套管示意图

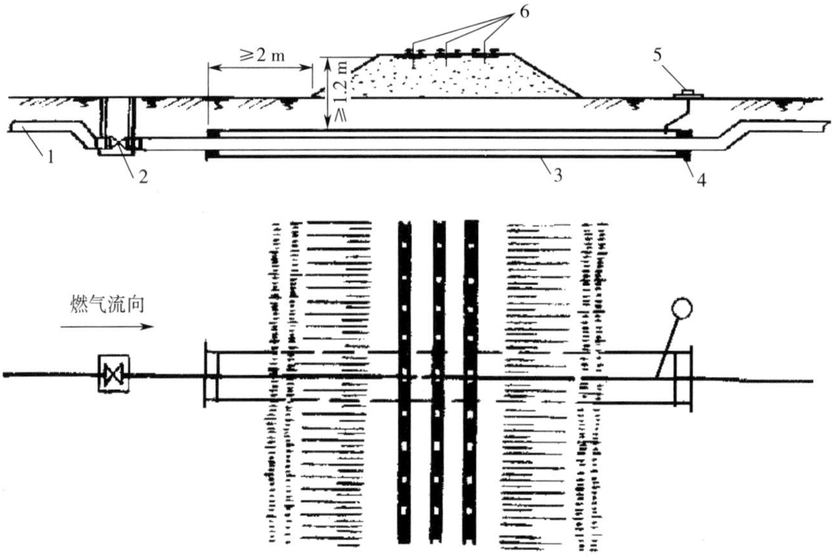

1—燃气管道；2—阀门；3—套管；4—密封层；5—检漏管；6—铁路轨道

图 4-3-2　燃气管道穿越铁路示意图

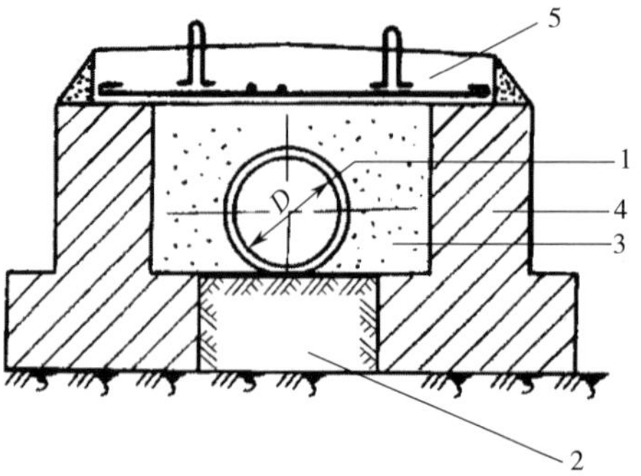

1—燃气管道；2—原土夯实；3—填砂；4—砖墙沟壁；5—盖板

图 4-3-3　燃气管道单管过街沟示意图

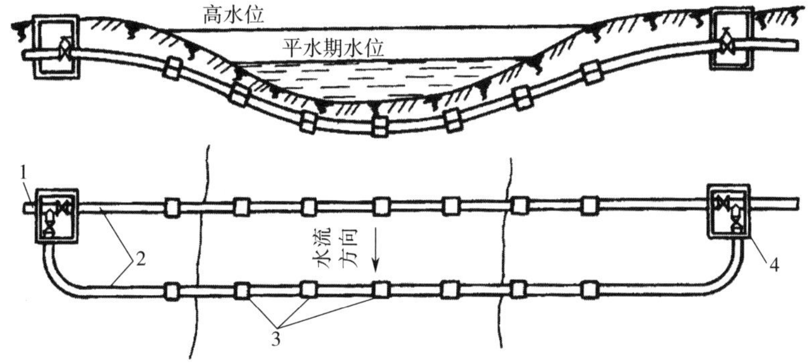

1—燃气管道；2—过河管；3—稳管重块；4—阀门井

图 4-3-4　燃气管道穿越河流示意图

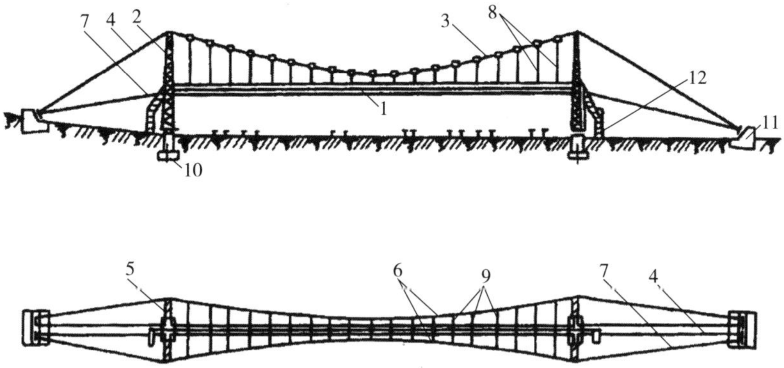

1—燃气管道；2—桥柱；3—钢索；4—牵索；5—平面桁架；6—抗风索；7—抗风牵索；
8—吊杆；9—抗风连杆；10—桥支座；11—地锚基础；12—工作梯

图 4-3-5　燃气管道悬索式跨越铁道示意图

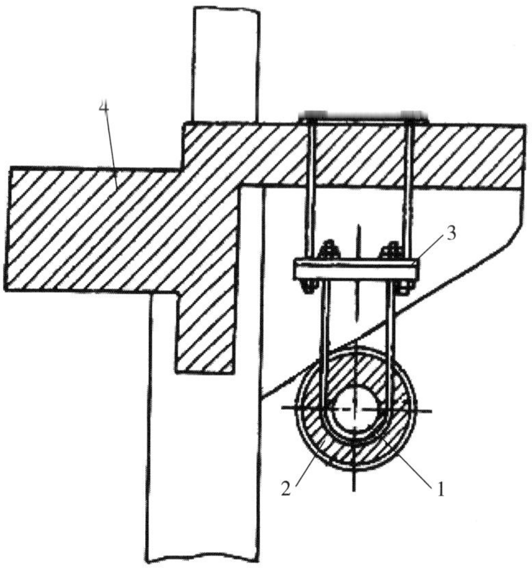

1—燃气管道；2—隔热层；3—吊卡；4—钢筋混凝土桥面

图 4-3-6　燃气管道沿桥敷设示意图

（1）燃气管道穿越一、二、三级公路或城镇主干道时，宜敷设在套管或地沟内。

（2）燃气管道穿越铁路和电车轨道时，必须采用保护套管或混凝土套管，并要垂直穿越。

（3）燃气管道穿（跨）越河流。

①水下穿越：一般易用双管敷设，每条管道承担设计流量的75%。（敷设方法：沟埋敷设，现多采用该法，埋设深度不小于0.5 m；裸管敷设；定管敷设。）

②附桥架设：简单，投资省。

③管桥跨越：可采用桁架、拱式、悬索等形式。

2）燃气管道跨越和穿越注意事项

Ⅰ. 燃气管道跨越注意事项

（1）当条件许可时，可利用道路桥梁跨越河流，并符合下列要求。

①利用管道桥梁跨越河流的燃气管道，其管道的输送压力不应小于0.4 MPa。

②必须采取以下安全措施：

a. 敷设于桥梁上的燃气管道应采用加厚的无缝钢管或焊接钢管，尽量减少焊缝，并对焊缝进行100%无损探伤；

b. 跨越通航河流的燃气管道管底标高应符合通航净空的要求，管架外侧应设置护桩；

c. 在确定管道位置时，应与随桥敷设的其他可燃的管道保持一定间距；

d. 管道应设置必要的补偿和减震措施；

e. 过河架空的燃气管道向下弯曲时，向下弯曲部分与水平管夹角宜采用45°形式；

f. 对管道应做特加强级防腐；

g. 对于采用阴极保护的埋地钢管，其与随桥管道之间应设置绝缘装置。

（2）管道需跨越的小型河流，其宽度在管道允许跨度范围内时，应首先采用直管支架结构；其宽度超出管道允许跨度范围但相差不大时，可采用“Π”型钢架结构，充分利用管道自身支撑。

（3）跨度较小，河床较浅，河床工程地质状况较为良好，常年水位与洪水位相差较大的河流，可采用吊架式管架等跨越结构。

（4）跨度较小，且常年水位变化不大的中型河流，一般可选用托架、桁架或支架等几种跨越结构。

（5）跨度较大的中型河流，若两岸基岩埋深较浅、河谷狭窄，可采用拱形跨越。管拱跨越结构有单管拱及组合拱两大类。

（6）大型河流、深谷等不易砌筑墩台基础的，可选用柔性悬索管桥、悬缆管桥、悬链管桥和斜拉索管桥等跨越结构。

（7）跨越管道支撑点宜做成滑动支座或弹性支座。

Ⅱ. 燃气管道穿越注意事项

（1）管道穿越铁路、高速公路、公路、城镇主要干道注意事项。

①管道穿越铁路、高速公路、公路、城镇主要干道的穿越方式以及采用的套管、涵

洞、管沟的结构形式（包括套管直径、壁厚、涵洞与管沟的结构尺寸等）应符合设计规定。

②管道穿越铁路、高速公路、公路、城镇主要干道的敷设期限、程序以及施工组织设计方案必须征得铁路、公路、道路等管理部门的同意。

③穿越铁路的燃气管道应加套管，套管的设置应符合以下要求：

a. 套管内径应比燃气管道外径大 100 mm 以上或按铁路部门的规定执行，套管与燃气管道之间应设滑轮支撑；

b. 对于套管的埋设深度，铁路轨底至套管顶不应小于 1.2 m，并应符合铁路管理部门的要求；

c. 套管应采用钢管或钢筋混凝土管，采用钢管时必须采用加强级防腐层；

d. 套管两端与燃气管的间隙应采用柔性的防腐、防水材料密封，其一端应装设检漏管；

e. 套管端部与路堤坡脚外距离不应小于 2.0 m，距铁路边轨不应小于 2.5 m；

f. 燃气管道应垂直穿越铁路。

④燃气管道穿越高速公路应加套管；穿越城镇主干道应敷设在套管或地沟内，但可根据道路轮压等具体情况由设计决定加或不加套管；穿越非主干道可不加套管。穿越高速公路的燃气管道的套管、穿越城镇主干道的燃气管道的套管或地沟，应符合以下要求：

a. 套管内径应比燃气管道外径大 100 mm 以上，套管或地沟两端应密封；

b. 套管端部距道路边缘不应小于 1.0 m；

c. 燃气管道应垂直穿越高速公路、公路、城镇主干道；

d. 重要地段的套管或地沟端部宜安装检漏管。

（2）管道穿越河流注意事项。

①管道穿越河流敷设时，施工期限、程序及组织方案应征得河流管理部门的同意。

②管道通过通航河流和常年排水河道时，不得断航断流；必须断航断流时，应征得管理部门的同意，并预先告示与警戒。

③穿越河流管道的长度、位置、埋设深度、稳管措施以及过河管道的结构形式等，应按设计规定执行。

④穿越河流的管道宜采用钢管，必须采用特加强级防腐。管段敷设后，不得产生漂浮和移位，如有可能发生漂浮和移位，必须采用取管措施。

⑤过河管段的焊口应减少到最低限度，环焊缝应进行 100% 无损探伤。

⑥管道至规划河底的覆土厚度应根据水流冲刷条件确定，对不通航河流不应小于 0.5 m；对通航河流不应小于 1.0 m，还应考虑疏浚和投锚深度，并应检查管道与管底接触的均匀与紧密程度，管下如有冲刷，应有砾石填塞，并测量管底标高和位置，使其符合设计要求。

⑦沿岸沟槽回填时，应按河道管理部门的要求恢复原貌；如遇较陡的河岸，应加

护坡，防止冲刷。

⑧水下管道施工完成后，应按国家现行河道管理的有关规定设立标志，并注明水下管道的位置及注意事项。

⑨管道对接安装引起的误差不得大于 3°，否则应设置弯管，次高压燃气管道的弯管应考虑盲板力。

（3）管道穿越工程采用暗沟施工时，应保证穿越管段上下左右的建筑物、构筑物不发生沉陷、位移与破坏。

（4）管道穿越河流时，就位方法由施工组织设计确定，但管段防腐层不应受到破坏和损伤。

（5）穿越管道的焊口应减少到最低限度，下管前应做好试压工作，环焊缝应进行 100% 无损探伤和检查。

（6）采取顶管施工时，套管应逆坡推进，穿越管段坡向与两侧管段相同，不得反坡。

（7）检漏管或检查井应设在套管、涵洞、管沟的坡向标高高的一侧。

【任务实施】

根据项目任务书和项目任务完成报告进行任务实施，见表 4-3-3 和表 4-3-4。

表 4-3-3　项目任务书

任务名称	城镇燃气管道的布置与敷设		
小组成员			
指导教师		计划用时	
实施时间		实施地点	
任务内容与目标			
1. 了解城镇燃气管道的布置与敷设原则； 2. 理解燃气管道的安全距离； 3. 掌握各种形式的燃气管道的布置要求。			
考核项目	1. 燃气管道的埋深要求； 2. 燃气管道的安全距离； 3. 燃气管道穿越公路、铁路、间流等障碍物的方法。		
备注			

表 4-3-4　项目任务完成报告

<table>
<tr><td>任务名称</td><td colspan="3">城镇燃气管道的布置与敷设</td></tr>
<tr><td>小组成员</td><td></td><td></td><td></td></tr>
<tr><td>具体分工</td><td></td><td></td><td></td></tr>
<tr><td>计划用时</td><td></td><td>实际用时</td><td></td></tr>
<tr><td>备注</td><td colspan="3"></td></tr>
<tr><td colspan="4">1. 简述中低压管道的平面布置要求。

2. 简要说明燃气管道的埋深要求。

3. 分析燃气管道穿越公路、铁路、河流等障碍物的方法有哪些。</td></tr>
</table>

【任务评价】

根据项目任务综合评价表进行任务评价，见表 4-3-5。

表 4-3-5 项目任务综合评价表

任务名称：　　　　　　　　　　　　　　　　　　　测评时间：　　年　　月　　日

考核明细		标准分	实训得分								
			小组成员								
			小组自评	小组互评	教师评价	小组自评	小组互评	教师评价	小组自评	小组互评	教师评价
团队（60分）	小组成员是否能在总体上把握学习目标与进度	10									
	小组成员是否分工明确	10									
	小组成员是否有合作意识	10									
	小组成员是否有创新想（做）法	10									
	小组成员是否如实填写项目任务完成报告	10									
	小组成员是否存在问题和具有解决问题的方案	10									
个人（40分）	个人是否服从团队安排	10									
	个人是否完成团队分配任务	10									
	个人是否能与团队成员及时沟通和交流	10									
	个人是否能够认真描述困难、错误和修改的地方	10									
合计		100									

【知识巩固】

（1）地下燃气管道宜埋设在土壤冰冻线以下，管道覆土厚度在车行道下时不得小于__________m，在非车行道下时不得小于__________m。

（2）燃气管道穿越公路或城镇主干道宜敷设在__________或__________内，一般公路或城镇次要公路可采用__________。

（3）地下低压燃气管道与直埋热力管道的水平净距不应小于__________m。

项目五

燃气终端用户系统

【项目描述】

在当前社会运行与发展过程中，燃气工程的需求发展迅速。工业企业燃气管网输配系统关系到工业发展，其燃气由城镇分配管网引入工厂；商业燃气用户随着城市化进程的脚步数量逐渐增加，燃气的使用量占比逐渐增大，其燃气工程逐渐受到社会高度重视，同时城市中商业用户数量也是影响燃气工程综合效益的重要因素；居民生活用气一般来说主要用于居民家庭炊事、制备热水、供暖等，以保障民生。本项目分别从工业企业、商业用户以及居民用户的燃气管网系统出发，学习不同燃气终端用户系统的特点。

【项目目标】

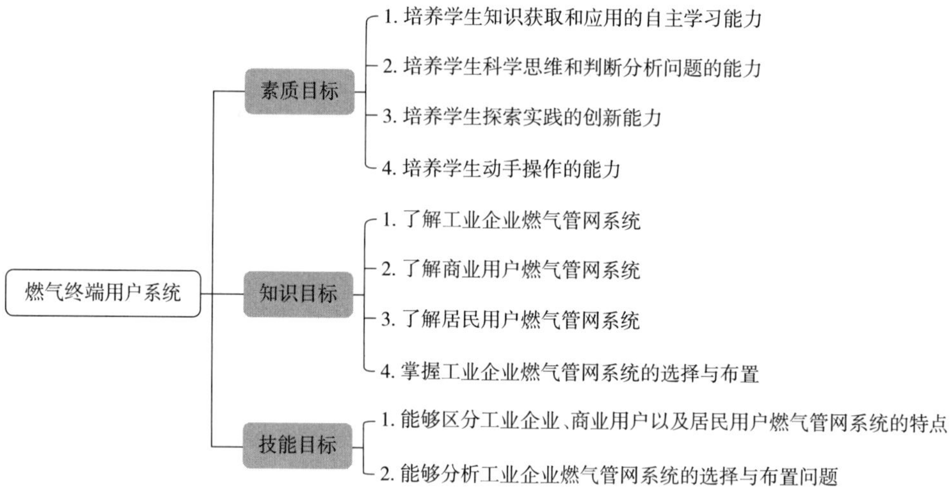

任务一　工业企业燃气管网系统

【任务准备】

1. 工业企业燃气管网系统的构成

工业企业燃气管网输配系统通常由工厂引入管、厂区燃气管道、车间燃气管道、炉前燃气管道、工厂总调压站或车间调压装置、用气计量装置、安全控制装置等构成。其中，炉前燃气管道与燃烧设备和控制装

工业企业燃气管网系统

置的关系极为密切，因而常把它们视为一个整体。

燃气由城镇燃气输配管网通过引入管引入工厂，引入管上设总阀门。按相关规定，总阀门应设在厂界外易于接近和便于查看的地方，尽可能靠近城镇燃气输配管道，与建筑红线或建筑物外墙的距离不应小于 2 m。

每个工业企业通常只有一个燃气引入口，厂区内采用枝状管道，对不允许停气的大型工厂企业，可以采用有几个燃气引入口的环状管网。有些工厂供气系统的引入口设总调压站，如有计量装置，则与调压站设在一起，燃气经降压和稳压后由调压站送入厂区燃气管道。

工业企业用户一般由城镇中压或高压管网供气，用气量小（50~150 Nm^3/h）且用气压力为低压的用户也可由低压管网供气，应根据具体情况选择最佳的供气方案。大型企业可敷设专用管线与城镇燃气分配站或长输管线连接。常用的工业企业燃气管网系统有两种：一级系统和两级系统。

1）一级系统

图 5-1-1 所示为工业企业低压一级管网系统。该系统直接与城镇低压燃气管网相连，只适用于小型工业企业用户，因为低压管网的供气量小，而且较大用户的用气工况变化会影响连在同一管网上的居民用户的用气工况。

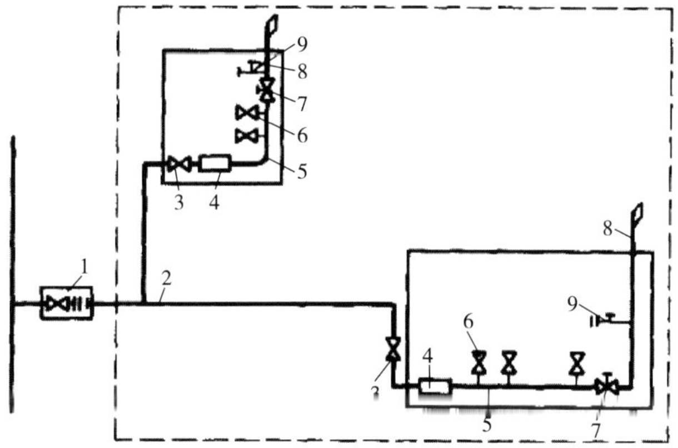

1—工厂引入管总阀门及补偿器；2—厂区燃气管道；3—车间引入管总阀门；
4—燃气计量装置；5—车间燃气管道；6—燃烧设备前的总阀门；
7—放散管阀门；8—放散管；9—吹扫取样短管

图 5-1-1　工业企业低压一级管网系统

图 5-1-2 所示为工业企业高（中）压一级管网系统。该系统是与城镇中压或高压燃气管网相连的工业企业的一级管网系统，适用于大型工业企业用户。其工厂引入口设有总调压站，调压站出口的压力值由用气设备燃烧器所需的压力值和厂区及车间管道的压力降确定，可以是低压，也可以是中压。该系统中所有的厂区管道和车间燃气管道压力级制相同，总调压站内还有全厂用气计量装置。如需分别计量各车间和各燃烧设备的用气量，则应在各车间分设燃气计量装置。该系统的特点是个别车间的燃烧设备或窑炉停止生产或调节负荷时，可能会影响全厂各车间燃烧设备前的压力。为了保

证所需要的水力稳定性，在确定该系统计算压力降时，应经过周密考虑。

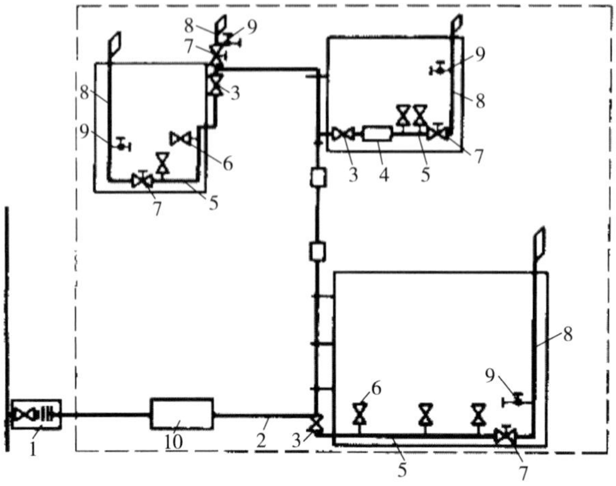

1—工厂引入管总阀门及补偿器；2—厂区燃气管道；3—车间引入管总阀门；
4—燃气计量装置；5—车间燃气管道；6—燃烧设备前的总阀门；
7—放散管阀门；8—放散管；9—吹扫取样短管；10—总调压站和计量室

图 5-1-2　工业企业高（中）压一级管网系统

当车间分布较紧凑，用气设备类型相同，管道较短，以及燃烧设备前燃气压力稳定性要求不严时，采用图 5-1-2 所示系统比较合适。

2）两级系统

工业企业两级管网系统如图 5-1-3 所示。该系统通过工厂总调压站与城镇中压或高压燃气管道相连，调压站将燃气压力降到部分车间所需的中压，此时，车间可直接与厂区燃气管道相连；而部分车间的燃烧设备需用低压燃气，所以需单独设置车间调压装置。一般总用气计量装置设在总调压站内。

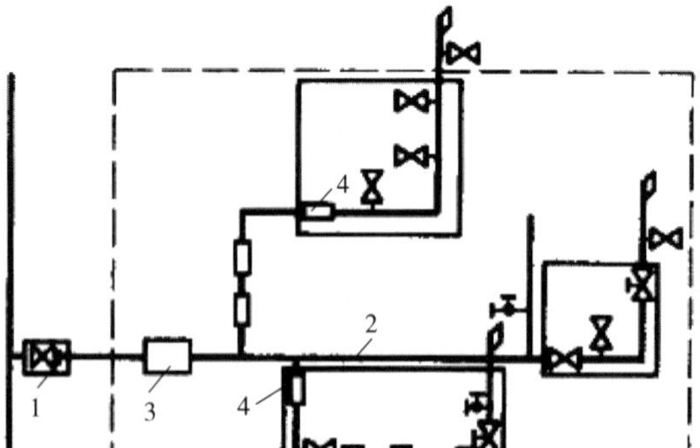

1—工厂引入管总阀门及补偿器；2—厂区燃气管道；
3—总调压站和计量室；4—车间调压装置

图 5-1-3　工业企业两级管网系统

工业企业车间分别调压的两级管网系统如图 5-1-4 所示。该系统的厂区管道直接与城镇中压管道相连，引入各车间的燃气管道分别通过本车间的调压装置将燃气压力调到该车间的燃烧设备所需的数值；用气量在全厂和各车间分别计量，不设总调压站；当进入厂区的燃气含湿量较高时，应设排水器。

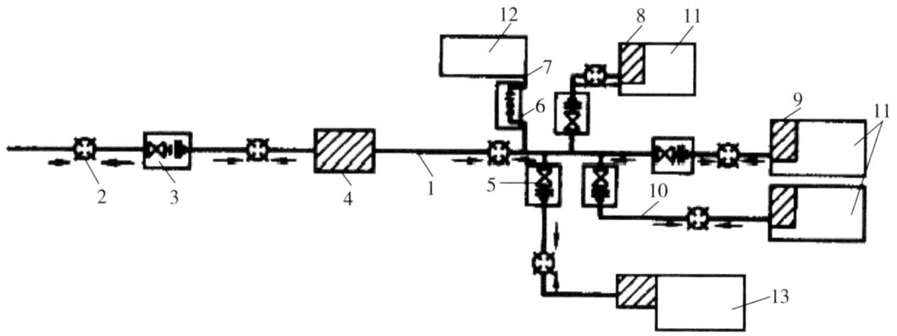

1—厂区燃气管道；2—排水器；3、5—阀门井；4—计量室；6—小型阀门井；
7—箱式调压装置；8—高（中）- 中压调压装置；9—高（中）- 低压调压装置；
10—支管；11—车间；12—食堂；13—锅炉房

图 5-1-4　工业企业车间分别调压的两级管网系统

图 5-1-4 所示系统与图 5-1-3 所示系统的主要区别在于供给各车间的燃气由车间自设的调压装置来调压，并使压力保持稳定，厂区管道的流量变化对车间燃气管道的压力变化在一定范围内没有影响。

2. 工业企业燃气系统的选择与布线

1）系统选择应考虑的主要因素

（1）连接引入管处的城镇燃气分配管网的燃气压力。

（2）各用气车间燃烧设备前所需的额定压力。

（3）用气车间在厂区分布的位置。

（4）车间的用气量及用气规模。

（5）与其他管道的关系及管理维修条件。

2）厂区燃气管道的布线原则

在工业企业燃气系统中，燃气从引入管通过厂区管道送到用气车间。厂区管道可以采用埋地敷设，也可以采用架空敷设。与埋地敷设相比，厂区燃气管道的架空敷设优点较多，例如漏气容易察觉且便于消除、危险性小、运行管理和检查维修比较方便等。架空敷设可采用支架敷设，也可沿栈桥、永久性建筑物的墙或屋顶敷设。在不影响交通的情况下，还可沿地面低支架敷设。

通常，厂区燃气管道采用架空敷设，即在管道上每隔一段距离，设置固定支架固定管道。为了避免由于气候温度变化在管道上产生的应力对管道造成损坏，在相邻的两固定支架之间应设置一个补偿器。这样可以把管道划分为若干个区段，各区段管道的胀缩量由本段管道上的补偿器进行补偿。在设置固定支架的地方，管道与支架之间不能产生相对位移。如果固定支架之间的距离很长，其间还应设置活动支架，仅作为管道的支撑点，并不约束管道的胀缩。

厂区燃气管道的布线应遵循以下原则。

（1）厂区管道一般采用钢管。架空管道不允许穿越爆炸危险品生产车间、爆炸品和可燃材料仓库、配电间和变电所、通风间、易使管道腐蚀的房间、通风道或烟道等场所。架空敷设的管道应避免因外界因素造成损伤，如接触有强烈腐蚀作用的酸、碱等化学药品，以及受到冲击或机械作用等。

（2）支架架空敷设时，管底至人行道路、厂区道路路面及厂区铁路轨顶应分别保持 2.2 m、4.5 m 及 5.5 m 的垂直净距。低支架敷设时，管底至地面的垂直净距一般不小于 0.4 m。

（3）通常在管道上每隔一段距离设一固定支架，管道的支架应采用难燃或不燃材料制成。在相邻两固定支架之间，设置一个补偿器，补偿管道的热胀冷缩。

（4）架空管道应间隔 300 m 左右设接地装置。输送湿燃气的管道坡度不小于 0.003，低点设排水器，两个排水器之间的距离一般不大于 500 m。

（5）燃气管道与给水、热力、压缩空气、氧气等管道共同敷设时，燃气管道与其他管道的水平净距不小于 0.3 m。当管径大于 300 mm 时，水平净距应不小于管道直径。

（6）架空管道与其他建筑物平行时，从方便施工和安全运行考虑，燃气管道与公路边线及铁路轨道的最小净距分别为 1.5 m 及 3.0 m。对于架空输电线，根据不同电压应保持 2.0~4.0 m 的水平净距，与露天变电站围栅的净距不小于 10.0 m。

（7）燃气管道与输送酸、碱等腐蚀性物质的管道共架敷设时，燃气管道应放在这些管道的上层。燃气管道与架空高压输电线交叉时，一般燃气管道应在下层，两者之间必须有保护隔网，燃气管道应接地，垂直净距随电压不同而异，应不小于 3.0~4.0 m。燃气管道与一般通信电缆、照明电线和其他管道交叉时，垂直净距不小于 0.15 m。

（8）给排水、供热及地下电缆等管道或管沟至架空燃气管道支架基础边缘的净距不小于 1.0 m。

（9）厂区燃气管道的末端应设放散管。通常吹扫厂区管道时不允许使用车间的放散管，以避免粉尘和悬浮物聚积在车间管道的某些部位；但对某些小型工业企业而言，由于厂区燃气管道较短，因此也可以利用车间的放散管进行放散。

3. 车间燃气管网系统的分类与布线

1）车间燃气管网系统的分类

车间燃气管网系统有枝状和环状两种，一般采用枝状，环状只用于特别重要的车间。

（1）枝状管网系统参见图 5-1-1。其中，在车间引入口设总阀门 3，各车间分设用气计量装置 4，在用气设备的分支管上应设阀门，车间燃气管道的末端连接放散管 8，并有阀门 7 以及带阀门和丝堵的短管 9，作为吹扫时取气样之用，各用气设备的燃气管道总阀门与燃烧设备阀门之间应设放散管和阀门。

（2）环状管网系统如图 5-1-5 所示。其中，车间引入管上设有阀门 1 和压力表 2，通向用气设备的各分支管上设阀门 12，车间燃气管道的末端设放散管 14，并设阀门。

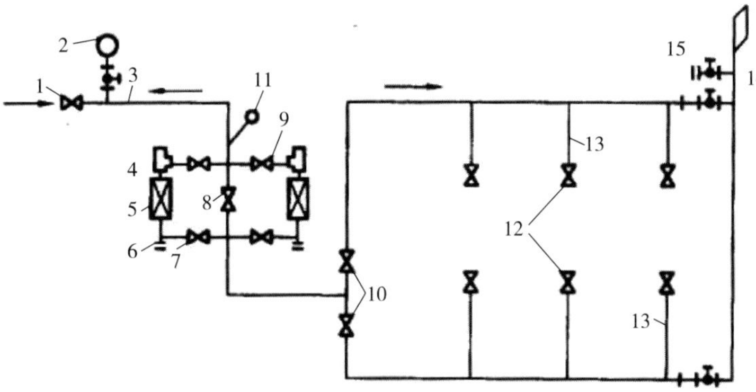

1—车间入口的阀门；2—压力表；3—车间燃气管道；4—过滤器；5—燃气计量表；6—带堵三通；7—计量表后的阀门；8—旁通阀；9—计量表前的阀门；10—车间燃气分支管上的阀门；11—温度计；12—日用气设备前的总阀门；13—支管；14—放散管；15—取样管

图 5-1-5　设有燃气计量装置的车间环状管网系统

2）车间燃气管网系统的布线原则

（1）进入车间的燃气管道上应设车间总阀门。阀门一般设在室内，对重要车间还应在室外另设阀门。阀门应设在便于检查和维修的地点，在必要时能迅速关断车间燃气管道。

（2）车间总阀门的安装高度不应超过 1.7 m，总阀门应使用闸阀，大口径的闸阀宜采用明杆式。

（3）敷设燃气管道的车间高度一般不应小于 2.5 m，车间燃气管道应架设在不低于 2.0 m 的高度，并应不妨碍起重设备的运行。车间燃气管道一般敷设在房架上，或沿厂房的柱子和墙敷设；在无法架设的情况下，也可敷设在有良好通风条件的管沟内。

（4）燃气管道不应敷设在可能被火焰和热烟气熏烤或易受酸、碱等化学药品侵蚀的地方。

（5）输送湿燃气的管道应坡向厂区燃气管道，坡度不小于 0.003。

（6）高、中压车间燃气管道一般采用焊接，也可采用法兰连接；直径较小的低压管道采用螺纹连接。

【任务实施】

根据项目任务书和项目任务完成报告进行任务实施，见表 5-1-1 和表 5-1-2。

表 5-1-1　项目任务书

任务名称	工业企业燃气管网系统		
小组成员			
指导教师		计划用时	
实施时间		实施地点	
任务内容与目标			
1. 了解工业企业燃气管网系统的构成； 2. 掌握一级系统和两级系统； 3. 掌握工业企业燃气管网系统的选择与布置。			
考核项目	1. 工业企业燃气管网系统的构成； 2. 一级系统和两级系统； 3. 工业企业燃气管网系统的选择与布置。		
备注			

表 5-1-2　项目任务完成报告

任务名称	工业企业燃气管网系统		
小组成员			
具体分工			
计划用时		实际用时	
备注			
1. 工业企业燃气管网系统的选择应考虑哪些主要因素？ 2. 车间燃气管网系统的选择应考虑哪些主要因素？ 3. 简述车间燃气管网系统的布线原则。			

【任务评价】

根据项目任务综合评价表进行任务评价，见表 5-1-3。

表 5-1-3　项目任务综合评价表

任务名称：　　　　　　　　　　　　　　　　　　　　测评时间：　　年　　月　　日

<table>
<tr><td colspan="2" rowspan="4">考核明细</td><td rowspan="4">标准分</td><td colspan="9">实训得分</td></tr>
<tr><td colspan="9">小组成员</td></tr>
<tr><td colspan="3"></td><td colspan="3"></td><td colspan="3"></td></tr>
<tr><td>小组自评</td><td>小组互评</td><td>教师评价</td><td>小组自评</td><td>小组互评</td><td>教师评价</td><td>小组自评</td><td>小组互评</td><td>教师评价</td></tr>
<tr><td rowspan="6">团队（60分）</td><td>小组成员是否能在总体上把握学习目标与进度</td><td>10</td><td></td><td></td><td></td><td></td><td></td><td></td><td></td><td></td><td></td></tr>
<tr><td>小组成员是否分工明确</td><td>10</td><td></td><td></td><td></td><td></td><td></td><td></td><td></td><td></td><td></td></tr>
<tr><td>小组成员是否有合作意识</td><td>10</td><td></td><td></td><td></td><td></td><td></td><td></td><td></td><td></td><td></td></tr>
<tr><td>小组成员是否有创新想（做）法</td><td>10</td><td></td><td></td><td></td><td></td><td></td><td></td><td></td><td></td><td></td></tr>
<tr><td>小组成员是否如实填写项目任务完成报告</td><td>10</td><td></td><td></td><td></td><td></td><td></td><td></td><td></td><td></td><td></td></tr>
<tr><td>小组成员是否存在问题和具有解决问题的方案</td><td>10</td><td></td><td></td><td></td><td></td><td></td><td></td><td></td><td></td><td></td></tr>
<tr><td rowspan="4">个人（40分）</td><td>个人是否服从团队安排</td><td>10</td><td></td><td></td><td></td><td></td><td></td><td></td><td></td><td></td><td></td></tr>
<tr><td>个人是否完成团队分配任务</td><td>10</td><td></td><td></td><td></td><td></td><td></td><td></td><td></td><td></td><td></td></tr>
<tr><td>个人是否能与团队成员及时沟通和交流</td><td>10</td><td></td><td></td><td></td><td></td><td></td><td></td><td></td><td></td><td></td></tr>
<tr><td>个人是否能够认真描述困难、错误和修改的地方</td><td>10</td><td></td><td></td><td></td><td></td><td></td><td></td><td></td><td></td><td></td></tr>
<tr><td colspan="2">合计</td><td>100</td><td></td><td></td><td></td><td></td><td></td><td></td><td></td><td></td><td></td></tr>
</table>

【知识巩固】

车间燃气管网系统可分为____________和____________两种类型，其中可用于特别重要车间的是____________。

任务二 商业用户燃气管网系统

【任务准备】

根据城镇燃气的使用性质，可将用气类型分为居民生活用气和工商业用气。一般来说，居民生活用气主要用于居民家庭炊事、制备热水、供暖等；工商业用气主要用于工商业用户，含公共建筑用户的生产经营和生活，工商业用户主要包括工厂、医院、学校、宾馆、酒店、餐厅及其他服务行业。在当前社会运行与发展过程中，燃气工程的发展状况与商业用户的数量存在密切联系；在城市现代化建设进程中，商业用户的用气量较大，在燃气使用总量中占据较大比例，近年来，商业用户的数量不断增加，商业用户的燃气工程逐渐受到社会高度重视。同时，城市中商业用户的数量也是影响燃气工程综合效益的重要因素。

1. 商业用户燃气管网系统的基本概况

餐饮类的商业用户所使用的燃气一般采用低压引入供气系统和中压引入低压供气系统。由于商业用户一般为一个燃气管道系统供应一户，所以各部分管道的布置和作用与居民生活用户的管道系统略有区别。由于商业用户在燃气使用方面的压力差异，燃气工程的系统工艺流程也会发生相应的变化，其中主要包括两种工艺流程：一种是以餐饮类商业用户为主的燃气系统工艺流程；另一种是多种组合商业用户的燃气系统工艺流程。

图 5-2-1 所示为小型商业用户燃气管道平面及系统图。由图可知，用户引入管 2 与燃气表 3 直接连接，燃气经水平干管 5、燃气炉具连接管 6、炉前管 7、燃烧器控制阀 8 送至燃烧器 9（或 10，12）。该系统中应设点火装置和熄火保护装置。对于多楼层的燃气管道系统，可以设立管将燃气输送至各楼层。

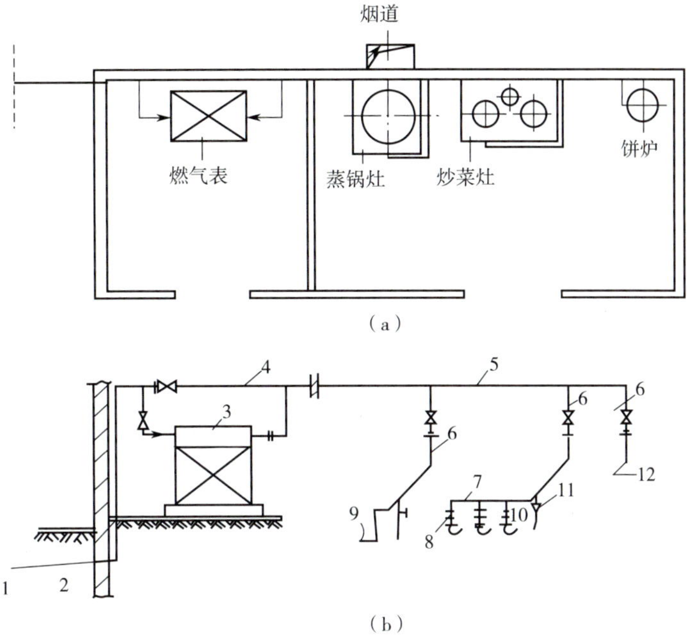

图 5-2-1　小型商业用户燃气管道的平面图及系统图

（a）平面图　（b）系统图

1—引入管总阀门；2—用户引入管；3—燃气表；4—燃气表的旁通管；5—水平干管；6—燃气炉具连接管；7—炉前管；8—燃烧器控制阀；9，10—燃烧器；11—燃烧器控制阀；12—燃烧器

2. 工商业用户燃气管网系统特点

（1）用气量大。普通餐饮类商业用户用气时段的用气量通常为 20~50 Nm³/h，规模较大的可达到 100~300 Nm³/h；工业用户燃气锅炉的用气量更大，大的能达到每小时几千立方米。

（2）用气时间长。普通商业用户基本上每天用气时间在 4~8 h，主要集中在午餐、晚餐时段；高档宾馆、酒店（尤其是使用燃气锅炉的用户）、工厂每天连续用气时间在 8~12 h，甚至是 24 h 不间断供气。

（3）用气设备多样化。目前，市场上的工商业用燃气设备种类繁多，主要有猛火炉、节能炉、汤炉、蒸柜、燃气饭煲、蒸汽发生器、沸水器、燃气锅炉、工业窑炉、燃气空调等。

（4）供气要求高。绝大多数工商业用户要求稳定、连续、保质的供气，以保证生产经营活动的持续正常，尤其是以盈利为目的的从事生产经营活动的工商业用户。

（5）风险性大。风险主要包括两方面：一方面是由于用气量大、用气时间长、环境较差、设备磨损率高和易发生故障、管线易腐蚀，因此安全用气的风险性较大；另一方面是工商业用户中存在一些素质不高、不守诚信的经营者，为降低成本而恶意盗气、破坏设备，或者蓄意拖欠燃气费，使供气单位的资金回收存在风险。

针对上述特点，燃气供应企业必须在满足工商业用户服务需求的前提下，做好工商业用户的设计工作，以实现供气单位和燃气用户的双赢。

3. 商业用户燃气设计要点

1）地下室和半地下室及地面密闭房间的燃气设计

目前而言，有越来越多的商业用户喜欢在地下室或半地下室区域设置厨房，所以需要针对这种地下室和半地下室以及地面密闭房间的燃气设计进行研究。

Ⅰ. 防火设计

防火分区是指在某一局部区域内采用防火分隔措施，其目的是在建筑发生大火时，将火势限制在一定的范围内，以避免火势向该建筑的其余部分蔓延，从而为人员疏散、消防扑救等提供有利条件。由于燃气是一种易燃易爆的介质，因此在进行燃气工程设计时必须充分考虑防火设计。具体而言，应在参考用气建筑的防火分区设计的基础上，合理进行布管，禁止输送燃气的管道出现穿越防火墙或防火卷帘的情况。此外，除要确保燃气管道不得穿越同一个层面上的两个防火分区外，还要确保有人员疏散要求的通道内不得安装燃气管道。

Ⅱ. 燃气管道路由设计

作为燃气工程设计的核心内容，燃气管道的路由设计必须引起充分的重视。目前，商业用户的燃气系统主要有两种工艺流程，应根据具体的工艺流程设计出最科学的管路系统，具体设计原则如下。

（1）燃气管道路由设计在满足防火设计的基础上，要尽可能缩短燃气管道的敷设长度，同时还应尽量选择直线走向的管路形式。

（2）对于高层商业建筑而言，在进行燃气管道的路由设计时，还必须充分考虑各种因素（如由于管道自重而产生的压缩应力，室外架空管道因受到风力作用而产生的弯曲应力等）给燃气管道可能带来的危害，并采取应对措施。

Ⅲ. 报警系统及紧急切断阀布置

根据相关规范规定，对燃气报警器的使用要求为“应”，而对紧急切断阀的使用要求为“宜”，针对目前常有的紧急切断阀的误操作，采用的设计原则为按相关规范设置燃气报警器，尽量减少紧急切断阀的使用。

Ⅳ. 燃气工程设计中应该注意的问题

燃气工程的设计应该综合考虑燃气工程安装和使用过程中各种能够对其正常供应和使用产生安全威胁的因素，并且采取针对性的措施将这些安全隐患拒之门外，从燃气工程设计的源头加强商业用户使用燃气工程的安全性和可靠性。具体来讲，燃气工程设计中应该注意以下问题。

Ⅰ）各种燃气设备摆放的位置是否合理

在燃气工程的安装和使用过程中，燃气设备摆放位置的合理性对商业用户使用燃气过程中的便捷性和安全性均有较大的影响，因此在燃气工程设计中必须对此加以考虑。例如，有些类型的商业用户需要安装调压设备，则必须着重考虑调压设备的摆放位置，通常来说调压设备应该摆放在距离燃气管道较近的地方；然而对于一些燃气容量使用需求较大、基地面积较大的商业用户来说，调压设备的摆放位置更适合根据商业用户建筑物的具体类型来做综合的考量，尽量使其能够分摊燃气容量过大造成的燃气压力；将调压设备摆放在较为隐蔽或者较为角落的位置，不仅不会对燃气工程的使用造成影响，还能够在一定程度上保证燃气的使用不会出现较大的压力波动。

Ⅱ）管道设计一定要安全合理

燃气工程的设计中对管道的摆放位置、管道路由、管道焊接口等有关管道的设计一定要本着从燃气工程使用过程中的安全性和便捷性出发，保证管道设计能够满足商业用户的要求和燃气工程安装的相关规范。在兼顾建筑防火分区设计的前提下，应该最大限度缩短燃气管道敷设的长度，保持管道直线敷设，减少管道的焊口数量，最大限度降低漏气的可能性。

2）商业用户系统燃气计量设备的选择

燃气计量设备是燃气供气公司对用户每季度或者每月使用的燃气总容量的主要查看设备，也是用户对燃气付费的直接计算设备，其成本属于用户燃气工程安装的成本之一。在燃气工程中，主要有以下几种燃气计量设备。

Ⅰ.膜式燃气表

对于膜式燃气表，当燃气工程的流量大于或等于 65 m^3/h 时，膜式燃气表的回转体积就会变得非常大，因此膜式燃气表通常适用于小型的城市商业用户燃气工程安装。一般小流量的商业用户最大燃气流量不会超过 30 m^3/h，这是最适合使用膜式燃气表的用户类型。

Ⅱ.罗茨流量计

罗茨流量计不需要太大的启动流量，同时能够适应较大范围的测量，因此适用于大中型的城市商业用户。当商业用户的燃气流量大于 30 m^3/h 时，使用罗茨流量计会更合适。值得注意的是，气体压缩会影响罗茨流量计的计量结果准确性，因此当用户用气设备的额定使用压力超过 5 000 Pa 时，应该对罗茨流量计进行压力和温度的校正，以减少计量结果的误差。

Ⅲ.涡轮流量计

涡轮流量计是启动流量需求较大的计量仪表，因此涡轮流量计通常用于较为单一的用气设备。

随着我国天然气行业的不断发展，尤其是西气东输工程的全线贯通，使得我国大多数城镇都使用上了天然气，这从很大程度上改变了我国城镇的燃料结构，城镇天然气输配管网系统的合理选择也显得越来越重要。

【任务实施】

根据项目任务书和项目任务完成报告进行任务实施，见表 5-2-1 和表 5-2-2。

表 5-2-1　项目任务书

任务名称	商业用户燃气管网系统		
小组成员			
指导教师		计划用时	
实施时间		实施地点	
任务内容与目标			
1. 了解商业用户燃气管网系统基本概况； 2. 了解商业用户燃气管网系统特点； 3. 掌握商业用户系统燃气计量设备的选择。			
考核项目	1. 商业用户燃气管网系统基本概况； 2. 商业用户燃气管网系统特点； 3. 商业用户系统燃气计量设备的选择。		
备注			

表 5-2-2　项目任务完成报告

任务名称	商业用户燃气管网系统		
小组成员			
具体分工			
计划用时		实际用时	
备注			
1. 简述商业用户燃气管网系统基本概况。 2. 简述商业用户燃气管网系统特点。			

【任务评价】

根据项目任务综合评价表进行任务评价，见表 5-2-3。

表 5-2-3　项目任务综合评价表

任务名称：　　　　　　　　　　　　　　　　　　　　　　　测评时间：　　年　　月　　日

考核明细		标准分	实训得分								
			小组成员								
			小组自评	小组互评	教师评价	小组自评	小组互评	教师评价	小组自评	小组互评	教师评价
团队（60分）	小组成员是否能在总体上把握学习目标与进度	10									
	小组成员是否分工明确	10									
	小组成员是否有合作意识	10									
	小组成员是否有创新想（做）法	10									
	小组成员是否如实填写项目任务完成报告	10									
	小组成员是否存在问题和具有解决问题的方案	10									
个人（40分）	个人是否服从团队安排	10									
	个人是否完成团队分配任务	10									
	个人是否能与团队成员及时沟通和交流	10									
	个人是否能够认真描述困难、错误和修改的地方	10									
合计		100									

【知识巩固】

（1）根据城镇燃气的使用性质，可将用气类型分为__________和__________两类。

（2）由于商业用户在燃气使用方面的压力差异，燃气工程的系统工艺流程主要包括两种：一种是______________________________工艺流程；另一种是______________工艺流程。

任务三　居民用户燃气管网系统

居民用户燃气管网系统

【任务准备】

本项目任务二中提到根据城镇燃气的使用性质，可将用气类型分为居民生活用气和工商业用气，本任务从居民生活用气的角度了解居民用户燃气管网系统。

1. 居民建筑燃气供应系统的构成

燃气壁挂炉

居民建筑燃气供应系统的构成随着城镇燃气系统的供气方式不同而有所变化，一般由用户引入管、水平干管、立管、用户支管、燃气计量表、用具连接管和燃气用具等组成，如图 5-3-1 所示。这样的系统构成是由于用气建筑直接连接在城镇的低压管道上。

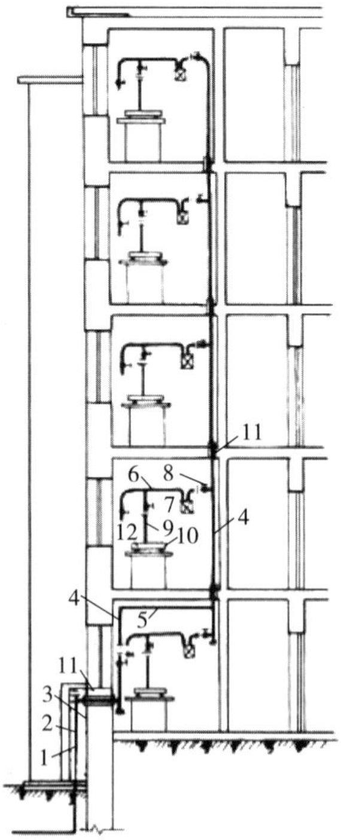

1—引入管总阀门；2—用户引入管；3—燃气表；4—燃气表的旁通管；5—水平干管；6—燃气炉具连接管；7—炉前管；8—燃烧器控制阀；9—燃烧器；10—燃烧器；11—燃烧器控制阀；12—燃烧器

图 5-3-1　居民建筑燃气供应系统示意图

1）引入管

用户引入管与城镇或庭院低压分配管道连接，在分支管处设阀门。输送湿燃气的引入管一般由地下引入室内，当采取防冻措施时也可由地上引入室内。在非采暖地区或采用管径不大于 75 mm 的管道输送干燃气时，可由地上直接引入室内。输送湿燃气的引入管应有不小于 0.003 的坡度，且坡向城镇燃气分配管道。引入管穿过承重墙、基础或管沟时，均应将其设在套管内（图 5-3-2），并应考虑沉降的影响，必要时应采取补偿措施。

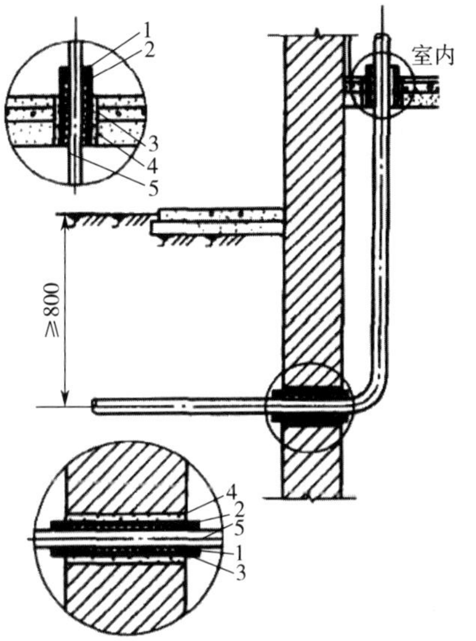

1—沥青密封层；2—套管；3—油麻；4—水泥砂浆；5—燃气管道

图 5-3-2　用户引入管

2）水平干管

引入管上既可连接一根燃气立管，也可连接若干根立管，后者则应设置水平干管。水平干管可沿楼梯间或辅助房间的墙壁敷设，并坡向引入管，坡度应不小于 0.003，管道经过的楼梯间和辅助房间应有良好的自然通风。

3）燃气立管

立管一般应敷设在厨房或靠近厨房的阳台、走廊内。当由地下引入室内时，立管在第一层处应设阀门，且阀门一般设在室内，对重要用户尚应在室外另设阀门。立管的下端应安装丝堵，其直径一般不小于 25 mm。立管通过各层楼板处应设套管，套管应高出地面至少 50 mm，套管与燃气管道之间的间隙应用沥青和油麻填塞。

4）用户支管

由立管引出的用户支管，在厨房内其高度不低于 1.7 m，敷设坡度不小于 0.002，并由燃气计量表分别坡向立管和燃具。用户支管穿过墙壁时也应安装在套管内。

5）用具连接管

用具连接管（又称下垂管）是在用户支管上连接燃气用具的垂直管段，其上的旋塞应距地面 1.5 m 左右。

通常室内燃气管道应为明管敷设；当建筑物或工艺有特殊要求时，也可采用暗管敷设，但应敷设在有人孔的闷顶或有活盖的墙槽内。为了满足安全、防腐和便于检修等需要，室内燃气管道不得敷设在卧室、浴室、地下室、易燃易爆品仓库、配电间、通风机室、潮湿或有腐蚀性介质的房间内。当输送湿燃气的室内管道敷设在可能冻结的地方时，应采取防冻措施。室内燃气管道应采用低压流体输送钢管，并应尽量采用镀锌钢管。

2. 高层居民建筑燃气供应系统需注意的问题

对于高层居民建筑的室内燃气管道系统还应考虑三个特殊的问题。

1）补偿高层建筑的沉降

高层建筑物自重大，沉降量显著，易在引入管处造成破坏，因此可在引入管处安装伸缩补偿接头，以消除高层建筑物沉降的影响。伸缩补偿接头有波纹管接头、套筒管接头和铅管接头等形式。图 5-3-3 所示为引入管的软管补偿接头，建筑物沉降时由软管吸收变形，以避免引入管被破坏，且软管前安装阀门，并设在阀门井内，以便于检修。

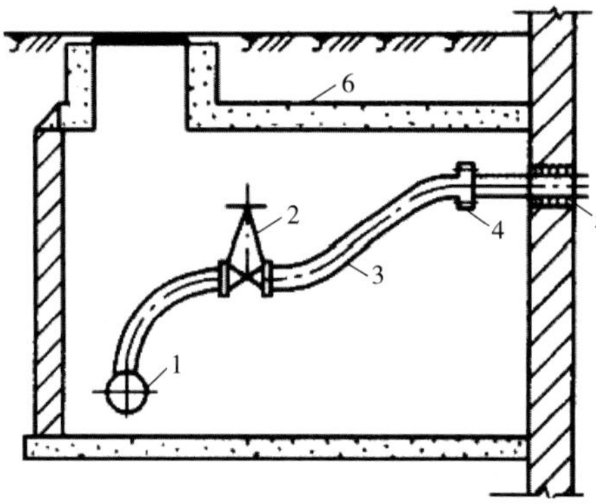

1—庭院管道；2—阀门；3—铅管；4—法兰；5—穿墙管；6—阀门井

图 5-3-3　引入管的软管补偿接头

2）克服高程差引起的附加压头的影响

当燃气与空气密度不同时，随着建筑物高度的增大，附加压头也增大，而民用和公共建筑燃具的工作压力有一定的允许压力波动范围。当高程差过大时，为了使建筑物上下各层的燃具都能在允许的压力波动范围内正常工作，可采取下列措施以克服附加压头的影响：

（1）分开设置高层供气系统和低层供气系统，以分别满足不同楼层的燃具工作压力的需要；

（2）设用户调压器，用户由各自的调压器对燃气降压，以达到燃具所需的稳定压力值；

（3）采用低 - 低压调压器，分段消除楼层的附加压头；

（4）采取增加（减小）管道阻力的方法。

3）补偿温差产生的变形

高层建筑物燃气立管的管道长、自重大，需在立管底部设置支墩。为了补偿由于温差产生的胀缩变形，需将管道两端固定，并在中间安装吸收变形的挠性管或波纹管补偿装置，如图 5-3-4 所示。管道的补偿量可按式（5-3-1）计算：

$$\Delta L=0.012L\Delta t \tag{5-3-1}$$

式中　ΔL——管道的补偿量（mm）；

Δt——管道安装时与运行中的最大温差（℃）；

L——两固定端之间管道的长度（m）；

0.012——燃气管道单位长度、单位温差的补偿系数［mm/（m・℃）］。

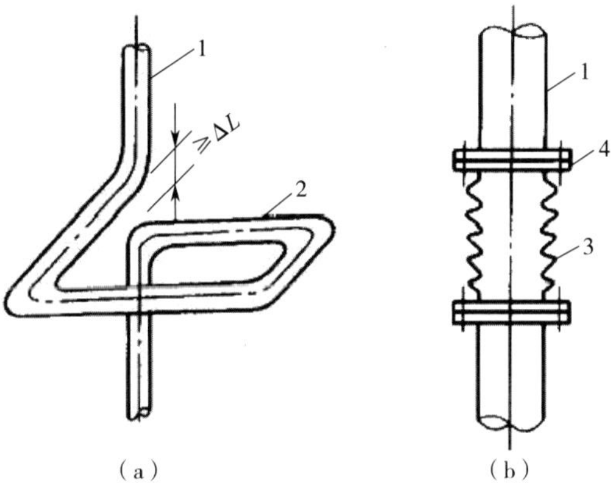

（a）挠性管　（b）波纹管

1—燃气立管；2—挠性管；3—波纹管；4—法兰

图 5-3-4　燃气立管的补偿装置

3. 超高层建筑燃气供应系统的特殊处理

通常当建筑的高度超过 60 m 时，便称为超高层建筑。对超高层建筑供应燃气时，除使用在普通高层建筑上采用的措施外，还应注意以下问题。

（1）为防止建筑沉降或地震以及大风产生的较大层间错位破坏室内管道，除立管上安装补偿器外，还应对水平干管进行有效的固定，必要时在水平干管的两固定点之间也应设置补偿器。

（2）建筑中安装的燃气用具和调压装置，应采用粘接的方法或用夹具予以固定，以防止地震时产生移动而导致连接管道脱落。

（3）为确保供气系统的安全、可靠，超高层建筑的管道安装，在采用焊接方式连接的地方应进行 100% 的超声波探伤和 100% 的 X 射线检查，检查结果应达到Ⅱ级片的要求。

（4）在用户引入管上设置切断阀，在建筑物的外墙上还应设置燃气紧急切断阀，保证在发生事故等特殊情况时可以随时关断燃气。燃气用具处应设置燃气泄漏报警器和燃气自动切断装置，而且燃气泄漏报警器应与自动燃气切断装置联动。

（5）建筑总体安全报警与自动控制系统的设置，对于超高层建筑的燃气安全供应是必需的，在许多现代化建筑上已有采用，该系统的主要功能包括：

①当燃气系统发生故障或泄漏时，根据需要能部分或全部地切断气源；

②当发生自然灾害时，能自动切断进入建筑内部的总气源；

③当该建筑的安全保卫中心认为必要时，可以对建筑内的局部或全部气源进行控制或切断；

④可以对建筑内的燃气供应系统运行状况进行监测和控制。

【任务实施】

根据项目任务书和项目任务完成报告进行任务实施，见表 5-3-1 和表 5-3-2。

表 5-3-1　项目任务书

任务名称	居民用户燃气管网系统		
小组成员			
指导教师		计划用时	
实施时间		实施地点	
任务内容与目标			
1. 了解居民建筑燃气管网供应系统的构成； 2. 掌握高层居民建筑燃气供应系统需要注意的问题。			
考核项目	1. 高层居民建筑燃气供应系统需要注意的问题； 2. 超高层居民建筑燃气供应系统的特殊处理。		
备注			

表 5-3-2　项目任务完成报告

任务名称	居民用户燃气管网系统		
小组成员			
具体分工			
计划用时		实际用时	
备注			
1. 简述高层居民建筑燃气供应系统需要注意的三个问题。 2. 简述超高层居民建筑燃气供应系统的特殊处理包括哪些。			

【任务评价】

根据项目任务综合评价表进行任务评价，见表 5-3-3。

表 5-3-3　项目任务综合评价表

任务名称：　　　　　　　　　　　　　　　　　　　　测评时间：　　年　　月　　日

<table>
<tr><td colspan="2" rowspan="4">考核明细</td><td rowspan="4">标准分</td><td colspan="9">实训得分</td></tr>
<tr><td colspan="9">小组成员</td></tr>
<tr><td colspan="3"></td><td colspan="3"></td><td colspan="3"></td></tr>
<tr><td>小组自评</td><td>小组互评</td><td>教师评价</td><td>小组自评</td><td>小组互评</td><td>教师评价</td><td>小组自评</td><td>小组互评</td><td>教师评价</td></tr>
<tr><td rowspan="6">团队（60分）</td><td>小组成员是否能在总体上把握学习目标与进度</td><td>10</td><td></td><td></td><td></td><td></td><td></td><td></td><td></td><td></td><td></td></tr>
<tr><td>小组成员是否分工明确</td><td>10</td><td></td><td></td><td></td><td></td><td></td><td></td><td></td><td></td><td></td></tr>
<tr><td>小组成员是否有合作意识</td><td>10</td><td></td><td></td><td></td><td></td><td></td><td></td><td></td><td></td><td></td></tr>
<tr><td>小组成员是否有创新想（做）法</td><td>10</td><td></td><td></td><td></td><td></td><td></td><td></td><td></td><td></td><td></td></tr>
<tr><td>小组成员是否如实填写项目任务完成报告</td><td>10</td><td></td><td></td><td></td><td></td><td></td><td></td><td></td><td></td><td></td></tr>
<tr><td>小组成员是否存在问题和具有解决问题的方案</td><td>10</td><td></td><td></td><td></td><td></td><td></td><td></td><td></td><td></td><td></td></tr>
<tr><td rowspan="4">个人（40分）</td><td>个人是否服从团队安排</td><td>10</td><td></td><td></td><td></td><td></td><td></td><td></td><td></td><td></td><td></td></tr>
<tr><td>个人是否完成团队分配任务</td><td>10</td><td></td><td></td><td></td><td></td><td></td><td></td><td></td><td></td><td></td></tr>
<tr><td>个人是否能与团队成员及时沟通和交流</td><td>10</td><td></td><td></td><td></td><td></td><td></td><td></td><td></td><td></td><td></td></tr>
<tr><td>个人是否能够认真描述困难、错误和修改的地方</td><td>10</td><td></td><td></td><td></td><td></td><td></td><td></td><td></td><td></td><td></td></tr>
<tr><td colspan="2">合计</td><td>100</td><td></td><td></td><td></td><td></td><td></td><td></td><td></td><td></td><td></td></tr>
</table>

【知识巩固】

高层居民建筑燃气供应系统需要注意的三个问题分别是________、________和________。

项目六

燃气管道及其附属设备

【项目描述】

燃气管道的安全运行和维护需要掌握相应的理论知识，本项目介绍燃气管材及连接方式、燃气管道的吹扫与试验、附属设备（包括阀门、补偿器、凝水缸、放散管、阀门井）等内容。

燃气管道知识简介

【项目目标】

- 燃气管道及其附属设备
  - 素质目标
    - 1. 培养学生团队精神和创新能力
    - 2. 培养学生合作精神，增强团队凝聚力
    - 3. 帮助学生形成自主学习习惯，提高学校成效
    - 4. 培养学生动手能力
  - 知识目标
    - 1. 掌握燃气管材及连接方式
    - 2. 了解燃气管道的腐蚀与防腐
    - 3. 掌握管道的吹扫与试验
    - 4. 了解燃气管道附属设备，包含阀门、过滤器、补偿器、放散管等
  - 技能目标
    - 1. 能够连接燃气管道、检修燃气管道
    - 2. 能够对不同材质的燃气管道做出正确的防腐措施
    - 3. 能够正确迅速处理管网运行中的突发问题

任务一 燃气管材及连接方式

【任务准备】

1. 燃气管材

燃气管材及连接方式

用于输送燃气的管材种类很多，必须根据燃气的性质、系统压力及施工要求来选用，并满足力学强度、抗腐蚀、抗震及气密性等各项基本要求。

1）钢管

常用的钢管有普通无缝钢管和焊接钢管，其具有承载应力大、可塑性好、便于焊接的优点。与其他管材相比，钢管壁厚较薄、节省金属用量，但耐腐蚀性较差，必须采取可靠的防腐措施。

普通无缝钢管是利用普通碳素钢、优质碳素钢、低合金钢轧制而成，按制造方法可分为热轧和冷轧（冷拔）无缝钢管。冷轧（冷拔）无缝钢管有外径为 5~200 mm 的各

种规格。热轧无缝钢管管有外径为 32~630 mm 的各种规格。

小口径焊接钢管中用途最广的是低压流体输送用焊接钢管（如原水、煤气输送钢管），它属于直焊缝钢管，常用管径为 6~150 mm。其按表面质量可分为镀锌管（白铁管）和非镀锌管（黑铁管）两种；按壁厚可分为普通管、加厚管和薄壁管三种；按管端有无连接螺纹可分为螺纹管和不带螺纹管两种。其中，带螺纹白铁管和黑铁管长度规格为 4~9 m；不带螺纹黑铁管长度规格为 4~12 m。

大口径焊接钢管可分为直缝焊接管（DN200~DN1 800）和螺旋焊接管（DN200~DN700），其管长为 3.8~18 m，材质以低碳钢（Q235）和低合金钢（16Mn）为主。国外敷设天然气管道已使用耐高压大口径管材，干管直径达 2 m 以上，还大量采用高强度材质，并敷有聚乙烯、氯化乙烯、尼龙 12 等防腐层的管道及管件。

在选用钢管时，当直径在 150 mm 以下时，一般采用低压流体输送焊接钢管；大口径管道多采用螺旋焊接管。钢管壁厚应视埋设地点、土壤和交通荷载等加以选择，要求不小于 3.5 mm，如在街道红线内则不小于 4.5 mm。当管道穿越重要障碍物以及土壤腐蚀性甚强的地段，壁厚应不小于 8 mm。户内钢管的壁厚不小于 2.75 mm。

由于薄壁不锈钢管具有安全性高、耐腐蚀性强、使用寿命长和安装快捷等优点，其在高层和超高层建筑中作为室内管正在推广，将会得到广泛的应用。

2）聚乙烯管

下面仅介绍燃气用埋地聚乙烯（PE）管。PE 管具有耐腐蚀、质轻、流体流动阻力小、使用寿命长、可盘卷、施工简便、费用低、抗拉强度较大等一系列优点。经济发达国家在天然气输配系统中使用 PE 管已有 50 多年历史，我国大力发展天然气以来已经广泛使用 PE 管。

燃气常用 PE 管材及管件可根据材料的长期静液压强度分为 PE80 和 PE100 两类。其中，PE80 可以是中密度聚乙烯（MDPE），也可以是高密度聚乙烯（HDPE）；PE100 必定是高密度聚乙烯。PE100 管道相比 PE80 管道具有更加优良的耐压性能，更薄的管壁和更加经济等性能特点，因此 PE100 有代替 PE80 的趋势。

PE 管道输送天然气、液化石油气和人工煤气时，其设计压力不应大于管道最大允许工作压力，PE 管道最大允许工作压力应符合表 6-1-1 的规定。

表 6-1-1　PE 管道的最大允许工作压力　　单位：MPa

城镇燃气种类		PE80		PE100	
		SDR11	SDR17.6	SDR11	SDR17.6
天然气		0.50	0.30	0.70	0.40
液化石油气	混空气	0.40	0.20	0.50	0.30
	气态	0.20	0.10	0.30	0.20
人工煤气	干气	0.40	0.20	0.50	0.30
	其他	0.20	0.10	0.30	0.20

注：SDR 是指 PE 管道的公称直径与公称壁厚的比值。

由于 PE 管的刚性不如金属管，所以埋设施工时必须夯实沟槽底，基础要垫沙，才能保证管道坡度的要求和防止被坚硬物体损坏。

3）铸铁管

铸铁管的抗腐蚀性能很强，用于燃气输配管道的铸铁管一般采用铸模浇铸或离心浇铸方式制造。灰铸铁管的抗拉强度、抗弯曲、抗冲击能力和焊接性能均不如钢管好。随着球墨铸铁铸造技术的发展，铸铁管的力学性能大大增强，从而提高了安全性，降低了维护费用。球墨铸铁管在燃气输配系统中仍然在广泛使用。

4）其他管材

有时还可使用有色金属管材，如铜管和铝管，但由于其价格昂贵，故只在特殊场合下使用。引入管、室内埋墙管及灶前管已广泛使用不锈钢波纹管。

2. 连接方法

1）钢管的连接

钢管可以用螺纹、焊接和法兰进行连接。其中，室内管道由于管径较小、压力较低，一般用螺纹连接，高层建筑有时也用焊接连接；室外输配管道以焊接连接为主；设备与管道的连接常用法兰连接。

镀锌钢管的螺纹连接

室内管道广泛采用三通、弯头、变径接头、活接头、补心和丝堵等螺纹连接管件，施工安装十分简便。

为了防止管道螺纹连接时发生漏气，螺纹之间必须缠绕适量的填料。常用的填料有铅油加麻丝和聚四氟乙烯。对于输送天然气的管道，必须采用聚四氟乙烯作为密封填料。

薄壁不锈钢管的连接方式较多，其中机械连接方式中的卡压连接采用厌氧胶黏结密封较普遍。

焊接是管道连接的主要形式，可采用的方法很多，有气焊、手工电弧焊、手工氩弧焊、埋弧自动焊、埋弧半自动焊、接触焊和气压焊等。

大口径钢管一般采用电焊连接，电焊焊缝强度高，比较经济。管径小于 80 mm、壁厚小于 4 mm 的管道可采用气焊焊接。焊接时，要求管道端面与轴线垂直，偏斜值最大不能超过 1.5 mm。对焊管道时，必须在管端按管壁厚度做成适当的坡口形式。

燃气管道及其附属设备之间的连接常采用法兰连接。当公称压力为 0.25~2.5 MPa、介质温度不超过 300 ℃时，一般采用平焊钢法兰。为了保证法兰连接的气密性，法兰密封面应垂直于管道中心线。当采用成对法兰螺栓紧固时，不允许使用斜垫片或双层垫片，并避免螺栓拧得过紧而承受过大的不均匀应力。垫片的材质可根据输送介质的性质来选择，当输送焦炉气时，采用石棉橡胶垫片；当输送液化石油气或天然气时，则采用耐油橡胶垫片，以防止介质浸蚀垫片而破坏管道的气密性。

2）PE 管的连接

随着塑料管的广泛应用，其连接方法越来越简便和多样化。PE 管道的连接通常采用热熔连接、电熔连接。PE 管与金属管通常使用钢塑接头连接。

3）铸铁管的连接

低压燃气铸铁管道的连接，广泛采用机械接口的形式。

【任务实施】

根据项目任务书和项目任务完成报告进行任务实施，见表 6-1-2 和表 6-1-3。

表 6-1-2 项目任务书

任务名称	燃气管材及连接方式		
小组成员			
指导教师		计划用时	
实施时间		实施地点	
任务内容与目标			
1. 掌握燃气管材的种类； 2. 掌握不同材质的燃气管材的连接方法。			
考核项目	1. 钢管的分类； 2. 聚乙烯管的优点； 3. 采用平焊钢法兰连接燃气管材的情况。		
备注			

表 6-1-3 项目任务完成报告

任务名称	燃气管材及连接方式		
小组成员			
具体分工			
计划用时		实际用时	
备注			
1. 简述燃气管材需满足的要求。 2. 简述铸铁管的特点。 3. 简述聚乙烯管的连接方式。			

【任务评价】

根据项目任务综合评价表进行任务评价，见表 6-1-4。

表 6-1-4　项目任务综合评价表

任务名称：　　　　　　　　　　　　　　　　　　　　测评时间：　　年　　月　　日

<table>
<tr><td colspan="2" rowspan="4">考核明细</td><td rowspan="4">标准分</td><td colspan="9">实训得分</td></tr>
<tr><td colspan="9">小组成员</td></tr>
<tr><td colspan="3"></td><td colspan="3"></td><td colspan="3"></td></tr>
<tr><td>小组自评</td><td>小组互评</td><td>教师评价</td><td>小组自评</td><td>小组互评</td><td>教师评价</td><td>小组自评</td><td>小组互评</td><td>教师评价</td></tr>
<tr><td rowspan="6">团队（60分）</td><td>小组成员是否能在总体上把握学习目标与进度</td><td>10</td><td></td><td></td><td></td><td></td><td></td><td></td><td></td><td></td><td></td></tr>
<tr><td>小组成员是否分工明确</td><td>10</td><td></td><td></td><td></td><td></td><td></td><td></td><td></td><td></td><td></td></tr>
<tr><td>小组成员是否有合作意识</td><td>10</td><td></td><td></td><td></td><td></td><td></td><td></td><td></td><td></td><td></td></tr>
<tr><td>小组成员是否有创新想（做）法</td><td>10</td><td></td><td></td><td></td><td></td><td></td><td></td><td></td><td></td><td></td></tr>
<tr><td>小组成员是否如实填写项目任务完成报告</td><td>10</td><td></td><td></td><td></td><td></td><td></td><td></td><td></td><td></td><td></td></tr>
<tr><td>小组成员是否存在问题和具有解决问题的方案</td><td>10</td><td></td><td></td><td></td><td></td><td></td><td></td><td></td><td></td><td></td></tr>
<tr><td rowspan="4">个人（40分）</td><td>个人是否服从团队安排</td><td>10</td><td></td><td></td><td></td><td></td><td></td><td></td><td></td><td></td><td></td></tr>
<tr><td>个人是否完成团队分配任务</td><td>10</td><td></td><td></td><td></td><td></td><td></td><td></td><td></td><td></td><td></td></tr>
<tr><td>个人是否能与团队成员及时沟通和交流</td><td>10</td><td></td><td></td><td></td><td></td><td></td><td></td><td></td><td></td><td></td></tr>
<tr><td>个人是否能够认真描述困难、错误和修改的地方</td><td>10</td><td></td><td></td><td></td><td></td><td></td><td></td><td></td><td></td><td></td></tr>
<tr><td colspan="2">合计</td><td>100</td><td></td><td></td><td></td><td></td><td></td><td></td><td></td><td></td><td></td></tr>
</table>

【知识巩固】

（1）燃气管材主要有哪几种？

（2）简述不同燃气管材的连接方式。

任务二　燃气管道的腐蚀与防腐

燃气管道的
腐蚀与防腐

【任务准备】

1. 钢质燃气管道腐蚀的原因

腐蚀是金属在周围介质的化学、电化学作用下遭受的一种破坏。金属腐蚀按其性质可分为化学腐蚀和电化学腐蚀，钢管在土壤中的腐蚀主要是电化学腐蚀。

1）化学腐蚀

化学腐蚀是单纯由化学作用引起的腐蚀，如金属直接和周围介质如氧、硫化氢、二氧化硫等接触发生化学作用，并在金属表面产生相应的化合物（如氧化物、硫化物等）。采用金属材料构成的燃气管道上所出现的化学腐蚀，通常会发生在管道的内壁和外壁。在管道输送的流体中，通常含有少量的氧或硫化物、二氧化碳和水等，会直接对管道的内壁造成腐蚀。架空敷设的管道外壁会在空气中被氧化腐蚀，即使管道被埋在土壤中，外壁仍然会处在有氧的环境中而发生化学腐蚀。

化学腐蚀是全面的腐蚀，在化学腐蚀的作用下，钢管管壁的厚度是均匀减薄的。

2）电化学腐蚀

电化学腐蚀是当金属和电解质接触时，由电化学作用引起的腐蚀。它与化学腐蚀不同，是由于形成了原电池而导致的。

金属燃气管道的电化学腐蚀，在管道的内壁和外壁都会发生。当燃气中含有水分时，水会在管道的内壁形成一层亲水膜，而燃气中所含的硫化氢、二氧化碳、氧等溶于水中便会成为电解质溶液，从而形成原电池腐蚀的条件。但当燃气中含水极少时，管道内壁的电化学腐蚀并不严重。

严重的电化学腐蚀通常发生在埋地钢管的外壁，其腐蚀原理如图 6-2-1 所示。由于管道本身各部分的金相组织结构不同（如晶格存在缺陷、含有杂质以及金属经冷热加工的变形而产生内部应力），特别是钢管表面粗糙度不同等原因，使金属各部分失去电子的能力有区别，易于失去电子的部分金属与不易于失去电子的部分金属存在电位差，而土壤在各处的物理化学性质也不相同，因此在管道的某些部位金属与土壤会构成腐蚀电池（原电池）。容易失去电子的部分金属成为电池的阳极，不容易失去电子的部分金属成为电池的阴极，腐蚀电流沿管道从阴极流向阳极，然后从阳极流离管道，经土壤又回到阴极，从而形成回路。在作为电解质的土壤中发生离子的迁移，带正电的阳离子（如 H^+）趋向阴极，带负电的阴离子（如 OH^-）趋向阳极。阳极区的金属释放电子后成为带正电的金属离子转移到土壤中，并与土壤中带负电的阴离子 OH^- 发生电化学反应，生成 $Fe(OH)_2$ 附着在金属表面，且会进一步被氧化成 $Fe(OH)_3$，所释放的电子沿管道从阳极移向阴极。阳极区的金属会不断失去电子被氧化腐蚀，因而钢管表面出现凹穴，直至穿孔。阴极区土壤中的阳离子得到电子发生还原反应，阴极区的金属因不参与反应而保持完好。这种腐蚀对城镇埋地钢管的运行安全及寿命构成的威胁最大。

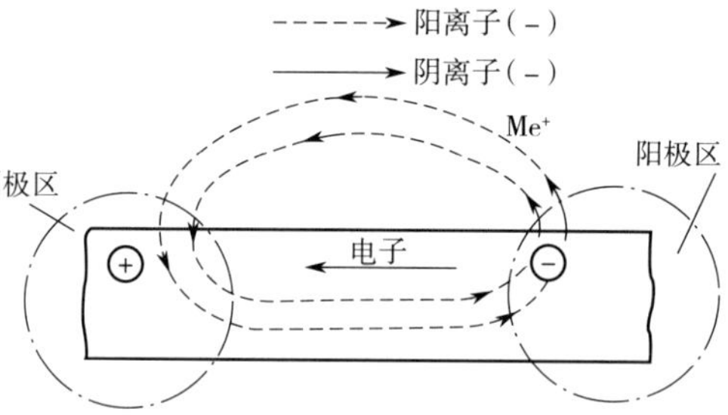

图 6-2-1　燃气管道在土壤中的电化学腐蚀原理

土壤中埋地钢管受到电化学腐蚀的强弱程度，与土壤的腐蚀性即土壤的电阻率有关。土壤的电阻率可通过一定的方法测定出来，依照其值的大小可以划分土壤的腐蚀等级，用以判别土壤对钢管的腐蚀性，为采用合理的钢管防腐措施提供科学的数据参考。土壤腐蚀等级划分见表 6-2-1。

表 6-2-1　土壤腐蚀等级划分

土壤腐蚀等级		低	中	较高	高	特高
土壤电阻率（Ω·m）	美国（二级法）	>50	20~49.99	10~19.99	7~9.99	<7
	苏联（四级法）	>100	20~100	10~20	5~10	<5
24 h 后试件失重（g）		0~1	1~2	2~3	3~6	>6

3）杂散电流对钢管的腐蚀

由于外界各种电气设备的漏电与接地，会在土壤中形成杂散电流，其中对钢管危害最大的是直流电。泄漏直流电的设备有电汽化铁路和有轨电车的钢轨、直流电焊机、整流器外壳接地和阴极保护站接地阳极等。杂散电流对钢管的腐蚀原理如图 6-2-2 所示，在电流离开钢管流入土壤的部位，管壁会发生腐蚀。

4）细菌作用引起的腐蚀

根据对微生物参与腐蚀过程的研究发现，不同种类细菌的腐蚀行为发生条件也各不相同。例如，在缺氧土壤中存在厌氧的硫酸盐还原菌，它能将可溶的硫酸盐转化为硫化氢，使土壤中氢离子浓度增加，加速埋地钢管的腐蚀过程。硫酸盐还原菌的活动与土壤的酸碱度（pH 值）有关。pH 值在 4.5~9 时，细菌生长最为适宜；pH 值在 3.5 以下或 11.0 以上时，细菌的活动完全受到抑制。

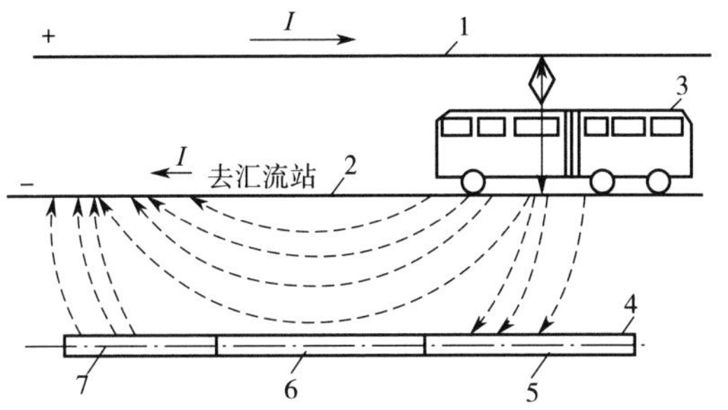

1—电线；2—钢轨；3—有轨电车；4—埋地钢管；5—阴极区；6—过渡区；7—阳极区

图 6-2-2　杂散电流对钢管的腐蚀原理

2. 钢质燃气管道的防腐方法

1）架空钢管的防腐方法

对于架空钢管，防止外壁腐蚀的方法通常是在钢管的外壁涂上油漆覆盖层；由于内壁的腐蚀并不严重，一般不需做特殊的防腐处理。

2）埋地钢管的防腐方法

对于埋地钢管，针对土壤腐蚀性的特点，可以从下述三个途径来防止腐蚀的发生和降低腐蚀的程度：

（1）采用耐腐蚀的管材，如聚乙烯管、铸铁管等；

（2）增大金属管道和土壤之间的过渡电阻，减小腐蚀电流，如采用防腐绝缘层使电阻增大，在局部地区采用地沟敷设或非金属套管敷设等方法；

（3）采用电保护法，一般会与绝缘层防腐法相结合，以减小电流的消耗。

Ⅰ. 绝缘层防腐法

埋地钢管的绝缘层一般应满足下列基本要求：

（1）与钢管的黏结性好，保持连续完整；

（2）电绝缘性能好，有足够的耐压强度和电阻率；

（3）具有良好的防水性和化学稳定性；

（4）能抗生物腐蚀，有足够的力学强度、韧性及塑性；

（5）材料来源充足、价格低廉，便于机械化施工。

目前，国内外埋地钢管所采用的防腐绝缘层种类很多，有沥青绝缘层、聚乙烯包扎带、塑料薄膜涂层、塑料绝缘层等。

沥青是埋地管道中应用最多和效果较好的防腐材料。煤焦油沥青具有抗细菌腐蚀的特点，但有毒性。沥青绝缘层由沥青、玻璃布和防腐布组成，其结构因绝缘等级而异。

塑料绝缘层在强度、弹性、抗撞击、黏结力、化学稳定性、防水性和电绝缘性等方面，均优于沥青绝缘层。

聚乙烯包扎带和塑料绝缘层防腐正在得到广泛的应用。塑料绝缘层防腐是在金属外表面涂一层密封防腐胶黏剂后，再包覆一层高密度（因其为黄色，又称黄夹克）或低密度（因其为绿色，又称绿夹克）聚乙烯塑料层即可，其厚度均在 1.3±（0.15~0.5）mm。

应根据土壤的腐蚀性能来选取防腐绝缘等级。除参照沿管线的工程地质资料（土壤电阻率）外，还要参照管道所通过的不同地段的具体情况综合考虑来确定防腐绝缘等级较为合理，如土壤腐蚀等级属于特高级或一些重要地段，则应采用特加强绝缘。

Ⅱ. 电保护法

电保护法有强制电流阴极保护法牺牲阳极阴极保护法和排流保护法三种。

Ⅰ）强制电流阴极保护法

强制电流阴极保护法是利用外加的直流电源（通常是阴极保护站产生的直流电源），使金属管道对土壤形成负电位的保护方法，也称为外加电流阴极保护法，其原理如图 6-2-3 所示。阴极保护站直流电源的正极与辅助阳极（常用的辅助阳极材料有废旧钢材、石墨和高硅铁等）连接，直流电源的负极与被保护的管道在通电点连接。外加电流从直流电源正极通过导线流向辅助阳极，它和通电点的连线与管道垂直，连线两端点的水平距离为 300~500 m；直流电由辅助阳极经土壤流入被保护的管道，再从管道经导线流回直流电源的负极。这样使整个管道成为阴极，而与辅助阳极构成腐蚀电池，辅助阳极的正离子进入土壤，不断受到腐蚀，作为阴极的金属管道则受到保护。

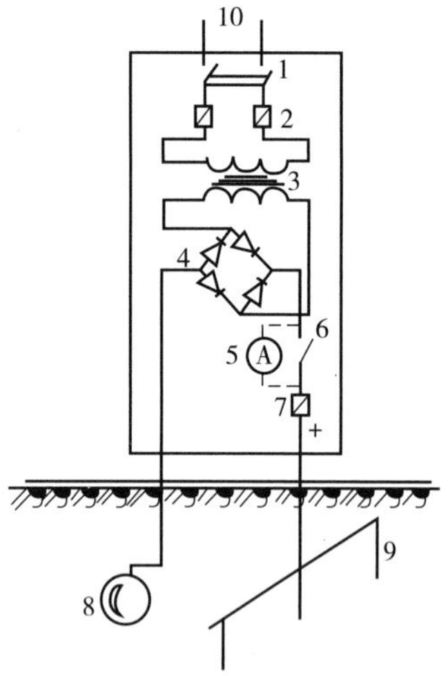

1—电源开关；2、7—保险丝；3－变压器；4—整流器；5－电流表；6—开关；8—管道；9—辅助阳极；10—电源

图 6-2-3　强制电流阴极保护原理

埋地金属管道达到阴极保护的最低电位 E_2 也称为最小保护电位，指金属经阴极极化后所必须达到的绝对值最小的负电位，该值由土壤腐蚀性质等因素决定。在不知最小保护电位的情况下，可采用比自然电位负 0.2~0.3 V（对钢铁）和负 0.15 V（对铝）的参数确定，但最好通过试验确定。

当阴极保护通电点处金属管道的电位过大时，可使涂在管道上的沥青绝缘层剥落而引起严重后果，故通电点的最高电位 E_1 也必须控制在安全数值之内。这个数值称为最大保护电位，通常由试验确定，但对于石油沥青防腐层取 1.25 V 即可。

一个阴极保护站的保护半径 R=15~20 km，两个阴极保护站之间的保护距离 S=40~60 km，如图 6-2-4 所示。

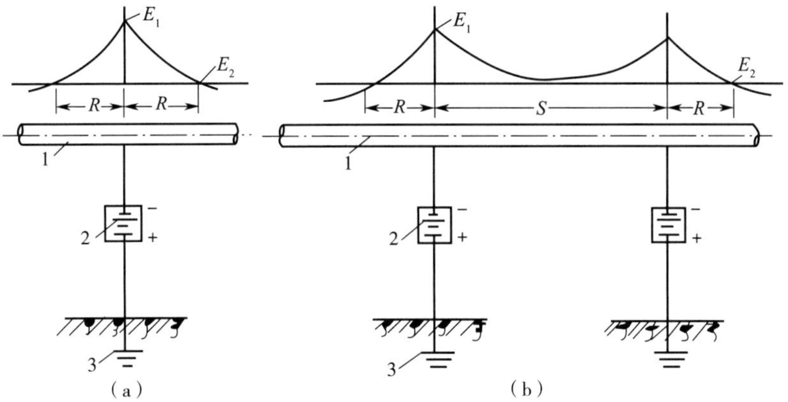

(a) 一个阴极保护站的保护范围　(b) 两个阴极保护站的保护范围

1—管道；2—阴极保护站；3—辅助阳极

图 6-2-4　强制电流阴极保护站的保护范围

保护电位和保护半径的确定，应根据现场经验、实验室测定和理论计算等方面综合考虑。

当被保护的管道与其他地下金属管道或构筑物邻近时，必须考虑阴极保护站的杂散电流对它们的影响。当这种影响超过现行标准时，就应考虑燃气管道与相邻地下金属管道或构筑物采用共同的电保护措施。

Ⅱ）牺牲阳极阴极保护法

牺牲阳极阴极保护法采用比被保护金属电极电位较负的金属材料和被保护金属相连，以防止被保护金属遭受腐蚀。电极电位较负的金属和电位较正的被保护金属与电解质（土壤）形成原电池作为保护电源。电位较负的金属成为阳极，在输出电流过程中遭受破坏，故称为牺牲阳极，其工作原理如图 6-2-5 所示。

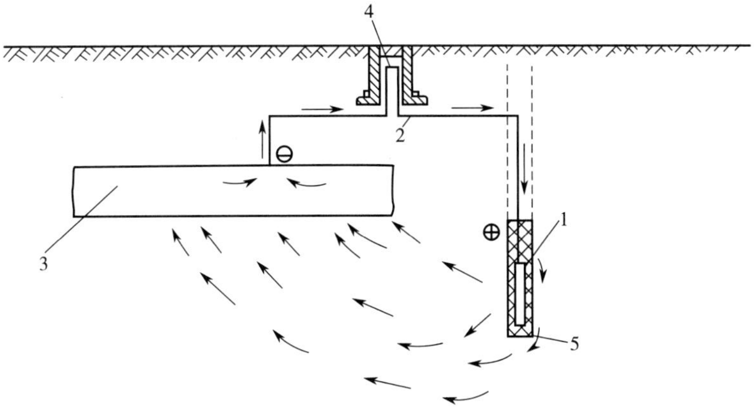

1—牺牲阳极；2—导线；3—管道；4—检测柱；5—填料包

图 6-2-5　牺牲阳极阴极保护原理

所谓标准电极电位，即浸在标准盐溶液（活度为 1）中的金属的电位，其与假定等于零的标准氢电极电位之间的电位差是一个相对值。

牺牲阳极又称为保护器，通常是用电极电位比铁更负的金属，如镁、铝、锌及其合金作为阳极。

使用牺牲阳极保护时，被保护的金属管道应有良好的防腐绝缘层，此管道与其他不需保护的金属管道或构筑物之间没有通电性，即绝缘良好。当土壤电阻率太高和被保护管道穿过水域时，不宜采用牺牲阳极保护。

每种牺牲阳极都相应地有一种或几种最适宜的填料包，如锌合金阳极采用硫酸钠、石膏粉和膨润土作为填包料。填包料的电阻率较小，使保护器流出的电流较大，填料包使保护器受到均匀的腐蚀。牺牲阳极应埋设在土壤冰冻线以下，在土壤不致冻结的情况下，牺牲阳极和管道的距离在 0.3~7.0 m 范围内对保护电位影响不大。

Ⅲ）排流保护法

为防止地下杂散电流的腐蚀，除增加回路电阻（即加防腐绝缘层）、强制电流阴极保护和牺牲阳极阴极保护外，还可采用排流保护法。即用排流导线将管道的排流点与电气铁路的钢轨、回馈线或牵引变电站的阴极母线相连接，使管道上的杂散电流不经土壤而经过排流导线单向地流回电源的负极，从而保护管道不受腐蚀。排流保护有直接排流和极化排流两种。

直接排流就是将管道连接到产生杂散电流的负极上，当回流点的电位相当稳定，管道与负极的电位差大于管道与大地的电位差，并且管道上总是正电位时，直接排流设备才是有效的。当回流点的电位不稳定，其数值和方向经常变化时，采用直接排流设备可能由于周期性交变破坏作用而使管道受到损害。在这种情况下，就需要采用极化排流设备来防止腐蚀。

极化排流设备可防止发生反向电流，使电流只能向一个方向流动。极化排流保护与直接排流保护的区别在于前者设有整流器，其保护原理如图 6-2-6 所示。

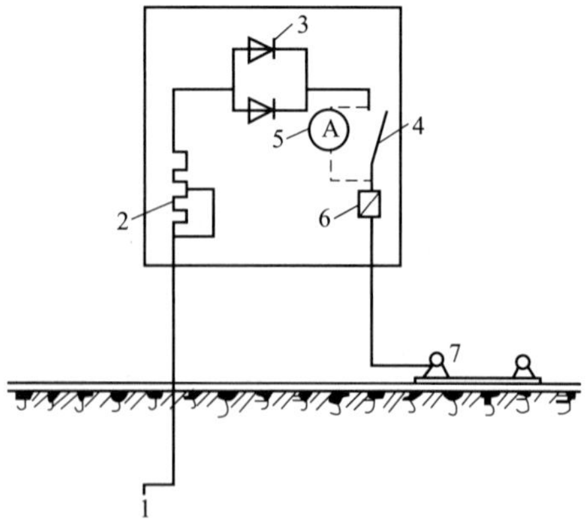

1—管道；2—电阻；3—整流器；4—开关；5—电流表；6—保险丝；7—钢轨

图 6-2-6　极化排流保护原理

【任务实施】

根据项目任务书和项目任务完成报告进行任务实施，见表 6-2-2 和表 6-2-3。

表 6-2-2　项目任务书

任务名称	燃气管道的腐蚀与防腐		
小组成员			
指导教师		计划用时	
实施时间		实施地点	
任务内容与目标			
1. 掌握钢质燃气管道腐蚀的原因； 2. 掌握钢质燃气管道的防腐方法。			
考核项目	1. 钢质燃气管道腐蚀的原因； 2. 钢质燃气管道的防腐方法。		
备注			

表 6-2-3　项目任务完成报告

任务名称	燃气管道的腐蚀与防腐		
小组成员			
具体分工			
计划用时		实际用时	
备注			
1. 简述钢质燃气管道腐蚀的原因。 2. 简述钢质燃气管道的防腐方法。			

【任务评价】

根据项目任务综合评价表进行任务评价，见表 6-2-4。

表 6-2-4 项目任务综合评价表

任务名称：　　　　　　　　　　　　　　　　　　　测评时间：　　年　　月　　日

<table>
<tr><td colspan="2" rowspan="4">考核明细</td><td rowspan="4">标准分</td><td colspan="9">实训得分</td></tr>
<tr><td colspan="9">小组成员</td></tr>
<tr><td colspan="3"></td><td colspan="3"></td><td colspan="3"></td></tr>
<tr><td>小组自评</td><td>小组互评</td><td>教师评价</td><td>小组自评</td><td>小组互评</td><td>教师评价</td><td>小组自评</td><td>小组互评</td><td>教师评价</td></tr>
<tr><td rowspan="6">团队（60分）</td><td>小组成员是否能在总体上把握学习目标与进度</td><td>10</td><td></td><td></td><td></td><td></td><td></td><td></td><td></td><td></td><td></td></tr>
<tr><td>小组成员是否分工明确</td><td>10</td><td></td><td></td><td></td><td></td><td></td><td></td><td></td><td></td><td></td></tr>
<tr><td>小组成员是否有合作意识</td><td>10</td><td></td><td></td><td></td><td></td><td></td><td></td><td></td><td></td><td></td></tr>
<tr><td>小组成员是否有创新想（做）法</td><td>10</td><td></td><td></td><td></td><td></td><td></td><td></td><td></td><td></td><td></td></tr>
<tr><td>小组成员是否如实填写项目任务完成报告</td><td>10</td><td></td><td></td><td></td><td></td><td></td><td></td><td></td><td></td><td></td></tr>
<tr><td>小组成员是否存在问题和具有解决问题的方案</td><td>10</td><td></td><td></td><td></td><td></td><td></td><td></td><td></td><td></td><td></td></tr>
<tr><td rowspan="4">个人（40分）</td><td>个人是否服从团队安排</td><td>10</td><td></td><td></td><td></td><td></td><td></td><td></td><td></td><td></td><td></td></tr>
<tr><td>个人是否完成团队分配的任务</td><td>10</td><td></td><td></td><td></td><td></td><td></td><td></td><td></td><td></td><td></td></tr>
<tr><td>个人是否能与团队成员及时沟通和交流</td><td>10</td><td></td><td></td><td></td><td></td><td></td><td></td><td></td><td></td><td></td></tr>
<tr><td>个人是否能够认真描述困难、错误和修改的地方</td><td>10</td><td></td><td></td><td></td><td></td><td></td><td></td><td></td><td></td><td></td></tr>
<tr><td colspan="2">合计</td><td>100</td><td></td><td></td><td></td><td></td><td></td><td></td><td></td><td></td><td></td></tr>
</table>

【知识巩固】

（1）管道的绝缘层一般应满足哪些基本要求。

（2）什么是标准电极电位？

任务三　附属设备

燃气管道的附属设备

【任务准备】

为了保证管网的安全运行，并考虑检修、接线的需要，可以在燃气管道的适当地点设置必要的附属设备。这些附属设备包括阀门、补偿器、凝水缸、放散管、阀门井等。

1. 阀门

阀门是用于启闭管道通路或调节管道介质流量的设备，因此要求阀体的力学强度高，转动部件灵活，密封部件严密耐用，对输送介质的抗腐蚀性强，同时零部件的通用性好。

燃气阀门必须进行定期检查和维修，以便掌握其腐蚀、堵塞、润滑、气密性等情况以及部件的损坏程度，避免不应有的事故发生。阀门的设置达到足以维持系统正常运行即可，尽量减少设置数量，以减少漏气点和额外的投资。

阀门的种类很多，燃气管道上常用的有球阀、闸阀、截止阀、蝶阀、旋塞及聚乙烯（PE）球阀等。

1）球阀

球阀（图 6-3-1）体积小，完全开启时的流通断面与管径相等，其动作灵活、阻力损失小。需要通球清扫的管道必须采用球阀，大规模场站也多采用球阀。

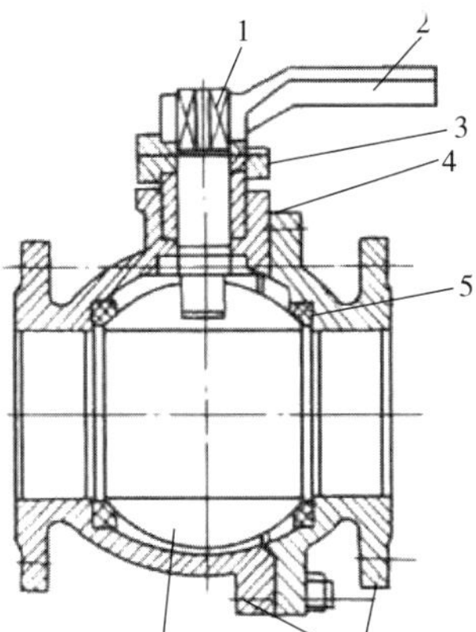

1—阀杆；2—手柄；3—填料压盖；4—填料；5—密封圈；6—阀体；7—球

图 6-3-1　球阀

2）闸阀

通过闸阀的流体是沿直线通过的，所以阻力损失小，闸板升降所引起的振动也很小，但当燃气中存在杂质或异物并积存在阀座上时，闸阀关闭会受到阻碍，使其不能完全关闭。

闸阀根据闸板数量可分为单闸板闸阀和双闸板闸阀；根据闸板形状可分为平行闸板闸阀和楔形闸板闸阀；此外还可分为阀杆随闸板升降和不升降，分别称为明杆阀门（图 6-3-3）和暗杆阀门（图 6-3-3），其中明杆阀门可以从阀杆的高度判断阀门的启闭状态，多用于站房内。

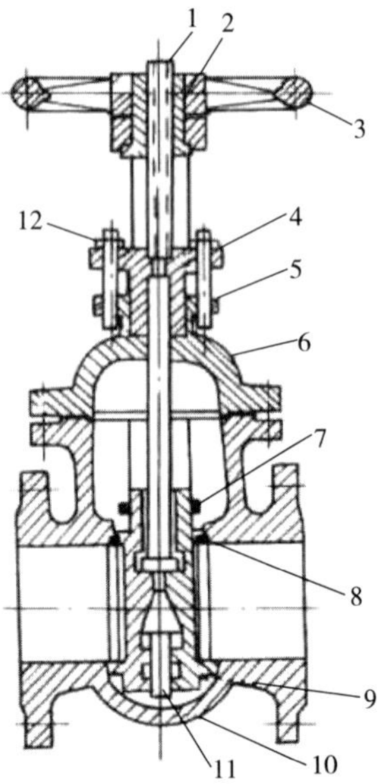

1—阀杆；2—轴套；3—手轮；4—填料压盖；5—填料；6—上盖；7—卡环；8—密封圈；9—闸板；10—阀体；11—顶楔；12—螺栓螺母

图 6-3-2　明杆平行双闸板闸阀

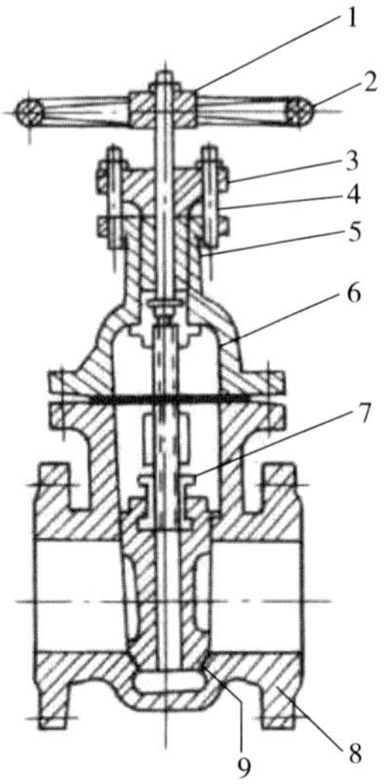

1—阀杆；2—手轮；3—填料压盖；4—螺栓螺母；5—填料；6—上盖；7—轴套；8—阀体；9—闸板

图 6-3-3　暗杆楔形单闸板闸阀

3）截止阀

截止阀（图 6-3-4）依靠阀瓣的升降达到开闭和节流的目的。这类阀门使用方便，安全可靠，但阻力较大，多用在液化石油气场站中。

4）蝶阀

蝶阀（图 6-3-5）是阀瓣绕阀体内固定轴旋转关启的阀门，一般用作管道及设备的开启或关闭，有时也可以用作流量调节。

5）旋塞

旋塞是一种动作灵活的阀门，阀杆转 90° 即可达到启闭的要求，杂质沉积对其造成的影响比闸阀小，所以广泛用于燃气管道上。常用的旋塞有两种：一种是利用阀芯尾部螺母的作用，使阀芯与阀体紧密接触，不致漏气，称为无填料旋塞（图 6-3-6），这种旋塞只允许用于低压管道上，主要是室内管道；另一种是利用填料以堵塞旋塞阀体与阀芯之间的间隙而避免漏气，称为填料旋塞（图 6-3-7），这种旋塞体积较大，但较安全可靠。

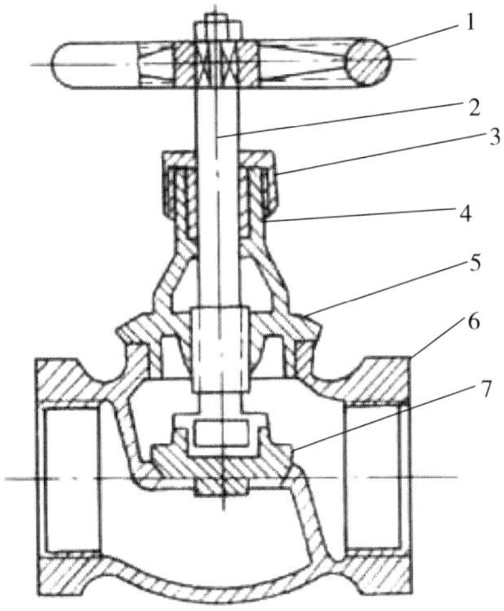

1—手轮；2—阀杆；3—填料压盖；4—填料；
5—上盖；6—阀体；7—阀瓣

图 6-3-4　截止阀

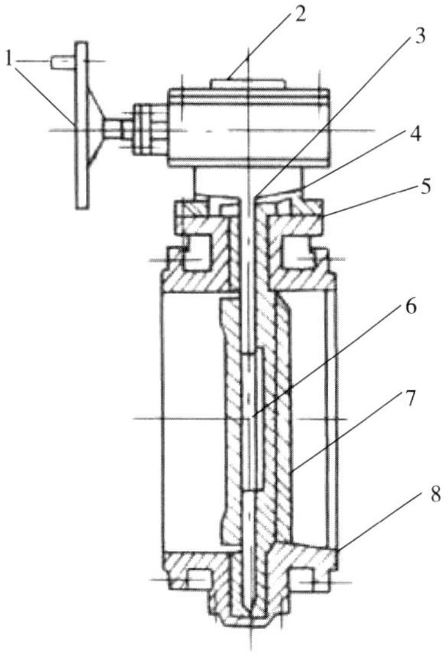

1—手轮；2—传动装置；3—阀杆；4—填料压盖；
5—填料；6—转动阀瓣；7—密封面；8—阀体

图 6-3-5　垂直板式蝶阀

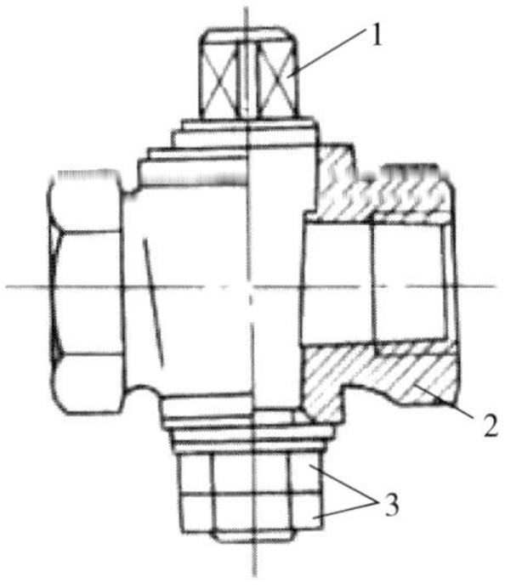

1—阀芯；2—阀体；3—拉紧螺母

图 6-3-6　无填料旋塞

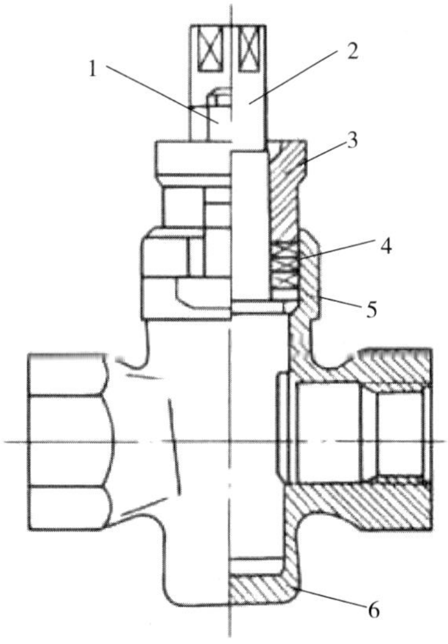

1—螺栓螺母；2—阀芯；3—填料压盖；
4—填料；5—垫圈；6—阀体

图 6-3-7　填料旋塞

6）PE 球阀

根据材料等级，常用 PE 球阀可分为 PE80 球阀和 PE100 球阀；根据性能，PE 球阀可分为标准球阀、单放散球阀和双放散球阀。所有 PE 球阀均采用专用扳手开启和关闭，构成阀门壳体的各部件之间均为热熔或电熔连接，因此整个阀门壳体的连接强度高、密封性好。PE球阀与管道直接焊接形成不可拆卸整体，无漏点。标准阀无须建造阀门井，可直埋；放散型阀门只需建浅井。PE球阀施工方便，开启和关闭力矩小，便于操作，寿命长（使用寿命不低于50年），工程造价低。

由于结构上的原因，闸阀、蝶阀只允许安装在水平管段上，而其他几类阀门则不受这一限制。但如果是有驱动装置的截止阀或球阀，则也必须安装在水平管段上。

2. 补偿器

补偿器作为消除因管段胀缩而使管道所产生的应力的设备，常用于架空管道和需要进行蒸汽吹扫的管道上。此外，补偿器安装在阀门的下侧（按气流方向），利用其伸缩性能，方便阀门的拆卸和检修。在埋地管道上，多采用钢质波形补偿器（图6-3-8），其补偿量约为10 mm。为防止补偿器中存水锈蚀，由套管的注入孔灌入石油沥青，安装时注入孔应在下方。补偿器的安装长度应是螺杆不受力时补偿器的实际长度，否则不但不能发挥其补偿作用，反而会使管道或管件受到不应有的应力。

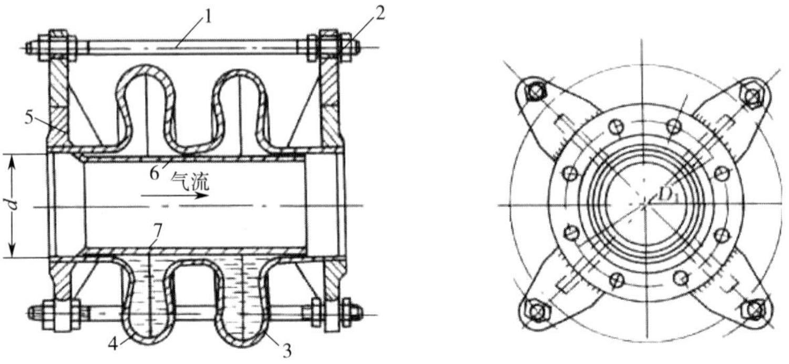

1—螺杆；2—螺母；3—波节；4—石油沥青；5—法兰盘；6—套管；7—注入孔

图6-3-8 钢质波形补偿器

另外，还有一种橡胶-卡普隆补偿器（图6-3-9）。它是带法兰的螺旋皱纹软管，软管是用卡普隆布作为夹层的胶管，外层则用粗卡普隆绳加强。其补偿能力在拉伸时为150 mm，在压缩时为100 mm。这种补偿器的优点是纵横方向均可变形，多用于通过山区、坑道和多地震区的中、低压燃气管道。

3. 凝水缸

为排除燃气管道中的冷凝水和石油伴生气管道中的轻质油，管道敷设时应有一定坡度，以便在低处设凝水缸，将汇集的水或油排出。凝水缸的间距视水量和油量多少而定。

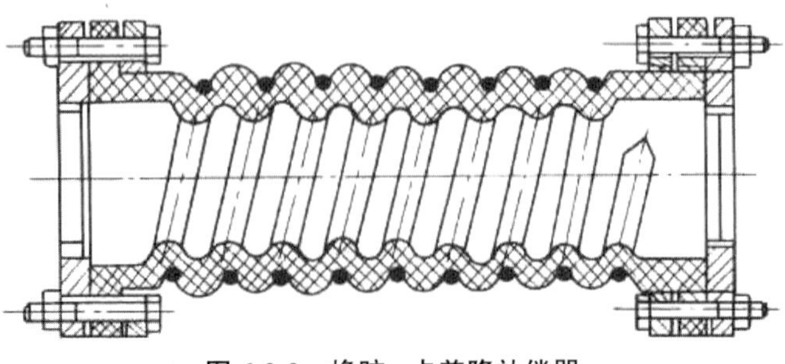

图6-3-9 橡胶-卡普隆补偿器

由于管道中燃气的压力不同，凝水缸有不能自喷和自喷两种。如管道内压力较低，水或油就要依靠手动唧筒等抽水设备来排出，即设置低压凝水缸，如图 6-3-10 所示。安装在高、中压管道上的凝水缸如图 6-3-11 所示，由于管道内压力较高，积水（或油）在排水管旋塞打开以后可自行喷出。为防止剩余在排水管内的水在冬季冻结，需另设有循环管，使排水管内水柱上、下压力平衡，水柱依靠重力回到下部的集水器中。为避免人工煤气中的焦油及萘等杂质堵塞管道，排水管与循环管的直径应适当加大。在管道上布置的凝水缸还可对其运行状况进行观测，并可作为消除管道堵塞的手段。当以天然气作为气源时，鉴于管网输送的介质为干气，没有必要安装凝水缸。

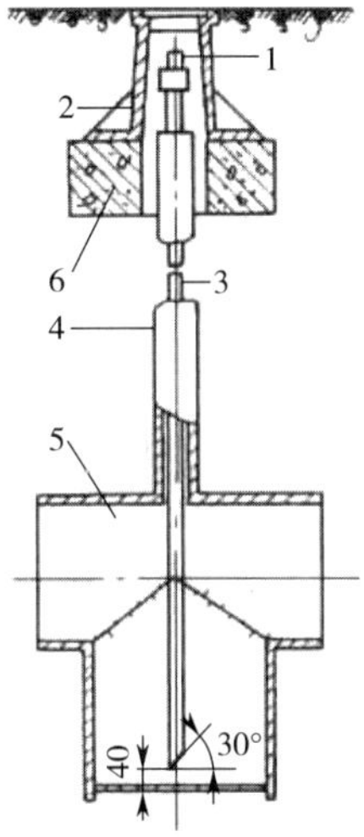

1—丝堵；2—防护罩；3—抽水管；
4—套管；5—集水器；6—底座

图 6-3-10　低压凝水缸

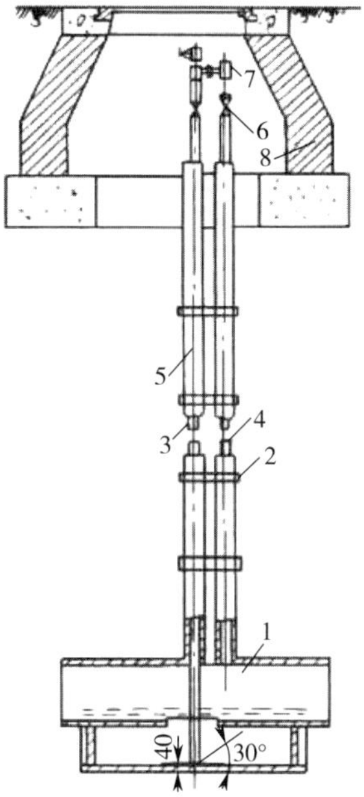

1—集水器；2—管卡；3—排水管；4—循环管；
5—套管；6—旋塞；7—丝堵；8—井圈

图 6-3-11　高、中压凝水缸

4. 放散管

放散管是一种专门用来排放管道内部的空气或燃气的装置。在管道投入运行时，可利用放散管排出管内的空气；在管道或设备检修时，可利用放散管排出管内的燃气，防止在管道内形成爆炸性的混合气体。当放散管设在阀门井中时，在环网中阀门的前后都应安装，而在单向供气的管道上则应安装在阀门之前。

5. 阀门井

为保证管网的安全与操作方便，地下燃气管道上的阀门一般设置在阀门井中。阀门井应坚固耐久，有良好的防水性能，并保证检修时有必要的空间。考虑到人员的安全，阀门井筒不宜过深。对于直埋设置的阀门，不设阀门井。直径 100 mm 单管阀门井的构造如图 6-3-12 所示。

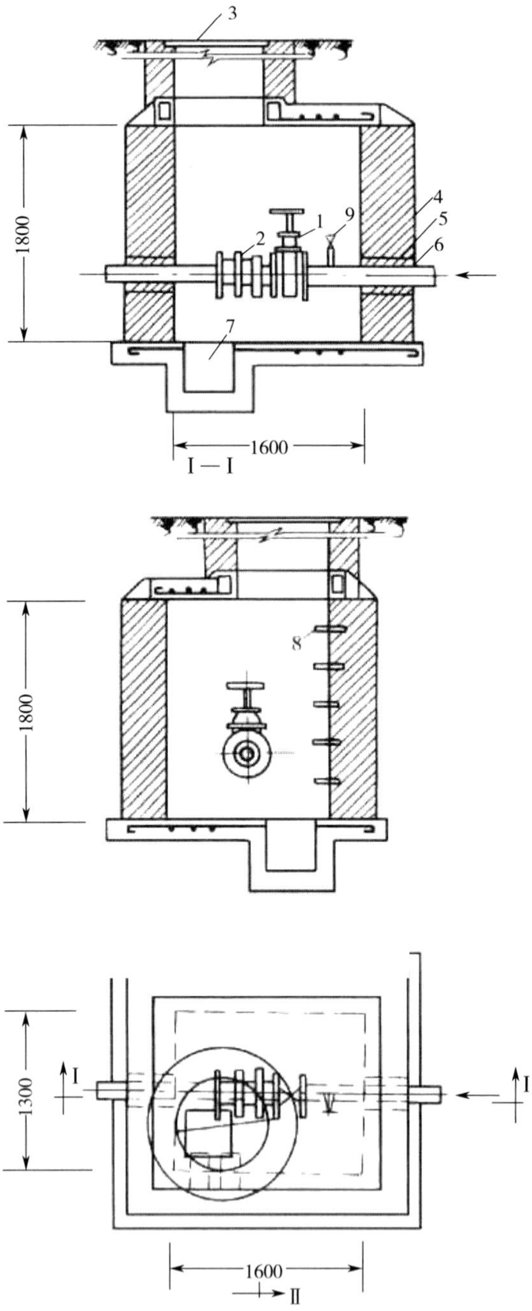

1—阀门；2—补偿器；3—井盖；4—防水层；5—浸沥青麻；6—沥青砂浆；
7—集水坑；8—爬梯；9—放散管

图 6-3-12　直径 100 mm 单管阀门井构造

【任务实施】

根据项目任务书和项目任务完成报告进行任务实施，见表 6-3-1 和表 6-3-2。

表 6-3-1　项目任务书

任务名称	附属设备		
小组成员			
指导教师		计划用时	
实施时间		实施地点	
任务内容与目标			
1. 了解附属设备的种类； 2. 了解各附属设备的工作原理；			
考核项目	1. 附属设备的种类； 2. 各附属设备的工作原理。		
备注			

表 6-3-2　项目任务完成报告

任务名称	附属设备		
小组成员			
具体分工			
计划用时		实际用时	
备注			
1. 简述常用的阀门类型。 2. 简述补偿器的作用。 3. 简述放散管的使用方式。			

【任务评价】

根据项目任务综合评价表进行任务评价，见表 6-3-3。

表 6-3-3　项目任务综合评价表

任务名称：　　　　　　　　　　　　　　　　测评时间：　　年　　月　　日

考核明细		标准分	实训得分								
			小组成员								
			小组自评	小组互评	教师评价	小组自评	小组互评	教师评价	小组自评	小组互评	教师评价
团队（60分）	小组成员是否能在总体上把握学习目标与进度	10									
	小组成员是否分工明确	10									
	小组成员是否有合作意识	10									
	小组成员是否有创新想（做）法	10									
	小组成员是否如实填写项目任务完成报告	10									
	小组成员是否存在问题和具有解决问题的方案	10									
个人（40分）	个人是否服从团队安排	10									
	个人是否完成团队分配的任务	10									
	个人是否能与团队成员及时沟通和交流	10									
	个人是否能够认真描述困难、错误和修改的地方	10									
合计		100									

【知识巩固】

（1）由于管道中燃气的压力不同，凝水缸有________和________。

（2）根据材料等级，常用 PE 球阀可分为________和________；根据性能，PE 球阀可分为________、________、________。

项目七

燃气管道计算流量与燃气管网水力计算

【项目描述】

燃气管网的水力计算与城镇燃气管网的设计、改造、扩建和运行管理关系密切。尤其在燃气管网的设计过程中，燃气管网的水力计算是最重要的环节。燃气是可压缩流体，通常情况下燃气的流动是不稳定流动，即燃气管网系统的压力、流量变化很大，通过燃气的计算流量和允许的压力来计算管道直径，以确定整个工程的管道投资和金属消耗量。燃气管网的水力计算对于确保燃气管网在不均匀的用气需求下的安全稳定供应意义重大，可为将天然气发展成为我国现代能源体系中的主体能源之一提供重要支撑。

燃气管网水力计算的原理是基于质量守恒和能量守恒得到节点连续方程和环的能量方程，再由压力损失和管段流量的关系列出压降方程，将连续方程、能量方程、压降方程联立，可求得管段流量或者节点压力。燃气管网水力计算的实质是求解上述联立方程组。

【项目目标】

燃气管道计算流量与燃气管网水力计算

- 素质目标
  - 1. 提高学生动手操作的能力
  - 2. 培养学生乐观向上的敬业精神
  - 3. 培养学生探索实践的创新能力
  - 4. 培养学生知识获取和应用的自主学习能力
  - 5. 培养学生科学思维和判断分析问题的能力
- 知识目标
  - 1. 了解燃气管道计算流量、燃气管网水力计算的含义
  - 2. 掌握燃气分配管网计算流量的定义及分类
  - 3. 掌握燃气分配管段计算流量、途泄流量、节点流量的计算
  - 4. 掌握枝状管网、环状管网的适用场景和水力计算特点
  - 5. 掌握枝状管网、环状管网的水力计算流程
- 技能目标
  - 1. 能够完成天然气长输管线水力计算
  - 2. 能够完成燃气分配管段计算流量、途泄流量、节点流量的计算
  - 3. 能够完成枝状管网、环状管网的水力计算

任务一　燃气管道计算流量

【任务准备】

确定燃气管道的计算流量可以保证管道输气生产安全平稳、保质保量，降低能源消耗，维护用气方的合法权益，可根据《输气管道工程设计规范》（GB 50251—2015）确定的天然气长输管线水力计算公式进行计算。

当忽略输气管道的高差影响，即输气管道沿线的相对高差 $\Delta h \leqslant 200$ m 时，燃气管道计算流量采用式（7-1-1）计算：

$$Q_V = 11\,522 E d^{2.53} \left(\frac{P_1^2 - P_2^2}{ZTLS^{0.961}} \right)^{0.51} \tag{7-1-1}$$

式中　Q_V——气体（P_0=101.325 kPa，T=293 K）的流量（m³/d）；

E——输气管道的效率系数，当管道公称直径为 DN300~DN800 时 E 为 0.8~0.9，当管道公称直径大于 DN800 时 E 为 0.91~0.94；

d——输气管道内径（cm）；

P_1、P_2——输气管道计算管段起点、终点的绝对压力（MPa）；

Z——气体的压缩因子；

T——气体的平均温度（K）；

L——输气管道计算管段的长度（km）；

S——气体的相对密度。

燃气管网计算流量的确定包括燃气分配管段计算流量、途泄流量和节点流量的计算，其计算分析如下。

1. 燃气分配管道计算流量的确定

燃气分配管道的各管段根据连接用户的情况可分为三种，如图 7-1-1 所示。

（1）燃气分配管段沿途不输出燃气，用户连接在管段的末端，这种管段的燃气流量是一个常数，其计算流量就等于转输流量，如图 7-1-1（a）所示。

（2）燃气分配管网的管段与大量居民用户、小型公共建筑用户相连，这种管段的主要特征是由管段起点进入的燃气在途中全部供给各个用户，即只有途泄流量，如图 7-1-1（b）所示。

（3）最常见的燃气分配管段的供气情况如图 7-1-1（c）所示，其中流经管段送至末端不变的燃气流量为转输流量 Q_2，在管段沿程输出的燃气流量为途泄流量 Q_1，该管段上既有转输流量，又有途泄流量。

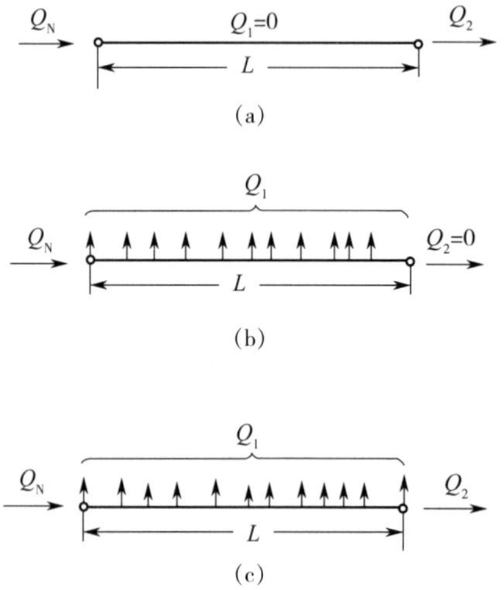

图 7-1-1　燃气分配管段的输配示意图

（a）只有转输流量的管段；（b）只有途泄流量的管段；（c）有途泄流量和转输流量的管段

一般燃气分配管段的负荷变化如图 7-1-2 所示。其中，管段起点 A 处的管内流量为转输流量 Q_2 与途泄流量 Q_1 之和，而管段终点 B 处的管内流量仅为 Q_2，因此管段内的流量逐渐减小，在管段中间所有断面上的流量是不同的，流量在 Q_1+Q_2 及 Q_2 两个极限值之间。假定沿管线长度向用户均匀配气，每个分支管的途泄流量 q 均相等，即沿线流量为直线变化。

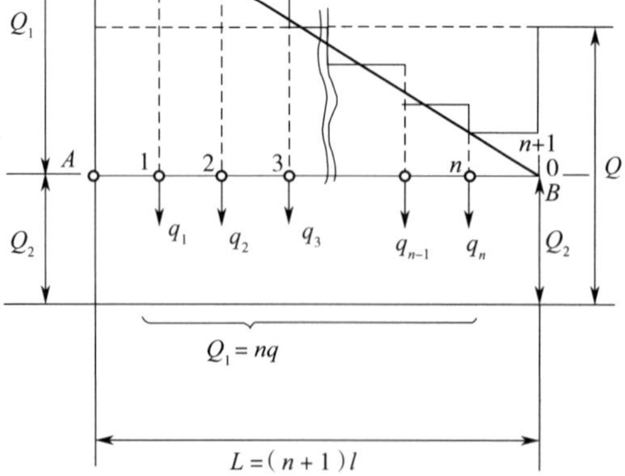

图 7-1-2　燃气分配管段的负荷变化示意图

q—途泄流量（Nm^3/h）；n—途泄点数

为了进行变负荷管段的水力计算，可以找出一个假想不变的流量 Q，使它产生的管段压力降与实际压力降相等。这个不变流量 Q 称为变负荷管段的计算流量，可按式（7-1-2）计算：

$$Q=\alpha Q_1+Q_2 \tag{7-1-2}$$

式中 Q——计算流量（Nm^3/h）；

Q_1——途泄流量（Nm^3/h）；

Q_2——转输流量（Nm^3/h）；

α——流量折算系数。

流量折减系数 α 是与途泄流量和总流量之比 x 及沿途支管数 n 有关的系数。经过计算，取不同的 n 和 x 所得的 α 值见表 7-1-1 和表 7-1-2。

表 7-1-1 水力计算公式中幂指数为 1.75 时所得 α 值

支管数 n	α	
	x=0	x=1
1	0.5	0.674
5	0.5	0.59
∞	0.5	0.562

表 7-1-2 水力计算公式中幂指数为 2.0 时所得 α 值

支管数 n	α		
	x=0	x=0.5	x=1
1	0.5	0.582	0.707
5	0.5	0.538	0.606
10	0.5	0.531	0.592
100	0.5	0.528	0.577
∞	0.5	0.528	0.577

对于燃气分配管道，一个管段上的分支管数一般不小于 5~10 个，x 值在 0.3~1.0 的范围内，从表 7-1-1 和表 7-1-2 中所得数值可以看出，此时系数 α 在 0.5~0.6，水力计算公式中幂指数等于 1.75~2.0 时，系数 α 的变化并不大，实际计算中均可采用平均值 $\alpha=0.55$。

因此，燃气分配管道的计算流量可按式（7-1-3）计算：

$$Q=0.55Q_1+Q_2 \tag{7-1-3}$$

2. 途泄流量的计算

途泄流量只包括大量的居民用户和小型公共建筑用户，用气负荷较大的公共建筑或工业用户应作为集中负荷来进行计算。

在设计低压分配管网时，连接在低压管道上各用户用气负荷的原始资料通常很难详尽和确切，只能知道区域总的用气负荷。在确定管段的计算流量时，既要尽可能精确地反映实际情况，确定的方法又不应太复杂。

计算途泄流量时，假定在供气区域内居民用户和小型公共建筑用户是均匀分布的，而其数值主要取决于居民的人口密度。

以图 7-1-3 所示区域燃气管网为例，各管段的途泄流量计算步骤如下。

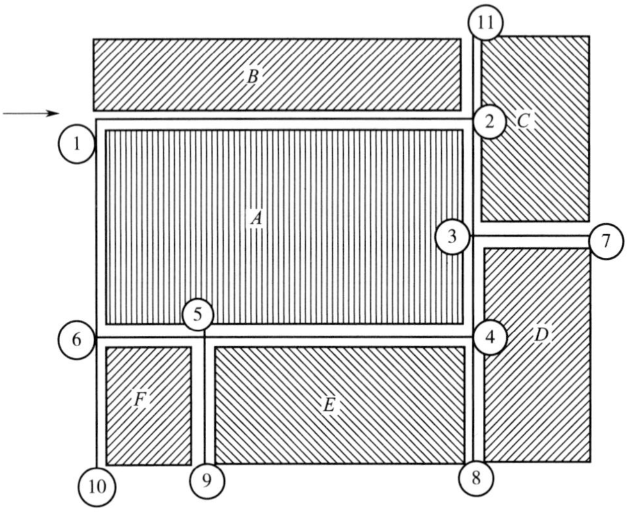

图 7-1-3　各管段途泄流量计算示意图

1）将供气范围划分为若干小区

根据该区域内道路、建筑物布局及居民人口密度等将其划分为 *A*、*B*、*C*、*D*、*E*、*F* 等 6 个小区，并布置配气管道。

2）分别计算各小区的燃气用量

分别计算各小区居民用气量、小型公共建筑及小型工业企业用气量，其中居民用气量可用居民人口数乘以每人每小时的燃气计算流量 e[Nm^3/（人·h）]。

3）计算各管段单位长度途泄流量

在城镇燃气管网计算中可以认为途泄流量是沿管段均匀输出的，管段单位长度的途泄流量按式（7-1-4）计算：

$$q=\frac{Q_1}{L} \tag{7-1-4}$$

式中　q——管段单位长度的途泄流量［Nm^3/（m·h)］；

Q_1——管段的途泄流量（Nm^3/h)；

L——管段长度（m)。

其中，$A,B,C,\cdots\cdots$各小区管道的单位长度途泄流量为：

$$q_A=\frac{Q_A}{L_{1-2}+L_{2-3}+L_{3-4}+L_{4-5}+L_{5-6}+L_{1-6}}$$

$$q_B = \frac{Q_B}{L_{1-2} + L_{2-11}}$$

$$q_C = \frac{Q_C}{L_{2-11} + L_{2-3} + L_{3-7}}$$

……

式中　Q_A，Q_B，Q_C，…——$A,B,C,\cdots$各小区的燃气用量（Nm^3/h）；

q_A，q_B，q_C，…——$A,B,C,\cdots$各小区有关管道的单位长度途泄流量［$Nm^3/(m \cdot h)$］；

L_{1-2}, L_{2-3}，…——各管段长度（m）。

4）计算管段的途泄流量

管段的途泄流量等于单位长度途泄流量乘以该管段长度。若管段是两个小区的公共管道，需同时向两侧供气，其途泄流量应为两侧的单位长度途泄流量之和乘以该管段长度，各管段的途泄流量为

$$Q_1^{1-2} = (q_A + q_B)\ L_{1-2}$$

$$Q_1^{2-3} = (q_A + q_C)\ L_{2-3}$$

$$Q_1^{4-8} = (q_D + q_E)\ L_{4-8}$$

$$Q_1^{1-6} = q_A L_{1-6}$$

……

3. 节点流量的计算

在燃气管网水力计算时，特别是在用计算机进行燃气环状管网水力计算时，常把途泄流量转化成节点流量来表示。因此，假设沿管线不再有流量流出，即管段中的流量不再沿管线变化，它产生的管段压力降与实际压力降相等。由式（7-1-1）可知，与管道途泄流量 Q_1 相当的计算流量 $Q = \alpha Q_1$，可由管道终端节点流量 αQ_1 和始端节点流量（$1-\alpha$）Q_1 来代替。

（1）当 α=0.55 时，管道始端 i、终端 j 的节点流量分别按式（7-1-5）和式（7-1-6）计算：

$$q_i = 0.45 Q_1^{i-j} \tag{7-1-5}$$

$$q_j = 0.55 Q_1^{i-j} \tag{7-1-6}$$

式中　Q_1^{i-j}——从 i 节点到 j 节点管道的途泄流量（Nm^3/h）；

q_i，q_j——i，j 节点的节点流量（Nm^3/h）。

对于连接多根管道的节点，其节点流量等于燃气流入节点（管道终端）的所有管段的途泄流量的 55% 与流出节点（管道始端）的所有管段的途泄流量的 45% 之和，再加上相应的集中流量。

如图 7-1-4 所示，各节点的流量为

$$q_1 = 0.55Q_1^{6-1} + 0.45Q_1^{1-2}$$

$$q_2 = 0.55Q_1^{1-2} + 0.55Q_1^{5-2} + 0.45Q_1^{2-3}$$

$$q_3 = 0.55Q_1^{2-3} + 0.55Q_1^{4-3}$$

$$q_4 = 0.55Q_1^{5-4} + 0.45Q_1^{4-3}$$

$$q_5 = 0.55Q_1^{6-5} + 0.45Q_1^{5-2} + 0.45Q_1^{5-4}$$

$$q_6 = 0.45Q_1^{6-5} + 0.45Q_1^{6-1}$$

管网各节点流量的总和应与管网区域的总计算流量相等，即有

$$Q = q_1 + q_2 + q_3 + q_4 + q_5 + q_6 \tag{7-1-7}$$

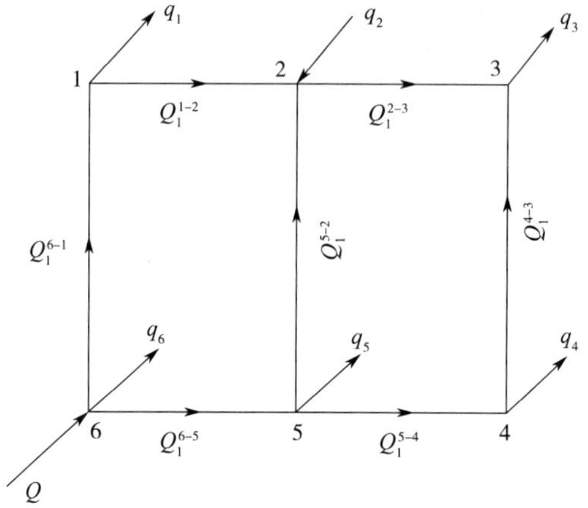

图 7-1-4　节点流量示意图

（2）当 α=0.5 时，管道始端 i、终端 j 的节点流量均按式（7-1-8）计算：

$$q_i = q_j = 0.5Q_1^{i-j} \tag{7-1-8}$$

则管网各节点的节点流量等于该节点所连接的各管道的途泄流量之和的一半。

（3）管段上所接的大型用户为集中流量，计算时在大型用户处应设节点。

【任务实施】

根据项目任务书和项目任务完成报告进行任务实施，见表 7-1-3 和表 7-1-4。

表 7-1-3　项目任务书

<table>
<tr><td>任务名称</td><td colspan="3">燃气管道计算流量</td></tr>
<tr><td>小组成员</td><td colspan="3"></td></tr>
<tr><td>指导教师</td><td></td><td>计划用时</td><td></td></tr>
<tr><td>实施时间</td><td></td><td>实施地点</td><td></td></tr>
<tr><td colspan="4">任务内容与目标</td></tr>
<tr><td colspan="4">1. 了解燃气管道计算流量的含义；
2. 掌握燃气分配管网计算流量的定义及分类；
3. 掌握燃气分配管段计算流量、途泄流量、节点流量的计算。</td></tr>
<tr><td>考核项目</td><td colspan="3">1. 燃气管道计算流量的含义；
2. 燃气分配管网计算流量的定义及分类；
3. 燃气分配管段计算流量、途泄流量、节点流量的计算。</td></tr>
<tr><td>备注</td><td colspan="3"></td></tr>
</table>

表 7-1-4　项目任务完成报告

<table>
<tr><td>任务名称</td><td colspan="3">燃气管道计算流量</td></tr>
<tr><td>小组成员</td><td></td><td></td><td></td></tr>
<tr><td>具体分工</td><td></td><td></td><td></td></tr>
<tr><td>计划用时</td><td></td><td>实际用时</td><td></td></tr>
<tr><td>备注</td><td colspan="3"></td></tr>
<tr><td colspan="4">1. 简述燃气管道计算流量的含义。

2. 简述燃气分配管网计算流量的定义及分类。

3. 简述燃气分配管段计算流量、途泄流量、节点流量的计算方法。</td></tr>
</table>

【任务评价】

根据项目任务综合评价表进行任务评价，见表 7-1-5。

表 7-1-5　项目任务综合评价表

任务名称：　　　　　　　　　　　　　　　　　　　　　　　测评时间：　　年　　月　　日

考核明细		标准分	实训得分								
			小组成员								
			小组自评	小组互评	教师评价	小组自评	小组互评	教师评价	小组自评	小组互评	教师评价
团队（60分）	小组成员是否能在总体上把握学习目标与进度	10									
	小组成员是否分工明确	10									
	小组成员是否有合作意识	10									
	小组成员是否有创新想（做）法	10									
	小组成员是否如实填写项目任务完成报告	10									
	小组成员是否存在问题和具有解决问题的方案	10									
个人（40分）	个人是否服从团队安排	10									
	个人是否完成团队分配任务	10									
	个人是否能与团队成员及时沟通和交流	10									
	个人是否能够认真描述困难、错误和修改的地方	10									
合计		100									

【知识巩固】

（1）燃气分配管网计算流量的确定包括__________、__________和__________。

（2）燃气分配管网的各管段根据连接用户的情况可分为三种，分别是__________、__________和__________。

任务二　燃气管网水力计算

【任务准备】

燃气管网的水力计算主要是为了确定燃气在管道中的流动情况，确保供气的连续性和经济性。其中包括计算燃气管段压力降、局部阻力损失、附加压力等。城镇燃气管网基本上可分为枝状管网、环状管网和环枝状管网，其中环枝状管网是环状和枝状混合使用的管网形式。城镇燃气干管一般设计成环状管网，而自干管接出的配气管及室内燃气管道则一般选用枝状管网。

1. 枝状管网水力计算

1）枝状管网水力计算特点

枝状管网由输气管段和节点组成。任何形状的枝状管网，其管段数 N 和节点数 m 的关系均符合式（7-2-1）：

$$N = m - 1 \quad (7\text{-}2\text{-}1)$$

如图 7-2-1 所示，燃气在枝状管网中从气源点至各节点只有一个固定流向，输送至某管段的燃气只能由一条管道供气，流量分配方案也是唯一的，枝状管道的转输流量只有一个数值，任一管段的流量等于该管段以后（顺气流方向）所有节点流量之和，因此任一管段只有唯一的流量值。

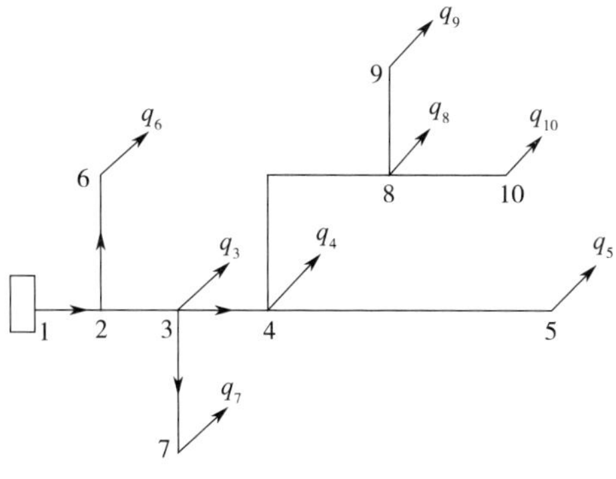

图 7-2-1　枝状管网流量分配示意图

在图 7-2-1 中，管段 3–4 的流量为

$$Q_{3-4} = q_4 + q_5 + q_8 + q_9 + q_{10} \quad (7\text{-}2\text{-}2)$$

管道 4–8 的流量为

$$Q_{4-8}=q_8+q_9+q_{10} \tag{7-2-3}$$

此外，枝状管网中变更某一管段的直径时，不影响管段的流量分配，只会导致管道终点压力的改变。因此，枝状管网水力计算中各管段只有直径 d_i 与压力降 Δp_i 两个未知数。

2）枝状管网水力计算步骤

（1）对管网的节点和管道编号。

（2）确定气流方向，从主干线末梢的节点开始，利用 $\sum Q_i=0$ 的关系，求得管网各管段的计算流量。

（3）根据确定的允许压力降，计算管线单位长度的允许压力降。

（4）根据管段的计算流量及单位长度允许压力降预选管径。

（5）根据所选定的标准管径，求摩擦阻力损失和局部阻力损失，并计算总的压力降。

（6）检查计算结果。若总的压力降超出允许的精度范围，则适当变动管径，直至总压力降小于并趋近于允许值为止。

2. 环状管网水力计算

1）环状管网水力计算特点

环状管网是由一些封闭成环的输气管段与节点组成。任何形状的环状管网，其管段数 N 和节点数 m 的关系均符合式（7-2-4）：

$$N=m+n-1 \tag{7-2-4}$$

如图 7-2-2 所示，环状管网任何一个节点均可由两向或多向供气，输送至某管段的燃气同时可由一条或几条管道供气，可以有许多不同的流量分配方案。分配流量时，在保证供给用户所需燃气量的同时，必须保持每一个节点的燃气连续流动，也就是流向任一节点的流量必须等于流离该节点的流量。

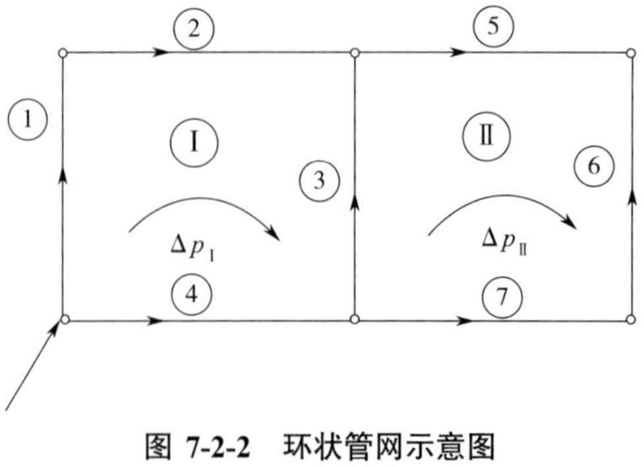

图 7-2-2　环状管网示意图

此外，环状管网中变更某一管段的直径，就会引起所有管段流量的重新分配，并改变管网各节点的压力值。因此，环状管网水力计算中各管段有三个未知量——直径

d_i，压力降Δp_i和流量Q_i，即管网未知量总数等于管段数的3倍。设管段数为N，则未知量总数等于$3N$。

为了求解环状管网，需列出足够的方程式。

（1）每一管段的压力降Δp_i计算公式为

$$\Delta p_i = k_j \frac{Q_i^{\alpha}}{d_j^{\beta}} l_j \quad (j=1,\ 2,\ \cdots,\ N) \tag{7-2-5}$$

式中：α和β值与燃气流动状况及管道粗糙度有关，而常数k_j则与燃气性质和管材有关，且一共可得N个压力降公式。

（2）每一节点处流量的代数和为零，即

$$\sum Q_i = 0 \quad (i=1,\ 2,\ \cdots,\ m-1) \tag{7-2-6}$$

因为最后一个节点的方程式，在各流量均为已知值的情况下，不能成为一个独立的方程式，故所得的方程式数等于节点数减1，即共可得$m-1$个方程式。

（3）对于每一个环，燃气按顺时针方向流动的管段的压力降定为正值，按逆时针方向流动的管段的压力降定为负值，则环网的压力降之和为零，即

$$\sum \Delta p_i = 0 \quad (i=1,\ 2,\ \cdots,\ n) \tag{7-2-7}$$

所得方程式数等于环数，环数用n表示，故可得n个方程式。

（4）燃气管网的计算压力降等于Δp从管网源点至零点各管段压力降之和$\sum \Delta p_i$，即

$$\sum \Delta p_i - \Delta p = 0 \tag{7-2-8}$$

所得方程式数等于管网的零点数q。零点是环网最末管段的终点，其是除源点外管网中已知压力值的节点。

至此，已得到（$2N+q$）个方程，而未知量的个数为3 N个，尚需补充$N-q$个方程。

为了求解，按供气可靠性原则预先分配流量，按经济性原则采用等压力降法选取管径作为补充条件。

2）环状管网水力计算步骤

环状管网水力计算可采用解管段方程组、解环方程组和解节点方程组的方法。不管采用哪种解法，总是对压降方程（7-2-5）、连续性方程（7-2-6）及能量方程（7-2-7）的联立求解，以求得未知的管径及压力降。下面着重阐述用手工方法解环方程组的计算方法。环状管网在初步分配流量时，必须满足连续性方程$\sum Q_i = 0$的要求。但按该设定流量选定管径求得各管段压力降以后，每环往往不能满足能量方程$\sum \Delta p_i = 0$的要求。因此，解环方程组的环状管网计算过程，就是重新分配各管段的流量，并反复计算，直到同时满足连续性方程组和能量方程组为止，这一计算过程称为管网平差。换言之，平

差就是求解 $m-1$ 个线性连续性方程组和 n 个非线性能量方程组，以得出 N 个管段的流量。一般情况下，不能用直接法求解非线性能量方程组，而必须用逐步近似法求解。最终计算是确定每环的校正流量，使压力降闭合差尽量趋近于零。若最终计算结果未能达到各种技术经济要求，还需调整管径，进行反复运算，以确定比较经济合理的管径。具体步骤如下：

（1）绘制管网平面示意图，对节点、管段、环网编号，并标明管道长度、集中负荷、气源或调压站位置等；

（2）计算管网各管段的途泄流量；

（3）按气流沿最短路径从供气点流向零点的原则，拟定环网各管段中的燃气流向，气流方向总是流离供气点，而不应逆向流动；

（4）从零点开始，逐一推算各管段的转输流量；

（5）求管网各管段的计算流量；

（6）根据管网允许压力降和供气点至零点的管道计算长度（局部阻力损失通常取沿程摩擦阻力的 5%~10%），求得单位长度允许压力降，并预选管径；

（7）初步计算管网各管段的总压力降及每环的压力降闭合差；

（8）管网平差计算，求每环的校正流量，使所有封闭环网压力降的代数和等于零或接近于零，达到工程允许的误差范围。

【任务实施】

根据项目任务书和项目任务完成报告进行任务实施，见表 7-2-1 和表 7-2-2。

表 7-2-1　项目任务书

任务名称	燃气管网水力计算		
小组成员			
指导教师		计划用时	
实施时间		实施地点	
任务内容与目标			
1. 了解燃气管网水力计算的含义； 2. 掌握枝状管网、环状管网的适用场景和水力计算特点； 3. 掌握枝状管网、环状管网的水力计算流程。			
考核项目	1. 燃气管网水力计算的含义； 2. 枝状管网、环状管网的适用场景和水力计算特点； 3. 枝状管网、环状管网的水力计算流程。		
备注			

表 7-2-2　项目任务完成报告

任务名称	燃气管网水力计算		
小组成员			
具体分工			
计划用时		实际用时	
备注			
1. 简述城镇燃气管网的分类及应用特点。 2. 简述燃气管网水力计算的注意事项。 3. 简述枝状管网和环状管网水力计算的流程。			

【任务评价】

根据项目任务综合评价表进行任务评价，见表 7-2-3。

表 7-2-3　项目任务综合评价表

任务名称：　　　　　　　　　　　　　　　　测评时间：　　年　　月　　日

考核明细		标准分	实训得分								
			小组成员								
			小组自评	小组互评	教师评价	小组自评	小组互评	教师评价	小组自评	小组互评	教师评价
团队（60分）	小组成员是否能在总体上把握学习目标与进度	10									
	小组成员是否分工明确	10									
	小组成员是否有合作意识	10									
	小组成员是否有创新想（做）法	10									
	小组成员是否如实填写项目任务完成报告	10									
	小组成员是否存在问题和具有解决问题的方案	10									

续表

考核明细		标准分	实训得分								
			小组成员								
			小组自评	小组互评	教师评价	小组自评	小组互评	教师评价	小组自评	小组互评	教师评价
个人（40分）	个人是否服从团队安排	10									
	个人是否完成团队分配的任务	10									
	个人是否能与团队成员及时沟通和交流	10									
	个人是否能够认真描述困难、错误和修改的地方	10									
合计		100									

【知识巩固】

（1）简要说明城镇燃气管网的布局方式分类及其特点。

（2）简要说明枝状管网和环状管网水力计算的流程。

项目八

压缩天然气、液化天然气与液化石油气的供应

【项目描述】

本项目以我国能源发展战略为指导，旨在全面、深入地介绍压缩天然气、液化天然气与液化石油气的供应知识，注重理论与实践相结合，强调天然气和液化石油气在国家能源结构调整和绿色低碳发展中的重要地位；并融入我国最新的天然气和液化石油气产业的政策法规、技术标准、市场运作等方面的知识，培养学生的法治意识和市场意识；同时，强调国际合作和对外开放的重要性，引导学生树立全球视野和合作精神。

【项目目标】

压缩天然气、液化天然气与液化石油气的供应

- 素质目标
  - 1. 理解天然气和液化石油气作为清洁能源的重要性，以及它们在减少环境污染方面的作用
  - 2. 认识到处理这些燃料时的安全措施，包括储存、运输和使用过程中的安全规范
  - 3. 培养寻找提高能源效率和减少环境影响的新方法
- 知识目标
  - 1. 了解 CNG、LNG 和 LPG 的定义、组成和相关性质
  - 2. 掌握 CNG、LNG 和 LPG 的场站和储运方式
  - 3. 掌握 CNG、LNG 和 LPG 在不同行业（如交通、家庭、工业）中的应用
- 技能目标
  - 1. 掌握相关设备和系统的操作技能，如加气站的管理和操作
  - 2. 能够识别和评估与 CNG、LNG 和 LPG 相关的安全风险，并制定相应的预防措施

任务一　压缩天然气的供应

【任务准备】

压缩天然气（Compressed Natural Gas，CNG）是指压缩到压力大于或等于 10 MPa 且小于 25 MPa（表压）的气态天然气。压缩天然气在 25 MPa 压力下的体积约为在标准状态下同质量天然气体积的 1/250，其一般充装到高压容器中储存和运输。压缩天然气能储密度低于液化石油气和液化天然气，但由于其生产工艺、技术设备较为简单，且运输装卸方便，被广泛用作汽车替代燃料或作为缺乏优质燃料的城镇和小区的气源。

压缩天然气供应系统泛指以符合国家标准的二类天然气作为气源，在环境温度为 –40~50 ℃时，经加气母站净化、脱水、压缩至压力不大于 25 MPa 的条件下，并充装入气瓶转运车的高压储气瓶组，再由气瓶转运车送至城镇 CNG 汽车加气站，供汽车发动机作为燃料，或送至 CNG 供应站（CNG 储配站或减压站），进入居民、商业、工业企业生活和生产的燃料系统。压缩天然气供应系统流程如图 8-1-1 所示。

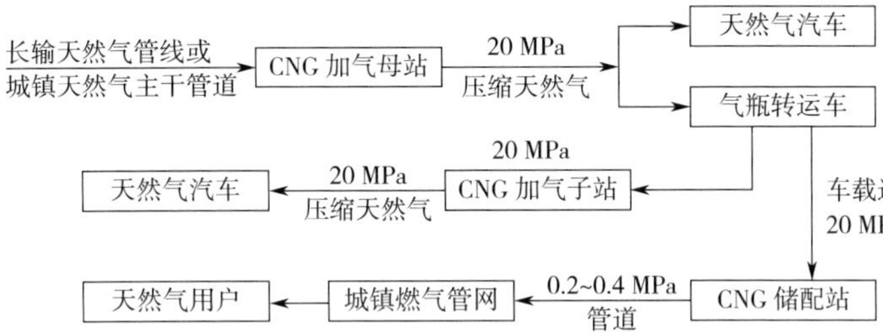

图 8-1-1　压缩天然气供应系统流程图

城镇压缩天然气供应系统的优势在于：

（1）在长输天然气管道尚未敷设的区域，运输距离一般在 200 km 左右的范围内，较适合采用压缩天然气作为气源实现城镇汽化，并可节省大量建设投资；

（2）以天然气替代汽车用汽油，减少汽车尾气排放量，改善城区大气环境质量，有利于环境保护；

（3）以天然气替代汽车用汽油，由于价格相对便宜，可以降低交通运输费和公交车、出租车等的运营成本。

1. 压缩天然气加气母站

加气母站是指通过气瓶转运车向汽车加气子站或压缩天然气储配站供应压缩天然气的加气站。此外，加气母站还可根据需要与 CNG 汽车加气站合建，具有直接给天然气汽车加气的功能。进入加气母站的天然气一般来自天然气长输管线或城镇燃气主干管道，因此，加气母站多选择建设在长输管线、城镇燃气干线附近或与城镇门站合建。

压缩天然气加气母站一般由天然气管道和调压、计量、压缩、脱水、储存、加气等主要生产工艺系统及控制系统构成。

1）加气母站的工艺流程

来自城镇高、中压燃气管道的天然气，首先进行过滤、计量、调压，再经缓冲罐进入压缩机将压力提高至 20~25 MPa，然后进入高压脱水装置，脱除天然气中多余的水分。加气母站与 CNG 汽车加气站合建的典型工艺流程如图 8-1-2 所示。

经过处理的压缩天然气在压力、质量等条件满足加气要求时，通过顺序控制盘完成储气或加气作业。一般加气母站在顺序控制盘的控制下可以完成以下三种作业。

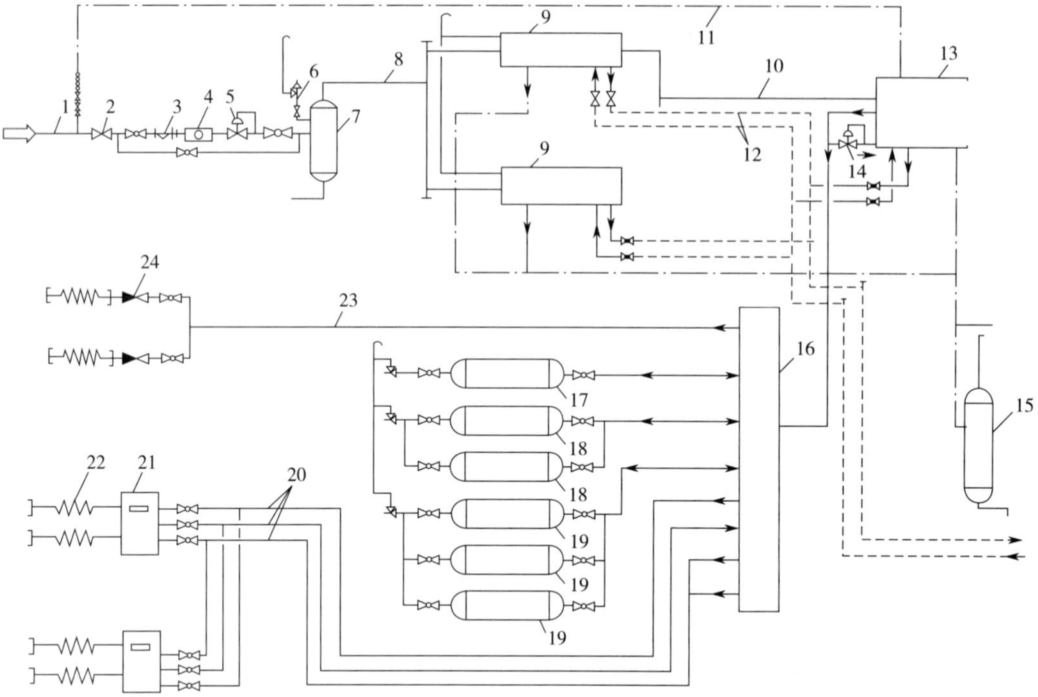

1—天然气进气管（0.2~4 MPa）；2—球阀；3—过滤器；4—流量计；5—调压器；6—全放散阀；7—缓冲罐；8—压缩机进气管；9—压缩机；10—压缩机出气管（25 MPa）；11—再生气回收管；12—冷却水给水、回水管；13—高压脱水装置；14—干燥器再生调压器；15—回收罐；16—顺序控制盘；17—高压起充储气瓶组；18—中压起充储气瓶组；19—低压起充储气瓶组；20—加气机加气管；21—加气机；22—加气软管；23—CNG 气瓶转运车加气管线；24—单向阀

图 8-1-2　加气母站典型工艺流程图

（1）通过加气柱为气瓶转运车的高压储气瓶组加气。

（2）将压缩天然气充入站内储气瓶组（或储气井）。为便于运行操作，降低压缩费用，储气瓶组（或储气井）一般按起充气压力分为高、中、低三组，充气时按照先高后低的原则对三组气瓶分别充气。

（3）为天然气汽车加气，通常有两种方式：一是直接经压缩机为天然气汽车加气；二是利用储气瓶组（或储气井）内的压缩天然气为天然气汽车加气。

若加气母站仅作为城镇气源向气瓶转运车加气，而后由其将 CNG 运输至 CNG 储配站，则可不设控制盘、储气瓶组（或储气井）和加气机，只需设置压缩机和加气柱等主要工艺设备。

加气母站压缩机的进气压力根据进站天然气压力确定，并经调压器稳压。压缩机排气压力一般设定为 25 MPa，当只为气瓶转运车加气时，压缩机出口压力可设定为 20 MPa。

2）加气母站的主要工艺设备

对于仅向气瓶转运车加气的 CNG 母站，由于功能相对单一，其主要工艺设备相较天然气汽车加气站简单，一般包括以下几部分。

Ⅰ. 调压计量装置

对于气源来自城镇燃气主干管道的加气母站，其进口压力取决于天然气进气压力。由于城镇燃气主干管道在运行中压力是波动的，为保证压缩机进口处天然气的压力稳定，需在压缩机前设置调压装置，调压装置出口压力根据压缩机要求确定。

天然气进入加气母站后需设置计量装置，一般采用具有一定计量精度的涡轮流量计。

Ⅱ. 天然气净化装置

Ⅰ）脱硫

当进入加气母站的天然气含硫量高于汽车用天然气的要求时，应在加气母站内设置脱硫装置，以避免硫化氢对站内管线、设备和车载高压储气瓶组产生腐蚀而引起破坏事故，保证设备的使用寿命。

Ⅱ）除尘

进入压缩机的天然气含尘量不应大于 5 mg/m^3，微尘直径应小于 10 μm。当天然气含尘量和微尘直径超过规定值时，应设置除尘净化装置。

Ⅲ）脱水

在汽车驾驶的特定区域内，设备在最高操作压力下，天然气水露点不应高于 −13 ℃；当最低气温低于 −8 ℃时，天然气水露点应比最低气温低 5 ℃。因此，当天然气含水量超过该规定时，加气母站内必须设脱水装置，以减轻二氧化碳、硫化氢水溶物对系统的腐蚀，以及防止压缩天然气在减压膨胀降温过程中供气系统出现冰堵现象。天然气脱水是保证加气母站内设备正常运行的最关键环节之一。

根据设置位置的不同，天然气脱水装置可分为低压脱水、中压脱水和高压脱水三种。

低压脱水装置位于压缩机进口之前，由前置过滤器、干燥吸附塔和后置过滤器组成脱水系统；由加热器、循环风机和冷却器组成再生系统。图 8-1-3 所示为低压脱水装置工艺流程图。其中，图示箭头方向表示干燥塔 A 工作、干燥塔 B 再生时气体的流动方向，阀门 2、3、5、8 关闭，阀门 1、4、6、7 打开；当干燥塔 B 工作、干燥塔 A 再生时，各阀门开关状态相反。低压脱水装置为闭式循环再生方式，占地面积较大，投资费用高，能耗大；但维修费用较低，对压缩机具有一定的保护作用。一般国外进口的压缩机在运行中会限制凝水量，故常选用低压脱水装置。

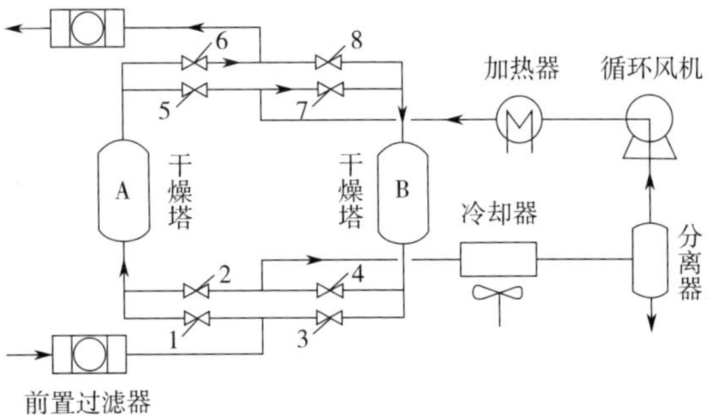

图 8-1-3　低压脱水装置工艺流程图

高压脱水装置位于压缩机之后，由前置过滤器、分离器、干燥吸附塔和后置过滤器组成脱水系统；由调压器、加热器和冷却器组成再生系统。其中，再生气来自压缩后的成品气，经调压器减压后依次进入加热器、再生塔，带走再生塔中解析的水分，进入冷却器将水冷凝，再生气回到压缩机进口或进入燃气管网。图 8-1-4 所示为中、高压脱水装置工艺流程图。其中，图示箭头方向表示干燥塔 A 工作、干燥塔 B 再生时气体的流动方向，阀门 2、3、5、8 关闭，阀门 1、4、6、7 打开；当干燥塔 B 工作、干燥塔 A 再生时，阀门开关状态相反。高压脱水装置结构紧凑，占地面积小，投资费用低，能耗小，脱水效果好，是较为常用的脱水方式。

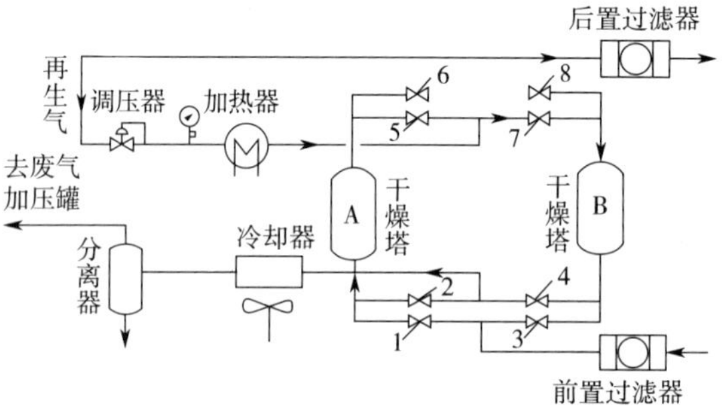

图 8-1-4　中、高压脱水装置工艺流程图

中压脱水装置位于压缩机中间级出口与下一级进口的管路中，压力在 4.0 MPa 左右，其工作流程与高压脱水装置相同。该装置投资费用较低，能耗和维修费用较高。

压缩天然气加气母站脱水装置采用的吸附剂多为 4A 分子筛。在处理含水量较高的天然气时，也可用硅胶脱除部分水分，再利用分子筛进一步脱水，以降低脱水成本。

天然气经过脱水装置后，需采用在线露点仪或便携式露点仪检测脱水后的天然气水露点是否达到要求。

Ⅲ. 天然气压缩系统

天然气压缩系统主要由进气缓冲罐、压缩机、润滑系统、冷却系统、控制系统及附件等组成。

Ⅰ）压缩机

压缩机是加气母站最重要的设备，其性能直接影响加气母站运行的可靠性和经济性。CNG 加气母站使用的压缩机排气压力高、排气量小，一般采用往复活塞式压缩机，按结构形式可分为立式、卧式、角度式和对称平衡式。

压缩机总排气量与加气母站功能、规模、储气容积、充装速度以及工作时间等因素有关，一般可根据各类用途的平均日用气量总和与压缩机每日工作的小时数（一般为 10~12 h），并考虑储气设施可能补充的气量确定压缩机总排气量。由于 CNG 汽车车载气瓶承压的规定所限，压缩机排气压力不应大于 25 MPa（表压），出口温度不应大于 40 ℃。多台并联运行的压缩机单台排气量，应按公称容积流量的 80%~85% 计。

Ⅱ）润滑系统

根据气缸与活塞之间的润滑方式又可将压缩机分为有油润滑与无油润滑两种。

压缩机一般使用润滑油泵将集油池中的润滑油强制输送到各润滑点，润滑点经循环油路进行过滤、冷却后返回集油池，如此循环往复。当采用有油润滑压缩机时，润滑油可能被带入压缩天然气中，因此压缩机各级级间、级末及高压脱水装置前应设置油气分离器或除油过滤器。无油润滑是指活塞环具有自润滑功能。国外进口的压缩机多为无油润滑方式。

Ⅲ）冷却系统

根据冷却方式一般可将压缩机冷却系统分为风冷和水冷两种形式。水冷系统由冷却塔、水池或水箱、循环泵、压缩机级间和级后冷却器及气缸夹套等组成。冷却循环水升温后，送至冷却塔、水池进行冷却，然后再通过水泵循环使用。风冷压缩机的气缸一般设置散热翅片，排出的高温气体进入冷却器的散热管束后，经风扇吹风冷却，风冷压缩机噪声较大，需采取隔声措施。压缩机的冷却除包括气缸、压缩天然气的冷却外，还包括润滑油的冷却等。

Ⅳ）控制系统及附件

控制系统包括进气、排气压力越限报警和连锁，排气温度越限报警和连锁，水压、油压越限报警和连锁等保护装置。

附件包括各级安全阀、油水分离器等。为保证吸气压力稳定，压缩机入口之前一般设有缓冲罐。此外，为回收压缩机排污、卸载释放的天然气，还应设有收集罐，也可利用缓冲罐回收释放的天然气。

3）加气母站的平面布置

加气母站多选择建设在长输管线、城镇燃气干线附近或与城镇门站合建，具备适宜的交通、供电、给排水、通信及工程地质条件。

压缩天然气加气母站的总平面应分区布置，即分为生产区和辅助区，压缩天然气工艺设施与站内外建筑物、构筑物应具有安全的防火间距。加气母站总平面布置示例如图 8-1-5 所示。

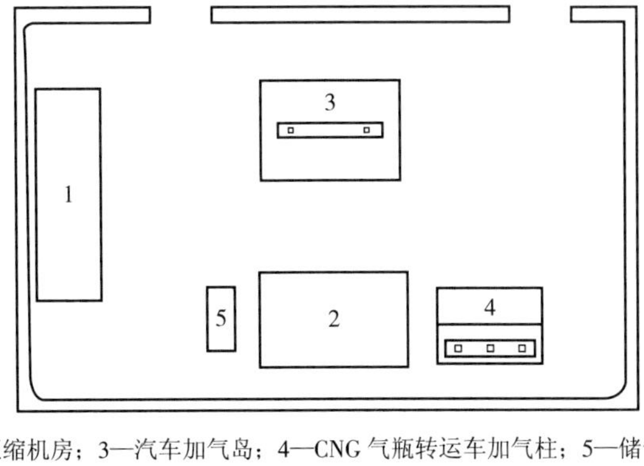

1—综合楼；2—压缩机房；3—汽车加气岛；4—CNG 气瓶转运车加气柱；5—储气瓶组（或储气井）

图 8-1-5　压缩天然气加气母站总平面图（含 CNG 汽车加气站）

2. 压缩天然气的运输

压缩天然气通常采用气瓶转运车运输，也可采用船载运输。目前较为常用、技术相对成熟的方式为气瓶转运车公路运输。

1）公路运输

压缩天然气主要采用公路运输方式，即将压缩天然气用装载有大容积无缝钢瓶的气瓶转运车（国外一般称长管拖车）运输到汽车加气子站或城镇小型 CNG 储配站。这种运输方式机动灵活，运输成本较低，风险小，见效快，适用于短途压缩天然气的转运。

常用的压缩天然气气瓶转运车多采用集装管束的形式，即由牵引车、拖车、框架式储气瓶束构成，如图 8-1-6 所示。其中，储气瓶束一般为 8 管、15 管等大容积无缝锻造压力钢瓶组，总几何容积为 10~20 m^3。我国目前常用的压缩天然气气瓶转运车型号及主要技术规格见表 8-1-1。

图 8-1-6 压缩天然气气瓶转运车

表 8-1-1 我国常用压缩天然气气瓶转运车型号及主要技术规格

项目	规格及名称		项目	规格及名称	
	8 管	15 管		8 管	15 管
公称工作压力（MPa）	20	20	单瓶质量（kg）	2 700	1 692
工作环境温度（℃）	−40~60	−40~60	框架质量（kg）	3 450	4 000
水压试验压力（MPa）	33.3	33.3	集装管束质量（kg）	25 660	29 380
气密试验压力（MPa）	20	20	充装总容积（Nm^3）	4 550	4 542
钢瓶规格（mm）	D559×10 975	D406×11 000	充装质量（kg）	3 200	3 258
单瓶水容积（m^3）	2.24	1.2	充气后总质量（kg）	28 860	32 638
总容积（m^3）	17.92	18	外形尺寸（mm）	12 192×2 438×1 400	12 192×2 438×1 580

Ⅰ. 行走机构

压缩天然气气瓶转运车的牵引车和拖车既是运输部件又是主要的承载部件，合称为行走机构。该行走机构要求既能承受装载气瓶和介质的压力又应具有运输平稳特性。行走机构多采用骨架式结构，车架为 16Mn 高强度贯穿梁及鹅颈加强型设计，并加装 ABS 防抱死制动系统，以提高车辆运行的安全性。行走机构的重心尽量降低，以提高车辆的侧向稳定性。

Ⅱ. 集装管束

集装管束由框架、端板、大容积无缝钢瓶、安全仓、操作仓等组成。其中，框架尺寸执行国家集装箱相关标准；安全仓设置在拖车前端，由瓶组安全阀、爆破片、排污管道组成；为便于操作，操作仓设置在拖车尾端，由高压管道将各气瓶汇集在一起，进行加气和卸气作业，并设有温度、压力仪表及安全阀、加气卸气快装接头等。

2）水路运输

压缩天然气的水路运输是采用专门的设备——CNG 运输船实现水上短途的 CNG 转运。在接收端，天然气可直接利用，而不必像液化天然气那样还需将液态转换为气态，从而节省了高昂的建设投资。由于 CNG 运输船短途运输的经济性优于 LNG 船，因此有望成为水上短途运输天然气的主要工具。

3. 压缩天然气储配站

压缩天然气储配站的功能是接收压缩天然气气瓶转运车从加气母站运输来的压缩天然气，经卸气、加热、调压、储存、计量、加臭后送入城镇燃气输配管道供用户使用。对于距离燃气长输管线较远和建设天然气高压支线不经济的小城镇，或距现有城镇燃气管网较远的小城镇或区域，适合采用压缩天然气储配站供应燃气。

1）压缩天然气储配站的工艺流程

采用压缩天然气供气的城镇，一般用气规模较小，城镇燃气输配管网多采用中 - 低压二级系统，因此压缩天然气气瓶转运车进入 CNG 储配站后，需要将高压天然气经过三级调压，压力降至 0.2~0.4 MPa 后直接进入城镇燃气输配管网。当城镇较大、用气量较多或距气源较远、运距较长时，城镇需要的储气能力只依靠气瓶转运车储气瓶组及站内固定高压瓶组储气（储气量不应小于本站计算月平均日用气量的 1.5 倍）不能满足要求，储配站可以采用二级调压，根据需要可以调到小于 4.0 MPa 压力后出站。城镇采用三级管网系统，充分利用压力能和城镇外围高压管道储气是经济合理的，可以节约大量投资。

由于进储配站的天然气从高压 20 MPa 降压至城镇燃气管网压力，压力下降较大，在气体减压膨胀过程中会伴随温度降低，而温度过低则有可能对燃气管道、调压器皮膜及储罐等设备造成破坏，从而引发事故，因此对于减压幅度较大的天然气，储配站内分别在两级调压器前设置换热器对气体进行加热升温。为防止加热后的天然气温度过高或过低，可采用以下两种控制方式：

（1）在换热器进口处设置与调压器出口温度连锁的温控阀；

（2）每台换热器对应安装一台热水循环变频泵，该泵与调压器前后的温度变送器连锁，并与调压器出口压力连锁，对热水流量进行调节。

为防止调压器失效时出口压力超高，调压器前应设置快速切断阀，或选用内置切断阀的调压器。切断阀的切断压力根据调压器后设施的工作压力确定，一般应小于调压器后设施工作压力的 90% 或小于其最大工作压力。

压缩天然气储配站多为管道天然气来气之前的过渡气源，因此一般采用气瓶转运车储气瓶组作为储气设施进行直供。储配站的工艺设备组成包括压缩天然气气瓶转运车、调压器、流量计、换热器及配套设施。当天然气无臭味或臭味不足时，还需设加臭装置。通常将调压器、流量计、换热器及配套阀门、仪表组成一个撬装体，称为 CNG 撬装调压计量站。

2）压缩天然气储配站的平面布置

Ⅰ. 站址选择

压缩天然气储配站站址选择应符合下列要求：

（1）具有适宜的地形、工程地质、交通、供电、给排水及通信条件；

（2）少占农田、节约用地，并注意与城镇景观的协调；

（3）符合城镇总体规划的要求。

Ⅱ. 总平面布置

压缩天然气储配站总平面布置应与工艺流程相适应，做到功能分区合理、紧凑统一，便于生产管理和日常维护，确保储配站与站内外建构筑物的安全间距以及站内设备布置的安全间距满足设计规范要求。

压缩天然气储配站与常规天然气储配站的功能基本相同，不同之处在于增设了压缩天然气气瓶转运车的固定车位、卸气柱以及卸气柱至压缩天然气撬装调压计量站的超高压管路。因此，为保证安全，压缩天然气储配站总平面应分区布置，一般分为生产区和辅助区。其中，生产区主要包括卸气柱、压缩天然气气瓶转运车车位、调压计量装置等；辅助区主要包括综合楼、热水炉间、仪表间等。站区宜设两个对外出入口。

储配站内每个压缩天然气气瓶转运车固定车位宽度不应小于 4.5 m，长度宜为气瓶转运车长度，并在车位前留有足够的回车场地。

卸气柱宜设置在压缩天然气气瓶转动车固定车位附近，距固定车位 2~3 m。气瓶转运车固定车位、卸气柱与站内外建构筑物之间的安全距离应符合《城镇燃气设计规范（2020 年版）》和《建筑设计防火规范（2018 年版）》的相关规定。压缩天然气储配站总平面布置示例如图 8-1-7 所示。

4. 压缩天然气汽车加气站

压缩天然气汽车加气站根据气源来气方式不同等，一般可分为加气子站和常规站。引入常规站的天然气需经脱水、脱硫、计量、压缩等工艺后，为压缩天然气汽车充装压缩天然气。我国车用压缩天然气各项技术指标见表 8-1-2。

压缩天然气加气站

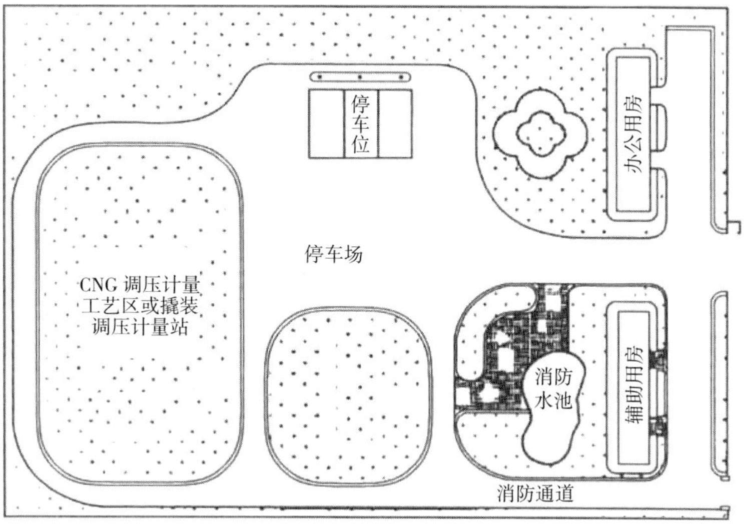

图 8-1-7　压缩天然气储配站总平面图

表 8-1-2　我国车用压缩天然气技术指标

项目	技术指标
高位发热量（MJ/m^3）	>31.4
总硫（以硫计）（mg/m^3）	≤ 200
硫化氢（mg/m^3）	≤ 15
二氧化碳（%）	≤ 3.0
氧气（%）	≤ 0.5
水露点（℃）	在汽车驾驶的特定地理区域内，在最高操作压力下，水露点不应高于 −13 ℃；当最低气温低于 −8 ℃时，水露点应比最低气温低

注：气体体积的标准参比条件是 101.325 kPa 和 20 ℃。

1）压缩天然气汽车加气站的分类

Ⅰ.加气子站

加气子站是指利用气瓶转运车从加气母站运输来的压缩天然气为压缩天然气汽车进行加气作业的加气站。当存在以下客观情况时，常采用加气子站：

（1）站址远离城镇燃气管网；

（2）燃气管网压力较低，中压 B 级及以下不具备接气条件；

（3）建设加气站对燃气管网的供气工况将产生较大影响。

通常一座加气母站根据规模可供应几座加气子站。

加气子站气源为来自加气母站的气瓶转运车的高压储气瓶组，一般由压缩天然气的卸气、储存和加气系统组成，其典型工艺流程如图 8-1-8 所示。

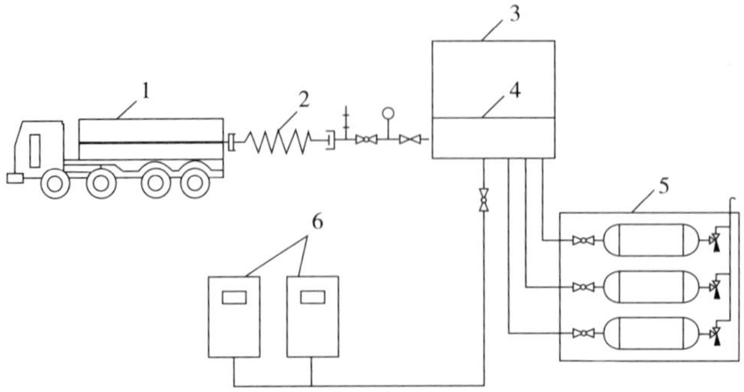

1—气瓶转运车；2—高压软管；3—压缩机；4—顺序控制盘；5—储气瓶组；6—加气机

图 8-1-8　加气子站典型工艺流程

为避免压缩机频繁启动对设备使用寿命产生影响，同时为用户提供气源保障，CNG加气站应设有储气设施，通常采用高压、中压和低压储气井（或储气瓶组）分级储存方式，由顺序控制盘对其充气和取气过程进行自动控制。充气时，车载高压储气瓶组内的压缩天然气经卸气柱进入压缩机，由 20 MPa 加压至 25 MPa 后，按照起充压力由高至低的顺序向站内储气井（或储气瓶组）充气，即先向高压储气井充气，当高压储气井压力上升到一定值时，开始向中压储气井充气，当中压储气井压力上升到一定值时，再开始向低压储气井充气，随后三组储气井同时充气，待上升到最大储气压力后停止充气。储气井（或储气瓶组）向加气机加气的作业顺序与充气过程相反。当为汽车加气时，按照先低后高的原则，即先由低压储气井（或储气瓶组）取气，当其压力下降到一定值时，再逐次由中压、高压储气井（或储气瓶组）取气，直至储气井（或储气瓶组）的压力下降到与汽车加气压力相等时，停止加气。如仍有汽车需要加气，则由压缩机直接向加气机供气。这种工作方式可以提高储气井（或储气瓶组）的利用率，同时提高汽车加气速度。

当车载高压储气瓶组内压力降至 2.0 MPa 时，气瓶转运车返回加气母站加气。

Ⅱ. 常规站

常规站是指由城镇燃气主干管道直接供气为压缩天然气汽车进行加气作业的加气站。此类加气站适用于距压力较高的城镇燃气管网较近、进站天然气压力不低于中压 A 级、气量充足的情况。常规站工艺流程如图 8-1-9 所示。

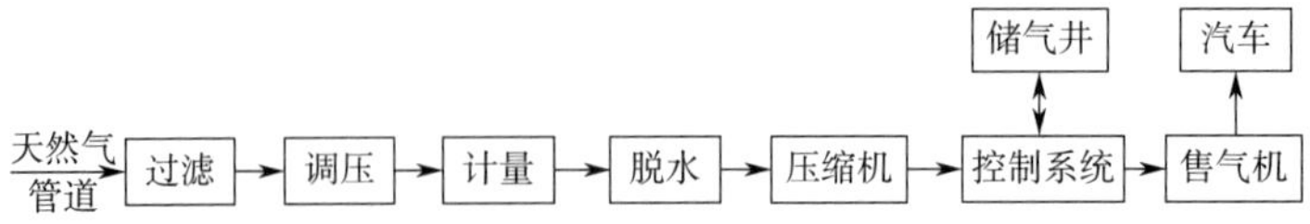

图 8-1-9　常规站工艺流程

压缩天然气汽车加气站一般由天然气引入管、调压、计量、压缩、脱水、储存、加气等主要生产工艺系统及控制系统构成。进站的天然气应达到二类天然气气质标准，并满足压缩机运行要求，否则还应进行脱水、脱硫等相应处理，使其符合车用压缩天然气的使用标准。

常规站的气源来自城镇燃气管道，仅为 CNG 汽车供气，不具备为气瓶转运车加气的功能，因此其工艺流程中无须设置为气瓶转运车高压储气瓶组充气的燃气管路系统和加气柱，其余与加气母站工艺流程类似。

2）压缩天然气汽车加气站的主要设备

CNG 汽车加气站一般需要设置调压计量装置、天然气净化装置、天然气压缩系统、高压储气系统、加气设备、控制调节装置及仪表、消防、给排水、电气等辅助设施。下面主要介绍高压储气系统、加气设备及控制调节装置，其余设备可参考加气母站。

Ⅰ. 高压储气系统

目前，CNG 汽车加气站常用的储气设施有地上储气瓶和地下储气井两种，设计压力一般为 25 MPa。

地上储气瓶按单瓶水容积大小可分为小容积储气瓶和大容积储气瓶。小容积储气瓶单瓶水容积有 60 L、80 L、90 L 等规格，多个气瓶组成储气瓶组。这种储气设施初投资费用低，但漏点较多，使用维护费用高。大容积储气瓶单瓶水容积有 250 L、500 L、1 000 L、1 750 L、2 000 L 甚至更大，为大型无缝锻造压力容器，每个气瓶上设有排水孔，无定期检查要求。这种储气设施初投资费用高，但使用维护费用相对较低。

地下储气井是利用石油钻井技术将套管打入地下，并采用固井工艺将套管固定，管口、管底采用特殊结构形式封闭，而形成的一种地下储气设施。地下储气井具有占地面积小、运行费用低、安全可靠、操作维护简便和事故影响范围小等优点，其是 CNG 汽车加气站较为常用的储气方式。目前，已建成并运行的地下储气井规模如下：储气井井筒直径为 177.8~298.4 mm；井深为 80~200 m；储气井水容积为 2~4 m^3；最大工作压力为 25 MPa。

储气设施的容积大小与储气压力和压缩机向储气设施充气时间等因素有关。我国压缩天然气汽车加气站储气设施的总容积应根据加气汽车数量、每辆汽车加气时间等因素综合确定，在城镇建成区内储气设施的总容积应符合下列规定：

（1）管道供气的加气站固定储气瓶（井）不应超过 18 m^3；

（2）加气子站的站内固定储气瓶（井）不应超过 8 m^3，包括气瓶转运车高压储气瓶组的总容积不应超过 18 m^3。

Ⅱ. 加气设备

压缩天然气加气设备可分为快充式加气机和加气柱，分别为压缩天然气汽车和气瓶转运车加气。

加气机由计量仪表、加气控制阀组、拉断安全阀、加气枪、微机显示屏、压力保护装置和远传装置等构成。加气机的微机控制器自动控制加气过程，并对流量计在计量过程中输出的流量信号和压力变送器输出的电信号进行监控、处理和显示。加气机气路系统负责对售气过程的顺序进行控制，并在售气结束后自动关闭电磁阀。此外，一般加气机还配有压力温度补偿系统，也称防过充系统，以保证在加气时根据温度调节充装压力。加气柱一般由阀门组构成，可根据情况配备计量仪表和压力温度补偿装置。

加气机流量计量仪表常采用质量流量计，以避免天然气密度、黏度、压力、温度等变化对体积流量的影响。测定的质量流量可通过设定的计算程序转换为体积流量，在加气机显示屏上显示。

汽车加气站内加气机设置数量应根据加气站规模、高峰期加气汽车数量等因素确定。

Ⅲ. 控制调节装置

汽车加气站内的控制调节装置主要指顺序控制盘，其作用是控制站内设备的正常运转和对有关参数进行监控，并在设备发生故障时自动报警或停机。

压缩机按起充压力高、中、低压为储气井（或储气瓶组）充气过程的顺序由充气控制盘控制；从储气设施向汽车加气过程的顺序由加气控制盘控制。目前，国外进口的压缩机常将加气控制盘和充气控制盘合二为一，采用 PLC 实现设备的全自动化操作。

3）压缩天然气汽车加气站的平面布置

压缩天然气汽车加气站的站址宜靠近气源，并应具有适宜的交通、供电、给水排水、通信及工程地质条件，且应符合城镇总体规划的要求。

压缩天然气汽车加气站的总平面应分区布置，即分为生产区和辅助区。生产区一般包括压缩机房、储气瓶组或储气井、汽车加气岛、CNG 气瓶转运车加气柱等；辅助区指用于实现生产作业以外的建构筑物，如综合楼、花坛等。汽车加气站车辆出口和入口应分开设置。

压缩天然气汽车加气站和加油加气合建站的压缩天然气工艺设施与站内外建构筑物的安全防火间距应符合国家相关规范的规定。

【任务实施】

根据项目任务书和项目任务完成报告进行任务实施，见表 8-1-3 和表 8-1-4。

表 8-1-3　项目任务书

<table>
<tr><td>任务名称</td><td colspan="3">压缩天然气的供应</td></tr>
<tr><td>小组成员</td><td colspan="3"></td></tr>
<tr><td>指导教师</td><td></td><td>计划用时</td><td></td></tr>
<tr><td>实施时间</td><td></td><td>实施地点</td><td></td></tr>
<tr><td colspan="4">任务内容与目标</td></tr>
<tr><td colspan="4">1. 掌握压缩天然气的定义；
2. 掌握压缩天然气的储存过程；
3. 了解压缩天然气的应用领域及优势。</td></tr>
<tr><td>考核项目</td><td colspan="3">1. 压缩天然气的定义；
2. 压缩天然气的生产与储存过程；
3. 压缩天然气的应用领域及优势。</td></tr>
</table>

续表

备注	

表 8-1-4　项目任务完成报告

任务名称	压缩天然气的供应		
小组成员			
具体分工			
计划用时		实际用时	
备注			
1. 简述压缩天然气（CNG）的定义。 2. 简述 CNG 的主要优点。 3. 简述 CNG 的储存方式有哪些。			

【任务评价】

根据项目任务综合评价表进行任务评价，见表 8-1-5。

表 8-1-5 项目任务综合评价表

任务名称： 测评时间： 年 月 日

考核明细		标准分	实训得分								
			小组成员								
			小组自评	小组互评	教师评价	小组自评	小组互评	教师评价	小组自评	小组互评	教师评价
团队（60分）	小组成员是否能在总体上把握学习目标与进度	10									
	小组成员是否分工明确	10									
	小组成员是否有合作意识	10									
	小组成员是否有创新想（做）法	10									
	小组成员是否如实填写项目任务完成报告	10									
	小组成员是否存在问题和具有解决问题的方案	10									
个人（40分）	个人是否服从团队安排	10									
	个人是否完成团队分配任务	10									
	个人是否能与团队成员及时沟通和交流	10									
	个人是否能够认真描述困难、错误和修改的地方	10									
合计		100									

【知识巩固】

（1）CNG 是 ________ 的缩写，常作为车辆替代能源使用。

（2）在标准条件下，CNG 的压力一般在 ________ 巴（Bar）左右。

（3）CNG 相对于传统汽油和柴油，具有更 ________（高 / 低）的排放水平。

（4）________ 储存是 CNG 常见的储存方式之一，它利用地下空间来存放大量天然气。

（5）CNG 车辆通常使用 __________ 作为燃料储存设备，能在高压下存储天然气。

（6）CNG 运输的主要手段有哪些？

（7）CNG 储运过程中的安全措施有哪些？

任务二　液化天然气的供应

【任务准备】

液化天然气（Liquefied Natural Gas，LNG）是将天然气经过预处理，脱除重质烃、硫化物、二氧化碳和水等杂质后，在常压下深冷到 –162 ℃液化得到的产品。

液化后的液态天然气体积仅为气态天然气体积的 1/600，其主要特点为低温、杂质少、气态液态体积比大。由于液化天然气具有储存量大、运输灵活等特点，因此作为气源是天然气利用的一种有效形式。

气田开采出来的天然气在天然气液化工厂进行处理并液化，国产液化天然气经过陆路运输送到汽化站、汽车加气站等地，进口液化天然气经过海上运输送到大型接收站。

液化天然气在大型接收站汽化成为气态天然气后进入输气管道，作为管道气源供应大中城市。液化天然气也可通过槽车运至中小城镇、小区作为汽化气源，还可作为城镇的调峰及应急气源。液化天然气除汽化后供应居民、商业、工业等用户外，也可直接用作汽车、船舶、飞机燃料。

LNG 主要供应链如图 8-2-1 所示。

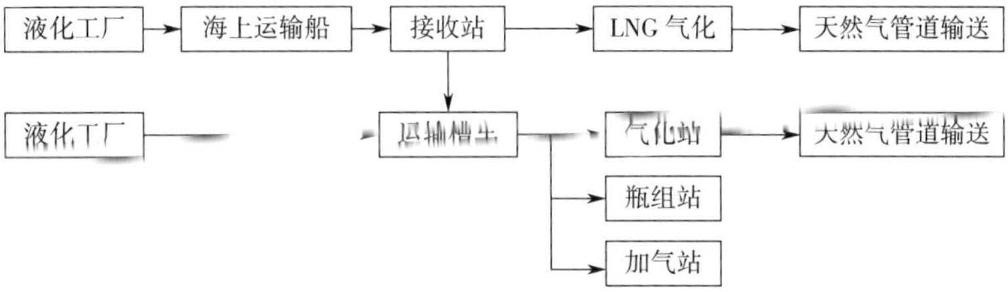

图 8-2-1　LNG 主要供应链

1. 液化天然气储运

无论是天然气液化厂、接收站，还是汽化站、加气站，都需要设置 LNG 的储存与运输设施。LNG 温度很低，同时汽化后的天然气是易燃易爆的燃料，因此要求储存与运输 LNG 的设施耐低温、安全可靠。

1）LNG 储罐（槽）分类

各种 LNG 储罐（槽）可按容量、隔热方式、压力及材料等进行分类。

Ⅰ. 按容量分类

（1）小型储罐：容量 5~50 m^3，常用于撬装或小型汽化站、LNG 加气站、LNG

槽车。

（2）中型储罐：容量 50~100 m^3，常用于小型汽化站、大型工业燃气用户汽化站。

（3）大型储罐：容量 100~1 000 m^3 常用于小型 LNG 生产装置、城镇气源汽化站。

（4）大型储槽：容量 1 000~40 000 m^3，常用于基本负荷型和调峰型液化装置。

（5）特大型储槽：容量 40 000~200 000 m^3，常用于 LNG 接收站。

Ⅱ. 按围护结构的隔热方式分类

（1）真空粉末隔热：常用于中小型 LNG 储罐、LNG 槽车。

（2）正压粉末堆积隔热：广泛用于大中型 LNG 储罐和储槽。

（3）高真空多层缠绕隔热：很少采用，仅限用于小型 LNG 储罐，如车载 LNG 钢瓶。

Ⅲ. 按储罐压力分类

（1）压力储罐：储存压力一般在 0.4 MPa 以上。

（2）常压储罐：储存压力通常在几百帕以下，多用于大型、特大型储槽。

Ⅳ. 按储罐材料分类

（1）双金属罐：内罐和外壳均采用金属材料，内罐采用耐低温的不锈钢或铝合金，外壳采用黑色金属，目前采用较多的是压力容器用钢。常用的几种内罐材料见表 8-2-1。

表 8-2-1　常用的几种内罐材料

材料	型号	许用应力（应用于平底储槽）（MPa）
不锈钢	A240	155.1
铝	AA5052	49.0
	AA5086	72.4
	AA5083	91.7
5%Ni 钢	A645	218.6
9%Ni 钢	A553	218.6

（2）预应力混凝土储槽：有的大型储槽采用预应力混凝土外壳，内筒采用耐低温的金属材料。

2）LNG 储罐（槽）结构

LNG 储罐主要有圆筒形和球形，圆筒形储罐有卧式和立式，其中卧式多用于运输槽车，固定储罐多为立式。下面仅介绍应用较多的立式 LNG 储罐。

Ⅰ. 中小型立式LNG 储罐

考虑到 LNG 的主要成分为液态甲烷，LNG 储罐内筒及管道材料一般采用 0Cr18Ni9 奥氏体不锈钢，外筒可用优质碳素钢 16MnR，压力容器用钢板，内、外筒间支撑为玻璃钢与 0Cr18Ni9 钢板组合结构，以满足工作状态和运输状态强度及稳定性的要求。

容量为 100 m^3 的立式 LNG 储罐结构如图 8-2-2 所示。其中，内筒封头采用标准椭圆形封头，外封头采用标准蝶形封头；支脚采用截面形状为“工”字形的钢结构，并把支脚最大径向对控制在外筒直径即 3 450 mm 以内，以方便运输；操作阀门、仪表均安装在外下封头上；所有从内筒引出的管子均采用套管形式的保冷管段与外下封头焊接连接结构，以保证满足管道隔热对阀门管道的支撑要求；隔热方式采用真空粉末（珠光砂）隔热，理论计算日蒸发率≤ 0.27%/d。100 m³/0.6 MPa 立式 LNG 储罐技术特性见表 8-2-2。

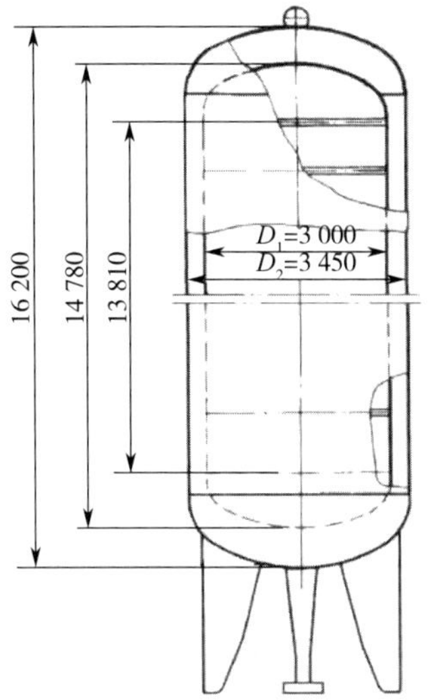

图 8-2-2　100 m³ 立式 LNG 储罐结构示意图

表 8-2-2　100 m³/0.6 MPa 立式 LNG 储罐技术特性

项目	内筒	外筒	备注
容器类别	三类		—
储存介质	LNG	—	
最高工作压力（MPa）	0.6	真空	内筒压力视用户使用压力要求而定
设计压力（MPa）	0.66	–0.1	内筒压力视用户使用压力要求而定，“–”指外压
气压试验压力（MPa）	0.8	—	—
安全阀开启压力（MPa）	0.64		
工作温度（℃）	–162	环境温度	
设计温度（℃）	–196	50	
几何容积（m³）	105.3	46*	* 指夹层容积
有效容积（m³）	100	—	—
腐蚀裕量（mm）	0	1	
主体材质	0Cr18Ni9	16MnR	
焊接接头系数	1	0.85	—
充装系数	≤ 0.95	—	
空重（kg）	37 380	—	
满重（kg）	79 980		

Ⅱ. 立式LNG子母型储罐

立式LNG子母型储罐的典型结构如图8-2-3所示。子母型储罐由多个（3个及以上）子罐并联组成内罐，以满足低温液体储存站大容量储液量的要求，多个子罐并列组装在一个大型外罐（即母罐）中。子罐通常为立式圆筒形，外罐为立式平底拱盖圆筒形。由于外罐形状尺寸过大等原因不耐外压而无法抽真空，外罐通常为常压罐，隔热方式为粉末（珠光砂）堆积隔热。

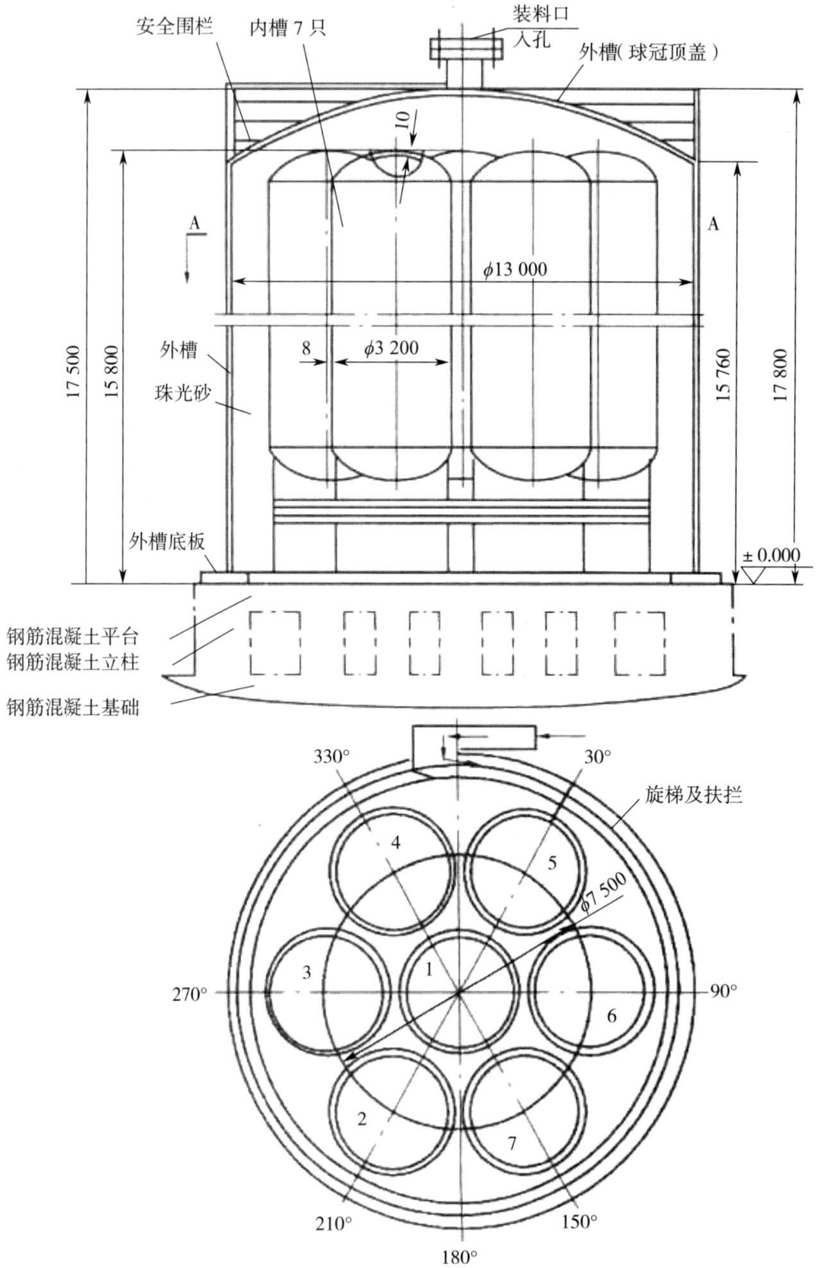

图8-2-3　620 m³立式LNG子母型储罐结构示意图

子罐通常由制造厂制造完工后运抵现场吊装就位，外罐则加工成零部件运抵现场后在现场组装。

单个子罐的几何容积通常在 100~150 m^3，最大可达 250 m^3，单个子罐的容积不宜过大，因为过大会导致运输吊装困难。子罐的数量通常为 3~7 个，最多不超过 12 个，因此可以组建成 300~2 000 m^3 的大型储罐。

子罐的最大工作压力可达 1.8 MPa，通常为 0.2~1.0 MPa，视用户使用压力要求而定。

子母型储罐的优点是可以依靠储罐本身的压力对外排液，制造安装成本较低；不足之处是不能采用真空隔热，设备的外形尺寸庞大。

Ⅲ. 全封闭围护系统LNG 储槽

全封闭围护系统 LNG 储槽较多地应用于 LNG 接收站，容量最大可达 200 000 m^3。

3）LNG 储罐的安全运行

LNG 在储罐中储存可能产生的安全问题包括液相汽化超压和液相分层产生的沸腾。针对超压可采取的措施包括控制储罐充装容量、低温绝热、安全控制等；针对沸腾可采取的措施包括充装不同液相 LNG 时按照顺序充装、定期进行倒罐等。

液化天然气在储存期间，无论绝热效果如何，总要产生一定数量的蒸发气体（Boil Off Gas，BOG），并伴随着液体的膨胀，因此储罐不允许充满，其最大充满度与设计工作压力有关。储罐充满度可通过储罐液位指示器来监控。

LNG 储罐的内部压力必须控制在允许范围内，压力过高或过低（出现负压）对储罐都是潜在的危险。影响储罐压力的因素很多，如热量进入引起液体的蒸发、充装期间液体的快速闪蒸、大气压下降或错误操作，都可能引起罐内压力上升；如果以非常快的速度从储罐向外排液或抽气，则可能使罐内形成负压。因此，必须有可靠的压力控制装置和安全保护装置来保障储罐的安全，使罐内的压力在允许范围内。在正常操作时，压力控制装置将储罐内过多的蒸发气体输送到供气管网、再液化系统或燃料供应系统。但在蒸发气体骤增或外部不能消耗这些蒸发气体的情况下，安全保护装置应能自动开启，将蒸发气体送到火炬燃烧或放空。因此，LNG 储罐的安全保护装置必须具备足够的排放能力。

此外，有些储罐安装有真空安全装置，通过测量罐内压力和当地大气压，判断罐内是否出现真空，如果出现真空，真空安全装置能及时向罐内补充 LNG 蒸气。

除在 LNG 储罐上安装安全保护装置（安全阀）外，在 LNG 管路、泵、汽化器等所有可能产生超压的地方，都应该安装足够的安全阀。

2. 液化天然气运输

1）海上运输

当有水运条件且运距超过 4 000 km 时，LNG 海上运输比管道运输经济。世界 LNG 贸易主要通过海上运输实现，运输工具为 LNG 运输船。

LNG 运输船是载运大宗 LNG 货物的专用船舶，目前的标准载货量在

13×10^4~15×10^4 m³，一些国家已设计出 16×10^4 m、20×10^4 m³ 甚至 30×10^4 m³ 的 LNG 船。2008 年 4 月，我国生产的第一艘 LNG 船“大鹏昊”装载量为 14.7×10^4 m³，货舱类型为 GTT-NO.96E-2 薄膜型，它是当时世界上最大的薄膜型 LNG 船，该船长 292 m、宽 43.35 m。

LNG 船根据货舱形式可分为三种，MOSS 型（球形舱）、GTT 型（薄膜舱）、SPB 型（菱形舱）。不同的货舱采用不同的隔热方式，MOSS 型 LNG 船球罐采用多层聚苯乙烯板隔热；GTT 型 LNG 船的围护系统由双层船壳、主薄膜、次薄膜和低温隔热层组成；SPB 型 LNG 船的围护系统由弹性连接隔热板组成。

LNG 运输状态为低温常压，温度为 –162 ℃，因此 LNG 船在运输过程中需要保证货舱的隔热性能，以降低 LNG 的汽化率，减少 LNG 的损耗，液舱蒸发率应控制在一定范围内，一般≤0.2%/d。

2）陆上运输

LNG 陆上运输主要指槽车运输，即采用槽车将 LNG 从接收站或天然气液化工厂通过公路、铁路运输到 LNG 汽化站或供应站。公路运输受运输安全和运输经济性因素的影响，运输距离越长，不安全因素越多，运输成本越高。公路运输距离的经济半径为 500 km 左右，铁路运输距离的经济半径为 1 000 km 左右。LNG 运输状态为低温常压，温度为 –162 ℃。

LNG 槽车有半挂式运输槽车和集装箱式罐车两种形式，主要包括牵引车、槽车罐或罐式集装箱和半挂车。半挂式运输槽车罐的规格主要有 30 m³、45 m³、50 m³ 等，集装箱式罐车罐的规格主要有 35 m³、40 m³、50 m³ 等。

LNG 槽车的隔热形式主要有真空粉末隔热、真空纤维隔热、高真空多层隔热。真空粉末隔热具有真空度要求不高、工艺简单等特点，但罐体重量大；而高真空多层隔热与真空粉末隔热相比隔热效果好、装载容积大，但施工难度大、制造费用高，主要用于车载 LNG 钢瓶。

3. 液化天然气接收站

LNG 接收站是指接收海上运输 LNG 的终端设施，即接收从基本负荷型天然气液化工厂用 LNG 船运来的液化天然气，经储存和汽化后分配给用户。LNG 接收站主要包括专用码头、卸船装置（卸料臂）、LNG 输送管道、储槽、汽化装置、气体计量和压力控制装置、蒸发气体回收装置、控制及安全保护系统、维修保养系统等，还常设有冷能利用系统。

LNG 接收站除汽化 LNG 供应区域管网用户外，也提供 LNG 给管网达不到的中小城镇汽化站、小区瓶组站等。

LNG 接收站的储槽容量很大。由于传热等原因，储槽中的 LNG 会不断蒸发，过多的蒸发气体需从储槽中排出。根据对蒸发气体的处理方式不同，LNG 接收站的工艺流程有直接输出式和再冷凝式两种。对于直接输出式流程，蒸发气体用压缩机增压后，送至稳定的下游用户，在卸船的工况下，会有大量蒸发气体需要下游用户接收。对于再冷凝式流程，蒸发气体经过压缩后，进入再冷凝器被由泵从储槽中抽出的 LNG 直接冷却，被冷却液化的蒸发气体与由泵抽出的 LNG 一起，经 LNG 汽化外输系统，输送给下游用户。图 8-2-4 所示为 LNG 接收站再冷凝式工艺流程。

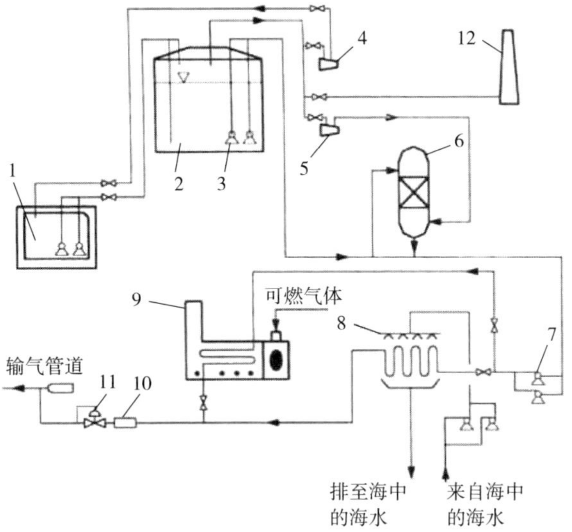

1—LNG 槽船；2—LNG 储罐；3—潜液泵；4—卸船压缩机；5—蒸发气压缩机；6—蒸发气再冷凝器；
7—输出泵；8—水浴式汽化器；9—浸没燃烧式汽化器；10—计量装置；11—调压器；12—火炬

图 8-2-4　LNG 接收站再冷凝式工艺流程

1）LNG 卸船系统

LNG 卸船系统由卸料臂、卸船管线、蒸发气回流臂、LNG 取样器、蒸发气回流管线及 LNG 循环保冷管线等组成。LNG 运输船靠泊在码头后，经码头上卸料臂将船上 LNG 输出管线与岸上卸船管线连接起来，由船上储罐内的输送泵（潜液泵）将 LNG 输送到接收站的储槽内。随着 LNG 不断输出，船上储罐内气相压力逐渐下降，为维持一定的压力，将岸上储槽内一部分蒸发气加压后，经回流管线及回流臂送至船上储槽内。

LNG 卸船管线一般采用双母管，卸船时两根母管同时工作，各承担 50% 的输送量；当一根母管出现故障时，另一根母管仍可工作，不致使卸船中断。在非卸船期间，双母管可使卸船管线构成一个循环，便于对母管进行循环保冷，使其保持低温，减少因管线漏热而使 LNG 蒸发量增加。每次卸船前还需用船上 LNG 对卸料臂等进行预冷，预冷完毕后再将卸船量增加至正常输送量。卸船管线上配有 LNG 取样器，在每次卸船前取样并分析 LNG 的组成、密度及热值。

2）LNG 储存系统

LNG 储存系统由低温储槽、附属管线及控制仪表组成。低温储槽内的液体在储存过程中，由于外部少量热量的传入，会使一部分低温液体汽化，低温储槽的日蒸发率为 0.06%~0.08%。一般接收站至少应有 2 个等容积的低温储槽。

3）LNG 汽化外输系统

LNG 需要通过换热器将其汽化为气态天然气，再通过管道输送到城镇用户。LNG

接收站的汽化外输系统包括 LNG 输送泵、汽化器及调压计量设施等。

用于汽化液化天然气的换热器称为 LNG 汽化器，按加热方式不同可分为空气加热型汽化器、水加热型汽化器、蒸汽加热型汽化器、燃烧加热型汽化器。

如图 8-2-4 所示，LNG 接收站储槽内 LNG 经潜液泵加压后，部分作为冷媒进入蒸发气再冷凝器，使来自储槽顶部的蒸发气液化。根据用户要求，LNG 被外输泵加压至管网需要的压力。如经外输泵加压至 4.0 MPa 后，进入水浴式汽化器中蒸发。水浴式汽化器在基本负荷下运行时，浸没燃烧式汽化器作为备用，当水浴式汽化器维修时或在需要增加汽化量调峰时，开启浸没燃烧式汽化器。

汽化后的天然气（外输气）经调压计量后输往用户。为保证储槽内潜液泵、外输泵正常运行，泵出口均设有 LNG 循环管线。当外输量变化时，可利用循环管线调节 LNG 流量。当停止外输时，可使 LNG 在管线内循环，以保证泵处于低温状态。

LNG 汽化规模根据所供应区域的用气量来确定。LNG 接收站相当于下游区域管网的气源，应能调节下游用户的季节负荷和日负荷，因此其汽化能力按照用户最大日用气量来确定。

LNG 接收站除将 LNG 汽化外输外，还可通过灌装系统将 LNG 装至槽车，并外运至 LNG 用户。

4. 液化天然气汽化站

LNG 汽化站通常是指具有接收 LNG、储存及汽化外输功能的场站。LNG 汽化站主要作为输气管线达不到或采用长输管线不经济的中小型城镇的气源，也可作为城镇的调峰应急气源或过渡气源。LNG 汽化站与接收站或天然气液化工厂的经济运输距离宜在 1 000 km 以内，可采用公路运输或铁路运输。与天然气管道长距离输送、高压储罐储存等相比，LNG 汽化站采用槽车运输、LNG 储罐储存，具有运输灵活、储存效率高、建设投资小、建设周期短、见效快等优点。

1）LNG 汽化站工艺流程

LNG 汽化站工艺流程如图 8-2-5 所示。LNG 由低温槽车运至汽化站，在卸车台利用增压器 6 对槽车储罐加压，将 LNG 送入汽化站储罐 1 储存，汽化时通过储罐增压器 10 将 LNG 增压，或利用低温泵 11 加压，将 LNG 输至汽化器 2 和 3 汽化为气态天然气，经调压、计量和 BOG 气体汇合加臭后进入供气管网。

汽化器通常采用两组空温式汽化器，相互切换使用，当一组使用时间过长，汽化器结霜严重，导致汽化器汽化效率降低，出口温度达不到要求时，则切换到另一组汽化器。在夏季，经空温式汽化器汽化后，天然气温度可达 15 ℃左右，可以直接进入管网；在冬季或雨季，由于环境温度或湿度的影响，汽化器汽化效率降低，当汽化后的天然气温度达不到要求时，可启用水浴式汽化器进行汽化。

汽化站内设有 BOG 储罐，LNG 储罐顶部的蒸发气经过 BOG 加热后进入 BOG 储罐；卸车完毕后，LNG 槽车内的气体通过顶部的气相管被输送到 BOG 加热器加热，然后进入 BOG 储罐。当 BOG 储罐内的压力达到一定值后，将 BOG 储罐内的气体送入供气管网。

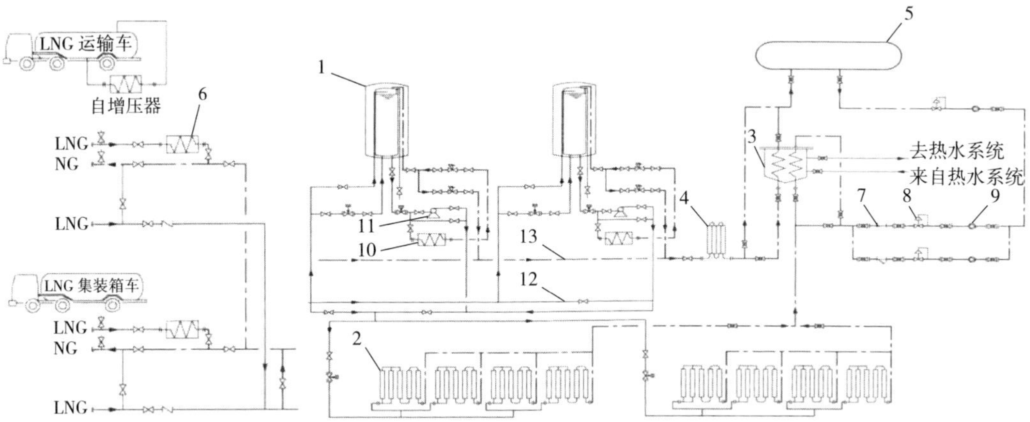

1—LNG 储罐；2—空温式汽化器；3—水浴式汽化器；4—BOG 加热器；5—BOG 储罐；
6—槽车增压器；7—过滤器；8—调压器；9—流量计；10—储罐增压器；
11—低温泵；12—液相管；13—气相管

图 8-2-5　LNG 汽化站工艺流程

LNG 储罐设计温度为 –196 ℃，LNG 汽化器设计温度一般不低于环境温度 8~10 ℃，LNG 储罐设计压力根据系统中储罐的配置形式、液化天然气组分及工艺流程确定。当采用储罐等压汽化时，汽化器设计压力为储罐设计压力；当采用加压强制汽化时，汽化器设计压力为低温加压泵出口压力。

2）LNG 汽化站工艺设备

LNG 汽化站工艺设备主要有储罐、汽化器、低温泵等。

Ⅰ. 储罐

为保证不间断供气，特别是在用气高峰季节也能保证正常供应，LNG 汽化站中应储存一定数量的液化天然气。

Ⅱ. 汽化器

LNG 汽化器根据热源不同，可分为空温式汽化器和水浴式汽化器两种。图 8-2-6 所示为 LNG 空温式汽化器结构，图 8-2-7 所示为 LNG 水浴式汽化器结构。

Ⅲ. 低温泵

LNG 低温泵主要用于加压强制汽化系统及灌装钢瓶，可在罐区外露天布置或设置在罐区防护墙内。LNG 低温泵常采用离心泵，根据最大流量及所需压力选型。

3）站址选择及总平面布置

由于 LNG 具有低温储存的特点，同时具有易燃易爆的危险，因此 LNG 汽化站在建设布局、设备安装、操作管理等方面都有一些特殊要求。

Ⅰ. 站址选择

站址选择一方面要从城镇的总体规划和合理布局出发，另一方面应从有利生产、方便运输、保护环境入手。因此，在站址选择过程中，要考虑到既能完成当前的生产任务，又要考虑到将来的发展。站址选择一般应考虑以下问题。

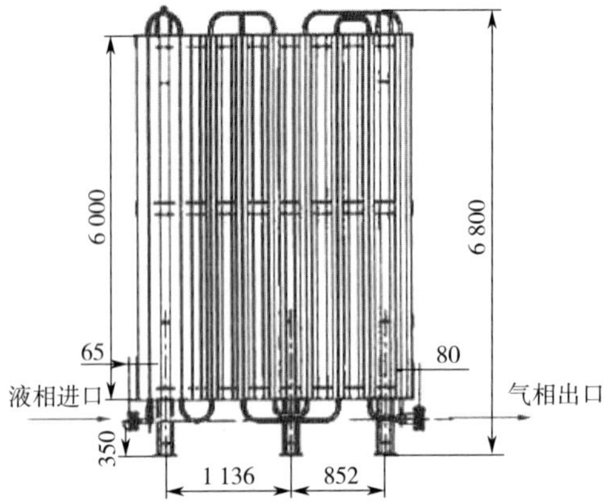

图 8-2-6　LNG 空温式汽化器结构示意图

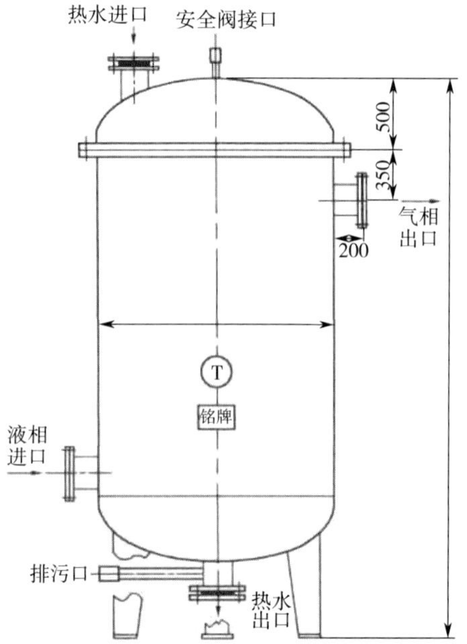

图 8-2-7 LNG 水浴式汽化器结构示意图

（1）站址应选在城镇和居民区的全年最小频率风向的上风侧。若必须在城镇建站时，尽量远离人口稠密区，以满足卫生和安全的要求。

（2）考虑汽化站的供电、供水和通信网络等条件，站址宜选在城镇边缘。

（3）站址至少要有一条全天候的汽车公路。

（4）站址应避开油库、桥梁、铁路枢纽站、飞机场等重要战略目标。

（5）站址不应受到洪水和山洪的淹灌和冲刷，站址标高应高出历年最高洪水位 0.5 m 以上。

（6）考虑站址的地质条件，避免布置在有滑坡、溶洞、塌方、断层、淤泥等不良地质条件的地区。

Ⅱ. 总平面布置

LNG 汽化站总平面应分区布置，一般分为生产区（包括卸车区、储罐区、汽化区）和生产辅助区。其中，卸车区设置地中衡、增压器，储罐区设置储罐、增压器、围堰、溢流池，汽化区设置汽化器、调压器、计量和加臭装置，生产辅助区设置生产用房、消防水池等。LNG 汽化站内建构筑物安全防火间距应符合《城镇燃气设计规范（2020 年版）》和《建筑设计防火规范（2018 年版）》的要求。LNG 汽化站平面布置示例如图 8-2-8 所示。

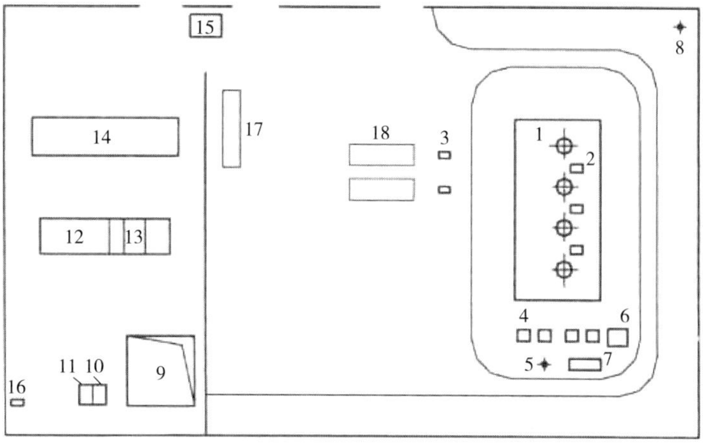

1—储罐；2—储罐增压器；3—卸车增压器；4—空温式汽化器；5—水浴式汽化器；6—BOG、EAG 加热器；7—调压计量器；8—放散管；9—消防水池；10—消防泵房；11—变电室；12—生产辅助用房；13—仓库；14—综合楼；15—门卫；16—化粪池；17—地中衡；18—LNG 运输槽车

图 8-2-8 LNG 汽化站平面布置图

5. 液化天然气汽车加气站

1）LNG 汽车加气站

LNG 作为车用燃料，与燃油相比，具有辛烷值高、抗爆性好、燃烧完全、排气污染少、发动机寿命长、运行成本低等优点；与压缩天然气相比，具有储存效率高、续驶里程长、储瓶压力低、质量轻等优点。LNG 汽车一次加气可连续行驶 1 000~1 300 km，可适应长途运输，减少加气次数。

2）L-CNG 汽车加气站

LNG 高压汽化后也可为 CNG 汽车加气。在即有 LNG 气源又有 CNG 汽车的地方，可以建设液化压缩天然气（L-CNG）加气站，为 CNG 汽车加气。采用高压低温泵可使液体加压，在质量流量和压缩比相同的条件下，高压低温泵的投资、能耗和占地面积均远小于气体压缩机。利用高压低温泵将 LNG 加压至 CNG 所需压力，再经过高压汽化器使 LNG 汽化后，通过顺序控制盘储存于 CNG 高压储气瓶组，当需要时通过 CNG 加气机向 CNG 汽车加气。

L-CNG 加气站的设备主要包括储罐、高压低温泵、高压汽化器、储气瓶组、加气机、加气枪及控制盘等。

L-CNG 加气站中的监控系统，除具有 LNG 加气站监控系统的功能外，还具有监测 CNG 储气瓶组压力并自动启停高压低温泵的功能。

L-CNG 加气站也可配置成同时为 LNG 汽车和 CNG 汽车服务的加气站，只需在 LNG 站的基础上，以较小的投资增加高压低温泵、高压汽化器、CNG 储气设施和 CNG 加气机等设备即可。

【任务实施】

根据项目任务书和项目任务完成报告进行任务实施，见表 8-2-3 和表 8-2-4。

表 8-2-3　项目任务书

任务名称	液化天然气的供应		
小组成员			
指导教师		计划用时	
实施时间		实施地点	
任务内容与目标			
1. 掌握液化天然气的定义； 2. 掌握液化天然气的储存和运输过程； 3. 了解液化天然气的应用领域及优势。			
考核项目	1. 液化天然气的定义； 2. 液化天然气的储存和运输过程； 3. 液化天然气的应用领域及优势。		
备注			

表 8-2-4　项目任务完成报告

任务名称	液化天然气的供应		
小组成员			
具体分工			
计划用时		实际用时	
备注			
1. 简述 LNG（液化天然气）的主要成分及其在常温常压下的状态。 2. 解释为何天然气需要在液化前进行净化处理，并列举至少两种常见的杂质。 3. 讨论中国成为全球最大的 LNG 进口国的经济和能源政策背景。			

【任务评价】

根据项目任务综合评价表进行任务评价，见表 8-2-5。

表 8-2-5　项目任务综合评价表

任务名称：　　　　　　　　　　　　　　　　　测评时间：　　年　　月　　日

考核明细		标准分	实训得分								
			小组成员								
			小组自评	小组互评	教师评价	小组自评	小组互评	教师评价	小组自评	小组互评	教师评价
团队（60 分）	小组成员是否能在总体上把握学习目标与进度	10									
	小组成员是否分工明确	10									
	小组成员是否有合作意识	10									
	小组成员是否有创新想（做）法	10									
	小组成员是否如实填写项目任务完成报告	10									
	小组成员是否存在问题和具有解决问题的方案	10									
个人（40 分）	个人是否服从团队安排	10									
	个人是否完成团队分配任务	10									
	个人是否能与团队成员及时沟通和交流	10									
	个人是否能够认真描述困难、错误和修改的地方	10									
合计		100									

【知识巩固】

（1）LNG 是 ___________ 的缩写，代表液化天然气。

（2）在液化过程中，天然气首先经过 ___________ 处理，以去除杂质。

（3）___________ 是全球最大的 LNG 出口国之一，而 ___________ 自 2021 年起成为最大的 LNG 进口国。

（4）LNG 船是在 ___________ 之间进行 LNG 运输的主要工具。

（5）LNG 在 ___________ 电站中的应用，有助于提高发电效率，并减少 ___________ 排放。

（6）阐述 LNG 的主要运输方式及其对应的特点或优势。

（7）概述与使用煤炭相比，LNG 在发电领域应用的优点。

任务三 液化石油气的供应

【任务准备】

1. 液化石油气的输送

液化石油气（Liquefied Petroleum Gas，LPG）储配站的功能是从生产厂接收液化石油气，储存在站内的固定储罐中，并通过各种方式转售给不同用户。

将液化石油气由生产厂输送到储配站的输送方式可分为管道输送、铁路运输、公路运输和水路运输。在选择输送方式时，应通过不同方案的技术经济比较来确定。

1）管道输送

管道输送在投资、运行费用、管理的安全性和可靠性等方面往往优于其他方案，其不足之处是无法分期建设，一次投资较大，金属消耗量也较大。管道输送适用于运输量较大的情况，也适用于虽然运输量不大但运距较短的情况。如果液化石油气储配站修建在生产厂附近，采用管道输送会有明显的经济效果。

输送液化石油气的管道按照设计压力的不同，通常可分为三个等级：

（1）一级，$P>4.0$ MPa；

（2）二级，1.6 MPa$<P\leqslant 4.0$ MPa；

（3）三级，$P\leqslant 1.6$ MPa。

管道的压力级别不同，对其材质、阀件的要求也不同，离周围建筑物的安全距离及验收要求也不同。

利用管道输送液化石油气时，必须考虑液化石油气易于汽化的特点。在输送过程中，要求管道中任何一点的压力都必须高于管道中液化石油气所处温度下的饱和蒸气压，否则液化石油气在管道中会汽化形成气塞，将大大降低管道的通过能力。

液化石油气管道输送系统由起点站储罐、起点泵站、计量站、中间泵站、管道及终点站储罐组成，如图 8-3-1 所示。

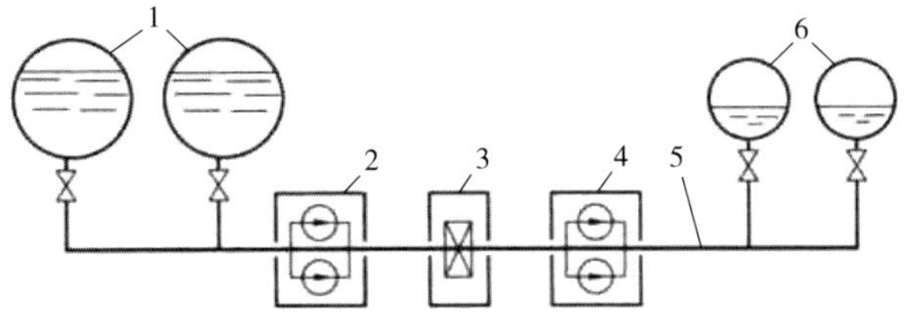

1—起点站储罐；2—起点泵站；3—计量站；4—中间泵站；5—管道；6—终点站储罐

图 8-3-1　液化石油气管道输送系统

用泵由起点站储罐抽出液化石油气（为保证连续工作，泵站内应有不少于两台泵），经计量后送到管道中，再经中间泵站将液化石油气压送入终点站储罐。如输送距离较短，可不设中间泵站。

2）铁路运输

铁路运输主要是采用专门的铁路槽车运输，铁路运输与公路运输相比，运输能力较大、运费较低；与管道输送相比，则较为灵活。但铁路运输的运行及调度管理都比管道输送和公路运输复杂，并受铁路接轨和铁路专用线建设等条件的限制。铁路运输适用于运距较远、运输量较大的情况。

铁路槽车的构造如图 8-3-2 所示，通常是将圆筒形卧式储罐安放在火车底盘上，在罐体上部有人孔。铁路槽车采用“上装上卸”的装卸方式，全部附属设备均设置在人孔盖上。附属设备包括供装卸用的液相管和气相管、液面指示计（特别是控制最高液位的装置）、紧急切断装置、压力表、温度计等。人孔上设置保护罩，人孔左右各设一个弹簧式安全阀。

为减少太阳光对槽车的直接照射，在罐体上部装设遮阳罩，有的槽车还设有隔热层，既防日晒，也防火灾的影响。

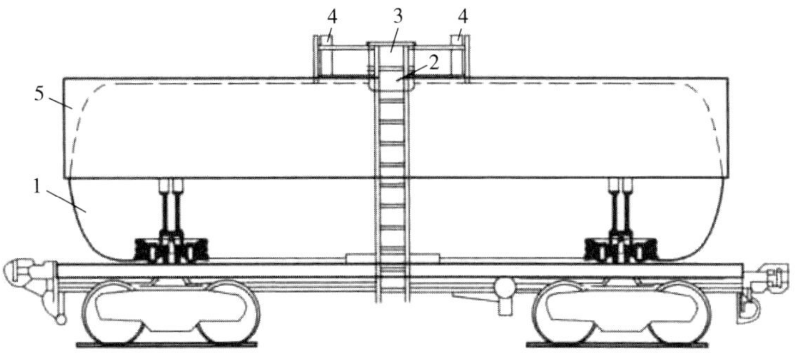

1—圆筒形储罐；2—人孔；3—附属设备；4—安全阀；5—遮阳罩

图 8-3-2　铁路槽车的构造

槽车上还设有操作平台和罐内外直梯。有的槽车罐底设有蒸汽夹套，防止罐内水分冻结。

为了便于槽车的装卸，使装卸车软管易于连接，槽车通常设置两个液相管和两个气相管，一般均不设排污管。

在新型铁路槽车的设计中，采用高强度的材料减轻铁路槽车的自重，提高槽车的运输能力。

3）公路运输

公路运输包括汽车槽车运输、活动储罐的汽车运输和钢瓶的汽车运输，下面仅介绍其主要方式，即汽车槽车运输。与铁路槽车运输相比，汽车槽车运输能力较小、运费较高，但灵活性较大。汽车槽车运输适用于运输量较小、运距较近的情况，同时汽车槽车也可作为以管道或铁路运输方式为主的液化石油气储配站的辅助运输工具。

汽车槽车根据用途可分为运输槽车和分配槽车两种。

运输槽车可作为运距不大的储配站的主要运输工具，或作为大型储配站的补充运输工具。运输槽车一般不设卸车泵。小型运输槽车的罐容通常小于 10 L，大型运输槽车比铁路槽车有较大的灵活性，可直接供应大型用户，以减少倒运工序。

分配槽车适用于直接供应有单独储罐的用户。分配槽车的罐容通常为 2~5 t，车上装有卸车泵。

4）水路运输

水路运输采用设有储罐的船舶（槽船）从水路运输液化石油气。它是一种运量大、成本低的液化石油气运输方式，槽船上的液化石油气可以常温储存，也可以降温储存。

水路运输可分为海运与河运，海运被广泛用于国际液化石油气贸易，用于海运的液化石油气槽船容量可达数万吨级；用于河运的液化石油气槽船一般容量较小，通常为数百吨到数千吨级。发展内河液化石油气水运或近海液化石油气海运，可降低液化石油气的运输成本。

2. 液化石油气的装卸方式

液化石油气的装卸方式包括利用压缩机装卸、利用升压器装卸和利用烃泵装卸。

1）利用压缩机装卸的方式

利用压缩机装卸液化石油气的工艺流程如图 8-3-3 所示。

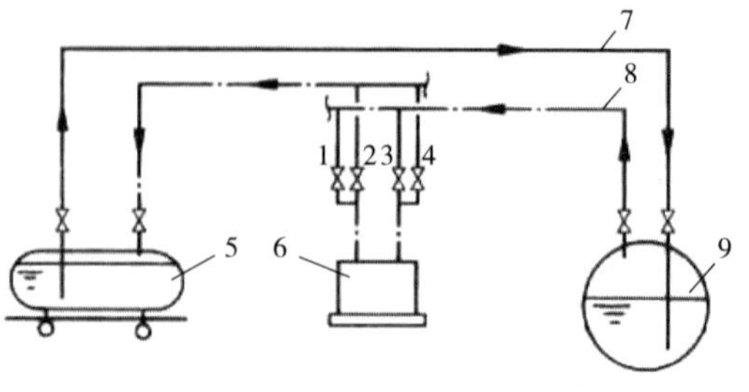

1、2、3、4—气相阀门；5—槽车；6—压缩机；7—液相管；8—气相管；9—储罐

图 8-3-3 利用压缩机装卸液化石油气的工艺流程

液化石油气卸车时，打开气相阀门 2 与 3，开启压缩机，将储罐中的气态液化石油气压送到槽车中；槽车中的液态液化石油气在压力作用下（通常为 0.2~0.3 MPa 的压差）经液相管送入储罐。当槽车内的液化石油气卸完后，还应将气态液化石油气由槽车中抽出，并压入储罐中。此时，需关闭储罐和槽车的液相阀门，同时关闭气相阀门 2 和 3，打开气相阀门 1 和 4，启动压缩机，但槽车储罐中的最终压力不能过低，一般应保持在 0.1~0.2 MPa，通过这个过程可以回收 3%~4% 的液化石油气。

利用压缩机不但可以卸车，也可以装车，但是由于槽车储罐容积通常小于地面储罐容积，卸车时槽车储罐气相空间较小，升压较快，可以节省能量；而装车时如果地面储罐气相空间较大，升压较慢，利用压缩机装车就会比较慢。

2）利用升压器装卸的方式

利用升压器装卸液化石油气的工艺流程如图 8-3-4 所示。其中，中间罐 1 和升压器 2 联合工作，通过热媒对升压器 2 中的液态液化石油气加热，部分液态液化石油气汽化，进入槽车 3 中，其中部分液化石油气蒸气凝结于槽车中的液相表面，使液相表面温度升高，气相空间的压力也随之增大，槽车中的液态液化石油气在压力作用下进入储罐 4，其工作原理与利用压缩机卸车基本相同。

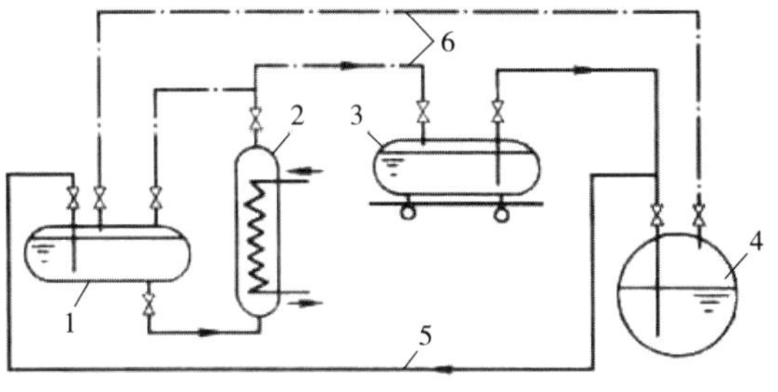

1—中间罐；2—升压器；3—槽车；4—储罐；5—液化管；6—气相管

图 8-3-4　利用升压器装卸液化石油气的工艺流程

3）利用烃泵装卸的方式

采用烃泵装卸液化石油气是一种比较简单的方法，其工艺系统简单，只需液相管道。当为了加快装卸速度而增设气相连通管时，管径也较小。用烃泵装卸液化石油气的工艺流程如图 8-3-5 所示。

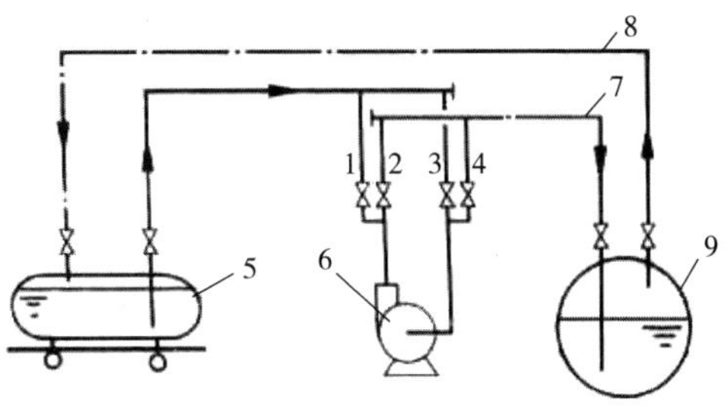

1、2、3、4—液相阀门；5—槽车；6—烃泵；7—液相管；8—气相管；9—储罐

图 8-3-5　利用烃泵装卸的工艺流程

在卸车时，打开液相阀门2和3，关闭液相阀门1和4，开启烃泵，槽车中的液化石油气在烃泵的作用下，经液相管进入储罐，气相管只起压力平衡作用。在装车时，关闭液相阀门2和3，打开液相阀门1和4，在烃泵的作用下，液化石油气由储罐进入槽车。在整个系统中，应保证烃泵的吸入口处有比饱和蒸气压大的静压力，否则在吸入管中的液化石油气将汽化造成气塞，使烃泵空转。采用这种装卸方式要保证同一台烃泵的吸入口在装车和卸车时均有足够的静压力是比较困难的，因此基本上是装车和卸车各用一台烃泵。

3. 液化石油气的灌装

1）气瓶灌装

我国在很长一段时期内液化石油气的分配与供应方式主要是气瓶供应，其中供给居民用户采用15 kg气瓶，供给商业用户和小型工业用户采用50 kg气瓶。

Ⅰ. 机械化、自动化灌瓶工艺

机械化、自动化灌装工艺是指运到灌瓶站的空瓶从卸车开始，直到对灌装后的实瓶装车运出的全过程，均采用机械化和自动化工艺实现。

Ⅱ. 手动或半自动化灌瓶工艺

在中小型储配站或灌瓶站中较多采用自动灌瓶秤和链条传送带组合的半自动化灌瓶生产线。该系统除可以减轻人工劳动强度、提高灌瓶效率外，另一大优点是设备投资较少。

Ⅲ. 钢瓶灌装量的复检（也称检斤）

钢瓶的超量灌装会严重威胁钢瓶的使用安全，而且容易引发重大的伤亡事故，因此对灌装后的实瓶进行重量复检是灌瓶过程中不可缺少的环节。一般采用指针式台秤作为检斤秤。检斤秤可直接装在链条式运输机上，在运输钢瓶的过程中，对钢瓶的灌装量进行检查。如果灌装超重或分量不足，操作人员将不合格的钢瓶从运输机上取下，或者送去倒出余量，或者拿到单独的灌装秤上补灌。

Ⅳ. 实瓶阀门气密性检验

检斤后的实瓶，在入库或直接装车外运以前，都要对钢瓶阀门进行气密性检验。在机械化灌装工艺流程中，检验装置设在灌装转盘之后的一个水槽中，里面装有一个四翼板转子，每块翼板上均有轨道和护栏（护栏用来挡住钢瓶，使在轨道绕轴旋转时钢瓶不致翻倒），轨道视钢瓶容积不同，每次可直接从运输机上接过6~8个钢瓶。当翼板转子转动90°时，钢瓶进入水中，若水中有气泡出现，即可确定钢瓶阀门漏气，操作人员需将漏气钢瓶挑出，并送去倒空和维修。在手工和半自动化灌装工艺流程中，一般是在将钢瓶阀门上涂抹肥皂液，当有皂泡出现时，即可确定钢瓶阀门漏气。

2）汽车槽车装卸台

向汽车槽车中灌装液化石油气，或从汽车槽车向固定储罐卸液化石油气，都是在专门的汽车槽车装卸台上进行的。通常储配站的汽车槽车装卸台及回车场地靠近站的出入口。汽车槽车装卸台的管路系统如图8-3-6所示。其中，埋地的气、液相管道分别与压缩机间的气相管和罐区的液相管相连，在液相管及气相管上装设压力表及阀门，仪表及阀门设在铁皮制成的保护罩内，且装卸台上面应设罩棚。

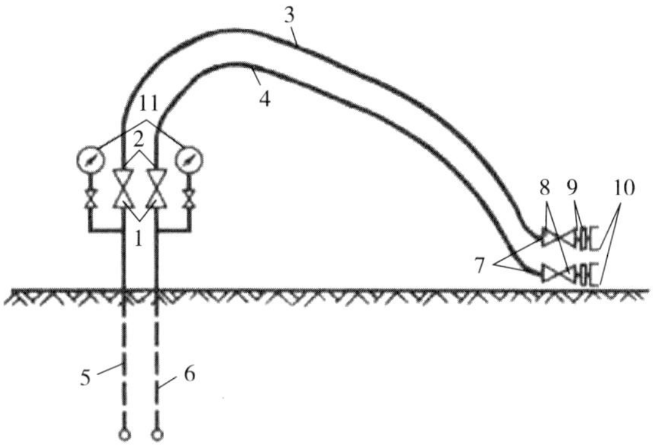

1、8—截止阀；2—高压胶管法兰接头；3、4—高压胶管；5—气相管；6—液相管；

7—高压胶管螺纹接头；9—六角内接头；10—快装接头承口；11—压力表

图 8-3-6　简易汽车槽车装卸台

灌装时，将铠装橡胶软管上的快速接头分别与汽车槽车上的气、液相管相连，用烃泵或压缩机进行灌装和卸车。

3）残液回收系统

从用户运回的钢瓶，在灌装液化石油气之前，应将钢瓶内的少量残液回收，因此在灌瓶站应设置残液回收系统。

经常采用的回收残液方法主要有正压法和负压法。残液回收系统的主要设备有残液倒空架（或回转式残液倒空转盘机组）、烃泵及运送残液的汽车槽车等。

4. 液化石油气的管道供应

液化石油气的供应方式主要有瓶装供应和将液化石油气汽化后由管道供应两类。

瓶装供应资金投入少、建设过程短、简便灵活，适宜于临时用户或偏远散户的用气。但瓶装供应方式有较大的局限性，如在供应的过程中存在灌装、换气、装卸和运输等多个环节。

液化石油气管道供应可作为城镇燃气或小区气源，除向家庭用户正常供应生活用气外，还可满足冬季采暖的需要。液化石油气管道供应还可作为城镇燃气的调峰气源及备用气源。

根据供气规模的大小、输气距离的远近、环境温度的高低，确定液化石油气管道供应的汽化站是采用自然汽化还是强制汽化，是低压输送还是中压输送。

1）自然汽化的管道供应

对于供气量不大的系统，多采用自然汽化，这样可以减少投资，降低运行费用。这种系统通常采用 50 kg 钢瓶，并布置成两组，一组是使用部分，称为使用侧；另一组是待用部分，称为待用侧。钢瓶具有储气和为自然汽化换热两种功能。根据高峰负荷的需要和自然汽化的过程及能力可以确定钢瓶的数量。

当输气距离很短、管道阻力损失较小时，汽化站通常采用高低压调压器，并采用低压管道供气，如图 8-3-7 所示。当输气距离较长，采用低压管道供气不经济时，汽化站可设置高中压调压器或自动切换调压器，采用中压管道供气，在用户处再进行二次调压。设置自动切换调压器的系统如图 8-3-8 所示。

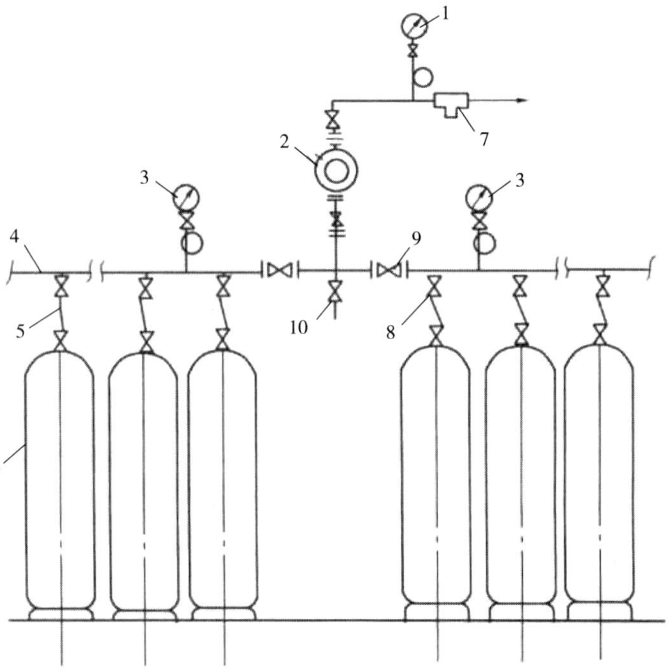

1—低压压力表；2—高低压调压器；3—高压压力表；4—集气管；5—高压软管；6—钢瓶；7—备用供给口；8—阀门；9—切换阀；10—泄液阀

图 8-3-7　设置高低压调压器的系统

自动切换调压器主要由转动把手、凸轮装置、压力指示器和两个高中压调压器构成。开始工作时，首先扳动转动把手，通过凸轮的作用使一个调压器的膜上弹簧压紧，这个调压器即为使用侧调压器，另一个调压器则为待用侧调压器。由于弹簧压紧程度不同，两个调压器的关闭压力也就不同。当使用侧调压器工作时，其出口压力大于待用侧调压器关闭压力，待用侧钢瓶不能供给气体，只有由使用侧钢瓶供气。随着液量的减少、液温的降低及成分的变化，调压器入口压力降低，出口压力也相应下降，当降到低于待用侧调压器关闭压力时，待用侧调压器也开始工作（此时是两侧同时工作）。当使用侧钢瓶组内的液体用完时，扳动转动把手，原来待用侧调压器的膜上弹簧被压紧变成使用侧，原来使用侧钢瓶组关闭，更换钢瓶后作为新的待用侧。

使用侧、待用侧或两侧都处于工作状态时，指示器上均有标志。

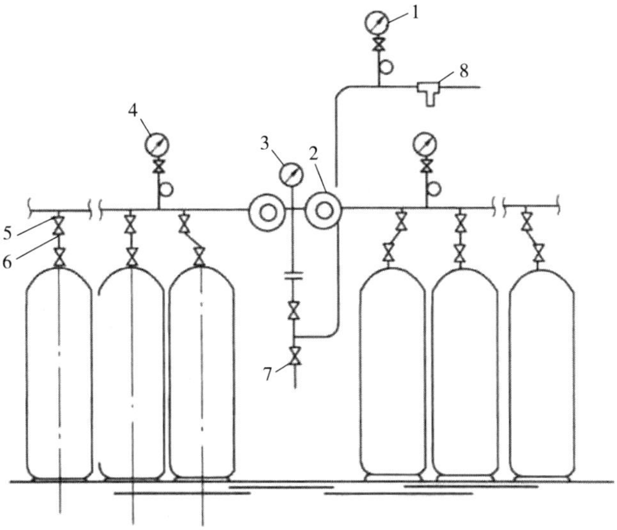

1—中压压力表；2—自动切换调压器；3—压力指示器；
4—高压压力表；5—阀门；6—高压软管；7—泄液阀；8—备用供给口

图 8-3-8 设置自动切换调压器的系统

2）强制汽化的管道供应

当用户较多、用气量较大时，采用自然汽化必然会造成需要钢瓶数量太多，使汽化站占地面积太大而不经济，同时也给运行管理带来诸多不便，此时应采用强制汽化的供应系统。强制汽化的汽化站可以采用 50 kg 钢瓶，也可以采用储罐。采用 50 kg 钢瓶时，可以采用气、液两相引出的钢瓶。用气高峰时依靠强制汽化供气，用气低峰或停电时可以依靠自然汽化供气，既可以节省电能，又可以提高供气的可靠性。强制汽化的瓶组供应站系统如图 8-3-9 所示。采用储罐供气时，可以采用地面罐，当安全距离不能满足要求时也可以采用地下罐。若采用地下罐，必须配置潜液泵，这会提高造价和初装费，也会增加维护的难度。在强制汽化系统中，汽化站中的钢瓶及储罐主要起储气作用。因此，钢瓶数量或储罐容积是由储气所需要的天数决定。

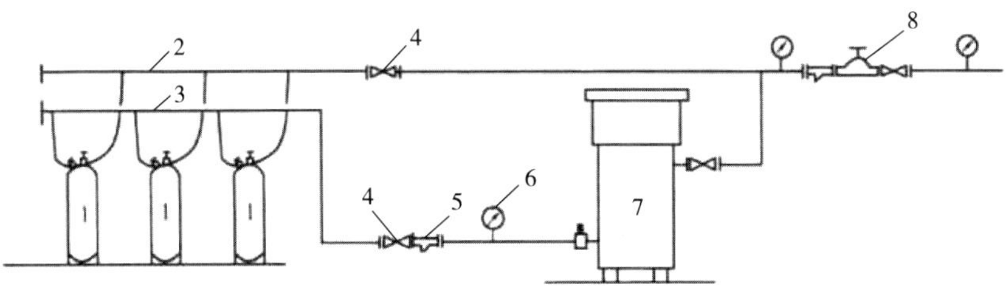

1—气、液两相出口钢瓶组；2—气相管；3—液相管；4—阀门；
5—过滤器；6—压力表；7—汽化器；8—调压器

图 8-3-9 强制汽化的瓶组供应站系统

强制汽化的储罐供气装置如图 8-3-10 所示。其中，液化石油气由储罐 1 在储存压力下送往汽化器 6；在汽化器启动时，打开阀门 2 由储罐气相供气；汽化器由以气态液化石油气为燃料的快速热水器 5 供出的热水作为热媒；在汽化器 6 工作后，开启阀门 3，关闭阀门 2，由汽化器生产的气态液化石油气向热水器 5 供气。在用气低谷时，汽化器 6 不工作，可以开启阀门 9，关闭阀门 8，由储罐气直接向管网供气。

强制汽化的供气系统根据输送距离的远近可以采用中压供气，也可采用低压供气。

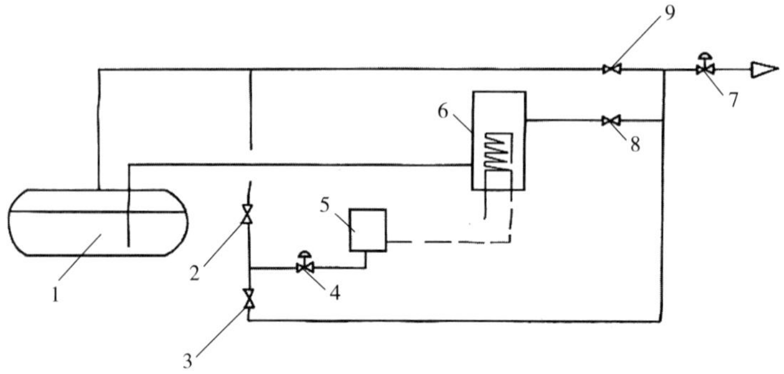

1—储罐；2、3、8、9—阀门；4、7—调压器；5—热水器；6—汽化器

图 8-3-10　强制汽化的储罐供气装置

【任务实施】

根据项目任务书和项目任务完成报告进行任务实施，见表 8-3-1 和表 8-3-2。

表 8-3-1　项目任务书

<table>
<tr><td>任务名称</td><td colspan="3">液化石油气的供应</td></tr>
<tr><td>小组成员</td><td colspan="3"></td></tr>
<tr><td>指导教师</td><td></td><td>计划用时</td><td></td></tr>
<tr><td>实施时间</td><td></td><td>实施地点</td><td></td></tr>
<tr><td colspan="4">任务内容与目标</td></tr>
<tr><td colspan="4">1. 掌握液化石油气的定义；
2. 掌握液化石油气的储存和运输过程；
3. 了解液化石油气的应用领域及优势。</td></tr>
<tr><td>考核项目</td><td colspan="3">1. 液化石油气的定义；
2. 液化石油气的储存和运输过程；
3. 液化石油气的应用领域及优势。</td></tr>
<tr><td>备注</td><td colspan="3"></td></tr>
</table>

表 8-3-2　项目任务完成报告

任务名称	液化石气的供应		
小组成员			
具体分工			
计划用时		实际用时	
备注			
1. 简述 LPG（液化石油气）的主要成分及其在日常生活中的主要用途。 2. 解释在 LPG 的提取过程中为何需要特别的净化处理，并说明其目的。 3. 讨论在能源转型背景下，LPG 作为清洁能源的角色和未来的市场潜力。			

【任务评价】

根据项目任务综合评价表进行任务评价，见表 8-3-3。

表 8-3-3　项目任务综合评价表

任务名称：　　　　　　　　　　　　　　　　　　　　测评时间：　　年　　月　　日

考核明细		标准分	实训得分								
			小组成员								
			小组自评	小组互评	教师评价	小组自评	小组互评	教师评价	小组自评	小组互评	教师评价
团队（60分）	小组成员是否能在总体上把握学习目标与进度	10									
	小组成员是否分工明确	10									
	小组成员是否有合作意识	10									
	小组成员是否有创新想（做）法	10									
	小组成员是否如实填写项目任务完成报告	10									
	小组成员是否存在问题和具有解决问题的方案	10									

续表

考核明细		标准分	实训得分								
			小组成员								
			小组自评	小组互评	教师评价	小组自评	小组互评	教师评价	小组自评	小组互评	教师评价
个人（40分）	个人是否服从团队安排	10									
	个人是否完成团队分配任务	10									
	个人是否能与团队成员及时沟通和交流	10									
	个人是否能够认真描述困难、错误和修改的地方	10									
合计		100									

【知识巩固】

（1）LPG 是 ___________ 的缩写，代表液化石油气。

（2）在提取过程中，LPG 首先经过 ___________ 处理，以确保纯度。

（3）___________ 是 LPG 存储和运输中最常用的设备。

（4）简述 LPG 的主要运输方式及其对应的特点或优势。

（5）简述与使用电或煤炭相比，LPG 在家庭烹饪应用中的优点。

项目九

城镇燃气事故典型案例分析及安全管理

【项目描述】

城镇燃气安全管理是城市运行的重中之重，它直接关系到居民的生命财产安全和城市运行的稳定性。近年来，随着燃气使用的普及，燃气泄漏、爆炸等事故时有发生，这些案例警示我们必须加强燃气安全监管。通过严格的安全检查、定期的设备维护和用户安全教育培训，可以有效预防燃气事故的发生。只有通过严格的监管、及时的维护和居民安全意识的提升，才能营造一个安全、和谐的居住环境。

【项目目标】

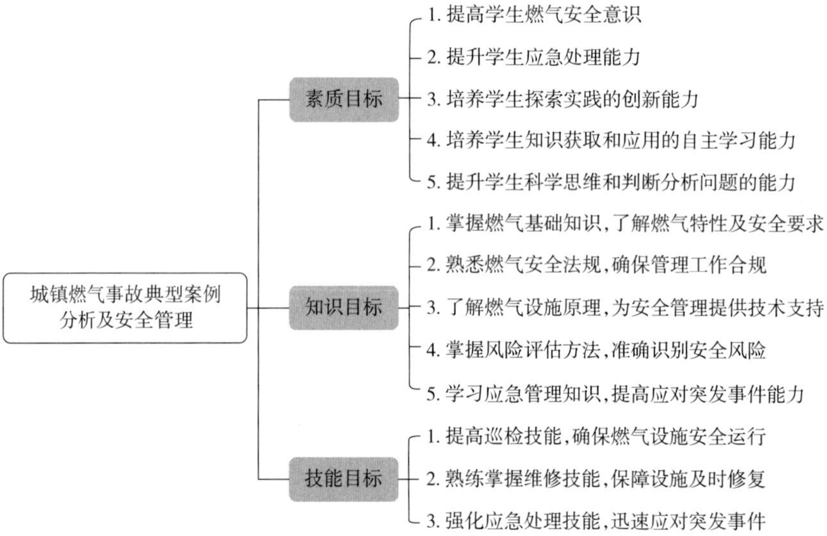

任务一　城镇燃气事故典型案例分析

【案例 1】 某小区“3 · 29”燃气爆燃事故

2021 年 3 月 29 日 16 时 42 分左右，某区某镇某小区 LNG 点供站发生液化天然气爆燃事故，造成 3 人受伤。

1. 该小区及锅炉房基本情况

（1）该小区位于某镇人民政府办公楼西侧，建于 1993 年，占地面积约 10 000 m^2，共有楼房 2 栋，每栋 5 层，现有住户 80 户，共 130 余人，由某物业管理中心提供物业服务。

（2）该小区设有锅炉房1座（以煤炭为燃料），位于小区西南角，与小区同年建设；2017年，为响应节能环保政策，负责管理该小区的某物业管理中心与某能源发展有限公司签订投资合作协议（协议期20年，自项目建设完成达产之日起计算），对该锅炉房进行了煤改气改造（该物业管理中心提供场地和机房，该能源发展有限公司投资并为该项目提供热能服务），同年10月底煤改气改造完成并投入使用；该锅炉房供热运营及设备安全管理等由该能源发展有限公司负责，供热范围包括该小区、该镇人民政府办公楼、物业办公楼等区域。

（3）该小区锅炉房墙东侧设有“某物业管理中心锅炉10 m³储罐撬装站”1座，站内有LNG罐（10 m³）、汽化器、放散总管、卸车软管、阀门、管道等设备设施。

该小区锅炉房及LNG点供站平面布置如图9-1-1所示。

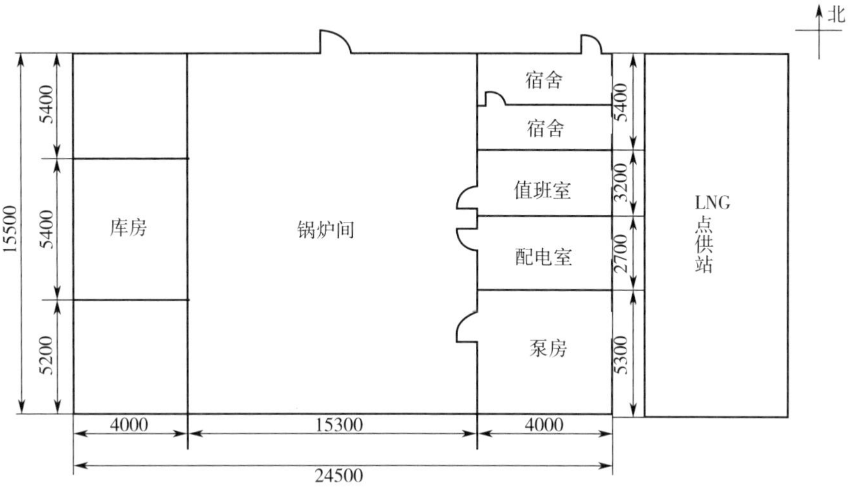

图9-1-1　该小区锅炉房及LNG点供站平面布置

2. 事故发生的经过和救援情况

1）事故发生的经过

2021年3月28日，该能源公司按要求将该小区锅炉房的供暖设施停止运行。2021年3月29日14时49分左右，该公司员工邵某、李某、付某、刘某等4人驾乘巡线专用皮卡车，到达位于该区某镇某小区的“某物业管理中心锅炉10 m³储罐撬装站”进行检查。李某在对站内的液化天然气储罐进行查看后，决定对罐内液化天然气进行放散，并由李某和刘某在站区北侧拉起警戒线；随后，李某在站内东北角负责操作SV09手动截止阀（气相阀），同时使用站内放散总管和铺设在站内西侧、锅炉房东墙外地面的卸车软管进行放散作业（操作方式为间歇放散），其余3人轮流负责监护；期间，锅炉房值守人员崔某进入宿舍；放散结束后，李某关闭阀门，与付某准备离开站区时（16时41分59秒）发生爆燃，导致付某、李某、崔某烧伤。

2）受伤人员基本情况

（1）李某，该公司员工（劳务派遣），男，44岁，经某市公安局某分局司法鉴定中心鉴定，伤情等级构成轻伤二级。

（2）付某，该公司员工，男，45 岁，经某市公安局某分局司法鉴定中心鉴定，伤情等级构成重伤二级。

（3）崔某，该公司员工（劳务派遣），男，59 岁，经某市公安局某分局司法鉴定中心鉴定，伤情等级构成重伤二级。

3）事故救援情况

事故发生后，区委区政府主要领导高度重视，第一时间赶赴现场进行指挥处置。区应急局、区城市管理委、某公安分局、区消防救援支队、区市场监管局和某镇相关负责同志立即赶赴现场进行指挥处置，对小区内居民进行了及时疏散，并拉起警戒线，防止发生次生事故；该公司员工邵某、刘某等人使用灭火器对部分明火进行了扑灭；16 时 55 分，区消防救援支队到达现场，及时将明火扑灭。

4）直接经济损失

此次事故医疗费用、财物损失和设备设施损坏等费用共计 114 万余元。

3. 事故原因分析

1）直接原因

该公司员工李某等人违规使用卸车软管对储罐内剩余液化天然气进行放散作业，导致大量天然气扩散到撬装站空间及锅炉房宿舍内，在锅炉房宿舍局部空间达到爆炸极限浓度后，遇宿舍里间点火源，发生爆燃。

2）间接原因

（1）事故相关单位的劳务派遣员工对公司安全操作规程不了解、不清楚，安全生产意识淡漠。

（2）液化天然气储罐与民用建筑、配电室等建构筑物的防火间距不符合强制性规范要求。

锅炉房与撬装站间距情况如图 9-1-2 所示。

图 9-1-2　锅炉房与撬装站间距情况

4. 事故涉及的相关违法情况

调查组在查明事故原因的基础上，对事故相关单位的其他安全生产违法行为进行了延伸调查。在调查中发现，事故相关单位在液化天然气储罐设置、锅炉房安全管理、操作人员教育培训等方面存在安全生产违法行为，根据《中华人民共和国安全生产法》等有关法律法规的规定，提出以下处理建议。

1）该公司违法情况处理建议

（1）经查，该公司涉嫌存在未采取措施及时消除燃气安全事故隐患的违法行为，涉嫌违反了《城镇燃气管理条例》第四十一条的规定，依据《城镇燃气管理条例》第四十八条的规定，建议由某镇人民政府对该公司进行立案，依法给予该公司人民币10万元以下罚款的行政处罚。

（2）经查，该公司涉嫌未按照规定对被派遣劳动者如实告知有关安全生产事项的违法行为，涉嫌违反了《中华人民共和国安全生产法》第四十一条的规定，依据《中华人民共和国安全生产法》第九十四条第（三）项的规定，建议由区应急局对该公司进行立案，并依法给予该公司人民币5万元以下罚款的行政处罚。

2）该能源发展有限公司违法情况处理建议

经查，该能源发展有限公司将撬装站设置在该小区锅炉房东墙外，未能与民用建筑、配电室、散发火花地点（宿舍）等保持防火间距，涉嫌在不具备安全条件的场所储存燃气的违法行为，涉嫌违反了《城镇燃气设计规范（2020版）》9.2.4（表）、《城镇燃气管理条例》第十八条第（五）项之规定，依据《城镇燃气管理条例》第四十六条第（五）项的规定，建议由该镇人民政府对该能源发展有限公司进行立案，依法给予人民币10万元以下罚款的行政处罚。

5. 事故防范和整改措施建议

（1）严格落实安全责任。相关事故单位要按照公司规定酌情对相关责任人员进行处理，进一步压实安全生产主体责任，细化完善液化天然气点供站各项操作规程，加强设备设施操作人员的岗前教育和操作技能培训，规范职工实操行为；按相关规范要求设置LNG撬装站，并配备联动报警器，定期开展燃气设备设施检查，及时治理排除安全隐患，杜绝各类安全事故发生。

（2）强化行业安全监管工作。区城市管理委要严格落实燃气行业管理责任，将事故相关情况进行全区通报，并认真汲取事故教训；要求运营、使用LNG撬装站的全区各单位，持续开展安全专项检查及治理，深入强化相关安全管控措施，对全区所有液化天然气点供站进行全面隐患排查，建立隐患整改台账；加强事前审批，严格事中、事后监管，切实改进工作作风，主动担当作为，确保职责履行到位，对于思想认识不到位、监督管理不到位、工作措施不落实等失职渎职行为，将严肃追责问责。

（3）严格落实属地安全管理责任。相关镇人民政府要牢固树立安全发展理念，真正汲取事故教训，定期分析本辖区安全生产工作的重点和难点，深化重点区域、重点行业治理，主动联合有关部门，对不符合安全生产条件的场所予以严厉打击，落实监管责任和措施，把安全稳定工作做细、做深、做实。

【案例 2】 沈阳市和平区太原南街“10 · 21”较大管道燃气泄漏爆炸事故

2021 年 10 月 21 日，沈阳市和平区太原南街 × 号某烧烤店发生管道燃气泄漏爆炸事故，造成 5 人死亡、3 人重伤、49 人轻伤，直接经济损失约 4 425 万元。

1. 有关单位基本情况

1）大连建工机电安装工程有限公司（以下简称“大连建工公司”）

2003 年 5 月 19 日成立，法定代表人李某，注册资本 5 000 万元整，企业类型为有限责任公司（混合型经济体，国有股 20%、自然股 80%）。

相关经营范围及资质：机电工程施工总承包一级、建筑工程施工总承包二级、市政公用工程施工总承包二级、建筑机电安装工程专业承包三级、压力管道安装 GB 类、锅炉安装改造 3 级等。

2）沈阳燃气有限公司

2007 年 11 月 16 日成立，法定代表人刘某宇，注册资本 6 亿元，企业类型为有限责任公司。

经营范围：燃气管网建设（持许可证经营），燃气供应、维护、管理与服务（仅限城市管道燃气）等。

燃气经营许可证有效期限：2021 年 9 月 12 日起至 2026 年 9 月 12 日止。

3）沈阳城市燃气规划设计研究院有限公司（以下简称“沈阳燃气设计院”）

1986 年 4 月 17 日成立，法定代表人宇某香，注册资本 1 000 万元整，企业类型为有限责任公司。

经营范围：气源厂、燃气管网、室内外燃气管线、液化气储配站、汽化站、混气站、小区管道供气、加气站等的规划、设计、咨询及配套工程设计；市政公用工程监理；热力工程设计服务；电脑图文设计制作。

工程设计资质证书有效期至 2024 年 7 月 18 日，资质等级为市政行业（城镇燃气工程）专业甲级。工程监理资质证书有效期至 2021 年 12 月 28 日，资质等级为市政公用工程监理甲级。

4）盛某烧烤店

2020 年 8 月 3 日成立，经营者王某财，市场主体类型为个体工商户，注册资金数额 20 万元。

2020 年 9 月 6 日正式营业。所在建筑建成于 1996 年，三层框架结构，其中一层净面积 306.01 m^2，层高 4.52 m；二层净面积 147.32 m^2，层高 3.45 m；三层净面积 143.37 m^2，层高 3.75 m。一层南侧和东侧为落地玻璃窗；该烧烤店大门朝向东侧面向太原南街，设有门厅，双层错开门。

2. 事故发生经过

2021 年 10 月 20 日，沈阳燃气有限公司管网输配分公司并网管理部并网管理员李某通知贾某利当日 22 时进行并网作业，贾某利通知施工人员到场施工。

10 月 20 日 19 时 30 分许，施工人员开始并网施工作业准备。贾某利和洪某（协助贾某利负责工程日常管理的人员）在现场组织作业。

10 月 20 日 20 时许，袁某峰组织人员使用挖掘机在烧烤店门口、南七马路与太原南街交叉路口、南八马路与太原南街交叉路口处开挖三个施工作业坑，如图 9-1-3 所示分别为工作坑 1、2、3。

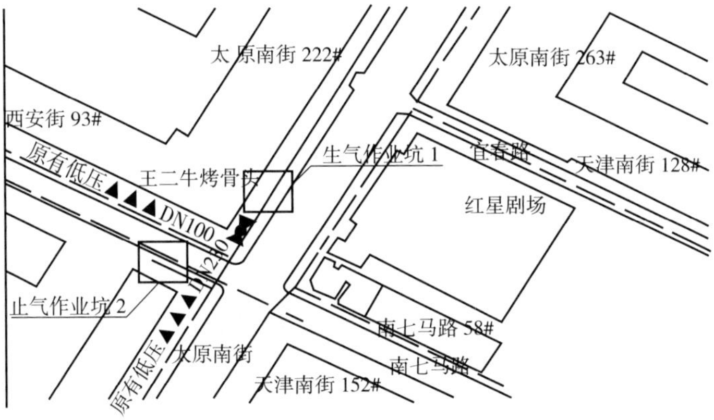

图 9-1-3　工作坑 1、2、3

10 月 20 日 22 时许，沈阳燃气有限公司工程管理员陈某到达施工现场，检查施工作业中安全警示灯、文明施工、作业挖掘等情况，当日 23 时左右离开。

10 月 20 日 23 时 20 分许，沈阳燃气有限公司并网管理员李某和冯某到达现场，指示三个工作坑内进行止气作业。三个工作坑完成止气作业后，施工人员贾某利将位于烧烤店内的进户引入管总阀门关闭，施工人员王某亮和朱某卫打开进户引入管室外部分三通上端的丝堵进行放散。放散后，贾某利和朱某卫将进户引入管室外部分在三通后锯断。

10 月 20 日 23 时 50 分许，施工人员王某亮按照并网管理员李某指示的拆卸部位（法兰）指挥施工人员王某仁进入烧烤店，将进户引入管总阀门入口处的法兰螺栓拧开，从打开的法兰口用胶管向燃气管道内通入氮气。电焊工王某强在室外对新旧管进行焊接。焊接完成后，王某仁进入烧烤店将进户引入管总阀门入口处的法兰螺栓重新安装。

10 月 21 日 1 时许，并网管理员李某离开施工现场。

10 月 21 日 1 时 18 分，烧烤店经理张某玉下班锁门闭店。

10 月 21 日 4 时 55 分，袁某峰组织刘某、刘某继、侯某业三人分别从止气作业坑 1、2、3 中撤出止气球，恢复供气。管道通气后，施工人员撤场，没有人员对烧烤店内燃气进户引入管总阀门入口处的法兰口进行严密性检查和监督。在此期间，贾某利和洪某未全程在施工现场。

10 月 21 日 8 时 20 分，烧烤店发生燃气爆炸。

3. 事故应急处置情况

事故发生后，市消防救援支队指挥中心、市急救中心指挥中心、市 110 报警服务中心、市应急管理局指挥中心、和平区应急管理局先后接到报警，并立即启动本部门、本领域应急预案，组织和调派综合救援、卫健、公安、燃气、供电、供水、城建、城管等部门和属地街道救援力量赶赴现场，按照分工开展应急处置，并逐级向市委、市政府和省委、省政府报告。

按照《沈阳市事故灾难与自然灾害突发事件应急指挥与处置办法》，市应急委立即启动“1+M+N”应急工作体系，成立现场总指挥部，下设市应急管理局、市公安局、市消防救援支队、市城乡建设局4个现场支撑指挥部，迅速开展人员搜救、现场警戒、交通疏导、排险除险、疏散群众等应急救援工作。市消防救援支队成立4个搜救组，调派17个消防救援站、51台车、211名指战员、3只搜救犬到场救援。市公安局设置三道警戒防线，疏散群众5 100余人，调集31台清障车辆打通救援绿色通道，调集120名警力到场增援。市应急管理局实时调度专业队伍和社会力量参与救援，组织电力、水务、通信等单位出动183人、装备车辆40台，调派无人机空中侦察事故现场、楼体状况。市城乡建设局组织自来水、电力、燃气等产权单位开展受损设施抢修。和平区组织机关干部、公安干警、社区工作者、志愿者及施工工人等多方力量2 000余人参与救援，安排专人看护受损房屋，并协调5家保险公司开展受损评估。

4. 事故发生原因及暴露出的主要问题

1）直接原因

在烧烤店燃气并网施工过程中，施工人员打开进户引入管阀门入口法兰，完成并网施工焊接作业后，未将该法兰有效密封，且在通气后未对该法兰口进行严密性检查，导致燃气通过法兰口泄漏，泄漏时长3小时25分。泄漏的燃气在烧烤店室内三层空间自然扩散，与空气混合后的浓度达到爆炸极限范围（一层空间内燃气体积浓度在7%~9%，二层空间在7.2%~8.5%，三层空间在7.4%~8.7%），遇室内二层电冰箱展示柜机械式温控器闭合或断开时产生的电火花发生爆炸，爆炸当量约80 kgTNT。

2）间接原因

Ⅰ. 大连建工公司

（1）违反《中华人民共和国建筑法》有关规定，允许贾某利使用本企业的资质证书、营业执照，以本企业的名义承揽管网改造工程。

（2）在已经发现“和平区管网改造工程”项目存在现场作业和管理违法违规行为的情况下，没有立即督促整改，且在事故发生后组织编造项目管理虚假资料。

（3）对所属项目部疏于管理，没有采取有效措施保证工程质量。

Ⅱ. 沈阳燃气有限公司

（1）违规组织工程项目评标。“2020—2022年沈阳燃气管网改造工程”评标程序违反《中华人民共和国招标投标法》有关规定（纪检监察部门已另案处理）；“和平区管网改造工程”采购程序不合规，未按照《沈阳燃气集团采购工作管理办法》（沈燃集发〔2018〕29号）第十五条的规定执行，在供应商不满足采购要求的情况下组织比选。

（2）安全生产职责履行不到位。未按照《沈阳燃气集团领导及职能部门安全生产责任清单》履行职责，对“和平区管网改造工程”现场施工人员资质审核不严格，未发现“和平区管网改造工程”实际施工人员与合同备案人员不符的问题；作业监督人员在已发现工程质量问题的情况下，未采取整改措施。

（3）施工现场监督管理不到位。未落实《燃气工程并网及掐接管理办法》有关规定，在烧烤店进户燃气管线通气后，没有现场监督施工单位对法兰的严密性进行检查。

Ⅲ. 沈阳燃气设计院

（1）未按照《建设工程监理规范》有关规定全面审查项目施工单位现场质量、安全生产管理体系、管理及施工人员到位情况，总监理工程师未签发工程开工令，就允许项目开工作业。

（2）在“和平区管网改造工程”监理工作中，未有效落实《建设工程监理规范》要求，未审查实际施工队伍资质和人员资质，未发现进场施工项目经理、安全员等主要管理人员与合同约定人员不符的问题，致使不具备施工资质和能力的施工队伍及人员从事“和平区管网改造工程”施工作业。

Ⅳ. 沈阳市城乡建设局

未落实《沈阳市人民政府办公室关于印发沈阳市老旧燃气供水管网改造实施方案的通知》要求，没有编制改造推进工作方案，没有对全市老旧燃气管网改造建设工程质量和安全监督工作进行组织、部署和落实，未组织开展全市燃气管网改造工程质量和安全监管工作，造成“和平区管网改造工程”质量和安全监督缺失。

Ⅴ. 和平区城市建设局

未严格履行属地安全监管职责，对“和平区管网改造工程”施工作业未开展有效质量安全监督工作，管理缺失。

5. 建议给予行政处罚的单位及相关责任人员

1）大连建工公司

允许贾某利以本公司的名义承揽工程，其行为违反了《中华人民共和国建筑法》第二十六条第二款的规定，对事故的发生负有责任。依据《中华人民共和国安全生产法》第一百一十四条的规定，建议由沈阳市应急管理局给予罚款260万元的行政处罚，依据《中华人民共和国建筑法》《建设工程质量管理条例》等有关规定，建议辽宁省住房和城乡建设厅、大连市市场监督管理局对其施工有关资质依法处理。

2）沈阳燃气有限公司

落实工程招标、现场施工队伍和人员资质审核、并网施工监督等管理制度不到位，未发现“和平区管网改造工程”实际施工人员与合同备案人员不符的问题；在烧烤店进户燃气管线通气后，未现场监督施工单位对法兰的严密性进行检查，其行为违反了《中华人民共和国安全生产法》第二十二条、第四十四条的规定，对事故发生负有责任。依据《中华人民共和国安全生产法》第一百一十四条的规定，建议由沈阳市应急管理局给予罚款260万元的行政处罚。

3）燃气设计院

在“和平区管网改造工程”监理工作中，审查实际施工队伍资质和人员资质不严不细，未发现进场施工项目经理、安全员等主要管理人员与合同约定人员不符的问题，致使不具备施工资质和能力的施工队伍及人员从事“和平区管网改造工程”施工作业，其行为违反了《建设工程安全生产管理条例》第十四条第三款的规定。依据《建设工程安全生产管理条例》第五十七条第（四）项的规定，建议由沈阳市城乡建设局对其违法行为依法依规处理。

【案例 3】 瓦房店市“10·24”燃气闪爆事故

2021 年 10 月 24 日 5 时 30 分许，瓦房店市铁东街道办事处文圣社区五一路二段 × 号居民楼发生燃气闪爆事故，造成 2 人死亡、7 人受伤（1 人重度烧伤，4 人轻度烧伤，2 人轻度外伤），直接经济损失约为 8 946 667.50 元。

1. 事故发生经过和救援情况

2021 年 10 月 24 日 5 时 35 分，大连消防救援支队瓦房店大队接到报警，称位于大连瓦房店市铁东街道办事处文圣社区五一路二段 × 号居民楼发生爆炸，瓦房店大队立即调派五一路站、老虎屯站、复州城站共 3 个消防救援站的 7 台消防车、34 人到场救援。瓦房店大队全勤指挥部随行出动，到场指挥救援，并联动应急局、110、120、燃气公司等相关部门到场处置。

5 时 50 分，五一路站人员到达现场。经现场侦查了解，该建筑为五层，共有住户 20 户，五楼西北角发生坍塌。消防救援力量到场后立即展开搜救，及时疏散楼内居民及周边群众 50 余人。在五楼东侧、中侧救出 7 人送往医院救治。10 时 00 分，搜救出 2 名失联人员，移交给 120，经 120 确认已无生命体征。

瓦房店市消防救援大队接警后迅速上报，瓦房店市人民政府立即启动一级应急响应。瓦房店市委书记、市长、副市长、应急局、公安局、住建局、卫健局、市场监督管理局、属地街道办事处、中心医院急救中心、燃气公司、电力公司、瓦房店市安委会相关成员单位第一时间到达现场，成立现场救援指挥部，转移群众，救治伤员，实施现场警戒隔离，组织切断气源。邀请大连华润燃气有限公司巡检班组到场协助排查附近地下燃气隐患，防止附近燃气管道因闪爆冲击损坏泄漏。最大限度地保障群众生命安全，杜绝次生灾害的发生。

2. 事故相关单位情况

大连新世纪燃气有限公司是由原瓦房店煤气公司、燃气公司、液化气供应管理处三家单位进行整合后于 2003 年组建成立，注册资本 1 000 万元。目前，公司承担全市的燃气管道建设、管理及燃气供应任务，拥有瓦房店市政府授予的燃气特许经营权。

大连新世纪燃气有限公司具有燃气经营许可证（许可证编号：辽 202002070002G），许可证有效期限为 2020 年 5 月 14 日起至 2023 年 5 月 17 日止。

大连新世纪燃气有限公司具有营业执照（统一社会信用代码为 9121028173275860XA），营业期限为 1997 年 9 月 3 日至 2032 年 9 月 2 日，经营范围为管道燃气供应、销售、燃气管道工程安装、燃气器材供应等。

大连新世纪燃气有限公司具有建筑业企业资质证书（证书编号：D321081898），有效期至 2022 年 1 月 23 日，资质类别及等级为市政公用工程施工总承包三级。安全生产许可证（编号（辽）JZ 安许证字〔2019〕012968）许可范围为建筑施工，有效期为 2019 年 5 月 14 日至 2022 年 5 月 13 日。

该公司设立了安全生产管理机构，编制了《安全管理制度汇编》，包括《双重预防机制管理制度》《客服部抄表安检员管理办法》《生产运营部巡检班管理办法》《城市燃气管网及设施巡查巡检作业制度》《危险作业安全管理制度》等一系列安全管理制度，明确各岗位职责，层层签订安全生产责任状。

该公司按照最新的预案编制导则编制了《燃气生产安全应急救援综合预案》《LNG 汽化站专项应急预案》《中低压管网设施生产安全应急专项预案》《地上燃气设施应急现场处置方案》《地下燃气设施应急现场处置方案》《LNG 汽化站现场处置方案》《户内燃气应急现场处置方案》等应急预案；2021 年共组织 2 场现场应急演练，一次模拟 LNG 储罐根部阀泄漏现场处置方案演练，另一次模拟天然气中压管网泄漏起火应急抢险演练。

该公司主要负责人、安全管理机构人员、各一线岗位员工均参加安全生产培训教育，取得相应的资格证书，做到持证上岗。

该公司按照法律法规要求的频次对燃气管道和燃气用户进行安全检查。资料显示，2021 年共有三次 × 号楼 504 住户安检记录。2021 年 1 月 23 日 14 时 29 分安检员上门安检，到访不遇，在用户门上张贴安检联系单；5 月 10 日安检员至 504 用户入户收取 300 元燃气费并安检，发放安全宣传材料，讲解安全用气常识；7 月 15 日，燃气公司开始在花园南门周围进行老旧燃气表更换安检工作，发现 504 用户胶管老化，灶具无熄火保护，要求用户整改，504 住户为租户，拒绝整改，拒绝签字，要求找房东，燃气公司工作人员关闭该用户表前入户阀，至于事故调查中发现用户表前入户阀呈开启状态，因 504 住户在本起事故中死亡而无法调查。

3. 燃气公司应急处置情况

2021 年 10 月 24 日 5 时 52 分，燃气公司值班员刘胜和接到报警电话，立即通知公司维修员矫贵明赶赴现场。6 点 15 分矫贵明到达现场，当时消防、交警、公安正在现场组织人员疏散及施救。矫贵明立即进场搜寻并着手关闭 × 号楼引入管阀门，由于现场通道严重不畅，经现场紧急清理于 6 点 50 分事故发生地五一路二段 × 号楼将引入管阀门关闭，切断整个楼栋气源。随后燃气公司按应急预案相关要求组织生产运营部、客服部、安全技术部、工程部、综合办等部门员工使用手持式可燃气体探测器、激光甲烷遥测仪等设备承担事发地周边燃气检测、隔离警戒、燃气管道安全巡检以及查询施工竣工资料以支持维修等具体工作。当天 12 时，燃气公司接现场事故应急指挥中心指令，通知铁东街道办事处将对五一路二段 × 号、259 号、261 号、273 号居民楼停气，街道社区办事处及时通知涉及停气居民楼的所有住户；14 时，小区内庭院铸铁主管道完成断管停气，× 号、259 号、261 号、273 号居民楼引入管阀门关闭。

4. 事故造成的人员伤亡和直接经济损失

事故造成 2 人死亡、7 人受伤。

事故造成五一路二段 × 号 504 室整体坍塌、着火，504 室和 404 室之间楼板部分坍塌，401、404 室室内闪爆过火、燃气管道表后管破损，整栋楼门窗因冲击波发生破损、脱落，401、402、403、404 室入户门变形脱落。（图 9-1-4 至图 9-1-6）

图 9-1-4　事发居民楼

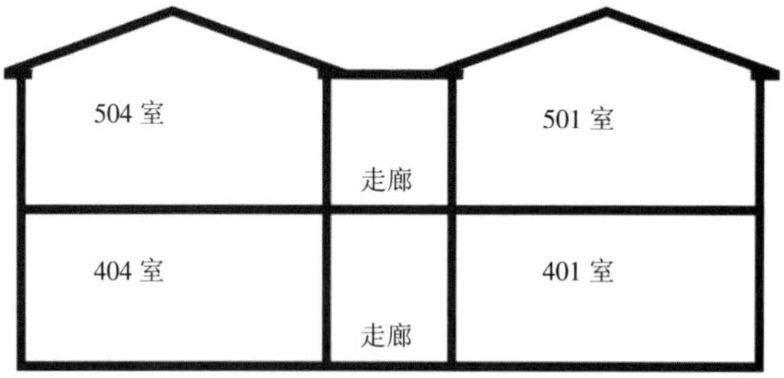

图 9-1-5　闪爆着火波及区域建筑结构示意图

五一路二段 × 号居民楼对面的住宅楼部分窗户因燃气闪爆的冲击波发生脱落，周围相邻建筑物部分受损。

× 号、273 号居民楼及富荣小卖部财产损失 1 662 609.54 元。

× 号居民楼住宅房屋及仓房评估损失 4 729 611.00 元。

× 号居民楼爆炸受伤人员住院、医药、后续赔偿、周围设备设施损失赔偿共计 2 554 446.96 元。

直接经济损失共计 8 946 667.50 元。

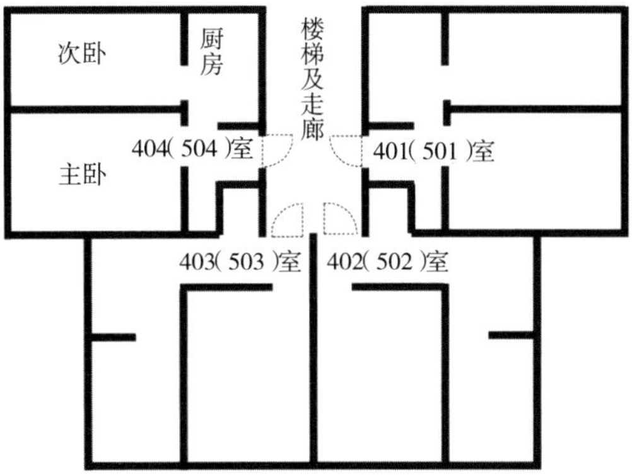

图 9-1-6　闪爆及着火区域的建筑结构平面示意图

5. 事故发生的原因和事故性质

经专家组和技术组反复到达事故现场勘察，与消防参与灭火的相关人员、现场的刑侦人员了解现场情况，查看现场着火、灭火、清理等视频，走访现场目击人，查阅有关当事人员询问笔录等，了解事故发生的原因和事故性质。

事发居民楼为一栋五层建筑。发生闪爆并引发着火的区域集中在该居民楼的四楼及五楼，主要涉及五楼的四个房间——504 室、503 室、502 室、501 室，以及四楼的四个房间——404 室、403 室、402 室、401 室。

504 室的建筑结构极其不完整，坍塌及破坏严重，厨房及次卧外墙完全坍塌，天花板完全破碎并飞溅至周围，地面完全塌陷至 404 室内，呈现内部较强烈闪爆的超压破坏形貌特征，主卧床上的两名住户死亡，无明显过火痕迹。

501 室、502 室、503 室的建筑结构较完整，门窗倾倒破裂，室内物品破损杂乱，无明显过火痕迹，呈现因外部闪爆导致的振动作用下的破坏形貌特征，如图 9-1-7 所示。

6. 事故原因分析

1）闪爆介质的确定

经专家组现场研判，结合公安消防救援的情况描述及现场闪爆的特征，排除其他的爆炸物，确定此次闪爆着火事故的闪爆介质为天然气。

2）闪爆点的确定

从事故发生情况分析，认定本起事故为闪爆引发火灾。分析现场破坏形貌可以发现，504 室的闪爆破坏特征最为明显，建筑物损毁最为严重，呈现内部闪爆的特征。因事故发生地气温低且处于非供暖季，住户夜晚会关闭窗户，故闪爆发生时，504 室处于密闭空间。当内部发生闪爆时，闪爆超压作用于 504 室天花板、墙壁及地板，导致天花板外翻飞溅、墙壁坍塌、地板塌陷落至四楼。504 室住户在闪爆过程中死亡。

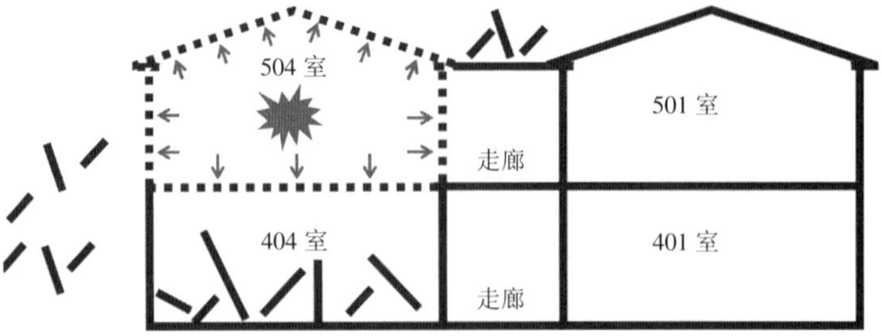

图 9-1-7　504 室密闭空间闪爆后的建筑物破坏形貌特征示意图

综上所述，本次燃气闪爆火灾事故的闪爆源位于 504 室内，为一起密闭空间内燃气闪爆继而引发着火的事故。

3）泄漏源的确定

根据闪爆破坏形貌可以推断，呈现闪爆及火灾特征的区域集中在 504 室、404 室、401 室，故泄漏源的潜在范围也在这三个室内。这是因为，若此三个室的燃气均为外部空间扩散进入，则在闪爆发生后，必然会在这三个室外有更大的闪爆及火灾区域，这与实际事故不符。因此，泄漏源的位置主要针对 504 室、404 室、401 室开展调查。

发生泄漏并闪爆的燃气类型为天然气，其主要成分为甲烷。燃气公司使用管道燃气专用四氢噻吩加注机为天然气加注加臭剂的工艺流程、加注数量、检测记录均正常。事发居民楼天然气加臭量满足《城镇燃气设计规范（2020 年版）》的规定。

燃气输送至住户的途径如图 9-1-8 所示，输送燃气的支管在进入每一住户时，均依次连接表前阀、燃气表及灶前阀，灶前阀与燃气灶的连接采用软管。通常，在燃气灶使用完毕后，要将燃气灶阀及灶前阀全部关闭。

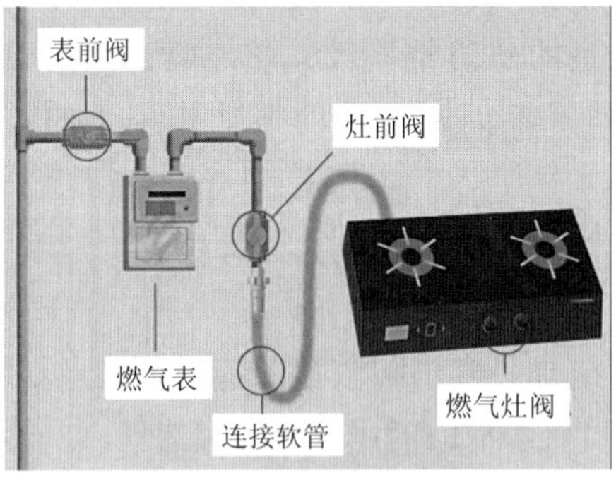

图 9-1-8　燃气钢管及燃气灶连接

燃气支管为钢管，调查从事故现场得到的四楼及五楼住户的燃气支管，未发现存在泄漏点的情况。

调查事故发生前各住户灶前阀的关闭情况，如图 9-1-9 所示。

（a）　（b）　（c）

图 9-1-9　灶前阀的关闭状态

（a）504 室灶前阀状态　（b）404 室灶前阀状态　（c）401 室灶前阀状态

由于闪爆不可能改变灶前阀的启闭状态，故灶前阀在事故现场的状态能够代表闪爆发生前的状态。灶前阀的启闭状态判定方式如下：灶前阀旋钮与管线轴向一致表明阀为打开状态，若与管线轴向垂直则表明阀为关闭状态。可以发现，504 室灶前阀处于打开状态，404 室、401 室灶前阀处于关闭状态。上述三个房间的燃气灶阀均处于关闭状态。

因 404 室、401 室灶前阀处于关闭状态，且燃气支管不存在泄漏，故可排除 404 室、401 室存在燃气泄漏源的可能。

因 504 室灶前阀处于打开状态，故灶前阀与灶具的连接软管内存在燃气，必须调查燃气软管是否有泄漏的可能。在事故现场提取的 504 室内的燃气灶及软管形貌如图 9-1-10，可以发现如下信息。

图 9-1-10　闪爆现场提取的 504 室内的燃气灶及软管形貌

（1）软管表面有油污，仍能看出橙色的胶管颜色，说明胶管并未过火，而与灶前阀连接的橡胶软管未用管箍箍紧。

（2）软管存在三处断裂，如图 9-1-11 所示的断面 1、断面 2 及断面 3。其中，断面 1 完全断裂，厚度方向存在近似三角形的缺失；断面 2 未完全断裂，环向仅残留少部分壁面相连；断面 3 完全断裂，断口较平齐。

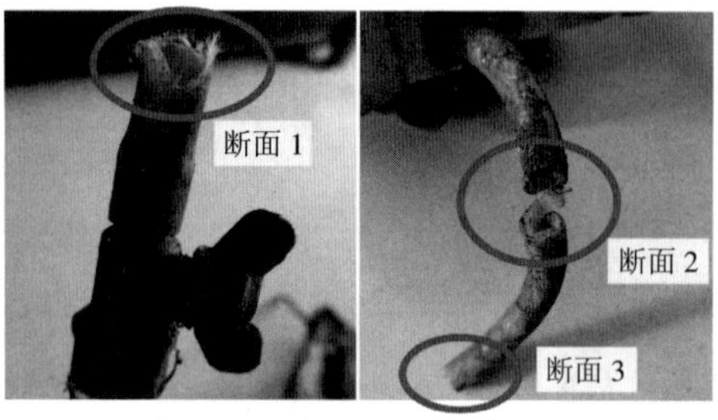

图 9-1-11　软管断面细节图

该燃气软管在闪爆超压作用下的多段断裂特征与常规燃气软管在闪爆超压作用下的破坏现象不同。通常，若软管与灶前阀连接处未被管箍箍紧，当承受超压时，若其强度合格，则破坏形貌多为软管从灶前阀连接处脱落。实际上，504 室燃气软管在超压作用下的多段断裂原因需要进一步分析。

委托大连理工大学塑胶材质检测实验室对 504 室燃气软管进行检测，结果表明该软管的材质为大量邻苯二甲酸二辛酯增塑的聚氯乙烯（PVC），其玻璃化转变温度为 13.1 ℃。这说明该软管在温度接近 13.1 ℃时会变硬、脆化；当温度低于 13.1 ℃时，该软管将转变为玻璃态，若承受弯曲载荷，软管将开裂。事故发生当天（2021 年 10 月 24 日），瓦房店气温为 7~17 ℃。在闪爆发生时刻，室内温度接近燃气软管的玻璃化转变温度，故软管呈现脆化。若此时软管承受弯曲载荷，则容易在厚度方向产生开裂小口。软管承受弯曲载荷的原因很多，如用户移动灶具导致软管承载等。在闪爆超压作用下，脆化、开裂的软管会呈现多段断裂特征。尤其是软管断面 1 处壁面缺失的近似三角形区域，更能佐证该软管存在初始的裂纹。

4）点火源的确定

点火源处于闪爆源处。从闪爆形貌可以看到，504 室的厨房与次卧的闪爆损坏显著强于主卧，故可判断，点火源位于厨房和次卧内。因事发时 504 室住户处于睡眠状态，故可能为电器的自动工作引爆了处于爆炸极限范围内的燃气空气混合物从而引发爆炸。现场调查发现，504 室厨房边有冰箱，推断冰箱的自动工作为闪爆发生的最可能点火源。

事故发生后，由现场应急处置指挥部邀请大连华润燃气公司专业抢修人员携带燃气激光检漏仪对 271 号楼 4 楼、5 楼燃气支管进行检测，燃气激光检漏仪没有报警提示，未发现有泄漏点。

综上所示，通过调查分析，能够确定引发本次事故的燃气泄漏源位于 504 室内的软管，排除 404 室、401 室以及其他房间或空间内（如走廊的燃气支管等）燃气泄漏后扩散进入 504 室的可能。

5）造成本次事故的主要原因

504 室住户使用不合格灶具连接胶管，且胶管使用年限超期，在较低温度下出现脆性开裂，致使燃气泄漏，室内形成闪爆气体，遇明火点燃后产生闪爆。

燃气用户安全意识淡漠，燃气使用完毕后，未及时关闭燃气管道灶前阀门，使用不带熄火保护的灶具等。

6）造成本次事故的次要原因

大连新世纪燃气有限公司在指导燃气用户安全用气方面虽然开展了入户检查，并对504室用户存在的安全隐患进行了告知，但对504室用户拒不整改的现象，只关闭阀门，未采取强制停气措施。

【知识巩固】

（1）描述一个典型的燃气泄漏事故案例，并分析造成该事故的主要原因是什么？如何预防类似事故再次发生？

（2）假设在一次燃气安全检查中，你发现了一处燃气管道老化的问题。你应该如何处理这个问题？在处理过程中需要注意哪些安全事项？

（3）简述燃气安全应急预案的重要性，并结合一个实际案例说明在燃气安全事故发生时，如何有效执行应急预案以减少损失和保障人员安全。

任务二　城镇燃气安全管理

【任务准备】

1. 城镇燃气管网安全管理

1）城镇燃气管网巡线

（1）输配管道及附属设施的保护范围应根据输配系统的压力分级和周边环境条件确定，最小保护范围应符合下列规定：

①低压和中压输配管道及附属设施，应为外缘周边0.5 m范围内的区域；

②次高压输配管道及附属设施，应为外缘周边1.5 m范围内的区域；

③高压及高压以上输配管道及附属设施，应为外缘周边5.0 m范围内的区域。

（2）燃气管道巡检应包括下列内容：

①在燃气管道设施保护范围内不应有土体塌陷、滑坡、下沉等现象，管道不应裸露；

②未经批准不得进行爆破和取土等作业；

③管道上方不应堆积、焚烧垃圾或放置易燃易爆危险物品、种植深根植物及搭建

建（构）筑物等；

④管道沿线不应有燃气异味、水面冒泡、树草枯萎和积雪表面有黄斑等异常现象或燃气泄出声响等；

⑤穿越或跨越管道、斜坡及其他特殊地段的管道，在暴雨、大风或其他恶劣天气过后应及时巡检；

⑥架空管道及附件防腐涂层应完好，支架固定应牢靠；

⑦燃气管道附件及标志不得丢失或损坏；

⑧在燃气管线的安全保护范围内是否存在工程施工、人工取土、挖沙等活动；

⑨标志桩、牌是否完好，管线走向图标是否清晰等；

⑩架空燃气管线、引入管、立管是否有锈蚀，支架和管卡是否有松动、脱落，架空管支架间距是否过大，架空管是否悬挂物体、是否有其他线路缠绕搭接、是否被包裹等现象；

⑪阀井、凝水缸是否有丢失、被占压、被掩埋等现象；

⑫ 井圈、井盖、水泥盖板是否配套、完好、固定，是否有丢失、坍塌等现象；

⑬ 燃气井及相邻管井内安装的可燃气体智能监测设备是否固定良好、是否丢失。

（3）应沿燃气管道在下列地方进行泄漏检测（如管道附近有异常现象，适当加大检测范围）：

①燃气管道附近的道路接缝、路面裂痕、土质地面或草地等；

②燃气管道附属设施及泄漏检测孔、检查井等；

③燃气管道保护范围内的其他市政管道井或管沟等。

2）城镇燃气管网巡线周期

燃气管道及附属设施的巡线工作包含燃气管道巡检与泄漏检测。

（1）燃气管道及附属设施巡检周期应符合下列规定：

①高压、次高压燃气管道应每日进行巡检；

②应对中压、低压输配管道进行巡检，每两日不得少于 1 次。

（2）泄漏检测是指使用检测仪器确定被检对象是否有燃气泄漏并进行泄漏点定位。燃气管道泄漏检测周期应符合下列规定：

①聚乙烯管道和设有阴极保护的钢质管道，检测周期不应超过 1 年；

②铸铁管道和未设阴极保护的钢质管道，检测周期不应超过半年；

③管道运行年限超过设计使用年限的 1/2，检测周期应缩短至原周期的 1/2；

④管道附属设施的泄漏检测周期应小于或等于与其相连接管道的泄漏检测周期；

⑤相邻管沟的检测周期与管道附属设施的泄漏检测周期一致；

⑥新通气的埋地管道应在 24 h 内进行泄漏检测，切线、接线的焊口及管道泄漏修补点应在操作完成通气后立即进行泄漏检测，上述两种情况均应在 1 周内进行 1 次复检；

⑦管道附属设施在更换或检修完成通气后应立即进行泄漏检测，并应在 24~48 h 内

进行。

3）城镇燃气管网占压点位的巡检

（1）相关二级单位应对占压点位开展重点巡检工作，发现泄漏立即上报，并采取措施，保障燃气管网安全运行。

（2）相关二级单位在巡检过程中发现可能造成燃气管道和设施的占压，要及时制止，杜绝产生新占压。

（3）相关二级单位清除占压点位后，要避免出现前清后占、边清边占的现象。

（4）相关二级单位巡检发现违章占压，应及时向违章占压产权单位或所有人下达违章通知书，并及时上报相关政府部门。

（5）相关二级单位每年要重新核对并下发一次违章通知书，巡线员要积极协助有关部门做好清占工作。

4）城镇燃气管网施工工地的巡检

（1）相关二级单位应对施工工地进行重点巡检工作，建立联系机制，了解施工进度，掌握施工动态，避免外力破坏事件的发生。

（2）相关二级单位要持续梳理燃气管线设施的警示标志，在日常巡检中发现损坏、丢失的警示标志要及时更换安装。

（3）相关二级单位要严格按照集团、公司预防外力破坏制度，在施工前与建设单位、施工单位签订相关手续，存在违规施工或者野蛮施工作业立即制止，并及时向110报警，同时向应急管理部门、城管委等报备。

5）城镇燃气管网巡线员工作要求

（1）严格执行燃气管道巡线的有关规定，做到不违章操作。

（2）巡线员必须按照巡线所属区域，定时、定点、定路径进行计划巡线。对新接收工程及管道设施改造变更，应及时调整巡线计划，并上报主管领导审核后，按新计划巡视。

（3）巡线员要做到持图上岗，要熟悉自己所管辖的管道、设施状况、管线走向、位置、管径、管材、相邻管沟、零层板、长度、埋深及周围环境等情况，要掌握所辖范围内的高、中、低压工商用户的分布和产权界定点的准确位置，并能识图及绘制简图，管线变更时应及时注明。

（4）巡线员按计划巡线并认真填写巡线日志，发现隐患及时制止、及时处理、及时报告、及时记录。

（5）巡检人员要认真、准确填写泄漏检测记录表。

（6）积极配合发生在所管辖区内管线及设施的抢修和施工工作，对新铺设的管线、设施工程竣工后参加接收工作。

（7）对管线沿线附近的单位、居民做好燃气安全知识宣传工作。

（8）巡线员应按照上级有关规定完成巡线自我发现率指标。

（9）巡线员应在工作时间内按照公司要求使用易巡检系统，熟练操作易巡检系统各项功能。

2. 城镇燃气用户安全管理

1）城镇燃气使用

（1）燃气用户应当遵守安全用气规则，使用合格的燃气燃烧器具和气瓶，及时更换国家明令淘汰或者使用年限已届满的燃气燃烧器具、连接管等。燃气单位用户应当建立健全安全管理制度，加强对操作维护人员燃气安全知识和操作技能的培训。燃气经营企业应当制作燃气安全使用宣传资料并免费向燃气用户发放，提高燃气用户安全用气意识。

（2）燃气用户应当按照约定期限支付燃气费用。燃气用户有权就燃气收费、服务等事项向燃气经营企业进行查询，燃气经营企业应当自收到查询申请之日起 5 个工作日内予以答复。燃气用户有权就燃气收费、服务等事项向市场监管部门、城市管理部门以及其他有关部门进行投诉，有关部门应当自收到投诉之日起 15 个工作日内予以处理。

（3）燃气用户及相关单位和个人不得有下列行为：

①擅自操作公用燃气阀门；

②将燃气管道作为负重支架或者接地引线；

③安装、使用不符合气源要求的燃气燃烧器具；

④擅自安装、改装、迁移、拆除户内燃气设施和燃气计量装置；

⑤在不具备安全条件的场所使用、储存燃气；

⑥盗用燃气或者毁损燃气设施；

⑦改变燃气用途或者转供燃气；

⑧无正当理由拒绝燃气经营企业入户安全检查；

⑨法律、法规禁止的其他行为。

（4）燃气用户及相关单位和个人使用燃气气瓶不得有下列行为：

①加热、暴晒、摔砸、滚动或者倒置燃气气瓶；

②用气瓶倒灌燃气或者倾倒气瓶内残液；

③用槽车直接向气瓶充装燃气。

（5）燃气居民用户需要改装、迁移或者拆除燃气管道、阀门等户内燃气设施的，应当向燃气经营企业办理相应手续，并委托燃气经营企业进行施工。

（6）生产、销售的燃气燃烧器具及其配件等产品质量应当符合国家有关标准。

（7）市场监管部门应当加强对燃气燃烧器具、连接管等燃气相关产品质量的监督管理，并向社会公布监督检查结果。

（8）燃气燃烧器具的安装、维修，应当符合国家有关标准。

2）城镇燃气设施保护

（1）管道燃气经营企业负责管理调压设备、燃气计量表、管道产权分界阀门及其按照逆气流方向延伸的燃气设施；管道燃气单位用户负责管理管道产权分界阀门按照顺气流方向延伸的燃气设施和燃气燃烧器具（调压设备和燃气计量表除外），也可以委托管道燃气经营企业代管。供用气合同另有约定的，从其约定。管道燃气居民用户负责管理燃气计量表后的燃气燃烧器具及与其连接的软管和紧固件；管道燃气经营企业负责管理燃气计量表和其他燃气管道设施。瓶装燃气用户负责管理其使用的气瓶、调压器和燃气燃烧器具及与其连接的软管和紧固件。

（2）市城市管理部门应当会同市规划资源等部门按照国家有关标准和规定划定燃气设施保护范围，并向社会公布。在燃气设施保护范围内，禁止从事下列危及燃气设施安全的活动：

①建设占压地下燃气管线的建筑物、构筑物或者其他设施；

②进行爆破、取土等作业或者动用明火；

③倾倒、排放腐蚀性物质；

④放置易燃易爆危险物品或者种植深根植物；

⑤其他危及燃气设施安全的活动。

（3）燃气经营企业应当按照国家有关工程建设标准和安全生产管理的规定，设置燃气设施防腐、绝缘、防雷、降压、隔离等保护装置和安全警示标志，定期进行巡查、检测、维修和维护，确保燃气设施的安全运行。燃气经营企业应当对安装在燃气用户室内和建筑物公共部位的公用燃气阀门设立警示标志，警示燃气用户不得擅自操作公用燃气阀门。

（4）任何单位和个人不得侵占、毁损、擅自拆除或者移动燃气设施，不得毁损、覆盖、涂改、擅自拆除或者移动燃气设施安全警示标志。任何单位和个人发现可能危及燃气设施和安全警示标志的行为，有权予以劝阻、制止；经劝阻、制止无效的，应当立即告知燃气经营企业，或者向城市管理部门、公用事业管理部门和应急管理部门、公安机关报告。

（5）燃气经营企业改动市政燃气设施的，应当制定改动方案，向市公用事业管理部门或者区城市管理部门提出申请，经批准后方可改动。改动方案应当符合燃气发展规划，明确安全施工要求，有安全防护和保障正常用气的措施。

（6）新建、改建、扩建建设工程，不得影响燃气设施安全。规划资源部门在核发建设工程规划许可证时，应当按照国家和本市有关规范要求，保障施工范围内原有燃气设施的安全。

（7）建设单位在开工前，应当查明建设工程施工范围内地下燃气管线的相关情况，燃气经营企业、城市管理部门以及其他有关部门和单位应当及时提供相关资料。

（8）建设工程施工范围内有地下燃气管线等燃气设施的，建设单位应当会同施工单位与管道燃气经营企业共同制定燃气设施保护方案。建设单位、施工单位应当采取相应的安全保护措施，确保燃气设施运行安全。施工单位应当将燃气设施保护方案确定的安全保护措施纳入施工组织设计文件和工程安全措施，并按照燃气设施保护方案进行施工。管道燃气经营企业应当派专业人员进行现场指导。

（9）管道燃气经营企业发现建设工程施工范围内有地下燃气管线等燃气设施，但未制定燃气设施保护方案的，应当告知施工单位暂时停止施工；施工单位拒不停工的，管道燃气经营企业应当向城市管理部门、住房和城乡建设部门报告。

（10）建设工程施工损坏地下燃气管线等燃气设施的，施工单位应当立即通知管道燃气经营企业，并协助管道燃气经营企业进行抢修；造成损失的，应当依法进行赔偿；造成事故的，应当承担相应法律责任。管道燃气经营企业未按照规定进行现场指导，导致地下燃气管线等燃气设施损坏的，应当自行承担相应责任。

3）燃气安全事故预防与处理

（1）城市管理部门应当会同有关部门制定燃气安全事故应急预案，建立燃气事故统计分析制度，定期通报事故处理结果。燃气经营企业应当制定本单位燃气安全事故应急预案，配备应急人员和必要的应急装备、器材，并定期组织培训和演练。

（2）任何单位和个人发现燃气安全事故或者燃气安全事故隐患等情况，应当立即告知燃气经营企业，或者向城市管理部门、公用事业管理部门、消防救援机构等有关部门和单位报告。

（3）燃气经营企业接到负责管理的燃气设施损坏、泄漏的报告后，应当立即组织抢修和处置，公安机关、消防救援机构等有关部门和单位应当予以配合。燃气经营企业对影响抢修的树木、园林设施、市政设施和其他设施可以采取必要的应急措施，并同时通知有关部门。造成直接经济损失的，应当给予合理补偿。

（4）燃气安全事故发生后，燃气经营企业应当立即启动本单位燃气安全事故应急预案，组织抢险、抢修，按照国家有关规定向城市管理部门、公用事业管理部门和应急管理部门、公安机关、消防救援机构等有关部门和单位报告。有关部门和单位应当按照燃气安全事故应急预案，立即采取措施防止事故扩大，做好燃气安全突发事件的指挥、处置等工作。

（5）燃气安全事故的调查和处理，按照有关法律、法规的规定执行。

【任务实施】

根据项目任务书和项目任务完成报告进行任务实施，见表 9-2-1 和表 9-2-2。

表 9-2-1　项目任务书

任务名称	城镇燃气安全管理		
小组成员			
指导教师		计划用时	
实施时间		实施地点	
任务内容与目标			
1. 了解城镇燃气管网安全管理； 2. 了解城镇燃气用户安全管理。			

续表

考核项目	1. 城镇燃气管网安全管理； 2. 城镇燃气用户安全管理。
备注	

表 9-2-2　项目任务完成报告

任务名称	城镇燃气安全管理		
小组成员			
具体分工			
计划用时		实际用时	
备注			

1. 简述城镇燃气管网安全管理包括哪些内容。

2. 简述如何正确使用城镇燃气。

3. 简述燃气安全事故预防与处理的要求。

【任务评价】

根据项目任务综合评价表进行任务评价，见表 9-2-3。

表 9-2-3　项目任务综合评价表

任务名称：　　　　　　　　　　　　　　　　　　测评时间：　　年　　月　　日

考核明细		标准分	实训得分								
			小组成员								
			小组自评	小组互评	教师评价	小组自评	小组互评	教师评价	小组自评	小组互评	教师评价
团队（60 分）	小组成员是否能在总体上把握学习目标与进度	10									
	小组成员是否分工明确	10									
	小组成员是否有合作意识	10									
	小组成员是否有创新想（做）法	10									
	小组成员是否如实填写项目任务完成报告	10									
	小组成员是否存在问题和具有解决问题的方案	10									
个人（40 分）	个人是否服从团队安排	10									
	个人是否完成团队分配的任务	10									
	个人是否能与团队成员及时沟通和交流	10									
	个人是否能够认真描述困难、错误和修改的地方	10									
合计		100									

【知识巩固】

（1）在燃气管网安全管理中，哪些关键因素需要定期监测，以确保管网的正常运行和安全。

（2）燃气居民用户在日常生活中应如何检查和维护家中的燃气设施，以预防潜在的安全风险。

（3）当发现燃气管网存在泄漏风险时，应采取哪些紧急措施来保障公共安全。

（4）如何通过有效的用户教育和培训来提高公众对燃气安全的认识和应急处理能力。

参考文献

[1] 段常贵. 燃气输配 [M].5 版. 北京：中国建筑工业出版社，2015.

[2] 张引弟，伍丽娟，张瑞. 燃气工程及应用技术 [M]. 北京：石油工业出版社，2016.

[3] 郁永章，高其烈，冯兴全，等. 天然气汽车加气站设备与运行 [M]. 北京：中国石化出版社，2006.

[4] 马良涛. 燃气输配 [M]. 北京：中国电力出版社，2004.

[5] 中华人民共和国住房和城乡建设部. 城镇燃气设计规范（2020 年版）：GB 50028—2006[S]. 北京：中国建筑工业出版社，2020.

[6] 中华人民共和国住房和城乡建设部. 城镇燃气室内工程施工与质量验收规范：CJJ 94—2009[S]. 北京：中国建筑工业出版社，2009.

[7] 中华人民共和国住房和城乡建设部. 燃气工程项目规范：GB 55009—2021[S]. 北京：中国建筑工业出版社，2021.

[8] 中华人民共和国住房和城乡建设部. 城镇燃气管网泄漏检测技术规程：CJJ/T 215—2014[S]. 北京：中国建筑工业出版社，2014.

[9] 中华人民共和国住房和城乡建设部. 城镇燃气设施运行、维护和抢修安全技术规程：CJJ 51—2016[S]. 北京：中国建筑工业出版社，2016.

[10] 天津市城乡建设和交通委员会. 天津市城镇燃气供气设施运行管理标准：DB/T 29—119—2011[S]. 天津，2011.

Транспортировка и распределение газа

Редакторы: Дан Тяньвэй, Ван Синьхуа, Шань Юаньтай

天津大学出版社
TIANJIN UNIVERSITY PRESS

Редакционная коллегия

Предисловие

Мастерская имени Лу Баня в Таджикистане построена Тяньцзиньским профессионально-техническим университетом и Таджикским техническим университетом имени академика М. С. Осими с целью укрепления сотрудничества между Китаем и Таджикистаном в области прикладных технологий и профессионально-технического обучения, а также совместного использования высококачественных ресурсов китайского профессионально-технического обучения.

Этот учебник основывается на потребностях в преподавании и обучении в мастерской имени Лу Баня в Таджикистане. Он ставит своей целью подготовку высококвалифицированных технических и профессиональных кадров в специальности технологии городского газового строительства и направлен на то, чтобы поделиться передовыми технологиями транспортировки и распределения газа нашей страны с миром и создать мост для связи между профессиональным образованием в Тяньцзине и миром.

Учебник разработан в соответствии с проектной моделью и концепцией профессионального образования, ориентированной на практические рабочие задачи, выделяет особенности связи профессионально-технического обучения и практического образования, делает акцент на сочетании теории и практики, итерируя модульное обучение через теорию и практику. Пособие сопровождается информационными учебными ресурсами, которые можно просмотреть, отсканировав QR-код в книге с помощью мобильного телефона.

Этот учебник включает в себя типичные примеры аварий в газовой отрасли и другие материалы, соответствующие требованиям к профессиональным компетенциям в области городских газовых технологий и систем отопления, вентиляции и кондиционирования воздуха. Учебник состоит из 9 учебных проектов, 28 типичных задач и 19 видеоматериалов. Согласно нормам восприятия знаний учащимися, каждая задача состоит из таких разделов, как «Задача проекта», «Подготовка к задаче», «Выполнение задачи», «Обучение навыкам», «Размышление и тренировка». Проект I и проект II были разработаны Дан Тяньвэй и Ван Синьхуа, проект III - Ван Синьхуа, проект IV - Дуань Татай, проект V - Ван Цзе, проект VI - Гао Юйли, проект VII - Дан Тяньвэй и Шань Юаньтай, проект VIII - Лю Цзе, проект IX - Вэй Сюйчунь. В разработке данного учебника принял и участие Т. Р. Холмуратов, П. С. Хужаев,

Р. Г. Абдуллаев из кафедры теплогазоснабжения и вентиляции Таджикского технического университета имени академика М. С. Осими. Дан Тяньвэй, Ван Синьхуа и Шань Юаньтай выполнили планирование и заключительное редактирование всего учебника. У Хайюе участвовала в проверке перевода.

Этот учебник составлен на двух языках — китайском и русском, и подходит для использования в учебных заведениях и странах с китайской и русской языковой средой, а также для обучения профессиональным навыкам. Учебник также может служить справочным пособием для специалистов в области городского газораспределения, инженерии транспортировки и хранения нефти и газа, а также для инженеров, занимающихся производством и распределением газа.

Данный учебник был разработан при содействии и поддержке со стороны ООО «Тяньцзиньской энергетической инвестиционной корпорации», ООО «Газовой компании "Цзиньжань Хуарунь"», ООО «Компания интеллектуального энергетического менеджмента "Хуа Дэ" (Тяньцзинь)» с учетом соответствующих литературных материалов, вв связи с чем мы выражаем искреннюю благодарность.

Из-за ограниченности объема знаний редакторов в данной области книга может содержать некоторые ошибки и недочеты, поэтому критика и исправления от читателей приветствуется.

От редактора

Октябрь 2024 г.

Содержание

Проект Ⅰ

Основные знания о городском газоснабжении

【Описание о проекте】

Городской газ—это газообразное топливо, поставляемое из региональных источников газа в городах, поселках или жилых районах через системы распределения для использования в быту, коммерческих и промышленных предприятиях, а также для отопления, вентиляции, кондиционирования воздуха и газовых автомобилей. Этот газ соответствует требованиям к качеству, установленным государственными стандартами, и является важной инфраструктурой современных городов. С быстрым развитием национальной экономики Китая, начиная с 21-го века, разработка и использование природного газа в Китае достигли значительных успехов и вступили в период быстрого роста. Природный газ, как чистый, эффективный и низкоуглеродный ископаемый энергоноситель, будет продолжать занимать важное место в городском газоснабжении и структуре энергопотребления в процессе достижения «пика углеродных выбросов и углеродной нейтральности». Этот проект в основном посвящен введению в классификацию, основные свойства и требования к качеству городского газа, чтобы студенты имели начальное представление и понимание городского газа, что создаст основу для дальнейшего изучения знаний о распределении газа.

【Цель проекта】

Основные знания о городском газоснабжении

- **Цели по формированию компетенций**
  - 1. Развивать у студентов способность к самостоятельному обучению и применению знаний
  - 2. Развивать у студентов способность к научному мышлению и анализу проблем
  - 3. Развивать у студентов способность к инновациям и практическим исследованиям
  - 4. Развивать у студентов практические навыки
- **Цели по формированию знаний**
  - 1. Знать классификацию городского газа
  - 2. Знать основные свойства городского газа
  - 3. Знать требования к качеству городского газа
  - 4. Знать технологии одоризации городского газа
- **Цели по формированию навыков**
  - 1. Развивать у студентов способность к самостоятельному обучению и применению знаний
  - 2. Развивать у студентов способность к научному мышлению и анализу проблем
  - 3. Уметь анализировать требования к качеству различных видов городского газа
  - 4. Уметь анализировать технологические процессы различных методов одоризации

Задача I Классификация городского газа

Газ—это общее название для всех видов газообразного топлива, при сгорании которого выделяется тепло. Городской газ—это газообразное топливо, поставляемое из региональных источников газа в городах, поселках или жилых районах через системы распределения для использования в быту, коммерческих и промышленных предприятиях, а также для отопления, вентиляции, кондиционирования воздуха и газовых автомобилей. Этот газ соответствует требованиям к качеству, установленным государственными стандартами, и является важной инфраструктурой современных городов. Городской газ — это высококачественное горючее газообразное топливо, которое играет важную роль в защите окружающей среды, снижении загрязнения, улучшении условий жизни людей, повышении качества жизни, стимулировании производства и развитии экономики.

【Подготовка к задаче】

Городской газ—это газообразное топливо, которое поступает из источников газа через системы распределения и подачи в городах или жилых районах и используется для производственных и бытовых нужд, соответствующее требованиям к качеству, установленным государственными стандартами.

Городской газ представляет собой смесь различных газов, состоящую в основном из горючих и негорючих газов. В том числе, в состав горючих газов входят углеводороды, водород и угарный газ, а в состав негорючих газов входят углекислый газ и азот. Среди этих горючих и негорючих газов и их продуктов сгорания некоторые компоненты являются загрязняющими веществами и токсичными, такими как сульфиды, оксиды азота, аммиак, угарный газ, углекислый газ и другие. Кроме того, текучесть газообразного топлива позволяет ему легко смешиваться с воздухом, образуя взрывоопасную смесь. Поэтому городской газ является легковоспламеняющимся и взрывоопасным газообразным топливом.

Существует множество видов городского газа, включая природный газ, искусственный газ, сжиженный нефтяной газ и биогаз.

1. Природный газ

С развитием мировой экономики и усилением осознания необходимости

защиты окружающей среды, все больше внимания уделяется использованию чистых, экологически безопасных, экономически выгодных и эффективных источников энергии. Природный газ образуется в результате биохимических и геологических процессов, мигрирует и накапливается под определенным давлением. Природный газ стал важной составляющей городского газоснабжения в 21 веке. Он представляет собой смесь низкомолекулярных алканов, в основном состоящую из метана. Природный газ бесцветен, не имеет запаха и вкуса, нетоксичен и относится к чистым источникам энергии.

1) Классификация природного газа

Природный газ можно классифицировать по-разному. В зависимости от методов разведки и добычи его можно разделить на две основные категории: обычный природный газ и нетрадиционный природный газ.

Ⅰ. Обычный природный газ

Обычный природный газ можно разделить, в зависимости от характеристик месторождений, на газ месторождений, нефтяной попутный газ и газ конденсатных месторождений.

(1) Газ месторождений добывают из газовых скважин, и его также называют чистым природным газом. Основным компонентом газа месторождений является метан (содержание метана обычно около 98%). Основные месторождения расположены в Сычуани, Северном Китае и на севере Шэньси. В стандартных условиях (T=273 K, P=101 325 Па) теплотворная способность газа месторождений составляет около 36 МДж/Нм^3, плотность — 0, 74 кг/Нм^3, относительная плотность (удельный вес) — 0, 58, а предел взрываемости находится в диапазоне 5%~15%, что делает его маловероятным для образования взрывоопасных смесей.

(2) Нефтяной попутный газ - это природный газ, который обитает вместе с нефтью и добывается одновременно с ней. Основными компонентами нефтяного попутного газа являются метан, этан, пропан и бутан, также присутствуют небольшие количества пентана и тяжелых углеводородов. Содержание метана составляет около 80%, а содержание этана, пропана и бутана составляет около 15%. Основные месторождения находятся в районах Шэньяна, Аньшань и других регионах. В стандартных условиях теплотворная способность нефтяного попутного газа составляет около 45 МДж/Нм^3, плотность—1, 04 кг/Нм^3, относительная плотность — 0, 8, а предел взрываемости находится в диапазоне 4%~14%.

(3) Газ конденсатных месторождений добывается из глубоко залегающих месторождений и содержит легкие нефтяные фракции. В дополнение к большому содержанию метана, он также содержит от 2% до 5% углеводородов, начиная с пентана и выше.

Ⅱ. Нетрадиционный природный газ

Нетрадиционный природный газ относится к природным газовым

ресурсам, которые в настоящее время не разрабатываются в промышленных масштабах из-за технических и экономических ограничений. К ним относятся угольный газ, сланцевый газ, гидрат природного газа, растворенный газ, биогаз из неглубоких слоев и газ из плотных песчаников. Китай обладает богатыми ресурсами нетрадиционного природного газа, что открывает огромные перспективы для его применения в будущем.

(1) Угольный газ, также известный как метан угольных пластов, формируется в процессе образования угольных пластов через биохимические и метаморфические процессы и существует в поглощенном или свободном состоянии в угольных пластах и твердых породах. Основным компонентом угольного газа является метан, также присутствуют небольшие количества углекислого газа, азота, водорода и углеводородных соединений. Разработка и использование угольного газа могут предотвратить аварии, связанные с шахтным газом, и эффективно сократить выбросы парниковых газов. Он может служить эффективным и чистым источником городского газа. Китай поощряет разработку и использование угольного газа, и в настоящее время его добыча и использование развиваются аналогично обычному природному газу, формируя начальную модель индустриального развития.

(2) Сланцевый газ—это природный газ, который существует в поглощенном или свободном состоянии в темных глинистых сланцах или высокоуглеродистых глинистых сланцах. Низкая проницаемость резервуаров сланцевого газа делает его добычу довольно сложной. США являются одной из стран с наиболее развитой технологией разведки и добычи сланцевого газа и уже реализовали его коммерческую разработку. В Китае сланцевый газ широко распространен в морских и континентальных бассейнах, и ресурсы его богаты.

(3) Гидрат природного газа—это соединение природного газа с водой, образующееся при высоком давлении и низкой температуре, и внешне напоминающее лед. Основной газ, формирующий гидраты природного газа, — метан; в стандартных условиях 1 единица объема метанового гидрата может содержать до 164 единиц объема метана. Из-за ледоподобного вида и возможности горения при контакте с огнем, они также называют "горючим льдом". Гидраты природного газа обладают высокой плотностью ресурсов, они широко распространены по всему миру и имеют значительную ресурсную ценность, что делает их предметом долгосрочных исследований в нефтегазовой промышленности. При добыче гидратов природного газа необходимо решать такие технические проблемы, как минимизация воздействия на окружающую среду и климат.

2) Преимущества природного газа

(1) Чистота: Природный газ является одним из самых чистых доступных минеральных топлив, практически не содержащим серы и других примесей. При сжигании природного газа основными продуктами являются углекислый газ

и водяной пар, при этом практически не выделяется диоксид серы или микрочастицы. Количество выделяемых вредных веществ значительно меньше, чем у других минеральных топлив, таких как уголь и нефть.

(2) Экономичность: С точки зрения относительной теплотворной способности, природный газ дешевле большинства других видов топлива. Например, он на 34%~88% дешевле газа, на 38%~52% дешевле сжиженного нефтяного газа и на 63%~80% дешевле электроэнергии.

(3) Безопасность: Природный газ имеет взрывоопасный предел в пределах 5%~15%, что является узким диапазоном и затрудняет образование взрывоопасных смесей. Он не содержит угарного газа и других токсичных газов, и вдыхание небольшого количества природного газа не вредит здоровью человека, что делает его более безопасным по сравнению с искусственным газом. Природный газ доставляется конечным пользователям по трубопроводам, что позволяет избежать опасностей, связанных с высоконапорным хранением сжиженного газа в баллонах. Поскольку природный газ легче воздуха, при утечке он быстро рассеивается и не склонен к образованию взрывоопасных концентраций.

(4) Высокая эффективность: Природный газ чист, хорошо горит и имеет высокую эффективность сгорания, что приводит к более высокому выделению тепла по сравнению с большинством других минеральных топлив при той же теплотворной способности.

(5) Удобство: Природный газ транспортируется по трубопроводам, что устраняет необходимость в транспортировке, как в случае с другими видами топлива, такими как уголь или сжиженный газ в баллонах. Кроме того, оборудование для сжигания природного газа проще, легче в эксплуатации и обслуживании по сравнению с оборудованием для сжигания угля или других видов топлива. При использовании природного газа не образуются твердые отходы или зола.

2. Искусственный газ

В 50-х годах XX века основным источником газоснабжения в городских системах Китая был искусственный газ. Искусственный газ для бытовых нужд, промышленного производства и коммерческого использования представлял собой топливо, производимое из угля или нефти путем газификации и очистки, которое доставлялось пользователям через городскую газовую сеть.

В зависимости от состава и свойств сырья (угля и нефти), а также методов разработки газа, искусственный газ из угля можно разделить на четыре типа: газ сухой перегонки твердого топлива, газ газификации твердого топлива, газ из нефти и доменный газ.

(1) Газ сухой перегонки твердого топлива получают при помощи коксовой батареи, непрерывной вертикальной печи карбонизации и вертикальной камерной печи, которые применяются для сухой перегонки угля. Это был один

из первых городских газов, и он оставался важным источником городского газоснабжения в Китае в XX веке. Его теплотворная способность в стандартных условиях составляет около 16, 7 МДж/Нм³, плотность — около 0, 5 кг/Нм³, относительная плотность — 0, 4, а предел взрывоопасности обычно находится в диапазоне 4, 5%~36%, что делает его легко взрывоопасным.

(2) Газ газификации твердого топлива, также известный как водяной газ или генераторный газ, имеет низкую теплотворную способность (в пределах 5, 4~10, 5 МДж/Нм³) и высокую токсичность (высокое содержание угарного газа), поэтому обычно его не используют в качестве источника городского газа, а применяют преимущественно в промышленности и для жителей промышленных зон.

(3) Газ из нефти производится путем крекинга тяжелой нефти. Крекинг тяжелой нефти можно разделить на термический и каталитический методы. Термический крекинг - это метод получения горючего газа путем нагрева тяжелой нефти, а каталитический крекинг использует катализаторы для расщепления тяжелой нефти. Теплотворная способность термического крекинга около 41, 9 МДж/Нм³, каталитического - около 20 МДж/Нм³. Преимущества получения газа крекингом тяжелой нефти: простое оборудование, низкие инвестиции, малая площадь, быстрое строительство, небольшой штат управления, гибкий запуск/остановка. Недостатки: дефицит и высокая стоимость сырья, так как тяжелая нефть является важным химическим сырьем. Раньше многие города использовали газ, полученный из нефти, в качестве пикового источника городского газа.

(4) Доменный газ - побочный продукт выплавки чугуна, имеет низкую теплотворную способность (около 4 МДж/Нм³) и высокую токсичность, используется в основном в промышленности.

3. Сжиженный нефтяной газ

Сжиженный нефтяной газ (СНГ) является побочным продуктом, получаемым в процессе добычи и переработки нефти. Он состоит из углеводородов. Выход СНГ составляет 7-8% от объема каталитического крекинга нефти. При нормальных условиях находится в газообразном состоянии, легко сжижается при понижении температуры или повышении давления. При переходе из газообразного состояния в жидкое объем уменьшается примерно в 250 раз. СНГ удобен для транспортировки, хранения и подачи, имеет высокую теплотворную способность и полностью сгорает. Он является одним из важных вспомогательных источников газа для городского газоснабжения, обладает преимуществами низких инвестиций, быстрого строительства и гибкой подачи. При стандартных условиях теплотворная способность СНГ составляет около 108 МДж/Нм³, плотность 2, 36 кг/Нм³, относительная плотность 1, 8, пределы взрываемости 2-10%, что делает его относительно безопасным газом с точки зрения взрывоопасности.

4. Биогаз

Биогаз (метан) - это горючий газ, образующийся при анаэробном сбраживании различных органических веществ (таких как белки, целлюлоза, жиры, крахмал и др.) под действием микроорганизмов в отсутствие воздуха. Сырье для брожения имеет широкий спектр источников. Органические материалы, такие как сельскохозяйственная солома, навоз человека и животных, мусор, сорняки и опавшие листья, могут использоваться в качестве сырья для производства биогаза, поэтому биогаз относится к возобновляемым источникам энергии. Состав биогаза: около 60% метана, 35% углекислого газа, небольшое количество водорода, сероводорода и угарного газа. Биогаз в основном используется для развития чистой энергии в сельской местности. Его теплотворная способность составляет около 20, 9 МДж/Нм³.

Основные компоненты и низшая теплотворная способность различных газов приведены в таблице 1-1-1.

Табл. 1-1-1 Основные компоненты и низшая теплотворная способность различных газов

Порядковый номер	Класс газов	Компоненты (объемный %)									Низшаятеплотворная способность (кДж/Нм³)
		CH_4	C_3H_8	C_4H_{10}	C_mH_n	O	H_2	CO_2	O_2	N_2	
I	Природный газ										
1	Чистый природный газ	98	0, 3	0, 3	0, 4					1, 0	36 220
2	Попутный нефтяной газ	81, 7	6, 2	4, 86	4, 94			0, 3	0, 2	1, 8	45 470
3	Газоконденсатный газ месторождения	74, 3	6, 75	1, 87	14, 91			1, 62		0, 55	48 360
4	Рудничный газ	52, 4						4, 6	7, 0	36, 0	18 040
II	Искусственный газ										
(I)	Газ сухой перегонки твердого топлива										
1	Коксовый газ	27			2	6	56	3	1	5	18 250
2	Газ из вертикальной непрерывной коксовой печи	18			1, 7	17	56	5	0, 3	2	16 160
3	Газ из вертикальной камерной печи	25				9, 5	55	6	0, 5	4	16 120
(II)	Газифицированный газ из твердого топлива										
1	Газифицированный газ под давлением	18			0, 7	18	56	3	0, 3	4	15 410
2	Водяной газ	1, 2				34, 4	52	8, 2	0, 2	4, 0	10 380

Порядкый номер	Класс газов	Компоненты (объемный %)									Низшаятеплотворная способность (кДж/Нм³)
		CH_4	C_3H_8	C_4H_{10}	C_mH_n	O	H_2	CO_2	O_2	N_2	
3	Газ из генераторной печи	1, 8		0, 4		30, 4	8, 4	2, 4	0, 2	56, 4	5 900
(III)	Газ, полученный из нефти										
1	Газ из термического крекинга тяжелых нефтепродуктов с использованием тепловых накопителей	28, 5			32, 17	2, 68	31, 51	2, 13	0, 62	2, 39	42 160
2	Газ из каталилического крекинга тяжелых нефтепродуктов с использованием теплового накопления	16, 6			5	17, 2	46, 5	7	1	6, 7	17 540
(IV)	Доменный газ	0, 3				28, 0	2, 7	10, 5		58, 5	3 940
III	Сжиженный нефтяной газ (приблизительное значение)		50	50							108 440
IV	Биогаз (биометан)	60				Небольшое количество	Небольшое количество	35	Небольшое количество		21 770

【Выполнение задачи】

Выполнение задача осуществляется в соответствии с проектным заданием и отчетом о выполнении задачи проекта, см. таблицы 1-1-2 и 1-1-3.

Табл. 1-1-2 Проектное задание

Наименование задачи	Классификация городского газа		
Члены группы			
Руководитель		Планируемое время	
Время выполнения		Место выполнения	
Содержание и цели задачи			
1. Знать классификацию городского газа; 2. Освоить состав различных городских газов; 3. Освоить классификацию природного газа.			
Контрольные пункты	1. Классификация городского газа; 2. Состав различных городских газов; 3. Классификация природного газа.		
Примечание			

Табл. 1-1-3 Отчет о выполнении задачи проекта

Наименование задачи	Классификация городского газа		
Члены группы			
Конкретное распределение задач			
Планируемое время		Фактическое время выполнения	
Примечание			
1. Краткое описание: Что такое городской газ и его состав. 2. Краткое описание: Какие существуют виды городского газа. 3. Краткое описание: Какие существуют виды природного газа и их характеристики. 4. Анализ основных компонентов различных видов городского газа.			

【Оценка задачи】

Оценка задачи проводится согласно таблице комплексной оценки задачи проекта, см. таблицу 1-1-4.

Табл. 1-1-4 Таблица комплексной оценки задачи проекта

Наименование задачи: Дата оценки: год, месяц, день

Детали оценки		Стандартный балл	Практический балл								
			Члены группы								
			Самооценка группы	Взаимная оценка группы	Оценка преподавателя	Самооценка группы	Взаимная оценка группы	Оценка преподавателя	Самооценка группы	Взаимная оценка группы	Оценка преподавателя
Оценка группы (60 баллов)	Способность членов группы в целом понимать цели обучения и график	10									
	Четкое распределение задачи между членами группы	10									
	Наличие духа сотрудничества у членов группы	10									

Детали оценки		Стандартный балл	Практический балл								
			Члены группы								
			Самооценка группы	Взаимная оценка группы	Оценка преподавателя	Самооценка группы	Взаимная оценка группы	Оценка преподавателя	Самооценка группы	Взаимная оценка группы	Оценка преподавателя
Оценка группы (60 баллов)	Наличие инновационных идей (методов) у членов группы	10									
	Достоверность заполнения отчета о выполнении задачи проекта членами группы	10									
	Наличие проблем и решений у членов группы	10									
Оценка личности (40 балл-ов)	Подчинение членов групповым решениям	10									
	Выполнение задач, назначенных группой	10									
	Своевременное общение и обмен информацией с членами группы	10									
	Способность серьезно описывать трудности, ошибки и изменения	10									
Итого		100									

【Закрепление знаний】

(1) Что такое центральная система кондиционирования воздуха и каковы ее особенности?

(2) Из чего состоит центральная система кондиционирования воздуха?

Задача Ⅱ Основные свойства городского газа.

【Подготовка к задаче】

Газ—это смесь различных газов, которая в основном состоит из горючих компонентов, таких как низшие углеводороды (метан, этан, пропан, бутан, этилен, пропилен, бутилен), водород и окись углерода. Также в состав газа входят негорючие компоненты, такие как двуокись углерода, азот и кислород, а также примеси, такие как аммиак, сульфиды, цианиды, водяной пар, каменноугольная смола, нафталин и пыль. Основные совойства обычных низших углеводородов и некоторых отдельных газов приведены в таблицах 1-2-1 и 1-2-2 соответственно.

Табл. 1-2-1 Основные свойства общих низших углеводородов (273, 15 К, 101, 325 кПа)

Газ	Метан	Этан	Этилен	Пропан	Пропилен	Н-бутан	Изо-бутан	Н-пентан
Молекулярная формула	CH_4	C_2H_6	C_2H_4	C_3H_8	C_3H_6	C_4H_{10}	C_4H_8	C_5H_{12}
молекулярная масса M (кг/кмоль)	16, 0430	30, 0700	28, 0540	44, 0970	42, 0810	58, 1240	58, 1240	72, 1510
Молярный объем VM (Нм³/кмол)	22, 3621	22, 1872	22, 2567	21, 9360	21, 9900	21, 5036	21, 5977	20, 8910
Плотность ρ (кг/Нм³)	0, 7174	1, 3553	1, 2605	2, 0102	1, 9136	2, 7030	2, 6912	3, 4537
Газовая постоянная R [кДж / (кг • К)]	517, 1	273, 7	284, 3	184, 5	193, 8	137, 2	137, 8	107, 3
Критические параметры								
Критическая температура Тс (К)	191, 05	305, 45	282, 95	368, 85	364, 75	425, 95	407, 15	470, 35
Давление Рс (МПа)	4, 6407	4, 8839	5, 3398	4, 3975	4, 7623	3, 6173	3, 6578	3, 3437
Плотность ρс (кг/Нм³)	162	210	220	226	232	225	221	232
Теплотворная способность								
Высокая теплотворная способность Hh (МДж/Нм³)	39, 842	70, 351	63, 438	101, 266	93, 667	133, 886	133, 048	169, 377

Газ	Метан	Этан	Этилен	Пропан	Пропилен	Н-бутан	Изо-бутан	Н-пентан
Низшаятеплотворная способность Hl (кДж/Нм³)	35，902	64，397	59，477	93，240	87，667	123，649	122，853	156，733
Взрывные пределы ①								
Нижний взрывной предел Lh (объемная %)	5，0	2，9	2，7	2，1	2，0	1，5	1，8	1，4
Верхний взрывной предел Ll (объемная %)	15，0	13，0	34，0	9，5	11，7	8，5	8，5	8，3
Вязкость								
Динамическая вязкость μ ($\times 10^6$ Па•с)	10，395	8，600	9，316	7，502	7，649	6，835	—	6，355
Кинематическая вязкость v ($\times 10^6$ m^2/с)	14，50	6，41	7，46	3，81	3，99	2，53	—	1，85
Безразмерный коэффициент C	164	252	225	278	321	377	368	383

Примечание：① -Объемная доля горючих газов в воздухе при нормальном атмосферном давлении и температуре 293 К.

Табл. 1-2-2 Основные свойства отдельных газов (273，15 К，101，325 кПа)

Газ	Окись углерода	Водорода	Азот	Кислород	Двуокись углерода	Сероводород	Воздух	Водяной пар
Молекулярная формула	CO	H_2	N_2	O_2	CO_2	H_2S	—	H_2O
молекулярная масса M (кг/кмоль)	28，0104	2，0160	28，0134	31，9988	44，0098	34，0760	28，9660	18，0154
Молярный объем VM (Нм³/кмол)	22，3984	22，4270	22，4030	22，3923	22，2601	22，1802	22，4003	21，6290
Плотность ρ (кг/Нм³)	1，2506	0，0899	1，2504	1，4291	1，9771	1，5363	1，2931	0，8330
Газовая постоянная R [кДж / (кг・К)]	296，63	412，664	296，66	259，585	188，74	211，15	286，867	445，357
Критические параметры								
Критическая температура Tc (K)	133，0	33，3	126，2	154，8	304，2	—	132，5	647，3
Давление Pc (МПа)	3，1937	1，2970	3，3944	5，0764	7，3866	—	3，7663	22，1193
Плотность ρc (кг/Нм³)	300，86	31，015	310，910	430，090	468，190	—	320，070	321，700
Теплотворная способность								

Газ	Окись углерода	Водорода	Азот	Кислород	Двуокись углерода	Сероводород	Воздух	Водяной пар
Высокая теплотворная способн-ость H_h (МДж/Нм³)	12, 636	12, 745	—	—	—	25, 348	—	—
Низшаятеплотворная способность H_l (кДж/Нм³)	12, 636	10, 786	—	—	—	23, 368	—	—
Взрывные пределы ①								
Нижний взрывной предел L_h (объемная %)	12, 5	4, 0	—	—	—	4, 3	—	—
Верхний взрывной предел L_l (объемная %)	74, 2	75, 9	—	—	—	45, 5	—	—
Вязкость								
Динамическая вязкость μ (× 10⁶ Па · с)	16, 573	8, 355	16, 671	19, 417	14, 023	11, 670	17, 162	8, 434
Кинематическая вязкость ν (× 10⁶ м²/с)	13, 30	93, 00	13, 30	13, 60	7, 09	7, 63	13, 40	10, 12
Безразмерный коэффициент C	104	81, 7	112	131	266	—	122	—

Примечание: ① -Объемная доля горючих газов в воздухе при нормальном атмосферном давлении и температуре 293 K.

1. Средняя молекулярная масса, средняя плотность и относительная плотность смешанных газов и жидкостей газов

1) Средняя молекулярная масса (средняя молярная масса)

Средняя молекулярная масса смешанных газов и жидкостей рассчитывается по формулам (1-2-1) и (1-2-2) соответственно.

$$M=\sum y_i M_i=y_1M_1+y_2M_2+...+y_nM_n \quad (1\text{-}2\text{-}1)$$

Где, M——средняя молекулярная масса смешанного газа (кг/кмоль);

y_1, y_2, ⋯, y_n——молярные доли компонентов в смешанном газе (молярные доли газов равны их объемным долям);

M_1, M_2, ⋯, M_n——молекулярные массы компонентов смешанного газа (кг/кмоль) .

$$M=\sum x_i M_i=x_1M_1+x_2M_2+...+x_nM_n \quad (1\text{-}2\text{-}2)$$

Где, M——средняя молекулярная масса смешанной жидкости (кг/кмоль);

x_1, x_2, ⋯, x_n——молярные доли компонентов в смешанной жидкости;

M_1, M_2, ⋯, M_n——молекулярные массы компонентов смешанной жидкости (кг/кмоль) .

2) Средняя плотность и относительная плотность

Средняя плотность и относительная плотность смешанных газов

рассчитываются по формулам (1-2-3) и (1-2-4) соответственно:

$$\rho = \frac{m}{V} = \frac{M}{V_M} \quad (1\text{-}2\text{-}3)$$

$$S = \frac{\rho_0}{1,293} = \frac{M}{1,293V_{0,M}} \quad (1\text{-}2\text{-}4)$$

Где, ρ——средняя плотность смешанного газа (кг/Нм³);

m——масса смешанного газа (кг);

V——объем смешанного газа (м³);

V_M——средний молярный объем смешанного газа (м³/кмоль);

S——относительная плотность смешанного газа;

ρ_0——средняя плотность смешанного газа в стандартных условиях (кг/Нм³);

1, 293——плотность воздуха в стандартных условиях (кг/Нм³);

$V_{0,\ M}$——средний молярный объем смешанного газа в стандартных условиях (Нм³/кмоль) .

Для смешанных газов, состоящих из двухатомных газов и метана, V0, m можно принять равным 22, 4 Нм³/кмоль, а для смешанных газов, состоящих из других углеводородов, V0, m следует принять равным 22, 0 Нм³/кмоль, а его можно точно рассчитать по формуле (1-2-5):

$$V_{0,M} = \sum y_i V_{0,M_i} = y_1 V_{0,M_1} + y_2 V_{0,M_2} + \cdots + y_n V_{0,M_n} \quad (1\text{-}2\text{-}5)$$

Где, $V_{0,M_1}, V_{0,M_2}, \cdots, V_{0,M_n}$——молярные объемы компонентов смешанного газа в стандартных условиях (Нм³/кмоль) .

Средняя плотность смешанного газа также может быть рассчитана по плотности и объемной доле каждого компонента в смешанном газе по формуле (1-2-6):

$$\rho_0 = \sum y_i \rho_{0,i} = y_1 \rho_{0,1} + y_2 \rho_{0,2} + \cdots + y_n \rho_{0,n} \quad (1\text{-}2\text{-}6)$$

Где, $\rho_{0,1}, \rho_{0,2}, \cdots, \rho_{0,n}$——плотность компонентов смешанного газа в стандартных условиях (кг/Нм³) .

Газ, содержащий водяной пар, называется влажным газом. Его плотность рассчитывается по формуле (1-2-7):

$$\rho_0^w = (\rho_0^g + d)\frac{0,833}{0,833 + d} \quad (1\text{-}2\text{-}7)$$

Где, ρ_0^w——плотность влажного газа в стандартных условиях (кг/Нм³);

ρ_0^g——плотность сухого газа в стандартных условиях (кг/Нм³);

d——содержание влаги в газе ($кг_{водяного\ пара}/Н^3_{М_{сухо\ газа}}$);

0，833—— плотность водяного пара в стандартных условиях (кг/Нм³) .

Объемные доли сухого и влажного газа пересчитываются по формуле (1-2-8):

$$y^w = ky^g \tag{1-2-8}$$

Где, y^w——объемная доля влажного газа;

y^g——объемная доля сухого газа;

k——коэффициент пересчета, $k = \dfrac{0{,}833}{0{,}833 + d}$

Значения плотности (средняя плотность) и относительной плотности (средняя относительная плотность) для некоторых газов в стандартных условиях приведены в таблице 1-2-3.

Таблица 1-2-3 Плотности и относительные плотности различных газов при стандартных условиях

Виды газа	Плотность (кг/нм³)	Относительная плотность
Природный газ	0，75~0，8	0，58~0，62
Коксовый газ	0，4~0，5	0，3~0，4
Газообразный сжиженный нефтяной газ	1，9~2，5	1，5~2，0

Из таблицы 1-2-3 видно, что природный газ и коксовый газ легче воздуха, а газообразный сжиженный нефтяной газ примерно в 2 раза тяжелее воздуха.

Относительная плотность смеси жидкостей-это отношение средней плотности смеси жидкостей к плотности воды при тех же условиях. При комнатной температуре плотность жидкого сжиженного нефтяного газа составляет около 500 кг/Нм³, что примерно в два раза меньше плотности воды.

2. Вязкость

Газ обладает вязкостью, которая выражается через коэффициент вязкости. Вязкость газа увеличивается с повышением температуры, в то время как вязкость жидкости уменьшается с повышением температуры. Это происходит потому, что вязкость жидкости обусловлена, с одной стороны, межмолекулярными силами, а с другой стороны-обменом импульсами при нерегулярном тепловом движении молекул. Для газов межмолекулярные силы притяжения невелики. При повышении температуры объем газа увеличивается, что незначительно влияет на межмолекулярные силы, но скорость движения молекул увеличивается, что приводит к увеличению внутреннего трения между слоями газа и, следовательно, к увеличению вязкости.

Динамическая вязкость смешанного газа может быть приближенно рассчитана по формуле (1-2-9):

$$\mu = \frac{\sum g_i}{\sum \dfrac{g_i}{\mu_i}} = \frac{g_1 + g_2 + \ldots + g_n}{\dfrac{g_1}{\mu_1} + \dfrac{g_2}{\mu_2} + \ldots + \dfrac{g_n}{\mu_n}} \tag{1-2-9}$$

где, μ——динамическая вязкость смешанного газа при 0° С (Па · с);

g_1, g_2, ⋯, g_n——массовые доли компонентов смешанного газа;

μ_1, μ_2, ⋯, μ_n——динамическая вязкость компонентов смешанного газа при 0° С (Па · с) .

3. Содержание влаги

Содержание водяного пара в 1 Нм³ (или 1 кг) сухого газа называется влагосодержанием газа (d), выражается в кг$_{\text{водяного пара}}$/кг$_{\text{сухого газа}}$ или кг$_{\text{водяного пара}}$/Н$^3_{\text{М}_{\text{сухого газа}}}$, в инженерной практике обычно используется последнее.

4. Критические параметры и уравнение состояния реального газа:

Когда температура не превышает определенного значения, газ может быть сжижен путем сжатия, но выше этой температуры газ не может быть сжижен независимо от того, насколько высоко давление. Эта температура называется критической температурой газа. Давление, необходимое для сжижения газа при критической температуре, называется критическим давлением.

На рисунке 1-2-1 показано изменение давления и объема при сжатии газа при различных температурах.

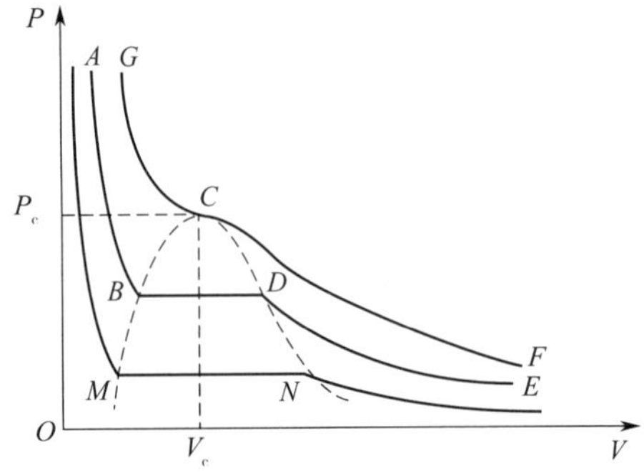

Рис. 1-2-1 Изменения давления и объема газа

Как видно из рисунка 1-2-1, при сжатии от точки E до точки D газ начинает сжижаться, и к точке B сжижение завершается; при сжатии от точки F до точки C газ начинает сжижаться, но в этом случае нет прямолинейного участка, соответствующего BD, и состояние сжижения отличается от предыдущего. Точка C является критической точкой, и состояние газа в точке C называется критическим состоянием, которое не относится ни к газовой, ни к жидкой фазе. Температура, давление, удельный объем и плотность в этой точке называются соответственно критической температурой, критическим давлением, критическим удельным объемом и критической плотностью. На рисунке 1-2-1 справа от линии NDCG находится газовое состояние, слева от линии MBCG-жидкое состояние, а ниже линии MCN - состояние сосуществования газа и жидкости, CM и CN являются граничными линиями.

Чем выше критическая температура газа, тем легче он сжижается. Метан, как основной компонент природного газа, имеет низкую критическую температ-

уру, поэтому его сжижение затруднено; тогда как углеводороды, которые составляют сжиженный нефтяной газ, имеют более высокую критическую температуру, что облегчает их сжижение.

Кривые равновесия жидкой и газовой фаз нескольких газов показаны на рисунке 1-2-2, где левая сторона кривой представляет жидкое состояние, правая - газовое, а вершина кривой - критическая точка.

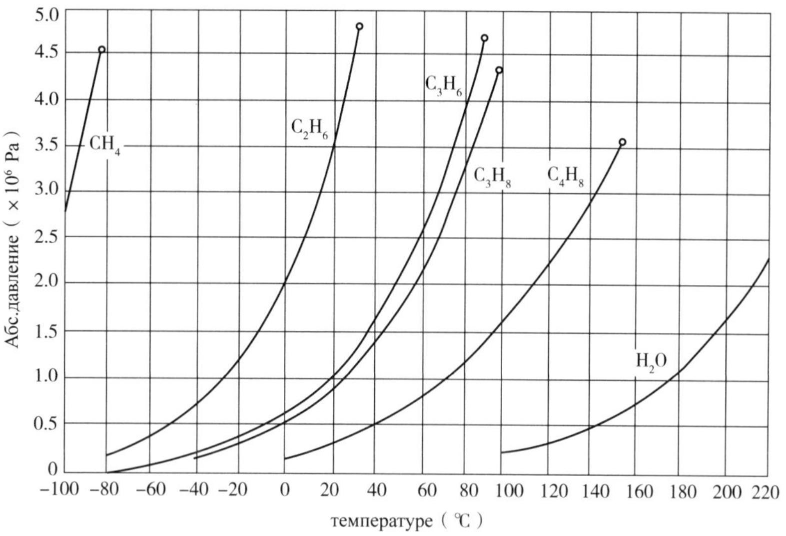

Рис. 1-2-2 Кривые равновесия жидкой и газовой фаз нескольких газов

Из рисунка 1-2-2 видно, что чем ниже температура газа по сравнению с критической температурой, тем меньшее давление требуется для его сжижения. Например, для сжижения пропана при температуре 20 ℃ требуется абсолютное давление 0, 846 МПа, а при температуре -20 ℃ пропан сжижается уже при абсолютном давлении 0, 248 МПа.

Среднее критическое давление и средняя критическая температура для смешанного газа рассчитываются по формулам (1-2-10) и (1-2-11):

$$P_{m,\ c} = y_1 p_{c_1} + y_2 p_{c_2} + \ldots + y_n p_{c_n} \qquad (1\text{-}2\text{-}10)$$

$$T_{m,\ c} = y_1 T_{c_1} + y_2 T_{c_2} + \ldots + y_n T_{c_n} \qquad (1\text{-}2\text{-}11)$$

Где, $P_{m,\ c}$, $T_{m,\ c}$ ——среднее критическое давление (МПа) и средняя критическая температура (К) смешанного газа;

P_{c_1}, P_{c_2}, ⋯, P_{c_n} ——критическое давление (МПа) каждого компонента смешанного газа;

T_{c_1}, T_{c_2}, ⋯, T_{c_n} ——критическая температура (К) каждого компонента смешанного газа;

y_1, y_2, ⋯, y_n ——объемная доля каждого компонента смешанного газа.

5. Точка кипения и точка росы

1) Точка кипения

Обычно под точкой кипения понимают температуру, при которой жидкость кипит при давлении 101, 325 кПа. Точки кипения некоторых низших углеводородов приведены в таблице 1-2-4.

Табл. 1-2-4 Точки кипения некоторых низших углеводородов (101, 325 кПа)

Наименование газа	Метан	Этан	Пропан	Н-бутан	Изо-бутан	Н-пентан	Изо-пентан	Неопентанн	Этилен	Пропилен
Точка кипения (℃)	−162, 6	−88, 5	−42, 1	−0, 5	−10, 2	36, 2	27, 85	9, 5	−103, 7	−47

Из таблицы 1-2-4 видно, что при давлении 101, 325 кПа жидкий пропан находится в состоянии кипения при температуре −42, 1 ℃, а жидкий н-бутан находится в состоянии кипения при температуре −0, 5 ℃ при том же давлении. Если емкость со сжиженным нефтяным газом зимой находится в месте с температурой ниже 0℃, то следует использовать сжиженный нефтяной газ с высоким содержанием пропана и пропилена, которые обладают низкой температурой кипения, поскольку пропан и пропилен могут испаряться даже в холодных регионах или зимний период.

2) Точка росы

Когда насыщенный пар охлаждается или сжимается, он сразу становится в состоянии перенасыщения, и при соприкосновении с поверхностью или ядром конденсации превращается в жидкость, называемую росой, при этом температура называется точкой росы.

Для газообразных углеводородов соответствующая температура при давлении насыщенного пара является точкой росы. Например, точка росы пропана при давлении 0, 349 МПа составляет −10 ℃, а при давлении 0, 846 МПа −20 ℃. Точка росы отдельного газообразного углеводорода при определенном давлении пара является точкой кипения его жидкости при одном и том же давлении.

6. Скрытая теплота газификации газа

Теплота, поглощённая удельным количеством вещества, превращающегося из жидкости в пар, с которым оно находится в равновесии, называется скрытой теплотой газификации данного вещества; и наоборот, теплотой конденсации называется теплота, выделяемая удельным количеством вещества, превращающегося из пара в равновесную жидкость. Скрытая теплота газификации данного вещества и теплота конденсации для одного и того же вещества в одном и том же состоянии равны и по сути представляют собой разницу энтальпий насыщенного пара и насыщенной жидкости, измеряемую в кДж/кг или кДж/кмоль.

Скрытая теплота газификации-это количество тепла, необходимое для

превращения единицы массы (1 кг) жидкости в пар, находящийся с ней в равновесии. Скрытая теплота газификации некоторых углеводородов при давлении 101, 325 кПа и температуре кипения приведена в таблице 1-2-5.

Табл. 1-2-5 Температура кипения и скрытая теплота испарении некоторых углеводородов

Наименование	Метан	Этан	Пропан	Н-бутан	Изо-бут ан	Этилен	Пропи лен	Бутил ен - 1	Цис-б утен-2	Транс-бутен-2	Изо-б утиле н	Н-пен тан
Точка кипения (101, 325 кПа)	-162, 6	-88, 5	-42, 1	-0, 5	-10, 2	-103, 7	-47, 0	-6, 26	3, 72	0, 88	-6, 9	36, 2
Скрытая теплота газификации (кДж/кг)	510, 8	485, 7	422, 9	383, 5	366, 3	481, 5	439, 6	391, 0	416, 2	405, 7	394, 4	355, 9

Скрытая теплота газификации смешанной жидкости рассчитывается по формуле (1-2-12):

$$r = g_1 r_1 + g_2 r_2 + \ldots + g_n r_n \qquad (1\text{-}2\text{-}12)$$

Где, r——скрытая теплота газификации смешанной жидкости (кДж/кг);

g_1, g_2, ···, g_n——массовые доли компонентов смешанной жидкости;

r_1, r_2, ···, r_n——скрытая теплота газификации компонентов смешанной жидкости (кДж/кг).

Скрытая теплота газификации зависит от давления и температуры, зависимость скрытой теплоты газификации от температуры выражается формулой (1-2-13):

$$r_1 = r_2 \left(\frac{t_c - t_1}{t_c - t_2} \right)^{0,38} \qquad (1\text{-}2\text{-}13)$$

Где, r_1——скрытая теплота газификации при температуре t_1 (кДж/кг);

r_2——скрытая теплота газификации при температуре t_2 (кДж/кг);

t_c——критическая температура (℃).

В таблице 1-2-6 приведены данные о зависимости скрытой теплоты газификации жидкого пропана и бутана от температуры.

Табл. 1-2-6 Зависимость скрытой теплоты газификации жидкого пропана и бутана от температуры

Температура (℃)		-20	-15	-10	-5	0	5	10	15	20	25	30	35	40	45	50	55	60
Скрыт ая тепло та газифи каци и (кДж/кг)	Про пан	399, 8	396, 1	387, 7	383, 9	379, 7	368, 9	364, 3	355, 5	345, 4	339, 1	329, 1	320, 3	309, 8	301, 4	284, 7	270, 0	262, 1
	Бут ан	400, 2	397, 3	392, 7	388, 5	384, 3	380, 2	276, 0	370, 5	366, 8	362, 2	358, 4	355, 0	346, 7	341, 2	333, 3	328, 2	321, 5

Из таблицы 1-2-6 видно, что с повышением температуры скрытая теплота газификации уменьшается и при достижении критической температуры становится равной нулю.

7. Теплотворная способность газа

Теплотворная способность газа означает полную теплоту, выделяемую при полном сгорании единичного количества газа (1 кмоль, 1 $Нм^3$ или 1 кг), измеряемая в кДж/кмоль, кДж/$Нм^3$ или кДж/кг соответственно. В газовой промышленности часто используется единица кДж/$Нм^3$, а для сжиженного нефтяного газа иногда применяется кДж/кг.

Теплотворная способность газа можно разделить на высшую и низшую. Высшая теплотворная способность учитывает всю теплоемкость, выделяемую при полном сгорании единичного количества газа, когда продукты сгорания и окружающая среда возвращаются до температуры перед сгоранием, а водяной пар конденсируется в воду той же температуры. В газовой промышленности часто используются стандартные объемные высшая и низшая теплотворная способность для выражения теплоты сгорания газа, измеряемый в кДж/$Нм^3$ или МДж/$Нм^3$.

Очевидно, что численное значение высшей теплотворной способности газа больше, чем низшей, поскольку разница равна скрытой теплоте газификации водяного пара.

В теплообменных устройствах с косвенным нагревом скрытая теплота газификации водяного пара в дымовых газах часто не может быть использована и удаляется вместе с дымовыми газами. Поэтому обычно используют низшую теплотворную способность для расчетов. В теплообменных устройствах с прямым нагревом, таких как устройства погружного сжигания, дымовые газы непосредственно контактируют с жидкостью, и водяной пар конденсируется, поэтому можно использовать его скрытую теплоту газификации. В таких случаях обычно используют высшую теплотворную способность для расчетов. Если использовать низшую теплотворную способность, тепловая эффективность нагревательного оборудования может превышать 100%.

Теплотворная способность единичного горючего газа может быть рассчитано или непосредственно определено по тепловому эффекту реакции горения данного газа. Реально используемые газы представляют собой смеси

нескольких компонентов, и их теплотворная способность можно определяться непосредственно калориметром или вычисляется по формуле (1-2-14) для единичных газов по методу смешения:

$$H = H_1 r_1 + H_2 r_2 + \ldots + H_n r_n \tag{1-2-14}$$

Где, H——высшая или низшая теплотворная способность газа (кДж/Нм³);

H_1, H_2, ⋯, H_n——высшие или низшие теплотворная способность отдельных горючих компонентов газа (кДж/Нм³);

r_1, r_2, ⋯, r_n——объемные доли горючих компонентов газа.

В рабочем газе обычно содержится влага, и такой газ называется влажным. Низшую теплотворная способность влажного газа можно преобразовать в низшую теплотворную способность сухого газа по формуле 1-2-15:

$$H_1^W = H_1^{dr} \frac{0{,}833}{0{,}833 + d} \tag{1-2-15}$$

Где, H_1^W——низшая теплотворная способность влажного газа (кДж/Нм³);

H_1^{dr}——низшая теплотворная способность сухого газа (кДж/Нм³);

d_g——содержание влаги во влажном газе (кг/$Н^3_{М_{сухого\ газа}}$).

8. Температура воспламенения

Горючее вещество может загореться только при достижении температуры воспламенения. Воспламенение — это момент, когда реакция окисления между горючим газом и кислородом в воздухе переходит от стабильного и медленного окисления к быстрой реакции горения с выделением тепла и света. Минимальная температура, при которой происходит этот переход, называется температурой воспламенения. На практике температура воспламенения не является фиксированным значением; она зависит от концентрации горючего газа в воздухе, степени его смешения, давления, а также формы и размеров камеры сгорания.

Скорость горения является одной из важнейших характеристик сгорания газа. Она зависит от состава газа, температуры, скорости смешивания, давления смешанного газа, а также от соотношения между газом и воздухом.

9. Объемный расширение

Коэффициент объемного расширения жидких углеводородов очень велик и примерно в 16 раз больше, чем у воды. При заполнении емкостей необходимо учитывать увеличение объема, вызванное изменением температуры, и оставлять необходимый объем газовой фазы.

10. Взрывные пределы

Взрывоопасный предел — это диапазон концентраций горючего газа в смеси с воздухом, при котором смесь воспламеняется от открытого огня и вызывает взрыв. В таких смесях, когда содержание горючего газа уменьшается до уровня, при котором невозможно образовать взрывоопасную смесь,

называется нижним пределом взрыва горючего газа, а содержание горючего газа увеличивается до невозможности образовать взрывоопасную смесь, называется верхним пределом взрыва.

Для метана взрывоопасный предел составляет 5%–15%, для пропилена — 2, 0%–11, 7%, а для смеси искусственного газа — 11%~75% или 22%~68%. Взрывоопасные пределы могут быть рассчитаны по формуле (1-2-16):

$$L = \frac{1}{\frac{y_1}{L_1} + \frac{y_2}{L_2} + \ldots + \frac{y_n}{L_n}} \tag{1-2-16}$$

Где, L——нижний (верхний) взрывоопасный предел смеси (в объёмных процентах);

L_1, L_2, ⋯, L_n——нижние (верхние) взрывоопасные пределы отдельных горючих компонентов смешанного газа (в объёмных процентах);

y_1, y_2, ⋯, y_n——объёмные доли отдельных горючих компонентов смешанного газа.

11. Гидрат

Если содержание воды в углеводородах превышает определенное значение, то при определенных условиях температуры и давления вода может взаимодействовать с жидкой и газовой фазами C_1, C_2, C_3 и C_4, образуя кристаллические гидраты $C_mH_n \cdot xH_2O$ (для метана x=6~7; для этана x=6; для пропана и изобутана x=17). Гидраты в агрегатном состоянии представляют собой белые или ржаво-окрашенные рыхлые кристаллы, напоминающие лед или плотный снег. Если гидраты образуются в газопроводах, они могут уменьшить площадь проходного сечения и вызвать блокировку труб, клапанов и оборудования. Кроме того, в глубинах океанов и под вечной мерзлотой Земли присутствуют большие запасы метановых гидратов. Гидраты являются нестабильными соединениями; при низком давлении или высокой температуре они легко разлагаются на углеводородные газы и воду. Поэтому природные метановые гидраты имеют потенциал для разработки и должны рассматриваться как энергетический ресурс.

Основные условия для образования гидратов во влажном газе — это давление и температура, второстепенные — наличие примесей, высокая скорость, турбулентность, пульсации (например, вызванные поршневыми компрессорами), резкие изгибы и другие факторы.

Для предотвращения образования гидратов можно принимать меры по снижению давления, повышению температуры, добавлению реагентов, разлагающих гидраты (антифризов), и осушению, чтобы уменьшить содержание влаги в газе до уровня, при котором гидраты не образуются.

【Выполнение задачи】

Выполнение задача осуществляется в соответствии с проектным заданием и отчетом о выполнении задачи проекта, см. таблицы 1-2-7 и 1-2-8.

Табл. 1-2-7 Проектное задание

Наименование задачи	Основные свойства городского газа.		
Члены группы			
Руководитель		Планируемое время	
Время выполнения		Место выполнения	
Содержание и цели задачи			
1. Знать состав газа и связь между его основными характеристиками; 2. Овладеть знаниями о плотности и относительной плотности газа; 3. Овладеть основными характеристиками газа, как вязкостью, теплотворной способностью, взрывоопасными пределами.			
Контрольные пункты	1. Состав газа и связь между его основными характеристиками 2. Плотность и относительная плотность газа 3. Основные характеристики газа, как вязкость, теплотворная способность, взрывоопасные пределы		
Примечание			

Табл. 1-2-8 Отчет о выполнении задачи проекта

Наименование задачи	Основные свойства городского газа.		
Члены группы			
Конкретное распределение задач			
Планируемое время		Фактическое время выполнения	
Примечание			
1. Краткое описание о составе газа и связью между его основными характеристиками 2. Кратко описать основные характеристики городского газа. 3. Кратко описать, что такое взрывоопасные пределы, каковы верхний и нижний взрывоопасные пределы.			

【Оценка задачи】

Оценка задачи проводится согласно таблице комплексной оценки задачи проекта, см. таблицу 1-2-9.

Табл. 1-2-9 Таблица комплексной оценки задачи проекта

Наименование задачи: Дата оценки: год, месяц, день

Детали оценки		Стандартный балл	Практический балл								
			Члены группы								
			Самооценка группы	Взаимная оценка группы	Оценка преподавателя	Самооценка группы	Взаимная оценка группы	Оценка преподавателя	Самооценка группы	Взаимная оценка группы	Оценка преподавателя
Оцен ка груп пы (60 баллов)	Способность членов группы в целом понимать цели обучения и график	10									
	Четкое распределение задачи между членами группы	10									
	Наличие духа сотрудничества у членов группы	10									
	Наличие инновационных идей (методов) у членов группы	10									
	Достоверность заполнения отчета о выполнении задачи проекта членами группы	10									
	Наличие проблем и решений у членов группы	10									
Оцен ка личн ости (40 баллов)	Подчинение членов групповым решениям	10									
	Выполнение задач, назначенных группой	10									
	Своевременное общение и обмен информацией с членами группы	10									
	Способность серьезно описывать трудности, ошибки и изменения	10									
Итого		100									

【Закрепление знаний】

(1) Основные факторы, влияющие на вязкость газа, включают _________, _________ и _________.

(2) Чем выше критическая температура газообразного топлива, тем

легче _________.

(3) Динамическая вязкость газообразных углеводородов в газе увеличивается с повышением температуры __________, а для жидких углеводородов наоборот.

(4) Основные факторы, влияющие на образование гидратов в газе, — это _________ и _________, а основные способы уменьшения образования гидратов — это _________ и _________.

(5) Взрывоопасные пределы природного газа составляют _________.

Задача Ⅲ Требования к качеству городского газа

【Подготовка к задаче】

1. Основные требования к городскому газу

В качестве источника городского газа необходимо максимально удовлетворить следующие требования.

1) Высокая теплотворность

Для городского газа должно по возможности выбирать источник с более высокой теплотворностью. В случае, когда теплотворность газа слишком низка, то инвестиции в систему передачи и распределения и потребление металлов увеличиваются. Только при особых обстоятельствах, когда технико-экономическое сопоставление считается обоснованным, разрешается использовать газ с более низкой теплотворностью в качестве источника городского газа. Согласно соответствующим нормам, низкая теплотворность газа, как правило, должна быть выше 147 МДж/м^3. При использовании искусственного газа в качестве источника газа в малых городах, теплотворность может быть снижена, но не должна быть ниже 117 МДж/м^3.

2) Низкая токсичность

Чтобы предотвратить отравление, вызванное утечкой газа, и обеспечить безопасность использования гада, необходимо контролировать содержание токсичных компонентов, таких как окись углерода, в городском газе.

3) Меньше примесей

При снабжении городского газа, в газе обычно содержатся примеси и вредные компоненты, которые влияют на безопасное снабжение газа. Примеси могут привести к выходу из строя оборудования газовой системы,

неисправности приборов, закупорке трубопровода и невозможность нормального использования газового оборудования, что может привести к несчастным случаям.

2. Основные примеси в искусственном газе и природном газе

Основными примесями в искусственном газе являются смолы и пыль, сульфид, нафталин, аммиак, окись углерода и оксид азота. Основными примесями в природном газе являются углеводородный конденсат, конденсат, захваченные обломки горных пород, сероводород и т.д., которые необходимо удалять при транспортировке природного газа.

1) Смола и пыль

Основная опасность смолы и пыли заключается в том, что она влияет на нормальную транспортировку и использование газа. Пыль в природном газе представляет собой частицы пыли оксида железа, образующиеся в результате коррозии трубопроводов, в процессе транспортировки природного газа большинство неисправностей, вызванных частицами пыли, происходят на стороне потребителя, удаленной от источника газа. Искусственный газ, как правило содержит каменноугольную смолу и пыль, а при высоком их содержании большинство неисправностей, вызванных этим, происходит внутри газовых заводов или в трубопроводах за пределами заводов, недалеко от них.

2) Сульфид

Сульфид в газе состоит в основном из сероводорода, а также небольшое количество меркаптанов (RSH) и сероуглерода (CS_2). Сульфид в природном газе состоит в основном из сероводорода. Сероводород представляет собой бесцветный газ с запахом тухлых яиц, который при сгорании образует двуокись серы. Сероводород и двуокись серы являются вредными газами. Коррозия сероводорода в системе транспортировки и распределения можно разделить на два типа; одним из них является медленное коррозионное воздействие сероводорода и кислорода на внутренние стенки сухих стальных труб; другим является образование водной пленки на внутренних стенках стальных труб, даже если содержание сероводорода невелико, скорость коррозии металла также быстрая, и чем выше концентрация сероводорода и кислорода, тем сильнее коррозия. Двуокись серы, продукт сгорания сероводорода, также является коррозионным.

Органическая сера коррозирует газовые приборы в двух случаях: один из них заключается в том, что при контакте с высокотемпературными металлическими поверхностями внутри газовых приборов газ разлагается на сероводород, что приводит к коррозии; другой – коррозия, вызванная образованием двуокиси серы и триокиси серы при сгорании газа. Среди них первый часто встречается в высокотемпературных частях, таких как воспламенители, огневые отверстия, из-за закупорки коррозионного материала, что приводит к плохому зажиганию и другим неисправностям; во втором

случае двуокись серы растворяется в воде в продуктах сгорания и конденсируется на металлических поверхностях низкотемпературных участков оборудования.

3) Нафталин

Содержание нафталина в искусственном газе относительно высокое. При низкой температуре газообразный нафталин будет осаждаться в кристаллическом состоянии и прикрепляться к стенке трубопровода, уменьшая проходное сечение трубопровода или даже блокировать его.

4) Аммиак

Аммиак оказывает коррозионное воздействие на газопроводы, оборудования и приборы, а при сгорании газа образуются вредные газы, такие как оксиды азота (окись азота, двуокись азота) . Тем не менее, аммиак нейтрализует кислотные вещества, образующиеся из сульфида, поэтому присутствие незначительных количеств аммиака в газе способствует защите металлических трубопроводов и оборудования.

5) Окись углерода

Окись углерода представляет собой бесцветный, без запаха, высокотоксичный газ. Как правило, содержание окиси углерода в городском газе составляет менее 10% (объемный состав) .

6) Оксид азота

Оксид азота легко полируется с углеводородами с двойной связью, образуя газообразные коллоиды, и прикрепляется к газотранспортному оборудованию и приборам, вызывая неисправности. Оксид азота, содержащийся в продуктах сгорания газа, также вреден для организма человека, когда концентрация оксида азота в воздухе достигает 0, 01%, может раздражать органы дыхания человека, а длительное дыхание может угрожать жизни. Оксид азота в газе реагирует с кислородом с образованием двуокиси азота, которая реагирует с диенами в газе, особенно с углеводородами, имеющими сопряженные двойные связи, такими как бутадиен и циклопентадиен, и затем полимеризируется с образованием газообразного коллоида, поэтому он также известен как оксид азота коллоид, легко осаждается в местах изменения скорости и направления потока или прикрепляется к газотранспортному оборудованию и приборам, что приводит к различным неисправностям. Даже если газ, выходящий с газового завода, содержит всего 0, 114 г/м^2 оксида азота коллоида, в конце трубопровода происходит осаждение коллоида. Если содержание коллоида в каждом кубометре газа достигнет десятков миллиграммов, коллоид осаждается на крыльчатке компрессора и стенке трубы промежуточного охладителя. Если коллоид прикрепляется к регулятору давления, это может привести к выходу регулятора давления из строя, что приведет к неблагоприятным последствиям.

7) Вода

Перед тем, как природный газ попадет в трубопровод для транспортировки на большие расстояния, его влага должна быть удалена. Поскольку под

высоким давлением вода в природном газе легко реагирует с углеводородами, образуя гидраты; частичное накопление воды и других примесей также снижает пропускную способность трубопровода; наличие воды также усугубляет коррозию металлических трубопроводов и оборудования кислотными газами, такими как сероводород и двуокись углерода; при транспортировке водосодержащего газа, система также требует дополнительного обслуживания дренажных сооружений и трубопроводов.

3. Основные примеси в сжиженном нефтяном газе

1) Сера

Если сжиженный нефтяной газ содержит сероводород и органические сульфиды, это может привести к коррозии оборудования для транспортировки, хранения и газификации. Двуокись серы как продукт сгорания сероводорода, также является сильно коррозионным газом.

2) Влага

Вода и водяной пар вместе с C_2, C_3 и C_4 в жидкой или газообразной форме образуют кристаллогидраты. В случае образования гидрата на дне контейнера для сжиженного нефтяного газа, то соединительные патрубки между контейнером и продувочными трубками, сливными трубками и уровнемерами будут забиты. Водяной пар в сжиженном нефтяном газе также усиливает коррозию кислородом, сероводородом и двуокисью серы трубопроводов, клапанов и приборов.

Поскольку влага обладает вышеуказанными опасностями, обычно требуется, чтобы в сжиженном нефтяном газе не содержало влаги.

3) Диены

Сжиженный нефтяной газ, получаемый на нефтеперерабатывающих заводах, может содержать диены, которые полимеризуются в каучуковые твердые полимеры с молекулярной массой до 4×10^5. В газе, при температуре от 60 до 75 ℃ начинается интенсивная полимеризация. В жидких углеводородах сильная полимерная реакция бутадиена начинается при температуре от 40 до 60 ℃.

При газификации сжиженного нефтяного газа, содержащего диены, на нагревательной поверхности газификатора могут образовываться твердые полимеры, в результате чего газификатор в течение очень короткого периода времени перестанет нормально работать.

4) Этан и этилен

Поскольку давление насыщенных паров этана и этилена всегда выше, чем у пропана и пропилена, а контейнеры для сжиженного нефтяного газа в основном рассчитаны на использование чистого пропана, поэтому содержание этана и этилена в сжиженном нефтяном газе должно быть ограничено.

5) Остаточная жидкость

Для компонентов C_5 и выше точка кипения более высока и эти компоненты не могут газифицироваться при нормальной температуре и остаются в контейнере, поэтому их называют остаточными жидкостями. Большее

количество остаточной жидкости может увеличить частотность замен газовых баллонов пользователями и увеличить объем транспортировки, поэтому ее содержание должно быть ограничено.

4. Требования к качеству городского газа

Диапазон колебаний городского газа, отклоняющийся от эталонного, должен соответствовать требованиям действующего государственного стандарта «Классификация и основные характеристики городского газа» (GB/T 13611-2018) . При использовании различных видов газа в качестве городского газа также следует соблюдать следующие правила.

1) Показатели качества природного газа

Добытый природный газ часто сопровождается вредными и неблагоприятными для применения веществами, такими как сульфиды, двуокись углерода и влага. Основными формами серы, присутствующими в атмосфере, являются оксиды серы, сульфаты, сероводород и меркаптан и др.. Сульфиды и продукты их сгорания являются одними из основных загрязнителей воздуха, например, в городе Великобритании Лондоне произошло много инцидентов, связанных с загрязнением воздуха дымом, который называется «Лондонский смог», который относится к загрязнению оксидом серы. Диоксид серы как продукт сгорания сульфидов выделяется в атмосферу, а серная кислота, образующаяся в результате окисления в газовой или жидкой фазе, является одной из основных причин кислотных осадков, т.е. кислотных дождей. Сероводород в газе является бесцветным газом, но имеет запах тухлого яйца, вдыхается в организм человека в кровь, может связываться с гемоглобином, образуя сульфид гемоглобина, который вызывает симптомы отравления или даже смерть. Кроме того, сероводород может вызывать коррозию оборудования и трубопроводов для транспортировки, хранения и газификации, а также чернить свинцовые краски и медь, а также эродировать бетона и др..

Таким образом, показатели качества природного газа должны соответствовать требованиям действующего государственного стандарта « Природный газ» (GB 17820—2018) .

Природный газ можно разделить на категории I, II и III по содержанию серы и двуокиси углерода. Среди них газ первой и второй категорий в основном используются в качестве гражданского топлива и промышленного сырья, а природный газ третей категории в основном используется в качестве промышленного газа. Городской газ должен соответствовать требованиям к газу первой и второй категории.

Главный принцип контроля точки росы углеводородов природного газа заключается в том, что в условиях трубопроводной транспортировки углеводородный конденсат не образуется. Температура точки росы по углеводородам в природном газе должна быть на 5 ℃ ниже минимальной температуры окружающей среды в условиях давления и температуры в точке слияния природного газа.

Содержание твердых частиц в природном газе не должно влиять на транспортировку и использование природного газа, и в природном газе не должно быть твердых, жидких или коллоидных веществ.

Качество природного газа следует рассматривать комплексно, исходя из трех аспектов: экономической выгоды, безопасности и гигиены, а также охраны окружающей среды и т. д.. Как правило, показатели качества природного газа в основном включают следующие.

Ⅰ. Теплотворность

Теплотворность делиться на высокую и низкую в единицах кДж/м^3. Как правило, с большим количеством тяжелых углеводородов, его теплотворность высока, обычно требуется низкая теплотворность не менее 31, 4 кДж/м^3.

Ⅱ. Точка росы воды

Точка росы воды – это температура, соответствующая объему насыщенного водяного пара природного газа при определенном давлении. Требование к точке росы воды используется для предотвращения осаждения жидкой воды в газопроводе. Наличие жидкой воды ускоряет коррозию стали кислотными компонентами природного газа (сероводород, диоксид серы), а также образует твердые гидраты природного газа, которые засоряют трубопроводы и оборудование. Кроме того, скопление жидкой воды в низинах трубопровода также уменьшает проходную площадь трубопровода и влияет эффективность транспортировки. Зимой вода замерзает и засоряет трубопроводы и оборудование. Поэтому перед вывозом природного газа его необходимо обработать, чтобы снизить точку росы воды. В нашей стране для трубопроводной транспортировки природного газа требуется температура росы воды на 5℃ ниже возможной минимальной температуры окружающей среды.

Ⅲ. Содержание серы

Требования к содержанию серы в основном используются для контроля коррозии сульфидов в природном газе и загрязнения атмосферы. Содержание серы обычно выражается в содержании сульфида кислорода и общем содержании серы. В нашей стране установлено, что содержание сероводорода в природном газе должно быть ниже 6 мг/м^3 , 20 мг/м^3 (для природного газа первой и второй категории), общее содержание серы должно быть ниже 150 мг/м^3, 270 мг/м^3 , 480 мг/м^3 (для природного газа первой, второй и третей категории) .

Ⅳ. Содержание двуокиси углерода

Двуокись углерода также является кислотным компонентом природного газа, который в присутствии жидкой воды может быть коррозионным для трубопроводов и оборудования. Особенно при одновременном присутствии сероводорода, двуокиси углерода и воды коррозия стали становится серьезнее. Кроме того, двуокись углерода также является негорючим компонентом природного газа. Поэтому содержание двуокиси углерода в природном газе не должно превышать 2% -4%.

Требования к показателям качества природного газа приведены в таблице 1-3-1.

Табл. 1-3-1 Требования к показателям качества природного газа

Наименование показателя	Природный газ I категории	Природный газ II категории	Природный газ III категории
Высокая теплотворность (мДж/м³)	31，4		
Общее содержание серы (в пересчете на содержание серы)(мг/м³)	≤100	≤200	≤460
Сероводород (мг/м³)	≤6	≤20	≤460
Молярная доля двуокиси углерода (%)	≤3，0		
Точка росы воды (℃)	Температура точки росы воды природного газа должна быть на 5℃ ниже минимальной температуры окружающей среды в условиях давления и температуры в точке слияния природного газа.		

Примечание：1. Стандартное эталонное условие для объема газа составляет 101，325кПа при 20 ℃ .
2. При давлении и температуре в точке слияния природного газа в газопроводе не должно быть свободной воды. Отсутствие свободной воды означает, что природный газ не может выделить свободную воду с помощью механического сепаратора.

2) Показатели качества искусственного газа

Показатели качества искусственного газа должны соответствовать требованиям действующего государственного стандарта « Искусственный газ» (GB/T 13612-2006) . Требования к показателям качества искусственного газа приведены в таблице 1-3-2.

Табл. 1-3-2 Требования к показателям качества искусственного газа

Наименование показателя	Показатели качества
Высокая теплотворность (мДж/м³)	>14，7
Каменноугольная смола и пыль (мг/м³)	<10
Сероводород (мг/м³)	<20
Аммиак (мг/м³)	<50
Нафталин (мг/м³)	<50 × 10²/P (зимой)
	<100 × 10²/P (летом)
Содержание кислорода (объем %)	<1
Содержание окиси углерода (объем %)	<10

Примечание：1. При давлении 101，325 кПа，при температуре 20 ℃
2. Давление P не учитывается，если давление P в точке подачи газа в сети составляет менее 202，65кПа.
3. Содержание окиси углерода в газифицированном газе или в искусственном газе，смешанном с газифицированным газом должно составлять менее 20% (по объему) .

3) Показатели качества сжиженного нефтяного газа

Показатели качества сжиженного нефтяного газа должны соответствовать требованиям действующего государственного стандарта «Сжиженный нефтяной газ» (GB 11174—2011) . Требования к показателям качества сжиженного нефтяного газа приведены в таблице 1-3-3.

4) Показатели качества смеси сжиженного нефтяного газа и воздуха

Когда в качестве основного источника газа выступает смесь сжиженного нефтяного газа и воздуха, объемная доля сжиженного нефтяного газа должна быть более чем в 2 раза больше верхнего предела его взрываемости, а температура точки росы смеси должна быть ниже температуры наружной стенки трубопровода на 5 ℃, а концентрация сероводорода не должна превышать 20 мг/м^3.

Табл. 1-3-3 Требования к показателям качества сжиженного нефтяного газа

Наименование показатели		Показатели качества
Плотность (15 ℃)(кг/Нм^3)		Отчет
Давление пара (37, 8 ℃)(кПа)		<1 380
Содержание компонентов C_5 и выше (объем %)		<3, 0
Остатки	Остаток от испарения (мл/100мл)	<0, 05
	Наблюдение за масляными пятнами	Через
Степень коррозии медного листа		<1
Общее содержание серы (мг/м^3)		<343
Свободная вода		нет

5. Одоризация городского газа

1) Причины одоризации городского газа

Природный газ сам по себе бесцветен и не имеет запаха, легко воспламеняется и взрывается. Во время транспортировки или использования утечку сложно обнаружить, и после добавления одоранта, который предупреждает о утечке газа, даже при незначительной утечке природного газа, ее можно вовремя обнаружить и устранить, поэтому добавление одоранта имеет решающее значение. В настоящее время в городском газе как в Китае, так и за рубежом обычно используется тетрагидротиофен в качестве одоранта. Если количество одоранта слишком велико, это не только увеличить ненужные затраты на подачу газа, что приведет к напрасной трате средств, но и приведет к тому, что одорант после сгорания будет выделять слишком много серы, увеличивая потенциальную опасность загрязнения окружающей среды; однако если концентрация одоранта слишком низка, в свою очередь, приведет к тому, что утечка газа не будет своевременно обнаружена и предупредительна пользователями, что не будет служить предупреждением, создавая угрозу безопасности при подаче и использовании газа. Согласно действующему государственному стандарту «Нормы проектирования городского газоснабжения (ред. 2020 года)», городской газ должен иметь заметный запах, а если газ без запаха или запах слишком слаб, в нем нужно добавить одорант, а количество тетрагидротиофена в природном газе в качестве одоранта должно составлять не менее 20 мг/м^3.

2) Требования к характеристикам одоранта для городского газа

Одораты, используемые в городском газе должны соответствовать

следующим требованиям:

(1) После смешивания одоранта с газом, смесь должна иметь особый запах, который не может легко впитываться почвой и мебелью, и после устранения утечкой газа не должно сохраняться запах больше.

(2) Одорант не должен быть вредным для человека, трубопроводов или материалов, контактирующих с ним;

(3) Продукты сгорания одоранта не должны быть вредны для дыхания человека и не должны вызывать коррозию или повреждение материалов, часто контактирующих с этими продуктами.

(4) Степень растворения одоранта в воде не должна превышать 2, 5% (объемная доля);

(5) Одорант должен иметь заметное содержание в воздухе;

(6) Одорант должен быть легко производимым и недорогим.

3) Типы одорантов

В настоящее время широко используемыми в Китае и за рубежом одорантами являются тетрагидротиофен (THT) и меркаптан (TBH). Среди них наиболее часто используемым одорантом является тетрагидротиофен. Тетрагидротиофен – это органическое соединение с сильным запахом, которое добавляется в природный газ в очень низких концентрациях, что придает газу особый предупреждающий запах, так что утечка газа обнаруживается, когда он достигает нижнего предела взрываемости в 5% или достигает вредной концентрации, допустимой для человека. Существуют и другие типы широко используемых одорантов, такие как этилмеркаптан, трибутилтиол и т.д., в настоящее время наиболее широко используется тетрагидротиофен.

4) Способы одоризации

Существует три основных способа одоризации городского газа: капельный, абсорбционный и инжекционный.

(1) В капельном методе жидкость-одорант добавляется в газопровод в виде капель, где она испаряется и смешивается с газом, см. рис.1-3-1.

(2) Абсорбционный метод заключается в том что часть газа поступает в одоратор, смешивая с испарившимся одорантом и вместе поступает в трубопроводы газа.

(3) Инжекционный метод заключается в том что одорант подается из резервуара через дозирующий насос в трубопровод для добавления одоранта, а затем вводится в газопровод с помощью клапана для добавления одоранта чтобы смешиваться с газом. При этом расход одоранта регулируется насосом для добавления одоранта, основанием для регулировки является контроллер, контроллер отбирает пробу в соответствии с концентрацией одорированного газа, полученную от трубопровода, см. рис. 1-3-2.

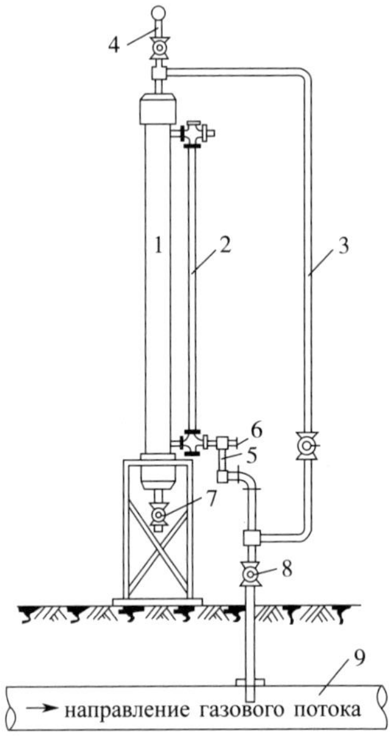

Рис. 1-3-1　Схема устройства для одорирования капельным методом

1—Бак для хранения одоранта; 2—Уровнемер; 3—Трубка для выравнивания давления; 4—Труба для заправки одоранта; 5—Наблюдательная труба; 6—Игольчатый клапан; 7—Клапан выпускной трубы; 8—Клапан на трубе для капельного ввода; 9—Трубопровод газа

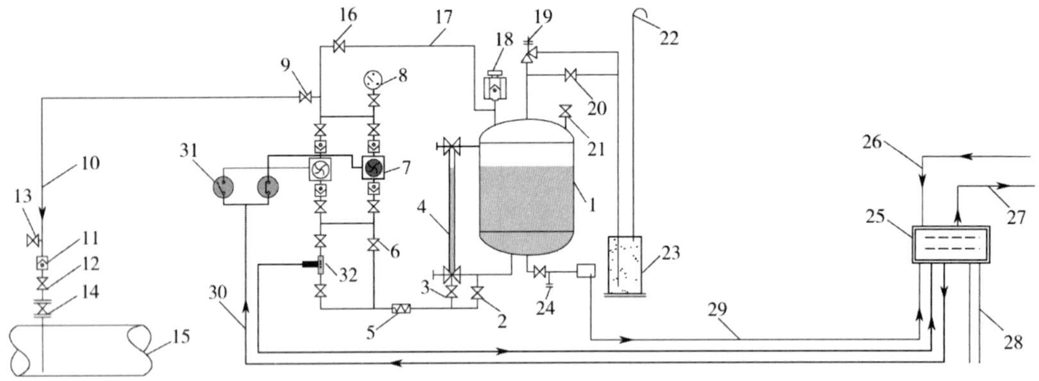

Рис. 1-3-2　Схема устройства для одорирования инжекционным методом

1—Резервуар для хранения одоранта; 2—Спускной клапан; 3—Клапан для калибровки; 4—Уровнемер для калибровки; 5—Фильтр; 6—Байпасный клапан; 7—Насос для добавления одоранта в газ; 8—Манометр; 9—Клапан для добавления одоранта; 10—Трубопровод для добавления одоранта; 11—Обратный клапан; 12—Форсунка для впрыска одоранта; 13—Клапан для промывки и проверки; 14—Фланцевый шаровой клапан в точке добавления одоранта; 15—Трубопровод газа; 16—Обратный клапан; 17—Обратная труба; 18—Вакуумный клапан; 19—Предохранительный газовыпускной клапан; 20—Клапан слива; 21—Труба заправки одоранта; 22—Сливная труба; 23—Абсорбер; 24—Дренажное отверстие; 25—Контроллер установки для одорирования газа; 26—Входной сигнал расхода газа; 27—Вывод данных; 28—Источник электроснабжения; 29—Кабель обратной связи сигнала; 30—Контрольный кабель; 31—Взрывозащищенный выключатель; 32—Выходной монитор

5) Требования к измерению одоранта для городского газа

Для своевременного устранения отравления и взрыва, вызванного утечкой газа из трубопровода, городской газ должен иметь заметный запах. Согласно действующему государственному стандарту «Нормы проектирования городского газоснабжения (ред. 2020 года) » (GB 50028—2006), минимальное количество одоранта в газе должно соответствовать следующим требованиям:

(1) Утечка нетоксичного газа в воздух должна быть обнаружена при достижении 20% от нижнего предела взрываемости;

(2) Утечка токсичных газов в воздух до допустимой вредной концентрации для человека должна быть обнаружена.

Токсичные газы обычно относятся к горючим газам, содержащим окись углерода. Если в воздухе содержится около 0, 01% (объемная доля) окиси углерода, человек может почувствовать головную боль, рвоту и другие симптомы легкого отравления; содержание окиси углерода достигает 0, 10%, что является смертельным пределом. Таким образом, когда утечка окиси углерода в воздух не достигла 20% нижнего предела взрываемости (нижний предел взрываемости окиси углерода составляет 12, 4%), человек уже давно отравлен. Токсическое действие окиси углерода в основном заключается в том, что окись углерода в крови человека образует карбоксигемоглобин (COHb), что приводит к потере способности крови поглощать кислород.

При утечке нетоксичного газа (например, природного газа), хотя вероятность отравления человека невелика, опасность заключается в том, что газ, протекающий из трубопровода, постепенно вытесняет кислород в помещении, в результате чего человек задыхается из-за недостатка кислорода. Нормальное содержание кислорода в воздухе составляет около 21% (объемная доля), если содержание метана в воздухе составляет 19%, что соответствует снижению содержания кислорода до 17%, человек начинает испытывать затруднения с дыханием; Когда содержание кислорода в воздухе составляет от 12% до 9% (что соответствует содержанию метана от 43% до 57%), человеку трудно выжить. Таким образом, утечка нетоксичного газа в воздух должна быть обнаружена, если она достигает 20% от нижнего предела взрываемости (5% для метана) .

【Выполнение задачи】

Выполнение задача осуществляется в соответствии с проектным заданием и отчетом о выполнении задачи проекта, см. таблицы 1-3-4 и 1-3-5.

Табл. 1-3-4 Проектное задание

Наименование задачи	Требования к качеству городского газа		
Члены группы			
Руководитель		Планируемое время	
Время выполнения		Место выполнения	
Содержание и цели задачи			

<table>
<tr><td colspan="2">1. Ознакомиться с требованиям к городскому газу в качестве источника газа;
2. Знать вредности различных примесей в газе;
3. Знать требования к качеству природного газа;
4. Знать методы одорирования.</td></tr>
<tr><td>Контрольные пункты</td><td>1. Как источник газа, городской газ должен соответствовать следующим требованиям;
2. Вредности различных примесей в газе;
3. Требования к качеству природного газа;
4. Типы способов одорирования</td></tr>
<tr><td>Примечание</td><td></td></tr>
</table>

Табл. 1-3-5　Отчет о выполнении задачи проекта

<table>
<tr><td>Наименование задачи</td><td colspan="3">Требования к качеству городского газа</td></tr>
<tr><td>Члены группы</td><td></td><td></td><td></td></tr>
<tr><td>Конкретное распределение задач</td><td></td><td></td><td></td></tr>
<tr><td>Планируемое время</td><td></td><td>Фактическое время выполнения</td><td></td></tr>
<tr><td>Примечание</td><td colspan="3"></td></tr>
<tr><td colspan="4">1. Кратко описать требований к качеству городского газа (искусственного газа, природного газа и сжиженного нефтяного газа) в соответствующих нормах.

2. Проанализировать причины одорирования городского газа и каковы требования к одоранту.

3. Кратко описать какие существуют способы одорирования.</td></tr>
</table>

【Оценка задачи】

Оценка задачи проводится согласно таблице комплексной оценки задачи проекта, см. таблицу 1-3-6.

Табл. 1-3-6　Таблица комплексной оценки задачи проекта

Наименование задачи:　　　　　　　　　　　　　　　　Дата оценки: год, месяц, день

<table>
<tr><td colspan="2" rowspan="4">Детали оценки</td><td rowspan="4">Стандартный балл</td><td colspan="9">Практический балл</td></tr>
<tr><td colspan="9">Члены группы</td></tr>
<tr><td colspan="3"></td><td colspan="3"></td><td colspan="3"></td></tr>
<tr><td>Самооценка группы</td><td>Взаимная оценка группы</td><td>Оценка преподавателя</td><td>Самооценка группы</td><td>Взаимная оценка группы</td><td>Оценка преподавателя</td><td>Самооценка группы</td><td>Взаимная оценка группы</td><td>Оценка преподавателя</td></tr>
<tr><td rowspan="4">Оценка группы (60 баллов)</td><td>Способность членов группы в целом понимать цели обучения и график</td><td>10</td><td></td><td></td><td></td><td></td><td></td><td></td><td></td><td></td><td></td></tr>
<tr><td>Четкое распределение задачи между членами группы</td><td>10</td><td></td><td></td><td></td><td></td><td></td><td></td><td></td><td></td><td></td></tr>
<tr><td>Наличие духа сотрудничества у членов группы</td><td>10</td><td></td><td></td><td></td><td></td><td></td><td></td><td></td><td></td><td></td></tr>
<tr><td>Наличие инновационных идей (методов) у членов группы</td><td>10</td><td></td><td></td><td></td><td></td><td></td><td></td><td></td><td></td><td></td></tr>
</table>

Детали оценки		Стандартный балл	Практический балл								
			Члены группы								
			Самооценка группы	Взаимная оценка группы	Оценка преподавателя	Самооценка группы	Взаимная оценка группы	Оценка преподавателя	Самооценка группы	Взаимная оценка группы	Оценка преподавателя
Оценка группы (60 баллов)	Достоверность заполнения отчета о выполнении задачи проекта членами группы	10									
	Наличие проблем и решений у членов группы	10									
Оцен ка личн ости (40 баллов)	Подчинение членов групповым решениям	10									
	Выполнение задач, назначенных группой	10									
	Своевременное общение и обмен информацией с членами группы	10									
	Способность серьезно описывать трудности, ошибки и изменения	10									
Итого		100									

【Закрепление знаний】

(1) Существует много видов городского газа, основными из которых являются: __________, искусственный газ, __________, биогаз и другие.

(2) Городской газ представляет собой смесь различных газов, состоящую преимущественно из __________ и __________. Основные горючего газа включают: __________, __________ и оксид углерода (CO).

(3) Основными компонентами природного газа являются __________

Проект Ⅱ

Потребление и баланс спроса и предложения городского газа

【Описание о проекте】

Природный газ, как чистая и эффективная ископаемая энергия, в процессе продвижения низкоуглеродной энергии, является основным компонентом современной чистой энергетической системы, которую Китай стремится развивать, а также важной поддержкой для реализации зеленого развития. В докладе 20 - го съезда КПК отмечается, что « для обеспечения безопасности цепочек поставок продовольствия, энергетических ресурсов и важных промышленных цепей», обеспечение баланса между спросом и предложением городского газа имеет большое значение. При проектировании системы распределения и транспортировки газа следует в полной мере учитывать потребности в газе, т.е. годовой объем потребления газа. В соответствии с объектами газоснабжения и принципами газоснабжения городского газа определяются потребности потребителей в газе. Путем хранения газа для регулирования подачи газа в пиковой период в системе распределения и транспортировки городского газа достигается баланс спрос и предложения в системе распределения и транспортировки газа. Благодаря ознакомлению с режимом потребления городского газа, пиковой регулировки хранения газа и балансом спроса и предложения, этот проект позволяет студентам лучше понять регулирование спроса и предложения городского газа.

【Цель проекта】

Потребление и баланс спроса и предложения городского газа

- **Цели по формированию компетенций**
  - 1. Повышение практических навыков студентов
  - 2. Воспитать у студентов оптимизм и уважение к своей профессии
  - 3. Развивать у студентов способность к инновациям и практическим исследованиям
  - 4. Развивать у студентов способность к самостоятельному обучению и применению знаний
  - 5. Развивать у студентов способность к научному мышлению и анализу проблем
- **Цели по формированию знаний**
  - 1. Ознакомиться с неравномерностью потребления городского газа, значением хранения газа для регулирования подачи газа в пиковой период в системе распределения и транспортировки газа
  - 2. Знать определение и методику расчета пикового месячного, суточного и часового коэффициента
  - 3. Знать объекты и принципы газоснабжения городского газа
  - 4. Ознакомиться с классификацией методов балансировки спроса и предложения и методом хранения газа для регулирования подачи газа в пиковой период в системе распределения и транспортировки газа
  - 5. Освоить расчет годового потребления городского газа потребителями всех уровней
  - 6. Освоить значение и методы расчета почасового расхода городского газа
- **Цели по формированию навыков**
  - 1. Освоить расчет пикового месячного, суточного и часового коэффициента
  - 2. Освоить расчет почасового расхода городского газа
  - 3. Освоить расчет годового потребления газа различными пользователями
  - 4. Уметь выбирать подходящий метод хранения газа для регулирования подачи газа в пиковой период в системе распределения и транспортировки газа

Задача Ⅰ Режим потребления городского газа

【Подготовка к задаче】

Потребление городского газа постоянно меняется, особенно для гражданских и общественных зданий, где потребление газа меняется с месяцами, днями и часами, демонстрируя неравномерность потребления газа. Неравномерность потребления городского газа можно разделить на три типа: месячная (или сезонная) неравномерность, суточная неравномерность и часовая неравномерность.

Режим потребления городского газа связан с режимом потребления различных типов потребителей и их долей в общем объеме потребления газа. Неравномерность потребления городского газа различными типами потребителей зависит от многих факторов, таких как климатические условия, уровень жизни и привычки жителей, система режима труда и отдыха в государственных органах и рабочие смены на промышленных предприятиях, установка газового оборудования в зданиях и цехах и т.д. Влияние этих факторов на неравномерность потребления невозможно рассчитать теоретически, только путем накопления большого количества информации и научной организации информации, можно получить достоверные данные о режиме потребления.

1. Режим месячного потребления газа

Основными факторами, влияющими на жизнь населения и неравномерность потребления газа коммерческими пользователями, являются климатические условия. Когда температура понижается, потребление газа увеличивается соответственно, поскольку зимой температура воды низкая, потребление газа увеличивается; и поскольку зимой люди привыкли есть горячую пищу, для приготовления пищи требуется больше газа, а также больше горячей воды. И наоборот, летом потребление газа будет уменьшаться.

Месячная неравномерность потребления газа коммерческими потребителями и влияющие на нее факторы связаны со свойством различных потребителей, но ситуация в основном аналогична неравномерности бытового потребления газа жителями.

Месячная неравномерность потребления газа промышленными предприятиями в основном зависит от свойства производственного процесса,

непрерывное производство крупных промышленных предприятий и промышленных печей с использованием газа относительно равномерно, летом из-за высокой температуры наружного воздуха и температура воды, потребление газа такими пользователями будет относительно уменьшаться. Режим потребления газа для отопления зданий связан с климатом района, в котором расположен город. Для расчета потребления необходимо знать данные о среднемесячной температуре и отопительном периоде в данном районе. Месячное потребление газа для отопления в процентах от годового потребления газа для отопления можно рассчитать по формуле (2-1-1):

$$q_{m,\ i} = \frac{(t_1 - t_i)n}{\sum(t_1 - t_i)n_i} \times 100 \qquad (2\text{-}1\text{-}1)$$

Где, $q_{m,\ i}$——потребление газа за отопительный месяц (i) в процентах от годового отопления;

t_1——расчетная температура в помещении в отопительный период (℃);

t_i——среднемесячная температура в отопительный период (℃);

n_i——количество отопительных дней в месяц в отопительный период (сут).

В соответствии с годовым потреблением газа различными пользователями и режимом потребления, можно составить диаграмму годового потребления газа. На основе этой диаграмму могут быть разработаны планы поставок газа для постоянных и буферных потребителей и необходимых сооружений регулирования пикового объема , а также заранее разработаны планы обслуживания газопроводов и оборудования в сезоны низкого потребления.

Неравномерность потребления газа по месяцам в году выражается «коэффициентом месячной неравномерности», который в буквальном смысле должен представлять собой отношение потребления газа по месяцам к среднемесячному потреблению газа за весь год, но это неточно, поскольку количество дней в каждом месяце меняется в пределах 28~31 дней. Таким образом, коэффициент месячной неравномерности K_m можно рассчитать по формуле (2-1-2):

$$K_m = \frac{\text{Среднесуточное потебление газа в этом месяце}}{\text{Среднесуточное потебление газа в течение всего года}} \qquad (2\text{-}1\text{-}2)$$

Месяц с наибольшим среднесуточным потреблением газа в течение 12 месяцев года, месяц с наибольшим значением коэффициента месячной неоднородности, называется расчетным месяцем, а максимальный коэффициент неравномерности в этом месяце $K_m^{\max}$ называется месячным пиковым коэффициентом.

2. Режим суточного потребления газа

Колебание суточного потребления газа в течение месяца или недели в

основном обусловлено такими факторами, как бытовые привычки жителей, режим работы и отдыха на промышленных предприятиях и изменение наружной температуры. Среди них влияние бытовых привычек жителей на каждую неделю (за исключением некоторых недель, включающих праздники) практически одинаково; режим работы и отдыха на промышленных предприятиях также более регулярный; температура наружного воздуха меняется без определенной закономерности, как правило, в дни, когда температура наружного воздуха низка, потребление газа увеличивается.

Режим бытового потребления жителями и режим потребления коммерческими потребителями в основном зависят от бытовых привычек жителей, а правила потребления газа в будние и праздничные дни различны.

Согласно измеренным данным, в некоторых городах нашей страны в неделю с понедельника по пятницу, потребление газа меняется незначительно, в то время как в субботу и воскресенье потребление газа увеличивается, а в предпраздничные и праздничные дни больше.

Коэффициент дневной неравномерности потребления газа промышленными предприятиями колеблется меньше в будние дни, а в выходные и праздничные дни колеблется больше, в отопительный период коэффициент дневной неравномерности потребления газа отопления мало меняется.

Коэффициент дневной неравномерности обычно используется для выражения изменения суточного потребления газа в течение месяца (или недели). Коэффициент дневной неравномерности Kd может быть рассчитан по формуле (2-1-3):

$$K_d = \frac{\text{Потребление газа в определенный день месяца}}{\text{Среднесуточное потребление газа в этом месяце}} \qquad (2\text{-}1\text{-}3)$$

Максимальный коэффициент суточной неравномерности K_d^{max} в течение месяца называется пиковым суточным коэффициентом данного месяца.

3. Режим часового потребления газа

Диаметры труб и оборудования газопроводной сети городского газа рассчитываются по расчету максимального часового расхода в расчетном месяце. Максимальный часовой расход можно определить только при наличии достоверных данных о колебаниях часового потребления газа. График изменения режима часового потребления газа в течение суток важен как для работы газопроводной сети, так и для расчета объема хранения газа, необходимого для расчета неравномерности баланса.

Режимы часового потребления газа для различных категорий потребителей в газопроводной сети городского газа различны, а неравномерность потребления газа бытовыми и коммерческими пользователями наиболее заметна. Для пользователей системы отопления, при непрерывном отоплении, часовое потребление газа незначительно колеблется, как правило, немного повышаясь в

ночное время; при прерывистом отоплении часовое потребление газа сильно колеблется.

Режим часового потребления газа жителями зависит от таких факторов, как бытовые привычки, количество газифицированных домов и виды профессий жителей. Среди них ежедневно есть три пика потребления газа – утром, днем и вечером, и потребление газа в утренний пик является самым низким. Из - за различных бытовых привычек и режимов работы и отдыха жителей, в некоторых городах вечернее пиковое потребление газа ниже, чем в полдень, а в других городах вечернее пиковое потребление газа выше, чем в полдень. Колебания часового потребления газа в субботу и воскресенье отличаются от колебаний в другие дни недели, обычно наблюдается только два пика – в полдень и вечером.

Колебания часового потребления газа жителями, коммерческими потребителями и промышленными предприятиями в одном из городов нашей страны приведены в таблице 2-1-1.

Табл. 2-1-1 Часовое потребление газа жителями и коммерческими потребителями и промышленными предприятиями в одном из городов нашей страны в процентах от суточного потребления газа (%)

Время	Бытовое потребление жителями и потребление коммерческими потребителями	Промышленными предприятиями	Время	Бытовое потребление жителями и потребление коммерческими потребителями	Промышленными предприятиями	Время	Бытовое потребление жителями и потребление коммерческими потребителями	Промышленными предприятиями
6: 00—7: 00	4, 87	4, 88	14: 00—15: 00	2, 27	5, 53	22: 00—23: 00	1, 27	4, 88
7: 00—8: 00	5, 20	4, 81	15: 00—16: 00	4, 03	3, 24	23: 00—24: 00	0, 98	4, 81
8: 00—9: 00	5, 17	5, 46	16: 00—17: 00	7, 10	5, 45	24: 00—1: 00	1, 35	5, 46
9: 00—10: 00	6, 55	4, 82	17: 00—18: 00	9, 59	5, 55	1: 00—2: 00	1, 30	4, 82
10: 00—11: 00	11, 27	3, 87	18: 00—19: 00	6, 10	4, 87	2: 00—3: 00	1, 65	3, 87
11: 00—12: 00	10, 42	4, 85	19: 00—20: 00	3, 42	4, 48	3: 00—4: 00	0, 99	4, 85
12: 00—13: 00	4, 09	3, 03	20: 00—21: 00	2, 13	4, 34	4: 00—5: 00	1, 63	3, 03
13: 00—14: 00	2, 77	5, 27	21: 00—22: 00	1, 48	4, 84	5: 00—6: 00	4, 35	5, 27

Как правило, коэффициент часовой неравномерности используется для выражения изменения часового расхода газа в течение дня, коэффициент часовой неравномерности K_h может быть рассчитан по формуле (2-1-4):

$$K_h = \frac{\text{Потребление газа в определенный час дня}}{\text{Среднечасовое потребление газа дня}} \qquad (2\text{-}1\text{-}4)$$

Максимальное значение коэффициента часовой неравномерности K_h^{max} в данный день называется пиковым коэффициентом часовой неравномерности за данный день.

【Выполнение задачи】

Задачи выполняются в соответствии с заданием проекта и отчетом о выполнении заданий проекта, как показано в таблицах 2-1-2 и 2-1-3.

Табл. 2-1-2 Проектное задание

Наименование задачи	Режим потребления городского газа		
Члены группы			
Руководитель		Планируемое время	
Время выполнения		Место выполнения	
Содержание и цели задачи			
1. Ознакомиться со значением неравномерности потребления газа; 2. Знать определения месячного пикового, дневного пикового и часового пикового коэффициента; 3. Знать метод расчета месячного пикового, дневного пикового и часового пикового коэффициента.			
Контрольные пункты	1. Значение неравномерности потребления газа; 2. Определение месячного пикового, дневного пикового и часового пикового коэффициента; 3. Расчет месячного пикового, дневного пикового и часового пикового коэффициента.		
Примечание			

Табл. 2-1-3 Отчет о выполнении задачи проекта

Наименование задачи	Режим потребления городского газа		
Члены группы			
Конкретное распределение задач			
Планируемое время		Фактическое время выполнения	
Примечание			
1. Краткое описание неравномерности потребления газа потребителями городского газа различных категорий. 2. Краткое описание факторов, влияющих на суточную неравномерность потребления городского газа. 3. Краткое описание метода расчета часового пикового коэффициента потребления городского газа.			

【Оценка задачи】

Оценка задачи проводится согласно таблице комплексной оценки задачи проекта, см. таблицу 2-1-4.

Табл. 2-1-4 Таблица комплексной оценки задачи проекта

Наименование задачи: Дата оценки: год, месяц, день

Детали оценки		Стандартный балл	Практический балл								
			Члены группы								
			Самооценка группы	Взаимная оценка группы	Оценка преподавателя	Самооценка группы	Взаимная оценка группы	Оценка преподавателя	Самооценка группы	Взаимная оценка группы	Оценка преподавателя
Оценка группы (60 баллов)	Способно сть членов группы в целом понимать цели обучения и график	10									
	Четкое распределение задачи между членами группы	10									
	Наличие духа сотрудни чества у членов группы	10									
	Наличие инновационных идей (методов) у членов группы	10									
	Достовер ность заполнен ия отчета о выполнен ии задачи проекта членами группы	10									
	Наличие проблем и решений у членов группы	10									

Детали оценки		Стандартный балл	Практический балл								
			Члены группы								
			Самооценка группы	Взаимная оценка группы	Оценка преподавателя	Самооценка группы	Взаимная оценка группы	Оценка преподавателя	Самооценка группы	Взаимная оценка группы	Оценка преподавателя
Оценка личности (40 баллов)	Подчинение членов групповым решениям	10									
	Выполнение задач, назначенных группой	10									
	Своевременное общение и обмен информацией с членами группы	10									
	Способность серьезно описывать трудности, ошибки и изменения	10									
Итого		100									

【Закрепление знаний】

(1) Краткое описание определения часового пикового коэффициента неравномерности потребления городского газа.

(2) Краткое описание основных факторов, влияющих на месячную, суточную в часовую неравномерность потребления городского газа.

Задача Ⅱ Хранение газа для регулирования подачи газа в пиковой период в системе распределения и транспортировки городского газа

【Подготовка к задаче】

Режим потребления городского газа неравномерен и может меняться с месяцами, днями часами, но объем подачи газа из источника равномерен, и не может полностью меняться в зависимости от режима потребления. Для разрешения противоречия между равномерной подачей газа и неравномерным потреблением газа, обеспечения бесперебойной поставкой газа потребителям, обеспечения достаточного расхода и нормального давления для всех видов потребителей газа, необходимо принять эффективные меры по хранения газа для регулирования подачи газа в пиковой период, чтобы система распределения газа достигла баланса между спросом и предложением.

1. Хранение газа для регулирования подачи газа в пиковой период в системе распределения и транспортировки газа

В 2018-ом году Госкомитет по делам развития и реформ и Государственное управление по делам энергетики КНР совместно выпустили «Уведомление о выпуске «Мнения об ускорении строительства объектов хранения газа и совершенствовании механизма вспомогательных услуг по регулированию и балансировке спроса на газ»» (Приказ № 637 от 2018 года Энергетическим управлением Госкомитета по делам развития и реформ КНР), в данном документе подчеркивается следующее.

(1) Уточнить ответственности т обязанности правительства, газоснабжающих предприятий, предприятий городского газового хозяйства т.д. по хранению газа для регулирования подачи газа в пиковой период, к концу 2020 года должны быть выполнены следующий требования к мощности по хранению газа:

① Газоснабжающее предприятие должно иметь способность резервировать газ в объеме не менее чем на 10% от своего годового контрактного объема продаж;

② Местные органы власти на уровне уездов и выше должны быть

способны гарантировать запас газа, чтобы он, по крайней мере, удовлетворил потреблению газа по размеру среднесуточного потребления в их административных районах в течение 3 дней;

③ Предприятия городского газового хозяйства должны обладать способностью резервирования газа не менее 5% от их годового потребления.

(2) Утвержденный диапазон согласованных показателей хранения газа включает:

① Рабочий объем газа подземных хранилищ (включая истощенные месторождения нефти и газа, водоносные горизонты, соляные пещеры и т.д.);

② Емкость контейнеров прибрежной станции приема сжиженного природного газа (или станции для регулирования пикового спроса, пункт хранения и распределения и т.д., далее именуемой станцией приема сжиженного природного газа);

③ Емкость контейнеров сжиженного природного газа и сжатого природного газа, находящиеся на суше с определенном масштабом, и могут регулировать пиковый спрос для задней секции сети транспортировки и распределения газа, оконечных газификации и т.д.;

④ Мощность по хранению газа не включает в себя контрактных поставок газа, которые могут быть прекращены, хранения в трубопроводах под высоким давлением, регулирование производительности передней секции.

(3) Способность регулирования подачи газа в пиковой период в основном ориентирована на дополнительное снабжение в период регулирования, методы регулирования включают:

① Подземные хранилища газа, прибрежные станции приема сжиженного природного газа;

② Резервуары для СПГ;

③ Регулирование подачи газа в пиковой период на газовых месторождениях, прерываемые поставки, заменимые энергоресурсы и другие методы регулирования.

Баланс спроса и предложения городского газа может быть достигнут за счет хранения газа для регулирования подачи газа в пиковой период в системе распределения и транспортировки газа. Учитывая отраслевую политику, возможности реализации и экономические аспекты, баланс спроса и предложения городского газа можно разделить на сезонный баланс спроса и предложения и суточный баланс предложения и спроса. Конкретные методы регулирования приведены ниже.

2. Методы баланса сезонного спроса и предложения

1) Подземное хранение газа

Подземные хранилища обладают большой емкостью для хранения газа и позволяют экономить финансовые и эксплуатационные расходы. Их можно использовать для компенсации неравномерного сезонного потребления газа, но

не следует использовать для компенсации неравномерного суточного потребления газа и неравномерного часового потреблениягаза, поскольку частое хранение газа и извлечение газа из подземных газохранилищ увеличат инвестиции и эксплуатационные расходы хранилища газа, а экономическая целесообразность неудовлетворительна.

2）Хранение в жидком виде

Метан, являющийся основным компонентом природного газа, может быть сжижен при атмосферном давлении и температуре -162° С. Сжиженный природный газ хранится в хорошо изолированных низкотемпературных резервуарах или хранилищах с замороженными пещерами и может подаваться после газификации в пиковый период потребления газа. Сжиженный природный газ удобен для газификации и имеет широкий диапазон регулировки нагрузки, что подходит для регулирования различных видов неравномерного потребления газа. Однако для городов и районов с большой потребностью в сезонном регулирования подачи газа в пиковой период, хранение в жидком виде не так экономично, как строительство подземных хранилищ, поэтому хранение в жидком виде в основном используется в районах, где геологические условия не подходят для строительства подземных хранилищ газа.

В настоящее время в стране и за рубежом построены станции сжиженного природного газа, такие как «спутниковые станции» и «универсальные станции для регулирования подачи газа в пиковой период», в которых установлены устройства хранения и регазификации. Среди них, «спутниковая станция» имеет простую конструкцию, удобна для разборки и сборки, а также удобна для перевозки автомобилем. Ее можно использовать в качестве средства регулирования подачи газа в пиковой период в малых и средних городах, а также в качестве меры по обеспечению безопасного газоснабжения во время капитального ремонта или ликвидации последствий аварийных случаев; «универсальная станция для регулирования подачи газа в пиковой период» побольше по мощности, и может служить источником газоснабжения для малых городов, куда еще не поведены трубопроводы природного газа.

3. Метод баланса суточного предложения и спроса

1）Хранение газа в трубопроводах

Хранение газа в пучках газопроводов под высоким давлением и в концах магистральных трубопроводов является эффективным способом сбалансирования неравномерного суточного и часового потребления газа. Хранение газа в пучках газопроводов под высоким давлением представляет собой прокладка одной или нескольких групп стальных труб под землей, подать давление на газ в газопроводах, используя сжимаемость газа для его хранения. Использование природного газа под высоким давлением как источник и эффективное использование его энергии давления, использование длинных магистральных трубопроводов для хранения газа или городских кольцевых трубопроводов

высокого давления для хранения газа является наиболее экономичным методом, а также наиболее часто используемым методом в стране и за рубежом.

2) Использование резервуаров для хранения газа

Резервуар для хранения газа можно использовать только для того, чтобы сбалансировать неравномерное суточное потребление газа и неравномерное часовое потребление газа. По сравнению с другими методами хранения газа, инвестиционные и эксплуатационные расходы на резервуары для газа значительно выше. Резервуары для хранения газа являются основным оборудованием наземного хранилища, и в зависимости от давления можно делить на резервуары для хранения газа высокого давления и резервуары для хранения газа низкого давления. Резервуары для хранения газа низкого давления можно разделить на два типа: мокрые и сухие.

Когда сжатый природный газ или сжиженный природный газ используется как основной источник, регулирования подачи газа в пиковой период по дням и часам не требуется. Баланс спроса и предложения достигается путем изменения количества открытых клапанов сжатого природного газа или количества запускных установок газификации сжиженного природного.

【Выполнение задачи】

Задачи выполняются в соответствии с заданием проекта и отчетом о выполнении заданий проекта, как показано в таблицах 2-2-1 и 2-2-2.

Табл. 2-2-1 Проектное задание

Наименование задачи	Хранение газа для регулирования подачи газа в пиковой период в системе распределения и транспортировки городского газа		
Члены группы			
Руководитель		Планируемое время	
Время выполнения		Место выполнения	
Содержание и цели задачи			
1. Понимать значение хранения газа для регулирования подачи газа в пиковой период в системе распределения и транспортировки газа. 2. Освоить классификацию методов балансирования спроса и предложения городского газа; 3. Освоить методы хранения газа для регулирования подачи газа в пиковой период в системе распределения и транспортировки газа.			
Контрольные пункты	1. Значение хранения газа для регулирования подачи газа в пиковой период в системе распределения и транспортировки газа; 2. Классификация методов балансирования спроса и предложения городского газа; 3. Методы хранения газа для регулирования подачи газа в пиковой период в системе распределения и транспортировки газа.		
Примечание			

Табл. 2-2-2 Отчет о выполнении задачи проекта

Наименование задачи	Хранение газа для регулирования подачи газа в пиковой период в системе распределения и транспортировки городского газа		
Члены группы			
Конкретное распределение задач			
Планируемое время		Фактическое время выполнения	
Примечание			
1. Краткое описание о хранении газа для регулирования подачи газа в пиковой период 2. Краткое описание о методах и обстоятельствах применения хранения газа для регулирования подачи газа в пиковой период в системе распределения и транспортировки газа			

【Оценка задачи】

Оценка задачи проводится согласно таблице комплексной оценки задачи проекта, см. таблицу 2-2-3.

Табл. 2-2-3 Таблица комплексной оценки задачи проекта

Наименование задачи: Дата оценки: год, месяц, день

Детали оценки		Стандартный балл	Практический балл								
			Члены группы								
			Самооценка группы	Взаимная оценка группы	Оценка преподавателя	Самооценка группы	Взаимная оценка группы	Оценка преподавателя	Самооценка группы	Взаимная оценка группы	Оценка преподавателя
Оценка группы (60 баллов)	Способность членов группы в целом понимать цели обучения и график	10									
	Четкое распределение задачи между членами группы	10									
	Наличие духа сотрудничества у членов группы	10									
	Наличие инновационных идей (методов) у членов группы	10									
	Достоверность заполнения отчета о выполнении задачи проекта членами группы	10									
	Наличие проблем и решений у членов группы	10									

Детали оценки		Стандартный балл	Практический балл								
			Члены группы								
			Самооценка группы	Взаимная оценка группы	Оценка преподавателя	Самооценка группы	Взаимная оценка группы	Оценка преподавателя	Самооценка группы	Взаимная оценка группы	Оценка преподавателя
Оценка личности (40 баллов)	Подчинение членов групповым решениям	10									
	Выполнение задач, назначенных группой	10									
	Своевременное общение и обмен информацией с членами группы	10									
	Способность серьезно описывать трудности, ошибки и изменения	10									
Итого		100									

【Закрепление знаний】

(1) Методы баланса сезонного предложения и спроса ________ и ________.

(2) Методы баланса суточного предложения и спроса ________ и ________.

(3) Как понять «хранение газа для регулирования подачи газа в пиковой период в системе распределения и транспортировки газа»? Какова роль «хранения газа для регулирования подачи газа в пиковой период»?

(4) Какие бывают методы хранения газа для регулирования подачи газа в пиковой период в системе распределения и транспортировки газа? Каковы особенности его применения?

Задача Ⅲ Годовое потребление городского газа

【Подготовка к задаче】

При проектировании системы распределения и транспортировки городского газа следует сначала определить потребность в газе, то есть годовое потребление газа. Годовое потребление газа является основой для определения

пропускной способности источника газа, трубопроводной сети и оборудования. Годовое потребление в основном зависит от типа, количества и показателей потребления пользователей.

При расчете годового потребления газа в городе необходимо отдельно вычислить годовое потребление для каждого типа пользователей, а сумма годового потребления для всех типов пользователей будет являться общим годовым потреблением газа в данном городе.

1. Годовое потребление газа населением

Для расчета бытового годового потребления газа населением нужно учесть количество людей, пользующихся газом. Количество жителей, пользующихся газом, зависит от численности городского населения и уровня газификации уровень газификации представляет собой процентную долю городского населения, использующегося газом, в процентах от общей численности населения города. Принципы городского газоснабжения связаны с энергетической политикой страны и тесно связаны с местными условиями. При использовании природного газа необходимо учитывать такие факторы, как распределение ресурсов, социальные, экологические и экономические выгоды. В соответствии с характеристиками потребления газа различными пользователями, в нашей стране использование природного газа подразделяется на приоритетные категории, разрешенные категории, ограниченные категории и запрещенные категории, отдавая приоритет развитию потребления газа потребителями – жителями, коммерческими пользователями, пользователями автомобилей и пользователями, использующими распределенную комбинированную систему для охлаждения, отопления и электропотребления, среди них принцип газоснабжения для бытовых пользователей таковы:

1) Приоритетное внимание следует уделять обеспечению горячей воды для приготовления пищи и бытовых нужд городских жителей и газоснабжения для коммерческих потребителей;

2) Отопление и кондиционирование воздуха играют важную роль в улучшении внутренней среды в зимний период на севере и в снижении пикового потребления электроэнергии в летний период на юге. При достаточном объеме природного газа следует активно развивать эти системы.

На основе показателей бытового потребления газа населением, численности населения и уровня газификации можно рассчитать годовое потребление газа по формуле (2-3-1):

$$Q_a = \frac{Nkq}{H_1} \qquad (2\text{-}3\text{-}1)$$

Где, Q_a——годовое бытового потребление газа населением (Нм³/год);

N——численность населения (человек);

k——Коэффициент газификации (%);

q——показатели бытовое потребление газ [кДж/(чел. · год)];

H_1——низкая теплотворность газа (кДж/Нм^3) .

2. Годовое потребление газа коммерческими потребителями

При расчете годового потребления газа коммерческими пользователями необходимо прежде всего определить показатели потребления газа различными коммерческими пользователями, численность населения и долю населения, потребляющего газ, в общей численности населения. Для коммерческих потребителей, количество людей пользующихся газом, зависит от численности городского населения и уровни обслуживания коммерческих потребителей, включая количество детей, посещающих ясли, детские сады на 1000 жителей, а также количество коек в больницах и гостиницах на 1000 жителей.

Годовое потребление газа коммерческими потребителями может быть рассчитано по формуле (2-3-2):

$$Q_a = \frac{MNq}{H_1} \qquad (2\text{-}3\text{-}2)$$

Где, Q_a——Годовое потребление газа коммерческими потребителями (Нм^3/год);

N——численность населения (человек);

M——доля населения, потребляющегося различными видами газа, в общей численности населения;

q——показатели потребления газа различными коммерческими пользователями [кДж/ (чел. · год)];

H_1——низкая теплотворность газа (кДж/Нм^3) .

3. Годовое потребление газа промышленными предприятиями

Годовое потребление газа промышленными предприятиями зависит от масштаба производства, сменного графика и особенностей технологии, и, как правило, определяется расчетом, а именно следующими двумя методами.

(1) Годовое потребление газа промышленными предприятиями может быть рассчитано с использованием норм потребления газа для различных промышленных продуктов и их годового объема производства. Нормы потребления газа для промышленных продуктов могут быть выбраны на основе соответствующих проектных данных или в соответствии с нормами потребления газа для продукции предприятий, которые использовали газ.

(2) В случае отсутствия данных о нормах потребления газа для промышленных продуктов, как правило, годовое потребление других видов топлива данного предприятия переводится в эквивалент годового потребления газа по формуле (2-3-3):

$$Q_a = \frac{1000 G_a H_1' \eta'}{H_1 \eta} \qquad (2\text{-}3\text{-}3)$$

Где, Q_a——годовое потребление газа промышленными предприятиями (Нм^3/год);

G_a——годовое потребление других видов топлива (т/год);
H_1'——низкая теплотворность других видов топлива (кДж/кг);
H_1——низкая теплотворность газа (кДж/Нм³);
η'——тепловая эффективность оборудования с другими видами топлива;
η——тепловая эффективность газового оборудования.

4. Годовое потребление газа для отопления зданий

Годовое потребление газа для отопления зданий зависит от площади зданий, тепловых показателей и продолжительности отопительного периода и может быть рассчитано по формуле (2-3-4):

$$Q_a = \frac{Fq_f n}{H_1 \eta} \tag{2-3-4}$$

Где, Q_a——годовое потребление газа для отопления зданий (Нм³/год);
F——площадь здания с газовым отоплением (м²);
q_f——тепловые показатели для гражданских зданий [(кДж/м² · ч)];
η——тепловая эффективность системы отопления;
H_1——низкая теплотворность газа (кДж/Нм³);
n——количество часов, в течение которых действует максимальная нагрузка отопления (ч/год) .

Поскольку расчетная температура отопления в разных регионах различна, тепловой показатель q_f в разных регионах также различен, и его можно найти в соответствующих руководствах. количество часов, в течение которых действует максимальная нагрузка отопления можно рассчитать по формуле (2-3-5):

$$n = n_1 \frac{t_1 - t_2}{t_1 - t_3} \tag{2-3-5}$$

Где, n——количество часов, в течение которых действует максимальная нагрузка отопления (ч/год);
n_1——количество часов отопления (ч/год);
t_1——расчетная температура в помещении (℃);
t_2——средняя наружная температура в отопительный период (℃);
t_3——расчетная наружная температура в отопительный период (℃) .

5. Годовое потребление газа в качестве топлива для автомобилей и судов

Годовое потребление газа в качестве топлива для автомобилей и судов определяется после анализа или расчета статистических данных о типе, модели и объеме потребления этих местных автомобилей и судов.

6. Годовое потребление газа газовыми электростанциями и распределенными энергоресурсами

Годовое потребление газа газовыми электростанциями и пользователями распределенных энергоресурсов должно определяться на основе статистического

анализа и расчета их мощности по производству электроэнергии и эффективности оборудования.

7. Непредвиденное потребление

Непредвиденное потребление также должно быть включено в годовое потребление газа города, в том числе утечки газа в трубопроводной сети и непредвиденные поставки газа в процессе развития. Как правило, непредвиденное потребление рассчитывается как 5% от годового потребления газа.

【Выполнение задачи】

Задачи выполняются в соответствии с заданием проекта и отчетом о выполнении заданий проекта, как показано в таблицах 2-3-1 и 2-3-2.

Табл. 2-3-1 Проектное задание

Наименование задачи	Годовое потребление городского газа		
Члены группы			
Руководитель		Планируемое время	
Время выполнения		Место выполнения	
Содержание и цели задачи			
1. Знать объекты и принципы газоснабжения городского газа; 2. Освоить определение годового потребления городского газа; 3. Освоить расчет годового потребления газа различными пользователями.			
Контрольные пункты	1. Объекты газоснабжения и принципы газоснабжения городского газа; 2. Определение годового потребления городского газа; 3. Расчет годового потребления газа различными пользователями.		
Примечание			

Табл. 2-3-2 Отчет о выполнении задачи проекта

Наименование задачи	Годовое потребление городского газа		
Члены группы			
Конкретное распределение задач			
Планируемое время		Фактическое время выполнения	
Примечание			
1. Краткое описание определения годового потребления городского газа. 2. Краткое описание факторов, влияющих на годовое потребления городского газа. 3. Краткое описание методы расчета годового потребления городского газа пользователями.			

【Оценка задачи】

Оценка задачи проводится согласно таблице комплексной оценки задачи проекта, см. таблицу 2-3-3.

Табл. 2-3-3 Таблица комплексной оценки задачи проекта

Наименование задачи:　　　　　　　　　　Дата оценки: год, месяц, день

Детали оценки		Стандартный балл	Практический балл								
			Члены группы								
			Самооценка группы	Взаимная оценка группы	Оценка преподавателя	Самооценка группы	Взаимная оценка группы	Оценка преподавателя	Самооценка группы	Взаимная оценка группы	Оценка преподавателя
Оценка группы (60 баллов)	Способность членов группы в целом понимать цели обучения и график	10									
	Четкое распре0деление задачи между членами группы	10									
	Наличие духа сотрудничества у членов группы	10									
	Наличие инновационных идей (методов) у членов группы	10									
	Достоверность заполнения отчета о выполнении задачи проекта членами группы	10									
	Наличие проблем и решений у членов группы	10									
Оценка личности (40 баллов)	Подчинение членов групповым решениям	10									
	Выполнение задач, назначенных группой	10									
	Своевременное общение и обмен информацией с членами группы	10									
	Способность серьезно описывать трудности ошибки и изменения	10									
Итого		100									

【Закрепление знаний】

(1) Годовое потребление городского газа в основном зависит от ________ и ________ пользователей.

(2) Численность населения, использующего газ, зависит от __________ и ____________ городского населения.

(3) Уровень газификации означает ____________________ в процентах от ______________ городского населения.

Задача Ⅳ Почасовой расчет расхода системы распределения и транспортировки городского газа

【Подготовка к задаче】

Диаметры труб и пропускная способность оборудования системы распределения и транспортировки газа не могут быть напрямую определены годовым потреблением газа, а должны быть рассчитаны в соответствии с максимальным почасовым расходом газа в расчетном месяце. Определение расчетного часового расхода газа влияет на экономичности и надежности системы распределения и транспортировки газа. Если расчетный почасовой расход газа установлен на высоком уровне, это приведет к увеличению потребления металла и капиталовложений в инфраструктуру; а если расчетный почасовой расход газа установлен на низком уровне, это повлияет на нормальное потребление газа пользователями.

Как правило, существует два способа определения расчетного почасового расхода газа: метод с применением коэффициента неравномерности и метод с применением коэффициента одновременной работы. Каждый из этих методов имеет свои особенности и сферу применения.

1. Расчетный почасовой расход газораспределительных трубопроводов городского газа

Расчетный почасовой расход газораспределительных трубопроводов городского газа рассчитывается на основе максимального почасового потребления газа в расчетном месяце по формуле (2-4-1):

$$Q_h = \frac{Q_a}{365 \times 24} K_m^{max} K_d^{max} K_h^{max} \qquad (2\text{-}4\text{-}1)$$

Где, Q_h——расчетный почасовой расход газа (Нм³/ч);

Q_a——годовое потребление газа (Нм³/год);

K_m^{max}——месячный пиковый коэффициент;

K_d^{max}——дневной пиковый коэффициент;

K_h^{max}——часовой пиковый коэффициент.

Коэффициент пикового потребления газа должен определяться на основе фактических статистических данных о потреблении газа в городах. Для определения пикового коэффициента потребления газа жителями и коммерческими пользователями, нужно составить материалы о месячном, суточном и часовом потреблении газа по изменениям в потреблении газа различными потребителями в городе, потом проанализировать и изучать полученные материалы. Неравномерность потребления газа промышленными предприятиями может быть определена путем наложения изменений в потреблении газа различными категориями пользователей.

При отсутствии фактических статистических данных об потреблении газа, с учетом местных условий, пиковый коэффициент потребления газа жителями и коммерческими пользователями может быть выбран в следующих диапазонах:

$$K_m^{max} = 1{,}11{,}3$$

$$K_d^{max} = 1{,}051{,}2$$

$$K_h^{max} = 2{,}23{,}2$$

В связи с этим: K_m^{max} K_d^{max} K_h^{max} = 2, 54~4, 99.

При большом количестве пользователей приненяеся меньшее значение часового пикового коэффициента. Для некоторых отдельных населенных пунктов, где общее количество пользователей менее 1500, как исключительные случаи, коэффициент часового пика может быть даже 3, 3-4, 0. Неравномерность потребления газа для отопления может быть определена на основе местных метеорологических данных и режим использования газа для отопления.

Для определения расчетного часового расхода газа для промышленных предприятий и пользователей газомоторных транспортных средств, нужно составить материалы о месячном, суточном и часовом потреблении газа, учитывая характеристики производства и изменения потребления газа каждого отдельного пользователя.

2. Максимальный часовой расход в газораспределительных трубопроводах городского газа

Максимальный часовой расход для жителей и коммерческих пользователей может быть рассчитан с использованием количества часов максимального использования газа. Общее количество газа, израсходованного за 8760 (24 ч/сут × 365 сут) часов в течение года, делится на количество часов непрерывного интенсивного использования в течение года, и полученное число является количеством часов максимального использования газа.

Максимальный часовой расход газа в распределительных газопроводах города может быть рассчитан с использованием количества часов максимального использования газа по формуле (2-4-2):

$$Q_h = \frac{Q_a}{n} \tag{2-4-2}$$

Где, Q_h——максимальный часовой расход газа (Нм³/ч);

Q_a——годовое потребление газа (Нм³/год);

n——количество часов максимального использования газа (ч/год) .

Из формулы (2-4-1) и формулы (2-4-2) можно делать вывод, что соотношение между количеством часов максимального использования газа и коэффициентом неравномерности удовлетворяет формуле (2-4-3):

$$n = \frac{365 \times 24}{K_m^{max} K_d^{max} K_h^{max}} \tag{2-4-3}$$

Таким образом, чем больше коэффициент неравномерности, тем меньше количество часов максимального использования подачи газа. Количество часов максимального использования газа для жителей и коммерческих потребителей варьируется в зависимости от численности городского населения, чем больше городское население, чем равномернее потребление газа, тем больше количество часов максимального использования. Крупные промышленные предприятия могут выбирать количество часов максимального использования газа в зависимости от характеристик предприятия, среди них для предприятия с односменным режимом работы n=2 000~3 000 ч/сут, с двухсменным режимом работы n=3 500~4 000ч/сут, с трехсменным режимом работы n=6 000~6 500ч/сут.

【Выполнение задачи】

Задачи выполняются в соответствии с заданием проекта и отчетом о выполнении заданий проекта, как показано в таблицах 2-4-1 и 2-4-2.

Табл. 2-4-1 Проектное задание

Наименование задачи	Почасовой расчет расхода системы распределения и транспортировки городского газа		
Члены группы			
Руководитель		Планируемое время	
Время выполнения		Место выполнения	
Содержание и цели задачи			
1. Понять значимость определения расчетного часового расхода системы распределения и транспортировки газа; 2. Освоить метод расчета расчетного часового расхода газ города.			
Контрольные пункты	1. Выяснить значение расчета расчетного часового расхода системы распределения и транспортировки газа города; 2. Метод расчета расчетного часового расхода газ города.		
Примечание			

Табл. 2-4-2 Отчет о выполнении задачи проекта

Наименование задачи	Почасовой расчет расхода системы распределения и транспортировки городского газа		
Члены группы			
Конкретное распределение задач			
Планируемое время		Фактическое время выполнения	
Примечание			
1. Краткое описание метода расчетного часового расхода в системе распределения и транспортировки городского газа и сферы его применения.			
2. Краткое описание того, как определить расчетный часовой расход в системе распределения и транспортировки городского газа.			

【Оценка задачи】

Оценка задачи проводится согласно таблице комплексной оценки задачи проекта, см. таблицу 2-4-3.

Табл. 2-4-3 Таблица комплексной оценки задачи проекта

Наименование задачи: Дата оценки: год, месяц, день

Детали оценки		Стандартный балл	Практический балл								
			Члены группы								
			Самооценка группы	Взаимная оценка группы	Оценка преподавателя	Самооценка группы	Взаимная оценка группы	Оценка преподавателя	Самооценка группы	Взаимная оценка группы	Оценка преподавателя
Оценка группы (60 баллов)	Способность членов группы в целом понимать цели обучения и график	10									
	Четкое распределение задачи между членами группы	10									
	Наличие духа сотрудничества у членов группы	10									
	Наличие инновационных идей (методов) у членов группы	10									
	Достоверность заполнения отчета о выполнении задачи проекта членами группы	10									
	Наличие проблем и решений у членов группы	10									

Детали оценки		Стандартный балл	Практический балл								
			Члены группы								
			Самооценка группы	Взаимная оценка группы	Оценка преподавателя	Самооценка группы	Взаимная оценка группы	Оценка преподавателя	Самооценка группы	Взаимная оценка группы	Оценка преподавателя
Оценка личности (40 баллов)	Подчинение членов групповым решениям	10									
	Выполнение задач, назначенных группой	10									
	Своевременное общение и обмен информацией с членами группы	10									
	Способность серьезно описывать трудности, ошибки и изменения	10									
Итого		100									

【Закрепление знаний】

(1) Диаметры труб и пропускная способность оборудования системы распределения и транспортировки городского газа не могут быть напрямую определены годовым потреблением газа, а должны быть рассчитаны ____________ расчетного месяца газа.

(2) Определение расчетного часового расхода газа влияет на экономичности и надежности системы распределения и транспортировки газа. Если расчетный почасовой расход газа установлен на высоком уровне, то увеличиваются ____________ и ____________ системы распределения и транспортировки газа. Если расчетный почасовой расход газа установлен на низком уровне, это повлияет на ____________.

(3) Существует два метода определения расчетного почасового расхода газа: ____________ и ____________. Каждый из этих методов имеет свои особенности и сферу применения.

Проект Ⅲ

Система транспортировки газа

【Описание о проекте】

После извлечения газа из скважины, он концентрируется на очистных сооружениях по коллекторному трубопроводу шахты, а затем транспортируется по длинным трубопроводам в газопроводной сети городского газ для обеспечения промышленного и бытового потребления. От газовой скважины к потребителю газ транспортируется в закрытом контуре, образуя полную систему транспортировки газа. Вся газотранспортная система включает в себя как систему передачи на большие расстояния передней секции, так и систему распределения и транспортировки городского газа задней секции.

Проект «Перевод природного газа с запада на восток» представляет собой первый трубопровод природного газа мирового класса, спроектированный и построенный нашей страной, и в настоящее время это самый протяженный трубопроводный проект в мире. Проект «Перевод природного газа с запада на восток» не только способствует корректировке энергетической и промышленной структуры Китая, стимулирует совместное развитие региональной экономики, но и может улучшить качество жизни людей в районах вдоль трубопровода и эффективно управляет загрязнение воздуха.

【Цель проекта】

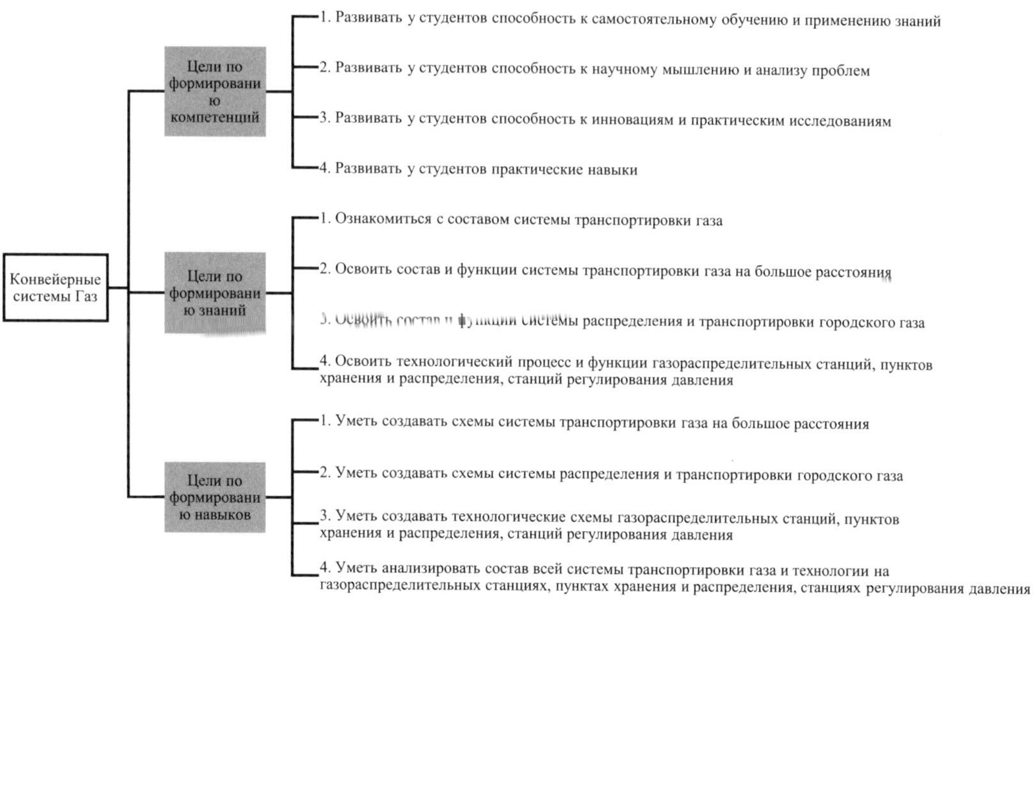

Задача Ⅰ Система транспортировки газа на большие расстояния

【Подготовка к задаче】

Система транспортировки газа на большие расстояния представляет собой магистральный газопровод, соединяющий очистные сооружения на газовых месторождениях с городами, Он обладает такими характеристиками, как большая пропускная способность, высокое давление и большие расстояния транспортировки.

1. Начальный и конечный пункты системы транспортировки газа на большие расстояния

Начальным пунктом системы транспортировки газа на большие расстояния является газовая скважина, а конечным пунктом– газораспределительная станция.

2. Роль системы транспортировки газа на большие расстояния

Роль системы транспортировки газа на большие расстояния заключается в транспортировке газа (природного газа, нефтяного газа и искусственного газа) из мест добычи в места использования (города и промышленные зоны), расположенные вдали от источников, см. рис. 3-1-1.

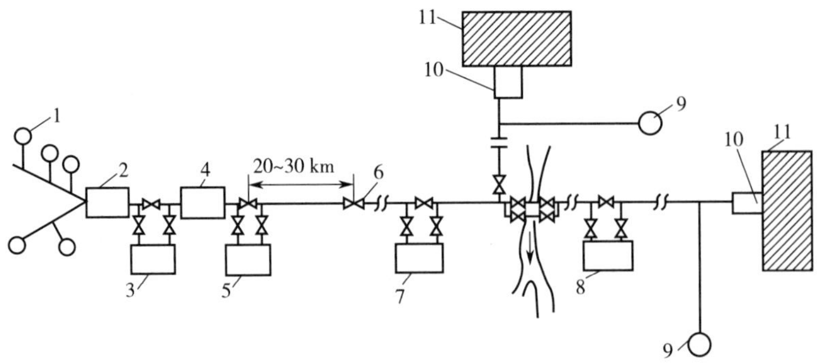

Рис. 3-1-1 Схема системы транспортировки газа на большие расстояния

1—Устьевые установки; 2—Газосборный пункт;
3—Газокомпрессорная станция на месторождении;
4—Газоперерабатывающий завод; 5—Начальная станция магистрального газопровода;
6—Клапан; 7—Промежуточная компрессорная станция; 8—Конечная компрессорная станция;
9—Газохранилище; 10—Подстанция транспортировки газа; 11—город или промышленная зона

3. Конструкция системы транспортировки газа на большие расстояния

Система транспортировки газа на большие расстояния в основном состоит из сети сбора и транспортировки газа, оборудования для очистки газов, начальной станции, газовой магистрали, ответвлений газопровода, промежуточной измерительных станций регулирования давления, компрессорный станций, газораспределительных станций, станций управления и обслуживания, оборудования связи и телемеханики, станций катодной защиты (или других электрозащитных устройств) и т.д.

1) Система сбора и транспортировки на месторождении

Под системой сбора и транспортировки газа на месторождении понимается сбор природного газа из устья газовой скважины и его транспортировка, см. рис. 3-1-2.

Рис. 3-1-2 Схема системы сбора и транспортировки газа на месторождении

Ⅰ. Площадка скважины

В зависимости от различных технологий сбора и транспортировки газа на месторождениях могут использоваться различные технологические технологии на площадках скважин, которые в основном можно разделить на сбора газа их одной скважины и сбор газа из нескольких скважин.

Сбор газа из одной скважины заключается в установке отдельного оборудования для дросселирования и декомпрессии природного газа, первичной сепарации и измерения непосредственно вблизи газовой скважины.

Сбор газа из нескольких скважин заключается в соединении трубопроводами более двух газовых скважин от устья до газосборного пункта. Для каждой скважины устанавливается только устьевые установки для сбора газа, а для природного газа, транспортируемого из каждой газовой скважины, дросселирование и декомпрессия, первоначальная сепарация и измерение осуществляются отдельно на газосборном пункте.

Ⅱ. Сеть сбора газа

Сеть сбора газа представляет собой систему трубопроводов, соединяющих газовые скважины, газосборные пункты и газоперерабатывающие заводы, и классифицируется по геометрическим типам соединений, таким как следующие виды.

(1) Лучевая сеть сбора газа: магистральные газопроводы распространяются в радиальном виде, как показано на рис.3-1-3.

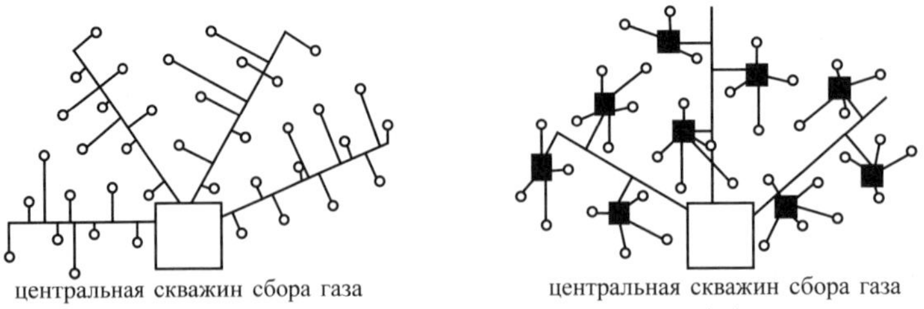

(a) (b)

Рис. 3-1-3 Лучевая сеть сбора газа

(a) Сбор газа из одной скважины (b) Сбор газа из нескольких скважин

(2) Древовидная сеть сбора газа (линейная): магистральные газопроводы распространяются в линейном виде, как показано на рис.3-1-4.

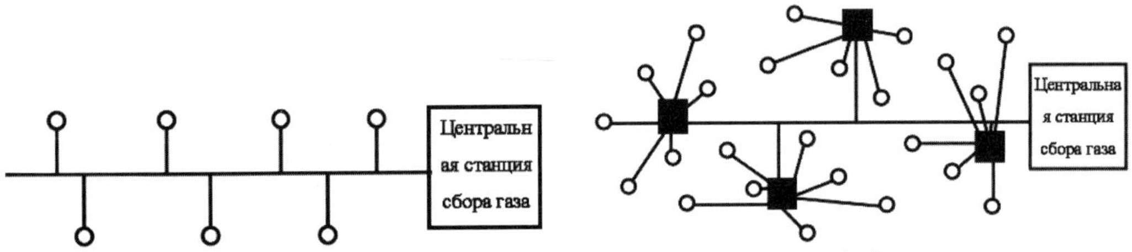

(a) (b)

Рис. 3-1-4 Древовидная сеть сбора газа

(a) Сбор газа из одной скважины (b) Сбор газа из нескольких скважин

(3) Кольцевая сеть сбора газа: магистральные газопроводы распространяются в кольцевом виде, как показано на рис.3-1-5.

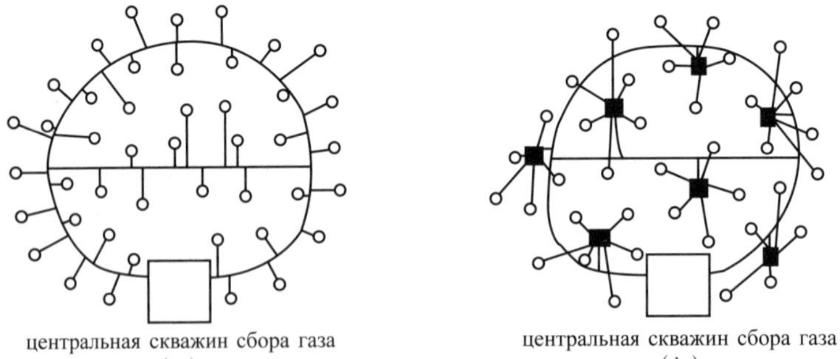

(a) (b)

Рис. 3-1-5 Кольцевая сеть сбора газа

(a) Сбор газа из одной скважины (b) Сбор газа из нескольких скважин

(4) Групповая сеть сбора газа

Ⅲ. Газокомпрессорная станция на месторождении

На поздней стадии разработки газовых месторождений (или на газовых месторождениях с низким давлением), когда пластовое давление недостаточно для удовлетворения требований к производству и транспортировке, природный газ низкого давления необходимо нагнетать до требуемого давления на

газокомпрессорной станции на месторождении, а затем транспортировать на газоперерабатывающий завод или в магистральные трубопроводы.

Основным оборудованием на газокомпрессорной станции на месторождении является компрессор. Ниже в качестве примера приводится поршневой компрессор, чтобы представить принцип его работы.

В поршневом компрессоре давление на газ повышается с помощью поршня, который совершает возвратно-поступательные движения в цилиндре. На рисунке 3-1-6 показана схема одноступенчатого поршневого компрессора одинарного действия.

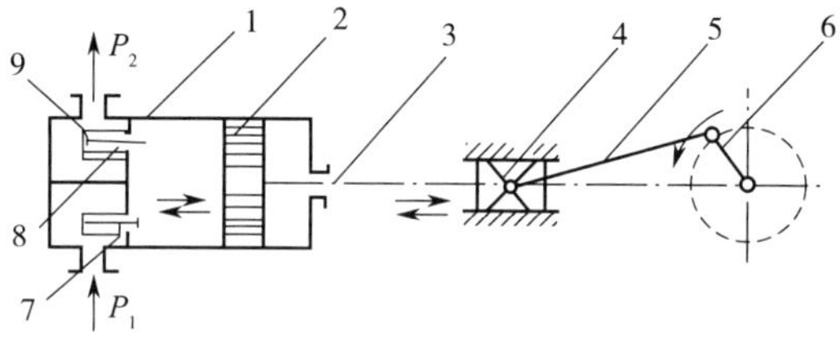

Рис. 3-1-6 Схема одноступенчатого поршневого компрессора одинарного действия

1—Цилиндр; 2—Поршень; 3—Шток поршня; 4—Крестовина; 5—Соединительный рычаг; 6—Коленчатый вал; 7—Всасывающий клапан; 8—Выпускной клапан; 9—Пружина

Когда поршень 2 перемещается вправо и давление на левом конце поршня в цилиндре 1 немного ниже давления в газопроводе низкого давления, всасывающий клапан 7 открывается, выпускной клапан 8 закрывается, и газ поступает в цилиндр 1 под действием давления P1. Этот процесс называется процессом всасывания; когда поршень 2 возвращается, всасывающий клапан 7 закрывается, и всасывавший газ сжимается поршнем в цилиндре 1. Этот процесс называется процессом сжатия; когда давление газа в цилиндре сжимается до давления, немного превышающего давление в газопровод высокого давления, выпускной клапан 8 открывается, и сжатый газ выпускается в газопровод высокого давления, этот процесс называется процессом выпуска. Таким образом завершается один рабочий цикл. По мере того, как поршень продолжает движение, вышеуказанный рабочий цикл будет проходить снова и снова, непрерывно сжимая газ.

2) Газоперерабатывающий завод

Когда содержание сероводорода, двуокиси углерода, конденсата и влаги в природном газе превышает определенные нормы, необходимо установить устройство для очистки природного газа.

3) Начальная станция магистрального газопровода

Начальная станция газовой магистрали в основном включает в себя процессы фильтрации (удаление твердых взвесей и свободной воды), регулирование давление, измерение и другие процессы, см. рис. 3-1-7.

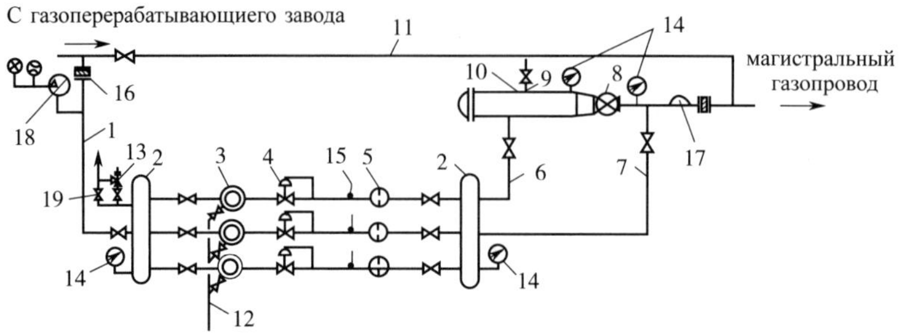

Рис. 3-1-7 Схема процесса начальной станция магистрального газопровода

1—Трубопровод подачи газа; 2—Коллектор газа; 3—Сепаратор; 4—Регулятор давления; 5—Диафрагмовый расходомер; 6—Байпасный трубопровод для очистки трубопровода; 7—Трубопровод вывода газа; 8—Шаровой клапан; 9—Сбросный трубопровод; 10—Узел пуска очистных устройств; 11—Байпас для обхода станции; 12—Дренажная труба сепаратора; 13—Предохранительный клапан; 14—Манометр; 15—Градусник; 16—Изоляционный фланец; 17—Индикатор прохода трубоочистителя; 18—Электроконтактный манометр со звуковой и световой сигнализацией; 19—Сбросный клапан

4) Объекты магистральных газопроводов

В состав магистрального газопровода входят следующие сооружения: промежуточные компрессорные станции, приемопередающие устройства шариков для очистки трубопроводов, станции катодной защиты, станции управления и обслуживания, средства связи и дистанционного управления и т.д. Среди них главным сооружением является промежуточная компрессорная станция (для обеспечения транспортировки газа на большие расстояния требуются устройста повышения давления). Количество промежуточных компрессорных станций и давление на выходе определяется технико-экономическим расчетом, обычно расстояние между двумя компрессорными станциями составляет 100-150 км. Другое подсобное оборудование, такое как приемопередающие устройства шариков для очистки трубопроводов, станция катодной защиты и станция дистанционного управления, также может быть установлено совместно с компрессорной станцией.

Вдоль газовой магистрали желательно оборудовать подземные хранилища. Подземное хранение газа – это повторное закачивание природного газа из магистральных трубопроводов для транспортировки на большие расстояния в подземное пространство, как правило, используя истощенные нефтегазовые месторождения, водоносные горизонты, соляные пещеры и заброшенные шахты для хранения газа. Подземные хранилища газа, как правило, используются для закачки газа летом и добычи газа зимой, и емкость хранилища для хранения газа велика, с которыми можно сэкономить затраты на установление и эксплуатацию, и их можно использовать для компенсации неравномерного сезонного потребления газа; однако его не следует использовать для компенсации неравномерного суточного потребления газа и неравномерное почасовое потребление газа, поскольку резкое увеличение

интенсивности добычи газа приведет к увеличению инвестиций и эксплуатационных расходов и снижению экономической целесообразности.

5）Газораспределительная станция

Газораспределительная станция, также называется городские пункты, является конечной станцией трубопровода для транспортировки на большие расстояния, а также станцией источника газа для распределительной сети в городах и промышленных зонах. Его задача состоит в том, чтобы принимать газ из трубопроводов на большие расстояния и подавать его в трубопроводные сети городов и промышленных зон после удаления пыли, регулирования давление（отрегулировать давление газа до давления, необходимого для городской кольцевой сети под высоким давлением или давления, необходимого пользователям）, измерения и одоризации.

【Выполнение задачи】

Задачи выполняются в соответствии с заданием проекта и отчетом о выполнении заданий проекта, как показано в таблицах 3-1-1 и 3-1-2.

Табл. 3-1-1 Проектное задание

Наименование задачи	Система транспортировки газа на большие расстояния		
Члсны группы			
Руководитель		Планируемое время	
Время выполнения		Место выполнения	
Содержание и цели задачи			
1. Знать роль системы транспортировки газа на большие расстояния 2. Освоить состав системы транспортировки газа на большое расстояния 3. Освоить технологический процесс системы транспортировки газа на большое расстояния			
Контрольные пункты	1. Роль системы транспортировки газа на большие расстояния; 2. Состав системы транспортировки газа на большое расстояния 3. Технологический процесс системы транспортировки газа на большое расстояния		
Примечание			

Табл. 3-1-2 Отчет о выполнении задачи проекта

Наименование задачи	Система транспортировки газа на большие расстояния		
Члены группы			
Конкретное распределение задач			
Планируемое время		Фактическое время выполнения	
Примечание			

Наименование задачи	Система транспортировки газа на большие расстояния
1. Краткое описание роли системы транспортировки газа на большое расстояния и ее начального и конечного пунктов. 2. Анализ компонентов системы транспортировки газа на большое расстояния. 3. Создавать схему системы транспортировки газа на большое расстояния	

【Оценка задачи】

Оценка задачи проводится согласно таблице комплексной оценки задачи проекта, см. таблицу 3-1-3.

Табл. 3-1-3 Таблица комплексной оценки задачи проекта

Наименование задачи: Дата оценки: год, месяц, день

Детали оценки		Стандартный балл	Практический балл								
			Члены группы								
			Самооценка группы	Взаимная оценка группы	Оценка преподавателя	Самооценка группы	Взаимная оценка группы	Оценка преподавателя	Самооценка группы	Взаимная оценка группы	Оценка преподавателя
Оценка группы (60 баллов)	Способность членов группы в целом понимать цели обучения и график	10									
	Четкое распределение задачи между членами группы	10									
	Наличие духа сотрудничества у членов группы	10									

Детали оценки		Стандартный балл	Практический балл								
			Члены группы								
			Самооценка группы	Взаимная оценка группы	Оценка преподавателя	Самооценка группы	Взаимная оценка группы	Оценка преподавателя	Самооценка группы	Взаимная оценка группы	Оценка преподавателя
Оценка группы (60 баллов)	Наличие инновационных идей (методов) у членов группы	10									
	Достоверность заполнения отчета о выполнении задачи проекта членами группы	10									
	Наличие проблем и решений у членов группы	10									
Оценка личности (40 баллов)	Подчинение членов групповым решениям	10									
	Выполнение задач, назначенных группой	10									
	Своевременное общение и обмен информацией с членами группы	10									
	Способность серьезно описывать трудности, ошибки и изменения	10									
Итого		100									

【Закрепление знаний】

(1) Система транспортировки газа на большое расстояния начинается с ____________ и заканчивается ____________.

(2) Роль системы транспортировки газа на большое расстояния заключается ____.

(3) Система транспортировки газа на большое расстояния состоит в основном из ______________________________ и т.д.

(4) Создавать схему системы транспортировки газа на большое расстояния

Задача Ⅱ Система распределения и транспортировки городского газа

【Подготовка к задаче】

Система распределения и транспортировки городского газа представляет собой систему, состоящую из всех сооружений, начиная от газораспределительной станции до пользователя, включая такие объекты, как газораспределительные станции, газовые хранилища, станции регулировки давления, трубопроводы для транспортировки и распределения, устройства для измерения, сооружения управления и системы мониторинга.

1. Начальный и конечный пункты системы распределения и транспортировки городского газа

Начальным пунктом системы распределения и транспортировки городского газа является газораспределительная станция (городской пункт). Конечная точка-это пользователь.

2. Роль системы распределения и транспортировки городского газа

Роль системы распределения и транспортировки городского газа заключается в транспортировке газа от источника к различным потребителям через газораспределительные станции.

3. Конструкция системы распределения и транспортировки городского газа

Система распределения и транспортировки городского газа, как правило, состоит из газораспределительных станций, сетей транспортировки и распределения, хранилищ газа, станций регулирования давления, центров мониторинга и диспетчеризации, а также отделов технического обслуживания и управления.

1) Газораспределительная станция (городской пункт)

Газораспределительная станция является точкой источника газа для системы распределения и транспортировки городского газа, а также газораспределительной станцией газа, откуда газ поступает в сеть распределения и транспортировки городского газа, ее задача состоит в приеме газа, и подавать его в сеть распределения и транспортировки городского газа или непосредственно крупным потребителям после фильтрации, регулирования давления, измерения, озонирования, распределения на станции.

2）Сеть для транспортировки и распределения газа

Сеть для транспортировки и распределения газа транспортирует за от газораспределительной станции к каждому хранилищу газа, станции регулирования давления, потребителю газа, и обеспечивает безопасную и надежную транспортировку газа по пути.

3）Хранилище газа

Функции хранилища газа включают:

（1）Хранение определенного количества газа для пикового потребления;

（2）Гарантировать определенный уровень подачи газа в случаях временного выхода из строя газотранспортных сооружений, ремонта трубопроводов;

（3）Смешивать различные используемые газы, чтобы их компоненты были равномерными;

（4）Повышение давления（или сброс давления）газа для обеспечения достаточного давления газа перед транспортировкой в трубопроводную сеть или пользовательские приборы.

4）Станция регулирования давления

Основные функции станции регулирования давления в системе распределения и транспортировки городского газа заключается в регулировании и стабилизации давления в системе, а также в контроле потока газа, предотвращении износа и закупорки оборудования после регулятора давления, защите системы распределения и транспортировки от слишком низкого или избыточного давления на выходе.

5）Центр мониторинга и диспетчеризации

Для обеспечения безопасной подачи городского газа необходимо создать центр мониторинга и диспетчеризации. Как правило, центр мониторинга и диспетчеризации выполняют следующие функции

（1）Диспетчеризация источника газа: мониторинг газовых компонентов, теплотворности и разницы в подаче и транспортировке первого уровня передней секции; обеспечение непрерывного газоснабжения системы распределения и транспортировки газа.

（2）Диспетчеризация распределения и транспортировки: Контроль давления газа, расхода, температуры, озонирования и других технических параметров системы транспортировки и распределения газа в пределах безопасной эксплуатации и правил; диспетчерская координация эксплуатации станций и трубопроводов и ремонт оборудования; Обеспечение безопасной эксплуатации и стабильного газоснабжения системы распределения и транспортировки.

（3）Экстренная диспетчеризация: разработка планов действий в чрезвычайных ситуациях и осуществление аварийной диспетчеризации; когда объем вводимого газа превышает объем подаваемого газа, следует использовать

газохранилище для регулирования подачи газа в пиковой период, или принимать меры по регулированию давления в системе для обеспечения безопасной работы; принимать необходимые меры по ограничению подачи газа при нехватке источника газа, чтобы обеспечить поставки газа важнейшим пользователям.

(4) Аварийная диспетчеризация: когда в системе распределения и транспортировки газа происходят утечка газа, пожар, взрыв и т.д., необходимо своевременно направить спасательную команду на место для ремонта и своевременно сообщить об этом соответствующим руководителям и департаментам.

6) Отдел технического обслуживания и управления

Система распределения и транспортировки городского газа в период подачи газа должна обеспечивать бесперебойную и надежную подачу газа потребителям, должна быть безопасной с точки зрения эксплуатации и управления, должна быть простой с точки зрения технического обслуживания и тестирования; Следует также учитывать возможность отключения некоторых участков трубопровода в случае капитального ремонта или выхода из строя без ущерба для работы всей системы.

【Выполнение задачи】

Задачи выполняются в соответствии с заданием проекта и отчетом о выполнении заданий проекта, как показано в таблицах 3-2-1 и 3-2-2.

Табл. 3-2-1 Проектное задание

Наименование задачи	Система распределения и транспортировки городского газа		
Члены группы			
Руководитель		Планируемое время	
Время выполнения		Место выполнения	
Содержание и цели задачи			
1. Знать роль системы распределения и транспортировки городского газа; 2. Освоить состав системы распределения и транспортировки городского газа; 3. Освоить технологический процесс системы распределения и транспортировки городского газа;			
Контрольные пункты	1. Роль системы распределения и транспортировки городского газа; 2. Состав системы распределения и транспортировки городского газа; 3. Технологический процесс системы распределения и транспортировки городского газа.		
Примечание			

Табл. 3-2-2 Отчет о выполнении задачи проекта

Наименование задачи	Система распределения и транспортировки городского газа		
Члены группы			
Конкретное распределение задач			

Наименование задачи	Система распределения и транспортировки городского газа		
Планируемое время		Фактическое время выполнения	
Примечание			
1. Краткое описание роли системы распределения и транспортировки городского газа и ее начального и конечного пунктов. 2. Анализ компонентов системы распределения и транспортировки городского газа. 3. Создать схему системы распределения и транспортировки городского газа.			

【Оценка задачи】

Оценка задачи проводится согласно таблице комплексной оценки задачи проекта, см. таблицу 3-2-3.

Табл. 3-2-3 Таблица комплексной оценки задачи проекта

Наименование задачи: Дата оценки: год, месяц, день

Детали оценки		Стандартный балл	Практический балл								
			Члены группы								
			Самооценка группы	Взаимная оценка группы	Оценка преподавателя	Самооценка группы	Взаимная оценка группы	Оценка преподавателя	Самооценка группы	Взаимная оценка группы	Оценка преподавателя
Оценка группы (60 баллов)	Способность членов группы в целом понимать цели обучения и график	10									
	Четкое распределение задачи между членами группы	10									
	Наличие духа сотрудничества у членов группы	10									
	Наличие инновационных идей (методов) у членов группы	10									

Детали оценки		Стандартный балл	Практический балл								
			Члены группы								
			Самооценка группы	Взаимная оценка группы	Оценка преподавателя	Самооценка группы	Взаимная оценка группы	Оценка преподавателя	Самооценка группы	Взаимная оценка группы	Оценка преподавателя
Оценка группы (60 баллов)	Достоверность заполнения отчета о выполнении задачи проекта членами группы	10									
	Наличие проблем и решений у членов группы	10									
Оценка личности (40 баллов)	Подчинение членов групповым решениям	10									
	Выполнение задач, назначенных группой	10									
	Своевременное общение и обмен информацией с членами группы	10									
	Способность серьезно описывать трудности, ошибки и изменения	10									
Итого		100									

【Закрепление знаний】

(1) Система распределения и транспортировки городского газа начинается с ______________ и заканчивается ______________.

(2) Роль системы распределения и транспортировки городского газа заключается ____.

(3) Система распределения и транспортировки городского газа состоит в основном из ______________________________________ и т.д.

(4) Создать схему системы распределения и транспортировки городского газа.

Задача III Газораспределительная станция

【Подготовка к задаче】

1. Газораспределительная станция городского газа

Газораспределительная станция является точкой источника газа для системы распределения и транспортировки городского газа, а также газораспределительной станцией газа, откуда газ поступает в сеть распределения и транспортировки городского газа, ее задача состоит в приеме газа, и подавать его в сеть распределения и транспортировки городского газа или непосредственно крупным потребителям после фильтрации, регулирования давления, измерения, озонирования, распределения на станции.

Газораспределительная станция, расположенная в начальном пункте городского газопровода, является станцией подачи газа в распределительной сети города или промышленной зоны. После фильтрации, регулирования давления, измерения, озонирования, распределения на данной станции, газ подается в трубопроводную сеть города и промышленной зоны

Сепаратор (или фильтр) устанавливается на коллекторе на входе станции, когда процесс очистки труб используется для трубопровода для транспортировки на большие расстояния, приемное устройство очистителя труб может быть установлено на газораспределительной станции. Измерительное и регуляторное устройство на станции может быть размещено на открытом воздухе или в помещениях завода в соответствии с требованиями рабочей среды. Объем резервуара для хранения, построенного на станции хранения и распределения, должен определяться в соответствии с общим объемом хранения газа, необходимым для системы транспортировки и распределения, диспетчерским балансом системы трубопроводов и требованиями к смешиванию газа. Способы хранения газа и формы резервуаров для конкретных станций хранения и распределения должны определяться в соответствии с давлением на входе газа, масштабом подачи газа, давлением в сети трубопроводов и другими факторами после технико-экономического сравнения. Если газохранилище и газораспределительная станция объединены, то они называются пунктом хранения и распределения. Их также можно установить отдельно. На рис. 3-3-1 показан процесс регулирования давления на первой стадии газораспределительной станции.

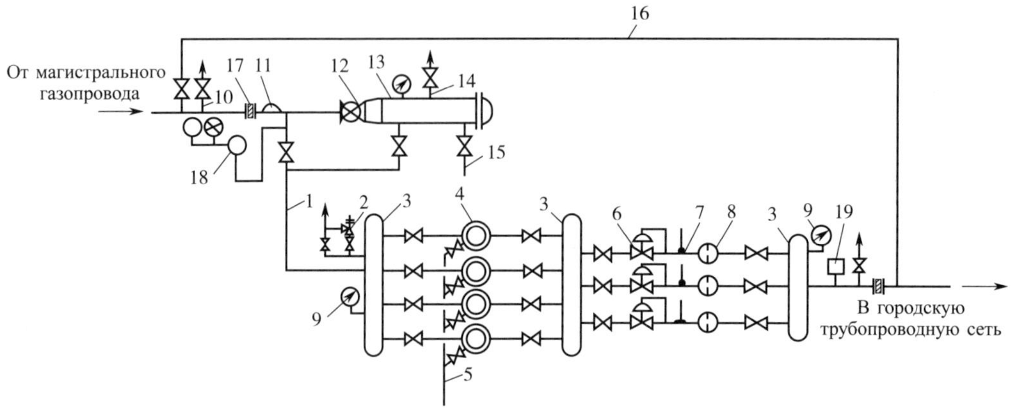

Рис. 3-3-1 Схема процесса регулирования давления на первой стадии газораспределительной станции

1—Трубопровод подачи газа; 2—Предохранительный клапан; 3— Коллектор газа; 4—Фильтр; 5—Дренажная труба фильтра; 6—Регулятор давления; 7—Градусник; 8—Диафрагмовый расходомер; 9—Манометр; 10—Сбросная труба магистрали; 11—Индикатор прохода трубоочистителя; 12—Шаровой клапан; 13—Устройство приема скребков; 14—Сбросный трубопровод; 15—Канализационный трубопровод; 16—Байпасный трубопровод для обхода станции; 17—Изоляционный фланец; 18—Электроконтактный манометр; 19—Установка для одорирования

На газораспределительной станции должны быть установлены приемопередающие устройства шариков для очистки трубопроводов, зона или цех для регулирования давления и измерения, резервуарный парк, пожарный водоем и пожарная насосная, трансформаторно-распределительная камера и операторная, станция связи, ремонтно-механическая станция и котельная, административные и жилые помещения, здания и сооружения и т.д., которые должны соответствовать следующим требованиям.

(1) Зоны плоскостного расположения могут быть разделены на производственную зону (включая резервуарный парк, зоны для регулирования давления и измерения, напорная зона и т.д.) и вспомогательную зону, производственная зона должна быть расположена на верхней стороне направления ветра минимальной частоты года, а вспомогательная зона - на нижней стороне направления ветра минимальной частоты года.

(2) Противопожарные расстояния между зданиями и сооружениями на станции и расстояния между зданиями и сооружениями на станции и вне станции должны соответствовать соответствующим требованиям «Правила противопожарного проектирования зданий (2018 года)» (GB 50016-2014), а уровень огнестойкости зданий на станции не должен быть ниже "второго-уровень", содержащиеся в «Правила противопожарного проектирования зданий (2018 года)».

(3) Противопожарная зона пункта хранения и распределения должна быть оборудована кольцевыми противопожарными проездами, а ширина проездов

для пожарных автомобилей должна быть не менее 3，5м.

（4）Расстояние между газовыми резервуарами и другими зданиями и сооружениями должно соответствовать требованиям «Правила противопожарного проектирования зданий（2018 года）».

（5）Трансформаторно-распределительная камера, насосная, котельная и другие силовые части станции могут быть расположены централизованно на стороне вспомогательной зоны, удаленной от входа и выхода, где меньше активности персонала и удобнее для управления.

（6）Технологические трубопроводы на станции должны быть расположены как можно короче, в виде комбинации рассеивания и концентрации, прокладываться с низкой опорой, и прокладываться сверху при пересечении с дорогой, часто эксплуатируемые трубопроводные клапаны могут быть централизованно размещены для облегчения работы; другие трубопроводы на станции, такие как водопроводные и тепловые трубопроводы, должны прокладываться открыто.

（7）Вокруг газораспределительной станции и пункта хранения и распределения должны быть физические ограждающие стены.

Выбор места для газораспределительной станции должен соответствовать генеральному плану города, соответствовать требованиям пожарной безопасности по расстоянии, а также учитывать рельеф местности, геологические условия и влияние станции на местную среду, а также влияние соседних предприятий на станцию. Выбранное место для расположения станции должно быть удобным с точки зрения транспорта и с наличием достаточных источников воды и электроэнергии. В пределах допустимого безопасного противопожарного расстояния станции должны быть как можно ближе к городским населенным пунктам и находиться на верхней стороне направления ветра минимальной частоты года. Место для расположения газораспределительной станции, его площадь должна достаточна и с учетом необходимости расширения. Окончательный выбор площадки, как правило, должен быть сделан после сравнения нескольких вариантов.

2. Основные сооружения газораспределительной станции

Основные сооружения газораспределительной станции включают клапаны, фильтры, регуляторы напряжения, расходомеры, очистительные устройства, байпасные трубы и контрольно-измерительные приборы и т.д., некоторые станции регулировки давления также оснащены измерительным оборудованием.

1）Клапан

На входе и выходе газораспределительной станции установлены клапаны, основная роль которых заключается в отключении газа при ремонте расходомеров, регуляторов давления и фильтров. Существует много видов клапанов, обычно используются шаровые клапаны, тормозные клапаны, запорные клапаны и т.д.

2）Фильтр

Фильтры, используемые на газораспределительной станции, в основном включают фильтры с фильтрующим элементом и циклонные сепараторы.

Ⅰ. Фильтр с фильтрующим элементом

Фильтр с фильтрующим элементом в основном состоит из цилиндра, фильтрующего элемента, сливного отверстия, крышки и крепежных деталей, как показано на рис. 3-3-2. Фильтр с фильтрующим элементом, установленный на трубопроводе, может удалять примеси в жидкости, чтобы оборудования и приборы могли нормально работать, он играет роль стабилизации технологического процесса и обеспечения безопасного производства.

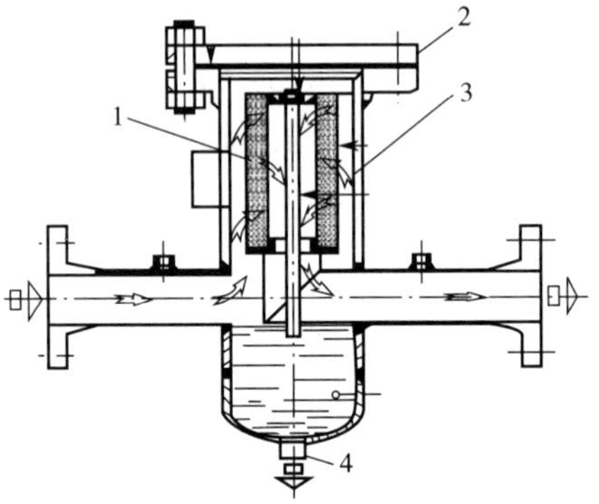

Рис. 3-3-2 Фильтр с фильтрующим элементом

1—фильтрующий элемент; 2—верхняя крышка; 3—цилиндр; 4—дренажное отверстие

Принцип работы фильтра с фильтрующим элементом: когда жидкость проходит через цилиндр и через фильтрующий элемент, твердые примеси остаются в фильтрующем элементе, а чистая жидкость проходит через фильтрующий элемент и выводится из выходного отверстия фильтра. Когда фильтр с фильтрующим элементом требует очистки, отвинтите дренажное отверстие в нижней части магистральной трубы, слейте жидкость, снимите верхнюю крышку и установите все части на место после очистки. Поэтому фильтр с фильтрующим элементом чрезвычайно удобен в использовании и обслуживании.

Ⅱ. Циклональный сепаратор

Основная функция циклонного сепаратора заключается в удалении, насколько это возможно, твердых частиц примесей и капель жидкости, содержащихся в транспортирующем среде-газе, для достижения разделения газа, твердых веществ и жидкости, чтобы обеспечить нормальную работу трубопроводов и оборудования. Сепаратор пригоден для всех видов газа и других неагрессивных газов.

Принцип очистки циклонного сепаратора: Циклонная труба представляет собой трубу диаметром 2 дюйма（1 дюйм = 2, 54 см）, в которой используется принцип центрифуги. Фильтруемый газ поступает через впускное отверстие,

образуя в циклонной трубе вихревые потоки, которые из - за различий в плотности твердых частиц, жидких частиц и газа отделяются под действием центробежной силы, чистый газ выходит из верхнего трубопровода, а твердые и жидкие частицы падают из нижнего трубопроводов на дно фильтра и удаляются из дренажного отверстия, как показано на рисунке 3-3-3. Количество циклонных труб определяется исходя из фактического расхода газа и допустимого падения давления. Циклонные сепаратор предназначен для очистки невязкой, неволокнистой сухой пыли размером более 1~3 мкм; он обеспечивает высокую эффективность удаления твердых частиц и большого количества капель жидкости. Циклонный сепаратор представляет собой очистительное оборудование с простой структурой, удобством в эксплуатации, термостойким свойством, высокой стоимостью, и высоким сопротивлением（80-160мм водного столба）. Циклонный пылеуловитель широко используется в очистном оборудовании. Усовершенствованный циклонный сепаратор может заменить оборудование для фильтрации выхлопных газов в некоторых установках.

3）Расходомер

Расходомер газа-это измерительный прибор, используемый для индикации мгновенного расхода газа и отображения суммарного расхода газа. Обычно используются такие расходомеры, как дифференциальные расходомеры, расходомеры с соплом Вентури критического расхода, турбинные расходомеры, расходомеры Ротца, вихревые расходомеры и ультразвуковые расходомеры.

Ⅰ. Дифференциальный расходомер

Дифференциальный расходомер, также известный как дроссельный расходомер, состоит из двух частей: дроссельного устройства и дифференциального манометра. В зависимости от формы дросселирующих деталей его можно разделить на расходомер с диафрагмой и расходомер с соплом.

Дифференциальный расходомер имеет простую конструкция и подходит как для газообразного, так и для жидкого газа. Его диафрагмы и сопла стандартизированы, до тех пор, пока они обрабатываются и устанавливаются в строгом соответствии с техническими требованиями, они могут быть изготовлены и использованы в соответствии с результатами расчета, без необходимости индивидуальной проверки. Если используются нестандартизированные диафрагмы и сопла, их следует проверять отдельно перед использованием. Основным недостатком дифференциального расходомера является малый диапазон измерения, обычно диапазон измерения находится на уровне 3∶1, строгие требования к установке, большая потеря давления, конденсирующиеся примеси, такие как каменноугольная смола и нафталин в газе, оказывают большое влияние на точность измерений, когда они прикрепляются к дросселирующим деталям. Кроме того, шкала индикации расхода на дифференциальном расходомере является нелинейной и плохо видимой.

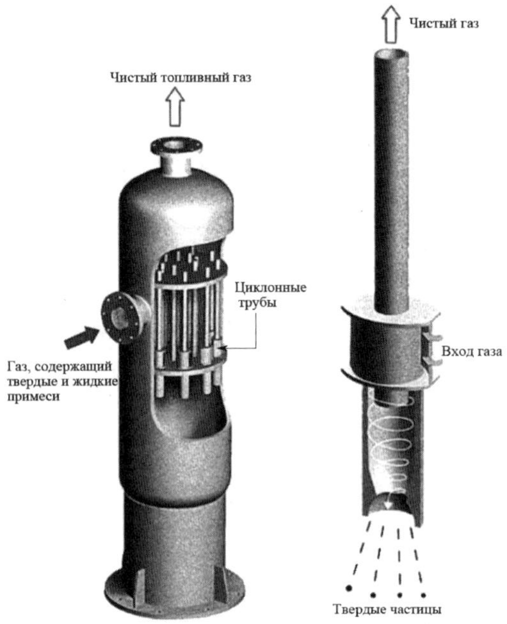

Рис. 3-3-3 Циклональный сепаратор

Ⅱ. Расходомер с соплом Вентури (с звуковым соплом) критического расхода

Для измерения расхода в городских автозаправщиках на обочинах дорог традиционно используются объёмные расходомеры, а в заправщиках сжатого природного газа заменяются расходомерами с (звуковым) соплом. Газозаправщик использует расходомер с (звуковым) соплом с более высокой точностью для измерения, но потребляет больше энергии для работы.

Ⅲ. Турбинный расходомер

Турбинный расходомер — это скоростной измеритель, который обладает такими преимуществами, как высокая точность, хорошая повторяемость, простая структура, небольшое количество движущихся частей, высокая устойчивость к давлению, широкий диапазон измерений, малый объем, мало весит, небольшая потеря давления и удобство обслуживания. Применяется для измерения объемного расхода и общего объема газа низкой вязкости в закрытых трубопроводах; Недостатками являются высокие требования к жидкостной чистоте, восприимчивы к физическим свойствам жидкости, а также к распределению скорости потока и пульсации потока, а также есть подвижные детали, износ подшипника может привести к отклонению характеристик.

Принцип измерения турбинного расходомера: при измерении, поток газа, проходящий через выпрямитель на входе, действует на крыльчатку, установленную в осевом направлении, число оборотов крыльчатки пропорционально скорости потока газа, вращение крыльчатки передается на счетчик через червяк турбины и механизм магнитной связи, как показано на рис.3-3-4. Механический циферблат расходомера показывает суммарный объемный расход при рабочем давлении и температуре.

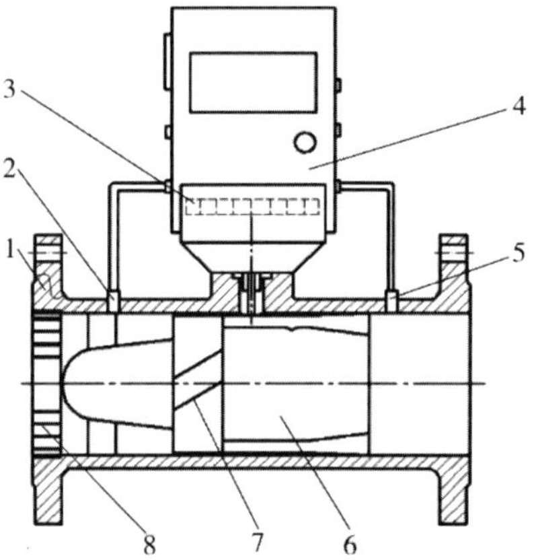

Рис. 3-3-4 Турбинный расходомер

1—корпус счетчика; 2—датчик давления; 3—счетчик; 4—корректор объема; 5—датчик температуры; 6—сердечник; 7—турбина; 8—выпрямительное устройство

Ⅳ. Расходомер Ротца

Расходомер Ротца – это высокоточный измерительный прибор, который в основном используется для непрерывного или прерывистого измерения расхода жидкости в трубопроводе. Он обладает такими преимуществами, как высокая точность, хорошая надежность, мало весит, длительный срок службы, низкий уровень шума в работе, простота установки и использования. Принцип работы расходомера Ротца: После того, как измеренный газ попадает в воздухозаборник прибора, в камере прибора образуется разница давления, что приводит к вращению крыльчатки, в то время как шестерня таймера будет вращаться в обратном направлении синхронно с крыльчаткой, каждый цикл вращения турбины будет иметь фиксированный объем потока, выгружаемого из выходного отверстия, так что с помощью точной передачи шестерни, вращение турбины может быть преобразовано в фиксированный объем потока газа, а вращение шестерни передается на счетчик через магнитный соединитель, так что счетчик измеряет объем проходящего через него газа, см. рис. 3-3-5.

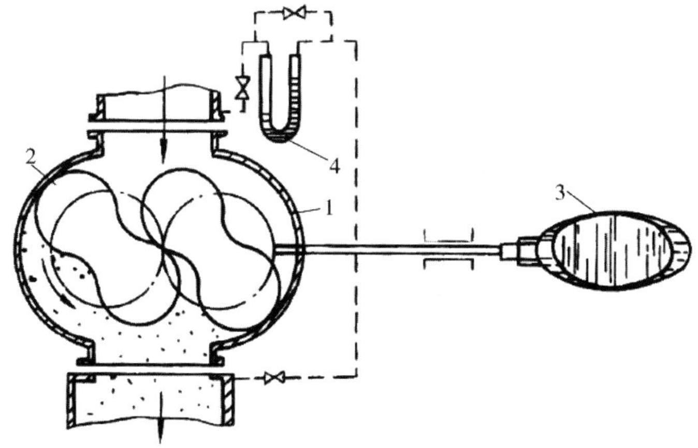

Рис. 3-3-5 Расходомер Ротца

1—корпус; 2—ротор; 3—счетный механизм; 4—дифференциальный манометр

Ⅴ. Вихревой расходомер

Вихревые расходомеры можно разделить на вихревые расходомеры с обтекаемым телом и вихревые расходомеры с прецессией воронкообразного вихря, относятся к типу пульсации давления. Общими особенностями вихревых расходомеров с обтекаемым телом и вихревых расходомеров с прецессией воронкообразного вихря являются отсутствие движущихся частей; малые потери давления вихря; подходят для труб малого и среднего диаметра, диапазон диаметров для расходомеров с обтекаемым телом составляет 15~300 мм, для расходомеров с прецессией воронкообразного вихря -15~400 мм, обычно используется 40~300мм; высокая точность, для расходомеров с обтекаемым телом – ± 1%R, для расходомеров с прецессией воронкообразного вихря – ± 0, 5%R; с широким диапазоном (за исключением малого калибра), для расходомеров с обтекаемым телом – 10: 1 – 15: 1, для расходомеров с прецессией воронкообразного вихря –10: 1 – 25: 1. Недостатками вихревого расходомера с обтекаемым телом являются то, что он чувствителен к механическим вибрациям, таким как трубопроводы, предъявляет высокие требования к распределению расхода входящего потока и требует более длинного переднего прямого участка трубы (15D~ 25D (D означает диаметр передней прямой трубы)). По сравнению с ним, расходомер с прецессией воронкообразного вихря требует более короткого переднего прямого участка трубы (3D); недостатком расходомера с прецессией воронкообразного вихря является большая потеря давления, возьмем в качестве примера DN100, при расходе атмосферного воздуха 1000 $м^3/ч$ потеря давления составляет 4 кПа. Принцип работы вихревого расходомера с обтекаемым телом показан на рис. 3-3-6.

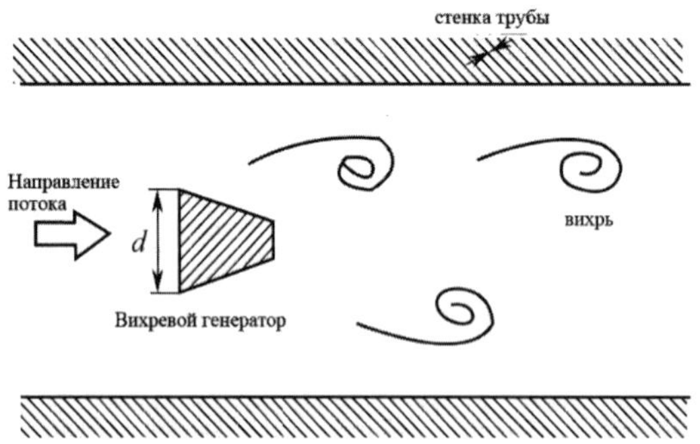

Рис. 3-3-6 Принципиальная схема вихревого расходомера с обтекаемым телом

Ⅵ. Ультразвуковой расходомер

Ультразвуковой расходомер — это новый тип расходомера, который созрел в конце 1990-х годов. Он имеет такие характеристики, как отсутствие движущихся частей, отсутствие элемнтов сопротивления, отсутствие потери давления, широкий диапазон измерения, высокая точность, полная автоматизация, измерение двунаправленного расхода, расхода, содержащего

жидкость и т.д. Ультразвуковой расходомер - это бесконтактный измерительный прибор, который можно использовать для измерения расхода жидкости и расхода в трубах большого диаметра, с которыми нелегко связаться и наблюдать. Он не изменяет состояние потока жидкости и не приводит к потере давления, а также прост в установке; он также используется для измерения расхода сильно агрессивных сред и непроводящих сред. Ультразвуковой расходомер имеет широкий диапазон измерений, диаметр трубы составляет от 20 мм до 5 м, и на него не влияют такие теплофизические параметры, как температура, давление, вязкость и плотность измеряемой жидкости. Он может быть комплектным, канальным и портативным.

Хотя ультразвуковой расходомер имеет много достоинств, он также имеет собственные недостатки: диапазон измерения температуры невелик, обычно может измерять только жидкости, температура которых ниже 200℃; плохая защита от помех; на точность ультразвукового расходомера влияют пузырьки, загрязнения, ультразвуковые шумовые помехи, создаваемые насосами и другими источниками звука; строгие требования к переднему и заднему прямому участку трубы, в противном случае, легко привести к плохой дискретности и низкой точности измерений; из-за загрязнения стенок труб может серьезно повлиять на точность измерений и привести к значительной погрешности измерений, и в тяжелых случаях чего, прибор может не показывает расход; невысокий уровень надежности и точности (обычно от 1, 5 до 2, 5 баллов), а повторяемость низкая; кроткий срок службы (общая точность может быть гарантирована только в течение год).

Обычно используемые методы измерения в ультразвуковых расходомерах: метод разности скоростей распространения, доплеровский метод. Метод разности скоростей распространения включает в себя метод прямой разности во времени, метод разности фаз и метод разности частот. Принцип метода разности скоростей распространения заключается в измерении разницы скоростей распространения ультразвуковых колебаний вдоль направления движения потока жидкости и навстречу ему, тем самым измеряя скорость потока; основной принцип доплеровского метода заключается в использовании эффекта Доплера в ультразвуковых волнах для измерения разности частот вдоль направления движения потока жидкости и навстречу ему, тем самым отражая скорость потока, и получая величину расхода.

4) Регулятор давления

Регулятор давления газа, широко известный как редукционный клапан, представляет собой устройство, которое автоматически изменяет поток газа, проходящего через регулирующий клапан, таким образом, чтобы выходящий газ поддерживал заданное давление.

5) Очистное устройство

Очистное устройство является одним из необходимых для строительства и

эксплуатации трубопровода газа. Роль очистного устройства заключается в удалении грязи с внутренней стороны стенки трубы и повышении эффективности транспортировки трубы, строительство нового трубопровода включает в себя удаление воды, сварочного шлака и других примесей. Интеллектуальное очистное устройство может выполнять и другие функции, например: измерение и контроль деформации трубопровода, обнаружение повреждений и коррозии внутренней стенки трубопровода и обнаружение мест утечки газа.

Проектирование и монтаж очистного устройства должны соответствовать определенным требованиям к использованию, таким как требования к размерам и конструкции детектора для очистки труб; при этом необходимо соблюдать соответствующие технические требования к проектированию, чтобы обеспечить его адаптивность и безопасность.

【Выполнение задачи】

Задачи выполняются в соответствии с заданием проекта и отчетом о выполнении заданий проекта, как показано в таблицах 3-3-1 и 3-3-2.

Табл. 3-3-1 Проектное задание

Наименование задачи	Газораспределительная станция		
Члены группы			
Руководитель		Планируемое время	
Время выполнения		Место выполнения	
Содержание и цели задачи			
1. Знать роль газораспределительной станции; 2. Освоить состав газораспределительной станции; 3. Освоить технологический процесс газораспределительной станции.			
Контрольные пункты	1. Роль газораспределительной станции; 2. Состав газораспределительной станции; 3. Технологический процесс газораспределительной станции;		
Примечание			

Табл. 3-3-2 Отчет о выполнении задачи проекта

Наименование задачи	Газораспределительная станция		
Члены группы			
Конкретное распределение задач			
Планируемое время		Фактическое время выполнения	
Примечание			

1. Краткое описание определения, состава и роли газораспределительной станции.

2. Краткое описание видов расходомеров.

3. Создать схему технологического процесса газораспределительной станции.

【Оценка задачи】

Оценка задачи проводится согласно таблице комплексной оценки задачи проекта, см. таблицу 3-3-3.

Табл. 3-3-3 Таблица комплексной оценки задачи проекта

Наименование задачи: Дата оценки: год, месяц, день

Детали оценки		Стандартный балл	Практический балл								
			Члены группы								
			Самооценка группы	Взаимная оценка группы	Оценка преподавателя	Самооценка группы	Взаимная оценка группы	Оценка преподавателя	Самооценка группы	Взаимная оценка группы	Оценка преподавателя
Оценка группы (60 баллов)	Способность членов группы в целом понимать цели обучения и график	10									
	Четкое распределение задачи между членами группы	10									
	Наличие духа сотрудничества у членов группы	10									
	Наличие инновационных идей (методов) у членов группы	10									
	Достоверность заполнения отчета о выполнении задачи проекта членами группы	10									
	Наличие проблем и решений у членов группы	10									

Детали оценки		Стандартный балл	Практический балл								
			Члены группы								
			Самооценка группы	Взаимная оценка группы	Оценка преподавателя	Самооценка группы	Взаимная оценка группы	Оценка преподавателя	Самооценка группы	Взаимная оценка группы	Оценка преподавателя
Оценка личности (40 баллов)	Подчинение членов групповым решениям	10									
	Выполнение задач, назначенных группой	10									
	Своевременное общение и обмен информацией с членами группы	10									
	Способность серьезно описывать трудности, ошибки и изменения	10									
Итого		100									

【Закрепление знаний】

(1) Роль газораспределительной станции заключается в ________________.

(2) В состав газораспределительной станции входят: ________________.

(3) Краткое описание технологического процесса работы газораспределительной станции.

Задача Ⅳ Пункт хранения и распределения

【Подготовка к задаче】

Хранение газа — это важный метод обеспечения баланса спроса и предложения на городской газ. В зависимости от типа газа, применяются различные методы хранения. Для искусственного газа часто используется низкое давление, в то время как для природного газа применяют хранение под высоким давлением.

1. Пункт хранения и распределения газа в городах и поселках

С учетом нынешнего состояния и тенденций развития газа в городах и поселках в нашей стране, новые газовые источники в основном представляют

собой природный газ под высоким давлением. Кроме того, существующие источники с низким давлением также постепенно переоборудуются для работы под высоким давлением. В связи с этим ниже будет рассмотрена только система хранения и распределения газа под высоким давлением.

На рисунке 3-4-1 представлен технологический процесс Пункта хранения и распределения высокого давления, использующей природный газ в качестве источника. Из-за того, что на этом пункте установлено дополнительное устройство приема скребков, он также может выполнять функции городской газораспределительной станции.

В период низкого потребления газа, часть газа, поступающего из магистрального газопровода под высоким давлением, проходит через первичное регулирование давления и поступает в газовые сферические резервуары под высоким давлением, а другая часть — через вторичное регулирование давления поступает в городскую газовую сеть. В пиковый период потребления, газ из газовых сферических резервуаров под высоким давлением и газ, поступающий из магистрального газопровода после первичного регулирования давления, соединяются и через вторичное регулирование давления поступают в городскую газовую сеть. Для повышения коэффициента использования резервуаров на станции устанавливается инжектор. Когда давление газа в резервуаре близко к давлению в трубопроводной сети, высоконапорный газ из магистрального трубопровода используется для вытеснения газа из резервуара с более низким давлением, что позволяет улучшить коэффициент использования объема резервуара. Для обеспечения нормальной работы инжектора, высоконапорный шаровый клапан должен быстро открываться и закрываться, поэтому он должен быть оснащен электрическим приводом. Помимо повышения коэффициента использования резервуаров под высоким давлением, инжектор также позволяет при необходимости понизить давление в резервуаре до минимального уровня, чтобы уменьшить количество газа, выбрасываемого в атмосферу при открытии резервуара, что способствует повышению экономической эффективности и снижению загрязнения атмосферы.

Для обеспечения нормальной работы пункта хранения и распределения, газ, поступающий в магистральный трубопровод под высоким давлением, должен пройти фильтрацию, добавление запаха и измерение расхода перед тем, как попасть в регулятор давления.

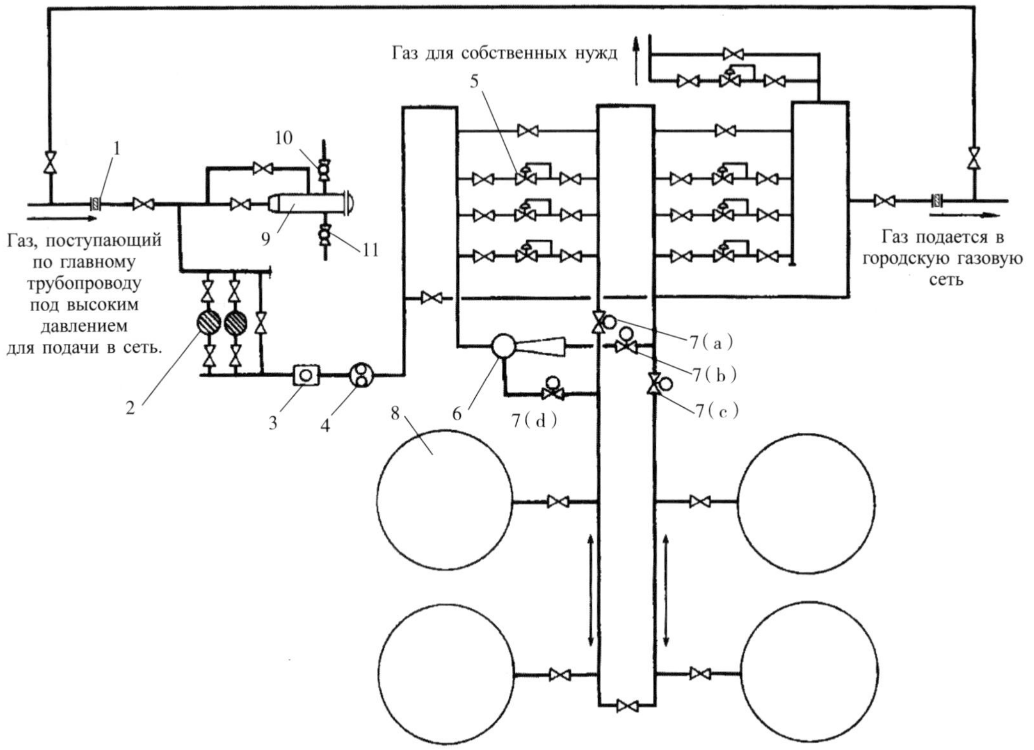

Рис. 3-4-1 Схема технологического процесса пункта хранения и распределения под высоким давлением с использованием природного газа

1—Изоляционный фланец; 2—фильтр; 3—установка для одорирования; 4—расходомер; 5—регулятор давления; 6—инжектор; 7—электрический шаровый клапан; 8—резервуар; 9—устройство приема скребков; 10—сбросной клапан; 11—спускной клапан

2. Резервуар для хранения газа

1) Резервуар низкого давления

Резервуары низкого давления хранят газ с давлением ниже 10 кПа, и в зависимости от герметичности они делятся на влажные и сухие резервуары низкого давления.

Ⅰ. Влажные резервуары низкого давления

Влажные резервуары низкого давления — это резервуары, использующие водяное уплотнение для герметизации. В зависимости от конструктивного типа они делятся на вертикальные и спиральные резервуары. Среди них, вертикальный резервуар изменяет объем газа с помощью вертикального подъема колокола и башенного сегмента, что позволяет регулировать его вместимость, как показано на рисунке 3-4-2; спиральный резервуар использует спиральный подъем колокола и башенного сегмента для изменения объема газа, как показано на рисунке 3-4-3.

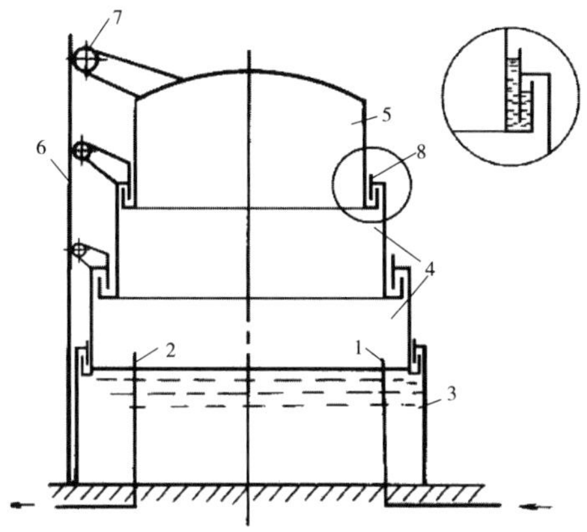

Рис. 3-4-2 Схема вертикального резервуара

1—вход газа; 2—выход газа; 3—водяной бак; 4—башенный сегмент; 5—колокол; 6—направляющее устройство; 7—направляющее колесо; 8—водяной замок

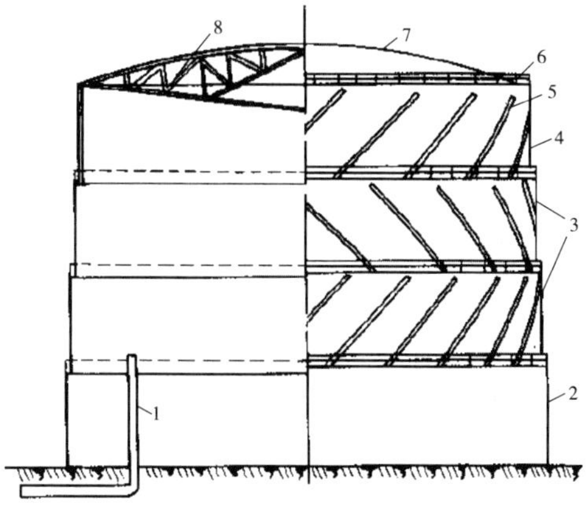

Рис. 3-4-3 Схема спирального резервуара

1—газовый вход; 2—водяной бак; 3—башенный сегмент; 4—колокол; 5—направляющий рельс; 6—платформа; 7—верхняя крышка; 8—верхняя рама

Ⅱ. Сухой резервуар низкого давления

Сухие резервуары низкого давления могут быть классифицированы по типу уплотнения на модели Амана-Анна, Колона и Виггинса. Такие резервуары изменяют объем газа с помощью подъема и опускания поршня. В том числе, сухой резервуар типа Амана-Анна использует масляный уплотнитель на внешней стороне поршня, как показано на рисунке 3-4-4. Сухой резервуар типа Колона использует уплотнительные прокладки, как показано на рисунке 3-4-5. Сухой резервуар типа Виггинса использует внутренние и внешние уплотнительные шторы, как показано на рисунке 3-4-6.

2) Резервуар для хранения газа высокого давления

Принцип хранения газа резервуара высокого давления отличается от принципа хранения в резервуарах с низким давлением: их геометрический объем фиксирован и неизменен, а газ хранится путем изменения давления внутри резервуара, поэтому такие резервуары также называются резервуарами с постоянным объемом. Резервуары с постоянным объемом не имеют подвижных частей, поэтому их конструкция достаточно проста.

Резервуары высокого давления могут хранить как газообразный, так и жидкий газ. В зависимости от хранимого вещества, резервуары высокого давления оснащаются различными дополнительными устройствами. Все резервуары для хранения газа оснащены входными и выходными трубопроводами, предохранительными клапанами, манометрами, люками, лестницами и платформами.

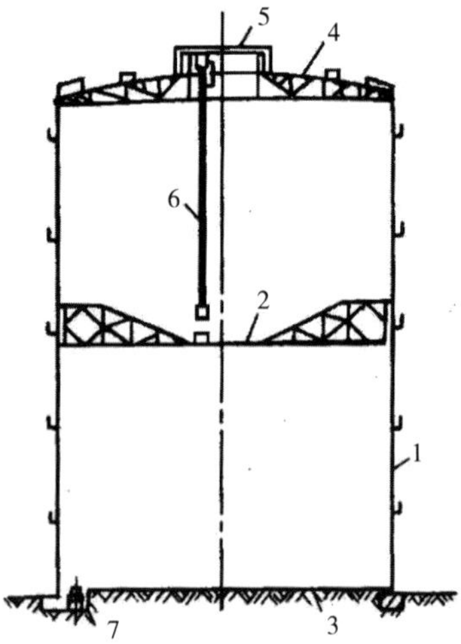

Рис. 3-4-4　Схема сухого резервуара типа Амана-Анна

1—наружная оболочка; 2—поршень; 3—основание; 4—верхняя крышка; 5—люк; 6—лестница; 7—вход газа

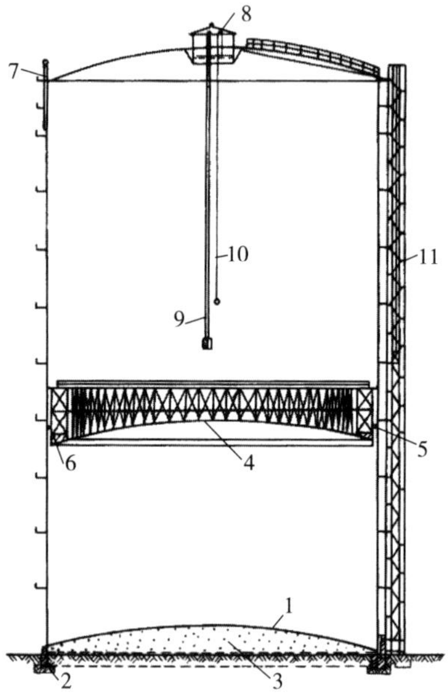

Рис. 3-4-5　Схема сухого резервуара типа Колона

1—основание; 2—кольцевая основа; 3—песчаная основа; 4—поршень; 5—уплотнительное кольцо; 6—утяжелитель; 7—продувочная свеча газа; 8—вентиляционное устройство; 9—внутренний лифт; 10—балансировочный блок лифта; 11—внешний лифт

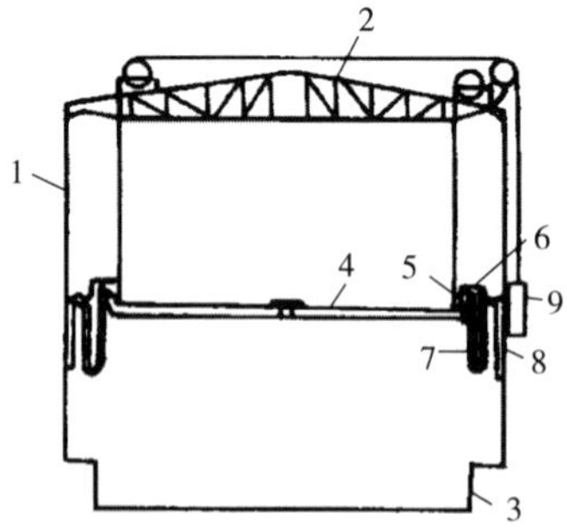

Рис. 3-4-6　Схема сухого резервуара типа Виггинса

1—боковая панель; 2—крышка резервуара; 3—основание; 4—поршень; 5—защитное ограждение поршня; 6—защитное ограждение в виде гильзы; 7—внутренний уплотнительный экран; 8—наружный уплотнительный экран; 9—балансировочное устройство

Когда требуется подать газ под высоким давлением в городскую газовую сеть, обычно используют резервуары высокого давления или трубы высокого давления для хранения газа.

Резервуары высокого давления цилиндрическими или сферическими по форме.

(1) Цилиндрические резервуары представляют собой контейнеры, состоящие из цилиндрического корпуса из стальных пластин и двух торцевых крышек, как показано на рисунке 3-4-7. Торцевые крышки цилиндрических резервуаров могут быть полусферическими, овальными или дисковидными. Цилиндрические резервуары могут быть вертикальными или горизонтальными в зависимости от способа установки. Среди них, вертикальный резервуар занимает меньше места, но требует более сложных опор и фундамента для предотвращения падения. Горизонтальный резервуар занимает больше площади, но конструкция опор и фундамента проще. Если резервуар установлен непосредственно на бетонный фундамент, накопление воды на контакте ускоряет коррозию. Поэтому горизонтальные резервуары оснащены стальными седельными опорами, между которыми и фундаментом должен быть обеспечен скольжение, чтобы избежать локальных напряжений при тепловом расширении резервуара.

(2) Сферические резервуары обычно состоят из стальных листов, склеенных и сваренных в форме сегментов. Размещение сегментов резервуара может напоминать глобус, разделенный на полюсные, экваториальные и температурные зоны; также бывают формы, как у футбольного мяча. Эти два типа сферических резервуаров показаны на рисунке 3-4-8.

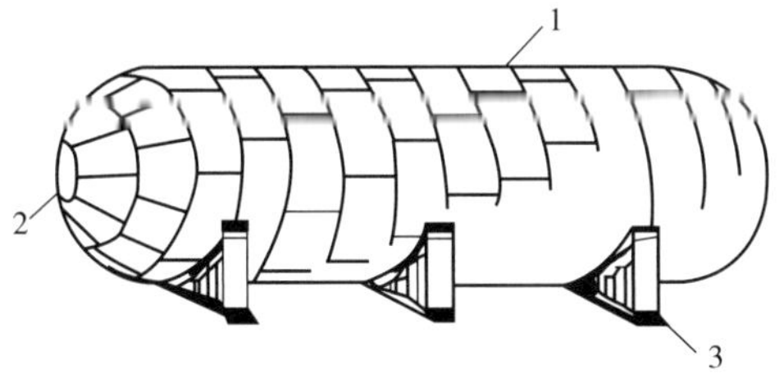

Рис. 3-4-7 Цилиндрический резервуар

1—корпус; 2—крышка; 3—опора в виде седла

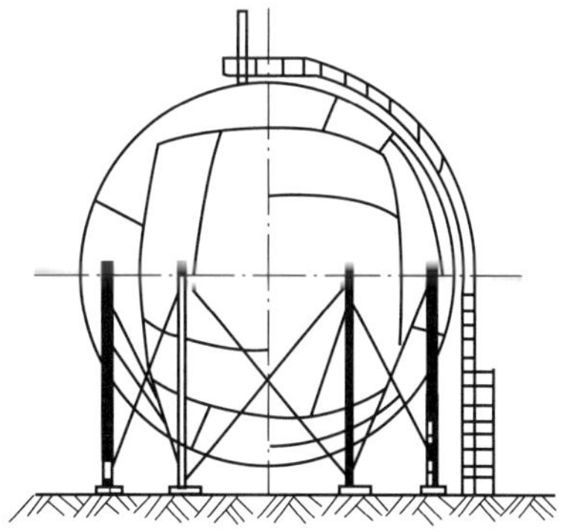

Рис. 3-4-8 Два типа сферических резервуаров

Опоры сферических резервуаров обычно используют систему поддерживающих столбов и тяг, устанавливаемых по экваториальному принципу, чтобы передавать горизонтальные нагрузки на фундамент. При проектировании опор необходимо учитывать собственный вес резервуара, давление ветра, сейсмическую нагрузку и вес испытания с водой, а также обеспечить достаточный коэффициент безопасности.

Входные и выходные трубы газа обычно устанавливаются в нижней части

резервуара, чтобы обеспечить хорошее смешивание газа внутри резервуара. Иногда входная труба удлиняется от дна к верхней части резервуара.

Для удаления конденсата из резервуара в нижней части устанавливается канализационный трубопровод, а на верхней части резервуара должен быть установлен предохранительный клапан.

Кроме местных манометров, резервуары также должны быть оснащены удаленными контрольными приборами для указания давления. Также в резервуаре, при необходимости, могут быть установлены термометры, и необходимо предусмотреть системы молниезащиты и заземления для предотвращения статического электричества.

Люк на резервуаре должен быть установлен в таких местах, которые удобны как для обслуживания, так и для производства резервуара. Обычно устанавливают по одному люку на верхней и нижней частях резервуара.

Цилиндрические резервуары с большим объемом, по сравнению с шарообразными, требуют больше металла на единицу объема, но производство шарообразных резервуаров более сложное и дорогостоящее. Поэтому для малых объемов чаще выбираются цилиндрические резервуары, а для больших — шарообразные.

【Выполнение задачи】

Задачи выполняются в соответствии с заданием проекта и отчетом о выполнении заданий проекта, как показано в таблицах 3-4-1 и 3-4-2.

Табл. 3-4-1 Проектное задание

Наименование задачи	Пункт хранения и распределения		
Члены группы			
Руководитель		Планируемое время	
Время выполнения		Место выполнения	
Содержание и цели задачи			
1. Понять функции пункта хранения и распределения; 2. Освоить классификацию резервуаров; 3. Освоить технологический процесс в пункте хранения и распределения.			
Контрольные пункты	1. Функции пункта хранения и распределения; 2. Классификация резервуаров; 3. Технологический процесс пункта хранения и распределения.		
Примечание			

Табл. 3-4-2 Отчет о выполнении задачи проекта

Наименование задачи	Пункт хранения и распределения		
Члены группы			
Конкретное распределение задач			

Наименование задачи	Пункт хранения и распределения		
Планируемое время		Фактическое время выполнения	
Примечание			

1. Краткое описание определения и функций пункта хранения и распределения.

2. Составить схему технологического процесса пункта хранения и распределения высокого давления на основе природного газа.

3. Краткое описание конструкции сферических резервуаров высокого давления.

【Оценка задачи】

Оценка задачи проводится согласно таблице комплексной оценки задачи проекта, см. таблицу 3-4-3.

Табл. 3-4-3 Таблица комплексной оценки задачи проекта

Наименование задачи: Дата оценки: год, месяц, день

Детали оценки		Стандартный балл	Практический балл								
			Члены группы								
			Самооценка группы	Взаимная оценка группы	Оценка преподавателя	Самооценка группы	Взаимная оценка группы	Оценка преподавателя	Самооценка группы	Взаимная оценка группы	Оценка преподавателя
Оценка группы (60 баллов)	Способность членов группы в целом понимать цели обучения и график	10									
	Четкое распределение задачи между членами группы	10									
	Наличие духа сотрудничества у членов группы	10									

Детали оценки		Стандартный балл	Практический балл								
			Члены группы								
			Самооценка группы	Взаимная оценка группы	Оценка преподавателя	Самооценка группы	Взаимная оценка группы	Оценка преподавателя	Самооценка группы	Взаимная оценка группы	Оценка преподавателя
Оценка группы（60 баллов）	Наличие инновационных идей（методов）у членов группы	10									
	Достоверность заполнения отчета о выполнении задачи проекта членами группы	10									
	Наличие проблем и решений у членов группы	10									
Оценка личности（40 баллов）	Подчинение членов групповым решениям	10									
	Выполнение задач, назначенных группой	10									
	Своевременное общение и обмен информацией с членами группы	10									
	Способность серьезно описывать трудности, ошибки и изменения	10									
Итого		100									

【Закрепление знаний】

（1）Основная функция пункта хранения и распределения — ____________.

（2）Резервуары по давлению делятся на ____________ и ____________.

（3）Проанализировать схему технологического процесса пункта хранения и распределения высокого давления？

Задача Ⅴ Станция регулирования давления

【Подготовка к задаче】

Регулятор давления, клапан, фильтр, предохранительное устройство, байпасный трубопровод и измерительные приборы составляют компоненты станций регулирования давления. Некоторые станции регулирования давления оснащены измерительными приборами, которые, помимо регулирования давления, также выполняют роль измерения, поэтому их называют станциями регулирования и учета давления.

1. Классификация и выбор местоположения станций регулирования давления

1) Классификация станций регулирования давления

Станции регулирования давления могут быть разделены по диапазону регулирования давления на высокое/среднее давление, высокое/низкое давление, среднее/низкое давление, а также на низкое/очень низкое давление. По строительной форме станции могут быть разделены на наземные и подземные. По строительной форме станции могут быть разделены на наземные и подземные.

2) Выбор местоположения станций регулирования давления

При выборе местоположения станции регулирования давления следует избегать размещения в районах с высокой плотностью застройки, вблизи главных дорог, жилых массивов, важных зданий и общественных объектов и др. Станция регулирования давления должна быть зданием 2-го уровня огнестойкости, а расстояние до открытого огня или мест, где могут искрить искры, не должно быть менее 30 м.

Станция регулирования давления должна находиться на определенном безопасном расстоянии от соседних зданий. Обычно такие требования включают:

(1) Если давление газа на входе в регулятор давления высокое, минимальное расстояние — 12 м;

(2) если давление среднего или низкого давления — не менее 6 м;

(3) расстояние от важных общественных зданий должно быть не менее 25 м;

(4) горизонтальное расстояние от станции регулирования давления до других зданий и сооружений должно соответствовать требованиям «Правила проектирования систем газоснабжения городов и поселков (2020 года)»;

(5) Станция регулирования давления следует располагать как можно ближе к центру нагрузки или крупным пользователям. Это может быть расположение в жилых районах, на площадях или в зеленых зонах вдоль улиц.

Региональные станции регулирования давления обычно располагаются в специально построенных наземных зданиях. При условии, что не возникает замерзания и обеспечивается нормальная работа оборудования, регулятор давления и его вспомогательные устройства (кроме измерительных приборов) могут быть установлены на открытом воздухе (с установкой ограждения) или в специально изготовленных контейнерах, шкафах для регулирования давления.

Только при наличии ограничений по наземным условиям и при давлении газа на входе не более 0, 4 МПа, регулятор давления может быть установлен в подземных сооружениях. В настоящее время в некоторых крупных городах в густонаселенных районах устанавливаются подземные станции регулирования давления, позволяющие проводить обслуживание оборудования на поверхности. Однако, поскольку плотность сжиженного нефтяного газа больше плотности воздуха, при утечке газ не будет легко выводиться, поэтому регуляторы давления сжиженного нефтяного газа не могут быть размещены в подземных сооружениях.

Наземные станции регулирования давления должны быть расположены как можно дальше от оживленных городских улиц, предпочтительно в жилых кварталах, на площадях или в парках. Также важно размещать станции регулирования давления вблизи центров нагрузки или крупных пользователей, а радиус их действия должен определяться на основе экономической целесообразности.

На рисунке 3-5-1 представлены план и разрез станции регулирования давления.

2. Основные устройства и компоненты станции регулирования давления

Главные элементы станции регулирования давления включают в себя клапаны, регуляторы давления, фильтры, предохранительные газовыпускные клапаны, запорные клапаны, байпасные трубопроводы и контрольно-измерительные приборы, а также, в некоторых случаях, устройства для измерения расхода газа.

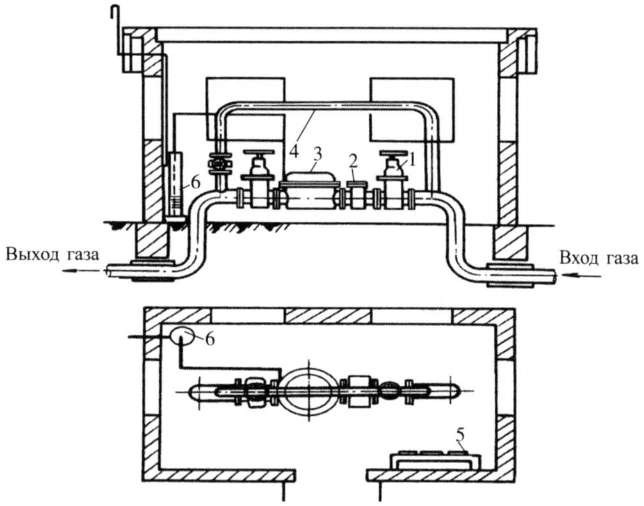

Рис. 3-5-1 План и разрез станции регулирования давления

1—Задвижка; 2—фильтр; 3—регулятор давления; 4—байпасный трубопровод; 5—приборы для проверки и измерения давления; 6—водяной затвор

1）Клапан

Главное назначение клапанов на входе и выходе станции регулирования давления — перекрытие газа при проведении технического обслуживания регуляторов давления и фильтров. На трубопроводах, входящих в станцию регулирования давления и выходящих из неё, также должны быть установлены главные клапаны. Эти клапаны обычно открыты, но должны быть готовы к быстрому закрытию. Они должны быть расположены на определённом расстоянии от самой станции регулирования давления, чтобы в случае аварии можно было закрыть главный клапан, не подходя к станции регулирования давления, тем самым предотвращая распространение аварии и её усиление. Для станций регулирования давления используются в главном шаровые, Клапаны-бабочки и задвижки. Эти три типа клапанов имеют различные конструкции и особенности, а также разные области применения. Среди них, Шаровые клапаны и задвижки часто оснащаются двухсторонними герметичными конструкциями.

2）Регулятор давления

Регулятор давления газа, широко известный как редукционный клапан, представляет собой устройство, которое автоматически изменяет поток газа, проходящего через регулирующий клапан, таким образом, чтобы выходящий газ поддерживал заданное давление. Регуляторы давления могут быть классифицированы по принципу действия на два типа: с прямым и косвенным действием. В зависимости от назначения или объекта использования они подразделяются на региональные, специализированные и пользовательские регуляторы давления. В зависимости от давления на входе и выходе они могут быть низкого, среднего или высокого давления（низко-низкое, средне-низкое, средне-среднее, высоко-низкое, высоко-среднее и высоко-высокое давление）.

В зависимости от конструкции они бывают поплавковыми и мембранными, последние подразделяются на мембраны с массивным блоком и пружинными мембранами. В зависимости от регулируемого параметра бывают регуляторы давления с обратным давлением и с передним давлением. В городских газоснабжающих системах обычно используется регулятор с обратным давлением, то есть давление на выходе из регулятора является регулируемым параметром.

Ⅰ. Регулятор давления типа прямого действия

Регулятор давления типа прямого действия работает, непосредственно используя изменения давления на выходе для управления приводным механизмом (штоком клапана), который перемещает регулирующий элемент (стержень клапана). Такой регулятор давления работает исключительно за счёт чувствительного элемента (мембраны), который реагирует на изменения давления и перемещает клапан для регулировки. Регуляторы давления типа прямого действия отличаются высокой скоростью реакции и обычно используются для малых промышленных пользователей или в общественных зданиях, жилых районах.

Конструкция регулятора давления типа прямого действия показана на рисунке 3-5-2, он использует пружину (или массивный блок) для установки значения давления. Когда давление на выходе изменяется, давление на выходе вниз по потоку передается через трубку для передачи давления на нижнюю часть мембраны. Если давление на выходе не соответствует установленному давлению пружины (или массивного блока) на верхней части мембраны, мембрана теряет равновесие и смещается, что приводит к движению стерженя клапана, изменяя количество газа, проходящего через клапан, восстанавливая равновесие давления в системе.

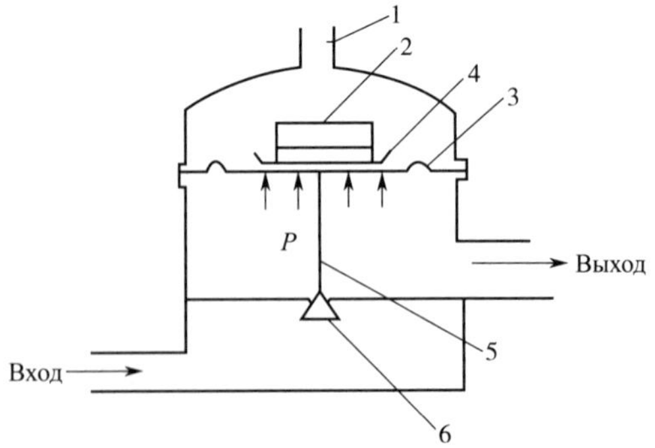

Рис. 3-5-2 Конструкция регулятора давления типа прямого действия

1—Дыхательное отверстие; 2—массивный блок; 3—мембрана для подвешивания штока клапана; 4—металлический диск на мембране; 5—шток клапана; 6—стержень клапана

Типичные примеры регуляторов давления типа прямого действия включают редукторы для сжиженного нефтяного газа, регуляторы давления для пользователей, регуляторы среднего и низкого давления, а также редукторы

для низко-низкого давления и др. В городских системах распределения и транспортировки газа, регулятор давления типа прямого действия используется на станциях с низким расходом газа, подключенных непосредственно к трубопроводам со средним или высоким давлениям, для снижения давления газа перед подачей его в систему среднего и низкого давления, а также для регулирования давления для домохозяйств, коммерческих пользователей и малых промышленных объектов, отличаясь высокой надежностью и быстрым временем отклика и др.

На рисунке 3-5-2 давление на выходе из регулятора давления обозначено как *P*. Сила, действующая на мембрану газа, может быть вычислена по формуле (3-5-1):

$$N = F_a P = cFP \qquad (3\text{-}5\text{-}1)$$

Где, N——сила, действующая на мембрану газа (в Н);

F_a——эффективная площадь мембраны ($м^2$);

P——давление газа на мембране (Па);

c——эффективный коэффициент мембраны;

F——проекционная площадь поверхности мембраны на её закреплённом конце ($м^2$).

$$N = W_g \qquad (3\text{-}5\text{-}2)$$

Где, W_g——вес массивного блока (в Н).

Принцип работы регулятора давления типа прямого действия: когда изменяется расход газа на выходе или давление газа на выходе (Р), это давление воздействует на нижнюю часть мембраны. Поскольку оно не соответствует установленному давлению на верхней части мембраны (массивного блока), мембрана теряет равновесие, и её движение через шток клапана изменяет положение клапана, регулируя количество газа, проходящего через отверстие, восстанавливая давление в системе.

Таким образом, независимо от изменений расхода газа и входного давления, регулятор давления будет поддерживать стабильное давление на выходе благодаря регулировке заданных компонентов давления. Таким образом, регулятор давления и подключённая к нему трубопроводная сеть образуют автоматическую систему регулирования, как показано на рисунке 3-5-3.

Ⅱ. Регулятор давления типа косвенного воздействия

В городских системах распределения и транспортировки газа такие регуляторы давления чаще всего применяются на станциях регулирования давления с большим расходом газа. Регулятор давления типа косвенного действия состоит из командного устройства и главного регулятора давления. При этом могут быть использованы одинаковые командные устройства с различными конструкциями главных регуляторов давления или одинаковые конструкции регуляторов давления с различными командными устройствами,

что позволяет создавать разные серии продуктов.

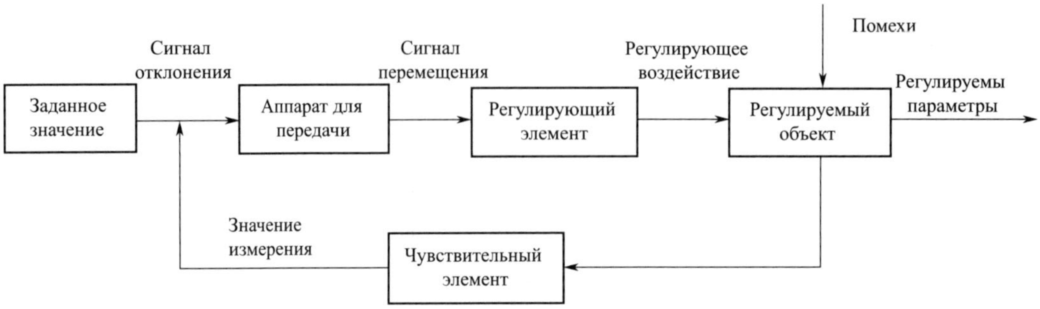

Рис. 3-5-3 Блок-схема системы автоматического регулирования регулятора давления

Чувствительные элементы и передатчики регуляторов давления типа косвенного действия являются открытыми. Когда чувствительный элемент обнаруживает изменение давления на выходе, он активирует управляющий механизм (например, командное устройство), которое подключает внешнее источников энергии или регулируемого рабочего вещества (сжатого воздуха или газа), приводя в действие регулирующий клапан. Поскольку большинство командных устройств способны усиливать воздействующие на них силы, даже небольшие изменения давления на выходе приводят в движение регулирующий клапан главного регулятора, что объясняет высокую чувствительность регуляторов косвенного действия.

Конструкция регулятора давления типа косвенного действия и осевого течения представлена на рисунке 3-5-4. В этом типе регулятора давления входное давление равно P_1, а линии потока газа на входе и выходе являются прямыми, что и даёт название типу осевого течения.

Выходное давление P_2 регулятора типа косвенного действия и осевого течения устанавливается регулирующим винтом 8 командного устройства. Роль стабилизатора 13 заключается в устранении воздействия входного давления на регулирование, поддерживая P_4 в пределах небольших изменений. Размер P_4 зависит от пружины 1 и выходного давления P_2, обычно он на 0, 05 МПа больше, чем P_2. Фильтр в стабилизаторе 13 предназначен для предотвращения засорения отверстий для потока воздуха в командном устройстве, что исключает возможность неисправности в работе.

В сбалансированном состоянии, пружина 14 главного регулятора давления и выходное давление P_2 уравновешены, следовательно, $P_3 > P_2$, и количество газа, поступающее в командное устройство через клапан 3, равно количеству газа, выходящему через клапан.

Когда расход газа уменьшается и давление P_2 увеличивается, давление в камере управляющего клапана 10 также возрастает, что нарушает равновесие с пружиной управляющего клапана 9, заставляя мембрану управляющего клапана

6 поднять клапанную колонку 7. С помощью действия штока клапана 5, клапан 4 больше открывается, а клапан 3 больше закрывается, что приводит к тому, что расход газа через клапан 3 становится меньше, чем расход через клапан 4 и калибровочное отверстие 11, в результате чего P_3 снижается, и давление на мембране главного регулятора давления теряет равновесие между верхней и нижней частями. Клапан главного регулятора давления двигается вниз, больше закрывая клапан, что приводит к уменьшению потока через регулятор давления и снижению давления P_2. Если давление P_2 увеличивается слишком быстро, мембрана управляющего клапана поднимется быстрее, что приведет к открытию выпускного клапана 12 и ускорению снижения P_3, в результате чего клапан главного регулятора давления больше закроется быстрее или даже полностью. Когда расход газа увеличивается и давление P_2 уменьшается, действия всех компонентов происходят в противоположном направлении.

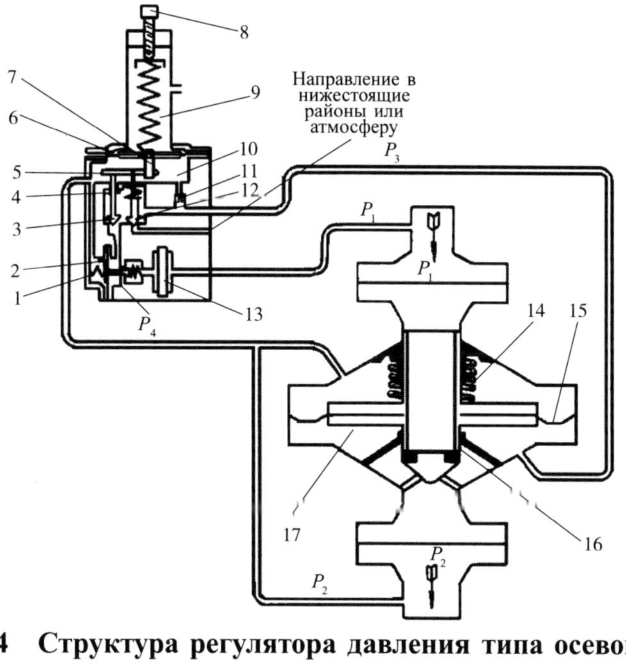

Рис. 3-5-4 Структура регулятора давления типа осевого потока и косвенного воздействия

1—Пружина; 2—кожаная мембрана; 3, 4—управляющий клапан; 5—шток клапана; 6—мембрана управляющего клапана; 7—клапанная колонка; 8—регулировочный винт; 9—пружина управляющего клапана; 10—камера управляющего клапана; 11—калибровочное отверстие; 12—выпускной клапан; 13—стабилизатор давления с фильтром; 14—пружина главного регулятора давления; 15—мембрана главного регулятора давления; 16—клапан главного регулятора давления; 17—камера главного регулятора давления

Этот тип регуляторов давления способен работать с расходом газа от 160 до 15×10^4 м^3/ч, с входным давлением от 0, 01 до 1, 6 МПа и выходным давлением от 500 Па до 0, 8 МПа. Преимущество данного регулятора давления заключается в том, что сопротивление потоку газа через клапан невелико, и он

способен пропускать большие объемы газа при относительно низких давлениях на входе и выходе. Поэтому, этот регулятор давления может использоваться в условиях, где требуется высокая пропускная способность и значительные колебания давления.

Ⅲ. Модель и состав газового регулятора давления

Модель газового регулятора давления обозначается с использованием первых букв китайского пиньиня и цифр, как показано на рисунке 3-5-5. Модель продукта состоит из двух частей, которые разделены дефисом “-”. Первые две буквы первой части “RT” обозначают газовый регулятор давления. Третий символ указывает на принцип работы: «Z» означает прямое действие, а «J» — косвенное действие. Первая цифра во второй части модели указывает на класс давления на входе регулятора давления, вторая цифра указывает на класс давления на выходе. Входное и выходное давление должны быть определены в соответствии с верхним пределом давления, указанным в таблице 3-5-1. Если входное давление не достигает установленного верхнего предела, используется следующий класс давления. Третья цифра указывает на номинальный диаметр трубопровода, см. таблицу 3-5-2; четвертый символ обозначает тип соединения регулятора давления: «L» — для резьбового соединения. «F» — для фланцевого соединения. Обычно для трубопроводов диаметром 50 мм и меньше используется резьбовое соединение, а для диаметра более 50 мм — фланцевое соединение. Если способ соединения соответствует указанным стандартам, этот элемент можно не указывать, иначе указывается "L" или "F".

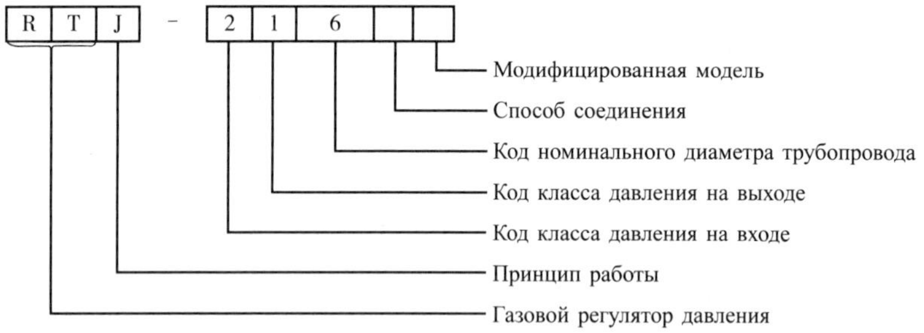

Рис. 3-5-5 Модель регулятора давления

Табл. 3-5-1 Класс давления регулятора давления

Код класса давления	1	2	3	4
Давление P ($\times 10^5$ Па)	<0, 1	0, 1~2, 0	2, 0~4, 0	4, 0~8, 0

Табл. 3-5-2 Код номинального диаметра регулятора давления

Диаметр трубы (мм)	15	20	25	50	80	100	150	200	300
Условный номер	1/2	3/4	1	2	3	4	6	8	12

3) Предохранительное устройство

Предохранительное устройство на станции регулирования давления предназначены для обеспечения безопасной и надежной работы оборудования

потребителей газа, находящихся ниже по потоку, в пределах заданного диапазона давления, а также для поддержания безопасной работы основного регулятора давления. Главные компоненты предохранительного устройства станции регулирования давления включают: устройства безопасности с отсечением потока, устройства для сброса давления, системы мониторинга, устройства параллельного соединения для регуляторов давления и системы газовой сигнализации.

Ⅰ. Устройство аварийного отключения

Устройство аварийного отключения, или клапан аварийного отключения, устанавливается на входной линии регулятора давления. При нормальной работе регулятора давления, клапан аварийного отключения остается постоянно открытым; если давление в трубопроводе после регулятора давления превышает заданный уровень, клапан аварийного отключения немедленно закрывается, блокируя поток газа, чтобы эффективно избежать избыточного давления у пользователей, которые находятся ниже по потоку.

Некоторые клапаны аварийного отключения также оснащены функцией защиты от сверхнизкого давления. Это позволяет при разрыве или выпадении трубопровода, вызванном утечкой газа, мгновенно снижать давление в трубопроводе, и клапан немедленно срабатывает, перекрывая подачу газа для обеспечения безопасности станции регулирования давления.

После закрытия клапана аварийного отключения его обычно нужно вручную восстановить, поскольку он не открывается автоматически.

Ⅱ. Предохранительное газовыпускное устройство

Предохранительное газовыпускное устройство, или предохранительный газовыпускной клапан, устанавливается на выходной линии станции регулирования давления. В нормальном режиме работы регулятора давления предохранительный газовыпускной клапан остается закрытым; если возникает неисправность регулятора давления, приводящая к повышению выходного давления до установленного значения, предохранительный газовыпускной клапан автоматически открывается и сбрасывает газ в атмосферу, снижая давление и восстанавливая его в допустимые пределы.

Предохранительные газовыпускные клапаны могут быть различными по конструкции, например, водяной запор, с массивным блоком или с пружиной и др. Водяной запорный предохранительный клапан имеет простую конструкцию и часто используется, но его недостаток — большой размер и необходимость регулярного контроля уровня жидкости, а в помещениях с температурой ниже 0℃ требуется использование незамерзающей жидкости или установка системы отопления на станции регулирования давления.

Независимо от типа предохранительного газовыпускного клапана, он обеспечивает защиту от избыточного давления и гарантирует бесперебойную подачу газа в сети. Основной недостаток — при больших объемах системы может

происходить значительная утечка газа, поэтому такие клапаны обычно не устанавливают в местах с высокой концентрацией зданий. Предохранительный газовыпускной клапан соединен с продувочной свечей, и его выход должен располагаться на высоте не менее 1, 5 м над карнизом станции регулирования давления.

Ⅲ. Мониторинговая система

Мониторинговая система представляет собой устройство, состоящее из двух регулятора давления, соединенных последовательно, как показано на рисунке 3-5-6. В данном случае, заданное выходное давление резервного регулятора давления 2 немного выше, чем у основного регулятора давления 3, поэтому в нормальном режиме работы клапан резервного регулятора давления полностью открыт. Когда основной регулятор давления 3 выходит из строя и давление на выходе достигает заданного значения резервного регулятора давления 2, резервный регулятор давления 2 вступает в работу. Резервный регулятор также может располагаться после основного регулятора давления, при этом выходное давление резервного регулятора давления не должно быть ниже давления основного регулятора давления.

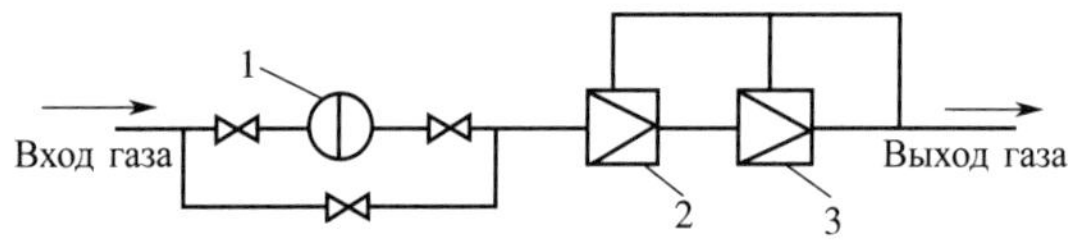

Рис. 3-5-6　Мониторинговая система

1—фильтр; 2—резервный регулятор давления; 3—основной регулятор давления

Ⅳ. Система параллельного соединения регуляторов давления

Система параллельного соединения регуляторов давления показана на рисунке 3-5-7. В данной системе один регулятор давления работает в нормальном режиме, а другой — в резерве. Если основной регулятор давления выходит из строя, резервный регулятор давления автоматически запускается и начинает работать. Среди них, заданное выходное давление основного регулятора давления немного выше, чем у резервного, поэтому в нормальном режиме работы резервный регулятор остается закрытым. Когда основной регулятор давлени выходит из строя, и давление на выходе увеличивается до допустимого уровня, срабатывает предохранительный клапан, и давление снижается. Когда оно опускается до заданного значения резервного регулятора давления, резервный регулятор давления автоматически вступает в работу. Давление срабатывания клапана аварийного отключения на резервной линии должно быть немного выше, чем у основного регулятора давления. на основной рабочей линии.

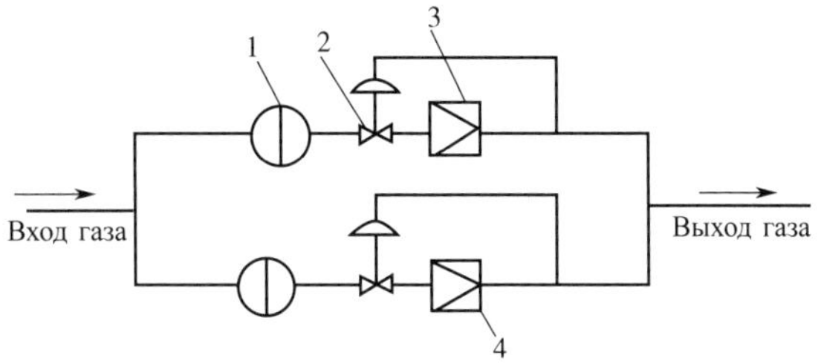

Рис. 3-5-7　Система параллельного соединения регуляторов давления

1—фильтр; 2—клапан аварийного отключения;
3—основной регулятор давления; 4—резервный регулятор давления

Ⅴ. Сигнализатор газа

На станции регулирования давления может быть установлена система оповещения о горючих газах, которая связана с аварийной вентиляционной системой. При утечке газа, если его концентрация достигает 20% от нижнего предела взрывоопасности, система автоматически подает сигнал тревоги и запускает вентилятор для вытяжки газа.

В станции регулирования давления обычно комбинируют различные элементы безопасности, образуя систему защиты. Наиболее часто используемые комбинации включают сочетания: устройство мониторинга и устройство предохранительного газовыпускного клапана, устройство клапана аварийного отключения и устройство предохранительного газовыпускного клапана и т. д.

Выходное давление в регуляторной камере контролируется через устройство клапана аварийного отключения и предохранительного газовыпускного клапана. При этом, клапан аварийного отключения регулирует как верхний, так и нижний пределы давления на выходе, в то время как предохранительный газовыпускной клапан управляет только верхним пределом давления на выходе. Давление клапана аварийного отключения на выходе должно быть ниже давления, при котором срабатывает предохранительный клапан сброса давления. Когда регулятор давления работает нормально, газ выбрасывается в атмосферу только в случае недостаточной герметичности клапана (например, из-за накопления загрязнений или износа), когда он должен быть закрыт. В таком случае, если количество газа, протекающего через неплотно закрытый клапан, превышает потребление, давление на выходе возрастает. Для предотвращения чрезмерного повышения давления избыточный газ должен быть сброшен в атмосферу.

3. Устройство для регулировки давления в коробчатом корпусе

Когда газ поставляется непосредственно от сети трубопровода среднего давления (или сети трубопровода низкого давления с больше высоким давлением) к потребителям, давление газа должно быть снижено до номинального рабочего давления с помощью пользовательского регулятора давления. Обычно регулятор давления пользователя устанавливается в металлическом корпусе и крепится на стене, что образует коробчатый регулятор

давления, как показан на рисунке 3-5-8. Если коробчатый регулятор давления размещен в зоне плотной застройки, то можно не устанавливать предохранительный газовыпускной клапан, а использовать только клапан аварийного отключения.

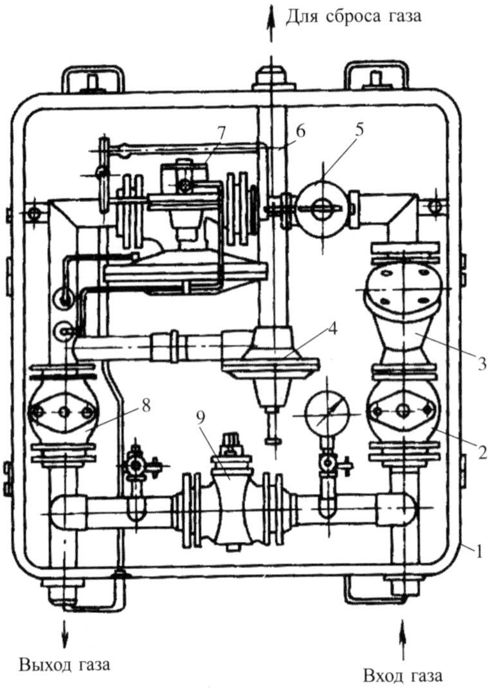

Рис. 3-5-8 Устройство для регулировки давления в коробчатом корпусе

1—металлический корпус; 2, 8—закрывающий стопорный кран; 3—фильтр с сеткой; 4—предохранительный газовыпускной клапан; 5—клапан аварийного отключения; 6—продувочная свеча; 7—регулятор давления; 9—клапан байпасного трубопровода

В регионах с отоплением зимой, если коробчатый регулятор давления размещен на улице, газ должен быть сухим или должна быть предусмотрена система обогрева. В противном случае зимой в трубопроводах может образоваться ледяная пробка, что нарушит нормальную подачу газа.

Недавние разработки в области станций регулирования давления, такие как скользящие установки регулирования давления (часто называемые газорегуляторными шкафами или скользящими станциями), собираются на заводах. Эти устройства отличаются хорошим качеством соединений, компактной конструкцией, небольшой площадью и коротким временем строительства, что делает их популярными.

【Выполнение задачи】

Задачи выполняются в соответствии с заданием проекта и отчетом о выполнении заданий проекта, как показано в таблицах 3-5-3 и 3-5-4.

Табл. 3-5-3 Проектное задание

Наименование задачи	Станция регулирования давления		
Члены группы			
Руководитель		Планируемое время	
Время выполнения		Место выполнения	
Содержание и цели задачи			
1. Изучить функцию станции регулирования давления; 2. Освоить состав станции регулирования давления; 3. Освоить технологический процесс станции регулирования давления; 4. Освоить принцип работы регулятора давления.			
Контрольные пункты	1. Функция станции регулирования давления; 2. Состав станции регулирования давления; 3. Технологический процесс станции регулирования давления; 4. Принцип работы регулятора давления.		
Примечание			

Табл. 3-5-4 Отчет о выполнении задачи проекта

Наименование задачи	Станция регулирования давления		
Члены группы			
Конкретное распределение задач			
Планируемое время		Фактическое время выполнения	
Примечание			
1. Дать краткое описание определения, структуры и функций станции регулирования давления. 2. Проанализировать принцип работы регулятора давления типа прямого действия. 3. Составить схему технологического процесса станции регулирования давления.			

【Оценка задачи】

Оценка задачи проводится согласно таблице комплексной оценки задачи проекта, см. таблицу 3-5-5.

Табл. 3-5-5 Таблица комплексной оценки задачи проекта

Наименование задачи: Дата оценки: год, месяц, день

Детали оценки		Стандартный балл	Практический балл								
			Члены группы								
			Самооценка группы	Взаимная оценка группы	Оценка преподавателя	Самооценка группы	Взаимная оценка группы	Оценка преподавателя	Самооценка группы	Взаимная оценка группы	Оценка преподавателя
Оценка группы (60 баллов)	Способность членов группы в целом понимать цели обучения и график	10									
	Четкое распределение задачи между членами группы	10									
	Наличие духа сотрудничества у членов группы	10									
	Наличие инновационных идей (методов) у членов группы	10									
	Достоверность заполнения отчета о выполнении задачи проекта членами группы	10									
	Наличие проблем и решений у членов группы	10									
Оценка личности (40 баллов)	Подчинение членов групповым решениям	10									
	Выполнение задач, назначенных группой	10									
	Своевременное общение и обмен информацией с членами группы	10									
	Способность серьезно описывать трудности, ошибки и изменения	10									
Итого		100									

【Закрепление знаний】

(1) Функция регулятора давления заключается в ___________.

(2) Состав станции регулирования давления включает ___________.

(3) Регуляторы давления по принципу работы делятся на ____________ и ____________.

(4) Кратко описать состав и принцип работы регулятора давления типа косвенного действия.

Проект Ⅳ

Система газопроводных сетей в городах и поселках

【Описание о проекте】

Система газопроводных сетей в городах и поселках включает все объекты, начиная от входной станции до конечных пользователей, включая входные станции или компрессорные станции на заводах газовых источников, газохранилище, регулятор давления, системы трубопроводов для транспортировки и распределения газа, замерное устройство, объекты управления, система наблюдения и др. Система газопроводных сетей в городах и поселках должна быть спроектирована с учетом источников поставки газа, объема потребления и распределения по пользователям, рельефа местности, условий поставки труб и оборудования, а также факторов строительства и эксплуатации. После сравнения нескольких вариантов выбирается наиболее технически обоснованное и экономически эффективное решение, которое обеспечит надежное и безопасное газоснабжение пользователей и удовлетворит потребности в газе всех типов пользователей.

【Цель проекта】

Задача Ⅰ Система городских газовых сетей и ее выбор

【Подготовка к задаче】

1. Система газопроводных сетей в городах и поселках

1) Классификация системы газопроводных сетей в городах и поселках

Основная часть системы распределения и транспортировки газа в городах и поселках — это газопроводная сеть. Система газопроводных сетей в городах и поселках классифицируется по уровню давления в трубопроводах следующим образом.

(1) Система первого уровня: система транспортировки и распределения газа с единственным уровнем давления — низким или средним.

(2) Система второго уровня: система транспортировки и распределения газа, состоящая из двух уровней давления — низкого и среднего B или низкого и среднего A, как показано на рисунке 4-1-1.

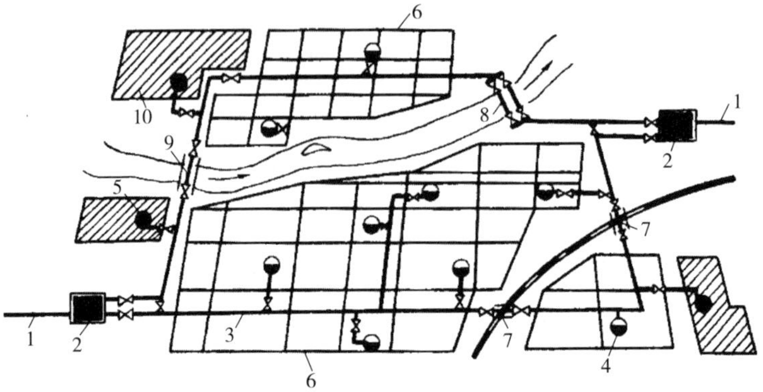

Рис. 4-1-1 Система сети газопроводов второго уровня низкого и среднего давления А

1—от магистрального газопровода; 2—городская газораспределительная станция;
3—сеть газопроводов среднего давления А;
4—региональная станция регулирования давления;
5—специализированная станция регулирования давления для промышленных предприятий;
6—сеть газопроводов низкого давления;
7—трубопровод, проложенный через железную дорогу в защитной трубе;
8—подводный трубопровод, прокладываемый через реку;
9—трубопровод, прокладываемый вдоль моста через реку; 10—промышленное предприятие

(3) Система третьего уровня: система транспортировки и распределения газа, состоящая из трех уровней давления — низкого, среднего и повышенного или высокого, как показано на рисунке 4-1-2.

(4) Многоуровневая система: система транспортировки и распределения газа, состоящая из уровней низкого, среднего, повышенного и высокого давления, как показано на рисунке 4-1-3.

Способ поставки газа низкого давления и система трубопроводов первого уровня низкого давления, где газ поставляется через эту систему в основном для малых городов. В зависимости от давления источников низкого давления (газопроизводящих заводов и пункта хранения и распределения) и системы сети газопроводов в городах и поселках, метод низкого давления может быть разделен на два типа: использование давления газохранилищ низкого давления и использование компрессоров низкого давления. Принципиально метод низкого давления должен максимально использовать давление газохранилищ; только в случае, если давление газохранилищ недостаточно, что ведет к неразумному увеличению диаметра низкодавленных трубопроводов, используется метод с компрессорами низкого давления.

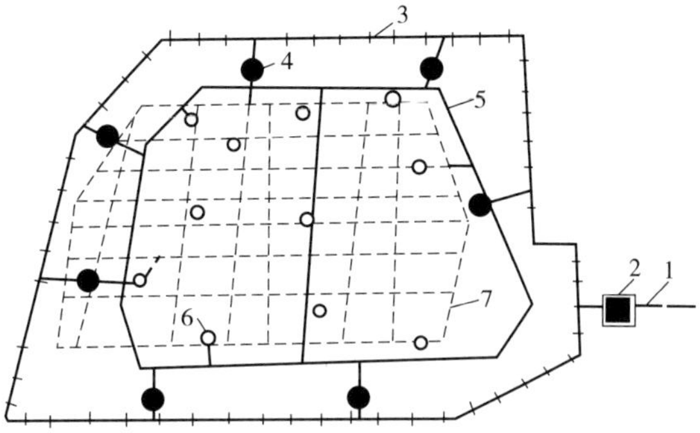

Рис. 4-1-2 Система сети газопроводов третьего уровня

1—от магистрального газопровода; 2—газораспределительная станция в городах и поселках;
3—кольцо повышенного давления А;
4—станция регулирования давления для перехода от повышенного давления к среднему В;
5—кольцевая сеть среднего давления В;
6—станция регулирования давления среднего и низкого давления;
7—сеть газопроводов низкого давления

Метод среднего давления и двухуровневая система газопроводов среднего-низкого давления: газопровод среднего давления снижает давление до низкого через станцию регулирования среднего-низкого давления, и газ подается пользователям через низкодавленную сеть; или газ, подаваемый низкодавленными источниками и газохранилищами, повышается до среднего давления с помощью компрессора, транспортируется через сеть среднего давления, затем снижает давление до низкого через региональные регуляторы давления и подается пользователям через низкодавленную сеть. В этой системе устанавливаются пункты хранения и распределения для регулирования неравномерности потребления газа.

Метод высокого давления и трехуровневая система сети газопроводов высокого-среднего-низкого давления: высокое давление газа из городской газораспределительной станции (станции приема природного газа) или завод газовых источников транспортируется через сеть высокого давления, снижается до среднего давления через региональные регуляторы высокого-среднего давления, вводится в сеть среднего давления, затем снижается до низкого давления через региональные регуляторы среднего-низкого давления и подается пользователям через сеть низкого давления. В газоснабжающих районах могут быть установлены газохранилища для регулирования неравномерности потребления газа, однако в настоящее время чаще используется трубопроводное хранилище для регулирования этой неравномерности.

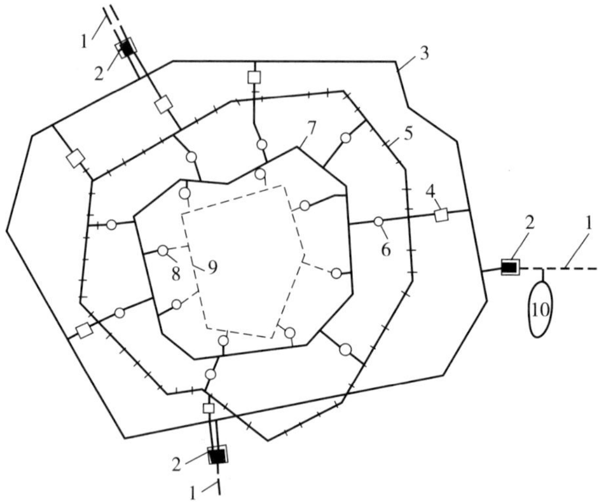

Рис. 4-1-3 Многоуровневая система сети газопроводов

1—от магистрального газопровода; 2—городская газораспределительная станция;
3—кольцевая сеть высокого давления А;
4—станция регулирования высокого и сверхвысокого давления;
5—кольцевая сеть повышенного давления А;
6—станция регулирования давления для перехода от повышенного давления к среднему А;
7—кольцевая сеть среднего давления А;
8—станция регулирования давления для среднего давления;
9—кольцевая сеть среднего давления В; 10—подземные хранилища газа

Сравнение преимуществ и недостатков различных типов систем газопроводных сетей в городах и поселках приведено в таблице 4-1-1.

Табл. 4-1-1 Сравнение преимуществ и недостатков различных типов систем газопроводных сетей в городах и поселках

Порядкоый номер	Тип	Преимущество	Недостаток
1	Система сетей газопроводов низкого давления первого уровня	Простая система, безопасное газоснабжение, низкие эксплуатационные расходы	Давление низкое и нестабильное, диаметр трубопроводов большой
2	Система сети газопроводов среднего давления первого уровня	Экономия материалов для трубопроводов, обеспечение давления, повышение эффективности сжигания газа	Высокие эксплуатационные расходы, а безопасность немного ниже
3	Система сети газопроводов низкого и среднего давления А	Малый диаметр магистральных газопроводов	Высокие требования к материалам трубопроводов, безопасным расстояниям и установке
4	Система сети газопроводов низкого и среднего давления В	Газоснабжение безопасное и надежное	Инвестиции немного больше, чем систем сети трубопроводов среднего давления первого уровня
5	Система сети газопроводов третьего уровня	Газоснабжение безопасное и надежное	Сложность системы, затруднения в обслуживании и управлении

Порядкоый номер	Тип	Преимущество	Недостаток
6	Многоуровневая система сети газопроводов	Система безопасна и гибка, решает проблему неравномерного потребления газа	Требует больших инвестиций, система сложная, обслуживание и управление затруднены

2) Необходимость применения разных уровней давления в системе

(1) Использование различных уровней давления в газопроводной сети является экономически более выгодным.

(2) Разные категории пользователей требуют различных уровней давления газа.

(3) Требования к пожарной безопасности.

2. Выбор системы газопроводных сетей в городах и поселках

При выборе системы газоснабжения для городов и поселок необходимо учитывать множество факторов, наиболее важными из которых являются:

(1) Состояние источников газа, такие как расположение и масштаб газовых скважин, количество и характеристики газовых пластов, объем и давление поставляемого газа, а также краткосрочные и долгосрочные планы развития газоснабжения.

(2) Размер городов и поселок и его долгосрочные планы, текущее состояние и планирование улиц и кварталов, особенности городской застройки, плотность населения, количество и распределение различных типов пользователей.

(3) Существующее состояние газоснабжающих объектов в городах и поселках.

(4) Политика газоснабжения для различных типов пользователей, коэффициент газификации и требования к давлению газа для разных категорий пользователей.

(5) Количество и распределение крупных потребителей газа.

(6) Типы газосборных устройств.

(7) Географические и геологические условия в городах и поселках, наличие природных и искусственных препятствий (таких как реки, озера, железные дороги и т. д.) при прокладке газопроводов.

(8) Текущее состояние подземных коммуникаций и сооружений в городах и поселках, а также планы реконструкции и расширения этих объектов

(9) Требования к развитию газоснабжения в городах и поселках.

При проектировании системы газопроводных сетей в городах и поселках необходимо учитывать все вышеупомянутые факторы и предложить несколько вариантов для проведения техническо-экономического сравнения, с выбором оптимального решения, которое будет экономически целесообразным и технически обоснованным. Сравнение вариантов должно проводиться на основе одинаковых технических характеристик и надежности работы.

3. Пример системы газопроводных сетей в городах и поселках

1) Система первичной газораспределительной сети

Ⅰ. Система сетей газопроводов низкого давления первого уровня

Ⅰ) Технологический процесс

Схема технологического процесса системы первичной газораспределительной сети низкого давления представлена на рисунке 4-1-4.

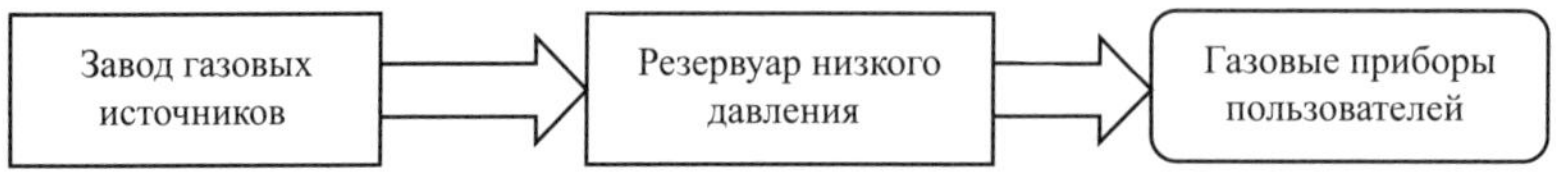

Рис. 4-1-4 Схема технологического процесса низкого давления первичной газораспределительной сети

Ⅱ) Схема газораспределительной сети

Система газораспределительной сети первого уровня низкого давления, как показана на рисунке 4-1-5, подает газ из источника низкого давления (пункта хранения и распределения) через давление газового резервуара давления в сеть низкого давления. При небольшом объеме газового резервуара можно обойтись без регулятора давления. Система, при подъеме и опускании купола и секций башни, вызывает колебания давления в диапазоне 0, 5-1, 0 кПа, что приводит к нестабильности подачи газа с низким давлением. Это, в свою очередь, требует использования трубопроводов большего диаметра для компенсации давления и обеспечения стабильной работы системы.

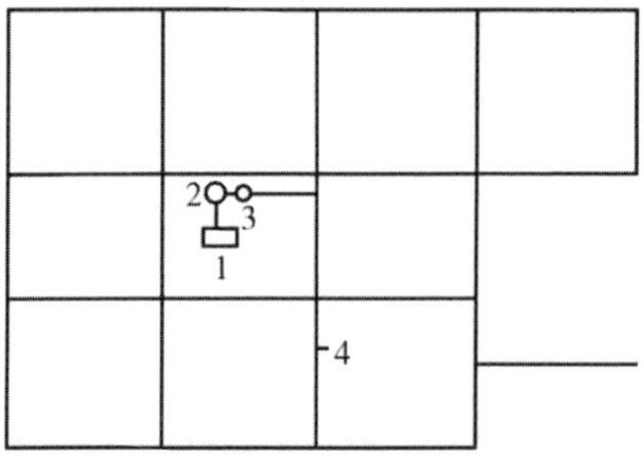

Рис. 4-1-5 Схема системы трубопроводов первого уровня низкого давления

1—источник газов низкого давления; 2—баллон с газом низкого давления;
3—регулятор давления для поддержания стабильного давления;
4—сеть трубопроводов низкого давления

Ⅲ) Характеристики системы

(1) Система проста и удобна в управлении и обслуживании.

(2) Поставка газа безопасна и надежна, не требует затрат на сжатие или требует лишь небольших затрат, эксплуатационные расходы низкие.

(3) Если зона поставки газа велика, необходимо прокладывать трубы большего диаметра, что значительно увеличивает расход трубного материала и становится неэкономичным.

Ⅱ. Система сети газопроводов среднего давления первого уровня

Ⅰ) Технологический процесс

Схема технологического процесса первичной газораспределительной сети

среднего давления представлена на рисунке 4-1-6.

Рис. 4-1-6 Схема технологического процесса первичной газораспределительной сети среднего давления

Ⅱ) Схема газораспределительной сети

Система первичной газораспределительной сети среднего давления, показанная на рисунке 4-1-7, получает природный газ из магистрального трубопровода, проходит через регулятор давления и поступает в газопровод среднего давления, затем в сеть распределения газа, и, наконец, через блочный регулятор или регулятор пользователя подается к газовым приборам.

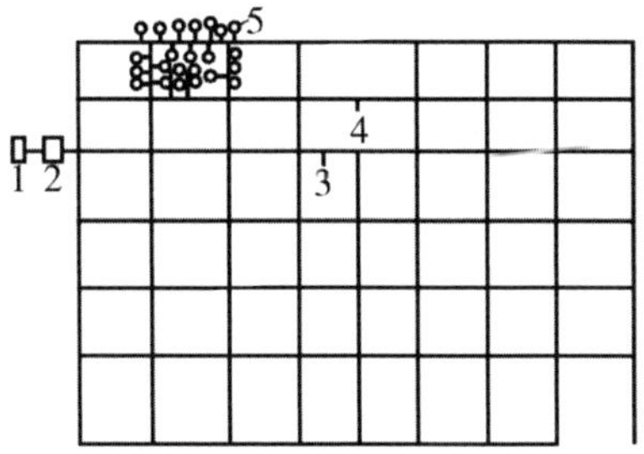

Рис. 4-1-7 Схема первичной газораспределительной сети среднего давления

1—Источник газа; 2—склад и распределительная станция;
3—сеть газопроводов среднего давления; 4—коробчатый регулятор давления;
5—регулятор давления для пользователя

Ⅱ) Характеристики системы

(1) Система сокращает количество трубопроводов, что снижает инвестиции, и экономит примерно 20% капитальных затрат на газораспределительную сеть по сравнению с двухуровневыми средне- и низкого давления системами.

(2) Применение коробковых регуляторов давления или регуляторов давления для пользователей позволяет обеспечить работу всех газовых приборов при номинальном давлении, что повышает эффективность сжигания.

(3) Уровень установки системы высокий, однако безопасность подачи газа в данной системе ниже, чем в первичной сети газопроводов низкого давления.

2) Система сетей двухуровневых газораспределительных газопроводов

Ⅰ. Система сети газопроводов второго уровня низкого и среднего давления А

Ⅰ) Технологический процесс

Схема технологического процесса двухуровневой газораспределительной

системы с низким и средним давлением А показана на рисунке 4-1-8.

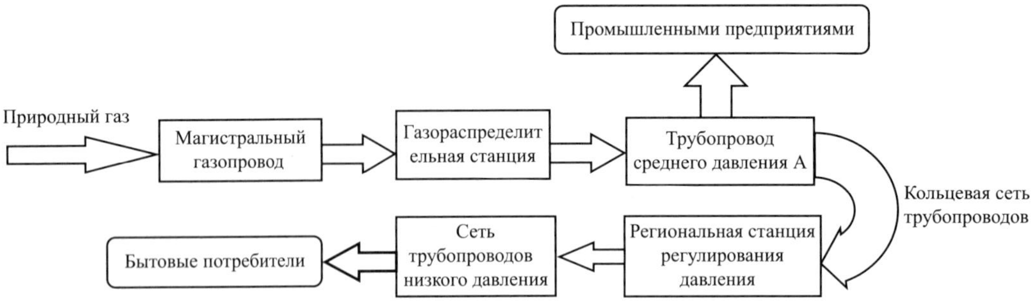

Рис.4-1-8 Схема технологического процесса системы двухуровневой газораспределительной сети с низким и средним давлением А

Ⅱ) Схема газораспределительной сети

Система двухуровневой газораспределительной сети с низким и средним давлением А, показанная на рисунке 4-1-1, получает газ из магистральных трубопроводов, проходящих с востока и запада через распределительные станции в этот город. Трубопровод среднего давления соединен в кольцевую сеть, которая через региональные станции регулирования давления подает газ в сеть низкого давления, а через специализированные станции регулирования давления - на промышленные предприятия. Трубопроводы для транспортировки газа имеют меньший диаметр, что позволяет снизить инвестиционные расходы. Сеть низкого давления разделена на три независимые зоны, которые подают газ жилым пользователям и малым общественным зданиям в зависимости от географических условий. С точки зрения безопасности и надежности поставки газа, необходимость создания крупных кольцевых сетей трубопроводов низкого давления в крупных или средних городах не оправдана, так как это приведет к пересечению с большим числом рек, озер, железных дорог и автомагистралей, что является нецелесообразным. Газораспределительные сети с различными уровнями давления должны быть соединены через несколько станций регулирования давления, чтобы в случае отключения отдельных станций обеспечивалась нормальная подача газа. Такая схема сети является более надежной и экономичной.

Ⅲ) Характеристики системы

(1) Поскольку давление подачи газа выше, чем в сети низкого давления, способность транспортировки газа увеличивается, и можно использовать трубы меньшего диаметра для транспортировки большего объема газа, что позволяет сократить капитальные затраты на газораспределительную сеть.

(2) При правильной установке регуляторов давления для средне- и низковых уровней можно поддерживать стабильное давление подачи газа.

(3) Так как система включает два уровня давления (среднего и низкого), для работы требуются компрессоры и регуляторы давления, что делает обслуживание и управление системой более сложным, а эксплуатационные расходы выше.

(4) Из-за необходимости работы компрессора с использованием энергии для торможения, в случае отключения электроэнергии или других инцидентов на пункте хранения и распределения газа, это повлияет на нормальное газоснабжение. Поэтому надежность поставки газа в этой системе ниже, чем в сети низкого давления первого уровня.

Ⅳ) Клапан

(1) В сети низкого давления обычно не устанавливаются запорные клапаны.

(2) В сетях среднего давления и выше устанавливаются клапаны, включая секционные, ответвительные, а также на входах и выходах станция регулирования давления и в местах пересечений. Принцип их установки — в самых необходимых местах.

Ⅴ) Станция регулирования давления

(1) Основная функция: снижение давления, стабилизация давления.

(2) Радиус действия региональной станции регулирования давления: среднее прямолинейное расстояние от точки подачи газа до нулевой точки.

(3) Региональная станция регулирования давления расположена в центре зоны подачи газа и является отдельным наземным зданием.

Ⅱ. Сисема газораспределительной сети с низким и средним давлением В

Ⅰ) Технологический процесс

Схема технологического процесса двухуровневой газораспределительной системы с низким и средним давлением В показана на рисунке 4-1-9.

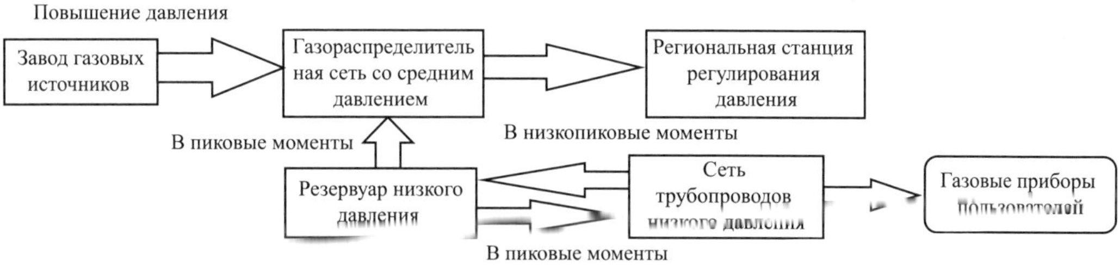

Рис.4-1-9 Схема технологического процесса системы двухуровневой газораспределительной сети с низким и средним давлением В

Ⅱ) Схема газораспределительной сети

Схема сисемы двухуровневой газораспределительной сети с низким и средним давлением В показана на рисунке 4-1-10.

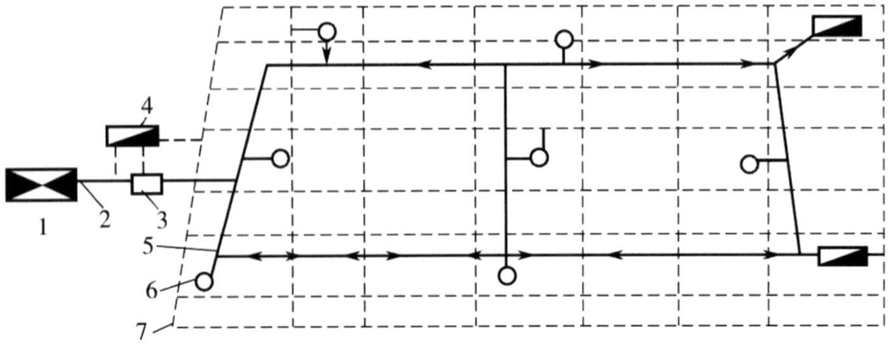

Рис. 4-1-10 Схема двухуровневой газораспределительной сети с низким и средним давлением В.

1—Завод газовых источников; 2—газораспределительная сеть низкого давления; 3—компрессорная станция; 4—хранилище газа низкого давления; 5—сеть среднего давления В; 6—региональная станция регулирования давления; 7—газораспределительная сеть низкого давления.

Ⅲ) Характеристики системы

Размещение резервуаров для хранения газа низкого давления в распределенной форме способствует безопасному и надежному газоснабжению. В то же время, использование внутридворовых трубопроводов на низком давлении более безопасно, однако инвестиции в такую сеть выше, чем в систему первичной сети среднего давления.

3) Система трехуровневой газораспределительной сети с высоким, средним и низким давлением

Ⅰ) Технологический процесс

Схема технологического процесса системы трехуровневой газораспределительной сети с высоким, средним и низким давлением показана на рисунке 4-1-11.

Ⅱ) Схема газораспределительной сети

Система трехуровневой газораспределительной сети с высоким, средним и низким давлением, показанная на рисунке 4-1-12, использует высокое давление газа, поступающего из магистральных трубопроводов. Природный газ после регулирования давления и измерения на входной газораспределительной станции поступает в высоко-давление городскую сеть, далее через региональный регулятор давления высокого и среднего давления преобразуется в среднее давление, поступает в сеть трубопроводов среднего давления, и через региональный регулятор среднего и низкого давления преобразуется в низкое давление, затем подается пользователям через сеть низкого давления.

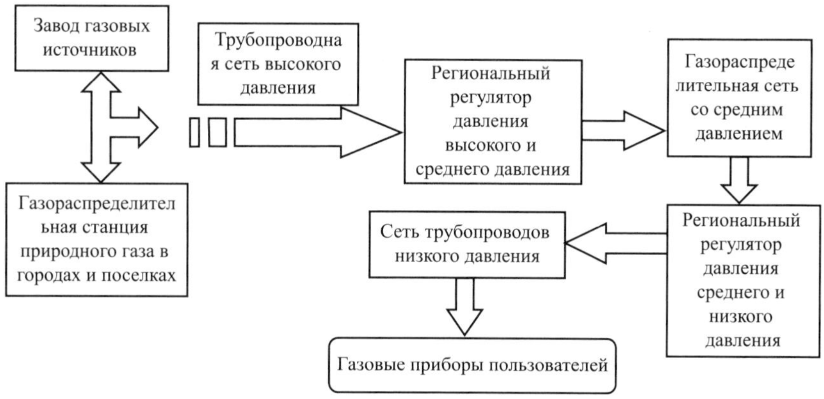

Рис.4-1-11 Схема технологического процесса трехуровневой газораспределительной сети с высоким, средним и низким давлением

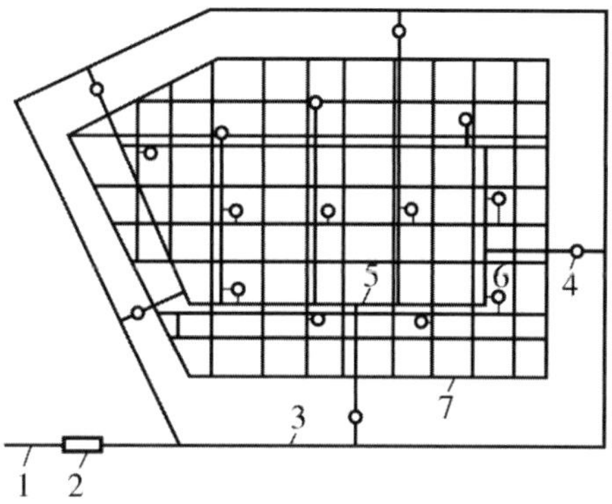

Рис. 4-1-12 Схема трехуровневой газораспределительной сети с высоким, средним и низким давлением

1—Трубопровод высокого давления (магистральный трубопровод);
2—газораспределительная станция; 3—система трубопроводов высокого давления;
4—станция регулирования давления высокого и среднего давления;
5—Система трубопроводов среднего давления;
6—станция регулирования давления среднего и низкого давления;
7—система трубопроводов низкого давления

Ⅲ) Характеристики системы

(1) Трубопроводы высокого давления имеют большую пропускную способность, чем трубопроводы среднего давления, при этом их диаметр меньше, что позволяет увеличивать радиус покрытия, объем поставляемого газа и расстояние транспортировки, что способствует экономии на инвестициях в строительстве газораспределительных сетей.

(2) Благодаря использованию подземных трубопроводных хранилищ или резервуаров для хранения газа под высоким давлением обеспечивается возможность поставки газа даже при краткосрочных перебоях в электроснабжении.

(3) Трубопроводы высокого давления обычно прокладываются в районах с малой плотностью населения, что делает поставку газа более безопасной и

надежной.

(4) На одной и той же дороге часто прокладываются два трубопровода с разными уровнями давления, при этом используется многослойная система трубопроводов и регуляторов давления, что усложняет управление эксплуатацией и обслуживанием.

4) Многослойная трубопроводная система

Ⅰ) Схема газораспределительной сети

Многослойная трубопроводная система используется в крупных мегаполисах с высокой плотностью населения, как показано на рисунке 4-1-3. Источник газа обычно представляет собой природный газ, который регулируется тремя способами: подземными хранилищами газа, резервуарами для хранения газа высокого давления и накоплением газа на концах магистральных трубопроводов, чтобы сбалансировать несоответствия между подачей и потреблением газа. Природный газ поступает в городскую сеть через несколько магистральных трубопроводов. Точка разделения между ними — это распределительная станция, где давление природного газа снижается до 2, 0 МПа. Затем газ поступает в городскую трубопроводную сеть высокого давления, и через станции регулирования давления разных уровней поступает в сети с более низким давлением. Все эти сети распределяются в кольцевой форме.

Ⅱ) Характеристики системы

(1) С точки зрения эксплуатации, система является как безопасной, так и гибкой.

(2) Поскольку газовые источники поступают с разных направлений, основные трубопроводы соединены в кольцевую сеть.

(3) Для согласования и решения проблемы неравномерности потребления газа применяются различные методы.

【Выполнение задачи】

Задачи выполняются в соответствии с заданием проекта и отчетом о выполнении заданий проекта, как показано в таблицах 4-1-2 и 4-1-3.

Табл. 4-1-2 Проектное задание

Наименование задачи	Система городских газовых сетей и ее выбор		
Члены группы			
Руководитель		Планируемое время	
Время выполнения		Место выполнения	
Содержание и цели задачи			
1. Освоить классификацию систем газопроводных сетей в городах и поселках; 2. Понять необходимости классификации систем газопроводных сетей в городах и поселках; 3. Освоить выбор типа систем газопроводных сетей в городах и поселках.			

Наименование задачи	Система городских газовых сетей и ее выбор
Контрольные пункты	1. Классификация системы газопроводных сетей в городах и поселках; 2. Необходимость классификации систем газопроводных сетей в городах и поселках; 3. Выбор системы газопроводных сетей в городах и поселках.
Примечание	

Табл. 4-1-3 Отчет о выполнении задачи проекта

Наименование задачи	Система городских газовых сетей и ее выбор		
Члены группы			
Конкретное распределение задач			
Планируемое время		Фактическое время выполнения	
Примечание			
1. Кратко описать какую классификацию газопроводных сетей в городах и поселках. 2. Кратко описать важность систем газопроводных сетей в городах и поселках. 3. Кратко анализировать особенности различных типов систем газопроводных сетей в городах и поселках. 4. Нарисовать схему систем газопроводных сетей в городах и поселках втового уровня.			

【Оценка задачи】

Оценка задачи проводится согласно таблице комплексной оценки задачи проекта, см. таблицу 4-1-4

Табл. 4-1-4 Таблица комплексной оценки задачи проекта

Наименование задачи: Дата оценки: год, месяц, день

Детали оценки		Стандартный балл	Практический балл								
			Члены группы								
			Самооценка группы	Взаимная оценка группы	Оценка преподавателя	Самооценка группы	Взаимная оценка группы	Оценка преподавателя	Самооценка группы	Взаимная оценка группы	Оценка преподавателя
Оценка группы (60 баллов)	Способность членов группы в целом понимать цели обучения и график	10									
	Четкое распределение задачи между членами группы	10									

Детали оценки		Стандартный балл	Практический балл								
			Члены группы								
			Самооценка группы	Взаимная оценка группы	Оценка преподавателя	Самооценка группы	Взаимная оценка группы	Оценка преподавателя	Самооценка группы	Взаимная оценка группы	Оценка преподавателя
Оценка группы (60 баллов)	Наличие духа сотрудничества у членов группы	10									
	Наличие инновационных идей (методов) у членов группы	10									
	Достоверность заполнения отчета о выполнении задачи проекта членами группы	10									
	Наличие проблем и решений у членов группы	10									
	Подчинение членов групповым решениям	10									
	Выполнение задач, назначенных группой	10									
	Своевременное общение и обмен информацией с членами группы	10									
	Способность серьезно описывать трудности, ошибки и изменения	10									
Итого		100									

【Закрепление знаний】

（1）Кратко описать структуру и состав систем газопроводных сетей в городах и поселках.

（2）Нарисовать схему систем газопроводных сетей в городах и поселках первого уровня.

Задача Ⅱ Классификация городского трубопроводов газа

【Подготовка к задаче】

Городской трубопровод газа-это устройство, транспортирующее газ от завода газовых источников до различных пунктов хранения газа, станции регулирования давления и потребителей газа и обеспечивающее безопасность и надежность транспортировки газа по всему пути. Городской трубопровод газа можно классифицировать следующим образом в зависимости от их назначения, способа укладки и давления транспортировки газа.

1. Классификация в соответствии с назначением

1) Газопровод большой протяжености

Концы магистральной трубы и ответвлений газопровода большой протяжености соединяются с населенными пунктами или крупными промышленными предприятиями в качестве точки источника газа в данной зоне газоснабжения, на конце трубопровода располагается газораспределительная станция, т.е. городская газораспределительная станция.

2) Распределительный трубопровод

Распределительный трубопровод-это трубопровод газа, который распределяет газ из зоны газоснабжения между потребителями промышленных предприятий, пользователями общественных зданий и пунктов населения, включающий в себя газопроводы, распределительные трубопроводы, вводные газопроводы к потребителям и внутренние трубопроводы газа.

(1) Газопровод: Трубопровод между городской газораспределительной станцией и городским газораспределительным трубопроводом.

(2) Газораспределительный трубопровод: трубопровод, который распределяет газ между потребителями пунктов населени, коммерческими потребителями и потребителями промышленных предприятий в зоне газоснабжения. Газораспределительные трубопроводы включает в себя уличные и дворовые распределительные трубопроводы.

(3) Вводной газопровод к потребителю: трубопровод между наружным газораспределительным ответвлением трубопровода и внутренним главным клапаном входной газовой трубы потребителя.

(4) Внутренний трубопровод газа: трубопровод газа от внутреннего

главного клапана входной газовой трубы пользователя до различных газоиспользующих приборов и оборудований пользователя.

3) Трубопровод газа для промышленных предприятий

Трубопроводы газа для промышленных предприятий включают в себя вводные газопроводы на завод и газопроводы на территории завода, газопровод в цехах и газопроводы перед печью.

(1) Вводной газопровод на завод и газопровод на территории завода: трубопровод, который подает газ из городских трубопроводов газа на завод и распределяет его между трубопроводами цехов, использующих газ.

(2) Газопровод в цехах: трубопровод, который подает газ от входа трубопровода цеха к различным газоиспользующим оборудованиям (например, к печам) в цехе. Газопровод в цехах включает в себя магистрали и ответвления трубопроводов.

(3) Газопровод перед печью: трубопровод, который распределяет газ от ответвления к различным устройствам для сжигания в печи.

2. Классификация по способу укладки

1) Подземной трубопровод

Как правило, газопроводы в общих городах заглубляются в грунт. Когда трубопроводы должны пересекать железные и автомобильные дороги, иногда необходимо добавить оболочку трубопроводов или траншей для труб, поэтому способ прокладки заглубленной трубы разделен на два вида: прямая и непрямая укладка заглубления.

2) Подвесной трубопровод

Подвесная прокладка часто используется при прокладке трубопроводов газа на территории заводов и внутри зданий, а также при пересечении трубопроводами препятствий.

3. Классификация по давлению подачи газа

По сравнению с другими трубопроводами, к герметичности трубопроводов газа предъявляются особенно строгие требования, и утечка газа может привести к пожару, взрыву, отравлению или другим несчастным случаям. Чем выше давление в трубопроводе газа, тем больше вероятность и опасность разъединения трубного соединения или появления трещин в самом трубопроводе. Когда давление газа в трубопроводе разное, требования к материалу трубопровода, качеству монтажа, стандартам проверки и управлению эксплуатацией также различаются. Согласно «Правила проектирования систем газоснабжения городов и поселков (2020 года)», городские трубопроводы газа можно разделить на четыре типа в соответствии с давлением городского газа., такие как трубопроводы газа низкого давления, трубопроводы газа среднего давления, трубопроводы газа субвысокого давления и трубопроводы газа высокого давления, а проектное давление разделено на семь уровней, см. в таблицу 4-2-1;

Табл. 4-2-1 Уровень проектного давления городского газа (манометрическое давление)

Классификация трубопроводов		Давление P (МПа)
Трубопровод газа высокого давления	A	$2,5 < P \leq 4,0$
	B	$1,6 < P \leq 2,5$
Трубопровод газа субвысокого давления	A	$0,8 < P \leq 1,6$
	B	$0,4 < P \leq 0,8$
Трубопровод газа среднего давления	A	$0,2 < P \leq 0,4$
	B	$0,01 \leq P \leq 0,2$
Трубопровод газа низкого давления		$P < 0,01$

【Выполнение задачи】

Задачи выполняются в соответствии с заданием проекта и отчетом о выполнении заданий проекта, как показано в таблицах 4-2-2 и 4-2-3.

Табл. 4-2-2 Проектное задание

Наименование задачи	Классификация трубопроводов городского газа		
Члены группы			
Руководитель		Планируемое время	
Время выполнения		Место выполнения	
Содержание и цели задачи			
1. Разобратьс в роли городских трубопроводов газа; 2. Ознакомиться с различными классификациями городских трубопроводов газа.			
Контрольные пункты	1. Роль городских газопроводов; 2. Различные классификации городских трубопроводов газа.		
Примечание			

Табл. 4-2-3 Отчет о выполнении задачи проекта

Наименование задачи	Классификация трубопроводов городского газа		
Члены группы			
Конкретное распределение задач			
Планируемое время		Фактическое время выполнения	
Примечание			
1. Краткое описание ролей городских трубопроводов газа. 2. Краткое объяснение классификации городских трубопроводов газа в соответствии с их назначением. 3. Краткое объяснение классификации городских трубопроводов газа в соответствии со способом прокладки. 4. Краткое объяснение классификации городских трубопроводов газа в соответствии с давлением при транспортировке газа.			

【Оценка задачи】

Оценка задачи проводится согласно таблице комплексной оценки задачи проекта, см. таблицу 4-2-4.

Табл. 4-2-4 Таблица комплексной оценки задачи проекта

Наименование задачи: Дата оценки: год, месяц, день

Детали оценки		Стандартный балл	Практический балл								
			Члены группы								
			Самооценка группы	Взаимная оценка группы	Оценка преподавателя	Самооценка группы	Взаимная оценка группы	Оценка преподавателя	Самооценка группы	Взаимная оценка группы	Оценка преподавателя
Оценка группы (60 баллов)	Способность членов группы в целом понимать цели обучения и график	10									
	Четкое распределение задачи между членами группы	10									
	Наличие духа сотрудни чества у членов группы	10									
	Наличие инновационных идей (методов) у членов группы	10									
	Достовер ность заполнения отчета о выполнении задачи проекта членами группы	10									
	Наличие проблем и решений у членов группы	10									
Оценка личности (40 баллов)	Подчинение членов групповым решениям	10									
	Выполнение задач, назначенных группой	10									
	Своевременное общение и обмен информацией с членами группы	10									
	Способность серьезно описывать трудности, ошибки и изменения	10									
Итого		100									

【Закрепление знаний】

(1) Как классифицировать городские газопроводы по способу укладки?

(2) Как классифицируются городские газопроводы по давлению подачи газа?

Задача Ⅲ Расположение и прокладка трубопроводов городского газа

【Подготовка к задаче】

Городские трубопроводы газа должны быть максимально укорочены для экономии инвестиций и затрат при условии обеспечения безопасной и надежной подачи давления и достаточного количества потребителей газа. После выбора масштаба газоснабжения, способа газоснабжения и системы регулирования давления в городской трубопроводной сети газа следует исходить из масштаба источника газа, потребления газа и его распределения, условий пункта населения, рельефа местности, подземных трубопроводов и сооружений, условий поставки труб и оборудования, условий строительства и эксплуатации и других факторов для всестороннего рассмотрения, комплексного планирования, сочетающего ближайшего и отдаленного будущего, для осуществления мероприятий по этапному строительству и в соответствии с высоким и низким давлением, сначала размещают трубопроводную сеть высокого и среднего давления, а затем трубопроводную сеть низкого давления.

1. Размещение и прокладка трубопроводов городского газа

1) Принцип размещения и прокладки трубопроводов

(1) Магистральные газопроводы высокого и среднего давления должны находиться вблизи крупных потребителей и как можно ближе к станции регулирования давления, чтобы сократить длину ответвления трубопровода. Чтобы обеспечить надежность газоснабжения, основные магистрали должны быть постепенно соединены в кольцо.

(2) Городские трубопроводы газа должны прокладывать под дорогами, по возможности избегая основных транспортных магистрателей и оживленных улиц, чтобы снизить сложность строительства и трудности эксплуатации и технического обслуживания, а также сэкономить инвестиции.

(3) При прокладке трубопроводов газа вдоль улицы они могут быть расположены с одной или с обеих сторон. Двустороннее размещение обычно используется, когда улица очень широкая, через нее проходит множество ответвлений, по дороге проложены трамвайные пути, объем передачи газа большой, и одностороннее размещение не может удовлетворить требованиям.

(4) Магистральный газопровод низкого давления должен быть проложен под дорогой внутри микрорайона, что позволит обеспечить подачу газа с обеих сторон трубопровода, а также может использоваться в качестве дворового трубопровода для экономии инвестиций.

(5) Не допускается прокладка трубопроводов газа под зданиями или сооружениями, их перекрытие или параллельное расположение с другими трубопроводами, а также запрещается их прокладка под следующими местами:

① Места для складирования машин, оборудований и товаров;

② Места для складирования легковоспламеняющихся и взрывоопасных материалов и агрессивных жидкостей;

③ Коридор высоковольтной линии электропередачи.

(6) Трубопроводы газа должны стараться избегать пересечения железных дорог, рек, магистральных дорог и других крупных препятствий, а при необходимости их пересечения должны приняты защитные меры.

2) Основание размещения трубопроводов

Подземные трубопроводы газа должны прокладываться вдоль городских дорог и тротуаров или в полосах с зелёными насаждениями. При решении проблемы размещения трубопроводов газа различного давления в населенных пунктах необходимо учитывать следующие основные ситуации:

(1) Давление газа в трубопроводе;

(2) Степень интенсивности и расположение трубопроводов, которые находятся на улицах и других под землей;

(3) Состояние дорог и планирование;

(4) Интенсивность движения на улицах и структура дорожного покрытия, а также распределение транспортных магистралей;

(5) Влажность передачи газа, необходимый уклон трубопровода, изменение в рельефе улицы;

(6) Количество потребителей, подключенных к данному трубопроводу, и их потребление газа, а также то, данный трубопровод является основным или вспомагательным газопроводом;

(7) Состояние препятствий, обнаруженных на линии трубопроводов;

(8) Свойства грунта, коррозионные свойства и глубина линии промерзания;

(9) Влияние трубопровода на транспортировку и жизнь населения во время строительства, эксплуатации и при несчастном случае.

Из-за различного давления при транспортировке газа в трубопроводных сетях на всех уровнях городских систем распределения и транспортировки газа, их оборудование и требования к пожарной безопасности различаются, и их соответствующие функции также отличаются, поэтому размещение трубопроводов должно выполняться в соответствии с их соответствующими характеристиками.

3) Принцип размещения в плане трубопроводов высокого и субвысокого давления

Сеть газопроводов высокого и субвысокого давления выполняет двойную функцию-транспортировки и хранения газа, распределяет газ по кольцевым сетям газопроводной сети среднего давления через станцию регулирования давления, и принцип ее размещения в плане заключаются в следующем.

(1) Придерживаться генерального плана города, соблюдать соответствующие правила и нормы, учитывать сочетание ближайшего и отдаленного будущего, а также поэтапное строительство.

(2) В сочетании с выбором места газораспределительной станции и станции регулирования давления трубопроводы прокладываются вдоль края городской территории, избегая важных сооружений и строительных трудностей, и не должны заходить в городские территории на четвертых уровнях, а также не должны проходить через середину уездов, городов-спутников, поселков или населенных пунктов.

(3) Занимать как можно меньше сельскохозяйственных угодий, сократить снос зданий и т.д., не должны проходить через туннели и мосты на железных и шоссейных дорогах, за исключением туннелей и мостов на специальных дорогах для трубопроводов.

(4) Для крупных городов трубопроводы высокого давления можно рассматривать в виде кольца, чтобы повысить безопасность газоснабжения и учесть их функцию хранения газа.

(5) Чтобы облегчить транспортировку и строительство, трубопроводы должны прокладывать вблизи дорог.

(6) Следует сравнить несколько вариантов и выбрать тот, который отвечает всем вышеуказанным требованиям, имеет меньшую продолжительность, может использовать существующие сооружения и экономит больше инвестиций

4) Принцип размещения в плане трубопроводов среднего давления

Трубопроводная сеть транспортировки газа среднего давления является основным звеном в системах распределения и транспортировки высокого (субвысокого) -среднего давления или одноступенчатого среднего давления, подающим газ к большому количеству блоков регулирования давления микрорайона и блоков регулирования давления зданий, а также специализированных блоков регулирования давления, образуя таким образом магистральные газопроводы с комбинацией кольцевых трубопроводов и ответвлений трубопроводов, а также ряд ответвлений от магистральных трубопроводов к оборудованиям регулирования давления. Трубопроводы среднего давления в системах распределения и транспортировки газа низкого и среднего давления подают газ на станцию регулирования давления и в специализированные блоки регулирования давления, а плотность трубопроводов среднего давления гораздо ниже, чем в системах распределения и

транспортировки газа высокого (субвысокого)-среднего давления и в одноступенчатых системах передачи и распределения среднего давления. Принцип размещения газопровода среднего давления заключается в следующем.

(1) Придерживаться генерального плана города, соблюдать соответствующие правила и нормы, учитывать сочетание ближайшего и отдаленного будущего, а также поэтапное строительство.

(2) Размещение магистральных трубопроводов должно быть близко к участку с большим потреблением газа, чтобы уменьшить длину ответвлений трубопровода и сформировать кольцо, обеспечивающее безопасность газоснабжения, но при этом следует избегать оживленных улиц, а количество колец не должно быть слишком большим. Магистральные трубопроводы среднего давления на выходе из каждой станции регулирования давления среднего давления должны быть совместимы, а древовидные магистральные трубопроводы должны быть расположены на окраине города, образуя комбинированную систему магистральных трубопроводов газоснабжения с сочетанием кольцевых и ответвленных трубопроводов.

(3) Основное кольцо магистральных трубопроводов для малых и средних городов может быть выполнено в виде кольца одинакового диаметра для дальнейшего повышения безопасности и адаптивности газоснабжения.

(4) Трубопроводы должны прокладываться в соответствии с принципом: сначала пешеходные, затем дороги для самоходных транспортных средств без двигателя, и, по возможности, не закапываться в полосах движения для моторных транспортных средств.

(5) Прокладка трубопроводов должна быть синхронизирована со строительством дорог, чтобы избежать повторных земляных работ, и при возможности могут быть построены общие канавы.

(6) Сократить объем работ по укладке трубопроводов в виде пересечения и сносу зданий при условии обеспечения безопасного газоснабжения.

(7) Избегать параллельной прокладки с кабелями высокого напряжения, чтобы уменьшить электрохимическую коррозию подземных стальных труб.

(8) Необходимо сравнить несколько вариантов и выбрать вариант с безопасным газоснабжением, нормальными гидравлическими условиями работы и хорошими аварийными гидравлическими условиями работы, относительно низкими инвестициями и возможностью использования существующего сооружения.

5) Принцип размещения в плане трубопроводов низкого давления

(1) Пропускная способность газа трубопровода низкого давления невелика, а допустимое значение перепада давления вдоль трубопровода невелико, поэтому длина кольцеобразующей стороны трубопроводной сети низкого давления, как правило, должна контролироваться в пределах 300~600 м.

(2) Трубопровод низкого давления напрямую подключен к потребителю, а количество потребителей с развитием городского строительства постепенно увеличивается, поэтому трубопровод низкого давления помимо основного расположения кольцевой сети труб, также допускает существование древовидной сети труб.

(3) Для обеспечения и повышения стабильности газоснабжения в трубопроводную сеть низкого давления диаметр соединительной трубы между соседними камерами регулирования давления, которые подают газ в трубопроводную сеть низкого давления, должен быть больше диаметра трубы низкого давления в соседней трубопроводной сети.

(4) При возможности трубопроводы низкого давления следует прокладывать в микрорайоне и использовать в качестве дворовых трубопроводов для экономии инвестиций.

(5) Трубопроводная сеть низкого давления может быть проложена вдоль одной стороны улицы. На улице, по которой проходит трамвай, если ширина улицы превышает 20 м, слишком много ответвлённых трубопроводов, пересекающих улицу, или значительный объем транспортировки и распределения газа, но ограниченные условия не позволяют прокладывать трубопроводы большого диаметра, может быть использована двусторонняя прокладка.

(6) Трубопровод низкого давления прокладывается в соответствии с запланированной дорогой и должен быть параллелен оси дороги или фронту здания, по возможности избегая прокладки под улицами с высококлассным дорожным покрытием.

6) Принципы размещения магистральных трубопроводов газа в пригородных районах

(1) Разобраться в плане городского развития, чтобы уклониться от будущих зданий.

(2) Занимать как можно меньше плодородных угодий и постараться проложить как можно ближе к существующим и запланированным дорогам.

(3) Трубопроводы должны по возможности избегать пересечения рек, крупных озер и водохранилищ, чтобы сократить объем работ.

(4) В дополнение к учету потребностей городского развития, при размещении магистральных трубопроводов газа следует учитывать потребности в газе небольших населенных пунктов вокруг города.

7) Безопасное расстояние от трубопровода газа

Расстояния в свету по горизонтали и вертикали между подземными трубопроводами газа и фундаментами зданий и сооружений или прилегающими трубопроводами не должны быть меньше, чем указаны в таблицах 4-3-1 и 4-3-2.

Табл. 4-3-1 Расстояние в свету по горизонтали между подземными трубопроводами газа и фундаментами зданий и сооружений или прилегающими трубопроводами (единица измерения: м)

Проект Низкое давление		Подземный трубопровод газа				
		Среднее давление		Высокое давление		
		B	A	B	A	
фундамент здания		0, 7	1, 5	2, 0	4, 0	6, 0
Трубопровод водоснабжения		0, 5	0, 5	0, 5	1, 0	1, 5
Трубопровод канализации		1, 0	1, 2	1, 2	1, 5	2, 0
Силовые кабели		0, 5	0, 5	0, 5	1, 0	1, 5
Кабель связи	Прямой заглубленный	0, 5	0, 5	0, 5	1, 0	1, 5
	В проводнике	1, 0	1, 0	1, 0	1, 0	1, 5
Другие трубопроводы газа	DN ≤300 мм	0, 4	0, 4	0, 4	0, 4	0, 4
	DN> 300 мм	0, 5	0, 5	0, 5	0, 5	0, 5
Тепловая труба	Прямой заглубленный	1, 0	1, 0	1, 0	1, 5	2, 0
	В траншее для трубопровода	1, 0	1, 5	1, 5	2, 0	4, 0
Фундаменты для электрических столбов (башен)	≤35 кВ	1, 0	1, 0	1, 0	1, 0	1, 0
	>35 кВ	5, 0	5, 0	5, 0	5, 0	5, 0
Коммуникационный осветительный электрический столб для (к центру электрического столба)		1, 0	1, 0	1, 0	1, 0	1, 0
Железнодорожные рельсы		5, 0	5, 0	5, 0	5, 0	5, 0
Рельсы трамвая		2, 0	2, 0	2, 0	2, 0	2, 0
Уличное дерево (к центру дерева)		1, 2	1, 2	1, 2	1, 2	1, 2

Табл. 4-3-2 Вертикальное расстояние в свету между подземными трубопроводами газа и фундаментами сооружений или прилегающими трубопроводами (единица измерения: м)

Проект		Подземный трубопровод газа (при наличии оболочки трубы учитывается оболочка трубы)
Трубы водоснабжения, дренажные трубы или другие трубопроводы газа		0, 15
Дно (или верх) траншеи для тепловых труб		0, 15
Кабель	Прямой заглубленный	0, 50
	В проводнике	0, 15
Железнодорожный путь		1, 20
Рельсовый путь трамвая		1, 00

Если размещение затруднено и не может быть решено из-за особенностей рельефа местности, то расстояние в свету, указанное в таблицах 4-3-1 и 4-3-2,

может быть соответствующим образом уменьшено после принятия эффективных защитных мер по согласованию с соответствующими органами.

8) Принципы размещения трубопроводов в продольном сечении

(1) Глубина заглубления трубопровода в основном учитывает воздействие наземных динамических нагрузок, особенно большой нагрузки транспортных средств, а также влияние замерзшего слоя на конденсирующиеся газы в транспортируемых по трубопроводу газах.

① При прокладке трубопровода под проезжей частью глубина заглубления должна составлять не менее 0, 8 м.

② При прокладке трубопровода под полосой движения, не предназначенной для движения автотранспорта, глубина заглубления должна составлять не менее 0, 6 м.

③ При прокладке трубопровода во дворе глубина заглубления должна составлять не менее 0, 3 м.

④ При прокладке трубопровода под рисовым полем глубина заглубления должна составлять не менее 0, 8 м.

(2) Трубопровод газа для транспортировки влажного газа должен быть проложен ниже линии промерзания грунта. Уклон трубопровода газа к конденсационному горшку должен быть не менее 0, 003.

(3) Минимальное расстояние по вертикали между подземными трубопроводами газа и другими трубопроводами или сооружениями должно соответствовать требованиям соответствующих технических условий.

(4) Трубопроводы газа не должны проходить через дома или другие здания под землей, не должны прокладываться параллельно под трамвайными путям или впритык к другим подземным путями и не должны располагаться над или под другими подземными сооружениями.

(5) Как правило, трубопровод газа сам по себе не должен проходить через другие трубопроводы. Если в силу особых обстоятельств необходимо пройти через другие трубопроводы большого сечения, необходимо получить согласие соответствующих сторон, при этом трубопровод газа должен быть установлен в стальной оболочке.

2. Способы пересекания трубопроводами газа таких препятствий, как автомобильные и железные дороги, реки и т.д.

1) Способы прокладки трубопроводов газа через препятствия, такие как автомобильные и железные дороги, реки и т.д. (рисунки 4-3-1~ 4-3-6)

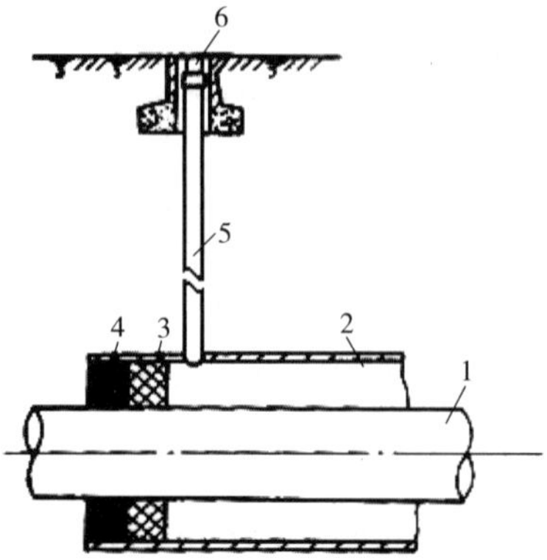

Рис. 4-3-1　Схема установки теплоизоляции трубопровода газа снаружи

1—Трубопровод газа; 2—Оболочка трубопровода; 3—Масляно-льняной сальник; 4—Битумный герметизирующий слой; 5—Труба для проверки утечек; 6—Защитный кожух

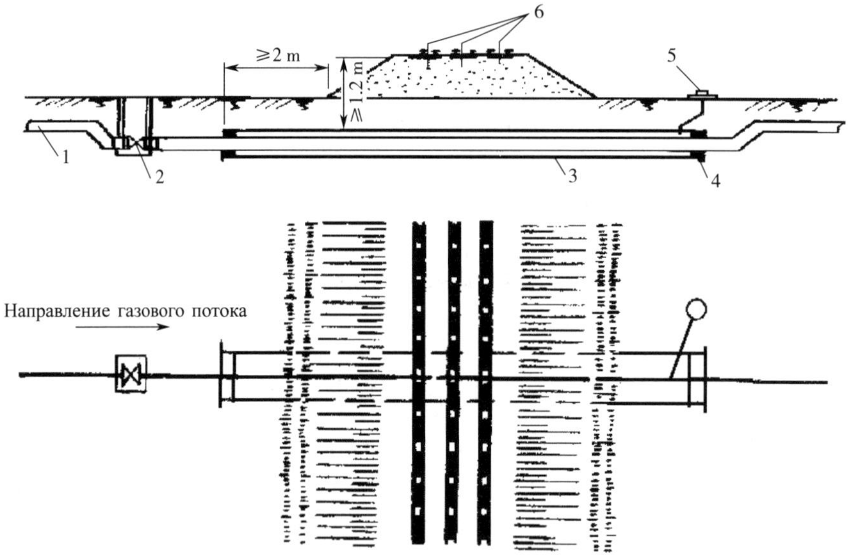

Рис. 4-3-2　Схема трубопровода газа, пересекающего железную дорогу

1—Трубопровод газа; 2—Клапан; 3—Оболочка трубопровода; 4—Герметизирующий слой; 5—Труба для проверки утечек; 6—Железнодорожный путь

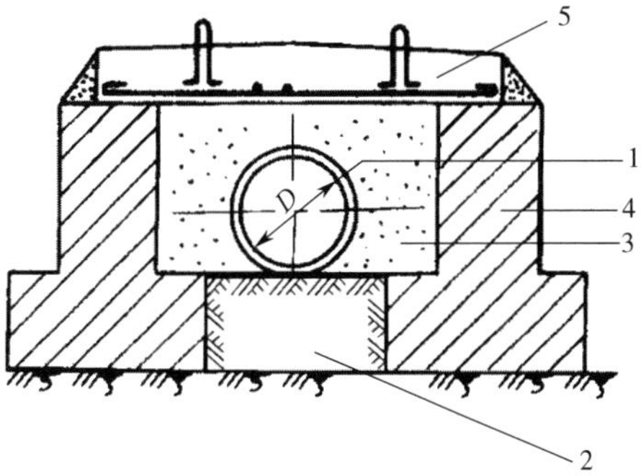

Рис. 4-3-3 Схема однотрубного трубопровода газа, пересекающего уличную канаву

1—Трубопровод газа; 2—Утрамбовка естественной почвы;
3—Отсыпка песком; 4—Кирпичная кладка; 5—Перекрышка

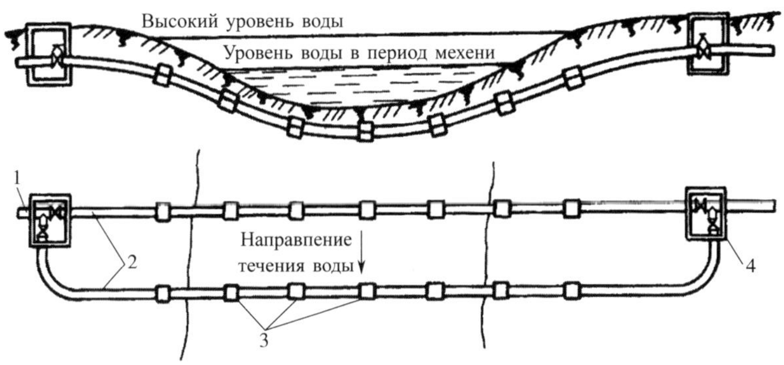

Рис. 4-3-4 Схема трубопровода газа, пересекающего реку

1—Трубопровод газа; 2—Труба для перехода через реку;
3—Массивный блок для трубы установки по проектирующим высотам и местоположениям;
4—Колодец клапанов

(1) Если трубопровод газа пересекает шоссе первого, второго или третьего класса или магистральнную дорогу пункта населения, должен прокладывать в оболочке трубы или траншее.

(2) Если трубопровод газа проходит через железнодорожные и трамвайные пути, необходимо использовать защитный кожух или бетонные оболочки, которые должны проходить вертикально.

(3) Трубопроводы газа пересекают (переходят) реки.

① Подводный переход: как правило, двухтрубная прокладка проста в использовании, при этом каждая труба пропускает 75% проектного расхода. (Метод прокладки: траншейная прокладка, которая в настоящее время используется в основном, с глубиной заглубления не менее 0, 5 м; прокладка голых труб; прокладка труб с фиксацией).

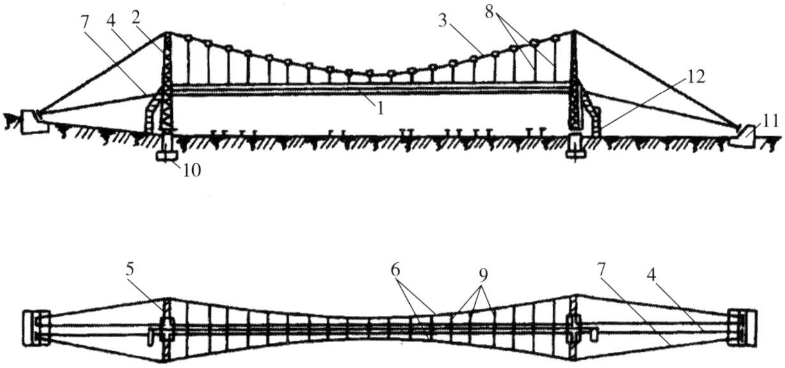

Рис.4-3-5 Схема подвесного трубопровода газа, пересекающего железнодорожные пути

1—Трубопровод газа; 2—Опора моста; 3—Стальной канат; 4—Тяговый канат; 5—Плоская ферма; 6—Ветроустойчивый стальной канат; 7—Ветроустойчивый тяговый канат; 8—Стрела; 9—Ветроустойчивый соединительный рычаг; 10—Опорный башмак моста; 11—грунтовый анкерный фундамент; 12—рабочая лестница

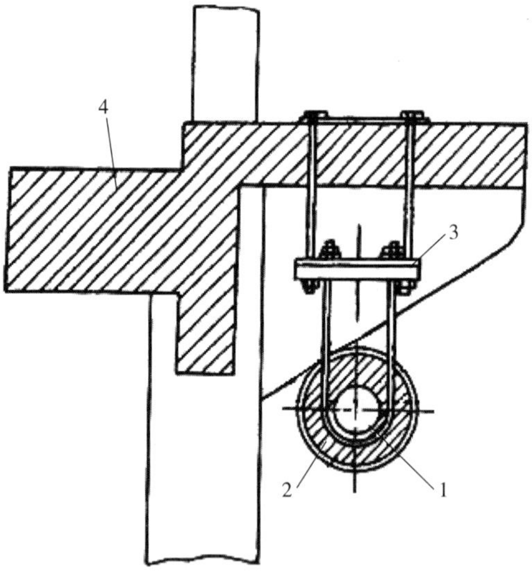

Рис. 4-3-6 Схема прокладки трубопровода газа по мосту

1—Трубопровод газа; 2—Теплоизоляционный слой; 3—Элеватор; 4—железобетонный настил моста

② Возведение навесного моста: простота, экономия инвестиций.

③ Переход трубчатого моста: может быть выполнен в виде фермы, арки, подвесного каната и т.д.

2) Меры предосторожности при переходе и пересечении трубопроводами газа

Ⅰ. Меры предосторожности при переходе трубопроводами газа

(1) Когда позволяют условия, для перехода рек можно использовать

дороги и мосты, отвечающие следующим требованиям.

① Для трубопроводов газа, использующих трубопроводные мосты для перехода рек, давление при транспортировке по трубопроводам должно быть не менее 0, 4 МПа.

② Необходимо принять следующие меры безопасности:

a. Трубопроводы газа, проложенные по мосту, должны быть изготовлены из утолщенных бесшовных стальных труб или сварных стальных труб, чтобы свести к минимуму количество сварных швов и обеспечить 100% неразрушающую дефектоскопию сварных швов.;

b. Отметка дна трубопровода газа, переходящего судоходную реку, должна соответствовать требованиям судоходного габарита, а с внешней стороны трубопровода должны быть установлены защитные сваи;

c. При определении местоположения трубопровода его следует располагать на определенном расстоянии от других горючих трубопроводов, проложенных по мосту;

d. Трубопровод должен быть оснащен необходимыми компенсационными и амортизирующими средствами;

e. Когда подвесной труборпровод газа, переходящий реку, изгибается вниз, угол между направленной вниз изогнутой частью и горизонтальной трубой должен составлять 45°;

f. Трубопровод должен быть подвергнут усиленной антикоррозийной защите;

g. Для заглубленных стальных труб с катодной защитой между ними и трубопроводами, установленными по мосту, должно быть установлено изолирующее устройство.

(2) Когда ширина небольшой реки, которую необходимо пересечь трубопроводу, находится в пределах допустимого пролета трубопровода, сначала следует использовать несущую конструкцию с прямыми трубными; когда ширина превышает допустимый пролет трубопровода, но разница невелика, можно использовать П-образную стальную каркасную конструкцию, чтобы в полной мере использовать собственную поддержку трубопровода.

(3) Когда пролет небольшой, русло реки неглубокое, а инженерно-геологическое состояние русла относительно хорошее, для рек с большой разницей между ежегодным уровнем воды и уровнем паводка можно использовать подвесные трубные каркасы и другие переходные конструкции.

(4) Для средних рек с небольшими пролетами и незначительными изменениями ежегодного уровня воды, как правило, можно выбрать несколько переходных конструкций, таких как опоры, фермы или стойки.

(5) Для средних рек с большими пролетами, если глубина заложения коренных пород на обоих берегах неглубокая, а речные долины узкие, можно использовать арочные переходы. Конструкция трубопроводного арочного

перехода делится на два вида: однотрубная арка и комбинированная арка.

(6) Для больших рек, глубоких долин и т.д., на которых нелегко возводить опорные фундаменты, можно выбрать гибкие подвесные канатные трубопроводные мосты, подвесные кабельные трубопроводные мосты, подвесные цепные трубопроводные мосты, вантовые трубопроводные мосты и другие конструкции переходов.

(7) Точка опоры переходные трубопровода должна быть выполнена в виде скользящей опоры или эластичной опоры.

Ⅱ. Меры предосторожности при пересечении трубопровода газа

(1) Меры предосторожности при прокладке трубопроводов, пересекающих железные дороги, скоростные автомагистрали, шоссейные дороги и основные магистральные дороги в городах.

① Способ пересечения трубопроводов при пересечении железных дорог, скоростных автомагистралей, шоссейных дорог и основных магистральных дорог в городах, а также конструктивные формы используемых оболочек трубопроводов, водопропускных трубок и канав для труб (включая диаметр и толщину стенок оболочки трубопроводов, конструктивные размеры водопропускных трубок и канав для труб и т.д.) должны соответствовать проектным нормам.

② Сроки прокладки, процедуры и проект организации строительных работ трубопроводов, пересекающих железные дороги, скоростные автомагистрали, шоссейные дороги и основные магистральные дороги в городах, должны быть согласованы с железнодорожными, шоссейными, автомобильными дорожными и другими органами управления.

③ Трубопроводы газ, пересекающие железную дорогу, должны быть защищены оболчками труб, и установка оболочки труб должна соответствовать следующим требованиям:

a. Внутренний диаметр оболочки труб должен быть более чем на 100 мм больше наружного диаметра трубопровода газа или в соответствии с правилами железнодорожного органа, а между оболочками труб м и трубопроводом газа должен быть установлен шкив;

b. Что касается глубины заглубления оболочки труб, то расстояние от дна железнодорожного пути до верха оболочки труб должно составлять не менее 1, 2 м и соответствовать требованиям органа управления железнодорожным транспортом;

c. Оболочка трубы должна быть изготовлена из стальной или железобетонной трубы, а при использовании стальной трубы необходимо наносить усиленный слой антикоррозийной защиты;

d. На обоих концах оболочки трубы зазор между оболочкой трыбы и трубопроводом газа должен быть герметизирован гибкими антикоррозийными и водонепроницаемыми материалами, а на одном конце должна быть установлена

труба для проверки утечек;

e. Внешнее расстояние между концом оболочки трубы и подошвой насыпи должно быть не менее 2, 0 м, а расстояние от края железнодорожных рельсов-не менее 2, 5 м;

f. Трубопровод газа должен пересекать железную дорогу вертикально.

④ Трубопроводов газа, пересекающие скоростные автомагистрали, должны быть покрыты оболочкой трубы; трубопроводы газа, пересекающие основные магистральные дороги в городах, должны быть проложены в оболочке трубы или траншее, но в соответствии с давлением колес на дорогах и другими конкретными обстоятельствами установка оболочки трубы определяться проектом; при пересечении неосновных магистральных дорог для трубопроводов оболочка трубы не должна быть установлена. Оболочка трубы для трубопровода газа, пересекающего скоростные автомагистрали, оболочка трубы или траншея для гтрубопровода газа, пересекающего основные магистральные дороги в городах, должны соответствовать следующим требованиям:

a. Внутренний диаметр оболочки трубы должен быть более чем на 100 мм больше наружного диаметра трубопровода газа, и оба конца оболочки трубы или траншеи должны быть герметизированы;

b. Концы оболочки трубы должны находиться на расстоянии не менее 1, 0 м от края дороги;

c. Трубопроводы газа должнывертикально пересекать скоростные автомагистрали, шоссейные дороги и основные магистральные дороги в городах;

d. Трубки для проверки утечек должны быть установлены в конце оболочки трубы или траншеи на важных участках.

(2) Меры предосторожности при прокладке трубопроводов через реки.

① При прокладке трубопровода через реку сроки строительства, процедуры и организационный план должны быть согласованы с органом управления речным хозяйством.

② Когда трубопроводы проходят по судоходным рекам и рекам с постоянным стоком, они не должны быть отрезаны от судоходства; когда они должны быть отрезаны от судоходства, необходимо получить согласие органов управления и заблаговременно уведомить и предупредить об этом.

③ Длина, местоположение, глубина заглубления, меры по стабильности трубопроводов и конструктивная форма трубопроводов, пересекающих реку, должны быть соответствовать требованиям проекта.

④ Трубопроводы, пересекающие реки, должны быть изготовлены из стальных труб с использованием специальных антикоррозийных средств повышенной прочности. После укладки участка трубопроводов не должно происходить всплытия или смещения, если всплытие или смещение может

произойти, необходимо принять меры по стабильности трубопроводов.

⑤ Количество кратеров на участке трубопроводов, пересекающих реку, должно быть сведено к минимуму, а кольцевые сварные швы должны быть подвергнуты 100% неразрушающей дефектоскопии.

⑥ Толщина грунтового покрытия от трубопровода до дна планируемой реки должна быть определена в соответствии с условиями размыва водотоки и не должна быть менее 0, 5 м для несудоходных рек; для судоходных рек - не менее 1, 0м, а также должна учитывать глубину дноуглубительных и якорных работ, проверять равномерность и плотность контакта между трубопроводами и трубопроводным дном. Если под трубопроводами есть рызмыв, то её следует зысыпать гравием, а также измерить высоту и положение трубопроводного дна, чтобы оно соответствовало проектным требованиям.

⑦ При обратной засыпке береговой траншеи необходимо восстановить первоначальный вид в соответствии с требованиями управления речными руслами; в случае более крутых берегов необходимо построить бермы для предотвращения размыва.

⑧ После завершения строительства подводного трубопровода должны быть установлены знаки в соответствии с соответствующими правилами действующего национального управления речными руслами, а также указано местоположение подводного трубопровода и меры предосторожности.

⑨ Погрешность, вызванная установкой трубопровода встык, не должна превышать 3°, в противном случае необходимо установить колено трубы и учитывать усиление глухого фланца для колена газопровода субвысокого давления.

(3) Если при строительстве перехода трубопровода используется скрытая траншея, необходимо обеспечить, чтобы здания и сооружения, расположенные в верхней и нижней, левой и правой частях участка пересекающих трубопроводов, не подверглись оседанию, смещению и нарушению.

(4) Когда трубопровод пересекает реку, способ укладки определяется проектом строительной организации, но антикоррозийный слой участка трубопровода не должен быть нарушен и поврежден.

(5) Количество кратера на пересекающем трубопроводе должно быть сведено к минимуму, перед укладкой трубопровода необходимо провести испытание давлением, а кольцевые сварные швы должны быть подвергнуты 100-процентному неразрушающей дефектоскопии и проверке.

(6) При строительстве прокладки трбопровода методом прокола оболочка трубы должна продвигаться вперед против уклона, а направление уклона участка пересекающих труб должно совпадать с направлением уклона участков трубы, расположенных на ее боковых сторонах, и не должно приводить к обратному уклону.

(7) Трубы для проверки утечек или смотровые колодцы должны

располагаться на той стороне уклона оболочки трубы, водопропускной трубы или траншеи для труб, которая имеет высокую отметку.

【Выполнение задачи】

Задачи выполняются в соответствии с заданием проекта и отчетом о выполнении заданий проекта, как показано в таблицах 4-3-3 и 4-3-4.

Табл. 4-3-3 Проектное задание

Наименование задачи	Расположение и прокладка трубопроводов городского газа		
Члены группы			
Руководитель		Планируемое время	
Время выполнения		Место выполнения	
Содержание и цели задачи			
1. Разобраться в классификации система центрального кондиционирования; 2. Знать вид и характеристики системы центрального кондиционирования; 3. Знать вид и характеристики полуцентрализованной системы центрального кондиционирования.			
Контрольные пункты	1. система центрального кондиционирования; 2. Вид систем центрального кондиционирования; 3. Характеристика различных видов систем центрального кондиционирования.		
Примечание			

Табл. 4-3-4 Отчет о выполнении задачи проекта

Наименование задачи	Расположение и прокладка трубопроводов городского газа		
Члены группы			
Конкретное распределение задач			
Планируемое время		Фактическое время выполнения	
Примечание			
1. Краткое описание требования к размещению трубопроводов среднего и низкого давления. 2. Краткое объяснение требования к глубине заложения трубопроводов газа. 3. Проанализировать, какие методы, с помощью которых трубопроводы газа пересекают такие препятствия, как автомобильные и железные дороги и реки.			

【Оценка задачи】

Оценка задачи проводится согласно таблице комплексной оценки задачи проекта, см. таблицу 4-3-5.

Табл. 4-3-5 Таблица комплексной оценки задачи проекта

Наименование задачи: Дата оценки: год, месяц, день

Детали оценки		Стандартный балл	Практический балл								
			Члены группы								
			Самооценка группы	Взаимная оценка группы	Оценка преподавателя	Самооценка группы	Взаимная оценка группы	Оценка преподавателя	Самооценка группы	Взаимная оценка группы	Оценка преподавателя
Оценка группы (60 баллов)	Способность членов группы в целом понимать цели обучения и график	10									
	Четкое распределение задачи между членами группы	10									
	Наличие духа сотрудничества у членов группы	10									
	Наличие инновационных идей (методов) у членов группы	10									
	Достоверность заполнения отчета о выполнении задачи проекта членами группы	10									
	Наличие проблем и решений у членов группы	10									
Оценка личности (40 баллов)	Подчинение членов групповым решениям	10									
	Выполнение задач, назначенных группой	10									
	Своевременное общение и обмен информацией с членами группы	10									
	Способность серьезно описывать трудности, ошибки и изменения	10									
Итого		100									

【Закрепление знаний】

(1) Подземные трубопроводы газа должны быть проложены ниже линии промерзания грунта, а толщина земляного покрова трубопровода должна быть не менее ________ м при прокладке под проезжей частью, и не менее ________ м

при прокладке под внепроезжей частью.

(2) Трубопроводы газа, пересекающие шоссейные дороги или основные магистральные дороги в городах, следует прокладывать в ______________ или в ________________, а шоссейные дороги общего пользования или второстепенные дороги в городах могут использоваться________________.

(3) Расстояние в свету по горизонтали между подземным трубопроводом газа низкого давления и заглубленным теплопроводом без оболочки трубы должно быть не менее ________________ м.

Проект V

Система газоснабжения конечных потребителей

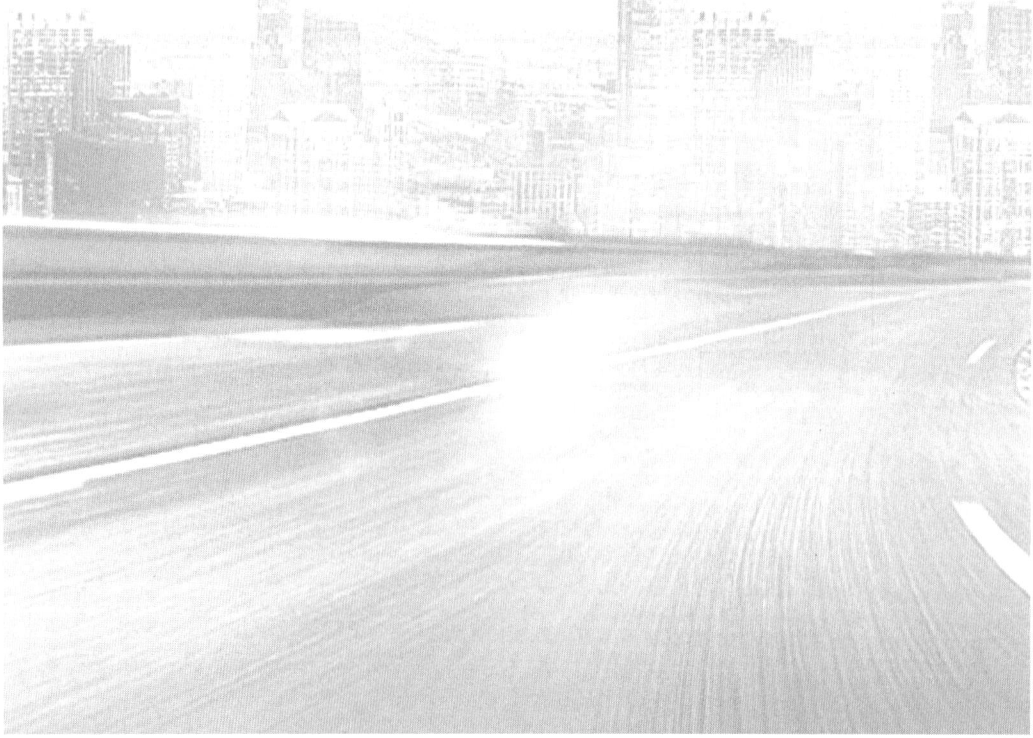

【Описание о проекте】

В настоящее время в процессе прогресса и развития общества спрос на газовые инженерные работы стремительно растет. Система распределения и транспортировки газа по газопроводной сети для промышленных предприятий связана с развитием промышленности, и ее газ вводится в завод из городской газораспределительной трубопроводной сети; число коммерческих потребителей газа постепенно увеличивается с темпами урбанизации, и доля используемого газа постепенно увеличивается, а газовые инженерные работы постепенно стали высоко цениться обществом. В то же время количество коммерческих потребителей в городе также является важным фактором, влияющим на комплексную эффективность газовых инженерных работ; бытовой газ жителей, как правило, бытовой газ в основном используется для приготовления пищи, кипячения воды и отопления в жилых домах для обеспечения жизнедеятельности населения. Данный проект направлен на изучение характеристик различных систем газоснабжения конечных потребителей из систем газопроводных сетей для промышленных предприятий, коммерческих потребителей и потребителей населения соответственно.

【Цель проекта】

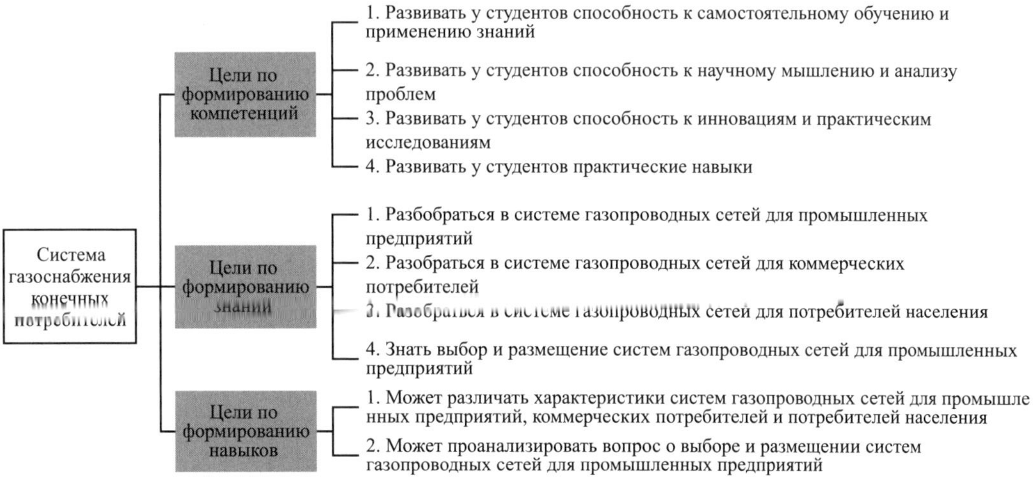

Задача I Система газопроводной сети для промышленных предприятий

【Подготовка к задаче】

1. Состав системы газопроводных сетей для промышленных предприятий

Система распределения и транспортировки газопроводной сети для промышленных предприятий обычно состоит из заводских газопроводов на завод, газопроводов на территории завода, газопроводов в цехах, газопроводов перед печью, главной заводской станции регулирования давления или установки регулирования давления в цехах, установки для учета расхода газа, устройств контроля безопасности и т.д. Среди них связь между газопроводом перед печью, оборудованием для сжигания и устройством управления чрезвычайно тесная, поэтому их часто рассматривают как единое целое.

Газ подается на завод по вводной трубе из городской газотранспортной сети транспортировки и распределения, а на вводной трубе установлен главный клапан. Согласно соответствующим правилам, главный клапан должен располагаться в доступном и хорошо просматриваемом месте за пределами территории завода, как можно ближе к городскому трубопроводу транспортировки и распределения газа, а расстояние от красной линии здания или внешней стены здания должно составлять не менее 2 м.

На каждом промышленном предприятии, как правило, имеется только один газовый ввод, а древовидные газопроводы используются на территории завода. Для крупных заводов и предприятий, не допускающих перебоев с газом, может быть использована кольцевая сеть газопроводов с несколькими газовыми вводами. На некоторых заводах ввод системы газоснабжения оснащен главной станцией регулирования давления, а если имеется замерное устройство, то оно располагается вместе со станцией регулирования давления, и газ направляется в газопроводы на территории завода с помощью станции регулирования давления после снижения и стабилизации давления.

Потребители промышленных предприятий, как правило, снабжаются газом из городских сетей газопроводов среднего или высокого давления. Потребители с небольшим потреблением газа (50~150 Нм^3/ч) и низким давлением также могут быть обеспечены трубопроводной сетью низкого давления. Оптимальный вариант газоснабжения должен быть выбрать в соответствии с конкретными

обстоятельствами. Крупные предприятия могут прокладывать специальные трубопроводы для подключения к городским газораспределительным станциям или длинным газопроводам. Существует два типа систем газопроводной сети, обычно используемых на промышленных предприятиях: одноуровневая система и двухуровневая система.

1) Одноуровневая система

На рисунке 5-1-1 показана одноуровневая система трубопроводных сетей низкого давления для промышленных предприятий. Данная система напрямую подключена к городской сети газопроводов низкого давления и подходит только для потребителей малых промышленных предприятий, поскольку пропускная способность сети газопроводов низкого давления невелика, а изменения в условиях потребления газа крупными потребителями повлияют на условия потребления газа потребителями населения, подключенными к той же трубопроводной сети.

На рисунке 5-1-2 показана одноуровневая система трубопроводных сетей высокого (среднего) давления для промышленных предприятий. Данная система представляет собой одноуровневую систему трубопроводных сетей для промышленных предприятий, подключенную к городским газопроводным сетям среднего или высокого давления, и подходит для потребителей крупных промышленных предприятий. Ввход газопроводов на завод оборудован главной станцией регулирования давления, а величина давления на выходе из станции регулирования давления определяется значением давления, необходимым горелгой газоиспользующего оборудования, и перепадом давления в трубопроводах завода и цеха, которое может быть низким давлением или средним давлением. Все трубопроводы на территории завода и газопроводы в цехах в данной системе имеют одинаковый уровень давления, а на общей станции регулирования давления установлена установка для учета расхода газа по всему заводу. Если необходимо измерять расход газа в каждом цехе и для каждого прибора, работающего на газе, отдельно, в каждом цехе должны быть установлены отдельные приборы учета газа. Эта система характеризуется тем, что когда установка для сжигания или печь в отдельном цехе останавливает производство или регулирует нагрузку, это может повлиять на давление перед обородованием для сжигания во всех цехах завода. Чтобы обеспечить необходимую гидравлическую стабильность, при определении расчетного перепада давления в системе следует уделять пристальное внимание.

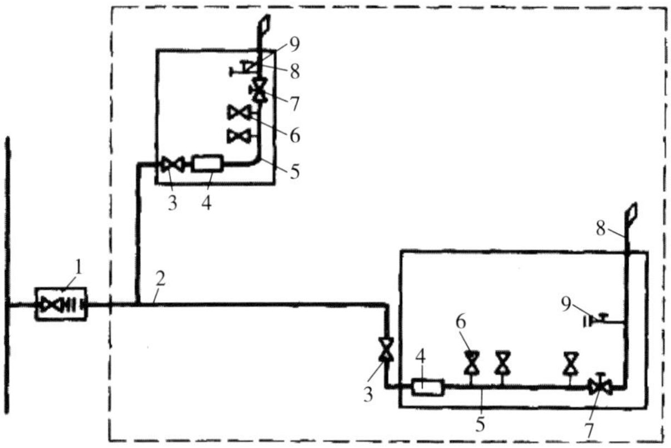

Рис.5-1-1 Одноуровневая система трубопроводных сетей низкого давления для промышленного предприятия

1—Главный клапан и компенсатор вводного газопровода на завод;
2—Газопроводы на территории завода; 3—Главный клапан вводного трубопровода цеха;
4—Замерное устройство газа; 5—Газопровод в цехах;
6—Главный клапан перед оборудованием для сжигания; 7—Клапан продувочной свечи;
8—Продувочная свеча; 9—Патрубок для опробования продувки

Если расположение цехов ближе друг от друга, газоиспользующее оборудование однотипное, трубопровод короче, а требования к стабильности давления газа перед оборудованием для сжигания не являются строгими, более целесообразно использовать систему, показанную на рисунке 5-1-2.

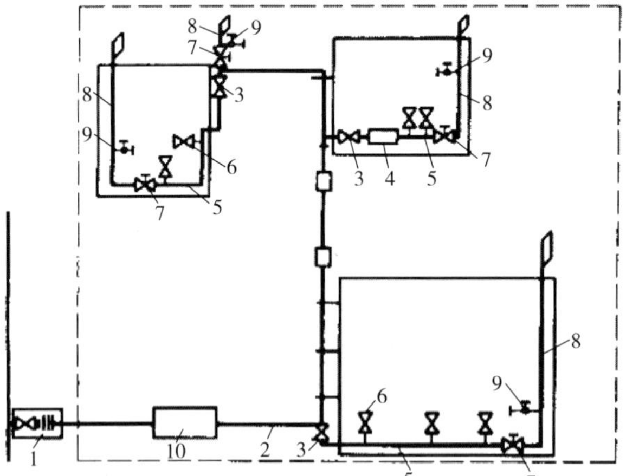

Рис. 5-1-2 Одноуровневая система трубопроводных сетей высокого (среднего) давления для промышленных предприятий

1—Главный клапан и компенсатор вводного газопровода на завод;
2—Газопроводы на территории завода; 3—Главный клапан вводного трубопровода цеха;
4—Замерное устройство газа; 5—Газопровод в цехах;
6—Главный клапан перед оборудованием для сжигания; 7—Клапан продувочной свечи;
8—Продувочная свеча; 9—Патрубок для опробования продувки;
10—Главная станция регулирования давления и измерительная камера

2）Двухуровневая система

Двухуровневая система трубопроводных сетей для промышленных предприятий показана на рисунке 5-1-3. Данная система подключается к городскими трубопроводами газа среднего или высокого давления через главную заводскую станцию регулирования давления, станция регулирования давления снижает давление газа до среднего давления, необходимого в некоторых цехах, таким образом, цех может быть напрямую подключен к трубопроводу газа на территории завода; а для оборудования для сжигания в некоторых цехах требуется газ низкого давления, поэтому установки регилирования давления в цехе необходимо устанавливать отдельно. Как правило, установка для учета расхода газа располагается в главной станции регулирования давления.

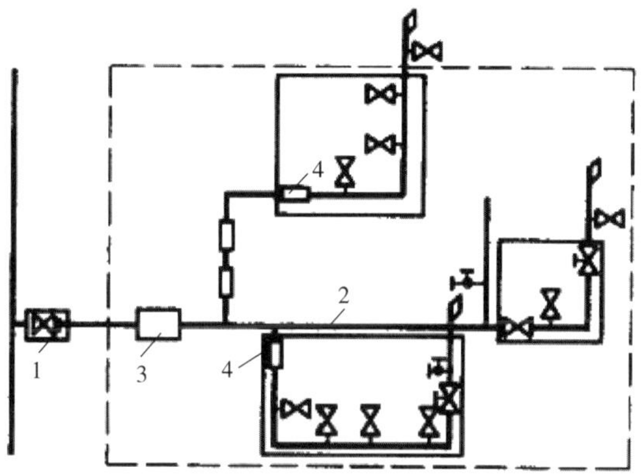

Рис. 5-1-3 Двухуровневая система трубопроводных сетей для промышленных предприятий

1—Главный клапан и компенсатор вводного газопровода на завод;
2—Газопровод на территории завода;
3—Главная станция регулирования давления и измерительная камера;
4—Установки регулирования давления в цехах

Двухуровневая система трубопроводных сетей с отдельным регулированием давления в цехах для промышленных предприятий показана на рисунке 5-1-4. Трубопроводы на территории завода данной системы напрямую подключены к городскому трубопроводу среднего давления А, а газопроводы, введенные в каждые цехи, соответственно настраиваются на величину, требуемую оборудованием для сжигания топлива в цехе, с помощью устройства регулирования давления в цехе; расход газа измеряется отдельно на всем заводе и в каждом цехе в отдельности, и не установлена главная станция регулирования давления; при высоком содержании влаги в газе, поступающем на территорию завода, необходимо установить водоотводчик.

Основное различие между системой, показанной на рис. 5-1-4, и системой, показанной на рис. 5-1-3, заключается в том, что газ, подаваемый в каждый цех, регулируется собственным регулятором давления цеха, и давление поддерживается на стабильном уровне, а изменение расхода в трубопроводе на

территории завода не влияет на изменение давления в цеховом газопроводе в определенном диапазоне.

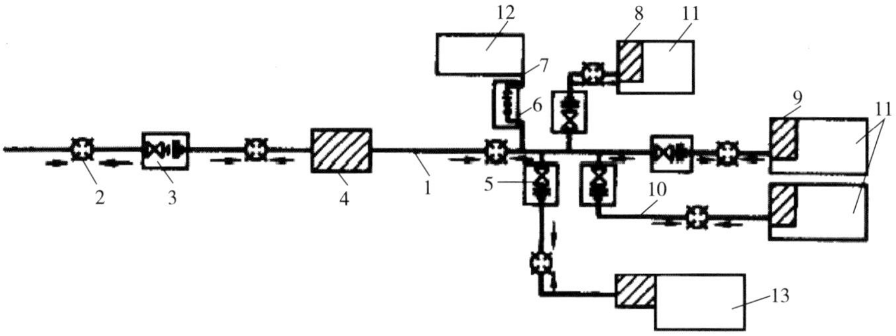

Рис.5-1-4 Двухуровневая система трубопроводных сетей с отдельным регулированием давления в цехах для промышленных предприятий

1—Газопроводы на территории завода; 2—Водоотводчик; 3, 5—Колодец клапанов; 4—Измерительная камера; 6—Малый колодец клапанов; 7—Устройство регулирования давления коробчатого типа; 8—Установка регулирования высокого (среднего) -среднего давления; 9—Установка регулирования высокого (среднего) -низкого давления; 10—Ответвление трубы; 11—Цех; 12—столовая; 13—Котельная

2. Выбор и размещение газовых систем для промышленных предприятий

1) Основные факторы, которые необходимо учитывать при выборе системы

(1) Давление газа в городской газораспределительной трубопроводной сети при подключении к вводному трубопроводу.

(2) Номинальное давление, необходимое перед оборудованием для сжигания газа в каждом газоиспользующей цехе.

(3) Расположение газоиспользующих цехов на территории завода

(4) Количество потребления газа в цехах и масштаб потребления газа

(5) Взаимосвязь с другими трубопроводами, а также условия управления и технического обслуживания.

2) Принципы размещения газопроводов на территории завода

В газовой системе промышленного предприятия газ подается из вводного трубопровода по трубопроводу на территории завода в газоиспользующий цех. Трубопроводы прокладки могут быть подземными или подвесными. По сравнению с подземной прокладкой трубопроводов, наземная прокладка газопроводов на территории завода имеет много преимуществ, таких как простота обнаружения и устранения утечек газа, меньшая опасность и удобное управление эксплуатацией, осмотр и техническое обслуживание. Опоры могут использоваться для прокладки подвесных трубопроводов, или подвесные трубопроводы могут быть проложены вдоль эстакад, стен или крыш капитальных зданий. Не влияя на движение транспорта, трубопровод также

можно укладывать с помощью низких опор вдоль поверхности земли.

Обычно газопроводы на территории завода прокладываются над землей, то есть через определенное расстояние на трубопроводе устанавливаются неподвижная опора для его крепления. Чтобы избежать повреждения трубопровода, вызванного напряжением на трубопровод из-за изменений климата и температуры, между двумя соседними опорами необходимо установить компенсатор. Таким образом, трубопровод может быть разделен на несколько секций, и степень расширения и сжатия трубопровода в каждой секции компенсируется компенсатором на трубопроводе в данной секции. При наличии неподвижных опор не должно быть относительного смещения между трубопроводом и опорой. Если расстояние между неподвижными опорами очень велико, между ними должны быть установлены подвижные опоры, которые служат только точкой опоры для трубопровода и не препятствуют его расширению и сжатию.

Прокладка газопроводов на территории завода должна осуществляться в соответствии со следующими принципами.

(1) Трубопроводы на территории завода, как правило, изготовлены из стальных труб. Не допускается прохождение подвесных трубопроводов через такие места, как цеха по производству взрывоопасных веществ, склады взрывчатых и горючих материалов, электрораспределительные помещения и подстанции, вентиляционные помещения, помещения, где трубопроводы подвержены коррозии, вентиляционные каналы или дымоходы. Подвесные трубопроводы должны избегать повреждений, вызванных внешними факторами, такими как контакт с сильным коррозионным воздействием кислот, щелочей и других химических веществ, а также ударные или механические воздействия.

(2) При подвесной прокладке опоры расстояние в свету по вертикали от низа трубы до тротуара, дорожного покрытия на территории завода и верха железнодорожного пути на территории завода должно составлять 2, 2 м, 4, 5 м и 5, 5 м соответственно. При установке нижней опоры расстояние в свету по вертикали от низа трубы до земли обычно составляет не менее 0, 4 м.

(3) Обычно на трубопроводе через каждое определенное расстояние устанавливается неподвижная опора, которая должна быть изготовлена из огнестойких или негорючих материалов. Между двумя соседними неподвижными опорами установлен компенсатор, компенсирующий расширение при нагревании и сжатие при охлаждении.

(4) На подвесном трубопроводе должны быть установлены заземляющие устройства с интервалом около 300 м. Уклон трубопровода для транспортировки влажного газа составляет не менее 0, 003, а водоотводчик устанавливается в нижнем месте, и расстояние между двумя водоотводчиком должно быть, как правило, не более 500 м.

(5) При прокладке трубопроводов газа совместно с трубопроводами водоснабжения, теплоснабжения, сжатого воздуха, кислорода и другими трубопроводами расстояние в свету по горизонтали между труопроводами газа и другими трубопроводами должно составлять не менее 0, 3 м. Если диаметр трубы превышает 300 мм, расстояние в свету по горизонтали должно быть не меньше диаметра трубы.

(6) Когда подвесной трубопровод проходит параллельно другим зданиям, с учетом удобства строительства и безопасной эксплуатации минимальное расстояние в свету между трубопроводом газа и обочиной шоссе и железнодорожным путем составляет 1, 5 м и 3, 0 м соответственно. Для воздушных линий электропередачи расстояние в свету по горизонтали должно составлять 2, 0-4, 0 м в зависимости от различных напряжений, а расстояние в свету по горизонтали от ограждающей решетки открытой подстанции должно составлять не менее 10, 0 м.

(7) При прокладке трубопроводов газа совместно с трубопроводами, транспортирующими агрессивные вещества, такие как кислоты и щелочи, трубопроводы газа должны располагаться на верхних слоях этих трубопроводов. При пересечении трубопроводов газа с воздушной высоковольтной линией электропередачи, как правило, трубопровод газа должен находиться в нижнем слое, между ними должна быть защитная сетка, а трубопровод газа должен быть заземлен. Расстояние в свету по вертикали зависит от напряжения и должно быть не менее 3, 0~4, 0м. При пересечении трубопроводов газа с кабелями связи общего назначения, проводами освещения и другими трубопроводами расстояние в свету по вертикали должно составлять не менее 0, 15 м.

(8) Расстояние в свету от трубопроводов или траншей для водоснабжения, водоотведения, теплоснабжения и подземных кабелей до края основания опоры подвесного трубопровода газа должно составлять не менее 1, 0 м.

(9) На конце газопровода на территории завода должна быть установлена продувочная свеча. Обычно не разрешается использовать продувочную свечу цеха при продувке трубопроводов на территории завода, чтобы избежать скопления пыли и взвешенных веществ в определенных частях трубопроводов цеха; однако на некоторых небольших промышленных предприятиях из-за короткого газопровода на территории завода также возможно использовать продувочную свечу в цехах для диффузии.

3. Классификация и подключение системы газопроводных сетей в цехах

1) Классификация системы газопроводных сетей в цехах

Система газопроводных сетей в цехах разделена на два типа: древовидные и кольцевые. Как правило, древовидные трубопроводы обычно используются, а кольцевые трубопроводы используются только в особо важных цехах.

(1) Система древовидных трубопроводных сетей представлена на рисунке 5-1-1. Среди них главный клапан 3 установлен на ввходе в цех, в каждом цехе предусмотрено замерное устройство учета газа 4, клапан установлен на каждом отводке и ответвлении к газоиспользующему оборудованию, а конец газопровода в цехах соединен с продувочной свечей 8 и предусмотрены клапан 7 и патрубок 9 с клапаном и проволочной заглушкой для отпора проб газа во время продувки, а между главным клапаном трубопроводом газоиспользующего оборудования и клапаном оборудования для сжигания должны быть установлены продувочная свеча и клапан.

(2) Система кольцевой трубопроводной сети показана на рисунке 5-1-5. Среди них клапан 1 и манометр 2 установлены на вводном трубопроводе цеха, клапан 12 установлен на каждом отводке и ответвлении к газоиспользующему оборудованию, а продувочная свеча 14-на конце газопровода в цехах и предусмотрен клапан.

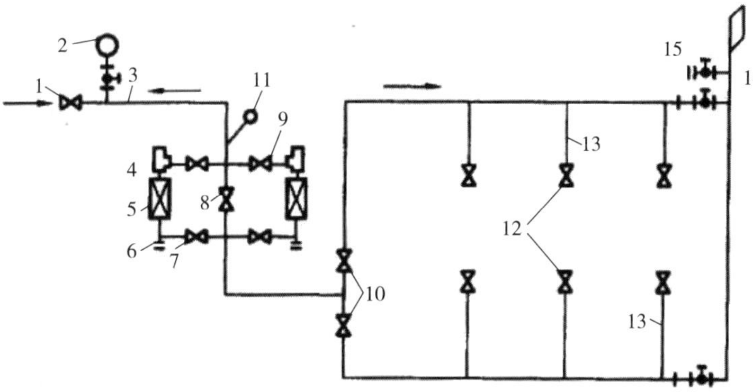

Рис. 5-1-5 Система кольцевой сети в цехе с замерным устройством газа

1—Клапан на входе в цех; 2—Манометр; 3—Газопровод в цехах; 4—Фильтр; 5—Счетчик расхода газа; 6—Тройник с заглушкой; 7—Клапан за счетчиком; 8—Байпасный клапан; 9—Клапан перед счетчиком; 10—Клапан на отводке и ответвлении трубопроводов газа в цехах; 11—Термометр; 12—Главный клапан перед ежедневным газоиспользующим оборудованием; 13—Ответвление трубы; 14—Продувочная свеча; 15—Трубка опробования

2) Принципы размещения систем газопроводных сетей в цехах

(1) На трубопроводе газа, входящем в цех, должен быть установлен главный клапан цеха. Клапаны, как правило, установлены внутри помещения, а для важных цехов должны установлены дополнительные клапаны на улице. Клапаны должны быть расположены в легкодоступном для осмотра и обслуживания месте, позволяющем при необходимости быстро отключить газопроводы в цехах.

(2) Высота установки главного клапана в цехах не должна превышать 1, 7 м, для главного клапана следует использовать задвижку, а крупнокалиберная задвижка должна быть с выдвижным шпинделем.

(3) Высота цеха, где прокладывается трубопровод газа, как правило,

должна составлять не менее 2, 5 м, а газопровод в цехах должен быть проложен на высоте не менее 2, 0 м и не должен препятствовать работе подъемного оборудования. Газопроводы в цехах обычно укладываются по каркасу или вдоль колонн и стен установки; в случае невозможности укладки по каркасу, их также можно проложить в канавке для труб с хорошим проветриваемым условием.

(4) Грубопроводы газа нельзя прокладывать в местах, где они могут подвергаться воздействию копчения от пламени и горячих паров, а также там, где они могут подвергаться воздействию кислот, щелочей и других химических веществ.

(5) Трубопроводы, транспортирующие влажный газ, должны иметь наклон к газопроводу на территории завода с уклоном не менее 0, 003.

(6) Газопроводы в цехах высокого и среднего давления обычно свариваются или соединяются фланцами; трубопроводы низкого давления с небольшим диаметром выполняются резьбовым соединением.

【Выполнение задачи】

Задачи выполняются в соответствии с заданием проекта и отчетом о выполнении заданий проекта, как показано в таблицах 5-1-1 и 5-1-2.

Табл. 5-1-1 Проектное задание

Наименование задачи	Система газопроводной сети для промышленных предприятий		
Члены группы			
Руководитель		Планируемое время	
Время выполнения		Место выполнения	
Содержание и цели задачи			
1. Разобраться в составе системы газопроводных сетей для промышленных предприятий; 2. Знать первоуровневую систему и двухуровневую систему; 3. Знать выбор и размещение систем газопроводных сетей для промышленных предприятий.			
Контрольные пункты	1. Состав системы газопроводных сетей для промышленных предприятий; 2. Одноуровневая и двухуровневая система; 3. Выбор и размещение системы газопроводных сетей для промышленных предприятий.		
Примечание			

Табл. 5-1-2 Отчет о выполнении задачи проекта

Наименование задачи	Система газопроводной сети для промышленных предприятий		
Члены группы			
Конкретное распределение задач			
Планируемое время		Фактическое время выполнения	
Примечание			

Наименование задачи	Система газопроводной сети для промышленных предприятий
1. Каковы основные факторы, которые следует учитывать при выборе систем газопроводных сетей для промышленных предприятий ? 2. Какие основные факторы следует учитывать при выборе системы цеховых газопроводных сетей ? 3. Краткое описание принципа размещения системы цеховых газопроводных сетей.	

【Оценка задачи】

Оценка задачи проводится согласно таблице комплексной оценки задачи проекта, см. таблицу 5-1-3.

Табл. 5-1-3 Таблица комплексной оценки задачи проекта

Наименование задачи:　　　　　　　　　　　　Дата оценки: год, месяц, день

Детали оценки		Стандартный балл	Практический балл								
			Члены группы								
			Самооценка группы	Взаимная оценка группы	Оценка преподавателя	Самооценка группы	Взаимная оценка группы	Оценка преподавателя	Самооценка группы	Взаимная оценка группы	Оценка преподавателя
Оценка группы (60 баллов)	Способность членов группы в целом понимать цели обучения и график	10									
	Четкое распределение задачи между членами группы	10									
	Наличие духа сотрудничества у членов группы	10									
	Наличие инновационных идей (методов) у членов группы	10									
	Достоверность заполнения отчета о выполнении задачи проекта членами группы	10									
	Наличие проблем и решений у членов группы	10									

Детали оценки		Стандартный балл	Практический балл								
			Члены группы								
			Самооценка группы	Взаимная оценка группы	Оценка преподавателя	Самооценка группы	Взаимная оценка группы	Оценка преподавателя	Самооценка группы	Взаимная оценка группы	Оценка преподавателя
Оценка личности (40 баллов)	Подчинение членов групповым решениям	10									
	Выполнение задач, назначенных группой	10									
	Своевременное общение и обмен информацией с членами группы	10									
	Способность серьезно описывать трудности, ошибки и изменения	10									
Итого		100									

【Закрепление знаний】

Системы цеховых газопроводных сетей можно разделить на два типа __________ и __________, из которых для отдельных важных цехов можно использовать __________.

Задача Ⅱ Система газопроводной сети для коммерческих пользователей

【Подготовка к задаче】

В зависимости от характера использования городского газа, типы потребления газа можно разделить на газ для бытового использования и газ для промышленного и коммерческого использования. Как правило, газ для бытового использования в основном используется для приготовления пищи, нагрева воды и отопления в жилых домах; газ для промышленного и коммерческого использования в основном используется промышленными и коммерческими потребителями, включая производственную и бытовую деятельность

пользователей общественных зданий. Промышленные и коммерческие пользователи включают в себя фабрики, больницы, школы, гостиницы, рестораны и другие сферы услуг. В процессе текущего социального развития и функционирования состояние развития газовой инженерии тесно связано с количеством коммерческих пользователей; в процессе модернизации городов коммерческие пользователи потребляют значительное количество газа, занимая большую долю в общем объеме использования газа. В последние годы количество коммерческих пользователей постоянно растет, и газовые проекты для коммерческих пользователей постепенно привлекают все большее внимание общества В то же время количество коммерческих пользователей в городе является важным фактором, влияющим на общую эффективность газовой инженерии.

1. Основные сведения о системе газовых сетей для коммерческих пользователей.

Газ, используемый коммерческими потребителями в сфере общественного питания, обычно подается по системе низкого давления и системе среднего давления с понижением до низкого давления. Поскольку коммерческие пользователи обычно получают газ из одной системы газопроводов, расположение и функции различных частей трубопроводов несколько отличаются от системы трубопроводов, используемой для бытовых потребителей. Из-за различий в давлении, используемом коммерческими пользователями для потребления газа, технологический процесс газовой инженерии также претерпевает соответствующие изменения. Основными являются два типа технологических процессов: один — для коммерческих пользователей общественного питания, а другой — для коммерческих пользователей с различными комбинациями.

На рисунке 5-2-1 представлены план и схема системы газопроводов для малых коммерческих пользователей. Как показано на рисунке, вводной газопровод к потребителю 2 для пользователя напрямую соединена с газовым счетчиком 3. Газ поступает через горизонтальную магистраль 5, соединительную трубу 6 для газовой плиты, трубу 7 перед печью и регулирующий клапан 8 горелки к горелке 9 (или 10, 12). В этой системе должны быть установлены устройства зажигания и защиты от затухания пламени. Для многоэтажных систем газопроводов можно установить вертикальный стояк для подачи газа на каждый этаж.

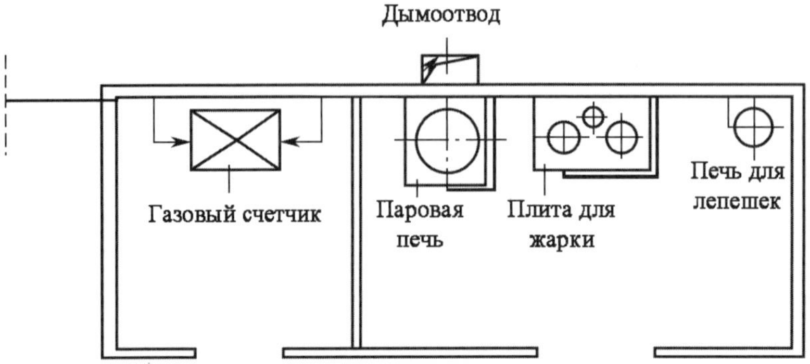

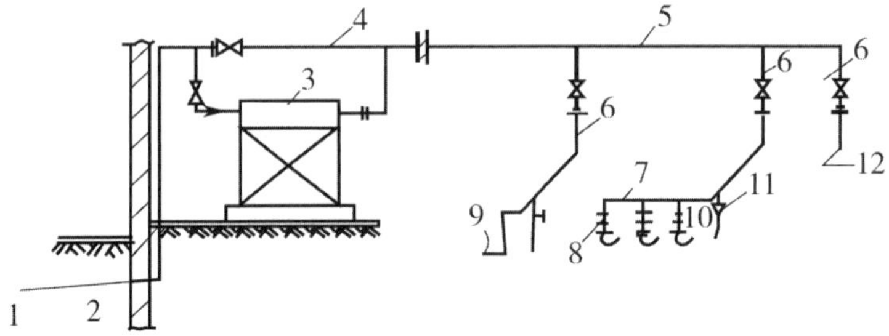

Рис. 5-2-1 План и схема системы газопроводов для малых коммерческих пользователей

(a) План (b) Схема системы

2. Особенности системы газовых сетей для промышленных и коммерческих пользователей

(1) Большой объем потребления газа. Расход газа у обычных коммерческих пользователей в сфере общественного питания, обычно составляет 20-50 Нм³/ч, а у более крупных предприятий может достигать 100-300 Нм³/ч; расход газа у промышленных пользователей, использующих газовые котлы, еще больше и может достигать нескольких тысяч кубических метров в час.

(2) Длительное время использования газа. Обычные коммерческие пользователи используют газ в течение 4-8 часов в день, в основном в обеденное и вечернее время. Высококлассные отели и гостиницы (особенно те, которые используют газовые котлы), а также заводы используют газ непрерывно в течение 8-12 часов в день, а иногда и круглосуточно.

(3) Разнообразие газового оборудования. В настоящее время на рынке представлено множество видов газового оборудования для промышленных и коммерческих пользователей, включая печи с интенсивным пламенем, энергосберегающие печи, суповые котлы, пароварки, газовые рисоварки, парогенераторы, кипятильники, газовые котлы, промышленные печи и газовые кондиционеры.

(4) Высокие требования к подаче газа. Подавляющее большинство

промышленных и коммерческих пользователей требуют стабильной, непрерывной и качественной подачи газа для обеспечения бесперебойной работы производственной деятельности, особенно для тех, кто занимается коммерческой деятельностью с целью получения прибыли.

(5) Высокий уровень риска. Риски в основном связаны с двумя аспектами: с одной стороны, из-за большого объема потребления газа, длительного времени и плохих условий использования, высокой степени износа оборудования и возможности возникновения неисправностей, а также склонности трубопроводов к коррозии, безопасность использования газа становится более рискованной; с другой стороны, среди коммерческих и промышленных пользователей есть недобросовестные предприниматели, которые, чтобы снизить затраты, злоумышленно воруют газ, повреждают оборудование или намеренно задерживают оплату за газ, что создает риски для возврата средств поставщиками газа.

Учитывая вышеперечисленные особенности, газоснабжающие предприятия должны, удовлетворяя потребности в обслуживании коммерческих и промышленных пользователей, правильно спроектировать систему для достижения взаимовыгодных результатов как для поставщиков газа, так и для пользователей.

3. Ключевые моменты проектирования газовых систем для коммерческих пользователей

1) Проектирование газовых систем для подвалов, полуподвалов и закрытых помещений на уровне земли

В настоящее время все больше коммерческих пользователей предпочитают размещать кухни в подвалах или полуподвалах, поэтому необходимо провести исследования по проектированию газовых систем для таких помещений, как подвалы, полуподвалы и закрытые наземные помещения.

Ⅰ. Проект противопожара

Противопожарный отсек — это зона в здании, которая отделена противопожарными мерами. Ее цель — ограничить распространение огня в определенных пределах в случае большого пожара, чтобы избежать его распространения на остальную часть здания и создать благоприятные условия для эвакуации людей и тушения пожара. Поскольку газ является легковоспламеняющейся и взрывоопасной средой, при проектировании газовых систем необходимо тщательно учитывать противопожарные меры. Конкретно, при проектировании газовых систем необходимо опираться на противопожарные меры противопожарного отсека здания, использующего газ. Следует разумно прокладывать трубопроводы, запрещая пересечение газопроводами противопожарных стен или противопожарных штор. Кроме того, необходимо гарантировать, что газопроводы не будут проходить через два противопожарных отсека на одном уровне. Также следует убедиться, что в коридорах, где

требуется эвакуация людей, не устанавливаются газопроводы.

Ⅱ. Проектирование маршрута газопроводов

Проектирование маршрута газопроводов является ключевым аспектом проектирования газовых систем и требует особого внимания. В настоящее время для газовых систем коммерческих пользователей существует два основных технологических процесса. При проектировании маршрута газопровода необходимо учитывать конкретный технологический процесс и разрабатывать наиболее рациональную систему трубопроводов. Основные принципы проектирования следующие.

(1) При проектировании маршрута газопроводов, наряду с соблюдением требований пожарной безопасности, необходимо по возможности сократить длину прокладки газопроводов. Также следует выбирать трубопроводы с прямолинейной трассой.

(2) Для высотных коммерческих зданий при проектировании маршрута газопроводов необходимо учитывать различные факторы, которые могут повлиять на газопровод (например, сжимающие напряжения, возникающие из-за собственного веса трубопровода, и изгибающие напряжения, вызванные ветром на наружных надземных трубопроводах), и принимать соответствующие меры для предотвращения возможных повреждений.

Ⅲ. Система сигнализации и расположение запорных клапанов в аварийных ситуациях

Согласно соответствующим нормам, требования к использованию газовых сигнализаторов обозначены как «Обязательно», в то время как требования к использованию запорных клапанов в аварийных ситуациях обозначены как «Рекомендация». В отношении часто возникающих ложных срабатываний запорных клапанов в аварийных ситуациях, принцип проектирования заключается в том, чтобы в соответствии с нормами устанавливать газовые сигнализаторы и по возможности сокращать использование запорных клапанов в аварийных ситуациях.

Ⅳ. Вопросы, на которые следует обратить внимание при проектировании газовых систем

Проектирование газовых систем должно всесторонне учитывать различные факторы, которые могут представлять угрозу для безопасного снабжения и использования газа в процессе установки и эксплуатации газового оборудования. Необходимо принимать целенаправленные меры для устранения этих потенциальных угроз, повышая безопасность и надежность использования газовых систем коммерческими пользователями с самого начала проектирования. В частности, при проектировании газовых систем следует обратить внимание на следующие вопросы:

Ⅰ) Правильно ли расположено газовое оборудование

В процессе установки и эксплуатации газовых систем расположение

газового оборудования оказывает значительное влияние как на удобство, так и на безопасность использования газа коммерческими пользователями. Поэтому при проектировании газовых систем этому вопросу необходимо уделять особое внимание. Например, для некоторых типов коммерческих пользователей необходимо устанавливать оборудование для регулирования давления. В этом случае особое внимание следует уделять расположению этого оборудования для регулирования. Обычно оборудование для регулирования давления должно быть установлено вблизи газопроводов. Однако для коммерческих пользователей с большим потреблением газа и значительной площадью базы расположение оборудования для регулирования давления следует определять с учетом конкретного типа здания коммерческого пользователя. Это позволит распределить избыточное давление газа, вызванное большим объемом потребления. Размещение оборудования для регулирования в более скрытых или угловых местах не только не повлияет на использование газовой системы, но и в определенной степени обеспечит отсутствие значительных колебаний давления газа при его использовании.

Ⅱ) Проектирование трубопроводов должно быть безопасным и рациональным

При проектировании газовых систем расположение трубопроводов, маршруты трубопроводов и сварные соединения трубопроводов должны быть спроектированы с учетом безопасности и удобства использования газовых систем. Необходимо обеспечить, чтобы проектирование трубопроводов соответствовало требованиям коммерческих пользователей и нормам установки газовых систем. При соблюдении требований противопожарного отсека зданий следует максимально сократить длину прокладки газопроводов, сохранять прямолинейность трубопроводов и уменьшать количество сварных соединений, чтобы минимизировать вероятность утечек газа.

2) Выбор газовых счетчиков для коммерческих пользователей

Газовые счетчики — это основное оборудование, которое газоснабжающие компании используют для измерения общего объема газа, потребляемого пользователями ежеквартально или ежемесячно. Это также устройство, по которому пользователи непосредственно рассчитывают плату за газ. Его стоимость является частью затрат на установку газовой системы для пользователя. В газовых системах используются следующие основные типы газовых счетчиков:

Ⅰ. Мембранный газовый счетчик

Для мембранных газовых счетчиков, когда расход газа в системе больше или равен G40, требуемый объем счетчика становится очень большим. Поэтому мембранные счетчики обычно используются в небольших городских коммерческих газовых системах. Как правило, максимальный расход газа у небольших коммерческих пользователей не превышает 30 $м^3$/ч. Этот тип

пользователей наиболее подходит для использования мембранных газовых счетчиков.

Ⅱ. Расходомер Ротца

Расходомер Ротца не требуют большого пускового расхода и могут работать в широком диапазоне измерений, поэтому они подходят для средних и крупных городских коммерческих пользователей. Когда расход газа у коммерческих пользователей превышает 30 $м^3$/ч, использование расходомер ротца становится более подходящим. Следует отметить, что сжатие газа влияет на точность измерений расходомер ротца. Поэтому, когда номинальное рабочее давление газового оборудования пользователя превышает 5 000 Па, необходимо проводить коррекцию по давлению и температуре для расходомер ротца, чтобы уменьшить погрешность измерений.

Ⅲ. Турбинный расходомер

Турбинный расходомер требует большего пускового расхода, поэтому турбинные расходомеры обычно используются в более одиночном газоиспользующем оборудовании.

С развитием газовой промышленности в Китае, особенно с завершением проекта «Запад-Восток», большинство городов в Китае начали использовать природный газ. Это значительно изменило структуру топливного баланса городов, и правильный выбор системы транспортировки и распределения городского газа становится все более важным.

【Выполнение задачи】

Задачи выполняются в соответствии с заданием проекта и отчетом о выполнении заданий проекта, как показано в таблицах 5-2-1 и 5-2-2.

Табл. 5-2-1 Проектное задание

Наименование задачи	Система газопроводной сети для коммерческих пользователей		
Члены группы			
Руководитель		Планируемое время	
Время выполнения		Место выполнения	
Содержание и цели задачи			
1. Знакомство с основными сведениями о системе газовых сетей для коммерческих пользователей; 2. Знакомство с особенностями системы газовых сетей для коммерческих пользователей; 3. Освоение выбора газовых счетчиков для систем коммерческих пользователей;			
Контрольные пункты	1. Основные сведения о системе газовых сетей для коммерческих пользователей; 2. Особенности системы газовых сетей для коммерческих пользователей; 3. Выбор газовых счетчиков для коммерческих пользователей.		
Примечание			

Табл. 5-2-2 Отчет о выполнении задачи проекта

Наименование задачи	Система газопроводной сети для коммерческих пользователей		
Члены группы			
Конкретное распределение задач			
Планируемое время		Фактическое время выполнения	
Примечание			
1. Краткое описание основных сведений о системе газовых сетей для коммерческих пользователей. 2. Краткое описание особенностей системы газовых сетей для коммерческих пользователей.			

【Оценка задачи】

Оценка задачи проводится согласно таблице комплексной оценки задачи проекта, см. таблицу 5-2-3.

Табл. 5-2-3 Таблица комплексной оценки задачи проекта

Наименование задачи:　　　　　　　　　　Дата оценки: год, месяц, день

Детали оценки		Стандартный балл	Практический балл								
			Члены группы								
			Самооценка группы	Взаимная оценка группы	Оценка преподавателя	Самооценка группы	Взаимная оценка группы	Оценка преподавателя	Самооценка группы	Взаимная оценка группы	Оценка преподавателя
Оценка группы (60 баллов)	Способность членов группы в целом понимать цели обучения и график	10									
	Четкое распределение задачи между членами группы	10									
	Наличие духа сотрудничества у членов группы	10									
	Наличие инновационных идей (методов) у членов группы	10									
	Достоверность заполнения отчета о выполнении задачи проекта членами группы	10									
	Наличие проблем и решений у членов группы	10									

Детали оценки		Стандартный балл	Практический балл								
			Члены группы								
			Самооценка группы	Взаимная оценка группы	Оценка преподавателя	Самооценка группы	Взаимная оценка группы	Оценка преподавателя	Самооценка группы	Взаимная оценка группы	Оценка преподавателя
Оценка личности (40 баллов)	Подчинение членов групповым решениям	10									
	Выполнение задач, назначенных группой	10									
	Своевременное общение и обмен информацией с членами группы	10									
	Способность серьезно описывать трудности, ошибки и изменения	10									
Итого		100									

【Закрепление знаний】

(1) В зависимости от характера использования городского газа, типы потребления можно разделить на два типа: __________ и __________.

(2) Из-за различий в давлении, используемом коммерческими пользователями для потребления газа, технологический процесс газовой инженерии включает в себя два основных типа: один — это ________ процесс, а другой — это ____________ процесс.

Задача Ⅲ Система газовых сетей жилых потребителей

【Подготовка к задаче】

В задании 2 проекта говорится, что в зависимости от характера использования городского газа, типы потребления можно разделить на бытовое использование и промышленно-коммерческое использование. В данном задании мы рассмотрим систему газовых сетей для жилых пользователей с точки зрения бытового использования газа.

1. Состав системы газоснабжения жилых зданий

Состав системы газоснабжения жилых зданий меняется в зависимости от

способа подачи газа в городской газовой системе. Обычно она состоит из вводного газопровода к потребителю, горизонтальной магистрали, вертикальный стояк, ответвления пользователя, счетчик расхода газа, соединительной трубы для оборудования и газовых приборов, как показано на рисунке 5-3-1. Такая система обусловлена тем, что здания, использующие газ, напрямую подключены к городским газопроводам низкого давления.

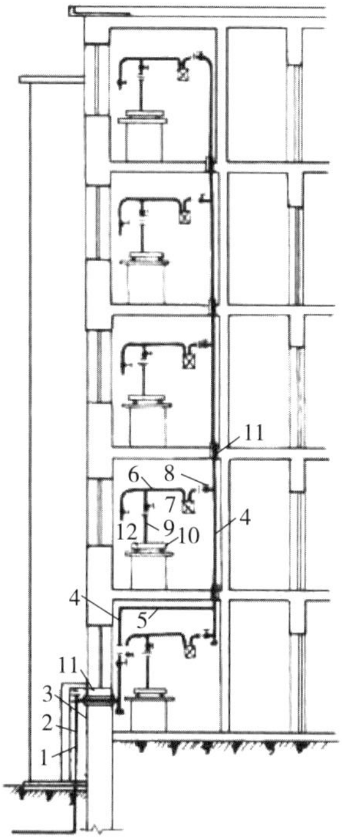

Рис. 5-3-1 Схема системы газоснабжения жилых зданий

1—Вводной газопровод к потребителю; 2—Кирпичная опора; 3—Теплоизоляционный слой; 4—Вертикальный стояк; 5—Горизонтальная магистраль; 6—Ответвление пользователя; 7—Счетчик расхода газа; 8—Запорный клапан перед счетчиком; 9—Соединительная труба для газовой плиты; 10—Газовая плита; 11—Обсадная труба; 12—Соединитель для газового водонагревателя.

1) Вводной газопровод

Вводной газопровод к потребителю для пользователя подключается к городским или дворовым распределительным газопроводом низкого давления, и на ответвлении устанавливается запорный клапан. Вводной газопровод, по которой транспортируется влажный газ, обычно вводится в здание под землей. Если приняты меры по предотвращению замерзания, то она может вводиться и над землей. В неотапливаемых районах или при использовании трубопроводом диаметром не более 75 мм для транспортировки сухого газа, вводной газопровод может вводиться в здание непосредственно над землей. Вводной газопровод, по которой транспортируется влажный газ, должна иметь уклон не менее 0, 003, направленный в сторону городских газораспределительных

трубопроводов. Когда вводной газопровод проходит через несущие стены, фундаменты или канавы, он должен быть установлен внутри обсадной трубы (рис. 5-3-2) и необходимо учитывать влияние осадки, а в случае необходимости принимать компенсационные меры.

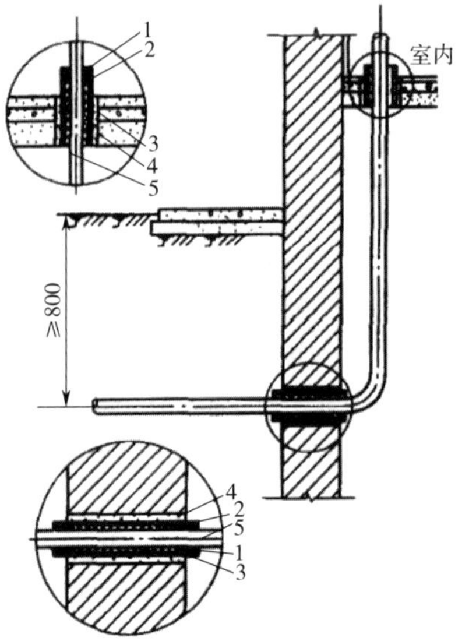

Рис. 5-3-2 Вводной газопровод к потребителю

1—Асфальтовое уплотнение; 2—Обсадная труба; 3—Пенька; 4—Цементный раствор; 5—Газопровод

2) Горизонтальная магистраль

К вводному газопроводу можно подключить как один газовой вертикальный стояк, так и несколько стояков. В последнем случае должен быть установлен горизонтальная магистраль. Горизонтальная магистраль может быть проложен вдоль стен лестничных клеток или вспомогательных помещений и должен иметь уклон в сторону вводного газопровода, не менее 0, 003. Лестничные клетки и вспомогательные помещения, через которые проходит трубопровод, должны иметь хорошую естественную вентиляцию.

3) Газовой вертикальный стояк

Вертикальный стояк обычно должны быть проложены в кухнях или на балконах, коридорах, расположенных рядом с кухней. Когда вертикальный стояк вводится в здание из-под земли, на первом этаже должен быть установлен запорный клапан, и этот клапан обычно устанавливается внутри помещения. Для важных пользователей дополнительно должен быть установлен запорный клапан снаружи здания. Нижний конец вертикального стояка должен быть оборудован заглушкой с резьбой, диаметр которой обычно не менее 25 мм. В местах прохождения вертикального стояка через перекрытия на каждом этаже должны быть установлены обсадные трубы, которые должны выступать над уровнем пола не менее чем на 50 мм. Зазор между обсадной трубой и

трубопроводом газа должен быть заполнен асфальтом и пенькой.

4) Ответвление пользователя

Ответвление пользователя, выходящее из вертикального стояка, в кухонной зоне должен быть на высоте не менее 1, 7 м, с уклоном не менее 0, 002, и должен быть проложен с уклоном от счетчика расхода газа к стояку и газовым приборам При прохождении через стену ответвления пользователя тоже должно быть установлено внутри обсадной трубы.

5) Соединительная труба для приспособлений

Соединительная труба для оборудования (также называемая опускной трубой) —это вертикальный участок трубопровода, который соединяет газовое оборудование с ответвлением пользователя. На ней должен быть установлен кран на высоте около 1, 5 м от пола.

Как правило, внутренние газопроводы должны быть проложены открыто. В случае особых требований здания или технологического процесса допускается скрытая прокладка, но она должна быть выполнена в помещениях с люками в подвесных потолках или в стенных каналах с подвижными крышками. Для обеспечения безопасности, защиты от коррозии и удобства обслуживания, внутренние газопроводы не должны прокладываться в спальнях, ванных комнатах, подвалах, складах легковоспламеняющихся и взрывоопасных материалов, электрощитовых, вентиляционных камерах, а также в помещениях с повышенной влажностью или агрессивной средой. Когда внутренние газопроводы, по которым транспортируется влажный газ, прокладываются в местах, где возможно замерзание, должны быть приняты меры по предотвращению замерзания. Внутренние газопроводы должны быть выполнены из стальных труб для транспортировки низконапорных жидкостей, и по возможности следует использовать оцинкованные стальные трубы.

2. Вопросы, на которые следует обратить внимание при проектировании системы газоснабжения для высотных жилых зданий

При проектировании системы газопроводов для высотных жилых зданий необходимо учитывать три особых момента:

1) Компенсация осадки высотного здания

Высотные здания имеют большой собственный вес и значительную осадку, что может привести к повреждениям в местах вводного газопровода к потребителю . Поэтому в местах вводного газопровода можно устанавливать компенсационные соединения, чтобы устранить влияние осадки высотных зданий. Компенсационные соединения могут быть выполнены в виде гофрированных труб, муфт или свинцовых труб. На рисунке 5-3-3 показан компенсационный шарнир с гибкой трубой для вводного газопровода. При осадке здания гибкая труба поглощает деформации, чтобы избежать повреждения вводного газопровода. Перед гибкой трубой установлен клапан, который размещается в колодце для клапанов для облегчения обслуживания.

2) Преодоление влияния дополнительного напора, вызванного разницей высот

Когда плотность газа и воздуха различается, с увеличением высоты здания увеличивается и дополнительный напор, а рабочее давление газовых приборов в жилых и общественных зданиях имеет определенный допустимый диапазон колебаний давления. Когда разница высот слишком велика, чтобы газовые приборы на разных этажах здания могли работать в пределах допустимого диапазона колебаний давления, можно принять следующие меры для преодоления влияния дополнительного напора:

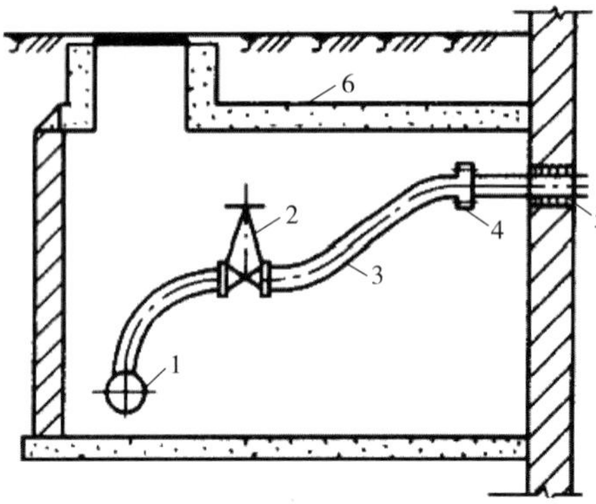

Рис.5-3-3 Компенсационный шарнир с гибкой трубой для вводного газопровода:

1—Дворовый трубопровод; 2—Клапан; 3—Свинцовая труба; 4—Фланец; 5—Труба, проходящая через стену; 6—Колодец для клапанов.

(1) Раздельная установка систем газоснабжения для верхних и нижних этажей, чтобы удовлетворить разным требованиям по рабочему давлению газовых приборов на разных этажах;

(2) Установка регуляторов давления для пользователей, чтобы пользователи могли снижать давление газа с помощью своих собственных регуляторов до стабильного значения, необходимого для газовых приборов;

(3) Использование регуляторов низкого-низкого давления для поэтапного устранения дополнительного напора на этажах;

(4) Применение метода увеличения (уменьшения) сопротивления трубопровода.

3) Компенсация деформаций, вызванных разницей температур

Газовой вертикальный стояк в высотных зданиях имеют значительную длину и вес, поэтому на основании стояка необходимо установить опорный фундамент. Для компенсации деформаций, вызванных разницей температур, необходимо закрепить концы трубопровода и установить в середине гибкую трубу или компенсационное устройство в виде гофрированной трубы для поглощения деформаций, как показано на рисунке 5-3-4. Компенсация трубопровода может быть рассчитана по формуле (5-3-1):

$$\Delta L = 0{,}012 L \Delta t \tag{5-3-1}$$

Где, ΔL——компенсация трубопровода（мм）;

Δt——максимальная разница температур между установкой и эксплуатацией трубопровода（℃）;

L—— длина трубопровода между фиксированными концами（м）.

0，012——коэффициент компенсации на единицу длины и единицу разницы температуры газопроводов [мм/（м·℃）].

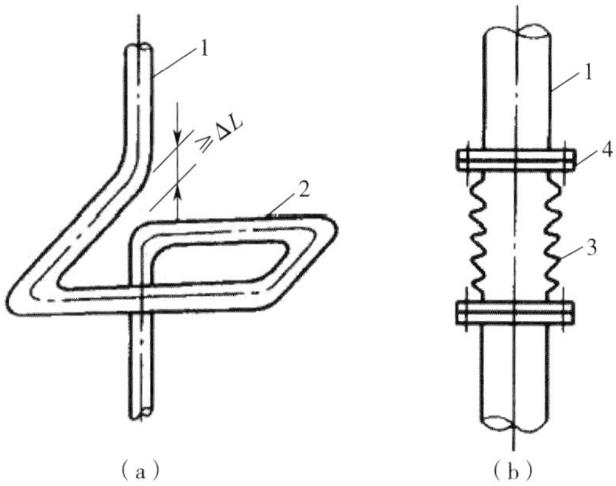

Рис. 5-3-4 Компенсационное устройство для газового вертикального стояка:

（a）Гибкая труба （b）Сильфон

1—Газовый вертикальный стояк; 2—Гибкий шланг;

3—Гофрированный компенсатор; 4—Фланец

3. Особые меры для газоснабжения сверхвысотных зданий

Обычно здания, высота которых превышает 60 м, называются сверхвысотными. При подаче газа в сверхвысотные здания, помимо мер, применяемых в обычных высотных зданиях, следует обратить внимание на следующие вопросы:

（1）Для предотвращения повреждения внутренних трубопроводов из-за осадки здания, землетрясений или сильного ветра, которые могут вызвать значительное смещение между этажами, помимо установки компенсаторов на вертикальном стояке, необходимо также эффективно закреплять горизонтальной магистралью. В случае необходимости между двумя неподвижными точками горизонтального магистрального трубопровода также следует устанавливать компенсаторы.

（2）Газовый прибор и регулятор давления, установленные в зданиях, должны быть закреплены с помощью клея или зажимов, чтобы предотвратить их смещение во время землетрясения, которое может привести к отсоединению соединительных труб.

（3）Для обеспечения безопасности и надежности системы газоснабжения, при монтаже трубопроводов в сверхвысотных зданиях все сварные соединения

должны проходить 100% ультразвуковой контроль и 100% рентгеновский контроль. Результаты проверок должны соответствовать требованиям II класса.

（4）На вводном газопроводе к потребителю должен быть установлен запорный клапан, а на внешней стене здания также должен быть установлен аварийный запорный клапан для газа, чтобы в случае аварии или других чрезвычайных ситуаций можно было в любое время перекрыть подачу газа. В местах установки газовых приборов должны быть установлены газовые детекторы утечки и автоматические устройства отключения газа, причем газовые детекторы утечки должны быть связаны с автоматическими устройствами отключения газа.

（5）Установка общей системы аварийной сигнализации и автоматического управления в зданиях является необходимой для безопасного газоснабжения сверхвысотных зданий. Такая система уже используется во многих современных зданиях. Основные функции этой системы включают в себя：

① При возникновении неисправности или утечки в газовой системе, система должна иметь возможность частичного или полного отключения подачи газа по мере необходимости；

② При возникновении стихийных бедствий система должна автоматически отключать общий источник газа, поступающего в здание；

③ Когда центр безопасности здания сочтет это необходимым, он должен иметь возможность контролировать или отключать частичное или полное газоснабжение внутри здания；

④ Система должна обеспечивать мониторинг и контроль за работой системы газоснабжения внутри здания.

【Выполнение задачи】

Задачи выполняются в соответствии с заданием проекта и отчетом о выполнении заданий проекта, как показано в таблицах 5-3-1 и 5-3-2.

Табл. 5-3-1　Проектное задание

Наименование задачи	Система газовых сетей жилых потребителей		
Члены группы			
Руководитель		Планируемое время	
Время выполнения		Место выполнения	
Содержание и цели задачи			
1. Знакомство с составом системы газоснабжения жилых зданий. 2. Освоение вопросов, на которые следует обратить внимание при проектировании системы газоснабжения для высотных жилых зданий.			
Контрольные пункты	1. Вопросы, на которые следует обратить внимание при проектировании системы газоснабжения для высотных жилых зданий. 2. Особые меры для газоснабжения сверхвысотных жилых зданий.		
Примечание			

Табл. 5-3-2 Отчет о выполнении задачи проекта

Наименование задачи	Система газовых сетей жилых потребителей		
Члены группы			
Конкретное распределение задач			
Планируемое время		Фактическое время выполнения	
Примечание			

1. Краткое описание трех вопросов, на которые следует обратить внимание при проектировании системы газоснабжения для высотных жилых зданий.

2. Краткое описание особых мер, применяемых при газоснабжении сверхвысотных жилых зданий.

【Оценка задачи】

Оценка задачи проводится согласно таблице комплексной оценки задачи проекта, см. таблицу 5-3-3.

Табл. 5-3-3 Таблица комплексной оценки задачи проекта

Наименование задачи: Дата оценки: год, месяц, день

Детали оценки		Стандартный балл	Практический балл								
			Члены группы								
			Самооценка группы	Взаимная оценка группы	Оценка преподавателя	Самооценка группы	Взаимная оценка группы	Оценка преподавателя	Самооценка группы	Взаимная оценка группы	Оценка преподавателя
Оценка группы (60 баллов)	Способность членов группы в целом понимать цели обучения и график	10									
	Четкое распределение задачи между членами группы	10									
	Наличие духа сотрудничества у членов группы	10									

Детали оценки		Стандартный балл	Практический балл								
			Члены группы								
			Самооценка группы	Взаимная оценка группы	Оценка преподавателя	Самооценка группы	Взаимная оценка группы	Оценка преподавателя	Самооценка группы	Взаимная оценка группы	Оценка преподавателя
Оценка группы (60 баллов)	Наличие инновационных идей (методов) у членов группы	10									
	Достоверность заполнения отчета о выполнении задачи проекта членами группы	10									
	Наличие проблем и решений у членов группы	10									
Оценка личности (40 баллов)	Подчинение членов групповым решениям	10									
	Выполнение задач, назначенных группой	10									
	Своевременное общение и обмен информацией с членами группы	10									
	Способность серьезно описывать трудности, ошибки и изменения	10									
Итого		100									

【Закрепление знаний】

В системе газоснабжения для высотных жилых зданий необходимо обратить внимание на три вопроса: __________, __________ и __________.

Проект Ⅵ

Газопроводы и их вспомогательное оборудование

【Описание о проекте】

Безопасная эксплуатация и техническое обслуживание газопроводов требуют овладения соответствующими теоретическими знаниями. Этот проект представляет материалы газопроводов и способы их соединения, продувку и испытание газопроводов, вспомогательное оборудование (включая клапаны, компенсаторы, конденсационный горшок, выкидные трубы, колодец клапанов).

【Цель проекта】

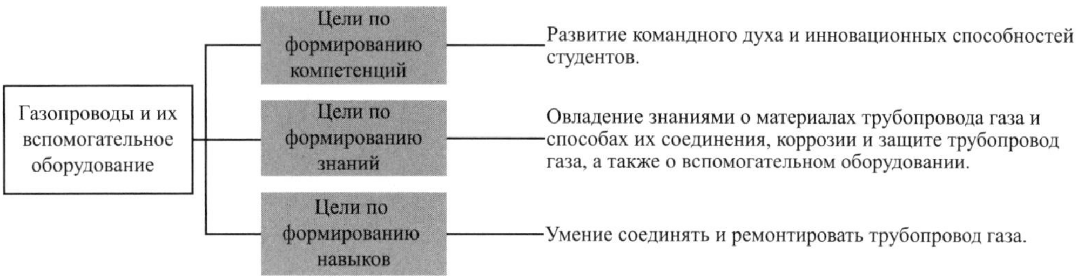

Задача Ⅰ Материалы газопроводов и способы соединения

【Подготовка к задаче】

1. Материал газопроводов

Для транспортировки газа используется множество различных материалов труб. Выбор должен осуществляться в зависимости от свойств газа, давления в системе и требований к монтажу, а также с учетом основных требований к механической прочности, коррозионной стойкости, сейсмостойкости и герметичности.

1) Стальная труба

Наиболее распространенными являются обычные бесшовные стальные трубы и сварные стальные трубы. Они обладают высокой несущей способностью, хорошей пластичностью и удобны для сварки. По сравнению с другими материалами трубопровода, стальные трубы имеют более тонкие стенки, что позволяет экономить металл. Однако они менее устойчивы к коррозии, поэтому требуется применение надежных мер по защите от коррозии.

Обычные бесшовные стальные трубы изготавливаются из обычной

углеродистой стали, высококачественной углеродистой стали и низколегированной стали и могут быть разделены на горячекатаные и холоднокатаные (холоднотянутые) бесшовные стальные трубы в зависимости от метода изготовления. Холоднокатаные (холоднотянутые) бесшовные стальные трубы бывают различных спецификаций с наружным диаметром от 5 до 200 мм. Горячекатаные бесшовные стальные трубы имеют различные размеры с наружным диаметром от 32 до 630 мм.

Среди малокалиберных сварных стальных труб наиболее широко используются трубы для транспортировки жидкостей низкого давления (такие как трубы для транспортировки воды и газа), которые относятся к прямошовным трубам, с обычным диаметром от 6 до 150 мм. По качеству поверхности они делятся на оцинкованные трубы (труба с цинковым покрытием) и неоцинкованные трубы (черные стальные трубы); по толщине стенки они классифицируются на обычные, утолщенные и тонкостенные трубы; по наличию резьбы на концах трубы делятся на резьбовые и безрезьбовые. Резьбовые оцинкованные и неоцинкованные трубы имеют длину от 4 до 9 м; безрезьбовые неоцинкованные трубы имеют длину от 4 до 12 м.

Трубы большого диаметра можно разделить на прямошовные сварные трубы (DN200~DN1800) и спирально-сварные трубы (DN200~DN700), их длина составляет от 3, 8 до 18 метров, материал в основном низкоуглеродистая сталь (Q235) и низколегированная сталь (16Mn). За рубежом для прокладки газопроводов уже используются трубы большого диаметра, выдерживающие высокое давление, с диаметром магистрали более 2 м, также широко применяются высокопрочные материалы и трубы, а также фитинги с антикоррозийным покрытием из полиэтилена, винилхлорида, нейлона 12 и других материалов.

При выборе стальных труб, если диаметр составляет менее 150 мм, обычно используются сварные стальные трубы для транспортировки жидкости низкого давления; для труб большого диаметра часто используются спирально-сварные трубы. Толщина стенки стальных труб должна выбираться в зависимости от места закладки, почвы и транспортной нагрузки, и должна быть не менее 3, 5 мм, если она находится в пределах красной линии улицы — не менее 4, 5 мм. Когда труба пересекает важные препятствия или участки с высокой коррозионной агрессивностью почвы, толщина стенки должна быть не менее 8 мм. Толщина стенки внутренних стальных труб должна быть не менее 2, 75 мм.

Так как тонкостенные трубы из нержавеющей стали обладают высокой безопасностью, высокой стойкостью к коррозии, долгим сроком службы и быстрой установкой, они продвигаются для использования в высотных и сверхвысоких зданиях в качестве внутренних труб и будут широко применяться.

2) Полиэтиленовая труба

Ниже представлено только введение в полиэтиленовые (PE) трубы для подземной газации. Полиэтиленовые трубы (PE) обладают рядом преимуществ, таких как стойкость к коррозии, легкий вес, низкое сопротивление потоку жидкости, длительный срок службы, возможность сворачивания в бухты, простота монтажа, низкая стоимость и высокая прочность на разрыв. В экономически развитых странах трубы PE используются в системах распределения природного газа уже более 50 лет. С момента активного развития природного газа в Китае PE трубы широко применяются.

Газовые трубы PE и фитинги могут быть классифицированы на два типа в зависимости от долговременной гидростатической прочности материала: PE80 и PE100. PE80 может быть изготовлен из среднеплотного полиэтилена (MDPE) или высокоплотного полиэтилена (HDPE); а PE100 обязательно изготавливается из высокоплотного полиэтилена. По сравнению с трубами PE80, трубы PE100 обладают более высокой стойкостью к давлению, тонкими стенками и большей экономичностью, поэтому у PE100 есть тенденция к замене PE80.

При транспортировке природного газа, сжиженного нефтяного газа и искусственного газа по трубопроводам из полиэтилена (PE) давление проектирования не должно превышать максимально допустимое рабочее давление трубопровода, которое должно соответствовать требованиям таблицы 6-1-1.

Табл. 6-1-1 Максимально допустимое рабочее давление для PE труб (в единицах: МПа)

Типы городского газа SDR11		PE80		PE100	
		SDR17.6	SDR11	SDR17.6	
Природный газ		0, 50	0, 30	0, 70	0, 40
Сжиженный нефтяной газ	Смесь с воздухом	0, 40	0, 20	0, 50	0, 30
	Газ	0, 20	0, 10	0, 30	0, 20
Искусственный газ	Сухой газ	0, 40	0, 20	0, 50	0, 30
	Прочие	0, 20	0, 10	0, 30	0, 20

Примечание: SDR обозначает соотношение номинального диаметра PE трубы к номинальной толщине стенки.

Поскольку жесткость PE труб ниже, чем у металлических, при прокладке необходимо тщательно утрамбовывать дно траншеи и использовать песчаную подушку для основания, чтобы обеспечить требования к уклону трубопровода и предотвратить повреждение трубопровода твердыми предметами.

3) Чугунная труба

Чугунные трубы обладают высокой коррозионной стойкостью, и для транспортировки и распределения газа обычно используются чугунные трубы, изготовленные методом литья в формах или центробежного литья. По сравнению со стальными трубами, серые чугунные трубы имеют более низкую

прочность на растяжение, изгиб и ударную вязкость, а также худшую свариваемость. С развитием технологии литья чугуна с шаровидным графитом механические свойства чугунных труб значительно улучшились, что повысило безопасность и снизило затраты на техническое обслуживание. Чугунные трубы с шаровидным графитом по-прежнему широко используются в системах транспортировки и распределения газа.

4) Другие материалы для труб

Иногда могут использоваться трубы из цветных металлов, такие как медные и алюминиевые трубы. Однако из-за их высокой стоимости они применяются только в особых случаях. Волнистые трубы из нержавеющей стали широко используются для вводных труб, скрытых в стенах труб и труб перед плитами.

2. Методы соединения

1) Соединение стальных труб

Стальные трубы могут соединяться с помощью резьбы, сварки и фланцев. Среди них внутренние трубопроводы, имеющие небольшой диаметр и низкое давление, обычно соединяются резьбой, а в многоэтажных зданиях иногда используются сварные соединения; Для наружных трубопроводов для транспортировки и распределения газа основным способом соединения является сварка; соединение оборудования с трубопроводами часто осуществляется с помощью фланцев.

Внутренние трубопроводы широко используют резьбовые соединительные фитинги, такие как тройники, колена, переходник, подвижное соединение, заглушки и пробки, что делает установку очень простой.

Для предотвращения утечек газа при резьбовом соединении труб необходимо обматывать резьбу соответствующим уплотнительным материалом. Наиболее часто используемыми уплотнительными материалами являются смесь свинцового масла с пенькой и политетрафторэтилен (ПТФЭ). Для труб, транспортирующих природный газ, необходимо использовать ПТФЭ в качестве уплотнительного материала.

Существует множество способов соединения тонкостенных нержавеющих труб, среди которых механическое соединение с использованием анаэробного клея для герметизации является довольно распространенным.

Сварка является основным методом соединения труб, доступны различные методы, такие как газовая сварка, ручная дуговая сварка, ручная аргонодуговая сварка, автоматическая сварка под флюсом, полуавтоматическая сварка под флюсом, контактная сварка и сварка под давлением.

Для стальных труб большого диаметра обычно используется электродуговая сварка, обладающая высокой прочностью шва и экономичностью. Трубы с диаметром менее 80 мм и толщиной стенки менее 4 мм могут быть сварены газовой сваркой. При сварке требуется, чтобы торцевая поверхность трубы

была перпендикулярна оси, максимальное отклонение не должно превышать 1, 5 мм. При сварке труб необходимо выполнить соответствующую фаску на концах труб в зависимости от их толщины стенки.

Соединение газопроводов и их вспомогательного оборудования обычно осуществляется с помощью фланцевых соединений. При номинальном давлении от 0, 25 до 2, 5 МПа и температуре среды не выше 300 °С обычно используются плоские сварные стальные фланцы. Для обеспечения герметичности фланцевого соединения поверхность фланцевого уплотнения должна быть перпендикулярна центральной линии трубы. При использовании парных фланцев с болтовым креплением запрещается использовать косые прокладки или двойные прокладки, а также следует избегать чрезмерной затяжки болтов, которая может привести к возникновению неравномерных напряжений. Материал прокладки может быть выбран в зависимости от свойств транспортируемой среды. Для транспортировки коксового газа применяют асбестовые резиновые прокладки; для транспортировки сжиженного нефтяного газа или природного газа используют маслостойкие резиновые прокладки, чтобы предотвратить разъедание прокладки средой и нарушение герметичности трубопровода.

2) Соединение труб из полиэтилена (PE)

С увеличением применения пластиковых труб, их соединение становится все проще и разнообразнее. Соединение труб PE обычно осуществляется с помощью термической сварки или электромуфтовой сварки. Соединение PE труб с металлическими трубами обычно выполняется с использованием стальных пластиковых фитингов.

3) Соединение чугунных труб

Для соединения чугунных газопроводов низкого давления широко применяется механический стык.

【Выполнение задачи】

Задачи выполняются в соответствии с заданием проекта и отчетом о выполнении заданий проекта, как показано в таблицах 6-1-2 и 6-1-3.

Табл. 6-1-2 Проектное задание

Наименование задачи	Материалы газопроводов и способы соединения		
Члены группы			
Руководитель		Планируемое время	
Время выполнения		Место выполнения	
Содержание и цели задачи			
1. Освоение видов газопроводных материалов; 2. Освоение методов соединения газопроводных материалов из различных материалов.			
Контрольные пункты	1. Классификация стальных труб; 2. Преимущества полиэтиленовых труб; 3. Ситуации, когда газопроводы соединяются с помощью плоских сварных стальных фланцев.		

Наименование задачи	Материалы газопроводов и способы соединения
Примечание	

Табл. 6-1-3 Отчет о выполнении задачи проекта

Наименование задачи	Материалы газопроводов и способы соединения		
Члены группы			
Конкретное распределение задач			
Планируемое время		Фактическое время выполнения	
Примечание			
1. Краткое описание требований, которым должны соответствовать газопроводные материалы. 2. Краткое описание характеристики чугунных труб. 3. Краткое описание способов соединения полиэтиленовых труб.			

【Оценка задачи】

Оценка задачи проводится согласно таблице комплексной оценки задачи проекта, см. таблицу 6-1-4.

Табл. 6-1-4 Таблица комплексной оценки задачи проекта

Наименование задачи: Дата оценки: год, месяц, день

Детали оценки		Стандартный балл	Практический балл								
			Члены группы								
			Самооценка группы	Взаимная оценка группы	Оценка преподавателя	Самооценка группы	Взаимная оценка группы	Оценка преподавателя	Самооценка группы	Взаимная оценка группы	Оценка преподавателя
Оценка группы (60 баллов)	Способность членов группы в целом понимать цели обучения и график	10									
	Четкое распределение задачи между членами группы	10									
	Наличие духа сотрудничества у членов группы	10									
	Наличие инновационных идей (методов) у членов группы	10									
	Достоверность заполнения отчета о выполнении задачи проекта членами группы	10									
	Наличие проблем и решений у членов группы	10									

Детали оценки		Стандартный балл	Практический балл								
			Члены группы								
			Самооценка группы	Взаимная оценка группы	Оценка преподавателя	Самооценка группы	Взаимная оценка группы	Оценка преподавателя	Самооценка группы	Взаимная оценка группы	Оценка преподавателя
Оценка личности (40 баллов)	Подчинение членов групповым решениям	10									
	Выполнение задач, назначенных группой	10									
	Своевременное общение и обмен информацией с членами группы	10									
	Способность серьезно описывать трудности, ошибки и изменения	10									
Итого		100									

【Закрепление знаний】

(1) Основные виды газопроводных материалов?

(2) Краткое описание способов соединения различных видов газовых труб.

Задача Ⅱ Коррозия и антикоррозионная защита газопроводов

【Подготовка к задаче】

1. Причины коррозии стальных газопроводов

Коррозия — это разрушение металлов под воздействием химических и электрохимических процессов в окружающей среде. Коррозия металлов по своей природе делится на химическую и электрохимическую. Коррозия стальных труб в почве в основном является электрохимической.

1) Химическая коррозия

Химическая коррозия вызывается исключительно химическим воздействием, например, когда металл вступает в непосредственный контакт с окружающей средой, такой как кислород, сероводород, диоксид серы, и происходит химическая реакция, в результате которой на поверхности металла

образуются соответствующие соединения (такие как оксиды, сульфиды и т.д.). Химическая коррозия, возникающая на газопроводах из металлических материалов, как правило, происходит на внутренней и внешней поверхности труб. В транспортируемой по трубопроводу жидкости обычно содержится небольшое количество кислорода или сульфидов, углекислого газа и воды, что наносит прямой вред внутренней поверхности труб. Внешняя поверхность труб, проложенных над землей, подвергается окислительной коррозии в воздухе; даже если трубы закопаны в грунт, внешняя поверхность все равно находится в кислородной среде и подвергается химической коррозии.

Химическая коррозия является всеобъемлющей коррозией, при которой толщина стенки стальной трубы равномерно уменьшается под воздействием химической коррозии.

2) Электрохимическая коррозия

Электрохимическая коррозия возникает, когда металл контактирует с электролитом и вызывает коррозию в результате электрохимического взаимодействия. Она отличается от химической коррозии тем, что обусловлена образованием гальванического элемента.

Электрохимическая коррозия металлических газопроводов происходит как на внутренней, так и на внешней поверхности труб. Когда в газе содержится влага, на внутренней поверхности трубопровода образуется гидрофильная пленка, а такие вещества, как сероводород, диоксид углерода и кислород, растворяясь в воде, превращаются в электролитный раствор, создавая условия для коррозии гальванического элемента. Однако, когда содержание влаги в газе крайне низкое, электрохимическая коррозия внутренней поверхности трубопровода незначительна.

Серьезная электрохимическая коррозия обычно происходит на внешней стороне подземных стальных труб. Принцип этой коррозии показан на рисунке 6-2-1. Из-за различий в металлографической структуре различных частей самого трубопровода (таких как наличие дефектов в кристаллической решетке, примесей и внутренних напряжений, вызванных деформацией металла при термической и механической обработке), а также различия в шероховатости поверхности стальных труб, способности различных частей металла терять электроны различаются. Части металла, которые легче теряют электроны, и части, которые теряют их с трудом, создают разность потенциалов. Помимо этого, физико-химические свойства почвы также различаются в разных местах, поэтому в некоторых частях трубопровода металл и почва могут образовывать коррозионный элемент (гальванический элемент). Части металла, которые легко теряют электроны, становятся анодом батареи, а части, которые теряют электроны с трудом, становятся катодом. Коррозионный ток течет по трубопроводу от катода к аноду, затем покидает анод и через почву возвращается к катоду, образуя замкнутый контур. В почве, выступающей в

качестве электролита, происходит миграция ионов. Положительно заряженные катионы (например, H^+) движутся к катоду, а отрицательно заряженные анионы (например, OH^-) движутся к аноду. После того, как металл в анодной зоне теряет электроны, он становится положительно заряженным ионом металла, который переходит в почву и вступает в электрохимическую реакцию с отрицательно заряженными анионами OH^- в почве, образуя $Fe(OH)_2$, который осаждается на поверхности металла. Далее $Fe(OH)_2$ может окисляться до $Fe(OH)_3$. Высвобожденные электроны перемещаются по трубопроводу от анода к катоду. Металл в анодной зоне постоянно теряет электроны, подвергаясь окислению и коррозии, что приводит к появлению ямок на поверхности стальной трубы, которые могут в конечном итоге привести к перфорации. В катодной зоне почвы катионы получают электроны и вступают в реакцию восстановления. Металл в катодной зоне не участвует в реакции и остается неповрежденным. Такая коррозия представляет наибольшую угрозу для безопасности и долговечности заглубленных стальных труб в городских условиях.

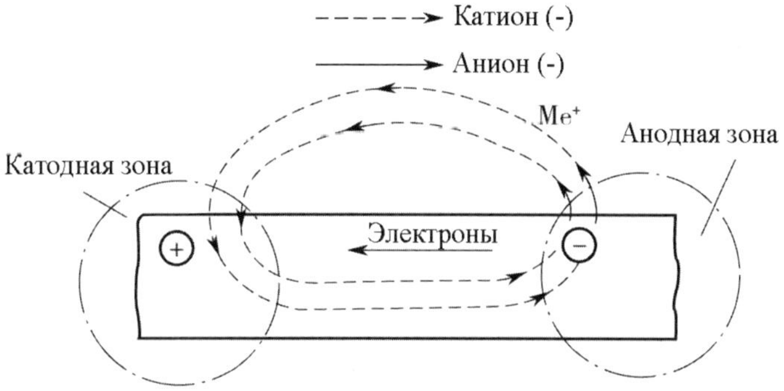

Рис. 6-2-1 Принцип электрохимической коррозии газопроводов в почве

Степень электрохимической коррозии заглубленных стальных труб в почве связана с коррозионной активностью почвы, которая, в свою очередь, зависит от ее удельного сопротивления. Удельное сопротивление почвы можно измерить с помощью определенных методов. По его значению можно определить степень коррозионной активности почвы и, таким образом, оценить ее коррозионное воздействие на стальные трубы. Это обеспечивает научную основу для принятия эффективных мер по защите труб от коррозии. Степень коррозии почвы можно классифицировать следующим образом (см. таблицу 6-2-1):

Табл. 6-2-1 Классификация степени коррозии почвы

Степень коррозии почвы		Низкое	Среднее	Высокая	Высокое	Очень высокая
Удельное электрическое сопротивление грунта (Ω · m)	США (метод II)	>50	20~49, 99	10~19, 99	7~9, 99	<7
	СССР (метод IV)	>100	20~100	10~20	5~10	<5
24-часовая потеря веса образца (г)		0~1	1~2	2~3	3~6	>6

3）Коррозия стальных труб под действием блуждающих токов

Из-за утечек электричества и заземления различных электрических устройств в почве могут возникать блуждающие токи. Наибольшую опасность для стальных труб представляют постоянные токи. Источники утечки постоянного тока：к ним относятся стальные рельсы электрифицированных железных дорог и трамваев，сварочные аппараты постоянного тока，корпуса выпрямителей с заземлением и аноды заземления станций катодной защиты. Принцип коррозии стальных труб под действием блуждающих токов показан на рисунке 6-2-2. Коррозия стенки трубы происходит в местах，где ток покидает стальную трубу и входит в почву.

4）Коррозия，вызванная действием бактерий

Исследования，связанные с участием микроорганизмов в процессе коррозии，показали，что условия，при которых происходит коррозия，вызванная различными видами бактерий，также различаются. Например，в анаэробных почвах присутствуют анаэробные сульфатредуцирующие бактерии，которые могут преобразовывать растворимые сульфаты в сероводород，увеличивая концентрацию ионов водорода в почве и ускоряя процесс коррозии заглубленных стальных труб. Активность сульфатредуцирующих бактерий связана с кислотностью почвы（значением pH）. Значение pH 4，5~9：наиболее благоприятно для роста бактерий；ниже 3，5 или выше 11，0：активность бактерий полностью подавляется.

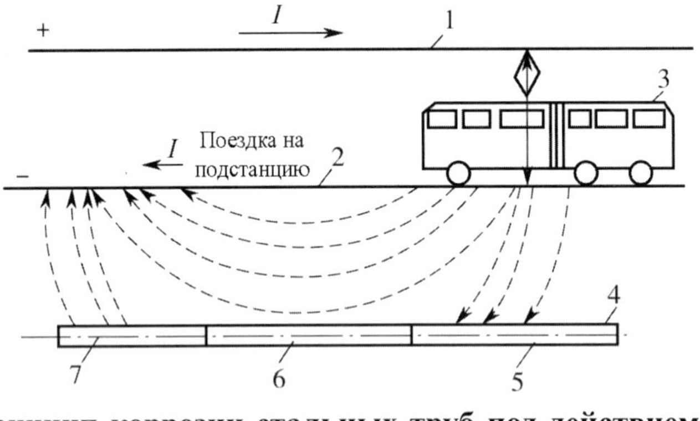

Рис. 6-2-2 Принцип коррозии стальных труб под действием блуждающих токов

1—Провода；2—Стальные рельсы；3—Трамвай；4—Заглубленные стальные трубы；5—Катодная зона；6—Переходная зона；7—Анодная зона

2. Методы защиты стальных газопроводов от коррозии

1）Методы защиты воздушных стальных труб от коррозии

Для защиты воздушных стальных труб от коррозии внешней поверхности обычно применяется покрытие из краски；внутренняя поверхность труб обычно не требует специальной обработки，так как коррозия там незначительна.

2) Методы защиты заглубленных стальных труб от коррозии

Для защиты заглубленных стальных труб от почвенной коррозии можно использовать следующие три подхода для предотвращения коррозии и снижения ее степени:

(1) Использование коррозионностойких материалов, таких как полиэтиленовые трубы, чугунные трубы и т.д.;

(2) Увеличение переходного сопротивления между металлической трубой и почвой для уменьшения тока коррозии, например, с использованием антикоррозионного изоляционного слоя для увеличения сопротивления, в некоторых местах применяется прокладка в каналах или с использованием неметаллических оболочек;

(3) Использование метода электрической защиты, обычно в сочетании с методом изоляционной антикоррозии, для уменьшения расхода тока.

Ⅰ. Метод изоляционной антикоррозии

Изоляционный слой для подземных стальных труб обычно должен удовлетворять следующим основным требованиям:

(1) Хорошая адгезия к стальной трубе, поддержание непрерывности и целостности;

(2) Хорошие электроизоляционные свойства, достаточная электрическая прочность и удельное сопротивление;

(3) Хорошая водонепроницаемость и химическая стабильность;

(4) Способность противостоять биологической коррозии, достаточная механическая прочность, ударная вязкость и пластичность;

(5) Достаточные запасы материала, низкая стоимость и возможность механизированного строительства.

В настоящее время существует множество видов антикоррозионных изоляционных покрытий для подземных стальных труб, используемых как в стране, так и за рубежом, включая битумные изоляционные слои, полиэтиленовую ленту, пластиковые плёночные покрытия, пластиковые изоляционные слои и другие.

Битум является наиболее широко применяемым и эффективным антикоррозионным материалом для подземных трубопроводов. Каменноугольный битум обладает устойчивостью к бактериальной коррозии, но при этом он токсичен. Битумный изоляционный слой состоит из битума, стеклоткани и антикоррозионной ткани, и его структура варьируется в зависимости от степени изоляции.

Пластиковый изоляционный слой превосходит битумный изоляционный слой по прочности, эластичности, устойчивости к ударам, адгезии, химической стабильности, водонепроницаемости и электроизоляционным свойствам.

Полиэтиленовые ленты и пластиковые изоляционные слои для антикоррозийной защиты получают широкое применение. Антикоррозийная

защита с помощью пластиковых изоляционных слоев заключается в нанесении на внешнюю поверхность металла герметизирующего антикоррозийного клея, а затем покрытии его слоем полиэтиленового пластика высокой плотности (из-за его желтого цвета также называемого «Желтая куртка») или низкой плотности (из-за его зеленого цвета также называемого «Зелёная куртка»). Толщина этих слоев составляет 1, 3 ± (0, 15~0, 5) мм.

Выбор степени антикоррозийной изоляции должен основываться на коррозионных свойствах почвы. Помимо использования инженерно-геологических данных вдоль трассы трубопровода (удельное сопротивление почвы), также следует учитывать конкретные условия различных участков, через которые проходит трубопровод, чтобы более обоснованно определить степени антикоррозионной изоляции. Например, если класс коррозионной активности почвы является особо высоким или если это важный участок, то следует применять усиленную изоляцию.

Ⅱ. Метод электрической защиты

Существует три метода электрической защиты: метод катодной защиты с принудительным током, метод катодной защиты с использованием жертвенного анода и метод защитного отвода тока.

Ⅰ) Метод катодной защиты с принудительным током

Метод катодной защиты с принудительным током заключается в использовании внешнего источника постоянного тока (обычно это постоянный ток, генерируемый станцией катодной защиты), чтобы создать отрицательный потенциал металлической трубы относительно почвы. Этот метод также называется методом катодной защиты с внешним током. Его принцип показан на рисунке 6-2-3. Положительный полюс источника постоянного тока станции катодной защиты подключается к вспомогательному аноду (обычно используются вспомогательные аноды из отработанной стали, графита и высококремнистого чугуна), а отрицательный полюс источника постоянного тока подключается к защищаемой трубе в точке подключения тока. Наложенный ток течет от положительного полюса источника постоянного тока через провод к вспомогательному аноду. Линия, соединяющая его с точкой подключения тока, перпендикулярна трубопроводу, а горизонтальное расстояние между двумя концами этой линии составляет 300-500 м. Постоянный ток течет от вспомогательного анода через почву в защищаемую трубу, а затем возвращается от трубы через провод к отрицательному полюсу источника постоянного тока. Таким образом, вся труба становится катодом, а вспомогательный анод образует с ней коррозионный элемент. Положительные ионы вспомогательного анода переходят в почву и постепенно разрушаются, в то время как металлическая труба, являющаяся катодом, защищена от коррозии.

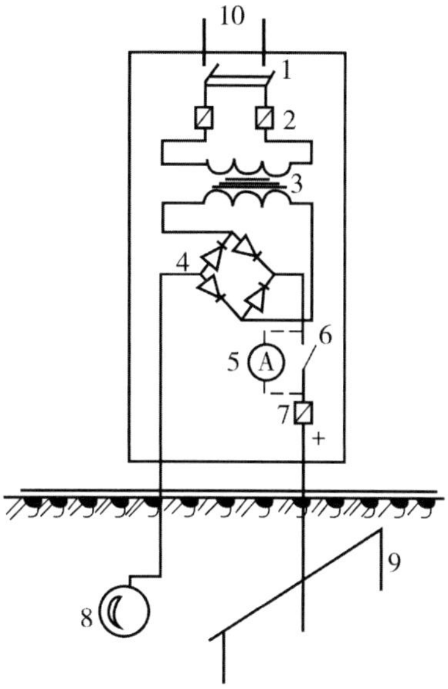

Рис. 6-2-3 Принцип катодной защиты с принудительным током:

1—Выключатель питания; 2, 7—Предохранители; 3—Трансформатор; 4—Выпрямитель; 5—Амперметр; 6—Переключатель; 8—Трубопровод; 9—Вспомогательный анод; 10—Источник питания

Минимальный потенциал *E*2, необходимый для достижения катодной защиты подземного металлического трубопровода, также называется минимальным защитным потенциалом. Он представляет собой наименьшее абсолютное значение отрицательного потенциала, которого металл должен достичь после катодной поляризации. Это значение определяется такими факторами, как коррозионные свойства почвы. Если минимальный защитный потенциал неизвестен, можно использовать параметры, которые на 0, 2–0, 3 В (для стали) и на 0, 15 В (для алюминия) отрицательнее естественного потенциала, но лучше всего определять его экспериментально.

Когда потенциал металлической трубы в точке подключения тока катодной защиты слишком велик, это может привести к отслаиванию асфальтового изоляционного слоя, нанесенного на трубу, что может вызвать серьезные последствия. Поэтому максимальный потенциал *E*1 в точке подключения тока также должен быть ограничен безопасным значением. Это значение называется максимальным защитным потенциалом и обычно определяется экспериментально, но для нефтяного асфальтового антикоррозионного слоя достаточно 1, 25 В.

Радиус защиты одной станции катодной защиты R = 15–20 км, а расстояние защиты S между двумя станциями катодной защиты составляет 40–60 км, как показано на рисунке 6-2-4.

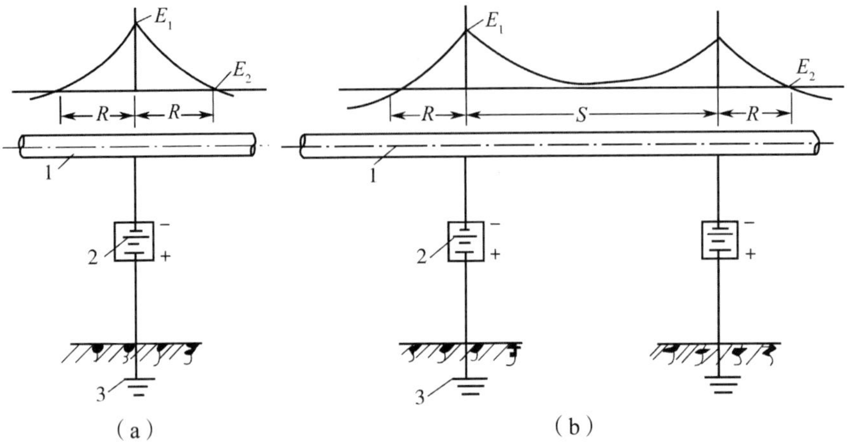

Рис. 6-2-4 Зона защиты станции катодной защиты с принудительным током

(a) Зона защиты одной станции катодной защиты

(b) Зона защиты двух станций катодной защиты

1—Трубопровод; 2—Станция катодной защиты; 3—Вспомогательный анод

Определение защитного потенциала и радиуса защиты должно основываться на комплексном рассмотрении полевого опыта, лабораторных измерений и теоретических расчетов.

Когда защищаемый трубопровод находится вблизи других подземных металлических трубопроводов или сооружений, необходимо учитывать влияние блуждающих токов от станции катодной защиты на них. Если это влияние превышает действующие стандарты, следует рассмотреть возможность применения общих мер электрической защиты для газопроводов и соседних подземных металлических трубопроводов или сооружений.

Ⅱ) Метод катодной защиты с использованием жертвенного анода

Метод катодной защиты с использованием жертвенного анода заключается в соединении металлического материала, имеющего более отрицательный электродный потенциал, чем защищаемый металл, с защищаемым металлом для предотвращения его коррозии. Металл с более отрицательным электродным потенциалом и защищаемый металл с более положительным потенциалом образуют с электролитом (почвой) гальваническую пару, которая служит источником защитного тока. Металл с более отрицательным потенциалом становится анодом и разрушается в процессе выделения тока, поэтому его называют жертвенным анодом. Принцип работы показан на рисунке 6-2-5.

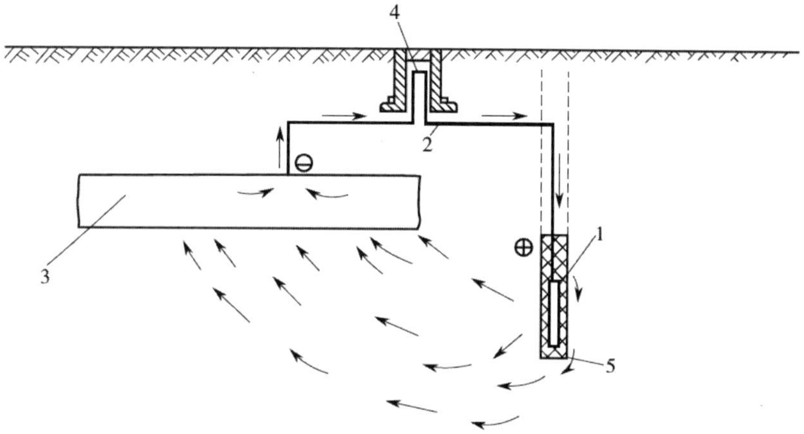

Рис. 6-2-5 Принцип катодной защиты с использованием жертвенного анода:

1—Жертвенный анод; 2—Провод; 3—Трубопровод;
4—Контрольная колонка; 5—Наполнитель

Стандартный электродный потенциал—это потенциал металла, погруженного в стандартный солевой раствор (с активностью 1), и его разность потенциалов с предполагаемым нулевым потенциалом стандартного водородного электрода является относительной величиной.

Жертвенный анод, также известный как протектор, обычно изготавливается из металлов с более отрицательным электродным потенциалом, чем у железа, таких как магний, алюминий, цинк и их сплавы.

При использовании жертвенного анода для защиты, защищаемый металлический трубопровод должен иметь хороший антикоррозионный изоляционный слой, и между этим трубопроводом и другими металлическими трубопроводами или конструкциями, которые не требуют защиты, не должно быть электрического соединения, то есть они должны быть хорошо изолированы. Когда удельное сопротивление почвы слишком высокое и защищаемый трубопровод проходит через водные участки, не рекомендуется использовать жертвенный анод для защиты.

Для каждого типа жертвенного анода существует одна или несколько наиболее подходящих набивочных наполнителей. Например, для цинкового сплава в качестве набивочного материала используются сульфат натрия, гипс и бентонит. Набивочные материалы имеют низкое удельное сопротивление, что позволяет увеличить ток, вытекающий из протектора, и обеспечивают равномерную коррозию протектора. Жертвенный анод следует устанавливать ниже глубины промерзания почвы. В условиях, когда почва не замерзает, расстояние между жертвенным анодом и трубопроводом в диапазоне 0, 3–7, 0 м не оказывает значительного влияния на защитный потенциал.

Ⅲ) Метод защитного отвода тока

Для защиты от коррозии подземными блуждающими токами, помимо

увеличения сопротивления цепи (то есть нанесения антикоррозионной изоляции), катодной защиты с принудительным током и катодной защиты с использованием жертвенного анода, можно также применять метод защитного отвода тока. Этот метод заключается в соединении точки отвода тока трубопровода с рельсами электрической железной дороги, обратным проводом или катодной шиной тяговой подстанции с помощью отводящего провода, чтобы блуждающие токи на трубопроводе не проходили через почву, а возвращались к отрицательному полюсу источника питания через отводящий провод в одностороннем порядке, тем самым защищая трубопровод от коррозии. Защитный отвод тока может быть двух видов: прямой отвод и поляризованный отвод.

Прямой отвод заключается в подключении трубопровода к отрицательному полюсу, создающему блуждающие токи. Когда потенциал в точке возврата тока достаточно стабилен, разность потенциалов между трубопроводом и отрицательным полюсом больше, чем разность потенциалов между трубопроводом и землей, и на трубопроводе всегда присутствует положительный потенциал, устройство прямого отвода тока является эффективным. Когда потенциал в точке возврата тока нестабилен и его величина и направление часто меняются, использование устройства прямого отвода тока может привести к повреждению трубопровода из-за периодического воздействия переменного тока. В таких случаях необходимо использовать устройство поляризованного отвода тока для предотвращения коррозии.

Устройство поляризованного отвода тока может предотвратить возникновение обратного тока, обеспечивая однонаправленное движение тока. Разница между поляризованной защитой отвода тока и прямой защитой отвода тока заключается в том, что в первом случае установлен выпрямитель, и принцип защиты показан на рисунке 6-2-6.

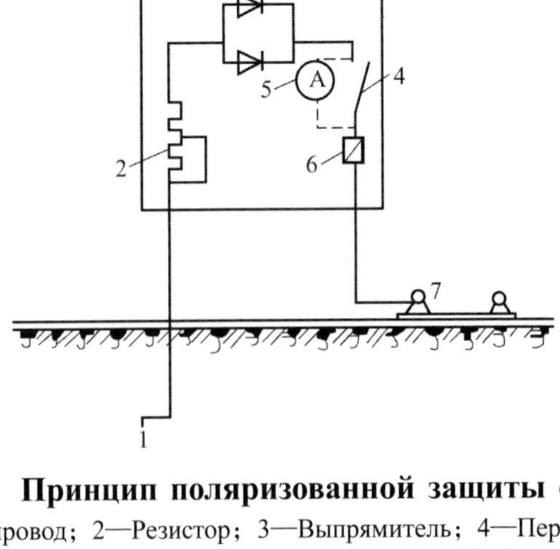

Рис. 6-2-6 Принцип поляризованной защиты отвода тока

1—Трубопровод; 2—Резистор; 3—Выпрямитель; 4—Переключатель; 5—Амперметр; 6—Предохранитель; 7—Рельс

【Выполнение задачи】

Задачи выполняются в соответствии с заданием проекта и отчетом о выполнении заданий проекта, как показано в таблицах 6-2-2 и 6-2-3.

Табл. 6-2-2 Проектное задание

<table>
<tr><td>Наименование задачи</td><td colspan="3">Коррозия и антикоррозионная защита газопроводов</td></tr>
<tr><td>Члены группы</td><td colspan="3"></td></tr>
<tr><td>Руководитель</td><td></td><td>Планируемое время</td><td></td></tr>
<tr><td>Время выполнения</td><td></td><td>Место выполнения</td><td></td></tr>
<tr><td colspan="4">Содержание и цели задачи</td></tr>
<tr><td colspan="4">1. Освоение причин коррозии стальных газопроводов
2. Освоение методов защиты стальных газопроводов от коррозии.</td></tr>
<tr><td>Контрольные пункты</td><td colspan="3">1. Причины коррозии стальных газопроводов;
2. Методы защиты стальных газопроводов от коррозии.</td></tr>
<tr><td>Примечание</td><td colspan="3"></td></tr>
</table>

Табл. 6-2-3 Отчет о выполнении задачи проекта

<table>
<tr><td>Наименование задачи</td><td colspan="3">Коррозия и антикоррозионная защита газопроводов</td></tr>
<tr><td>Члены группы</td><td></td><td></td><td></td></tr>
<tr><td>Конкретное распределение задач</td><td></td><td></td><td></td></tr>
<tr><td>Планируемое время</td><td></td><td>Фактическое время выполнения</td><td></td></tr>
<tr><td>Примечание</td><td colspan="3"></td></tr>
<tr><td colspan="4">1. Краткое описание причин коррозии стальных газопроводов

2. Краткое описание методов защиты стальных газопроводов от коррозии.</td></tr>
</table>

【Оценка задачи】

Оценка задачи проводится согласно таблице комплексной оценки задачи проекта, см. таблицу 6-2-4.

Табл. 6-2-4 Таблица комплексной оценки задачи проекта

Наименование задачи: Дата оценки: год, месяц, день

<table>
<tr><td colspan="2" rowspan="4">Детали оценки</td><td rowspan="4">Стандартный балл</td><td colspan="9">Практический балл</td></tr>
<tr><td colspan="9">Члены группы</td></tr>
<tr><td colspan="3"></td><td colspan="3"></td><td colspan="3"></td></tr>
<tr><td>Самооценка группы</td><td>Взаимная оценка группы</td><td>Оценка преподавателя</td><td>Самооценка группы</td><td>Взаимная оценка группы</td><td>Оценка преподавателя</td><td>Самооценка группы</td><td>Взаимная оценка группы</td><td>Оценка преподавателя</td></tr>
<tr><td>Оценка группы (60 баллов)</td><td>Способность членов группы в целом понимать цели обучения и график</td><td>10</td><td></td><td></td><td></td><td></td><td></td><td></td><td></td><td></td><td></td></tr>
</table>

Детали оценки		Стандартный балл	Практический балл								
			Члены группы								
			Самооценка группы	Взаимная оценка группы	Оценка преподавателя	Самооценка группы	Взаимная оценка группы	Оценка преподавателя	Самооценка группы	Взаимная оценка группы	Оценка преподавателя
Оценка группы (60 баллов)	Четкое распределение задачи между членами группы	10									
	Наличие духа сотрудничества у членов группы	10									
	Наличие инновационных идей (методов) у членов группы	10									
	Достоверность заполнения отчета о выполнении задачи проекта членами группы	10									
	Наличие проблем и решений у членов группы	10									
Оценка личности (40 баллов)	Подчинение членов групповым решениям	10									
	Выполнение задач, назначенных группой	10									
	Своевременное общение и обмен информацией с членами группы	10									
	Способность серьезно описывать трудности, ошибки и изменения	10									
Итого		100									

【Закрепление знаний】

(1) Каким основным требованиям должна соответствовать изоляция трубопровода?

(2) Что такое стандартный электродный потенциал?

Задача Ⅲ Вспомогательное оборудование

【Подготовка к задаче】

Чтобы обеспечить безопасную эксплуатацию газопроводной сети и учитывая необходимость технического обслуживания и подключения, в подходящих местах газопроводов можно установить необходимые дополнительные устройства. К таким дополнительным устройствам относятся клапаны, компенсаторы, конденсационный горшок, продувочные свечи, колодцы для клапанов и т.д.

1. Клапан

Клапан — это устройство, используемое для открытия и закрытия прохода в трубопроводе или регулирования потока среды в трубопроводе, поэтому от корпуса клапана требуется высокая механическая прочность, вращающиеся части должны быть гибкими, уплотнительные элементы должны быть плотными и износостойкими, устойчивыми к коррозии от транспортируемой среды, а также чтобы детали имели хорошую взаимозаменяемость.

Газовые клапаны должны подвергаться регулярным проверкам и ремонту, чтобы контролировать их состояние, такое как коррозия, засорение, смазка, герметичность, а также степень повреждения деталей, чтобы избежать возникновения ненужных аварий. Установка клапанов должна быть достаточной для поддержания нормальной работы системы, следует по возможности сокращать количество установок, чтобы уменьшить точки утечки газа и дополнительные инвестиции.

Существует множество видов клапанов, а на газопроводах обычно используются шаровые краны, задвижки, запорный клапан, клапан-бабочка, стопорный краны и шаровой клапан из полиэтилена (ПЭ) и т.д.

1) Шаровой клапан

Шаровой кран (рис. 6-3-1) имеет небольшой объем, а при полном открытии проходное сечение равно диаметру трубы, он обладает гибким действием и малыми потерями на сопротивление. Трубопроводы, требующие очистки с помощью шара, должны использовать шаровые краны, а на крупных станциях также часто используются шаровые краны.

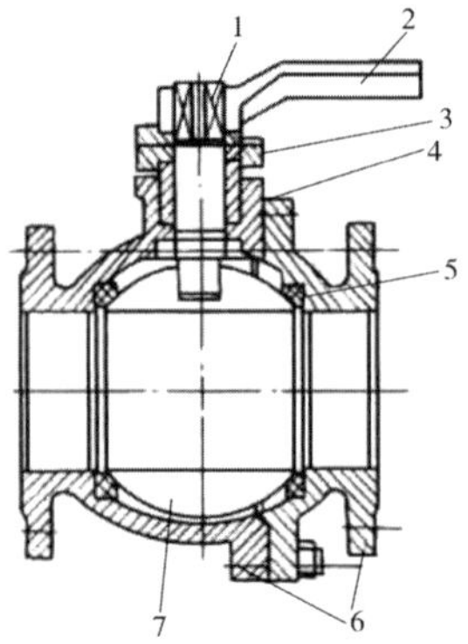

Рис. 6-3-1 Шаровой клапан

1—Шток клапана; 2—Рукоятка; 3—Крышка сальника; 4—Набивка; 5—Уплотнительное кольцо; 6—Корпус клапана; 7—Шар

2) Задвижка

Через задвижку поток течет по прямой линии, поэтому потери на сопротивление малы, а вибрации, вызванные подъемом и опусканием заслонки, также очень малы, но когда в газе присутствуют примеси или инородные тела и они накапливаются на седле клапана, закрытие задвижки может быть затруднено, что не позволяет ей полностью закрыться.

В зависимости от количества затворов задвижки могут быть разделены на задвижки с одним затвором и задвижки с двумя затворами; в зависимости от формы затвора их можно разделить на задвижки с параллельным затвором и задвижки с клиновидным затвором; Кроме того, в зависимости от того, поднимается ли шток вместе с затвором, их можно разделить на задвижки с поднимающимся штоком (рис. 6-3-3) и задвижки с неподнимающимся штоком (рис. 6-3-3), причем задвижки с поднимающимся штоком позволяют определить состояние открытия или закрытия клапана по высоте штока и чаще используются внутри станций.

3) Запорный клапан

Запорный клапан (рис. 6-3-4) используется для открытия, закрытия и регулирования потока за счет подъема и опускания клапана. Эти клапаны удобны в использовании, безопасны и надежны, но имеют большое сопротивление, поэтомучасто используются на станциях сжиженного нефтяного газа..

4) Клапан-бабочка

Клапан-бабочка (рис. 6-3-5) — это клапан с диском, который вращается вокруг фиксированной оси внутри корпуса клапана, обычно используется для открытия или закрытия трубопроводов и оборудования, иногда может использоваться для регулирования потока.

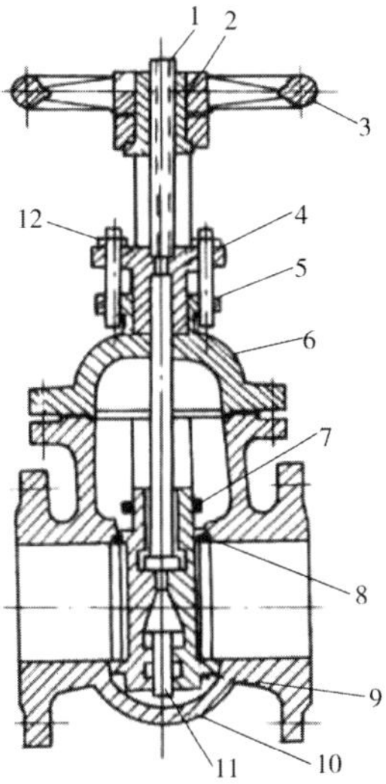

Рис. 6-3-2 Задвижка с параллельными двумя затвором иподнимающимся штоком

1—Шток клапана; 2—Втулка; 3—Маховик; 4—Сальниковая крышка; 5—Набивка; 6—Верхняя крышка; 7—Стопорное кольцо; 8—Уплотнительное кольцо; 9—Задвижка; 10—Корпус клапана; 11—Клин; 12—Болт с гайкой

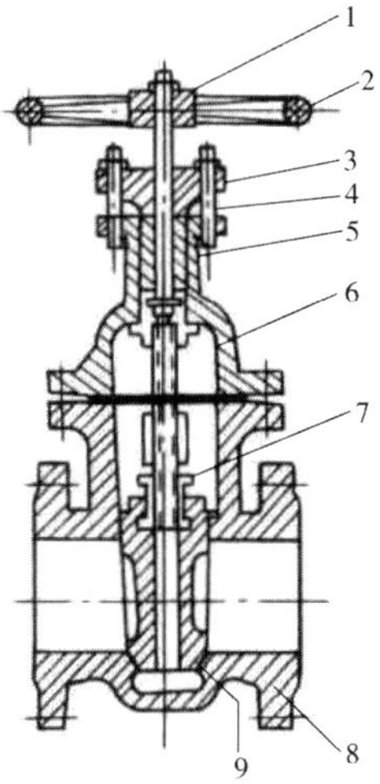

Рис. 6-3-3 Задвижка с клиновым затвором и неподнимающимся штоком

1—Шток клапана; 2—Маховик; 3—Сальниковая крышка; 4—Болт с гайкой; 5—Набивка; 6—Верхняя крышка; 7—Втулка; 8—Корпус клапана; 9—Задвижка

5）Стопорный кран

Стопорный кран — это клапан с гибким действием, для открытия и закрытия которого достаточно повернуть шток на 90°. На него меньше влияет накопление примесей по сравнению с задвижкой, поэтому он широко используется в газопроводах. Обычно используются два типа стопорных кранов: один из них использует действие гайки на хвостовике клапана, чтобы обеспечить плотный контакт клапана с корпусом и предотвратить утечку газа, такие клапаны называются стопорнами кранами без набивки（рисунок 6-3-6）, и их можно использовать только в трубопроводах низкого давления, в основном в внутренних трубопроводах; другой тип использует набивку, чтобы закрыть зазор между корпусом стопорных кранови клапаном, предотвращая утечку газа, такие клапаны называются стопорнами кранами с набивкой（рисунок 6-3-7）, они имеют больший размер, но более безопасны и надежны.

6）Шаровой клапан PE

В зависимости от класса материала, шаровые клапаны из полиэтилена（PE）обычно подразделяются на PE80 и PE100. По своим характеристикам шаровые краны из PE могут подразделяются на стандартные шаровые клапаны, шаровые клапаны с однократным сбросом давления, шаровые клапаны с двукратным сбросом давления. Все шаровые клапаны из PE открываются и закрываются с помощью специального ключа, а соединения между

компонентами, составляющими корпус клапана, осуществляются с помощью сварки плавлением или электромуфтовой сварки. Поэтому соединения всего корпуса клапана обладают высокой прочностью и хорошей герметичностью. Шаровые клапаны из PE свариваются непосредственно с трубопроводом, образуя неразъемное целое без утечек. Стандартные клапаны не требуют строительства колодцев для клапанов и могут быть заложены непосредственно в землю; для клапанов с функцией сброса достаточно построить неглубокие колодцы. Шаровые клапаны из PE удобны в монтаже, обладают небольшим крутящим моментом при открытии и закрытии, что облегчает их эксплуатацию. Они имеют длительный срок службы (не менее 50 лет) и низкую стоимость строительства.

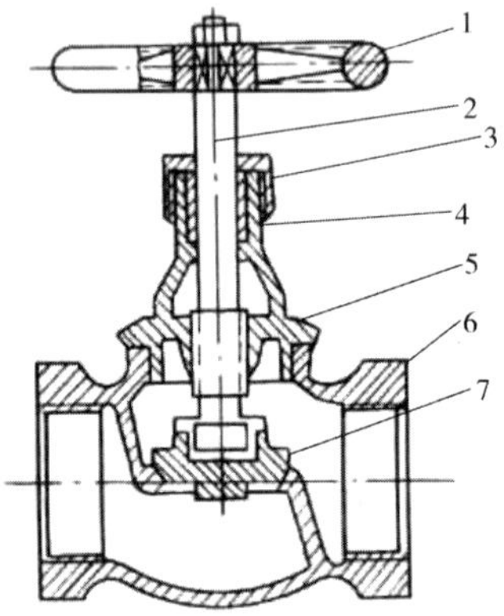

Рис. 6-3-4 Запорный клапан

1—Маховик; 2—Шток клапана; 3—Сальниковая крышка; 4—Набивка; 5—Верхняя крышка; 6—Корпус клапана; 7—Диск клапана

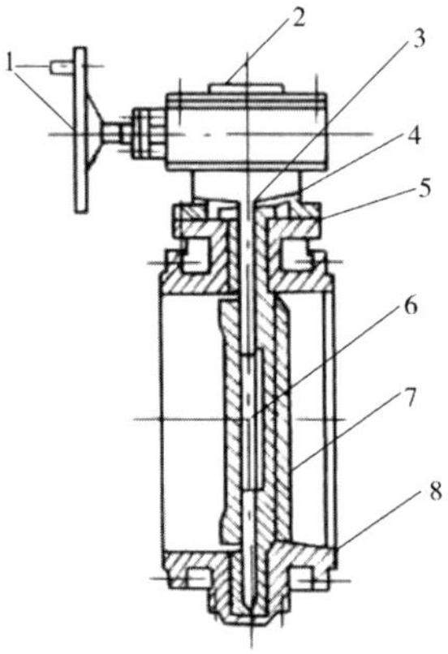

Рис. 6-3-5 Вертикальный пластинчатый бабочковый клапан

1—Маховик; 2—Приводное устройство; 3—Шток клапана; 4—Сальниковая крышка; 5—Набивка; 6—Поворотный диск клапана; 7—Уплотнительная поверхность; 8—Корпус клапана

Из-за конструктивных особенностей, задвижки и клапаны-бабочка можно устанавливать только на горизонтальных участках трубопровода, в то время как другие типы клапанов не имеют такого ограничения. Однако, если это запорные клапаны или шаровые клапаны с приводом, то они также должны устанавливаться на горизонтальных участках трубопровода.

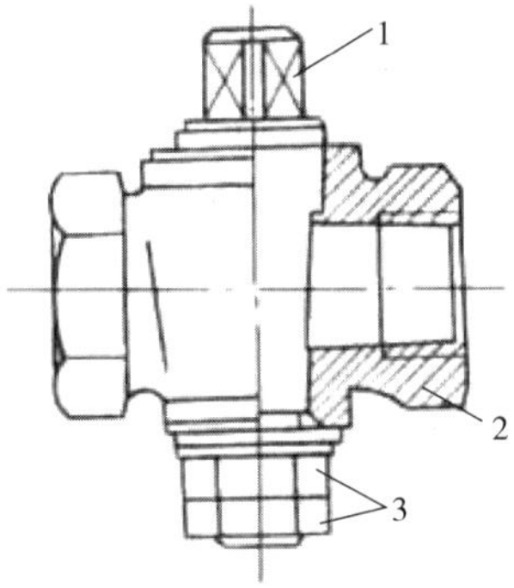

Рис. 6-3-6 Кран без набивки

1—Сердечник клапана; 2—Корпус клапана; 3—Стягивающая гайка

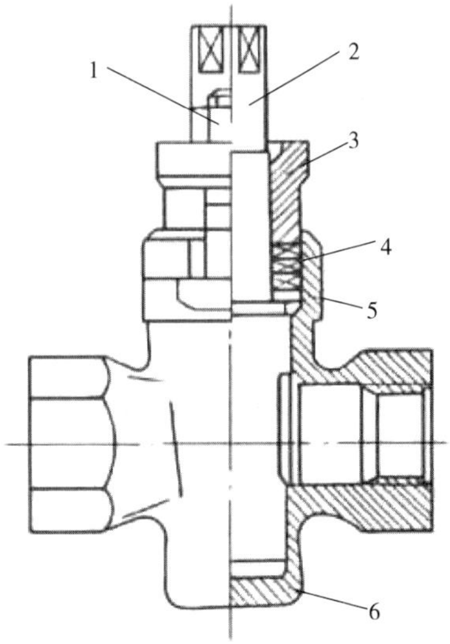

Рис. 6-3-7 Кран с набивкой

1—Болт с гайкой; 2—Сердечник клапана; 3—Сальниковая крышка; 4—Набивка; 5—Прокладка; 6—Корпус клапана

2. Компенсаторы

Компенсаторы, как устройства для устранения напряжений в трубопроводе, вызванных тепловым расширением и сжатием, часто используются на надземных трубопроводах и на трубопроводах, где требуется паровая продувка. Кроме того, компенсаторы устанавливаются на нижней стороне клапана (по направлению потока газа), используя их способность к растяжению и сжатию, что облегчает демонтаж и ремонт клапана. На подземных трубопроводах часто используются стальные волновые компенсаторы (рис. 6-3-8), величина компенсации которых составляет около 10 мм. Чтобы предотвратить накопление воды и коррозию в компенсаторе, в установочное отверстие кожуха заливается нефтяной битум, при этом установочное отверстие должно быть внизу при установке. Длина установки компенсатора должна быть его фактической длиной без нагрузки на шпильку, в противном случае компенсатор не только не будет выполнять свою функцию, но и может вызвать ненужные напряжения в трубопроводе или фитингах.

Кроме того, существует также резиново-капроновый компенсатор (рис. 6-3-9). Он представляет собой гибкую гофрированную трубу с фланцами, в которой в качестве промежуточного слоя используется капроновая ткань, а внешний слой усилен толстыми капроновыми канатами. Его компенсирующая способность составляет 150 мм при растяжении и 100 мм при сжатии. Преимущество этого компенсатора заключается в его способности деформироваться в продольном и поперечном направлениях, что делает его особенно полезным для применения в горных районах, туннелях и сейсмоопасных регионах в трубопроводах среднего и низкого давления.

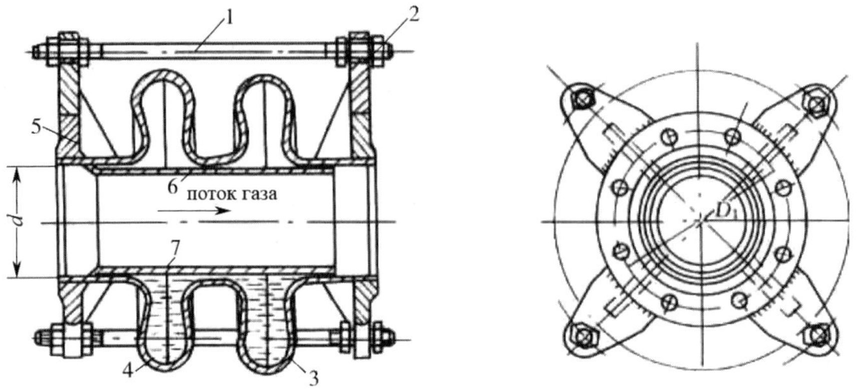

Рис. 6-3-8 Стальной волновой компенсатор

1—Шпилька; 2—Гайка; 3—Волнистый участок; 4—Нефтяной битум; 5—Фланец; 6—Кожух; 7—Отверстие для заливки

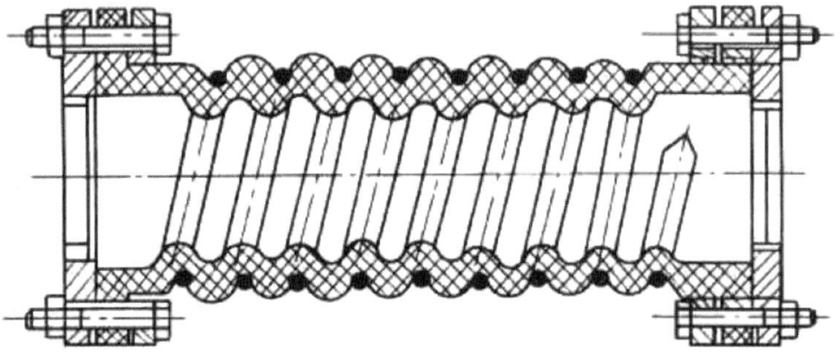

Рис. 6-3-9 Резиново-капроновый компенсатор

3. Конденсационный горшок

Для удаления конденсата из газопроводов и легких нефтепродуктов из трубопроводов нефтяного попутного газа, трубопроводы должны быть проложены с определенным уклоном, чтобы в низких местах устанавливать конденсационный горшок для сбора и отвода воды или масла. Расстояние между конденсационными горшками зависит от количества воды и масла.

Из-за разного давления газа в трубопроводах, конденсационный горшок могут быть двух типов: несамовыбрасывающие и самовыбрасывающие. Если давление в трубопроводе низкое, вода или масло должны удаляться с помощью ручных насосов или других устройств для откачки воды, то есть устанавливаются низконапорные конденсационный горшок, как показано на рисунке 6-3-10. Конденсационный горшок, установленные на трубопроводах среднего и высокого давления, показаны на рисунке 6-3-11. Из-за высокого давления в трубопроводе, накопившаяся вода (или масло) может выбрасываться автоматически при открытии крана сливной трубы. Чтобы предотвратить замерзание остаточной воды в сливной трубе зимой, предусматривается дополнительная циркуляционная труба, которая обеспечивает баланс давления в

столбе воды в сливной трубе, и вода под действием силы тяжести возвращается в нижний сборник. Чтобы избежать засорения трубопровода смолами и нафталином, содержащимися в искусственном газе, диаметр сливной и циркуляционной труб должен быть соответствующим образом увеличен. Конденсационный горшок, установленные на трубопроводах, также позволяют наблюдать за их рабочим состоянием и могут использоваться как средство для устранения засорений в трубопроводе. Когда в качестве источника газа используется природный газ, учитывая, что транспортируемой средой в сети является сухой газ, нет необходимости устанавливать конденсационный горшок.

4. Продувочная свеча

Продувочная свеча — это специальное устройство, предназначенное для продува воздуха или газа из внутренней части трубопровода. Когда трубопровод вводится в эксплуатацию, продувочная свеча может использоваться для удаления воздуха из трубопровода; во время ремонта трубопровода или оборудования продувочной свечи может использоваться для удаления газа из трубопровода, предотвращая образование взрывоопасной смеси газов в трубопроводе. Когда продувочная свеча установлена в колодце для клапанов, она должна быть установлена как перед, так и после клапана в кольцевой сети, а в трубопроводе с односторонним газоснабжением — перед клапаном.

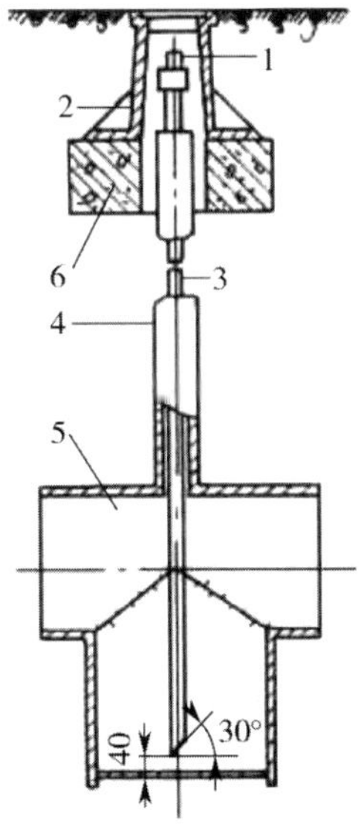

Рис. 6-3-10 Конденсационный горшок низкого давления

1—Заглушка; 2—Защитный кожух; 3—Дренажная труба; 4—Кожух; 5—Сборник; 6—Основание

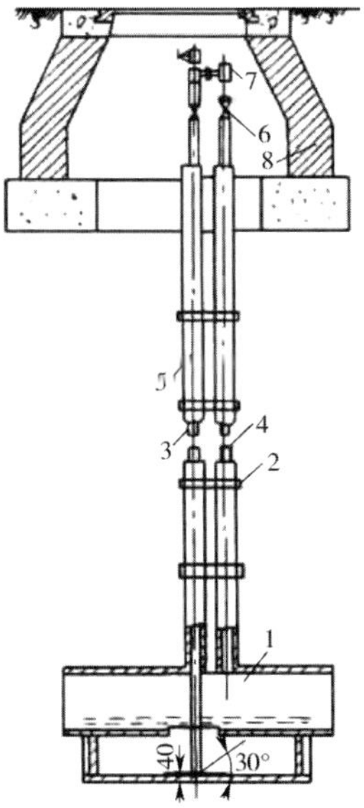

Рис. 6-3-11 Конденсатосборник среднего и высокого давления

1—Сборник; 2—Хомут; 3—Сливная труба; 4—Циркуляционная труба; 5—Кожух; 6—Стопорный кран; 7—Заглушка; 8—Кольцо колодца

5. Колодец клапанов

Для обеспечения безопасности газопроводной сети и удобства эксплуатации, клапаны на подземных газопроводах обычно устанавливаются в колодцах для клапанов. Колодцы для клапанов должны быть прочными и долговечными, иметь хорошую гидроизоляцию и обеспечивать необходимое пространство для обслуживания. С учетом безопасности персонала, колодцы для клапанов не должны быть слишком глубокими. Для клапанов, установленных непосредственно в земле, колодцы для клапанов не предусматриваются. Конструкция колодца для одиночного клапана диаметром 100 мм показана на рисунке 6-3-12.

【Выполнение задачи】

Задачи выполняются в соответствии с заданием проекта и отчетом о выполнении заданий проекта, как показано в таблицах 6-3-1 и 6-3-2.

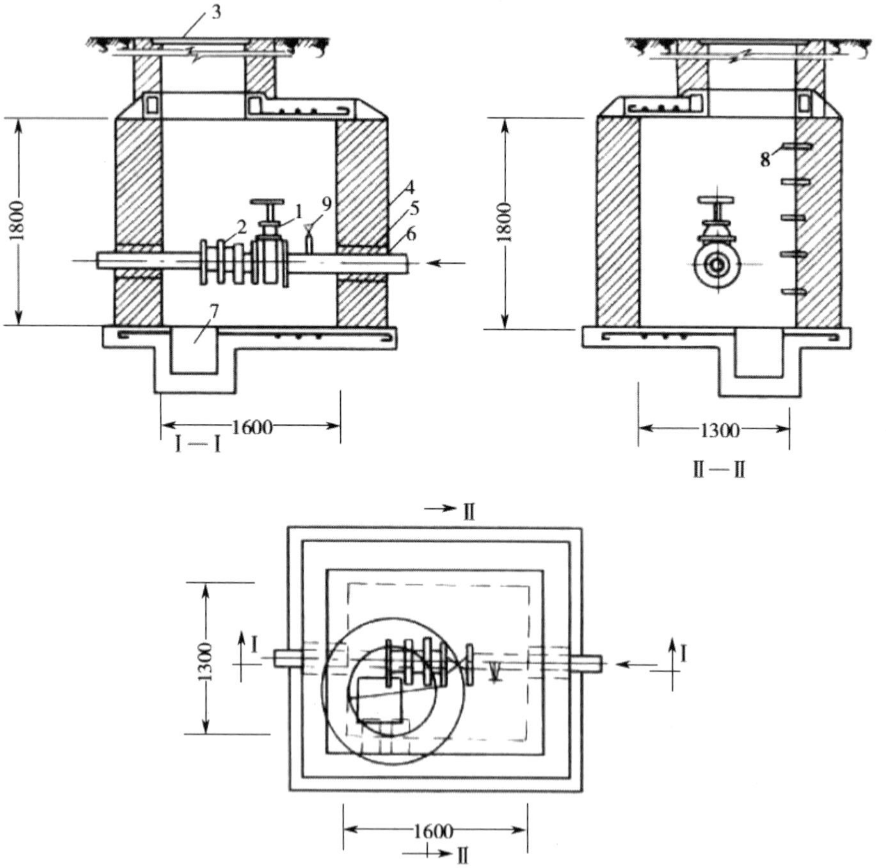

Рис. 6-3-12 Конструкция колодца для одиночного клапана диаметром 100 мм

1—Клапан; 2—Компенсатор; 3—Крышка колодца; 4—Гидроизоляционный слой; 5—Пропитанная битумом пенька; 6—Битумный раствор; 7—Водосборная яма; 8—Лестница; 9—продувочная свеча.

Табл. 6-3-1 Проектное задание

Наименование задачи	Вспомогательное оборудование		
Члены группы			
Руководитель		Планируемое время	
Время выполнения		Место выполнения	
Содержание и цели задачи			
1. Понимание видов вспомогательного оборудования 2. Понимание принципов работы каждого вспомогательного оборудования			
Контрольные пункты	1. Виды вспомогательного оборудования: 2. Принципы работы каждого вспомогательного устройства.		
Примечание			

Табл. 6-3-2 Отчет о выполнении задачи проекта

Наименование задачи	Вспомогательное оборудование		
Члены группы			
Конкретное распределение задач			
Планируемое время		Фактическое время выполнения	
Примечание			
1. Краткое описание типов часто используемых клапанов. 2. Краткое описание функции компенсатора. 3. Краткое описание способов использования продувочной свечи.			

【Оценка задачи】

Оценка задачи проводится согласно таблице комплексной оценки задачи проекта, см. таблицу 6-3-3.

Табл. 6-3-3 Таблица комплексной оценки задачи проекта

Наименование задачи: Дата оценки: год, месяц, день

Детали оценки		Стандартный балл	Практический балл								
			Члены группы								
			Самооценка группы	Взаимная оценка группы	Оценка преподавателя	Самооценка группы	Взаимная оценка группы	Оценка преподавателя	Самооценка группы	Взаимная оценка группы	Оценка преподавателя
Оценка группы (60 баллов)	Способность членов группы в целом понимать цели обучения и график	10									
	Четкое распределение задачи между членами группы	10									
	Наличие духа сотрудничества у членов группы	10									

<table>
<tr><th colspan="2" rowspan="4">Детали оценки</th><th rowspan="4">Стандартный балл</th><th colspan="9">Практический балл</th></tr>
<tr><th colspan="9">Члены группы</th></tr>
<tr><th colspan="3"></th><th colspan="3"></th><th colspan="3"></th></tr>
<tr><th>Самооценка группы</th><th>Взаимная оценка группы</th><th>Оценка преподавателя</th><th>Самооценка группы</th><th>Взаимная оценка группы</th><th>Оценка преподавателя</th><th>Самооценка группы</th><th>Взаимная оценка группы</th><th>Оценка преподавателя</th></tr>
<tr><td rowspan="3">Оценка группы (60 баллов)</td><td>Наличие инновационных идей (методов) у членов группы</td><td>10</td><td></td><td></td><td></td><td></td><td></td><td></td><td></td><td></td><td></td></tr>
<tr><td>Достоверность заполнения отчета о выполнении задачи проекта членами группы</td><td>10</td><td></td><td></td><td></td><td></td><td></td><td></td><td></td><td></td><td></td></tr>
<tr><td>Наличие проблем и решений у членов группы</td><td>10</td><td></td><td></td><td></td><td></td><td></td><td></td><td></td><td></td><td></td></tr>
<tr><td rowspan="4">Оценка личности (40 баллов)</td><td>Подчинение членов групповым решениям</td><td>10</td><td></td><td></td><td></td><td></td><td></td><td></td><td></td><td></td><td></td></tr>
<tr><td>Выполнение задач, назначенных группой</td><td>10</td><td></td><td></td><td></td><td></td><td></td><td></td><td></td><td></td><td></td></tr>
<tr><td>Своевременное общение и обмен информацией с членами группы</td><td>10</td><td></td><td></td><td></td><td></td><td></td><td></td><td></td><td></td><td></td></tr>
<tr><td>Способность серьезно описывать трудности, ошибки и изменения</td><td>10</td><td></td><td></td><td></td><td></td><td></td><td></td><td></td><td></td><td></td></tr>
<tr><td colspan="2">Итого</td><td>100</td><td></td><td></td><td></td><td></td><td></td><td></td><td></td><td></td><td></td></tr>
</table>

【Закрепление знаний】

(1) Из-за различного давления газа в трубопроводе существуют разные типы конденсаторов: ____________ и ____________.

(2) По материалу, обычные шаровые клапаны из PE могут быть разделены на ____________ и ____________ по характеристикам, шаровые клапаны из PE могут быть разделены на ____________, ____________ и ____________.

Проект Ⅶ

Расчет расхода газа в трубопроводе и гидравлический расчет газовой сети

【Описание о проекте】

Гидравлический расчет газопроводных сетей тесно связан с проектированием, модернизацией, расширением и управлением эксплуатацией сетей городских газопроводов. Особенно в процессе проектирования газопроводных сетей, гидравлический расчет является наиболее важным этапом. Газ является сжимаемой средой, и в большинстве случаев поток газа является неустойчивым, то есть давление и расход в системе газопроводных сетей значительно варьируются. Диаметр трубы рассчитывается исходя из расчетного расхода газа и допустимого давления, чтобы определить инвестиции в трубопровод для всего проекта и потребление металла. Гидравлические расчеты газопроводных сетей имеют большое значение для обеспечения безопасной и стабильной подачи газа в условиях неравномерного спроса. Они являются важной поддержкой для развития природного газа как основного источника энергии в современной энергетической системе Китая.

Принципы гидравлических расчетов газопроводных сетей основаны на законах сохранения массы и энергии, которые приводят к уравнениям непрерывности на узлах и уравнениям энергии для контуров. Далее, на основе связи между потерями давления и расходом газа в участках трубопровода составляются уравнения падения давления. Решая систему уравнений, включающую уравнения непрерывности, энергии и падения давления, можно определить расход в участках трубопровода или давление в узлах. Суть гидравлических расчетов газопроводных сетей заключается в решении вышеуказанной системы уравнений.

【Цель проекта】

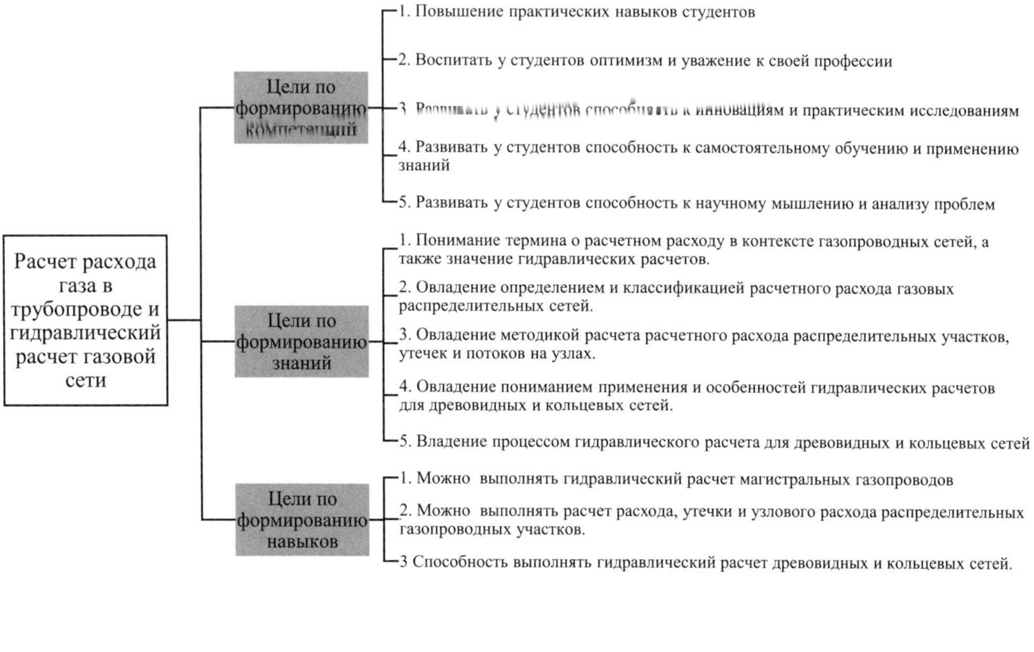

Задача Ⅰ Расчет расхода газа в газопроводе

【Подготовка к задаче】

Определение расчетного расхода для газопроводов может обеспечить безопасное и стабильное производство, качество и количество транспортировки газа, снизить энергопотребление и защитить законные интересы потребителей. Расчет можно выполнить согласно формуле гидравлического расчета магистральных газопроводов, определенной в «Правилах проектирования газопроводных систем» (GB 50251—2015) .

При игнорировании влияния перепадов высот на газопроводе, то есть когда относительная разница высот вдоль газопровода $\Delta h \leq 200$ м, расчет объема газа в газопроводе производится по формуле (7-1-1):

$$Q_V = 11522Ed^{2,53}\left(\frac{P_1^2 - P_2^2}{ZTLS^{0,961}}\right)^{0,51} \quad (7\text{-}1\text{-}1)$$

Где, Q_V——Расход газа при нормальных условиях (P_0=101, 325 кПа, T=293 K) в м³/сутки;

E——Коэффициент эффективности газопровода, при номинальном диаметре трубы DN300~DN800 E составляет 0, 8~0, 9, при номинальном диаметре более DN800 — 0, 91~0, 94;

d——Внутренний диаметр газопровода (см);

P_1, P_2——Абсолютное давление в начале и в конце расчетного участка газопровода (МПа);

Z——Коэффициент сжимаемости газа;

T——Средняя температура газа (K);

L——Длина расчетного участка газопровода (км);

S——Относительная плотность газа.

Определение расчетного расхода газа в газопроводных сетей включает в себя расчетный расход распределительных трубопроводов, расход на утечку и расход в узлах, их анализ расчетов приведен ниже.

1. Определение расчетного расхода распределительных трубопроводов

Каждый участок распределительного газопровода в зависимости от подключения потребителей можно разделить на три типа, как показано на

рисунке 7-1-1.

(1) Распределительный участок газопровода не выдает газ по пути, пользователи подключены к концу участка, и расход газа в таком участке является постоянным. Расчетный расход для такого участка равен транзитному расходу, как показано на рисунке 7-1-1 (a).

(2) Участки газораспределительной сети подключены к большому количеству жилых пользователей и пользователей небольших общественных зданий. Основная характеристика таких участков заключается в том, что весь газ, поступающий в начало участка, распределяется между пользователями по пути, то есть присутствует только транзитный расход, как показано на рисунке 7-1-1 (b).

(3) Наиболее распространенная ситуация с подачей газа на распределительном участке газопровода показана на рисунке 7-1-1 (c), где транзитный расход $Q2$ — это поток газа, который проходит через участок и остается неизменным до конца, а транзитный расход $Q1$ — это поток газа, который выводится по пути. На этом участке присутствуют как транзитный, так и транзитный расходы.

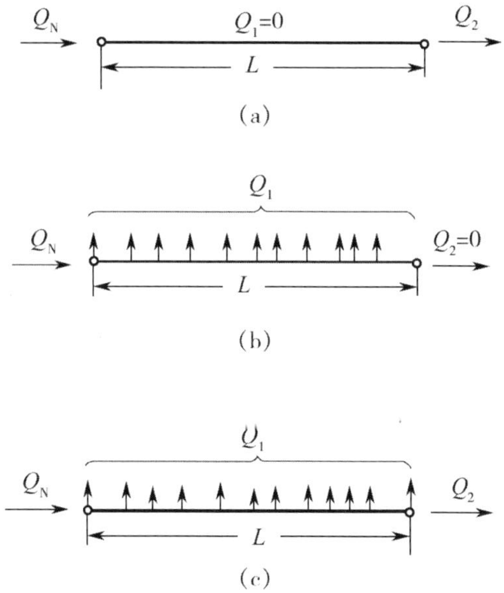

Рис. 7-1-1 Схема распределения газа на распределительном участке

(a) Участок только с транзитным расходом (b) Участок только с транзитным расходом (c) Участок с транзитным и транзитным расходами.

Обычно изменение нагрузки на распределительном участке газопровода показано на рисунке 7-1-2. В точке A, в начале участка, расход в трубопроводе равен сумме транзитного расхода Q_2 и транзитного расхода Q_1, а в точке B, в конце участка, расход в трубопроводе составляет только Q_2. Таким образом, расход в трубопроводе постепенно уменьшается, и на всех промежуточных сечениях участка расход различается, находясь в пределах между Q_1+Q_2 и Q_2.

Предполагается, что газ распределяется равномерно вдоль длины трубопровода для пользователей, и транзитный расход q для каждой ветви одинаков, то есть расход вдоль трубопровода изменяется линейно.

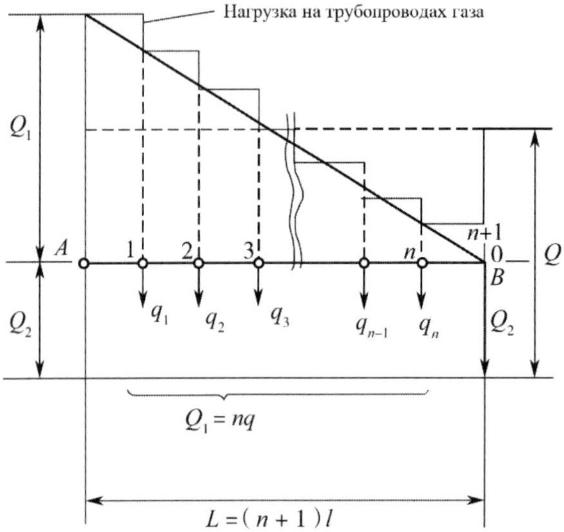

Рис. 7-1-2 Схема изменения нагрузки на распределительном участке газопровода

q—транзитный расход (Нм³/ч); n—количество точек транзита

Для выполнения гидравлического расчета участка с переменной нагрузкой можно найти фиктивный постоянный расход Q, который создает падение давления в трубопроводе, равное фактическому падению давления. Этот постоянный расход Q называется расчетным расходом для участка с переменной нагрузкой и может быть рассчитан по формуле (7-1-2):

$$Q = \alpha Q_1 + Q_2 \qquad (7\text{-}1\text{-}2)$$

Где, Q——Расчетный расход ($Нм^3/ч$);

Q_1——Транзитный расход ($Нм^3/ч$);

Q_2——Транспортируемый расход ($Нм^3/ч$);

α——Коэффициент пересчета расхода.

Коэффициент уменьшения расхода α — это коэффициент, который зависит от отношения транзитного расхода к общему расходу x и количества ответвлений n вдоль маршрута. На основании расчетов, значения α для различных n и x представлены в таблицах 7-1-1 и 7-1-2.

Табл. 7-1-1 В гидравлической формуле, при показателе степени 1, 75, полученные значения α

x	Количество ответвлений n			x	Количество ответвлений n		
	1	5	∞		1	5	∞
0	0, 5	0, 5	0, 5	1	0, 674	0, 59	0, 562

Табл. 7-1-2 В гидравлической формуле, при показателе степени 2, 0, полученные значения α

x	Количество ответвлений n				
	1	5	10	100	∞
0	0, 5	0, 5	0, 5	0, 5	0, 5
0, 5	0, 582	0, 538	0, 531	0, 528	0, 528
1	0, 707	0, 606	0, 592	0, 577	0, 577

Для распределительных газопроводов, количество ответвлений на одном участке трубы обычно не менее 5-10, при этом значение x находится в диапазоне от 0, 3 до 1, 0. Из значений в таблицах 7-1-1 и 7-1-2 видно, что в этом случае коэффициент α находится в диапазоне от 0, 5 до 0, 6. При показателе степени в гидравлической формуле от 1, 75 до 2, 0 изменение коэффициента α незначительно. В реальных расчетах можно использовать среднее значение α = 0, 55.

Таким образом, расчетный расход газа в распределительных газопроводах можно вычислить по формуле (7-1-3):

$$Q = 0{,}55Q_1 + Q_2 \qquad (7\text{-}1\text{-}3)$$

2. Расчет транзитного расхода

Транзитный расход включает в себя только большое количество жилых пользователей и пользователей небольших общественных зданий. Пользователи с большими нагрузками, такие как крупные общественные здания или промышленные предприятия, должны рассматриваться как сосредоточенные нагрузки для расчета.

При проектировании распределительных сетей низкого давления обычно очень сложно получить детальные и точные исходные данные о нагрузке каждого пользователя, подключенного к низковольтным трубопроводам. Можно знать только общую нагрузку на газ в данном районе. При определении расчетного расхода для участка трубопровода необходимо как можно точнее отражать реальную ситуацию, но при этом метод определения не должен быть слишком сложным.

При расчете транзитного расхода предполагается, что жилые пользователи и пользователи небольших общественных зданий равномерно распределены в зоне снабжения, и их численное значение в основном зависит от плотности населения.

На примере показанной на рисунке 7-1-3 зоны газопроводных сетей, шаги по расчету транзитного расхода для каждого участка трубопровода следующие.

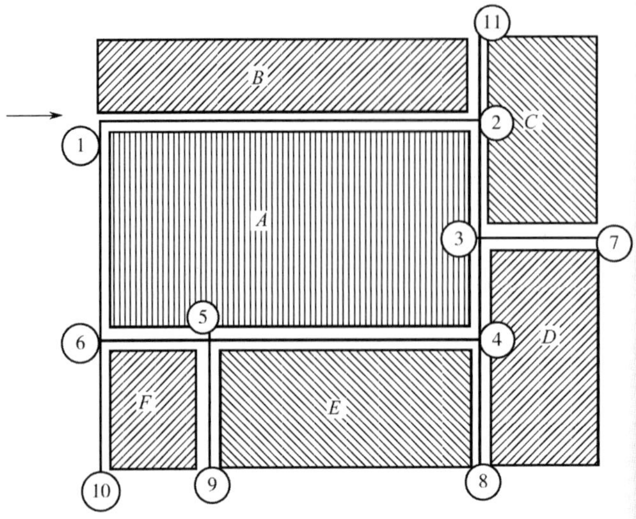

Рис. 7-1-3 Схема расчета транзитного расхода для каждого участка трубопровода

1) Разделение зоны снабжения на несколько районов

В зависимости от расположения дорог, зданий и плотности населения в данной зоне, разделите ее на 6 районов: A, B, C, D, E, F и разместите распределительные трубопроводы.

2) Расчет потребления газа для каждого района

Рассчитайте потребление газа для каждого района, включая потребление газа жилыми пользователями, небольшими общественными зданиями и небольшими промышленными предприятиями. Потребление газа жилыми пользователями можно рассчитать, умножив количество жителей на расчетный расход газа на человека в час e [$Нм^3$/ (чел · ч)].

3) Расчет удельного транзитного расхода на единицу длины для каждого участка трубопровода

В расчетах городских газопроводных сетей можно считать, что транзитный расход равномерно распределяется по длине участка трубопровода. Удельный транзитный расход на единицу длины участка трубопровода рассчитывается по формуле (7-1-4):

$$q = \frac{Q_1}{L} \tag{7-1-4}$$

Где, q——Удельный транзитный расход на единицу длины участка трубопровода [$Нм^3$/ (м · ч)];

Q_1——Транзитный расход участка трубопровода ($Нм^3$/ч);

L——Длина участка трубы (м) .

Удельный транзитный расход на единицу длины для трубопроводов в районах A, B, C, ··· рассчитывается следующим образом:

$$q_A = \frac{Q_A}{L_{1-2} + L_{2-3} + L_{3-4} + L_{4-5} + L_{5-6} + L_{1-6}}$$

$$q_B = \frac{Q_B}{L_{1-2} + L_{2-11}}$$

$$q_C = \frac{Q_C}{L_{2-11} + L_{2-3} + L_{3-7}}$$

……

Где, Q_A, Q_B, Q_C, …——Расход газа в районах A, B, C, …（Нм³/ч）;

q_A, q_B, q_C, …——Удельный транзитный расход на единицу длины для трубопроводов в районах A, B, C, … [Нм³/（м · ч）];

$L_{1\text{-}2}$, $L_{2\text{-}3}$, …——Длины участков трубопроводов（м）.

4）Расчет транзитного расхода участка трубопровода

Транзитный расход участка трубопровода равен удельному транзитному расходу, умноженному на длину участка. Если участок трубопровода является общим для двух районов и должен обеспечивать подачу газа в обоих направлениях, то транзитный расход должен быть равен сумме удельных транзитных расходов для обоих районов, умноженной на длину участка. Транзитный расход для каждого участка трубопровода рассчитывается следующим образом:

$$Q_1^{1-2} = (q_A + q_B) L_{1-2}$$

$$Q_1^{2-3} = (q_A + q_C) L_{2-3}$$

$$Q_1^{4-8} = (q_D + q_E) L_{4-8}$$

$$Q_1^{1-6} = q_A L_{1-6}$$

……

3. Расчет узлового расхода

При выполнении гидравлических расчетов газопроводных сетей, особенно при использовании компьютерных методов для расчета гидравлики кольцевых газопроводных сетей, транзитный расход часто преобразуется в узловой расход. Таким образом, предполагается, что вдоль трубопровода нет дальнейшего оттока, то есть расход в трубопроводе больше не изменяется по его длине, и создаваемое им падение давления в трубопроводе равно фактическому падению давления. Из формулы（7-1-1）следует, что расчетный расход $Q=\alpha Q_1$, эквивалентный утечке в трубопроводе Q_1, можно заменить узловым расходом в конечном узеле трубопровода αQ_1 и узловым расходом в начальном узле（$1\text{-}\alpha$）Q_1.

(1) Когда α=0, 55, узловые расходы в начальном узле i и конечном узле j трубопровода рассчитываются по формулам (7-1-5) и (7-1-6) соответственно:

$$q_i = 0{,}45 Q_1^{i-j} \tag{7-1-5}$$

$$q_j = 0{,}55 Q_1^{i-j} \tag{7-1-6}$$

Где, $Q_{i\text{-}j}$——Транзитный расход газа в трубопроводе от узла i до узлаj (Нм³/ч);

q_i, q_j——Узловые расходы в узлах i и j соответственно (Нм³/ч).

Для узлов, подключенных к нескольким трубопроводам, их узловой расход равен сумме 55% всех транзитных расходов трубопроводов, входящих в узел (конечные участки трубопроводов), и 45% всех транзитных расходов трубопроводов, выходящих из узла (начальные участки трубопроводов), плюс соответствующие сосредоточенные расходы.

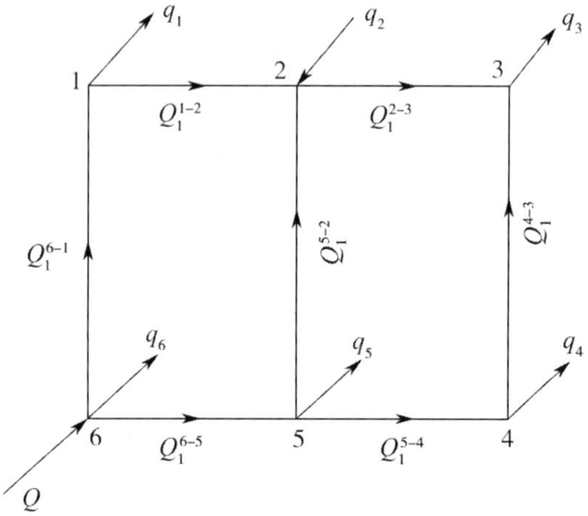

Рис. 7-1-4 Схема узловых расходов

Как показано на рисунке 7-1-4, расходы в узлах следующие:

$$q_1 = 0{,}55 Q_1^{6-1} + 0{,}45 Q_1^{1-2}$$

$$q_2 = 0{,}55 Q_1^{1-2} + 0{,}55 Q_1^{5-2} + 0{,}45 Q_1^{2-3}$$

$$q_3 = 0{,}55 Q_1^{2-3} + 0{,}55 Q_1^{4-3}$$

$$q_4 = 0{,}55 Q_1^{5-4} + 0{,}45 Q_1^{4-3}$$

$$q_5 = 0{,}55 Q_1^{6-5} + 0{,}45 Q_1^{5-2} + 0{,}45 Q_1^{5-4}$$

$$q_6 = 0{,}45 Q_1^{6-5} + 0{,}45 Q_1^{6-1}$$

Сумма узловых расходов во всех узлах сети должна быть равна общему расчетному расходу для всей сети, то есть:

$$Q = q_1 + q_2 + q_3 + q_4 + q_5 + q_6 \tag{7-1-7}$$

(2) Когда α=0，5，узловые расходы в начальном узле i и конечном узле j трубопровода рассчитываются по формуле (7-1-8):

$$q_i = q_j = 0{,}5Q_1^{i-j} \tag{7-1-8}$$

Тогда узловой расход в каждом узле сети равен половине суммы транзитных расходов всех подключенных к нему трубопроводов.

(3) Крупные потребители, подключенные к трубопроводу, считаются сосредоточенными расходами, и при расчете в местах подключения крупных потребителей должны быть установлены узлы.

【Выполнение задачи】

Задачи выполняются в соответствии с заданием проекта и отчетом о выполнении заданий проекта, как показано в таблицах 7-1-3 и 7-1-4.

Табл. 7-1-3 Проектное задание

Наименование задачи	Расчет расхода газа в газопроводе		
Члены группы			
Руководитель		Планируемое время	
Время выполнения		Место выполнения	
Содержание и цели задачи			
1. Понимание значения расчетного расхода в газопроводах; 2. Овладение определением и классификацией расчетного расхода газовых распределительных сетей; 3. Овладение методикой расчета расчетного расхода распределительных участков, утечек и потоков на узлах.			
Контрольные пункты	1. Значение расчетного расхода в газопроводах; 2. Определение и классификация расчетного расхода в газораспределительной сети; 3. Расчет расчетного расхода, транзитного расхода и узлового расхода для газораспределительных трубопроводов.		
Примечание			

Табл. 7-1-4 Отчет о выполнении задачи проекта

Наименование задачи	Расчет расхода газа в газопроводе		
Члены группы			
Конкретное распределение задач			
Планируемое время		Фактическое время выполнения	
Примечание			
1. Краткое описание значения расчетного расхода в газопроводах. 2. Краткое описание определения и классификации расчетного расхода в газораспределительной сети. 3. Краткое описание способ расчета расчетного расхода, транзитного расхода и узлового расхода для газораспределительных трубопроводов.			

【Оценка задачи】

Оценка задачи проводится согласно таблице комплексной оценки задачи проекта, см. таблицу 7-1-5.

Табл. 7-1-5 Таблица комплексной оценки задачи проекта

Наименование задачи: Дата оценки: год, месяц, день

Детали оценки		Стандартный балл	Практический балл								
			Члены группы								
			Самооценка группы	Взаимная оценка группы	Оценка преподавателя	Самооценка группы	Взаимная оценка группы	Оценка преподавателя	Самооценка группы	Взаимная оценка группы	Оценка преподавателя
Оценка группы (60 баллов)	Способность членов группы в целом понимать цели обучения и график	10									
	Четкое распределение задачи между членами группы	10									
	Наличие духа сотрудничества у членов группы	10									
	Наличие инновационных идей (методов) у членов группы	10									
	Достоверность заполнения отчета о выполнении задачи проекта членами группы	10									
	Наличие проблем и решений у членов группы	10									
Оценка личности (40 баллов)	Подчинение членов групповым решениям	10									
	Выполнение задач, назначенных группой	10									
	Своевременное общение и обмен информацией с членами группы	10									
	Способность серьезно описывать трудности, ошибки и изменения	10									
Итого		100									

【Закрепление знаний】

(1) Определение расчетного расхода в газораспределительной сети включает: ________________, ________________ и ________________.

(2) Газораспределительные сети могут быть разделены на три типа в зависимости от подключенных пользователей, а имеено: ________________, ________________ и ________________.

Задача Ⅱ Гидравлический расчет газовой сети

【Подготовка к задаче】

Гидравлический расчет газопроводных сетей в основном проводится для определения движения газа в трубопроводе, обеспечения непрерывности и экономичности подачи газа. Включая расчет перепада давления в газопроводных участках, потерь на местных сопротивлениях, дополнительного давления и т.д. Городские газопроводные сети в основном можно разделить на древовидные, кольцевые и смешанные (кольцево-древовидные) сети, где смешанные сети представляют собой комбинацию кольцевых и древовидных сетей. Городские магистральные газопроводы обычно проектируются в виде кольцевых сетей, в то время как распределительные трубопроводы, отходящие от магистральных, и внутренние газопроводы обычно выбираются в виде древовидных сетей.

1. Гидравлический расчет древовидных сетей

1) Особенности гидравлического расчета древовидных сетей

Древовидные сети состоят из трубопроводных участков и узлов. Для древовидных сетей любой формы количество трубопроводных участков N и m количество узлов m всегда соответствует уравнению (7-2-1):

$$N = m - 1 \qquad (7\text{-}2\text{-}1)$$

Как показано на рисунке 7-2-1, в древовидных сетях газ имеет только одно фиксированное направление потока от точки подачи к каждому узлу. Газ, подаваемый в определенный трубопроводный участок, может поступать только по одной трубе, и схема распределения потока также является единственной. Транзитный поток в древовидных трубопроводах имеет только одно числовое значение. Поток в любом трубопроводном участке равен сумме потоков всех узлов, следующих за этим участком (по направлению потока). Поэтому в любом трубопроводном участке существует только одно значение потока.

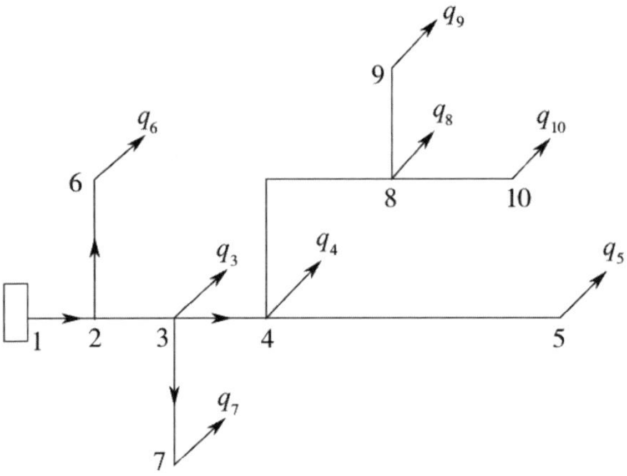

Рис. 7-2-1 Схема распределения потока в древовидной сети

На рисунке 7-2-1 поток в трубопроводном участке 3-4 составляет:

$$Q_{3-4} = q_4 + q_5 + q_8 + q_9 + q_{10} \tag{7-2-2}$$

Поток в трубопроводном участке 4-8 составляет:

$$Q_{4-8} = q_8 + q_9 + q_{10} \tag{7-2-3}$$

Кроме того, в древовидных сетях изменение диаметра определенного трубопроводного участка не влияет на распределение потока в трубопроводе, а приводит только к изменению давления в конечной точке трубопровода. Поэтому в гидравлическом расчете древовидных сетей для каждого трубопроводного участка существуют только два неизвестных: диаметр d_i и падение давления Δp_i.

2) Этапы гидравлического расчета древовидных сетей

(1) Нумерация узлов и трубопроводов сети.

(2) Определение направления потока газа, начиная с конечных узлов магистрали, используйте соотношение $\sum Q_i=0$ для определения расчетного расхода газа в каждом участке сети.

(3) На основе определенного допустимого падения давления рассчитайте допустимое падение давления на единицу длины трубопровода.

(4) На основе расчетного расхода газа в участке и допустимого падения давления на единицу длины предварительно выберите диаметр трубопровода.

(5) На основе выбранного стандартного диаметра трубопровода рассчитайте потери на трение и местные сопротивления, а затем определите общее падение давления.

(6) Проверьте результаты расчетов. Если общее падение давления выходит за пределы допустимой точности, то измените диаметр трубопровода соответствующим образом, пока общее падение давления не станет меньше и не приблизится к допустимому значению.

2. Гидравлический расчет кольцевых сетей

1) Особенности гидравлического расчета кольцевых сетей

Кольцевая сеть состоит из некоторых замкнутых в кольцо участков трубопроводов и узлов. Для кольцевых сетей любой формы количество участков трубопроводов N и количество узлов m всегда соответствует уравнению (7-2-4):

$$N = m + n - 1 \qquad (7\text{-}2\text{-}4)$$

Как показано на рисунке 7-2-2, в кольцевой сети любой узел может получать газ из двух или более направлений, и газ, поступающий в определенный участок трубопровода, может подаваться по одной или нескольким трубам, что позволяет иметь множество различных схем распределения потока. При распределении потока необходимо, чтобы, обеспечивая подачу необходимого количества газа пользователям, также поддерживалась непрерывная подача газа в каждом узле, то есть поток, входящий в любой узел, должен быть равен потоку, выходящему из этого узла.

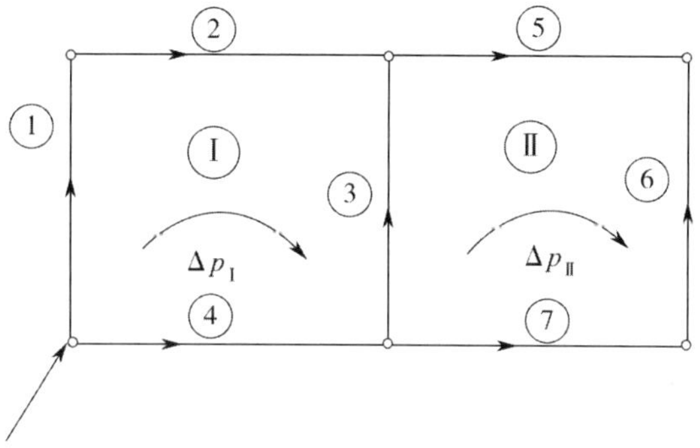

Рис. 7-2-2 Схема кольцеввых сетей

Кроме того, в кольцевой сети изменение диаметра определенного участка трубопровода приводит к перераспределению потоков во всех участках и изменению значений давления в узлах сети. Поэтому в гидравлическом расчете кольцевой сети для каждого участка трубопровода существует три неизвестных: диаметр d_i, падение давления Δp_i и расход Q_i, то есть общее количество неизвестных в сети равно утроенному количеству участков. Пусть количество участков равно N, тогда общее количество неизвестных равно $3N$.

Для решения кольцевой сети необходимо составить достаточное количество уравнений.

(1) Формула для расчета падения давления Δp_i на каждом участке выглядит следующим образом:

$$\Delta p_i = k_j \frac{Q_i^{\alpha}}{d_j^{\beta}} l_j (j = 1, 2, \ldots N) \qquad (7\text{-}2\text{-}5)$$

Здесь: значения α и β связаны с состоянием потока газа и шероховатостью трубопровода, а постоянная k_j связана с свойствами газа и материалом труб. В

итоге можно получить N формул для расчета падения давления.

（2）Алгебраическая сумма расходов в каждом узле равна нулю, то есть:

$$\sum Q_i = 0(i = 1,2,\ldots,\ m-1) \tag{7-2-6}$$

Поскольку последнее уравнение для узла не может быть независимым уравнением, когда все расходы известны, количество полученных уравнений равно количеству узлов минус 1, то есть можно получить m-1 уравнений.

（3）Для каждого кольца, если поток газа в трубопроводе направлен по часовой стрелке, то падение давления в этом участке принимается за положительное значение, а если поток направлен против часовой стрелки, то падение давления принимается за отрицательное значение. Таким образом, сумма падений давления в кольцевой сети равна нулю.

$$\sum \Delta p_i = 0(i = 1,2,\ldots,\ n) \tag{7-2-7}$$

То есть количество полученных уравнений равно количеству колец, обозначаемому как n, следовательно, можно получить n уравнений.

（4）Расчетное падение давления в газопроводных сетей равно Δp, что является суммой падений давления $\sum \Delta p_i$ в каждом участке трубопровода от источника сети до нулевой точки, то есть

$$\sum \Delta p_i - \Delta p = 0 \tag{7-2-8}$$

Количество полученных уравнений равно количеству нулевых точек q в сети. Нулевая точка — это конечная точка последнего участка кольцевой сети, которая является узлом с известным значением давления, кроме источника.

Таким образом, мы получаем（2N+q）уравнений, но количество неизвестных составляет 3N, и нам все еще не хватает N-q уравнений.

Для решения этой проблемы, в соответствии с принципом надежности подачи газа, предварительно распределяют потоки, а в соответствии с принципом экономичности, используют метод равного падения давления для выбора диаметров труб в качестве дополнительных условий.

2）Этапы гидравлического расчета кольцевой сети

Гидравлический расчет кольцевой сети может быть выполнен с использованием методов решения системы уравнений для участков трубопроводов, решения системы уравнений для колец и решения системы уравнений для узлов. Независимо от выбранного метода решения, всегда решается совместная система уравнений, состоящая из уравнений падения давления（7-2-5）, уравнений непрерывности（7-2-6）и уравнений энергии（7-2-7）, для нахождения неизвестных диаметров труб и падений давления. Далее мы сосредоточимся на описании метода решения системы уравнений для колец вручную. При предварительном распределении потоков в кольцевой сети необходимо удовлетворить требованию уравнения непрерывности $\sum Q_i=0$. Однако после выбора диаметров трубопроводов на основе заданных расходов и

расчета падения давления в каждом участке, каждое кольцо часто не удовлетворяет требованию энергетического уравнения $\sum\Delta p_i=0$. Поэтому процесс расчета кольцевой сети методом решения системы уравнений для колец заключается в перераспределении потоков в каждом участке и повторных вычислениях до тех пор, пока не будут одновременно удовлетворены уравнения непрерывности и энергетические уравнения. Этот процесс вычислений называется уравниванием сети. Иными словами, уравнивание — это решение m-1 линейных уравнений непрерывности и n нелинейных энергетических уравнений для получения расходов в N участках трубопроводов. В общем случае, нелинейные энергетические уравнения не могут быть решены напрямую, и необходимо использовать метод последовательных приближений. Окончательный расчет заключается в определении скорректированного потока для каждого кольца, чтобы разница в падении давления была как можно ближе к нулю. Если окончательные результаты расчетов не соответствуют различным технико-экономическим требованиям, необходимо отрегулировать диаметры труб и провести повторные вычисления, чтобы определить более экономически обоснованные диаметры труб. Конкретные шаги следующие:

(1) Создайте схему плана сети, пронумеруйте узлы, участки трубопроводов и кольцевые сети, и укажите длину трубопроводов, сосредоточенные нагрузки, расположение источников газа или станций регулирования давления и т.д;

(2) Рассчитайте транзитный расход для каждого участка трубопровода в сети;

(3) В соответствии с принципом, что поток газа движется по кратчайшему пути от точки подачи к нулевой точке, определите направление потока газа в каждом участке кольцевой сети. Поток газа всегда должен быть направлен от точки подачи и не должен течь в обратном направлении;

(4) Начиная с нулевой точки, последовательно рассчитайте транзитный расход для каждого участка трубопровода;

(5) Определите расчетный расход для каждого участка трубопровода в сети;

(6) На основе допустимого падения давления в сети и расчетной длины трубопровода от точки подачи до нулевой точки (обычно местные потери на сопротивление принимаются в размере 5-10% от потерь на трение по длине), рассчитайте допустимое падение давления на единицу длины и предварительно выберите диаметр трубопровода;

(7) Предварительно рассчитайте общее падение давления для каждого участка трубопровода в сети и разницу в падении давления для каждого кольца;

(8) Расчет выравнивания сети: определите скорректированный поток для каждого кольца, чтобы алгебраическая сумма падений давления во всех замкнутых кольцевых сетях была равна нулю или приближалась к нулю, достигая допустимой погрешности в инженерных расчетах.

【Выполнение задачи】

Задачи выполняются в соответствии с заданием проекта и отчетом о выполнении заданий проекта, как показано в таблицах 7-2-1 и 7-2-2.

Табл. 7-2-1 Проектное задание

<table>
<tr><td>Наименование задачи</td><td colspan="3">Гидравлический расчет газовой сети</td></tr>
<tr><td>Члены группы</td><td colspan="3"></td></tr>
<tr><td>Руководитель</td><td></td><td>Планируемое время</td><td></td></tr>
<tr><td>Время выполнения</td><td></td><td>Место выполнения</td><td></td></tr>
<tr><td colspan="4">Содержание и цели задачи</td></tr>
<tr><td colspan="4">1. Понимание значения гидравлического расчета газопроводных сетей;
2. Овладение пониманием применения и особенностей гидравлических расчетов для древовидных и кольцевых сетей;
3. Владение процессом гидравлического расчета для древовидных и кольцевых сетей.</td></tr>
<tr><td>Контрольные пункты</td><td colspan="3">1. Значение гидравлического расчета газопроводных сетей;
2. Применение и гидравлические характеристики древовидных и кольцевых сетей;
3. Процесс гидравлического расчета древовидных и кольцевых сетей.</td></tr>
<tr><td>Примечание</td><td colspan="3"></td></tr>
</table>

Табл. 7-2-2 Отчет о выполнении задачи проекта

<table>
<tr><td>Наименование задачи</td><td colspan="3">Режим потребления городского газа</td></tr>
<tr><td>Члены группы</td><td></td><td></td><td></td></tr>
<tr><td>Конкретное распределение задач</td><td></td><td></td><td></td></tr>
<tr><td>Планируемое время</td><td></td><td>Фактическое время выполнения</td><td></td></tr>
<tr><td>Примечание</td><td colspan="3"></td></tr>
<tr><td colspan="4">1. Краткое описание классификации и особенностей применения городских газопроводных сетей.

2. Краткое описание основных моментов для гидравлического расчета газопроводных сетей.

3. Краткое описание процесса гидравлического расчета древовидных и кольцевых сетей.</td></tr>
</table>

【Оценка задачи】

Оценка задачи проводится согласно таблице комплексной оценки задачи проекта, см. таблицу 7-2-3.

Табл. 7-2-3 Таблица комплексной оценки задачи проекта

Наименование задачи: Дата оценки: год, месяц, день

Детали оценки		Стандартный балл	Практический балл								
			Члены группы								
			Самооценка группы	Взаимная оценка группы	Оценка преподавателя	Самооценка группы	Взаимная оценка группы	Оценка преподавателя	Самооценка группы	Взаимная оценка группы	Оценка преподавателя
Оценка группы (60 баллов)	Способность членов группы в целом понимать цели обучения и график	10									
	Четкое распределение задачи между членами группы	10									
	Наличие духа сотрудничества у членов группы	10									
	Наличие инновационных идей (методов) у членов группы	10									
	Достоверность заполнения отчета о выполнении задачи проекта членами группы	10									
	Наличие проблем и решений у членов группы	10									
Оценка личности (40 баллов)	Подчинение членов групповым решениям	10									
	Выполнение задач, назначенных группой	10									
	Своевременное общение и обмен информацией с членами группы	10									
	Способность серьезно описывать трудности, ошибки и изменения	10									
Итого		100									

【Закрепление знаний】

(1) Краткое описание классификации и особенностей планировки городских газопроводных сетей.

(2) Краткое описание процесса гидравлического расчета для древовидных и кольцевых сетей.

Проект Ⅷ

Поставка сжатого природного газа, сжиженного природного газа и сжиженного нефтяного газа

【Описание о проекте】

Руководствуясь энергетической стратегией развития Китая, данный проект направлен на всестороннее и углубленное ознакомление с знаниями о поставках сжатого природного газа, сжиженного природного газа и сжиженного нефтяного газа, сосредоточение внимания на сочетании теории с практикой, подчеркивание важности природного газа и сжиженного нефтяного газа в государственном регулировании энергетической структуры, зеленом и низкоуглеродном развитии; он также объединяет знания о последних политиках и нормативных актах, технических стандартах и рыночных операциях в отраслях природного газа и сжиженного нефтяного газа в Китае, чтобы развить осведомленность студентов, чтобы развивать осведомленность о верховенстве закона и рыночную осведомленность студентов; в то же время он подчеркивает важность международного сотрудничества и открытости внешнему миру, а также направляет студентов на формирование глобального видения и духа сотрудничества.

【Цель проекта】

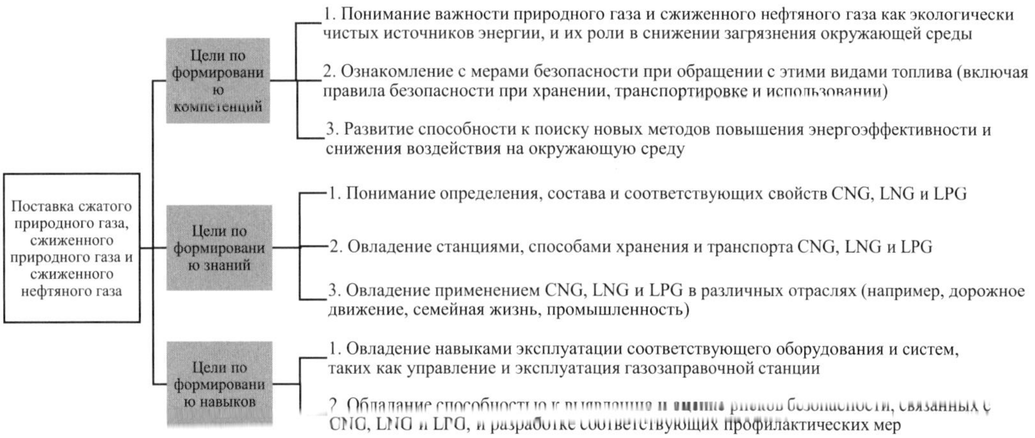

Задача | Поставка сжатого природного газа

【Подготовка к задаче】

Сжатый природный газ (Compressed Natural Gas, CNG) - это газообразный

природный газ, сжатый до давления более или равного 10 МПа, но и менее 25 МПа (ман.) . Объем сжатого природного газа при давлении 25 МПа составляет примерно 1/250 объема одной и той же массы природного газа при стандартных условиях. И сжатый природный газ обычно заправляют в емкости высокого давления для хранения и транспортировки. Плотность хранения сжатого природного газа ниже, чем у сжиженного нефтяного газа и сжиженного природного газа. Однако, в связи с простотой технологии производства и конструкции технического оборудования, легкостью транспортировки и погрузки, сжатый природный газ широко используется в качестве альтернативного топлива для автомобилей или в качестве источника газа для городов и микрорайонов, не имеющих высококачественного топлива.

Система подачи сжатого природного газа в целом относится к системе, в которой природный газ категории II, соответствующий национальному стандарту, используется в качестве источника газа, очищается, обезвоживается и сжимается до давления не более 25 МПа на материнской газозаправочной станции при температуре окружающей среды от -40 ℃ до 50 ℃, и заправляется в блок газовых баллонов высокого давления на машине для перевалки баллонов, а затем транспортируется машиной для перевалки баллонов на городскую газозаправочную станцию для автомобилей CNG для использования в качестве топлива для автомобильных двигателей, или на станцию подачи CNG (пункт хранения и распределения CNG или редукционную станцию) для подачи газа в топливную систему жилых и производственных помещений, коммерческих и промышленных предприятий. Технологическая схема системы подачи сжатого природного газа показана на рис. 8-1-1.

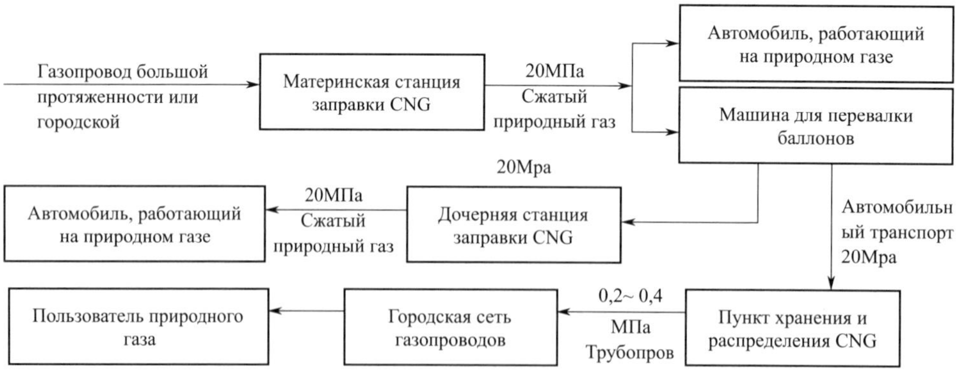

Рис. 8-1-1 Технологическая схема системы подачи сжатого природного газа

Преимущества городской системы подачи сжатого природного газа заключаются в следующем:

(1) В районах, где еще не проложены газопроводы большой протяженности (расстояние транспортировки, как правило, составляет около 200 км), сжатый природный газ используется в качестве источника газа для

городской газификации, что позволяет сэкономить большие инвестиции в строительство;

(2) Замена автомобильного бензина на природный газ позволяет сократить выбросов выхлопных газов автомобилей, улучшить качество атмосферной среды в городских районах и способствовать охране окружающей среды;

(3) Замена автомобильного бензина на природный газ (он относительно недорог) позволяет снизить транспортные расходы и эксплуатационные расходы на автобусы, такси и т. д.

1. Материнская станция заправки сжатым природным газом

Материнская газозаправочная станция - это газозаправочная станция, которая подает сжатый природный газ на дочернюю автомобильную газозаправочную станцию или в пункт хранения и распределения сжатого природного газа с помощью машины для перевалки баллонов. Кроме того, по мере необходимости, материнская газозаправочная станция может быть построена совместно с газозаправочной станцией для автомобилей CNG для непосредственной заправки автомобилей, работающих на природном газе. В связи с тем, что природный газ, поступающий на материнскую газозаправочную станцию, как правило, поступает из газопровода большой протяженности или городского магистрального газопровода, материнская газозаправочная станция чаще всего строится вблизи газопровода большой протяженности, городского магистрального газопровода или совместно с городской газораспределительная станцией.

Материнская станция заправки сжатым природным газом, как правило, состоит из газопроводов, систем регулирования давления, учета, сжатия, осушки газа, хранения, заправки природным газом, и других основных производственных технологических систем и систем управления.

1) Технологический процесс материнской газозаправочной станции

Природный газ из городских газопроводов высокого и среднего давления сначала подвергается фильтрации, учету и регулированию давления, затем поступает в компрессор через буферную емкость для повышения давления до 20-25 МПа, далее поступает в установку осушки газа высокого давления для удаления избыточной влаги из природного газа. Типичная технологическая схема совместного строительства материнской газозаправочной станции и газозаправочной станции для автомобилей CNG показана на рис. 8-1-2.

Когда давление, качество и другие показатели переработанного сжатого природного газа соответствует требованиям, операция хранения или заправки может быть завершена с помощью щита последовательного управления. Как правило, на материнской газозаправочной станции могут быть выполнены следующие три операции с помощью щита последовательности управления.

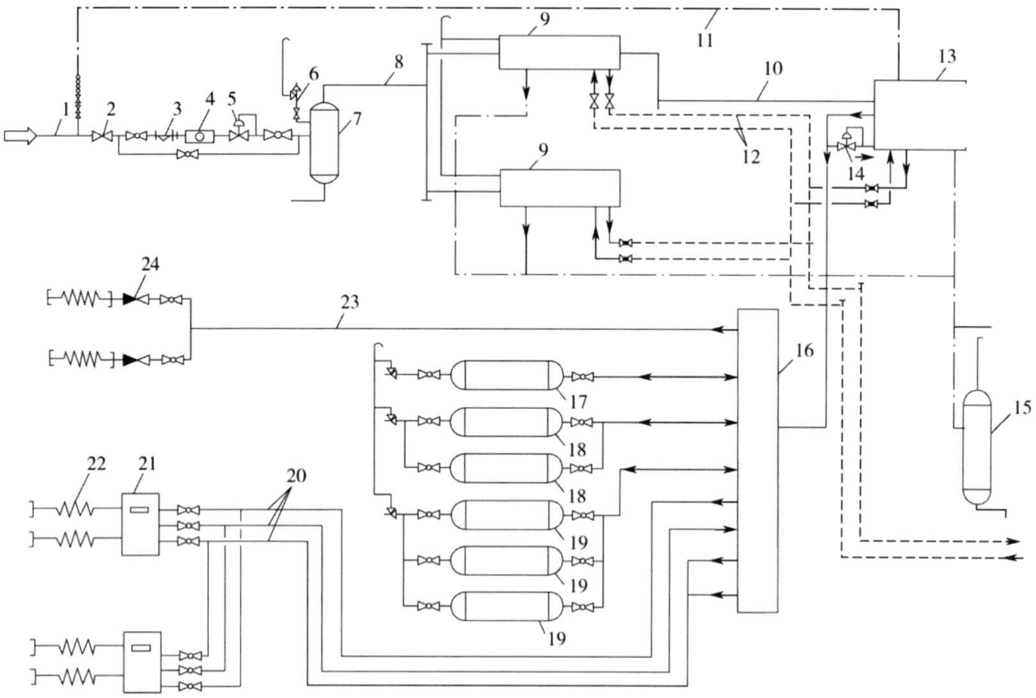

Рис. 8-1-2 Типичная технологическая схема материнской газозаправочной станции

1—Впускной трубопровод природного газа（0，2-4 МПа）；2—Шаровой кран；
3—Фильтр；4—Расходомер；5—Регулятор давления；6—Газовыпускной клапан；
7—Буферная емкость；8—Впускная труба компрессора；9—Компрессор；
10—Выпускная труба компрессора（25 МПа）；11—Трубопровод возврата регенерационного газа；
12—Трубопроводы питательной и обратной охлаждающей воды；
13—Установка осушки газа высокого давления；
14—Регулятор давления регенерации для сушилки；15—Рекуперационный резервуар；
16—Щит последовательного управления；17—Блок газовых баллонов высокого давления；
18—Блок газовых баллонов среднего давления；19—Блок газовых баллонов низкого давления；
20—Газозаправочная труба для газозаправочного аппарата；21—Газозаправочный аппарат；
22—Газозаправочный шланг；
23—Газозаправочный трубопровод машины для перевалки баллонов CNG；
24—Односторонний клапан

（1）Заправка блока газовых баллонов высокого давления газом на машине для перевалки баллонов проводится через газозаправочную колонку.

（2）Сжатый природный газ заправляется в блок газовых баллонов（или колодец для хранения газа）на станции. Для облегчения эксплуатации и снижения затрат на сжатие газа, блок газовых баллонов（или колодец для хранения газа）обычно делится на три группы：баллон высокого давления，баллон среднего давления и баллон низкого давления по давлению наполнения. При наполнении газом，три группы газовых баллонов заправляются по принципу от высокого давления к низкому.

（3）Заправка автомобилей，работающих на природном газе，осуществляется двумя способами：во-первых，заправка автомобилей，

работающих на природном газе, осуществляется непосредственно через компрессор; во-вторых, заправка автомобилей, работающих на природном газе, осуществляется с использованием сжатого природного газа в блоке газовых баллонов (или в колодце для хранения газа).

Если материнская газозаправочная станция используется только в качестве источника городского газа для заправки газа в машину для перевалки баллонов, которая затем транспортирует CNG в пункт хранения и распределения CNG, то на этой станции не предусмотрены щит управления, блок газовых баллонов (или колодец для хранения газа) и газозаправочный аппарат, и только предусмотрено такое основное технологическое оборудование, как компрессор, газозаправочная колонка и т.д.

Давление на входе компрессора на материнской газозаправочной станции определяется в зависимости от давления входящего природного газа, и стабилизируется регулятором давления. Давление выхлопа компрессора, как правило, принимается равным 25 МПа. А давление на выходе компрессора принимается равным 20 МПа только при заправки газа в машину для перевалки баллонов.

2) Основное технологическое оборудование материнской газозаправочной станции

Поскольку материнская станция заправки CNG, которая заправляет газ только в машину для перевалки баллонов, выполняет относительно единую функцию, ее основное технологическое оборудование проще, чем на газозаправочной станции для автомобилей, работающих на природном газе, и обычно состоит из следующих частей.

Ⅰ. Измерительная установка для регулирования давления

Давление на входе материнской газозаправочной станции, где источником газа является городской магистральный газопровод, зависит от входного давления природного газа. В связи с тем, что давление в городском магистральном газопроводе колеблется в процессе его эксплуатации, перед компрессором необходимо установить устройство регулирования давления для обеспечения стабильности давления природного газа на входе компрессора. И давление на выходе устройства регулирования давления определяется в зависимости от требований компрессора.

После того, как природный газ поступает на материнскую газозаправочную станцию, необходимо установить замерное устройство, в качестве которого обычно используется турбинный расходомер с определенной точностью измерения.

Ⅱ. Установка очистки природного газа

Ⅰ) Сероочистка

Если содержание серы в природном газе, поступающем на материнскую газозаправочную станцию, превышает требования к природному газу для

автомобилей, то на материнской газозаправочной станции необходимо предусмотреть установку сероочистку, чтобы избежать повреждения трубопроводов, оборудования и блока газовых баллонов высокого давления, установленного на автомобиле, вызванного сероводородной коррозией, а также обеспечить срок службы оборудования.

Ⅱ) Пылеудаление

Содержание пыли в природном газе, поступающем в компрессор, должно быть не более 5 мг/м^3, и диаметр мелкой пыли должен быть менее 10 мкм. Если содержание пыли в природном газе и диаметр мелкой пыли превышают указанные значения, то необходимо предусмотреть установку пылеудаления.

Ⅲ) Осушка газа

В конкретной зоне движения автомобиля точка росы воды в природном газе должна быть не более -13 ℃ при максимальном рабочем давлении оборудования; точка росы воды в природном газе должна быть на 5 ℃ ниже температуры воздуха при минимальной температуре воздуха ниже -8 ℃. Таким образом, если содержание воды в природном газе превышает это требование, на материнской газозаправочной станции необходимо предусмотреть установку осушки газа, чтобы уменьшить степень коррозии системы углекислым газом и сероводородными водорастворимыми веществами, а также предотвратить засорение системы подачи газа льдом в процессе декомпрессии, расширения и охлаждения сжатого природного газа. Осушка природного газа является одним из наиболее важных звеньев, обеспечивающих нормальную работу оборудования на материнской газозаправочной станции.

В зависимости от положения установки, установка осушки природного газа может делиться на три типа: установку осушки газа низкого давления, установку осушки газа среднего давления и установку осушки газа высокого давления.

Установка осушки газа низкого давления расположена перед входом компрессора, в том числе система осушки газа состоит из переднего фильтра, сушильного адсорбера и заднего фильтра; а система регенерации состоит из нагревателя, циркуляционного вентилятора и охладителя. На рис. 8-1-3 показана технологическая схема установки осушки газа низкого давления. Направление стрелки, показанное на технологической схеме, обозначает направление потока газа при работе сушильной колонны А и регенерации сушильной колонны В. Клапаны 2, 3, 5 и 8 закрываются, а клапаны 1, 4, 6 и 7 открываются; при работе сушильной колонны В и регенерации сушильной колонны А, клапаны находятся в противоположном состоянии открытия и закрытия. Установка осушки газа низкого давления использует способ регенерации с замкнутым циклом, занимает большую площадь, имеет высокие инвестиционные затраты и большое энергопотребление; но имеет низкие расходы на техническое обслуживание, что оказывает определенное защитное действие на компрессор.

Как правило, импортные компрессоры ограничивают количество конденсата во время работы, поэтому часто выбирается установка осушки газа низкого давления.

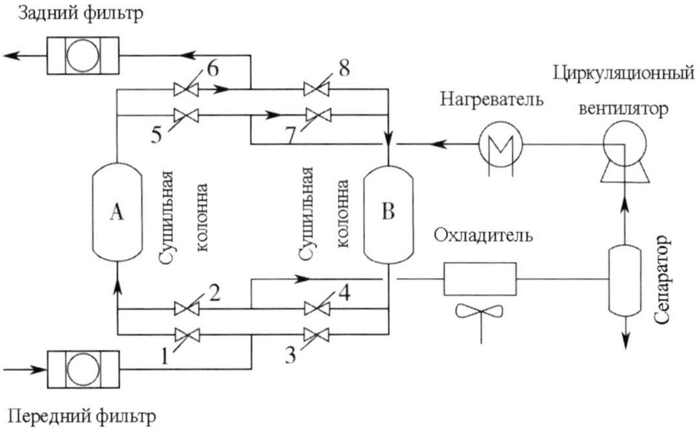

Рис. 8-1-3 Технологическая схема установки осушки газа низкого давления

Установка осушки газа высокого давления расположена после компрессора, в том числе система осушки газа состоит из переднего фильтра, сепаратора, сушильного адсорбера и заднего фильтра; а система регенерации состоит из регулятора давления, нагревателя и охладителя. В качестве регенерационного газа используется сжатый готовый газ; регенерационный газ после декомпрессии регулятором давления последовательно поступает в нагреватель и регенерационную колонну, и уносит влагу из регенерационной колонны, а затем поступает в охладитель для конденсации воды, после этого регенерационный газ возвращается на вход компрессора или в сеть газопроводов. На рис. 8-1-4 показана технологическая схема установок осушки газа среднего и высокого давления. Направление стрелки, показанное на технологической схеме, обозначает направление потока газа при работе сушильной колонны A и регенерации сушильной колонны B. Клапаны 2, 3, 5 и 8 закрываются, а клапаны 1, 4, 6 и 7 открываются; при работе сушильной колонны B и регенерации сушильной колонны A, клапаны находятся в противоположном состоянии открытия и закрытия. Установка осушки газа высокого давления имеет компактную конструкцию, небольшую площадь, низкие инвестиционные затраты, низкое энергопотребление и хороший эффект осушки газа, и является более распространенным способом осушки газа.

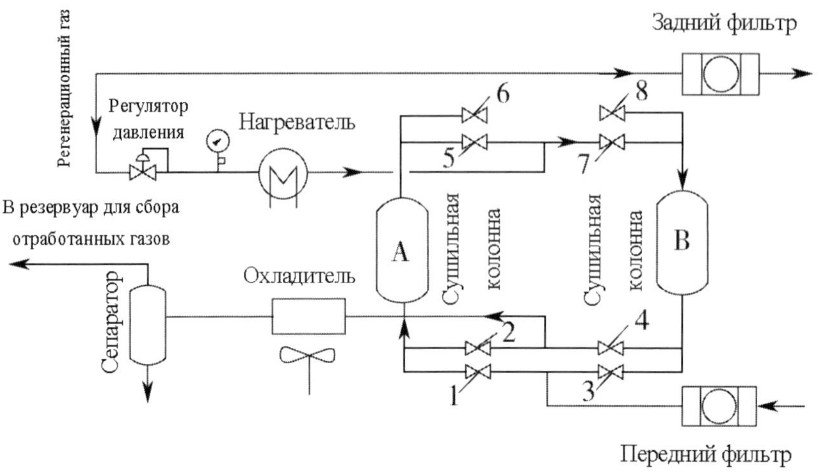

Рис. 8-1-4 Технологическая схема установок осушки газа среднего и высокого давления

Установка осушки газа среднего давления расположена в трубопроводе между выходом промежуточной ступени и входом следующей ступени компрессора. Давление в этой установке составляет около 4, 0 МПа. И эта установка имеет такой же рабочий процесс, как и установка осушки газа высокого давления. Данная установка имеет низкие инвестиционные затраты, большое энергопотребление и высокие расходы на техническое обслуживание.

В качестве адсорбента, используемого в установке осушки газа на материнской станции заправки сжатым природным газом, в основном используется молекулярное сито типа 4А. При обработке природного газа с высоким содержанием воды, часть влаги также может быть удалена с помощью силикагеля, а затем молекулярные сита используются для дальнейшей осушки газа, чтобы снизить затраты на осушку газа.

После того, как природный газ проходит через установку осушки газа, необходимо проверить соответствие точки росы воды в осушенном природном газе требованиям с помощью онлайн-измерителя точки росы или портативного измерителя точки росы.

Ⅲ. Система компримирования природного газа

Система компримирования природного газа в основном состоит из буферной емкости входного газа, компрессора, системы смазки, системы охлаждения, системы управления и принадлежностей.

Ⅰ) Компрессор

Компрессор является наиболее важным оборудованием на материнской газозаправочной станции, и его работоспособность напрямую влияет на надежность и экономичность работы материнской газозаправочной станции. Компрессор, используемый на материнской станции заправки CNG, имеет высокое давление выхлопа и маленький объем выхлопных газов. Как правило, используется возвратно-поступательный поршневой компрессор, который может

делиться на вертикальные, горизонтальные, угловые и симметричные сбалансированные, в зависимости от конструктивного исполнения.

Общий объем выхлопных газов компрессора зависит от функции, масштаба, объема хранения газа, скорости наполнения и времени работы материнской газозаправочной станции. Общий объем выхлопных газов компрессора может быть определен в зависимости от суммы среднесуточного расхода газа для различных целей и количества суточных рабочих часов компрессора (обычно 10-12 ч.), а также с учетом возможного объема дополнительного газа в газохранилище. В связи с ограничением давления в баллоне автомобиля CNG, давление выхлопа компрессора должно быть не более 25 МПа (ман.), а температура на выходе компрессора должна быть не более 40 ℃. Единичный объем выхлопных газов компрессоров, работающих параллельно, должен составлять 80%-85% от номинального объемного расхода.

Ⅱ) Система смазки

Компрессор может делиться на два типа: масляную смазку и безмасляную смазку по способу смазки между цилиндром и поршнем.

Компрессор обычно использует смазочный насос для принудительной транспортировки смазочного масла из маслосборного резервуара в различные точки смазки; при этом смазочное масло фильтруется и охлаждается через трубопровод циркуляционного масла, и возвращается в маслосборный резервуар, и этот процесс происходит циклически. При использовании компрессора с масляной смазкой, смазочное масло может попадать в сжатый природный газ, поэтому между ступенями компрессора, в конце ступени компрессора и перед установкой осушки газа высокого давления необходимо предусмотреть маслоотделитель или масляный фильтр. Безмасляная смазка означает, что поршневое кольцо имеет функцию самосмазки. Импортные компрессоры в основном используют способ безмасляной смазки.

Ⅲ) Система охлаждения

По способу охлаждения система охлаждения компрессора может делиться на два способа: воздушное охлаждение и водяное охлаждение. Система водяного охлаждения состоит из градирни, водяного резервуара или бака, циркуляционного насоса, межступенчатого и послеступенчатого охладителей компрессора и гильзы цилиндра. После нагрева охлаждающей циркуляционной воды, она поступает в градирню и водяной резервуар для охлаждения, а затем циркулирует через водяной насос. Цилиндр компрессора с воздушным охлаждением, как правило, оснащен охлаждающими ребрами. Высокотемпературный газ, выпускаемый из него, поступает в пучок охлаждающих трубок охладителя, а затем охлаждается вентилятором. Однако, в связи с тем, что компрессор с воздушным охлаждением имеет большой шум, необходимо принять меры по звукоизоляции. Помимо охлаждения цилиндра и сжатого природного газа, охлаждение компрессора также включает в себя

охлаждение смазочного масла и т.д.

Ⅳ) Системы управления и принадлежности

Система управления включает в себя устройство сигнализации и блокировки при превышении предела давления впуска и выхлопа, устройство сигнализации и блокировки при превышении предела температуры выхлопа, устройство сигнализации и блокировки при превышении предела давления воды и масла, и другие защитные устройства.

Принадлежности включают в себя предохранительные клапаны всех ступеней, маслоотделитель и т. д. Перед входом компрессора предусмотрена буферная емкость для обеспечения стабильности давления всасывания. Кроме того, также предусмотрен сборный резервуар для возврата природного газа, выбрасываемого при продувке и разгрузке компрессора, и использована буферная емкость для возврата выбрасываемого природного газа.

3) Горизонтальная планировка материнской газозаправочной станции

Материнская газозаправочная станция чаще всего строится вблизи газопровода большой протяженности, городского магистрального газопровода или совместно с городской газораспределительная станцией, а также обладает подходящими транспортными условиями, условиями электроснабжения, водоснабжения, канализации и связи, и инженерно-геологическими условиями.

Компоновка генерального плана материнской станции заправки сжатым природным газом осуществляется по зонам, т. е. делится на производственную зону и вспомогательную зону. Между технологическими сооружениями сжатого природного газа, зданиями и сооружениями внутри и снаружи станции должно быть обеспечено безопасное противопожарное расстояние. Пример компоновки генерального плана материнской газозаправочной станции показан на рис. 8-1-5.

2. Транспортировка сжатого природного газа

Сжатый природный газ обычно транспортируется с помощью машины для перевалки баллонов, а также с помощью судна. В настоящее время наиболее часто используемым и технически зрелым способом является автомобильный транспорт на машине для перевалки баллонов.

1) Автомобильный транспорт

Сжатый природный газ в основном транспортируется автомобильным транспортом, т. е. сжатый природный газ транспортируется на дочернюю автомобильную газозаправочную станцию или в малый городской пункт хранения и распределения CNG с помощью машины для перевалки баллонов (в зарубежных странах ее называют прицепом для перевозки длинных труб), оснащенной стальными бесшовными баллонами большого объема. Этот вид транспорта обладает такими особенностями, как высокая мобильность и гибкость, низкие транспортные затраты, низкий риск и быстрый эффект, и подходит для перевалки сжатого природного газа на короткие расстояния.

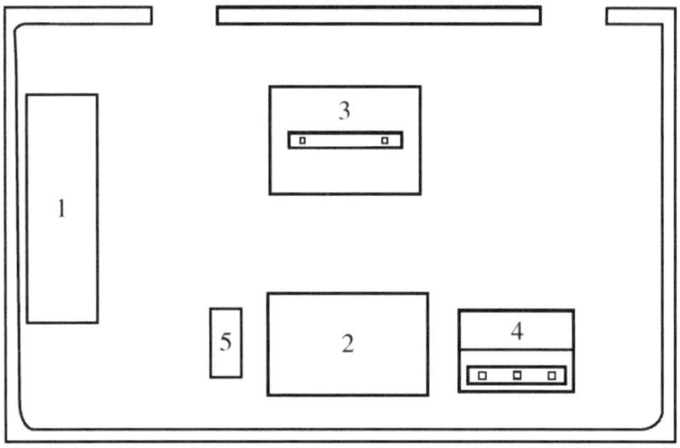

Рис. 8-1-5 Генеральный план материнской станции заправки сжатым природным газом (включая газозаправочную станцию для автомобилей CNG)

1—Административно-бытовой корпус (АБК); 2—Компрессорная;
3—Заправочный островок для заправки автомобилей;
4—Газозаправочная колонка машины для перевалки баллонов CNG;
5—Блок газовых баллонов (колодец для хранения газа)

Обычно используемая машина для перевалки баллонов сжатого природного газа в основном выполнена в виде контейнера для трубного пучка (т. е. она состоит из тягача, прицепа и каркасного пучка баллонов), как показано на рис. 8-1-6. Пучок баллонов, как правило, представляет собой блок бесшовных кованых баллонов большого объема, работающих под давлением, с 8 и 15 трубами (общий геометрический объем составляет 10-20 м^3). Модели и основные технические характеристики машины для перевалки баллонов сжатого природного газа, широко используемой в Китае, приведены в таблице 8-1-1.

Рис. 8-1-6 Машина для перевалки баллонов сжатого природного газа

Табл. 8-1-1 Модели и основные технические характеристики машины для перевалки баллонов сжатого природного газа, широко используемой в Китае

Пункты	Технические характеристики и наименование		Проект	Технические характеристики и наименование	
	С 8 трубами	С 15 трубами		С 8 трубами	С 15 трубами
Номинальное рабочее давление, МПа	20	20	Масса одного баллона, кг	2 700	1 692
Рабочая температура окружающей среды, ℃	-40~60	-40~60	Масса каркаса, кг	3 450	4 000
Давление гидравлического испытания, МПа	33, 3	33, 3	Масса контейнера для трубного пучка, кг	25 660	29 380
Давление испытания на герметичность, МПа	20	20	Общий объем наполнения, $Нм^3$	4 550	4 542
Спецификация баллона, мм	D559 × 10 975	D406 × 11 000	Масса наполнения, кг	3 200	3 258
Водяной объем баллона, $м^3$	2, 24	1, 2	Общая масса после наполнения газом, кг	28 860	32 638
Общий объем, $м^3$	17, 92	18	Габаритные размеры, мм	12 192 × 2 438 × 1 400	12 192 × 2 438 × 1 580

Ⅰ. Ходовой механизм

Тягач и прицеп машины для перевалки баллонов сжатого природного газа являются как транспортными элементами, так и основными несущими элементами, и в совокупности называются ходовым механизмом. Ходовой механизм должен выдерживать нагрузку, создаваемую баллонов и средой, а также обеспечить плавность транспортировки. Ходовой механизм в основном имеет каркасную конструкцию. Рама автомобиля представляет собой высокопрочную сквозную балку 16Mn, усиленную гуськом, и оснащена антиблокировочной тормозной системой (ABS) для повышения безопасности движения автомобиля. Центр тяжести ходового механизма максимально понижен для повышения боковой устойчивости автомобиля.

Ⅱ. Контейнер для трубного пучка

Контейнер для трубного пучка состоит из рамы, торцевой пластины, бесшовных баллонов большого объема, безопасного отсека, операционного отсека и т.д. В частности, размеры рамы соответствуют соответствующим национальным стандартам на контейнеры; безопасный отсек расположен в передней части прицепа, и состоит из предохранительного клапана для блока баллонов, разрывной мембраны и канализационного трубопровода; для облегчения эксплуатации, операционный отсек расположен в задней части прицепа, где газовые баллоны соединены с помощью трубопровода высокого давления для заправки и разгрузки газа, и оснащен приборами для измерения температуры и давления, предохранительными клапанами и быстросъемными соединителями для заправки и разгрузки газа.

2) Водный транспорт

Перевозка сжатого природного газа на водяном транспорте осуществляется с помощью специального оборудования-транспортного судна CNG для реализации перевалки CNG на короткие расстояния по воде. На приемном терминале природный газ может использоваться непосредственно, без необходимости преобразования жидкого состояния в газообразное, как сжиженный природный газ, что экономит большие инвестиции в строительство. Поскольку экономичность транспортировки природного газа на короткие расстояния на транспортном судне CNG лучше, чем на судах LNG, ожидается, что оно станет основным средством транспортировки природного газа на короткие расстояния по воде.

3. Пункт хранения и распределения сжатого природного газа

Функция пункта хранения и распределения сжатого природного газа заключается в приеме сжатого природного газа, транспортируемого машиной для перевалки баллонов сжатого природного газа от материнской газозаправочной станции. После разгрузки, нагрева, регулирования давления, хранения, учета и одорированию, сжатый природный газ поступает в городской трубопровод для транспортировки и распределения газа для использования потребителями. Пункт хранения и распределения сжатого природного газа подходит для газоснабжения небольших городов и поселок, удаленных от газопровода большой протяженности, и где нерентабельно строить ответвления природного газа высокого давления, или небольших городов и поселок или районов, удаленных от существующей городской сети газопроводов.

1) Технологический процесс пункта хранения и распределения сжатого природного газа

В городах и поселках, где используется сжатый природный газ для подачи газа, как правило, имеется небольшой масштаб потребления газа. Городская сеть газопроводов для транспортировки и распределения газа в основном использует двухступенчатую систему среднего и низкого давления, поэтому после того, как машина для перевалки баллонов сжатого природного газа въезжает в пункт хранения и распределения CNG, природный газ высокого давления подлежит трехступенчатому регулированию давления до 0, 2-0, 4 МПа, и затем непосредственно поступает в городскую сеть газопроводов для транспортировки и распределения газа. При следующих условиях (например, большие города и поселки, большой расход газа или большое расстояние от источника газа, большее расстояние транспортировки), если хранение газа осуществляется только с помощью блока газовых баллонов на машине для перевалки баллонов и стационарного блока баллонов высокого давления на станции (объем хранения газа должен быть не менее 1, 5 раза среднесуточного расхода газа за расчетный месяц), то пункт хранения и распределения может использовать способ двухступенчатого регулирования давления, по мере

необходимости давление газа может быть отрегулировано до 4, 0 МПа, после этого газ вывозится со станции. В городах и поселках используется трехступенчатая система трубопроводных сетей. Полное использование энергии давления и трубопроводов высокого давления за пределами городов и поселков для хранения газа является экономически разумным подходом, что позволяет сэкономить большие инвестиции.

В процессе декомпрессии и расширения газа возникнет снижение температуры из-за значительного снижения давления природного газа, поступающего в пункт хранения и распределения (от высокого давления 20 МПа до давления в городской сети газопроводов), а слишком низкая температура может привести к повреждению газопровода, пленки регулятора давления, резервуара и другого оборудования, даже вызывать аварии, поэтому теплообменник предусмотрен соответственно перед двухступенчатым регулятором давления в пункте хранения и распределения для нагрева и повышения температуры газа с большой амплитудой декомпрессии. Для того, чтобы предотвратить слишком высокую или низкую температуру нагретого природного газа, можно использовать следующие два способа управления:

(1) На входе теплообменника предусмотрен терморегулирующий клапан, который блокируется с датчиком температуры на выходе регулятора давления;

(2) Каждый теплообменник оснащен циркуляционным насосом для горячей воды с частотным регулированием, сблокированный с датчиками температуры до и после регулятора давления и с датчиком давлению на выходе регулятора давления для регулирования расхода горячей воды.

Перед регулятором давления необходимо установить быстродействующий отсечной клапан, или выбрать регулятор давления со встроенным отсечным клапаном, чтобы избежать сверхвысокого давления на выходе при отказе регулятора давления. Отключающее давление отсечного клапана определяется в зависимости от рабочего давления устройства после регулятора давления, как правило, должно быть менее 90% рабочего давления устройства после регулятора давления или менее его максимального рабочего давления.

В связи с тем, что пункт хранения и распределения сжатого природного газа в основном является переходным источником газа до поступления природного газа из трубопровода, блок газовых баллонов на машине для перевалки баллонов используется в качестве газохранилища для прямой подачи газа. Технологическое оборудование пункта хранения и распределения включает в себя машину для перевалки баллонов сжатого природного газа, регулятор давления, расходомер, теплообменник и комплектующие сооружения. Если природный газ не имеет запаха или достаточного запаха, то необходимо предусмотреть установку для одорирования. Регулятор давления, расходомер, теплообменник, комплектующие клапаны и приборы, как правило, объединены в одно блочно-комплектное оборудование, которое называется блочно-

комплектным пунктом регулирования давления и учета расхода CNG.

2) Горизонтальная планировка пункта хранения и распределения сжатого природного газа

Ⅰ. Выбор местоположения пункта

Местоположение пункта хранения и распределения сжатого природного газа должно выбираться в соответствии со следующими требованиями:

(1) Наличие подходящих топографических условий, инженерно-геологических условий, транспортных условий, а также условий электроснабжения, водоснабжения, канализации и связи;

(2) Занятие небольшой площади сельскохозяйственных угодий, экономия используемой земли, с уделением внимания координации с городским ландшафтом;

(3) Соответствие требованиям к комплексному планированию городов и поселок.

Ⅱ. Генеральное планирование

Компоновка генерального плана пункта хранения и распределения сжатого природного газа должна проводиться с учетом технологического процесса, чтобы обеспечить рациональное, компактное и унифицированное функциональное зонирование для облегчения управления производством и текущего технического обслуживания, а также обеспечить соответствие безопасного расстояния от пункта хранения и распределения до зданий и сооружений внутри и снаружи пункта, и безопасного расстояния для расположения оборудования на станции правилам проектирования.

Пункт хранения и распределения сжатого природного газа имеет в основном те же функции, что и пункт хранения и распределения обычного природного газа. Однако, разница в функциях заключается в добавлении стационарного места для парковки машины для перевалки баллонов сжатого природного газа, газоразгрузочной колонки, трубопровода сверхвысокого давления от газоразгрузочной колонки до блочно-комплектного пункта регулирования давления и учета расхода сжатого природного газа. Таким образом, компоновка генерального плана пункта хранения и распределения сжатого природного газа осуществляется по зонам, которые делятся на производственную зону и вспомогательную зону, чтобы обеспечить безопасность. В частности, в производственной зоне в основном расположены газоразгрузочная колонка, место для парковки машины для перевалки баллонов сжатого природного газа, установка регулирования давления и учета расхода газа и т.д.; в вспомогательной зоне в основном расположены АБК, водогрейная котельная, помещение КИП и т.д. На территории пункта необходимо предусмотреть два внешних входа и выхода.

Ширина каждого стационарного места для парковки машины для перевалки баллонов сжатого природного газа в пункте хранения и распределения должна

быть не менее 4, 5 м, а его длина должна соответствовать длине машины для перевалки баллонов. И перед парковочным местом должна быть расположена достаточная площадка для разворота автомобиля.

Газоразгрузочная колонка должна быть установлена вблизи стационарного места для парковки машины для перевалки баллонов сжатого природного газа, и на расстоянии 2-3 м от стационарного парковочного места. Безопасное расстояние от стационарного места для парковки машины для перевалки баллонов сжатого природного газа и газоразгрузочной колонки до зданий и сооружений внутри и снаружи пункта должно соответствовать соответствующим положениям в «Правилах проектирования городского газоснабжения» (изд. 2020 года) и «Противопожарных правилах проектирования здания» (изд. 2018 года). Пример компоновки генерального плана пункта хранения и распределения сжатого природного газа показан на рис. 8-1-7.

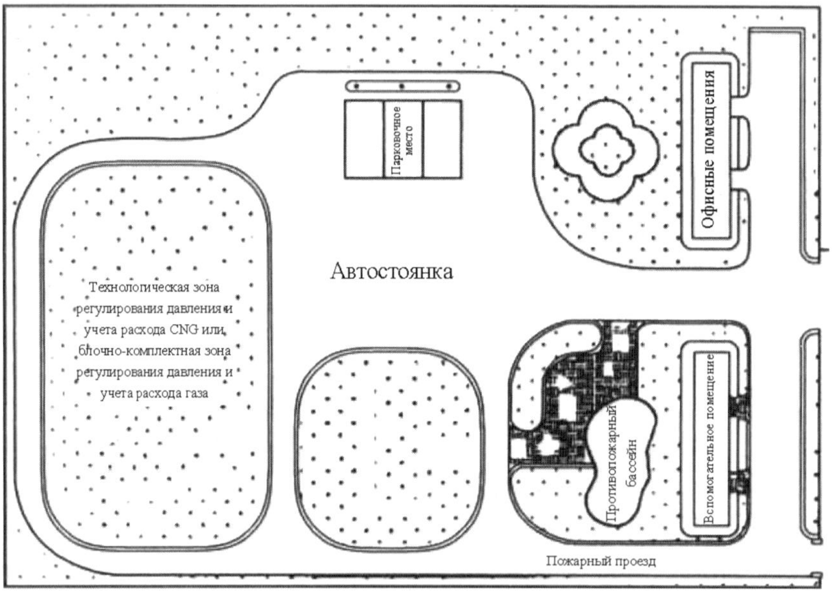

Рис. 8-1-7 Генеральный план пункта хранения и распределения сжатого природного газа

4. Газозаправочная станция для автомобилей, работающих на сжатом природном газе

Газозаправочная станция для автомобилей, работающих на сжатом природном газе, как правило, может делиться на дочернюю газозаправочную станцию и обычную газозаправочную станцию в зависимости от способов подачи газа. Природный газ, поступающий на обычную газозаправочную станцию, подлежит осушке газа, сероочистке, учету, сжатия и др., а затем сжатый природный газ заправляется в автомобили, работающие на сжатом природном газе. Технические показатели сжатого природного газа для автомобилей в Китае приведены в таблице 8-1-2.

Табл. 8-1-2 Технические показатели сжатого природного газа для автомобилей в Китае

Пункты	Технические показатели
Высшая теплота сгорания, МДж/м^3	>31, 4
Содержание общей серы (по сере), мг/м^3	≤ 200
Содержание сероводорода, мг/м^3	≤ 15
Содержание двуокиси углерода, %	≤ 3, 0
Содержание кислорода, %	≤ 0, 5
Точка росы воды, ℃	В конкретной географической зоне движения автомобиля точка росы воды в природном газе должна быть не более -13° C при максимальном рабочем давлении; точка росы воды в природном газе должна быть ниже температуры воздуха при минимальной температуре воздуха ниже -8° C.

Примечание: Стандартные эталонные условия для определения объема газа: 101, 325 кПа и 20° C.

1) Классификация газозаправочной станции для автомобилей, работающих на сжатом природном газе

Ⅰ. Дочерняя станция заправки

Дочерняя газозаправочная станция - это газозаправочная станция, которая использует сжатый природный газ, транспортируемый машиной для перевалки баллонов от материнской газозаправочной станции, для заправки автомобилей, работающих на сжатом природном газе. Дочерняя газозаправочная станция широко используется при наличии следующих объективных обстоятельств:

(1) Место расположения станции удалена от городской сети газопроводов;

(2) В связи с наличие низкого давления в сети газопроводов (среднее давление класса B и ниже), не имеются условия для подключения газа;

(3) Строительство газозаправочной станции в большей степени влияет на рабочие условия газоснабжения сети газопроводов. Как правило, одна материнская газозаправочная станция может может снабжать природным газом несколько дочерних газозаправочных станций в зависимости от их размера.

Источником газа для дочерней газозаправочной станции является блок газовых баллонов высокого давления на машине для перевалки баллонов, прибывающей с материнской газозаправочной станции. Она состоит из систем разгрузки, хранения и заправки сжатым природным газом. И ее типичный технологический процесс показан на рис. 8-1-8.

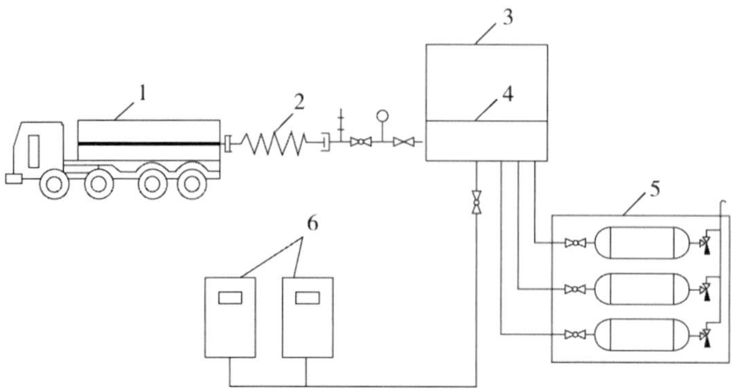

Рис. 8-1-8 Типичный технологический процесс дочерней газозаправочной станции

1—Машина для перевалки баллонов; 2—Шланг высокого давления; 3—Компрессор; 4—Щит последовательного управления; 5—Группа газовых баллонов для хранения; 6—Газозаправочный аппарат

На газозаправочной станции CNG необходимо предусмотреть газохранилище во избежание влияния частых пусков компрессора на срок службы оборудования, и для обеспечения потребителей источником газа. Как правило, колодцы для хранения газа высокого, среднего и низкого давления (или блок газовых баллонов) применяются для ступенчатого хранения, и их процесс наполнения и забора газа автоматически управляется щитом последовательного управления. При наполнении газом, сжатый природный газ в блоке газовых баллонов высокого давления, установленном на автомобиле, поступает в компрессор через газоразгрузочную колонку. После нагнетания с 20 МПа до 25 МПа, колодец для хранения газа (или блок газовых баллонов) на станции заправляется по принципу от высокого давления наполнения к низкому (т.е. колодец для хранения газа высокого давления сначала заправляется). Когда давление в колодце для хранения газа высокого давления повышается до определенного значения, колодец для хранения газа среднего давления начинается заправляться; когда давление в колодце для хранения газа среднего давления повышается до определенного значения, колодец для хранения газа низкого давления начинается заправляться; далее три группы колодцев для хранения газа одновременно заправляются, и процесс заправки газом прекращается после повышения давления до максимального давления хранения газа. Последовательность заправки газозаправочного аппарата газом с помощью колодца для хранения газа (или блока газовых баллонов) противоположна процессу наполнения газом. При заправке автомобиля газом, забор газа осуществляется по принципу от низкого давления к высокому, т.е. сначала следует забирать газ из колодца для хранения газа низкого давления (или блока газовых баллонов), когда его давление снижается до определенного значения, затем последовательно забирать газ из колодца для хранения газа среднего давления и колодца для хранения газа высокого давления (или блока газовых

баллонов). Процесс заправки газом прекращается до тех пор, пока давление в колодце для хранения газа (или в блоке газовых баллонов) не снижается до давления, равного давлению при заправке автомобиля газом. Если автомобиль все еще нуждается в заправке газом, то компрессор подает газ непосредственно в газозаправочный аппарат. Такой способ работы позволяет улучшить коэффициент использования колодца для хранения газа (или блока газовых баллонов), и одновременно увеличить скорость заправки автомобиля газом.

При снижении давления в блоке газовых баллонов высокого давления, установленном на автомобиле, до 2, 0 МПа, машина для перевалки баллонов возвращается на материнскую газозаправочную станцию заправки для заправки газом.

Ⅱ. Обычная газозаправочная станция

Обычная газозаправочная станция-это газозаправочная станция, которая использует природный газ, поступающий непосредственно из городского магистрального газопровода, для заправки автомобилей, работающих на сжатом природном газе. Такая газозаправочная станция применима в условиях, когда она находится вблизи городской сети газопроводов с более высоким давлением, и когда давление входящего природного газа не ниже среднего давления класса А, и когда объем газа достаточен.. Технологический процесс обычной газозаправочной станции представлена на рисунке 8-1-9.

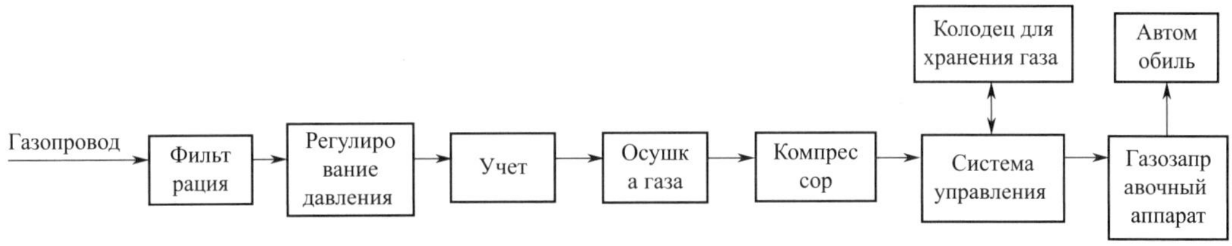

Рис. 8-1-9 Технологический процесс обычной газозаправочной станции

Газозаправочная станция для автомобилей, работающих на сжатом природном газе, как правило, состоит из подводящего трубопровода природного газа, систем регулирования давления, учета, сжатия, осушки газа, хранения, заправки природным газом, и других основных производственных технологических систем и систем управления. Природный газ, поступающий на газозаправочную станцию, должен соответствовать критериям качества природного газа второй категории, и требованиям к эксплуатации компрессора, в противном случае, для него следует провести осушку газа и сероочистку и т.д., чтобы он соответствовал критериям использования сжатого природного газа для автомобилей.

Источником газа обычной газозаправочной станции является городская сеть газопроводов. Данная станция предназначена только для заправки автомобилей CNG, и не имеет функции заправки машины для перевалки баллонов. Таким образом, в ее технологическом процессе не требуется предусмотреть систему

газопроводов и газозаправочную колонку для заправки блока газовых баллонов высокого давления на машине для перевалки баллонов, а остальное аналогично технологическому процессу материнской газозаправочной станции.

2) Основное оборудование газозаправочной станции для автомобилей, работающих на сжатом природном газе

На газозаправочной станции для автомобилей CNG необходимо предусмотреть установку регулирования давления и учета расхода газа, установку очистки природного газа, систему компримирования природного газа, систему хранения газа высокого давления, газозаправочное оборудование, устройство управления и регулирования, приборы, средства пожаротушения, сооружения водоснабжения и канализации, электрооборудование и другие вспомогательные сооружения. Ниже описаны система хранения газа высокого давления, газозаправочное оборудование и устройство управления и регулирования, а остальное оборудование аналогично оборудованию на материнской газозаправочной станции.

Ⅰ. Система хранения газа высокого давления

В настоящее время, на газозаправочной станции для автомобилей CNG обычно используются два типа газохранилищ: наземный газовый баллон и подземный колодец для хранения газа (проектное давление обычно составляет 25 МПа).

Наземный газовый баллон может делиться на газовый баллон малого объема и газовый баллон большого объема в зависимости от водяного объема баллона. Водяной объем баллона малого объема составляет 60 л, 80 л, 90 л и т.д. Блок газовых баллонов состоит из несколько газовых баллонов. Такое газохранилище имеет низкие первоначальные инвестиционные затраты, но и высокие расходы на эксплуатацию и техническое обслуживание из-за большего количества точек утечки. Водяной объем баллона большого объема составляет 250 л, 500 л, 1000 л, 1750 л, 2000 л и выше. Такой баллон относится к большому бесшовному кованому сосуду, работающему под давлением. Каждый газовый баллон оснащен дренажным отверстием, не требует периодической проверки. Такое газохранилище имеет высокие первоначальные инвестиционные затраты, но и относительно низкие расходы на эксплуатацию и техническое обслуживание.

Подземный колодец для хранения газа - это подземное газохранилище, образованное путем забивания обсадной колонны в землю с использованием технологии нефтяного бурения, и закрепления обсадной колонны с использованием технологии цементирования, с последующим закрытием устья и дна трубопровода с использованием специальной структурной формы. Подземный колодец для хранения газа обладают такими следующими преимуществами, как небольшая площадь, низкие эксплуатационные расходы, высокая безопасность и надежность, простоты эксплуатации и технического

обслуживания, а также малая сфера влияния аварии. Он также является более распространенным способом хранения газа на газозаправочной станции для автомобилей CNG. В настоящее время, масштаб построенных и введенных в эксплуатацию подземных колодцев для хранения газа: диаметр ствола колодца составляет 177, 8-298, 4 мм; глубина колодца составляет 80-200 м; водяной объем колодца составляет 2-4 $м^3$; максимальное рабочее давление составляет 25 МПа.

Объем газохранилища зависит от таких факторов, как давление хранения газа, время наполнения компрессором газохранилища. Общий объем газохранилища на газозаправочной станции для автомобилей, работающих на сжатом природном газе, в Китае, должен определяться в зависимости от количества заправляемых автомобилей, времени заправки каждого автомобиля и других факторов. Общий объем газохранилища в застроенных районах городов и поселков должен соответствовать следующим требованиям:

(1) не более 18 $м^3$ - для стационарных газовых баллонов (колодцев) на газозаправочной станции, предназначенной для подачи газа по трубопроводам;

(2) не более 8 $м^3$ - для стационарных газовых баллонов (колодцев) на дочерней газозаправочной станции (в том числе, общий объем блока газовых баллонов высокого давления на машине для перевалки баллонов должен быть не более 18 $м^3$).

Ⅱ. Газозаправочное оборудование

Оборудование для заправки сжатым природным газом может делиться на газозаправочный аппарат с быстрой заправкой и газозаправочную колонку, которые заправляют автомобили, работающие на сжатом природном газе, и машины для перевалки баллонов соответственно.

Газозаправочный аппарат состоит из измерительного прибора, блока клапанов управления заправкой, предохранительного отсекающего клапана, газозаправочного пистолета, микрокомпьютерного дисплея, устройства защиты от давления и устройства дистанционной передачи. Микрокомпьютерный контроллер газозаправочного аппарата автоматически управляет процессом заправки газом, а также контролирует, обрабатывает и отображает сигнал расхода, выдаваемый расходомером во время процесса измерения, и электрический сигнал, выдаваемый датчиком давления. Пневмосистема газозаправочного аппарата предназначена для управления последовательностью заправки газом, и автоматически закрывает электромагнитный клапан по окончании заправки газом. Кроме того, обычный газозаправочный аппарат оснащен системой компенсации давления и температуры (также называется системой защиты от переполнения), чтобы обеспечить регулировку давления наполнения в зависимости от температуры при заправке газом. Газозаправочная колонка обычно состоит из блока клапанов, которые могут быть оснащены измерительными приборами, и устройствами компенсации давления и

температуры в зависимости от фактической ситуации.

Для газозаправочного аппарата используется массовый расходомер в качестве прибора для измерения расхода, чтобы избежать влияния изменений плотности, вязкости, давления и температуры природного газа на объемный расход. Измеренный массовый расход может быть преобразован в объемный расход с помощью установленной программы расчета, и отображен на дисплее газозаправочного аппарата.

Количество газозаправочных аппаратов, устанавливаемых на автомобильной газозаправочной станции, определяется в зависимости от масштаба газозаправочной станции, количества заправляемых автомобилей в пиковый период и других факторов.

Ⅲ. Устройство управления и регулирования

Устройством управления и регулировки на автомобильной газозаправочной станции в основном является щит последовательного управления, функция которого заключается в управлении нормальной работой оборудования на станции, мониторинге соответствующих параметров, и автоматической сигнализации или остановке при возникновении неисправностей оборудования.

Последовательность процесса заправки компрессором колодца для хранения газа (или блока газовых баллонов) управляется с помощью щита управления наполнением по принципу от высокого, среднего давления наполнения к низкому; а последовательность процесса заправки газохранилищем автомобилей управляется с помощью щита управления заправкой. В настоящее время, импортные компрессоры часто объединяют щит управления заправкой и щит управления наполнением в одно целое, и используют PLC для реализации автоматизированной работы оборудования.

3) Горизонтальная планировка газозаправочной станции для автомобилей, работающих на сжатом природном газе

Место расположения газозаправочной станции для автомобилей, работающих на сжатом природном газе, должно находиться вблизи источника газа, обладать подходящими транспортными условиями, условиями электроснабжения, водоснабжения, канализации и связи, и инженерно-геологическими условиями, а также соответствовать требованиям к комплексному планированию городов и поселок.

Компоновка генерального плана газозаправочной станции для автомобилей, работающих на сжатом природном газе, осуществляется по зонам, которые делятся на производственную зону и вспомогательную зону. В производственной зоне расположены компрессорная, блок газовых баллонов или колодец для хранения газа, заправочный островок для заправки автомобилей, газозаправочная колонка машины для перевалки баллонов CNG и т.д.; в вспомогательной зоне расположены АБК, клумба и другие здания и сооружения, не используемые для осуществления производственной

деятельности. Выезд и въезд транспортных средств на автомобильную газозаправочную станцию должны быть предусмотрены отдельно.

Безопасное противопожарное расстояние между технологическими сооружениями сжатого природного газа, зданиями и сооружениями внутри и снаружи газозаправочной станции для автомобилей, работающих на сжатом природном газе, бензозаправочной и газозаправочной станции должно соответствовать соответствующим положениям в государственных правилах.

【Выполнение задачи】

Задачи выполняются в соответствии с заданием проекта и отчетом о выполнении заданий проекта, как показано в таблицах 8-1-3 и 8-1-4.

Табл. 8-1-3 Проектное задание

Наименование задачи	Поставка сжатого природного газа		
Члены группы			
Руководитель		Планируемое время	
Время выполнения		Место выполнения	
Содержание и цели задачи			
1. Овладение определением сжатого природного газа; 2. Овладение процессом хранения сжатого природного газа; 3. Ознакомление с областями и преимуществами применения сжатого природного газа.			
Контрольные пункты	1. Определение сжатого природного газа; 2. Процесс производства и хранения сжатого природного газа; 3. Области и преимущества применения сжатого природного газа.		
Примечание			

Табл. 8-1-4 Отчет о выполнении задачи проекта

Наименование задачи	Поставка сжатого природного газа		
Члены группы			
Конкретное распределение задач			
Планируемое время		Фактическое время выполнения	
Примечание			
1. Пожалуйста, кратко изложите определение сжатого природного газа (CNG). 2. Пожалуйста, кратко изложите основные преимущества CNG. 3. Пожалуйста, кратко изложите способы хранения CNG.			

【Оценка задачи】

Оценка задачи проводится согласно таблице комплексной оценки задачи проекта, см. таблицу 8-1-5.

Табл. 8-1-5 Таблица комплексной оценки задачи проекта

Наименование задачи:　　　　　　　　　　Дата оценки: год, месяц, день

Детали оценки		Стандартный балл	Практический балл								
			Члены группы								
			Самооценка группы	Взаимная оценка группы	Оценка преподавателя	Самооценка группы	Взаимная оценка группы	Оценка преподавателя	Самооценка группы	Взаимная оценка группы	Оценка преподавателя
Оценка группы (60 баллов)	Способность членов группы в целом понимать цели обучения и график	10									
	Четкое распределение задачи между членами группы	10									
	Наличие духа сотрудничества у членов группы	10									
	Наличие инновационных идей (методов) у членов группы	10									
	Достоверность заполнения отчета о выполнении задачи проекта членами группы	10									
	Наличие проблем и решений у членов группы	10									
Оценка личности (40 баллов)	Подчинение членов групповым решениям	10									
	Выполнение задач, назначенных группой	10									
	Своевременное общение и обмен информацией с членами группы	10									
	Способность серьезно описывать трудности, ошибки и изменения	10									
Итого		100									

【Закрепление знаний】

(1) CNG-это сокращение ____________, и часто используется в качестве альтернативного источника энергии для транспортных средств.

(2) Давление CNG обычно составляет около ____________ бар при

стандартных условиях.

(3) CNG имеет более ____________ (высокий/низкий) уровень выбросов по сравнению с обычным бензином и дизельным топливом.

(4)____________ хранение является одним из наиболее распространенных способов хранения CNG, которое использует подземное пространство для хранения большого количества природного газа.

(5) Транспортные средства, работающие на CNG, как правило, используются ____________ в качестве устройства для хранения топлива, которое может хранить природный газ под высоким давлением.

(6) Каковы основные способы транспортировки CNG?

(7) Каковы меры безопасности при хранении и транспортировке CNG?

Задача Ⅱ Поставка сжиженного природного газа

【Подготовка к задаче】

Сжиженный природный газ (Liquefied Natural Gas, LNG) - это продукт, сжиженный путем криогенного охлаждения до -162° C при атмосферном давлении после предварительной обработки природного газа, удаления тяжелых углеводородов, сульфидов, углекислого газа, влаги и других примесей.

Объем сжиженного природного газа, находящегося в жидком состоянии, составляет всего 1/600 объема газообразного природного газа, его основными особенностями являются низкая температура, малое количество примесей и большое объемное соотношение газа и жидкости. Поскольку сжиженный природный газ обладает такими особенностями, как большой объем хранения, гибкость транспортировки и т.д., поэтому он используется в качестве источника газа, чтобы обеспечить эффективное использование природного газа.

Природный газ, добытый на газовом месторождении, перерабатывается и сжижается на заводе по сжижению природного газа. Отечественный сжиженный природный газ транспортируется наземным транспортом на станции газификации, автомобильные газозаправочные станции и другие места, а импортный сжиженный природный газ транспортируется морским транспортом на крупные приемные терминалы.

Сжиженный природный газ газифицируется в газообразный природный газ на крупных приемных терминалах, а затем он поступает в газопровод для

подачи газа в крупные и средние города. Сжиженный природный газ также может транспортироваться цистернами в малые и средние города, поселки и микрорайоны, и используется в качестве источника газификационного газа, а также в качестве пикового и аварийного источника газа, подаваемого в города и поселки. Газифицированный сжиженный природный газ транспортируется в бытовые, коммерческие, промышленные и другие потребители, также используется непосредственно в качестве автомобильного, судового и авиационного топлива.

Основная цепочка поставки LNG показана на рисунке 8-2-1.

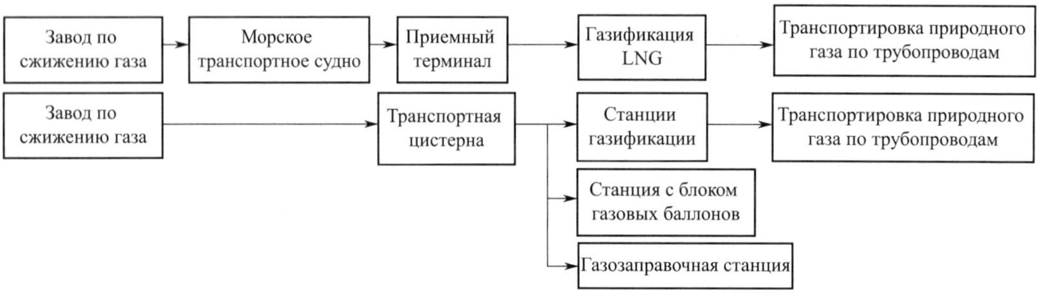

Рис. 8-2-1 Основная цепочка поставки LNG

1. Хранение и транспортировка сжиженного природного газа

На заводе по сжижению природного газа, приемном терминале, станции газификации или газозаправочной станции необходимо предусмотреть сооружения для хранения и транспортировки LNG. В связи с тем, что температура LNG очень низкая, а газифицированный природный газ является легковоспламеняющимся и взрывоопасным топливом, сооружения для хранения и транспортировки LNG должны быть устойчивыми к низким температурам, безопасными и надежными.

1) Классификация резервуара (танка) для хранения LNG

Различные резервуары (танки) для хранения LNG могут быть классифицированы по вместимости, способу теплоизоляции, давлению и материалам.

Ⅰ. Классификация по вместимости

(1) Малый резервуар: вместимость 5-50 м^3, обычно используется на блочно-комплектной или малой станции газификации, газозаправочной станции LNG и цистерне LNG.

(2) Средний резервуар: вместимость 50-100 м^3, обычно используется на малой станции газификации, крупной станции газификации для промышленных потребителей.

(3) Крупный резервуар: вместимость 100-1000 м^3, обычно используется в малой установке производства LNG и на станции газификации для источника городского газа.

(4) Крупный танк: вместимость 1000-40000 м^3, обычно используется в

установках сжижения с основной и пиковой нагрузками.

(5) Особо крупный танк: вместимость 40000-200000 м^3, обычно используется на приемном терминале LNG.

Ⅱ. Классификация по способу теплоизоляции ограждающей конструкции

(1) Вакуумная порошковая теплоизоляция: обычно используется в малых и средних резервуарах для хранения LNG, и на цистернах LNG.

(2) Насыпная порошковая теплоизоляция при положительном давлении: широко используется в средних и крупных резервуарах и танках для хранения LNG.

(3) Высоковакуумная многослойная намоточная теплоизоляция: редко используется, но используется только в малых резервуарах для хранения LNG (например, стальной баллон LNG, установленный на автомобиле).

Ⅲ. Классификация по давлению в резервуаре

(1) Резервуар, работающий под давлением: давление хранения выше 0, 4 МПа.

(2) Резервуар, работающий под атмосферным давлением: давление хранения обычно ниже нескольких сотен Па, и широко используется в крупных и особо крупных резервуарах.

Ⅳ. Классификация по материалам резервуара

(1) Биметаллический резервуар: внутренний резервуар и оболочка изготовлены из металла, в том числе внутренний резервуар изготовлен из низкотемпературной нержавеющей стали или алюминиевого сплава, а оболочка изготовлен из черного металла. В настоящее время, сталь для сосуда, работающего под давлением, является наиболее используемым материалом. Часто используемые материалы для изготовления внутреннего резервуара приведены в таблице 8-2-1.

Табл. 8-2-1 Часто используемые материалы для изготовления внутреннего резервуара

Материал	Модель	Допустимое напряжение (для танков с плоским днищем), МПа
Нержавеющая сталь	A240	155, 1
Алюминий	AA5052	49, 0
	AA5086	72, 4
	AA5083	91, 7
Сталь 5%Ni	A645	218, 6
Сталь 9%Ni	A553	218, 6

(2) Танк, изготовленный из предварительно напряженного бетона: : в некоторых крупных танках используется оболочка из предварительно напряженного бетона, а их внутренний цилиндр изготовлен из металла, устойчивого к низкой температуре.

2) Конструкция резервуара (танка) для хранения LNG

Резервуар для хранения LNG в основном является цилиндрическим и сферическим. Цилиндрический резервуар делится на горизонтальный и вертикальный, в том числе горизонтальный резервуар в основном используется

на цистерне, а стационарный резервуар в основном является вертикальным. Ниже описаны только широко используемые вертикальные резервуары для хранения LNG.

Ⅰ. Малые и средние вертикальные резервуары для хранения LNG

Учитывая, что основным компонентом LNG является жидкий метан, внутренний цилиндр и трубопровод резервуара для хранения LNG изготовлены из аустенитной нержавеющей стали 0Cr18Ni9, наружный цилиндр может быть изготовлен из высококачественной углеродистой стали 16MnR, сосуд, работающий под давлением, изготовлен из стального листа, а также между внутренним и наружным цилиндрами применяется комбинированная опорная конструкция из стеклопластика и стального листа 0Cr18Ni9 для удовлетворения требований к прочности и устойчивости в рабочих и транспортных условиях.

Конструкция вертикального резервуара для хранения LNG вместимостью 100 $м^3$ показана на рис. 8-2-2. В частности, для внутреннего цилиндра применяется стандартная овальная заглушка, а для наружного цилиндра применяется стандартная тарельчатая заглушка; опорная ножка представляет собой стальной конструкцией с двутавровым поперечным сечением, а максимальный радиальный размер контролируется в пределах диаметра (3450 мм) наружного цилиндра для облегчения транспортировки; клапаны и приборы расположены на внешней нижней заглушке; все трубы, выведенные из внутреннего цилиндра, имеют сварную соединительную конструкцию между холодозащищенным участком и внешней нижней заглушкой для обеспечения соответствия требованиям теплоизоляции трубопровода к поддержке трубопровода клапана; и применяется способ вакуумной порошковой теплоизоляции (перлитовый песок), а теоретически расчетная суточная интенсивность испарения ≤ 0, 27%/сут. Технические характеристики вертикального резервуара для хранения LNG 100 $м^3$/0, 6 МПа приведены в таблице 8-2-2.

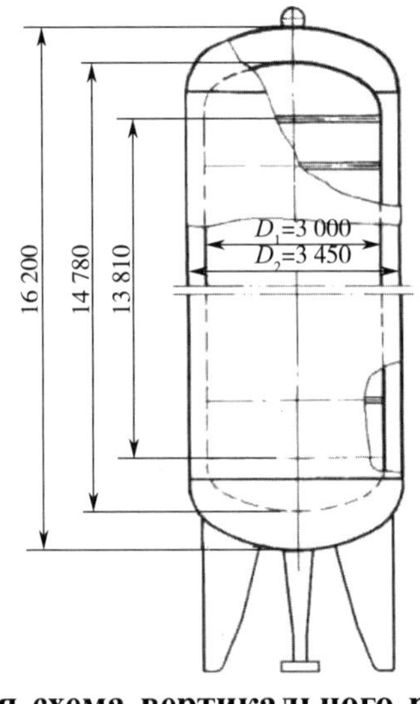

Рис. 8-2-2 Структурная схема вертикального резервуара для хранения LNG 100 $м^3$

Табл. 8-2-2 Технические характеристики вертикального резервуара для хранения LNG 100 м³/0, 6 МПа

Пункты	Внутренний цилиндр	Наружный цилиндр	Примечание
Категория сосуда	Категория III		
Хранимая среда	LNG		
Максимальное рабочее давление, МПа	0, 6	Вакуум	Давление в внутреннем цилиндре зависит от требований пользователя к давлению.
Проектное давление, МПа	0, 66	-0, 1	Давление в внутреннем цилиндре зависит от требований пользователя к давлению; «-» обозначает давление в наружном цилиндре.
Давление пневматического испытания, МПа	0, 8		
Давление открытия предохранительного клапана, МПа	0, 64		
Рабочая температура, ℃	-162	Температура окружающей среды	
Проектная температура, ℃	-196	50	
Геометрическая вместимость, м³	105, 3	46*	«*» обозначает вместимость прослойки.
Полезный объем, м³	100		
Припуск на коррозию, мм	0	1	
Материал основного корпуса	0Cr18Ni9	16MnR	
Коэффициент сварочного соединения	1	0, 85	
Коэффициент заправки	≤ 0, 95		
Пункты	Внутренний цилиндр	Наружный цилиндр	Примечание
Вес тары, кг	37 380		
Вес брутто, кг	79 980		

Ⅱ. Вертикальный дочерне-материнский резервуар для хранения LNG

Типичная конструкция вертикального дочерне-материнского резервуара для хранения LNG показана на рис. 8-2-3. Дочерне-материнский резервуар имеет внутренний резервуар, который состоит из нескольких (3 и более) дочерних резервуаров, соединенных параллельно для удовлетворения требований к большому объему хранения жидкости на станции для хранения криогенных жидкостей. Несколько дочерних резервуаров собраны параллельно в крупном наружном резервуаре (т. е. в материнском резервуаре). Дочерний резервуар обычно является вертикальным и цилиндрическим, а наружный резервуар является вертикальным и цилиндрическим, с плоским днищем и купольной

крышкой. Из-за большой формы и размера наружного резервуара, он не может выдержать внешнее давление, и не может быть вакуумирован. Наружный резервуар, как правило, представляет собой резервуар, работающий под атмосферным давлением, и использует способ насыпной порошковой теплоизоляции (перлитовый песок).

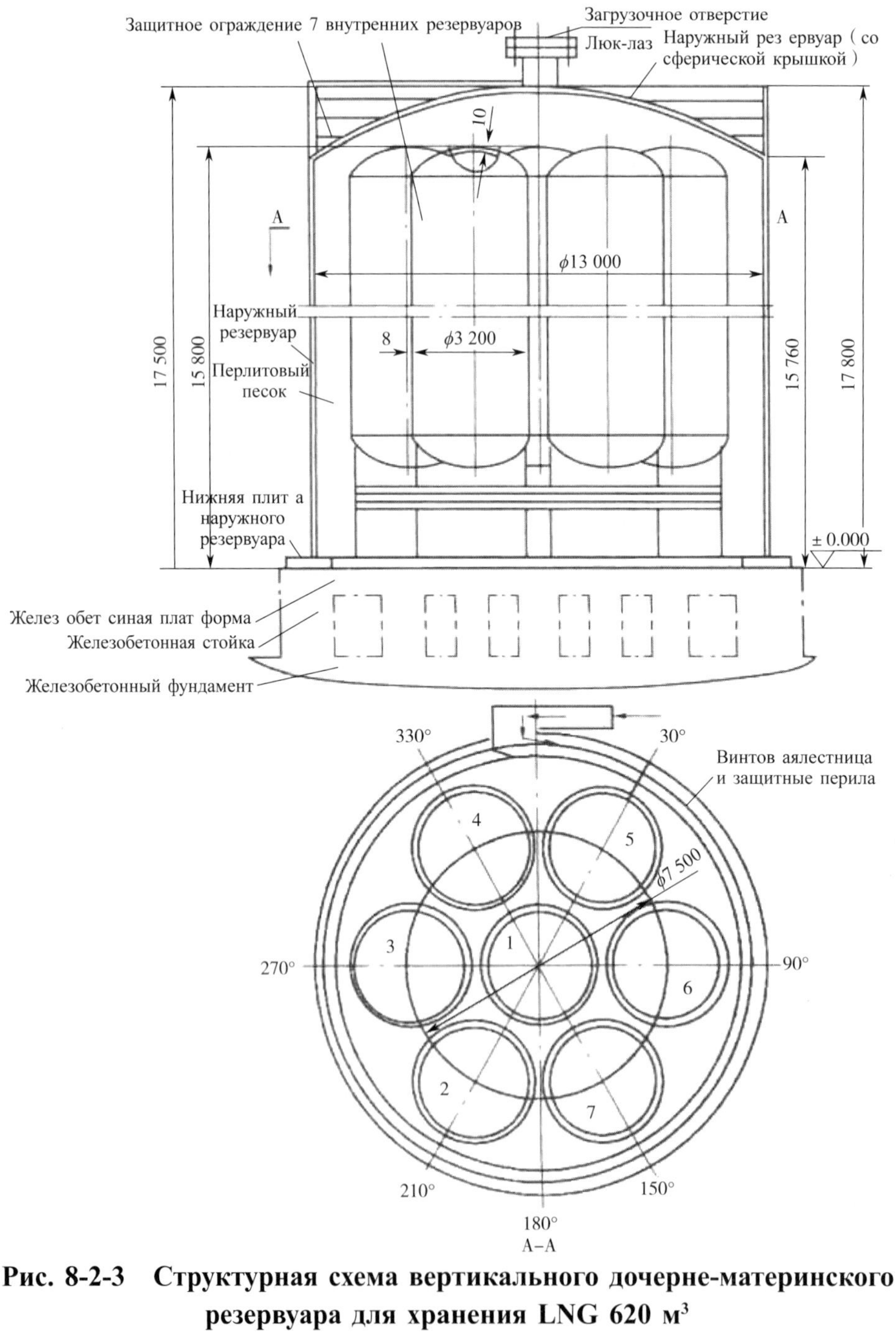

Рис. 8-2-3 Структурная схема вертикального дочерне-материнского резервуара для хранения LNG 620 м³

Дочерние резервуары, изготовленные заводом-изготовителем, как правило, доставлены на рабочую площадку и установлены в проектные положения, а наружный резервуар, разобранный на детали и узлы, доставлены на рабочую площадку и собраны там.

Геометрическая вместимость одного дочернего резервуара составляет 100-150 м^3 (максимальная вместимость 250 м^3). Вместимость одного дочернего резервуара не должна быть слишком большой, чтобы не создавать трудностей при транспортировке и навесной сборке. Количество дочернего резервуара, как правило, составляет 3-7 (не более 12), чтобы сформировать большой резервуар 300-2000 м^3.

Максимальное рабочее давление дочернего резервуара может достигать 1, 8 МПа (обычно 0, 2-1, 0 МПа) в зависимости от требований пользователя к давлению.

Преимущество дочерне-материнского резервуара заключается в том, что жидкость выбрасывается из резервуара под действием давления самого резервуара, и производственные и монтажные расходы являются более низкими; его недостаток заключается в том, что нельзя использовать способ вакуумной теплоизоляции, и габаритные размеры оборудования являются крупными.

Ⅲ. Танк для хранения LNG с закрытой системой ограждения

Танк для хранения LNG с закрытой системой ограждения (максимальная вместимость 200 000 м^3) широко используется на приемном терминале LNG.

3) Безопасная эксплуатация резервуара для хранения LNG

К проблемам безопасности, которые могут возникнуть при хранении LNG в резервуарах, относятся превышение давления в результате газификации жидкой фазы и кипение в результате расслоения жидкой фазы. К мерам, которые могут быть приняты для решения проблемы с превышением давления, относятся контроль наполняемости резервуара, низкотемпературная теплоизоляция, управление безопасностью и т. д.; к мерам, которые могут быть приняты для решения проблемы с кипением, относятся последовательное наполнение, периодическая перекачка между резервуарами и т.д. при наполнении различных жидких фаз LNG.

Во время хранения сжиженного природного газа, независимо от эффекта теплоизоляции, всегда образуется определенное количество отпарного газа (Boil Off Gas, BOG), что сопровождается расширением жидкости, поэтому резервуар должен быть полностью заполнен, и его максимальный уровень заполнения зависит от проектного рабочего давления. Уровень заполнения резервуара контролируется с помощью индикатора уровня жидкости в резервуаре.

Внутреннее давление резервуара для хранения LNG должно контролироваться в допустимом диапазоне. Слишком высокое или слишком

низкое давление (отрицательное давление) является потенциально опасным фактором для резервуара. Существует множество факторов, влияющих на давление в резервуаре, такие как испарение жидкости, вызванное поступлением тепла, быстрое мгновенное испарение жидкости во время наполнения, снижение атмосферного давления или неправильная работа, которые могут вызвать повышение давления в резервуаре. Если жидкость сливается или воздух выкачивается из резервуара с очень высокой скоростью, то отрицательное давление может образоваться в резервуаре. Таким образом, для обеспечения безопасности резервуара необходимо предусмотреть надежное устройство контроля давления и предохранительное защитное устройство, чтобы давление в резервуаре находилось в допустимом диапазоне. При нормальной эксплуатации, избыток отпарного газа в резервуаре поступает в сеть газоснабжения, а затем в систему повторного сжижения или систему подачи топлива с помощью устройства контроля давления. Однако в случае резкого увеличения количества отпарного газа или невозможности внешнего потребления отпарного газа, предохранительное защитное устройство должно быть автоматически включено для подачи отпарного газа в факел или выхлопа его в атмосферу. Поэтому предохранительное защитное устройство резервуара для хранения LNG должно иметь достаточную пропускную способность.

Кроме того, некоторые резервуары оснащены вакуумным предохранительным устройство, которое определяет наличие вакуума в резервуаре путем измерения давления в резервуаре и местного атмосферного давления. Если вакуум возникает, то вакуумное предохранительное устройство может своевременно пополнить резервуар паром LNG.

В дополнение к монтажу предохранительного защитного устройства (предохранительного клапана) на резервуаре для хранения LNG, соответствующие предохранительные клапаны должны быть установлены на трубопроводе LNG, насосе, газификатое и во всех других местах, где может возникнуть превышение давления.

2. Транспортировка сжиженного природного газа

1) Морской транспорт

При наличии условий водного транспорта на расстоянии более 4000 км, расходы на транспортировку LNG морским транспортом дешевле, чем по трубопроводу. Мировая торговля LNG в основном осуществляется морским транспортом, а транспортным средством являются транспортное судно LNG.

Транспортное судно LNG является специальным судном для перевозки массовых грузов LNG. В настоящее время, стандартная грузоподъемность такого судна составляет 13×10^4-15×10^4 м^3. Некоторые страны спроектировали судно LNG грузоподъемностью 16×10^4 м^3, 20×10^4 м^3, и даже 30×10^4 м^3. В апреле 2008 года первое судно LNG «Dapeng Hao», произведенное в Китае, имело грузоподъемность 14, 7×10^4 м^3, с мембранным грузовым танком GTT-

NO.96E-2. В то время оно было самым большим в мире мембранным судном LNG длиной 292 м и шириной 43, 35 м.

Судно LNG может делиться на три типа по форме грузового танка: MOSS (сферический танк), GTT (мембранный танк) и SPB (призматический танк). Различные грузовые танки используют разные способы теплоизоляции: для теплоизоляции сферического резервуара на судне LNG типа MOSS применяется многослойная полистироловая панель; система ограждения судна LNG типа GTT состоит из двухслойного корпуса, первичной и вторичной мембран, и низкотемпературного теплоизоляционного слоя; система ограждения судна LNG типа SPB состоит из упругих теплоизоляционных плит.

В связи с тем, что LNG транспортируется при низкой температуре -162 ℃ и атмосферном давлении, судно LNG должно обеспечить теплоизоляцию грузового танка во время транспортировки, чтобы снизить коэффициент газификации LNG и уменьшить потери LNG. Интенсивность испарения жидкости в танке для жидкости должна контролироваться в определенном диапазоне, как правило, ≤0, 2%/сут.

2) Наземный транспорт

Транспортировка LNG наземным транспортом в основном осуществляется цистернами, т. е. LNG транспортируется автомобильным или железнодорожным транспортом от приемного терминала или завода по сжижению природного газа до станции газификации или станции снабжения LNG с помощью цистерн. Автомобильный транспорт подвергается воздействию разных факторов безопасности при транспортировке и экономичности транспортировки, и чем больше расстояние транспортировки, тем больше опасные факторы и тем выше транспортные затраты. Экономический радиус расстояния транспортировки автомобильным транспортом составляет около 500 км, а экономический радиус расстояния транспортировки железнодорожным транспортом - около 1000 км. LNG транспортируется при низкой температуре -162 ℃ и атмосферном давлении

Существуют два типа цистерны LNG: полуприцеп-цистерна и контейнер-цистерна, которые в основном включают в себя тягач, автомобильную цистерну или танк-контейнер и полуприцеп. На полуприцепе-цистерне в основном расположены резервуары 30 $м^3$, 45 $м^3$, 50 $м^3$ и т. д., а на контейнере-цистерне - резервуары 35 $м^3$, 40 $м^3$, 50 $м^3$ и т. д.

Для цистерны LNG в основном применяются таким способы теплоизоляции, как вакуумная порошковая теплоизоляция, вакуумная волокнистая теплоизоляция и высоковакуумная многослойная теплоизоляция. Вакуумная порошковая теплоизоляция характеризуется низким требованием к степени вакуума и простотой технологического процесса, но великим весом резервуара; по сравнению с вакуумной порошковой теплоизоляцией, высоковакуумная многослойная теплоизоляция обладает лучшим эффектом теплоизоляции и большой грузоподъемностью, но трудным производством

работ, высокими затратами на изготовление, и этот способ теплоизоляции подходит для стального баллона LNG, установленного на автомобиле.

3. Приемный терминал сжиженного природного газа

Приемный терминал LNG - это терминальные сооружения для приема LNG, перевозимого морским транспортом, т.е. он предназначен для приема LNG, доставляемого судном LNG с завода по сжижению природного газа с основной нагрузкой, и распределения потребителям после хранения и газификации. Приемный терминал LNG в основном состоит из специального причала, разгрузочной установки (разгрузочного рычага), трубопровода для транспортировки LNG, танка, газификационной установки, устройства учета расхода газа и устройства контроля давления газа, устройства рекуперации отпарного газа, системы управления и безопасной защиты, системы ремонта и технического обслуживания и т.д., а также постоянной системы использования холодной энергии.

Помимо подачи газифицированного LNG региональным потребителям трубопроводной сети, приемный терминал LNG также снабжает LNG на малых и средних городских станциях газификации с небольшим количеством трубопроводной сети, на региональных станциях с блоком газовых баллонов и т.д.

На приемном терминале LNG предусмотрены танки большой вместимостью. Из-за теплопередачи и других причин, LNG в танке будет непрерывно испаряться, и избыток отпарного газа должен быть удален из танка. В зависимости от способа обработки отпарного газа, технологический процесс приемного терминала LNG делится на два типа: прямой выброс и повторная конденсация. Для процесса прямого выброса: отпарный газ нагнетается компрессором и направляется к последующим стабильным пользователям. В условиях разгрузки возникнет большое количество отпарного газа, который должен быть принят последующими потребителями. Для процесса повторной конденсации: после сжатия отпарный газ поступает в реконденсатор и непосредственно охлаждается LNG, закачиваемым из танка. Охлажденный и сжиженный отпарный газ вместе с LNG, закачиваемым насосом, направляется к последующим пользователям через систему газификации и экспорта LNG. Технологический процесс повторной конденсации для приемного терминала LNG показан на рис. 8-2-4.

1) Система разгрузки LNG

Система разгрузки LNG состоит из разгрузочного рычага, разгрузочного трубопровода, рычага возврата отпарного газа, пробоотборника LNG, трубопровода возврата отпарного газа и циркуляционного холодозащищенного трубопровода LNG. После того, как транспортное судно LNG пришвартовано на причале, выходной трубопровод LNG на судне соединяется с береговым разгрузочным трубопроводом через разгрузочный рычаг на причале, а затем LNG транспортируется в танки на приемном терминале с помощью

перекачивающего насоса (погружного насоса) в резервуаре судна. С непрерывным выпуском LNG давление газовой фазы в резервуаре на судне постепенно снижается, при этом часть отпарного газа в береговом танке сначала нагнетается, а затем направляется в резервуар на судне через трубопровод и рычаг возврата газа, чтобы поддерживать определенное давление.

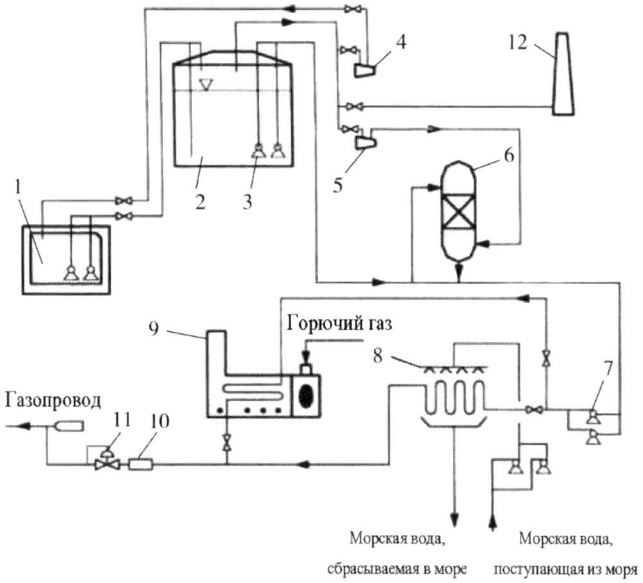

Рис. 8-2-4 Технологический процесс повторной конденсации для приемного терминала LNG

1—Танкер-газовоз LNG; 2—Резервуар для хранения LNG; 3—Погружной насос;
4—Разгрузочный компрессор; 5—Компрессор отпарного газа;
6—Реконденсатор отпарного газа; 7—Перекачивающий насос;
8—Газификатор с водяной баней; 9—Газификатор погружного горения;
10—Замерное устройство; 11—Регулятор давления; 12—Факел

Разгрузочный трубопровод LNG обычно состоит из двух магистральной линии. При разгрузке две магистральные линии работают одновременно, каждый из которых несет 50% объема транспортировки; когда одна магистральная линия выходит из строя, другая магистральная линия все еще может работать без прерывания разгрузки. В другие периоды (за исключением разгрузки), две магистральные линии может заставить разгрузочный трубопровод сформировать цикл для облегчения циркуляции и холодозащиты магистральных линий, чтобы поддерживать ее низкую температуру и уменьшать увеличение испарительности LNG из-за утечки тепла из трубопровода. Перед каждой разгрузкой необходимо предварительно охлаждать разгрузочный рычаг LNG на судне, после завершения предварительного охлаждения увеличить объем разгрузки до нормального объема транспортировки. Разгрузочный трубопровод оснащен пробоотборником LNG

для отбора проб и анализа состава, плотности и теплотворной способности LNG перед каждой разгрузкой.

2) Система хранения LNG

Система хранения LNG состоит из криогенных резервуаров, комплектующих трубопроводов и контрольно-измерительных приборов. Во время хранения жидкости в криогенном резервуаре, часть криогенной жидкости будет газифицирована из-за небольшого количества внешнего тепла. Суточная интенсивность испарения жидкости в криогенном резервуаре составляет около 0, 06-0, 08%. На приемном терминале расположены не менее 2 криогенных резервуаров одинаковой вместимостью.

3) Система газификации и экспорта LNG

LNG должен быть газифицирован и преобразован в газообразный природный газ с помощью теплообменник, а затем направлен к городским потребителям по трубопроводам. Система газификации и экспорта для приемного терминала LNG состоит из перекачивающего насоса LNG, газификатора, сооружений регулирования давления и учета расхода газа.

Теплообменник, используемый для газификации сжиженного природного газа, называются газификатором LNG, и может делиться на следующие типы по способу нагрева: газификатор с воздушным нагревом, газификатор с водяным нагревом, газификатор с паровым нагревом и газификатор с нагревом сгоранием.

Как показано на рис. 8-2-4, после того, как LNG в танке на приемном терминале LNG нагнетается погружным насосом, его часть используется в качестве хладагента и поступает в реконденсатор отпарного газа для сжижения отпарного газа из верхней части танка. В соответствии с требованиями потребителя LNG нагнетается экспортным насосом до давления, требуемого в сети трубопроводов. После нагнетания давления до 4, 0 МПа с помощью экспортного насоса, он поступает в газификатор с водяной баней для испарения. Когда газификатор с водяной баней работает под основной нагрузкой, газификатор погружного горения используется в качестве резерва, а при техническом обслуживании газификатора с водяной баней или при необходимости увеличения количества газификации для регулирования нагрузки, газификатор погружного горения включается.

Газифицированный природный газ (экспортный газ) направляется к потребителям после регулирования давления и учета расхода. На выходе насоса предусмотрен циркуляционный трубопровод LNG для обеспечения нормальной работы экспортного насоса и погружного насоса в танке. При изменении объема экспорта газа, расход LNG должен быть отрегулирован с помощью циркуляционного трубопровода. При прекращении экспорта газа, LNG циркулирует в трубопроводе, чтобы насос находился в низкотемпературном состоянии.

Масштаб газификации LNG определяется в зависимости от потребления газа в подаваемой зоне. Приемный терминал LNG в качестве источника газа в последующей региональной трубопроводной сети должен быть способен регулировать сезонные и суточные нагрузки последующих потребителей, поэтому ее газификационная способность определяется в зависимости от максимального суточного потребления газа потребителями.

Помимо газификации и экспорта LNG, приемный терминал LNG также загружает LNG в цистерну через систему наполнения и транспортирует его в потребители LNG.

4. Станция газификации сжиженного природного газа

Станция газификации сжиженного природного газа-это станция, выполняющая функции приема, хранения и газификации LNG. Станция газификации LNG в основном используется в качестве источника газа для малых и средних городов, где газопровод не может проложен или где нерентабельно строить газопровод большой протяженности, а также в качестве пикового и аварийного или переходного источника газа, подаваемого в города и поселки. Экономически целесообразное транспортное расстояние между станцией газификации LNG и приемным терминалом или заводом по сжижению природного газа должно быть в пределах 1000 км, при этом может использоваться автомобильный или железнодорожный транспорт. По сравнению с транспортировкой газа на большие расстояния по газопроводу и хранением газа в резервуарах высокого давления и т. д., станция газификации LNG использует способ транспортировки газа цистернами и способ хранения газа в резервуарах для хранения LNG, что обладает такими преимуществами, как гибкая транспортировка, высокая эффективность хранения, небольшие инвестиции в строительство, короткий период строительства и быстрый эффект.

1) Технологический процесс станции газификации LNG

Технологический процесс станции газификации LNG показан на рис. 8-2-5. LNG транспортируется на станцию газификации с помощью криогенной цистерны, резервуар на котором нагнетается нагнетателем 6 на разгрузочной платформе, а затем LNG поступает в резервуар 1 на станции газификации для хранения. При газификации LNG нагнетается нагнетателем 10 резервуара или низкотемпературным насосом 11, а затем LNG поступает в газификаторы 2 и 3 для преобразования в газообразный природный газ, и после регулирования давления и учета расхода он вместе с газом BOG сливается, одорируется и поступает в сеть газоснабжения.

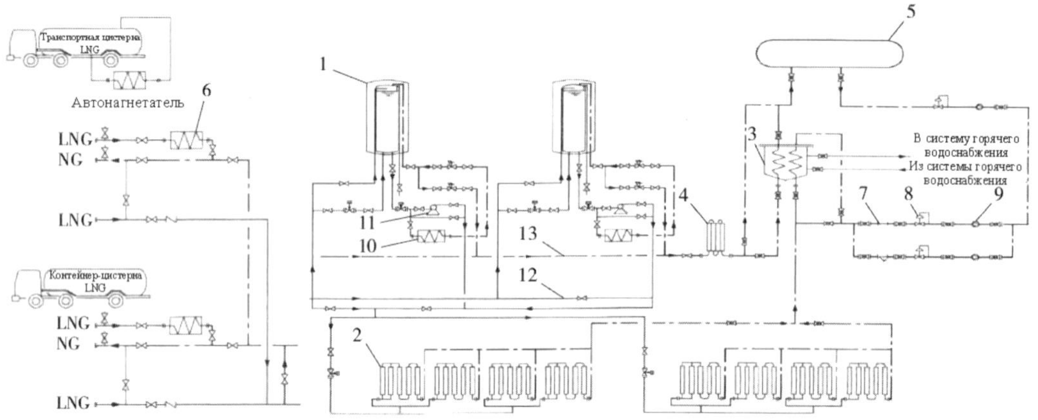

Рис. 8-2-5 Технологический процесс станции газификации LNG

1—Резервуар для хранения LNG; 2—Атмосферный газификатор;
3—Газификатор с водяной баней; 4—Нагреватель BOG;
5—Резервуар для хранения BOG; 6—Нагнетатель цистерны; 7—Фильтр;
8—Регулятор напряжения; 9—Расходомер; 10—Нагнетатель резервуара;
11—Низкотемпературный насос; 12—Трубопровод жидкой фазы;
13—Трубопровод газовой фазы

Как правило, используются два атмосферных газификатора, которые переключаются друг с другом. Когда один газификатор работает в течение длительного времени, он сильно замерзает, что приводит к снижению эффективности газификации, а если температура на выходе не соответствует требованиям, то следует переключить газификатор на другой. В летний период, после газификации с помощью атмосферного газификатора, температура природного газа может достигать около 15 ℃, при этом он поступает непосредственно в трубопроводную сеть; в зимний период или дождливый сезон эффективность газификации газификатора снижается из-за влияния температуры или влажности окружающей среды. Когда температура газифицированного природного газа не соответствует требованиям, газификатор с водяной баней может быть использован для проведения газификации.

На станции газификации предусмотрен резервуар для хранения BOG. После нагрева газа через нагреватель BOG, отпарный газ из верхней части резервуара для хранения LNG поступает в резервуар для хранения BOG; после разгрузки, газ в цистерне LNG транспортируется в нагреватель BOG по трубопроводу газовой фазы, расположенному в верхней части резервуара, а затем поступает в резервуар для хранения BOG. Когда давление в резервуаре для хранения BOG достигает определенного значения, газ в резервуаре для хранения BOG транспортируется в сеть газоснабжения.

Проектная температура резервуара для хранения LNG составляет -196 ℃, проектная температура газификатора LNG должна быть не менее, чем на 8-10 ℃ температуры окружающей среды. Проектное давление резервуара для хранения LNG определяется в зависимости от конфигурации резервуара в

системе, компонентов LNG и технологического процесса. При изобарической газификации газа в резервуаре, проектное давление газификатора принимается равным проектному давлению резервуара; при нагнетательной принудительной газификации газа, проектное давление газификатора принимается равным давлению на выходе низкотемпературного нагнетательного насоса.

2) Технологическое оборудование на станции газификации LNG

Технологическое оборудование на станции газификации LNG в основном включает в себя резервуар, газификатор, установку регулирования давления и учета расхода, низкотемпературный насос и т. д.

1. Резервуар

На станции газификации LNG должно храниться определенное количество LNG для обеспечения бесперебойного газоснабжения (особенно в пиковые сезоны потребления газа).

2. Аппаратчик газификации

Газификатор LNG может делиться на два типа по источнику тепла: атмосферный газификатор и газификатор с водяной баней. Конструкция атмосферного газификатора LNG показана на рис. 8-2-6, а конструкция газификатора с водяной баней LNG показана на рис. 8-2-7.

3. Низкотемпературный насос

Низкотемпературный насос LNG в основном используется в системе нагнетательной принудительной газификации и для заполнения баллонов. Он может быть расположен на открытом воздухе за пределами резервуарного парка или в пределах защитной стены резервуарного парка. В качестве низкотемпературного насоса LNG часто используется центробежный насос, который выбирается в зависимости от максимального расхода и требуемого давления.

3) Выбор местоположения станции и компоновка генерального плана

В связи с тем, что LNG должен храниться в низкотемпературной среде, и обладает опасностью возгорания и взрыва, к станция газификации LNG предъявляются некоторые особые требования в областях планировки строительства, монтажа оборудования, управления эксплуатацией и т. д.

Ⅰ. Выбор местоположения пункта

Выбор местоположения станции должен основываться, с одной стороны, на общем планировании и рациональной компоновке города и поселка, а с другой стороны, на удобстве для производства, транспортировки и охраны окружающей среды. Таким образом, в процессе выбора местоположения станции необходимо учитывать как текущие производственные задачи, так и будущее развитие. При выборе местоположения станции, как правило, следует учитывать следующие вопросы.

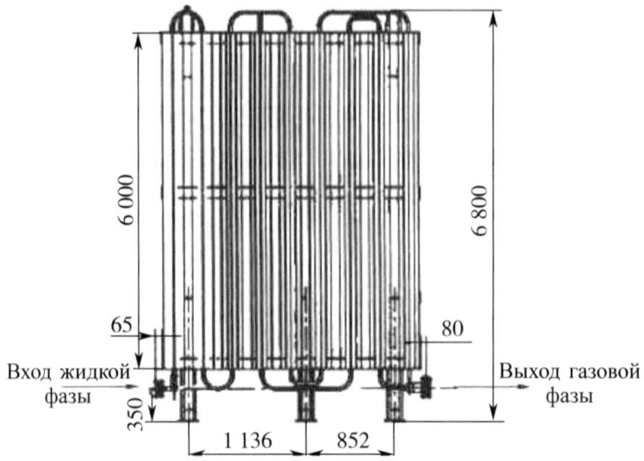

Рис. 8-2-6 Структурная схема атмосферного газификатора LNG

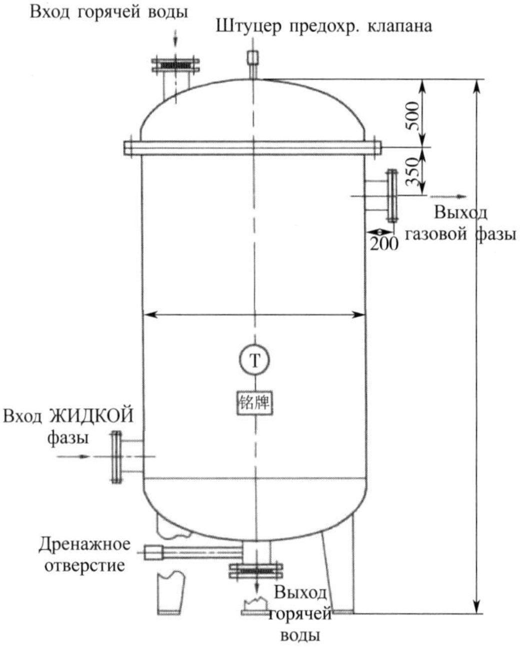

Рис. 8-2-7 Структурная схема газификатора с водяной баней LNG

(1) Место расположения станции должно находиться на наветренной стороне от направления ветра с минимальной частотой в круглый год в городах и населенных пунктах. Если необходимо построить станцию в городах и поселках, то ее следует располагать как можно дальше от густонаселенных районов, чтобы соответствовать требованиям гигиены и безопасности.

(2) Учитывая условия электроснабжения, водоснабжения и связи, станция газификации должна находиться на окраине города и поселка.

(3) Одна всепогодная автомобильная дорога должна находиться вблизи места расположения станции.

(4) Место расположения станции должно быть удалено от нефтебаз, мостов, железнодорожных узлов, аэропортов и других важных стратегических

объектов.

(5) Место расположения станции не должно затапливаться и размываться паводками и смерчами, а высота места расположения станции должна быть более чем на 0, 5 м выше самого высокого уровня паводка за предыдущие годы.

(6) Учитывать геологические условия в месте расположения станции, следует избегать ее расположения в районе с неблагоприятными геологическими условиями, такими как оползень, пещера, обвал, разлом, ил и т. д.

Ⅱ. Генеральное планирование

Компоновка генерального плана станции газификации LNG, осуществляется по зонам, которые делятся на производственную зону (включая зону разгрузки, резервуарный парк и зону газификации) и вспомогательную зону. В зоне разгрузки предусмотрены платформенные весы и нагнетатель; в резервуарном парке предусмотрены резервуар, нагнетатель, перемычку, переливной бассейн; в зоне газификации предусмотрены газификатор, регулятор давления, устройство учета и одорирования; в вспомогательной зоне предусмотрены производственное помещение, противопожарный бассейн и т.д. Безопасное расстояние между зданиями и сооружениями на территории станции газификации LNG должно соответствовать соответствующим положениям в «Правилах проектирования городского газоснабжения» (изд. 2020 года) и «Противопожарных правилах проектирования здания» (изд. 2018 года). Пример компоновки генерального плана станции газификации LNG показан на рис. 8-2-8.

5. Газозаправочная станция для автомобилей, работающих на сжиженном природном газе

1) Газозаправочная станция для автомобилей LNG

По сравнению с топливом, в качестве автомобильного топлива LNG обладает такими преимуществами, как высокое октановое число, высокая взрывобезопасность, полное сгорание, низкий уровень загрязнения выхлопных газов, длительный срок службы двигателя и низкие эксплуатационные расходы; по сравнению со сжатым природным газом, он обладает такими преимуществами, как высокая эффективность хранения, большой пробег, низкое давление в баллоне и малый вес. Автомобиль LNG может непрерывно проехать от 1000 до 1300 км за одну заправку, что позволяет адаптироваться к дальним перевозкам и уменьшить количество заправок.

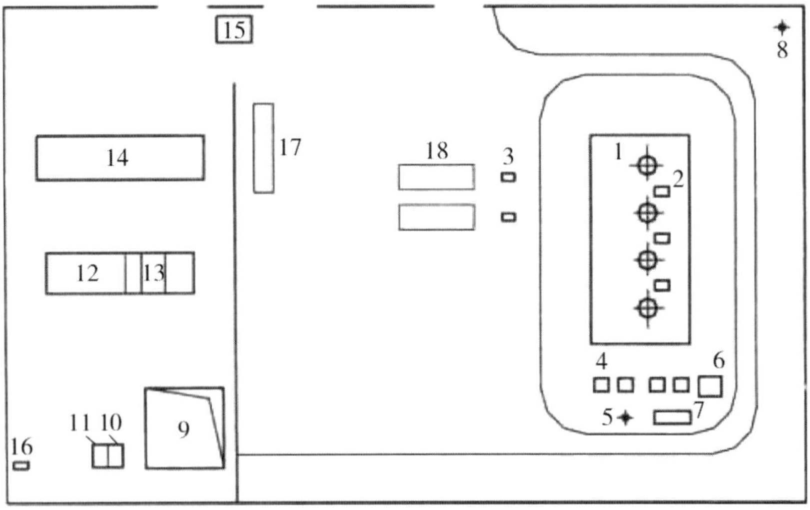

Рис. 8-2-8 План расположения станции газификации LNG

1—Резервуар; 2—Нагнетатель резервуара; 3—Разгрузочный нагнетатель; 4—Атмосферный газификатор; 5—Газификатор с водяной баней; 6—Нагреватели BOG и EAG; 7—Устройство регулирования давления и учета расхода газа; 8—Продувочная свеча; 9—Противопожарный бассейн; 10—Пожарная насосная; 11—Трансформаторный пункт; 12—Производственное вспомогательное помещение; 13—Склад; 14—АБК; 15—Контрольно-пропускной пункт (КПП); 16—Септик; 17—Платформенные весы; 18—Транспортная цистерна LNG

2) Газозаправочная станция для автомобилей L-CNG

После газификации LNG под высоким давлением, он также может использоваться для заправки автомобиля CNG. Там, где существуют как источник LNG, так и автомобиль CNG, можно построить станцию заправки сжиженным сжатым природным газом (L-CNG) для заправки автомобиля CNG. Давление жидкости нагнетается с помощью низкотемпературного насоса высокого давления. При условиях одинакового массового расхода и коэффициента сжатия, инвестиционные затраты, энергопотребление и площадь низкотемпературного насоса высокого давления намного меньше, чем у газового компрессора. Давление LNG нагнетается до требуемого давления CNG с помощью низкотемпературного насоса высокого давления, а затем LNG, газифицированный через газификатор высокого давления, хранится в блоке газовых баллонов высокого давления CNG с помощью щита последовательного управления; при необходимости заправка автомобиля CNG с помощью газозаправочного аппарата CNG.

Оборудование газозаправочной станции L-CNG в основном включает в себя резервуар, низкотемпературный насос высокого давления, газификатор высокого давления, блок газовых баллонов, газозаправочный аппарат, газозаправочный пистолет и щит управления и т.д.

Система мониторинга на газозаправочной станции L-CNG выполняет функции системы мониторинга на газозаправочной станции LNG, также имеет

функции контроля давления в блоке газовых баллонов CNG, автоматического запуска и остановки низкотемпературного насоса высокого давления.

Газозаправочная станция L-CNG также может быть сконфигурирована для заправки автомобилей LNG и CNG, только путем дополнения низкотемпературного насоса высокого давления, газификатора высокого давления, газохранилища CNG, газозаправочный аппарат CNG и др. с небольшими инвестициями.

【Выполнение задачи】

Задачи выполняются в соответствии с заданием проекта и отчетом о выполнении заданий проекта, как показано в таблицах 8-2-3 и 8-2-4.

Табл. 8-2-3 Проектное задание

Наименование задачи	Поставка сжиженного природного газа		
Члены группы			
Руководитель		Планируемое время	
Время выполнения		Место выполнения	
Содержание и цели задачи			
1. Овладение определением сжиженного природного газа; 2. Овладение процессом хранения и транспортировки сжиженного природного газа; 3. Ознакомление с областями и преимуществами применения сжиженного природного газа.			
Контрольные пункты	1. Определение сжиженного природного газа; 2. Процесс хранения и транспортировки сжиженного природного газа; 3. Области и преимущества применения сжиженного природного газа. Определение сжиженного природного газа.		
Примечание			

Табл. 8-2-4 Отчет о выполнении задачи проекта

Наименование задачи	Поставка сжиженного природного газа		
Члены группы			
Конкретное распределение задач			
Планируемое время		Фактическое время выполнения	
Примечание			
1. Пожалуйста, кратко изложите основные компоненты LNG (сжиженного природного газа) и его состояние при комнатной температуре и атмосферном давлении. 2. Пожалуйста, объясните, почему природный газ перед сжижением должен быть очищен, и перечислите как минимум два вида типичных примесей. 3. Пожалуйста, обсудите контекст экономической и энергетической политики, в котором Китай стал крупнейшим в мире импортером LNG.			

【Оценка задачи】

Оценка задачи проводится согласно таблице комплексной оценки задачи

проекта, см. таблицу 8-2-5.

Табл. 8-2-5 Таблица комплексной оценки задачи проекта

Наименование задачи: Дата оценки: год, месяц, день

Детали оценки		Стандартный балл	Практический балл								
			Члены группы								
			Самооценка группы	Взаимная оценка группы	Оценка преподавателя	Самооценка группы	Взаимная оценка группы	Оценка преподавателя	Самооценка группы	Взаимная оценка группы	Оценка преподавателя
Оценка группы (60 баллов)	Способность членов группы в целом понимать цели обучения и график	10									
	Четкое распределение задачи между членами группы	10									
	Наличие духа сотрудничества у членов группы	10									
	Наличие инновационных идей (методов) у членов группы	10									
	Достоверность заполнения отчета о выполнении задачи проекта членами группы	10									
	Наличие проблем и решений у членов группы	10									
Оценка личности (40 баллов)	Подчинение членов групповым решениям	10									
	Выполнение задач, назначенных группой	10									
	Своевременное общение и обмен информацией с членами группы	10									
	Способность серьезно описывать трудности, ошибки и изменения	10									
Итого		100									

【Закрепление знаний】

(1) LNG-это сокращение ________________, которое означает сжиженный природный газ.

(2) В процессе сжижения, природный газ сначала подлежит________ (способ обработки) для удаления примесей в нем.

(3) __________ является одним из крупнейших в мире экспортеров LNG,

а с 2021 года __________ является крупнейшим в мире импортером LNG.

(4) Судно LNG является основным средством для транспортировки LNG между __________.

(5) Применение LNG на __________ электростанциях позволяет повысить эффективность выработки электроэнергии и сократить выбросы __________.

(6) Пожалуйста, изложите основные виды транспортировки LNG, и их соответствующие особенности или преимущества.

(7) Пожалуйста, скажите преимущества применения LNG в области выработки электроэнергии по сравнению с использованием угля.

Задача Ⅲ Поставка сжиженного нефтяного газа

【Подготовка к задаче】

1. Транспортировка сжиженного нефтяного газа

Функция пункта хранения и распределения сжиженного нефтяного газа (Liquefid Petroleum Gas, LPG) заключается в приеме сжиженного нефтяного газа с производственного завода, хранении его в стационарных резервуарах на станции и перепродаже потребителям различными способами.

Способ транспортировки сжиженного нефтяного газа с производственного завода на станцию хранения и распределения может делиться на трубопроводный транспорт, железнодорожный транспорт, автомобильный транспорт и водный транспорт. Способ транспортировки определяется путем технико-экономического сопоставления различных вариантов.

1) Транспортировка по трубопроводам

Трубопроводный транспорт часто имеет преимущество перед другими видами транспорта с точки зрения инвестиционных затрат, эксплуатационных расходов, безопасности и надежности управления и т.д., но также имеет такие недостатки, как невозможное поэтапное строительство, более высокие однократные инвестиционные затраты, высокий расход металла. Трубопроводный транспорт подходит для случаев с большим объемом транспортировки, а также для случаев с небольшим объемом транспортировки и короткой дальностью транспортировки. Если станция хранения и распределения сжиженного нефтяного газа построена рядом с производственным заводом, то использование способа трубопроводного транспорта позволяет

получать значительный экономический эффект.

В зависимости от проектного давления, трубопровод для транспортировки сжиженного нефтяного газа делится на три класса:

(1) (Класс) Ⅰ, P>4, 0 МПа;

(2) (Класс) Ⅱ, 1, 6 МПа<P ≤ 4, 0 МПа;

(3) (Класс) Ⅲ, P ≤ 1, 6 МПа.

К трубопроводам с разным классом давления предъявляются разные требования к материалам и арматурам, а также разные требования к безопасному расстоянию от окружающих зданий и приемке.

При транспортировки сжиженного нефтяного газа трубопроводным транспортом необходимо учитывать характеристики легкой газификации сжиженного нефтяного газа. В процессе транспортировки, давление в любой точке трубопровода должно быть выше давления насыщенного пара при температуре сжиженного нефтяного газа в трубопроводе, иначе сжиженный нефтяной газ в трубопроводе будет газифицироваться, образуя "газовую пробку", что значительно снизит пропускную способность трубопровода.

Трубопроводная система транспортировки сжиженного нефтяного газа состоит из резервуара на начальной станции, начальной насосной станции, узла учета, промежуточной насосной станции, трубопровода и резервуара на конечной станции, как показано на рис. 8-3-1.

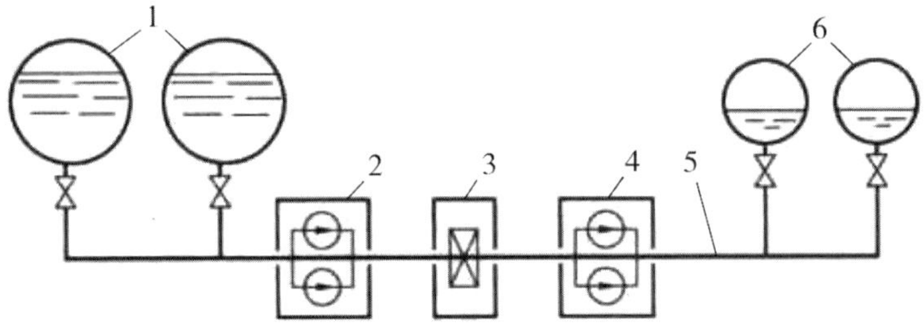

Рис. 8-3-1 Трубопроводная система транспортировки сжиженного нефтяного газа

1—Резервуар на начальной станции; 2—Начальная насосная станция; 3—Узел учета; 4—Промежуточная насосная станция; 5—Трубопровод; 6—Резервуар на конечной станции

Сжиженный нефтяной газ откачивается насосом из резервуара на начальной станции (на насосной станции должно быть расположены не менее двух насосов для обеспечения непрерывной работы), после учета расхода газа поступает в трубопровод, а затем направляется в резервуар на конечной станции через промежуточную насосную станцию. Если существует короткая дальность транспортировки, то промежуточная насосная станция не может быть установлена.

2) Железнодорожная транспортировка

Железнодорожный транспорт осуществляется специальными железнодорожными цистернами. По сравнению с автомобильным транспортом,

этот способ транспортировки обладает такими преимуществами, как большая транспортная способность и низкие эксплуатационные расходы; а по сравнению с трубопроводным транспортом, он является более гибким. Эксплуатация и диспетчерское управление железнодорожным транспортом сложнее, чем трубопроводный транспорт и автомобильный транспорт. Железнодорожный транспорт ограничен такими условиями, как примыкание и строительство железнодорожных путей. Железнодорожный транспорт подходит для случаев с длинной дальностью транспортировки и большим объемом транспортировки.

Конструкция железнодорожной цистерны показана на рис. 8-3-2. Как правило, цилиндрический горизонтальный резервуар установлен на шасси поезда, и люк-лаз расположен в верхней части резервуара. Для железнодорожной цистерны применяется способ "погрузки и разгрузки сверху". Все вспомогательное оборудование установлено на крышке люка-лаза. К вспомогательному оборудованию относятся трубы жидкой газы и газовой фазы для погрузки и разгрузки, индикатор уровня жидкости (особенно устройство для контроля максимального уровня жидкости), устройство аварийного отключения, манометр, термометр и т.д. На люке-лазе предусмотрен защитный кожух. На левой и правой сторонах люка-лаза предусмотрен пружинный предохранительный клапан соответственно.

Чтобы уменьшить прямое воздействие солнечного света на цистерну, в верхней части цистерны установлен солнцезащитный козырь. Некоторые цистерны также оснащены теплоизоляционным слоем для защиты как от солнечного света, так и от воздействия пожара.

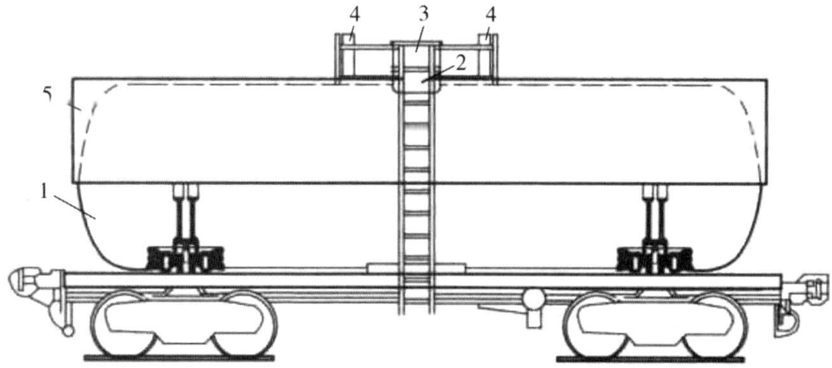

Рис. 8-3-2 Конструкция железнодорожной цистерны

1—Цилиндрический резервуар; 2—Люк-лаз; 3—Вспомогательное оборудование; 4—Предохранительный клапан; 5—Солнцезащитный козырь

На цистерне также предусмотрена рабочая платформа, а внутри и снаружи резервуара предусмотрены вертикальные лестницы. На днище резервуара на некоторых цистернах не предусмотрена паровая рубашка, чтобы предотвратить замерзание влаги в резервуаре.

Для того, чтобы облегчить погрузку и разгрузку цистерны, и облегчить

соединение погрузочно-разгрузочных шлангов, цистерна обычно оснащена двумя трубами жидкой фазы и двумя трубами газовой фазы, и, как правило, не оснащена канализационной трубой.

При проектировании новой железнодорожной цистерны используются высокопрочные материалы для уменьшения собственного веса железнодорожной цистерны и улучшения транспортной способности цистерны.

3) Автомобильный транспорт

Автомобильный транспорт осуществляется с помощью автоцистерны, автоцистерны с подвижным резервуаром и автоцистерны со стальными баллонами. Ниже представлены только основной способ транспортировки с помощью автоцистерны. По сравнению с транспортировкой с помощью железнодорожной цистерны, автоцистерна имеет небольшую транспортную способность и высокие эксплуатационные расходы, но большую гибкость. Способ транспортировки с помощью автоцистерны подходит для случаев с небольшим объемом транспортировки и короткой дальностью транспортировки, в то же время автоцистерна также может использоваться в качестве вспомогательного транспортного средства на станции хранения и распределения сжиженного нефтяного газа, где в основном используется трубопроводный или железнодорожный транспорт.

В зависимости от назначения автоцистерны, можно разделить ее на два вида: транспортные и распределительные.

Транспортная цистерна используется в качестве основного транспортного средства на станции хранения и распределения с небольшой дальностью транспортировки, или в качестве дополнительного транспортного средства на крупной станции хранения и распределения. Транспортная цистерна обычно не оснащена разгрузочным насосом. Вместимость резервуара на малой транспортной цистерне обычно составляет менее 10 л. Большая транспортная цистерна обладает большей гибкостью, чем железнодорожной цистерна, чтобы направлять газ непосредственно к крупным пользователям, тем самым сокращая процесс транзитной перевозки.

Распределительная цистерна предназначена для непосредственного снабжения пользователями, имеющими отдельные цистерны. Вместимость резервуара на распределительной цистерне обычно составляет 2-5 т. Эта цистерна оснащена разгрузочным насосом.

4) Водный транспорт

Водный транспорт осуществляется путем перевозки сжиженного нефтяного газа водным путем на судне (танкере), оснащенном резервуарами. Это способ транспортировки сжиженного нефтяного газа обладает большим объемом транспортировки и низкими транспортными затратами. Сжиженный нефтяной газ может храниться на танкере при комнатной температуре или при охлаждении.

Водный транспорт можно разделить на морской и речной. Морской транспорт широко используются в международной торговле сжиженным нефтяным газом, а вместимость танкера для транспортировки сжиженного нефтяного газа морским транспортом, может достигать несколько десятков тысяч тонн; вместимость танкера для транспортировки сжиженного нефтяного газа речным транспортом является небольшой, обычно от несколько сотен до несколько тысяч тонн. Развитие внутреннего водного транспорта или приморского транспорта может снизить расходы на транспортировку сжиженного нефтяного газа.

2. Способ погрузки и разгрузки сжиженного нефтяного газа

Погрузка и разгрузка сжиженного нефтяного газа осуществляются с помощью компрессора, бустера и насоса углеводородов.

1) Способ погрузки и разгрузки с помощью компрессора

Технологический процесс погрузки и разгрузки сжиженного нефтяного газа с помощью компрессора показан на рис. 8-3-3.

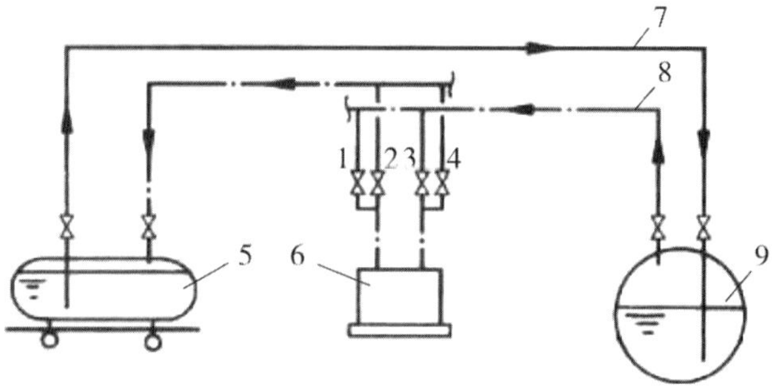

Рис. 8-3-3 Технологический процесс погрузки и разгрузки сжиженного нефтяного газа с помощью компрессора

1, 2, 3, 4—Клапан газовой фазы; 5—Цистерна; 6—Компрессор; 7—Труба жидкой фазы; 8—Труба газовой фазы; 9—Резервуар

При разгрузке сжиженного нефтяного газа следует открыть клапаны газовой фазы 2 и 3, включить компрессор для перекачки газообразного сжиженного нефтяного газа из резервуара в цистерну; жидкий сжиженный нефтяной газ в цистерне подается в резервуар через трубу жидкой фазы под действием давления (обычно перепад давления 0, 2-0, 3 МПа). После разгрузки сжиженного нефтяного газа в цистерне, газообразный сжиженный нефтяной газ также должен быть откачан из цистерны и направлен в резервуар. При этом необходимо закрыть клапаны жидкой фазы, установленные на резервуаре и цистерне, одновременно закрыть клапаны газовой фазы 2 и 3, открыть клапаны газовой фазы 1 и 4, включить компрессор, но конечное давление в резервуаре цистерны не должно быть слишком низким, как правило, должно поддерживаться на уровне 0, 1-0, 2 МПа, и сжиженный нефтяной газ может быть восстановлен на 3-4% с помощью этого процесса.

Компрессор может быть использован не только для разгрузки, но и для

погрузки, но поскольку вместимость резервуара цистерны обычно меньше вместимости наземного резервуара; при разгрузке, пространство газовой фазы в резервуаре цистерны меньше, и давление повышается быстрее, что может сэкономить энергию; если при погрузке пространство газовой фазы в наземном резервуаре больше, и давление повышается медленнее, погрузка с помощью компрессора может быть медленной.

2) Способ погрузки и разгрузки с помощью бустера

Технологический процесс погрузки и разгрузки сжиженного нефтяного газа помощью бустера показан на рис. 8-3-4. В том числе, промежуточный резервуар 1 и бустер 2 одновременно работают, жидкий сжиженный нефтяной газ в бустере 2 нагревается теплоносителем, а часть жидкого сжиженного нефтяного газа газифицируется и поступает в цистерну 3, и часть пара сжиженного нефтяного газа конденсируется на поверхности жидкой фазы в цистерне, что повышает температуру поверхности жидкой фазы и увеличивает давление в пространстве газовой фазы. При этом, жидкий сжиженный нефтяной газ из автоцистерны поступает в резервуар 4 под давлением, и его принцип работы в основном такой же, как и при разгрузке с помощью компрессора.

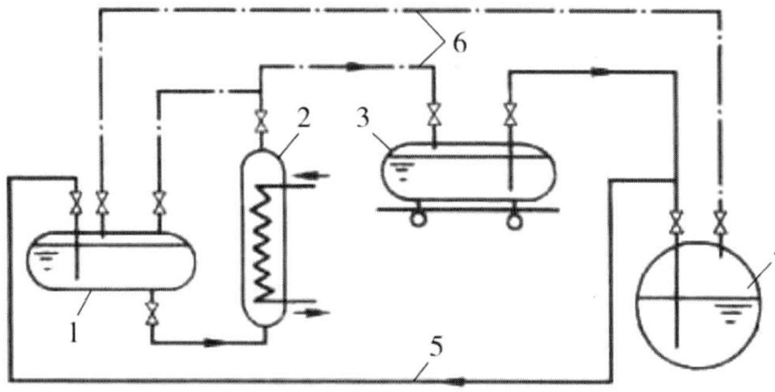

Рис. 8-3-4 Технологический процесс погрузки и разгрузки сжиженного нефтяного газа с помощью бустера

1—Промежуточный резервуар; 2—Бустер; 3—Цистерна; 4—Резервуар; 5—Труба жидкой фазы; 6—Труба газовой фазы

3) Способ погрузки и разгрузки с помощью насоса углеводородов

Использование насоса углеводородов для погрузки и разгрузки сжиженного нефтяного газа является относительно простым методом, который осуществляется с помощью простой технологической системы (только требуется трубопровод жидкой фазы). Для ускорения погрузки и разгрузки добавляется соединительный трубопровод газовой фазы небольшого диаметра. Технологический процесс погрузки и разгрузки сжиженного нефтяного газа с помощью насоса углеводородов показан на рис. 8-3-5.

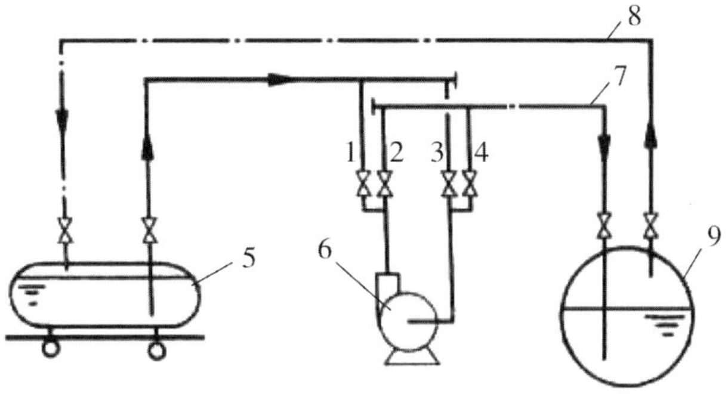

Рис. 8-3-5 Технологический процесс погрузки и разгрузки с помощью насоса углеводородов

1, 2, 3, 4—Клапан жидкой фазы; 5—Цистерна; 6—Насоса углеводородов; 7—Трубопровод жидкой фазы; 8—Трубопровод газовой фазы; 9—Резервуар

При разгрузке следует открыть клапаны жидкой фазы 2 и 3, закрыть клапаны жидкой фазы 1 и 4, включить насос углеводородов, а затем под действием насоса углеводородов сжиженный нефтяной газ в цистерне поступает в резервуар через трубу жидкой фазы, при этом труба газовой фазы играет только роль в балансе давления. При погрузке следует закрыть клапаны жидкой фазы 2 и 3, открыть клапаны жидкой фазы 1 и 4, а затем под действием насоса углеводородов сжиженный нефтяной газ поступает из резервуара в цистерну. Во всей системе необходимо обеспечить, чтобы статическое давление на всасывающем отверстии насоса углеводородов было больше, чем давление насыщенного пара, иначе сжиженный нефтяной газ во всасывающей трубе будет газифицирован, образуя "газовую пробку", в результате чего насос углеводородов работает на холостом ходу. При использовании этого способа погрузки и разгрузки трудно обеспечить, чтобы всасывающее отверстие одного и того же насоса углеводородов имело достаточное статическое давление во время погрузки и разгрузки, поэтому в основном для погрузки и разгрузки используется один насос углеводородов соответственно.

3. Наполнение сжиженного нефтяного газа

1) Наполнение газовых баллонов

В течение длительного периода времени в Китае, распространение и поставка сжиженного нефтяного газа осуществляются в основном с помощью газовых баллонов, из которых газовый баллон 15 кг используется для снабжения населения, а газовый баллон 50 кг - для коммерческих и малых промышленных потребителей.

Ⅰ. Технология механического и автоматического наполнения баллонов

Технология механического и автоматического наполнения баллонов - это процесс, который начинается с разгрузки пустых баллонов, доставленных в пункт наполнения баллонов, и заканчивается загрузкой и доставкой наполненных баллонов с использованием механизированной и автоматизированной технологией.

Ⅱ. Технология ручного или полуавтоматического наполнения баллонов

В малых и средних пунктах хранения и распределения или в пункте наполнения баллонов часто используется полуавтоматическая линии наполнения баллонов, которая состоит из весов автоматического наполнения баллонов и цепных конвейерных лент. Помимо того, что эта система может снизить трудоемкость и повысить эффективность наполнения баллонов, еще обладает одним важным преимуществом - требуется меньше инвестиций в оборудование.

Ⅲ. Повторная проверка объема наполнения баллона (также называется “проверка веса”)

Переполнение баллонов представляет серьезную угрозу безопасности их использования, и может привести к серьезным человеческим жертвам, поэтому повторная проверка веса наполненного баллона является неотъемлемой частью процесса наполнения. Как правило, в качестве весов для проверки веса используются стрелочные весы. Весы для проверки веса могут быть установлены непосредственно на цепном конвейере для проверки их объема наполнения в процессе транспортировки стальных баллонов. В случае переполнения или недостаточного объема наполнения оператор снимает неквалифицированный баллон с транспортера, либо отправляет его для удаления остатка, либо доставляет его на отдельные весы для повторного наполнения.

Ⅳ. Проверка герметичности клапана стального баллона

После проверки веса стального баллона необходимо проверить герметичность клапана стального баллона перед их хранением в складе или непосредственной погрузкой в цистерну. В механизированном технологическом процессе наполнения контрольное устройство должно быть расположено в водяном баке после поворотного диска наполнения. В нем установлен четырехкрылый ротор, а на каждом крыле предусмотрены рельс и ограждение (ограждение используется для изоляции стального баллона, чтобы он не опрокидывался при вращении рельса вокруг оси), и рельс может принимать 6-8 стальных баллонов непосредственно с конвейера в зависимости от объема баллона. Когда ротор крыла поворачивается на 90°, стальной баллон погружается в воду; если в воде появляются пузырьки, можно определить утечку газа из клапана стального баллона, при этом оператор должен выбрать протекающий баллон и отправить его на опорожнение и ремонт. В технологическом процессе ручного и полуавтоматического наполнения, как правило, мыльный раствор наносится на поверхность клапана стального баллона, при этом, если появляются мыльные пузыри, то можно определить утечки газ из клапана стального баллона.

2) Погрузочно-разгрузочная площадка автоцистерны

Наполнение автоцистерны сжиженным нефтяным газом, или разгрузка сжиженного нефтяного газа из автоцистерны в стационарный резервуар

осуществляется на специальной погрузочно-разгрузочной площадке автоцистерны. Как правило, погрузочно-разгрузочная площадка автоцистерны и площадка для разворота автомобиля, расположенные в пункте хранения и распределения, находятся рядом с въездом и выездом. Система трубопроводов на погрузочно-разгрузочной площадке автоцистерны показана на рис. 8-3-6. В том числе, подземные трубопроводы газовой фазы и жидкой фазы соединены с трубой газовой фазы между компрессорами и с трубой жидкой фазы в резервуарном парке соответственно. На трубах газовой фазы и жидкой фазы предусмотрены манометры и клапаны. Приборы и клапаны расположены в железном или защитном кожухе, и погрузочно-разгрузочная площадка оснащена защитным навесом.

При наполнении быстросъемный соединитель на бронированном резиновом шланге соответственно соединены с трубами газовой фазы и жидкой фазы на автоцистерне. Наполнение и разгрузка осуществляются с помощью насоса углеводородов или компрессора.

3) Система рекуперации остаточной жидкости

Перед наполнением стальных баллонов, возвращенных от потребителя, сжиженным нефтяным газом, необходимо очистить их от небольшого количества остаточной жидкости, поэтому в пункте наполнения баллонов должна быть предусмотрена система рекуперации остаточной жидкости.

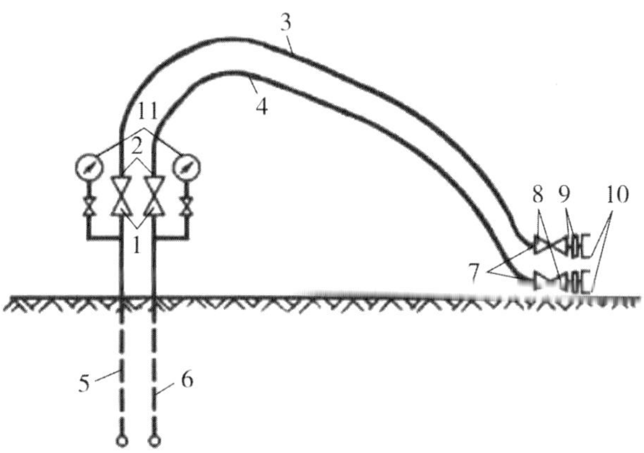

Рис. 8-3-6 Простая погрузочно-разгрузочная платформа автоцистерны

1, 8—Запорный клапан; 2—Фланцевое соединение для резинового шланга высокого давления; 3, 4—Резиновый шланг высокого давления; 5—Труба газовой фазы; 6—Труба жидкой фазы; 7—Резьбовое соединение для резинового шланга высокого давления; 9—Шестигранный ниппель; 10—Быстроразъемное раструбное соединение; 11—Манометр

Для рекуперации остаточной жидкости в основном применяются метод положительного давления и метод отрицательного давления. К основному оборудованию системы рекуперации остаточной жидкости относятся стойка для опорожнения остаточной жидкости (или поворотный агрегат для опорожнения остаточной жидкости), насос углеводородов и автоцистерна для

транспортировки остаточной жидкости.

4. Подача сжиженного нефтяного газа по трубопроводам

Подача сжиженного нефтяного газа осуществляется в основном с помощью баллонов и трубопроводов после газификации сжиженного нефтяного газа.

Способ подачи газа с помощью баллонов обладает такими преимуществами, как низкие инвестиционные затраты, короткий срок строительства, простота и гибкость, и для потребления газа временными пользователями или удаленными розничными пользователями. Однако, способ подачи газа с помощью баллонов имеет большие ограничения, такие как наличие множества звеньев, таких как наполнение, вентиляция, погрузка и разгрузка, а также транспортировка в процессе подачи газа.

Трубопровод сжиженного нефтяного газа может использоваться в качестве источника городского или микрорайонного газа для удовлетворения потребностей в зимнем отоплении, в дополнение к нормальному снабжению бытовым газом домашних пользователей. Трубопровод сжиженного нефтяного газа также может использоваться в качестве пикового и резервного источника газа, подаваемого в города и поселки.

На станции газификации, используемой способа подачи сжиженного нефтяного газа по трубопроводам, применяется способ естественной газификации или способ принудительной газификации, и способ транспортировки при низком или среднем давлении, что определяется в зависимости от масштаба газоснабжения, дальности транспортировки газа и температуры окружающей среды.

1) Подача газа по трубопроводам с естественной газификацией

Для системы с небольшим объемом подачи газа часто используется способ естественной газификации, что может сократить инвестиционные затраты и снизить эксплуатационные расходы. Такие системы обычно используют стальные баллоны 50 кг, расположенные в две группы, одна из которых представляет собой используемую часть, которая называется "Сторона использования"; а другая группа представляет собой резервную часть, которая называется "Сторона ожидания". Стальной баллон выполняет две функции хранения газа и теплообмена для естественной газификации. Количество баллонов может быть определено в соответствии с потребностями пиковых нагрузок, процессом и возможностями естественной газификации.

При короткой дальности транспортировки газа и небольшой потере сопротивления трубопровода, на станции газификации обычно используется регулятор высокого и низкого давления, а также способ подачи газа по трубопроводу низкого давления, как показано на рис. 8-3-7. При длинной дальности транспортировки газа, использование способа подачи газа по трубопроводу низкого давления нерентабельно, поэтому станция газификации оснащена регулятором высокого и среднего давления или автоматический

переключающий регулятор давления, использует трубопровод среднего давления для подачи газа, с последующим вторичным регулированием давления у потребителя. Система, оснащенная автоматическим переключающим регулятором давления, показана на рис. 8-3-8.

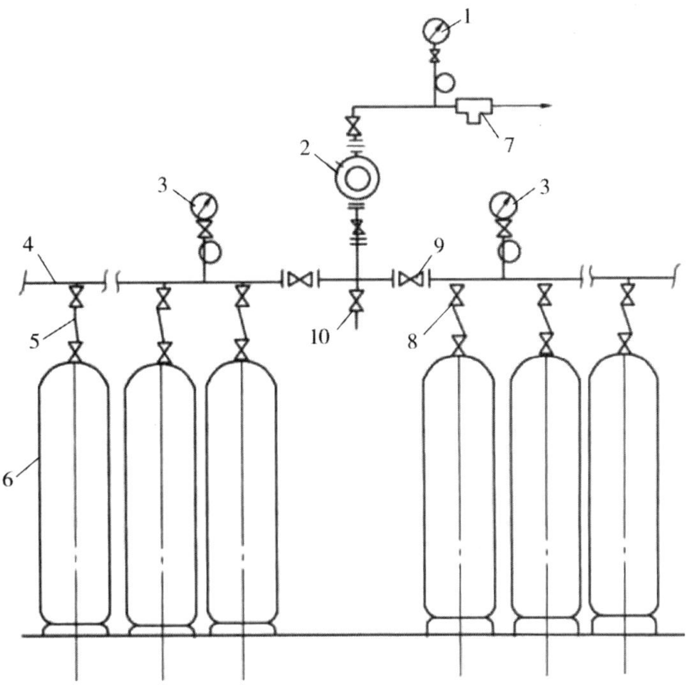

Рис. 8-3-7 Система, оснащенная регулятором высокого и низкого давления

1—Манометр низкого давления; 2—Регулятор высокого и низкого давления; 3—Манометр высокого давления; 4—Газосборная труба; 5—Шланг высокого давления; 6—Стальной баллон; 7—Резервное питательное отверстие; 8—Клапан; 9—Переключающий клапан; 10—Перепускной клапан

Автоматический переключающий регулятор давления в основном состоит из поворотной ручки, кулачкового устройства, индикатора давления и двух регуляторов высокого и среднего давления. При начале работы, следует сначала повернуть поворотную рукоятку, нажать пружину на мембране одного регулятора давления под действием кулачка. Этот регулятор давления представляет собой регулятор, расположенный на стороне использования, а другой регулятор представляет собой регулятор, расположенный на стороне ожидания. Из-за разной степени прижатия пружины давление закрытия двух регуляторов давления также различно. При работе регулятора давления, расположенного на стороне использования, давление на выходе регулятора больше, чем давление закрытия регулятора давления, расположенного на стороне ожидания. Стальной баллон, расположенный на стороне ожидания, не может подавать газ, и газ подается только стальным баллоном, расположенным

на стороне использования. С уменьшением количества жидкости, снижением температуры жидкости и изменением состава жидкости, давление на входе регулятора снижается, давление на выходе регулятора также снижается соответственно, когда оно падает ниже давления закрытия регулятора давления, расположенного на стороне ожидания, регулятор, расположенный на стороне ожидания, также начинает работать (при этом регуляторы давления с обеих сторон работают одновременно). Когда жидкость в блоке баллонов, расположенном на стороне использования, израсходована, следует повернуть поворотную рукоятку, нажать пружину на мембране регулятора давления, расположенного на стороне ожидания, при этом он используется в качестве стороны использования; а затем закрыть блок баллонов, расположенный на стороне использования, после замены баллона он используется в качестве новой стороне ожидания.

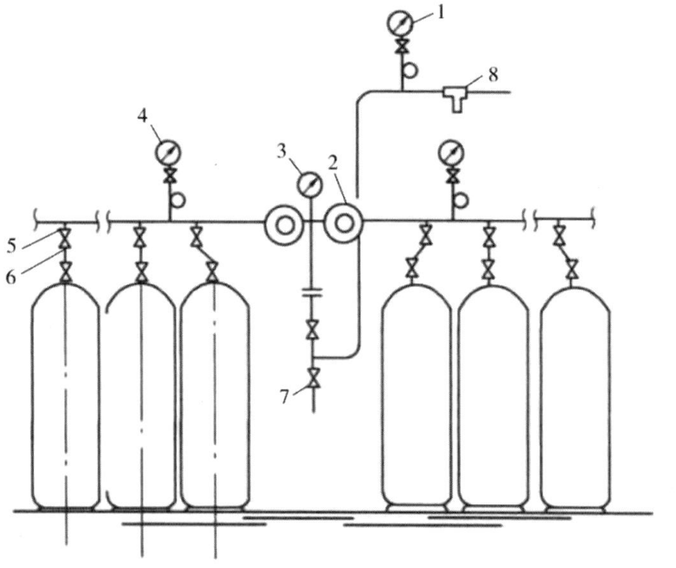

Рис. 8-3-8 Система, оснащенная автоматическим переключающим регулятором давления

1—Манометр среднего давления; 2—Автоматический переключающий регулятор давления; 3—Индикатор давления; 4—Манометр высокого давления; 5—Клапан; 6—Шланг высокого давления; 7—Перепускной клапан; 8—Резервное питательное отверстие

На индикаторе указывается знак, когда сторона использования, сторона ожидания или обе стороны находятся в рабочем состоянии.

2) Подача газа по трубопроводам с принудительной газификацией

При большом количестве потребителей и большом потреблении газа, естественная газификация неизбежно приведет к необходимости использования слишком большого количества стальных баллонов, так что станция газификации охватывает слишком большую площадь, в то же время создает

много неудобств для эксплуатации и управления, при этом следует использовать систему газоснабжения с принудительной газификацией. Станция принудительной газификации оснащена как стальными баллонами 50 кг, так и резервуарами. При использовании стальных баллонов 50 кг можно применять баллоны с двумя фазами (газовой и жидкой) . Во время пикового потребления может использоваться способ подачи газа с принудительной газификацией, а во время низкого потребления или отключения электроэнергии - способ подачи газа с естественной газификацией, что позволяет не только экономить электроэнергию, но и повышает надежность газоснабжения. Система станции с блоком газовых баллонов для принудительной газификации показана на рис. 8-3-9. При использовании резервуара для подачи газа можно использовать наземный резервуар, а также подземный резервуар, когда безопасное расстояние не соответствует требованиям. При использовании подземного резервуара, он должен быть оснащен погружным насосом, что увеличит стоимость и первоначальные монтажные затраты, а также усложнит техническое обслуживание. В системе принудительной газификации, стальные баллоны и резервуары на станции газификации в основном предназначены для хранения газа. Таким образом, количество стальных баллонов или вместимость резервуара определяется в зависимости от количества дней, необходимых для хранения газа.

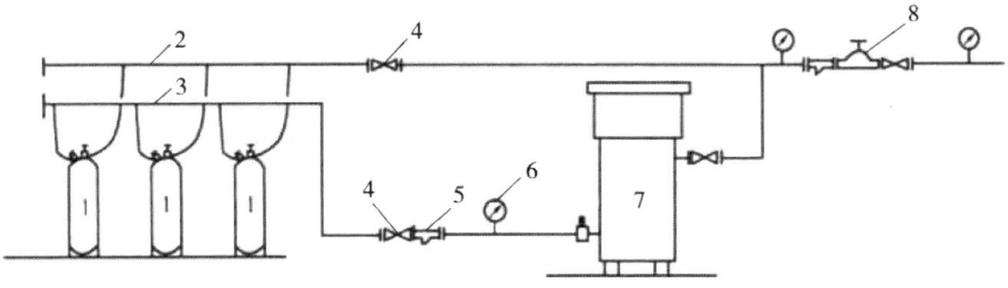

Рис. 8-3-9 Система станции с блоком газовых баллонов для принудительной газификации

1—Блок баллонов на выходе газовой фазы и жидкой фазы; 2—Труба газовой фазы; 3—Труба жидкой фазы; 4—Клапан; 5—Фильтр; 6—Манометр; 7—Аппаратчик газификации; 8—Регулятор давления

Устройство подачи газа в резервуар для принудительной газификации показано на рис. 8-3-10. Сжиженный нефтяной газ из резервуара 1 при давлением хранения поступает в газификатор 6; при включении газификатора следует клапан 2 для подачи газа из газовой фазы в резервуаре; в газификатор подается горячая вода из скоростного водонагревателя 5, заправленного газообразным сжиженным нефтяным газом в качестве теплоносителя; после работы газификатора 6 следует открыть клапан 3 и закрыть клапан 2, и газообразный сжиженный нефтяной газ, полученный газификатором, поступает в водонагреватель 5. При низком потреблении газа газификатор 6 не работает, клапан 9 открывается, клапан 8 закрывается, и газ из газовой фазы резервуара

подается непосредственно в трубопроводную сеть.

Система газоснабжения с принудительной газификацией можно использовать способ подачи газа при среднем давлении или низком давлении в зависимости от дальности транспортировки.

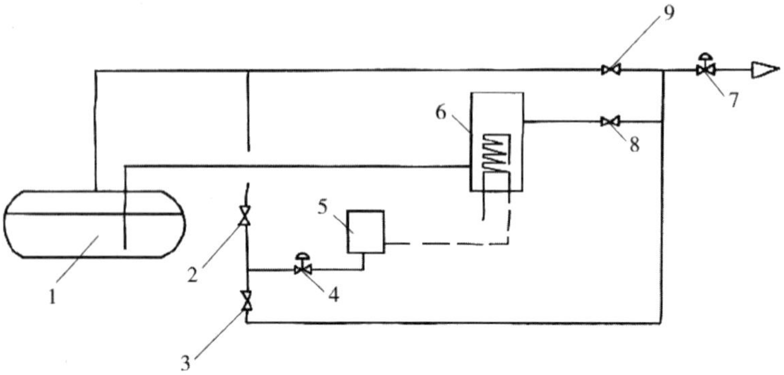

Рис. 8-3-10 Устройство подачи газа в резервуар для принудительной газификации

1—Резервуар; 2, 3, 8, 9—Клапан; 4, 7—Регулятор давления;
5—Водонагреватель; 6—Газификатор

【Выполнение задачи】

Задачи выполняются в соответствии с заданием проекта и отчетом о выполнении заданий проекта, как показано в таблицах 8-3-1 и 8-3-2.

Табл. 8-3-1 Проектное задание

Наименование задачи	Поставка сжиженного нефтяного газа		
Члены группы			
Руководитель		Планируемое время	
Время выполнения		Место выполнения	
Содержание и цели задачи			
1. Овладение определением сжиженного нефтяного газа; 2. Овладение процессом хранения и транспортировки сжиженного нефтяного газа; 3. Ознакомление с областями и преимуществами применения сжиженного нефтяного газа.			
Контрольные пункты	1. Определение сжиженного нефтяного газа; 2. Процесс хранения и транспортировки сжиженного нефтяного газа; 3. Области и преимущества применения сжиженного нефтяного газа.		
Примечание			

Табл. 8-3-2 Отчет о выполнении задачи проекта

Наименование задачи	Поставка сжиженного нефтяного газа		
Члены группы			
Конкретное распределение задач			

Наименование задачи	Поставка сжиженного нефтяного газа		
Планируемое время		Фактическое время выполнения	
Примечание			

1. Пожалуйста, кратко изложите основные компоненты LPG (сжиженного нефтяного газа) и его основное применение в повседневной жизни.

2. Пожалуйста, объясните, почему LPG нуждается в особой очистке в процессе его извлечения, и объясните цель такой очистки.

3. Пожалуйста, обсудите роли и будущий рыночный потенциал LPG как экологически чистого источника энергии в контексте энергетического перехода.

【Оценка задачи】

Оценка задачи проводится согласно таблице комплексной оценки задачи проекта, см. таблицу 8-3-3.

Табл. 8-3-3 Таблица комплексной оценки задачи проекта

Наименование задачи: Дата оценки: год, месяц, день

Детали оценки		Стандартный балл	Практический балл								
			Члены группы								
			Самооценка группы	Взаимная оценка группы	Оценка преподавателя	Самооценка группы	Взаимная оценка группы	Оценка преподавателя	Самооценка группы	Взаимная оценка группы	Оценка преподавателя
Оценка группы (60 баллов)	Способность членов группы в целом понимать цели обучения и график	10									
	Четкое распределение задачи между членами группы	10									
	Наличие духа сотрудничества у членов группы	10									
	Наличие инновационных идей (методов) у членов группы	10									

Детали оценки		Стандартный балл	Практический балл								
			Члены группы								
			Самооценка группы	Взаимная оценка группы	Оценка преподавателя	Самооценка группы	Взаимная оценка группы	Оценка преподавателя	Самооценка группы	Взаимная оценка группы	Оценка преподавателя
Оценка группы (60 баллов)	Достоверность заполнения отчета о выполнении задачи проекта членами группы	10									
	Наличие проблем и решений у членов группы	10									
Оценка личности (40 баллов)	Подчинение членов групповым решениям	10									
	Выполнение задач, назначенных группой	10									
	Своевременное общение и обмен информацией с членами группы	10									
	Способность серьезно описывать трудности, ошибки и изменения	10									
Итого		100									

【Закрепление знаний】

(1) LPG-это сокращение ________, которое означает сжиженный нефтяной газ.

(2) В процессе извлечения, LPG сначала подлежит ____________ (способ обработки) для обеспечения его чистоты.

(3) __________ является наиболее часто используемым оборудованием для хранения и транспортировки LPG.

(4) Пожалуйста, кратко изложите основные виды транспортировки LPG, и их соответствующие особенности или преимущества.

(5) Пожалуйста, кратко изложите преимущества применения LPG для приготовления пищи в домашних условиях по сравнению с использованием электричества или угля.

Проект IX

Анализ типичных случаев аварий с городским газом и управление безопасностью

【Описание о проекте】

Безопасность городского газа является одним из ключевых аспектов городского функционирования, она напрямую связана с безопасностью жизни и имущества жителей, а также со стабильностью работы города. В последние годы, с распространением использования газа, происходят аварии, такие как утечки газа и взрывы. Эти случаи предупреждают нас о необходимости усиления контроля за газовой безопасностью. Путем строгих проверок безопасности, регулярного обслуживания оборудования и обучения пользователей вопросам безопасности можно эффективно предотвращать возникновение газовых аварий. Только через строгий контроль, своевременное обслуживание и повышение уровня безопасности среди жителей можно создать безопасную и гармоничную среду обитания.

【Цель проекта】

Задача I Анализ типичных случаев аварий с городским газом

【Случай 1】: Авария с взрывом сжиженного природного газа в жилом районе 29 марта 2021 года

29 марта 2021 года, около 16: 42, на станции сжиженного природного газа (СПГ) в жилом районе из села городов произошел взрыв сжиженного природного газа, в результате которого пострадали 3 человека.

1. Основные сведения о жилом районе и котельной

(1) Жилой район расположен к западу от административного здания районной администрации одного из поселков и был построен в 1993 году. Он занимает площадь около 10 000 м² и состоит из 2 зданий по 5 этажей каждое. В настоящее время в районе проживает 80 семей, всего около 130 человек. Обслуживание жилого района осуществляет управляющий центр недвижимости.

(2) В жилом районе имеется одна котельная (на угле), расположенная в юго-западном углу района и построенная в том же году, что и сам район. В 2017 году, в ответ на политику энергосбережения и защиты окружающей среды, управляющий центр недвижимости, отвечающий за управление этим районом, заключил инвестиционное соглашение о сотрудничестве (срок действия 20 лет, начиная с даты завершения строительства и достижения проектной мощности) с одной из энергетических компаний для проведения модернизации котельной с переходом с угля на газ (управляющий центр недвижимости предоставил площадку и помещение для оборудования, а энергетическая компания инвестировала и предоставила услуги по теплоснабжению). В конце октября того же года модернизация котельной была завершена и она была введена в эксплуатацию. Эксплуатация и управление оборудованием котельной по обеспечению теплоснабжения и безопасности осуществляется энергетической компанией. Зона теплоснабжения включает в себя жилой район, административное здание районной администрации, здание управляющего центра недвижимости и другие районы.

(3) На восточной стороне стены котельной жилого района расположена «Котельная 10 м³ резервуарная установка управляющего центра недвижимости с оборудованием», включающим резервуар для СПГ (сжиженного природного газа) объемом 10 м³, испаритель, общий коллектор для выпуска газа, гибкие

шланги для разгрузки, клапаны, трубопроводы и другие устройства и сооружения.

План расположения котельной жилого района и пункта снабжения СПГ показан на рисунке 9-1-1.

Рис. 9-1 План расположения котельной жилого района и пункта снабжения СПГ

2. Ход аварии и спасательные работы

1) Ход аварии

28 марта 2021 года одна энергетическая компания по требованию остановила работу отопительного оборудования в котельной жилого района. 29 марта 2021 года, примерно в 14: 49, сотрудники компании Шао, Ли, Фу, Лю и другие 4 человека на служебном пикапе прибыли на «Котельную 10 м³ резервуарную установку управляющего центра недвижимости»в жилом районе для проведения проверки. После осмотра резервуара со сжиженным природным газом (СПГ) на станции, Ли решил провести вентиляцию газа из резервуара. Он и Лю установили ограждение на северной стороне станции. Затем Ли занялся управлением ручным запорным клапаном SV09 (газовый клапан) в северо-восточном углу станции, одновременно выполняя операцию вентиляции с использованием общего коллектора для выпуска газа на станции и шланга для разгрузки, проложенного на западной стороне станции и за пределами восточной стены котельной (операция проводилась в режиме прерывистого выпуска) . Остальные трое по очереди осуществляли наблюдение. В это время дежурный котельной Цуй вошел в спальное помещение. После завершения выпуска Ли закрыл клапан и вместе с Фу готовился покинуть территорию станции, когда в 16: 41: 59 произошел взрыв и возгорание, в результате которого Фу, Ли и Цуй получили ожоги.

2) Основная информация о пострадавших

(1) Ли, сотрудник компании (направленный по договору аутсорсинга), мужчина, 44 года. Согласно заключению судебно-медицинской экспертизы отделения полиции города, степень травмы классифицирована как легкая травма второй степени.

(2) Фу, сотрудник компании, мужчина, 45 лет. Согласно заключению судебно-медицинской экспертизы отделения полиции города, степень травмы классифицирована как тяжелая травма второй степени.

(3) Цуй, сотрудник компании (направленный по договору аутсорсинга), мужчина, 59 лет. Согласно заключению судебно-медицинской экспертизы отделения полиции города, степень травмы классифицирована как тяжелая травма второй степени.

3) Ситуация с аварийно-спасательными работами

После аварии, основные руководители района и городской администрации придали этому происшествию большое значение и немедленно прибыли на место для руководства действиями по ликвидации последствий. Руководители и ответственные лица из районного управления по чрезвычайным ситуациям, районного управления городского хозяйства, районного отделения народной полиции, районной пожарно-спасательной службы, районного управления рынка и стандартов, а также соответствующие должностные лица поселка немедленно прибыли на место для организации и проведения работ по ликвидации последствий. Они организовали срочную эвакуацию жителей жилого района и установили ограждения, чтобы предотвратить возникновение вторичных аварий. Сотрудники компании Шао и Лю использовали огнетушители для тушения некоторых очагов открытого огня. В 16: 55 на место прибыла районная пожарно-спасательная служба и быстро потушила открытый огонь.

4) Прямые экономические потери

Расходы на медицинское обслуживание, ущерб имуществу и повреждение оборудования и сооружений в результате аварии составили в общей сложности более 1, 14 миллиона юаней.

3. Анализ причин аварии

1) Непосредственные причины

Сотрудники компании, включая Ли, нарушили правила использования разгрузочного шланга для выпуска остаточного сжиженного природного газа из резервуара, что привело к распространению большого количества природного газа в пространство блочной станции и в котельную общежития. После достижения концентрации взрывоопасной смеси в локальном пространстве котельной общежития произошел взрыв при наличии источника воспламенения в общежитии.

2) Косвенные причины

（1）Сотрудники, направленные по договору аутсорсинга, связанные с авариями, не были знакомы с правилами безопасной эксплуатации компании и имели низкий уровень осознания безопасности на производстве.

（2）Расстояние между резервуаром сжиженного природного газа и гражданскими зданиями, распределительными помещениями и другими конструкциями не соответствует требованиям обязательных норм противопожарной безопасности.

Расстояние между котельной и блочной станцией показано на рисунке 9-1-2.

Рис. 9-1-2　Расстояние между котельной и блочной станцией

4. Нарушения, связанные с аварией

На основе выяснения причин аварии следственная группа провела дополнительное расследование других нарушений в области производственной безопасности, допущенных соответствующими организациями. В ходе расследования было обнаружено, что связанные с авариями подразделения допустили нарушения правил безопасности на производстве в таких аспектах, как установка резервуаров для сжиженного природного газа, управление безопасностью котельной и обучение операторов. В соответствии с «Законом КНР о безопасности на производстве» и другими соответствующими законами и нормативными актами, предлагаютсяследующие меры по урегулированию ситуации.

1）Рекомендации по обработке нарушений компании

（1）По результатам проверки установлено, что компания подозревается в непринятии мер по своевременному устранению потенциальных опасностей, связанных с газовыми авариями, что является нарушением статьи 41 «Правил управления городским газом». В соответствии со статьей 48 «Правил управления городским газом», рекомендуется, чтобы правительство города начало расследование в отношении компании и наложило административное взыскание в виде штрафа в размере не более 100 000 юаней.

（2）По результатам проверки установлено, что компания подозревается в нарушении требований по информированию работников, направленных от других организаций, о вопросах производственной безопасности, что является

нарушением статьи 41 «Закона КНР о производственной безопасности». В соответствии с пунктом 3 статьи 94 «Закона КНР о производственной безопасности», рекомендуется, чтобы районное управление по чрезвычайным ситуациям начало расследование в отношении компании и наложило административное взыскание в виде штрафа в размере не более 50 000 юаней.

2) Рекомендации по урегулированию нарушений компании по развитию энергетики

По результатам проверки установлено, что компания по развитию энергетики разместила блочную станцию за восточной стеной котельной жилого района, не соблюдая противопожарные расстояния от гражданских зданий, распределительных помещений и мест с искрообразованием (общежитий), что является подозрением в нарушении требований по хранению газа в условиях, не соответствующих требованиям безопасности. Это нарушает положения пункта 9.2.4 (таблица) «Норм проектирования городского газа (версия 2020 года)» и пункта 18, подпункт 5 «Правил управления городским газом». В соответствии с пунктом 46, подпункт 5 «Правил управления городским газом», рекомендуется, чтобы правительство города начало расследование в отношении компании по развитию энергетики и наложило административное взыскание в виде штрафа в размере не более 100 000 юаней.

5. Рекомендации по предотвращению аварий и мерам по исправлению ситуации

(1) Строгое выполнение обязанностей по обеспечению безопасности. Связанные с аварией организации должны в соответствии с корпоративными правилами принять меры в отношении ответственных сотрудников, укрепить ответственность за производственную безопасность, уточнить и усовершенствовать все операционные процедуры для станций сжиженного природного газа, усилить предварительное обучение и обучение операционных навыков персонала, управляющего оборудованием и объектами, стандартизировать практическую деятельность сотрудников; установить станции LNG в соответствии с соответствующими нормативными требованиями, оснастить их системами аварийной сигнализации, регулярно проводить проверки газового оборудования и объектов, своевременно устранять потенциальные угрозы безопасности и предотвращать все виды аварий.

(2) Усиление контроля за безопасностью в отрасли. Комиссия по управлению городом должна строго выполнять обязанности по управлению газовой отраслью, довести информацию об аварии до сведения всех заинтересованных сторон в регионе и извлечь из нее уроки; потребовать от всех организаций в регионе, которые эксплуатируют или используют станции LNG, постоянно проводить специальные проверки и мероприятия по обеспечению безопасности, усилить соответствующие меры контроля безопасности, провести полную проверку всех станций сжиженного природного

газа в регионе, вести учет выявленных проблем и их устранения; усилить предварительное утверждение, строго контролировать процесс и последействие, эффективно улучшать стиль работы, активно выполнять свои обязанности, обеспечивать надлежащее исполнение обязанностей, и в отношении случаев недобросовестного исполнения обязанностей, неэффективного контроля, невыполнения мер по обеспечению безопасности и других случаев халатности или недобросовестности, будет проводиться строгое расследование и наказание.

(3) Строгое выполнение обязанностей по обеспечению безопасности на местах. Правительство города должно твердо придерживаться концепции безопасного развития, действительно извлекать уроки из аварий, регулярно анализировать ключевые моменты и трудности в работе по обеспечению производственной безопасности в своем районе, углублять управление в ключевых областях и отраслях, активно сотрудничать с соответствующими ведомствами, строго пресекать места, не соответствующие условиям производственной безопасности, реализовывать обязанности и меры по контролю, детально, глубоко и основательно проводить работу по обеспечению безопасности и стабильности.

【Случай 2】: Авария с утечкой и взрывом бытового газа на Тайюаньнаньцзев Хэпинском районе Шэньяна 21 октября 2021 года

21 октября 2021 года в ресторане шашлыков Шэньван Эрнюй по адресу дома 222 Тайюаньнаньцзе района Хэпин города Шэньян произошла авария с утечкой и взрывом бытового газа, в результате которой погибло 5 человек, 3 человека получили тяжелые ранения и 49 человек легкие ранения, прямой экономический ущерб составил около 44, 25 млн юаней.

1. Основные сведения об организациях

1) Дальняя строительная компания по электромонтажным (далее Даляньская строительная компания)

Компания была основана 19 мая 2003 года, законный представитель — Ли, уставный капитал составляет 50 миллионов юаней, тип предприятия — общество с ограниченной ответственностью (смешанная экономическая структура: 20% государственных акций, 80% частных акций), адрес: дом 13 улицы Юхао района Чжуншань города Далянь.

фера деятельности и квалификация: категория 1 по общему подряду на электромеханическое инженерное строительство, категория 2 по общему подряду наархитектурноестроительство, категория 2 по общему подряду на муниципальное инженерное строительство, категория 3 по специализированному подряду наэлектромеханическую установку на строительство, категория GB по установка напорных трубопроводов, категория 3 по модернизации и установке котлови т.д.

2) Шэньянская газовая компания

Компания была основана 16 ноября 2007 года, законный представитель Лю

Х юй, уставный капитал 600 млн юаней, тип предприятия — общество с ограниченной ответственностью, адрес: дом 8 уллицы Синьхуа района Хэпин города Шэньян.

Сфера деятельности: строительство газовых сетей (с лицензией), поставка, обслуживание, управление и сервис газоснабжения (только для городских трубопроводов) и т.д.

Срок действия лицензии на газоснабжение: с 12 сентября 2021 года по 12 сентября 2026 года.

3) Шэньянский городской институт проектирования и планирования газовых сетей (далее — Шэньянский газовый проектный институт)

Компания была основана 17 апреля 1986 года, законный представитель Юй Х Сян, уставный капитал 10 млн юаней, тип предприятия — общество с ограниченной ответственностью, адрес: дом 48 улицы Шаян района Хэпин города Шэньян.

Сфера деятельности: планирование, проектирование, консултирование и проектирование сопутствующих инженерных работ для газовых заводов, газовых сетей, внутренних и наружных газопроводов, станций хранения и распределения сжиженного газа, газификационных станций, газосмесительной станций, трубопроводного газоснабжения в жилых районах, газонаполнительных станций и т.д.; инженерный надзор за муниципальными общественными работами; услуги по проектированию теплоэнергетических систем; компьютерное графическое проектирование и создание.

Срок действия сертификата на инженерное проектирование истекает 18 июля 2024 года, категория А квалификации — высая категория в специализации муниципальной промышленности (городская газовая ниженерия)». Сертификат на стротельный надзор действителен до 28 декабря 2021 года, категория А квалификации — высший класс в области строительного надзора за муниципальную общественную инженерию.

4) Ресторан шашлыков Шэньван Эрнюй

Основан 3 августа 2020 года, частный предприниматель Ван Х цай, тип субъекта рынка—индивидуальный предприниматель, зарегистрированный капитал—200 000 юаней, место ведения деятельности: дом 222 Тайюаньнаньцзе района Хэпин города Шэньян.

Ресторан шашлыков Шэньван Эрнюй расположен на северо-западном углу перекрестка Тайюаньнаньцзе и Наньци Малу, на юге граничит с Наньци Малу, на востоке — с Тайюаньнаньцзе, на западе примыкает к нотариальной конторе Хэпинского района, на севере — к гостинице Цзиньжун. Официальное открытие состоялось 6 сентября 2020 года. Здание, в котором находится ресторан, было построено в 1996 году, трехэтажное каркасное строение. Чистая площадь первого этажа составляет 306, 01 $м^2$, высота потолков — 4, 52 м; чистая площадь второго этажа — 147, 32 $м^2$, высота потолков — 3, 45

м; чистая площадь третьего этажа — 143, 37 м², высота потолков — 3, 75 м. На первом этаже с южной и восточной сторон установлены панорамные окна; вход в ресторан шашлыков Шэньван Эрнюй расположен с восточной стороны, выходящей на Тайюаньнаньцзе, и имеет вестибюль с двойными раздвижными дверями.

2. Ход событий аварии

20 октября 2021 года, сотрудник Ли отдела управления подключением к сети от Филиала по передаче и распределению трубопроводной сети Шэньянской газовой компании, сообщил Цзя о проведении работ по подключению к сети в 22: 00 того же дня. Цзя, в свою очередь, уведомил рабочих о прибытии на место для проведения работ.

Около 19: 30 20 октября рабочие начали подготовку к проведению работ по подключению к сети. Цзя X Ли и Хун (сотрудник, помогающий Цзя X Ли в повседневном управлении проектом) организовали работы на месте.

Около 20: 00 20 октября Юань X Фэн организовал группу рабочих для использования экскаватора для выкапывания трех рабочих ям перед входом в ресторан шашлыков Шэньван Эрнюй, на перекрестке Наньци Малу и Тайюаньнаньцзе, а также на перекрестке Наньба Малу и Тайюаньнаньцзе, как показано на рисунке 9-1-3. Эти ямы были обозначены как рабочие ямы 1, 2 и 3 соответственно.

Рис. 9-1-3 Рабочие ямы 1, 2, 3

Около 22: 00 20 октября Чэнь, инженерный сотрудник Шэньянской газовой компании, прибыл на строительную площадку, чтобы проверить наличие предупредительных огней, соблюдение правил безопасности и культуры строительства, а также состояние работ по рытью котлованов. Примерно в 23: 00 он покинул место проведения работ.

Около 23: 20 20 октября Ли и Фэн, сотрудники отдела подключения к сети Шэньянской газовой компании, прибыли на место и дали указание начать

работы по перекрытию газа в трех рабочих котлованах. После завершения работ по перекрытию газа в трех рабочих ям, строительный рабочий Цзя закрыл главный клапан ввода в ресторан шашлыков Шэньван Эрнюй. Строительные рабочие Ван X Минлян и Чжу открыли заглушку на верхней части тройника на наружной части ввода в дом для проведения выпуска. После проведения выпуска Цзя и Чжу отрезали наружную часть ввода в дом за тройником.

Около 23: 50 20 октября строительный рабочий Ван X Лян демонтировал деталь (фланец) по указанию сотрудника Ли по подключению к сети, в ходе которой рабочий Ван X Жэнь вошел в ресторан шашлыков Шэньван Эрнюй и открутил болты на фланце в месте входа главного вентиля ввода в дом. Затем азот подается в газовую линию с помощью шланга из открытого фланцевого отверстия. Сварщик Ван X Цян выполнял сварку новой и старой труб на улице. После завершения сварки Ван Жэнь снова вошел в ресторан шашлыков Шэньван Эрнюй и заново установил болты на фланце в месте входа главного клапана ввода в дом.

Около 1 часа 21 октября работник по подключению к газовой сети Ли покинул строительную площадку.

В 1: 18 21 октября менеджер ресторана шашлыков Шэньван Эрнюй Чжан закрыл заведение на ключ.

В 4: 55 21 октября Юань X Фэн организовал вывод Ню, Лю X Моцзи и Хоу X Мое из ям для остановки газа 1, 2 и 3, восстановив подачу газа. После подачи газа в трубопровод строители покинули место проведения работ, и никто не провел проверку герметичности и контроль за фланцевым соединением на входе главного вентиля ввода газа в ресторан шашлыков Шэньван Эрнюй. В течение этого времени Цзя X ли и Хун не находились на строительной площадке постоянно.

21 октября в 8: 20 в ресторане шашлыков Шэньван Эрнюй произошел взрыв газа.

3. Экстренное реагирование на аварии

После аварии центры управления пожарно-спасательной службы города, центры управления экстренной медицинской помощи города, центры приема сигналов тревоги 110, центры управления управлением по чрезвычайным ситуациям города и управление по чрезвычайным ситуациям района Хэпин получили сообщения о происшествии и немедленно запустили планы реагирования на чрезвычайные ситуации в своих ведомствах и областях ответственности, организовав и направив силы спасения, здравоохранения, полиции, газоснабжения, электроснабжения, водоснабжения, строительства, городского управления и местных уличных комитетов к месту происшествия для проведения экстренных мер в соответствии с их обязанностями, а также доложили о происшествии по цепочке командования в комитеты города и провинции.

В соответствии с «Методикой управления и ликвидации чрезвычайных ситуаций, связанных с техногенными катастрофами и стихийными бедствиями в Шэньяне», Комитет по чрезвычайным ситуациям города немедленно запустил систему экстренного реагирования «1+M+N», создав генеральный штаб на месте происшествия, в состав которого вошли 4 поддерживающих штаба на месте: управление по чрезвычайным ситуациям города, полиция города, пожарно-спасательная служба города и управление строительства города. Быстро начались работы по спасению людей, обеспечению безопасности на месте, регулированию движения, устранению опасностей, эвакуации населения и другие меры по спасению. Пожарно-спасательная служба организовала четыре группы для поиска и спасения, мобилизовав 17 пожарных станций, 51 единицу техники, 211 офицеров и бойцов, а также 3 поисковых собаки для проведения спасательных работ на месте происшествия. Управление общественной безопасности установило три линии оцепления, эвакуировало более 5 100 человек и вызвало 31 единицу техники для расчистки дорог, обеспечив зеленый коридор для движения спасательных служб, а также вызвало 120 полицейских для усиления. Управление по чрезвычайным ситуациям в реальном времени координировало участие профессиональных команд и общественных сил в спасательных работах, организовало выезд 183 человек и 40 единиц оборудованных машин из электроэнергетических, водопроводных и телекоммуникационных компаний, а также использовало беспилотники для воздушной разведки места аварии и состояния зданий. Управление строительства города организовало работы по срочному ремонту поврежденных объектов, проводимые собственниками инфраструктуры, такими как водопровод, электричество и газ. Район Хэпин организовал участие более 2 000 человек, включая сотрудников государственных органов, полицейских, работников общин, добровольцев и строительных рабочих, в спасательных работах. Были выделены специальные люди для охраны поврежденных зданий, а также было организовано взаимодействие с пятью страховыми компаниями для проведения оценки ущерба.

4. Причины аварии и основные выявленные проблемы

1) Непосредственные причины

В процессе проведения работ по подключению газовой сети в ресторане шашлыков Шэньван Эрнюй рабочие открыли фланец на входе клапана ввода в дом. После завершения сварочных работ в рамках подключения к сети этот фланец не был должным образом герметизирован, и после подачи газа не была проведена проверка герметичности фланцевого соединения, что привело к утечке газа через фланец. Утечка продолжалась 3 часа 25 минут. Утечка газа естественным образом распространилась в трехэтажном пространстве ресторана шашлыков Шэньван Эрнюй, смешавшись с воздухом в концентрации, достигшей пределов взрывоопасности (концентрация газа в объеме на первом

этаже составила 7-9%, на втором этаже - 7, 2-8, 5%, на третьем этаже - 7, 4-8, 7%). Взрыв произошел из-за искры, возникшей при замыкании или размыкании механического термостата холодильного шкафа на втором этаже. Мощность взрыва составила примерно 80 кг в тротиловом эквиваленте.

2) Косвенные причины

Ⅰ. Даляньская строительная компания

(1) Нарушение положений «Закона КНР о строительстве», позволило Цзя Х ли использовать сертификаты и лицензии компании для выполнения работ по реконструкции газовых сетей от имени компании.

(2) В условиях, что были обнаружены нарушения в ходе выполнения работ и управления проектом реконструкции газовых сетей в районе Хэпин, компания не приняла немедленных мер для устранения недостатков, а после аварии организовала подделку документов по управлению проектом.

(3) Недостаточный контроль за деятельностью своих проектных подразделений, не были приняты эффективные меры для обеспечения качества работ.

Ⅱ. Шэньянская газовая компания

(1) Нарушение правил организации тендера на инженерные проектные. Процедура оценки заявок на проект «Реконструкция газовых сетей Шэньяна в 2020-2022 годах» нарушила соответствующие положения «Закона КНР о тендерах и закупках» (этот вопрос уже рассматривается дисциплинарной и надзорной комиссией в отдельном деле); процедура закупок для проекта «Реконструкция газовых сетей в районе Хэпин» была несоответствующей, не были соблюдены положения статьи 15 «Метоики управления закупками в Шэньянской газовой корпорации» (документ ШГК [2018] № 29), в результате чего организация провела отбор поставщиков, не соответствующих требованиям закупки.

(2) Недостаточное выполнение обязанностей в области обеспечения безопасности производства. Не выполняя обязанности в соответствии с «Перечнем обязанностей руководства и функциональных отделов Шэньянской газовой корпорации в области безопасности производства», строго не проверили квалификацию персонала на месте строительства проекта «Реконструкция газовых сетей в районе Хэпин», не обнаружили несоответствие фактического персонала строительства проекта «Реконструкция газовых сетей в районе Хэпин» с зарегистрированными в контракте; персонал по надзору за работами, обнаруживший проблемы с качеством строительства, не принял меры по исправлению.

(3) Надзор за строительной площадкой был недостаточным. Не были соблюдены соответствующие положения «Методики управления подключением и отключением газовых сетей», после подачи газа в домовую газовую сеть ресторана шашлыков Шэньван Эрнюй не было организовано наблюдение за

тем, чтобы строительная организация провела проверку герметичности фланцев.

Ⅲ. Шэньянский газовый проектный институт

(1) Не полностью проверили на месте качество строительства, систему управления безопасностью производства, наличие управленческого и строительного персонала в соответствии с положениями «Нормы надзора за строительством», и главный инженер по надзору не выдал приказ о начале строительства, позволив начать работы по проекту.

(2) В процессе надзорной деятельности за проектом «Реконструкция газовых сетей в районе Хэпин» неэффективно реализовывал требования «Норм надзора за строительством», не проверял фактическую квалификацию строительных бригад и персонала, не выявил несоответствие между фактически присутствующими на строительной площадке руководителями проекта, инженерами по технике безопасности и другими ключевыми управленцами и теми, кто был указан в контракте. В результате этого к выполнению работ по проекту «Реконструкция газовых сетей в районе Хэпин» были допущены строительные бригады и персонал, не обладающие необходимой квалификацией и способностями.

Ⅳ. Управление городского и сельского строительства города Шэньян

Не выполнило требования «Уведомления о выпуске Плана реализации проекта по реконструкции старых газовых и водопроводных сетей города Шэньян», выпущенного Канцелярией Народного правительства города Шэньян. Не было разработано плана по продвижению работ по реконструкции, не были организованы, спланированы и реализованы мероприятия по контролю за качеством и безопасностью строительных работ по реконструкции старых газовых сетей в масштабах всего города. Не были организованы работы по контролю за качеством и безопасностью строительства газовых сетей в масштабах всего города, что привело к отсутствию надзора за качеством и безопасностью в проекте «Реконструкция газовых сетей в районе Хэпин»

Ⅴ. Управление городского строительства района Хэпин

Не строго выполняло обязанности по надзору за безопасностью на местном уровне, не проводило эффективную работу по контролю за качеством и безопасностью в ходе строительных работ по проекту «Реконструкция газовых сетей в районе Хэпин», что привело к отсутствию должного управления.

5. Предложения по административным взысканиям для соответствующих организаций и должностных лиц

1) Даляньская строительная компания

Разрешение Цзя Х Ли использовать название компании для получения подрядов нарушает положения пункта 2 статьи 26 «Закона КНП о строительстве», и данная организация несет ответственность за произошедшую аварии. В соответствии с положениями статьи 114 «Закона КНР о производственной безопасности», предлагается, чтобы Управление по

чрезвычайным ситуациям города Шэньян наложило административный штраф в размере 2, 6 миллиона юаней; в соответствии с положениями «Закона КНР о строительстве», «Положения о контроле качества строительных проектов» и другими соответствующими нормативными актами, предлагается, чтобы Департамент жилищного строительства и городского и сельского развития провинции Ляонин и Управление рынка города Далянь рассмотрели вопрос о его соответствующей квалификации для выполнения строительных работ в соответствии с законом.

2）Шэньянская газовая компания

Недостаточное соблюдение систем управления, таких как проведение тендеров на строительные проекты, проверка квалификации строительных бригад и персонала на месте, а также надзор за подключение к газовой сети. Не было выявлено несоответствие между фактическими работниками, выполнявшими проект «Реконструкция газовых сетей в районе Хэпин», и теми, кто был указан в контракте; после подачи газа в газопровод, ведущий к ресторану Шэньван Эрнюй, не было организовано наблюдение за проверкой плотности фланцев подрядной организацией на месте. Эти действия нарушают положения статей 22 и 44 «Закона КНР О производственной безопасности» и несут ответственность за произошедший аварии. В соответствии с положениями статьи 114 «Закона КНР о производственной безопасности», предлагается, чтобы Управление по чрезвычайным ситуациям города Шэньян наложило административный штраф в размере 2, 6 миллиона юаней.

3）Шэньянский газовый проектный институт

В процессе надзорной деятельности за проектом «Реконструкция газовых сетей в районе Хэпин» проверка квалификации фактических строительных бригад и персонала была недостаточно строгой и детальной, не было выявлено несоответствие между фактически присутствующими на строительной площадке руководителями проекта, инженерами по технике безопасности и другими ключевыми управленцами и теми, кто был указан в контракте. В результате этого к выполнению работ по проекту были допущены строительные бригады и персонал, не обладающие необходимой квалификацией и способностями. Эти действия нарушают положения пункта 3 статьи 14 «Положения о производственной безопасности строительных проектов». В соответствии с положениями подпункта（4）пункта 57 «Положения о производственной безопасности строительных проектов», предлагается, чтобы Управление городского и сельского строительства города Шэньян в соответствии с законом и нормативными актами рассмотрело вопрос о противоправных действиях данной организации.

【Случай 3】: Авария со взрывом бытового газа в городе Вафандянь 24 октября 2021 года

24 октября 2021 года около 5: 30 утра в жилом доме № 271 по второму

участку Уилу в районе Вэньшэн, уличного комитета Тедун города Вафандянь, произошел взрыв бытового газа, в результате которого погибли 2 человека, 7 человек получили ранения (1 человек получил тяжелые ожоги, 4 человека — легкие ожоги, 2 человека — легкие травмы). Прямые экономические убытки составили около 8 946 667, 50 юаней.

1. Ход аварии и спасательные работы

24 октября 2021 года в 5: 35 утра отряд Вафандяна отряда пожарной охраны города Далянь получило сигнал о взрыве в жилом доме № 271 по второму участку Уилу в районе Вэньшэн, уличного комитета Тедун города Вафандянь. Отряд Вафандянь немедленно отправило 7 пожарных машин и 34 человека из трех пожарных станций: Уилу, Лаохутунь и Фучжоучен, для проведения спасательных работ. Штаб полного дежурства отряда Вафандиан также отправился на место, прибыл для руководства спасательными работами и совместно с управлением по чрезвычайным ситуациям, 110, 120, газовой компанией и другими соответствующими органами прибыл для обработки инцидента.

В 5: 50 утра на место происшествия прибыла пожарная станция Уилу. После разведки на месте выяснилось, что здание пятиэтажное и в нем находится 20 квартир. На северо-западном углу пятого этажа произошло обрушение. Как только прибыли силы пожарной охраны, они сразу же начали поисково-спасательные работы и своевременно эвакуировали более 50 жильцов здания и людей из близлежащих районов. На восточном и центральном участках пятого этажа были спасены 7 человек, которых отправили в больницу для оказания медицинской помощи. В 10: 00 утра были найдены 2 человека, числившиеся пропавшими без вести, и переданы в руки 120. По результатам проверки 120 было подтверждено, что они не подают признаков жизни.

После получения вызова пожарная охрана Вафандяня быстро доложила о ситуации, и Народное правительство Вафандяня немедленно запустило первый уровень реагирования на чрезвычайные ситуации. Секретарь горкома КПК Вафандяня, мэр, вице-мэр, управление по чрезвычайным ситуациям, управление общественной безопасности, управление жилищного строительства , управление здравоохранения, управление по контролю рынка, местный уличный комитет, центр экстренной медицинской помощи центральной больницы, газовая компания, электроэнергетическая компания и соответствующие подразделения городского комитета по безопасности труда Вафандяня прибыли на место происшествия в первую очередь. Они сформировали оперативный штаб на месте, чтобы организовать эвакуацию населения, оказание медицинской помощи пострадавшим, установление оцепления и изоляции на месте, а также организовать перекрытие подачи газа. Был приглашен патрульный отряд Даляньская компания Хуажунь по газоснабжению для оказания помощи в проверке на наличие подземных газовых

рисков вблизи места происшествия, чтобы предотвратить повреждение и утечку газопроводов в результате взрывной волны от вспышки. Были предприняты все усилия для обеспечения безопасности жизни людей и предотвращения возникновения вторичных бедствий.

2. Информация о связанных с аварией организациях

Даляньская компания Синьшицзи по газоснабжению была создана в 2003 году путем объединения бывшей компании по производству газа в Вафандяне, компании по газоснабжению и управления по снабжению сжиженным газом. Уставный капитал компании составляет 10 000 000 юаней. В настоящее время компания отвечает за строительство и управление трубопроводами газа в городе, а также за поставку газа. Она обладает исключительным правом на газоснабжение, предоставленным правительством Вафандяня.

Даляньская компания Синьшицзи по газоснабжению имеет лицензию на деятельность в сфере газоснабжения (номер лицензии: Ляо 202002070002G), срок действия которой составляет с 14 мая 2020 года по 17 мая 2023 года.

Даляньская компания Синьшицзи по газоснабжению имеет бизнес-лицензию (унифицированный социальный кредитный код: 9121028173275860XA), срок действия которой составляет с 3 сентября 1997 года по 2 сентября 2032 года. Сфера деятельности включает в себя поставку и продажу гозопроводов, установку газовых трубопроводов, поставку газового оборудования и т.д.

Даляньская компания Синьшицзи по газоснабжению имеет сертификат соответствия требованиям для строительных предприятий (номер сертификата: D321081898), срок действия которого истекает 23 января 2022 года. Категория и уровень квалификации: общий подряд на строительство муниципальных и общественных сооружений третьего уровня. Лицензия на производственную безопасность (номер (Ляо) JZ Лицензии безопасности [2019]012968) разрешает деятельность в области строительных работ, срок действия которой составляет с 14 мая 2019 года по 13 мая 2022 года.

Компания создала орган по управлению производственной безопасностью и разработала «Сборник систем управления безопасностью», включающий в себя такие документы, как «Система управления механизмами двойного предупреждения», «Порядок управления контролерами по снятию показаний счетчиков и проверке безопасности в отделе обслуживания клиентов», «Порядок управления группами обхода и проверки в отделе производственной эксплуатации», «Режим обходной проверки городских газовых сетей и сооружений», «Система управления безопасностью опасных работ» и другие системы управления безопасностью, которые четко определяют обязанности каждого отдела и подписывают соглашения о производственной ответственности на всех уровнях.

Компания разработала ряд планов действий в чрезвычайных ситуациях в соответствии с последними руководящими принципами по составлению таких

планов, включая «Комплексный план аварийно-спасательных работ для безопасности производства газа», «План ликвидации чрезвычайной ситуации для станции газификации СПГ», «Аварийный специальный предварительный план производственной безопасности сооружения сети трубопроводов среднего и низкого давления», «План по ликвидации чрезвычайной ситуации на месте наземного газового сооружения», «План по ликвидации аварийных ситуаций на месте подземного газового сооружения», «Вариант обработки на месте станции газификации СПГ», «План ликвидации аварийной ситуации внутридомового газа на месте». В 2021 году было проведено 2 полевых учения, одно из которых имитировало сценарий утечки из основного клапана резервуара СПГ, а другое — сценарий утечки и возгорания в сети среднего давления природного газа с последующей ликвидацией аварии.

Основные руководители компании, сотрудники службы управления безопасностью и сотрудники всех линейных должностей прошли обучение и образование в области производственной безопасности, получили соответствующие сертификаты и работают с ними.

Компания проводит проверки безопасности газопроводов и пользователей газа с частотой, требуемой законодательством. Согласно документам, в 2021 году было три записи о проверке безопасности в квартире 504 жилого дома 271. 23 января 2021 года в 14: 29 инспектор по безопасности посетил квартиру для проведения проверки, но не застал жильцов, оставив на двери уведомление о связи для проверки безопасности; 10 мая инспектор посетил квартиру 504 для сбора 300 юаней за газ и проведения проверки безопасности, раздал материалы по безопасному использованию газа и объяснил основные правила безопасного использования газа; 15 июля компания по газоснабжению начала работу по замене старых газовых счетчиков в районе у Южных ворот парка, обнаружив, что в квартире 504 шланг изношен, а кухонная плита не имеет защиты от угасания пламени, потребовала от пользователя внести изменения, но арендатор квартиры 504 отказался от внесения изменений, отказался подписывать документы и потребовал связаться с владельцем, после чего сотрудник газовой компании закрыл входной клапан перед счетчиком пользователя. Однако в ходе расследования аварии было обнаружено, что входной клапан перед счетчиком пользователя был открыт, но из-за гибели арендатора квартиры 504 в этой аварии провести расследование не удалось.

3. Ситуация с экстренным реагированием газовой компании

24 октября 2021 года в 5: 52 дежурный сотрудник газовой компании Лю Шэнхэ получил сигнал тревоги и немедленно уведомил ремонтника Цзяо Гуймина о необходимости прибыть на место происшествия. В 6: 15 Цзяо Гуймин прибыл на место происшествия, где в это время пожарные, дорожная полиция и сотрудники общественной безопасности организовывали эвакуацию людей и спасательные работы. Цзяо Гуймин немедленно приступил к поиску и

начал закрывать вентиль на вводной трубе в дом 271, но из-за серьезных препятствий на пути, после срочной расчистки пути на месте, в 6: 50 вентиль на вводной трубе дома 271 на втором участке Уилу был закрыт, что привело к отключению подачи газа во всем здании. После этого газовая компания в соответствии с требованиями плана действий в чрезвычайных ситуациях организовала работу сотрудников производственно-эксплуатационного отдела, отдела обслуживания клиентов, отдела безопасности и техники, инженерного отдела и общего отдела с использованием ручных детекторов горючих газов, лазерных детекторов метана и других устройств для проведения газового контроля, изоляции и оцепления, безопасного обхода газопроводов, а также для поиска проектной и исполнительной документации для поддержки ремонтных работ в районе места происшествия. В 12 часов дня того же дня, по распоряжению оперативного штаба на месте происшествия, газовая компания уведомила уличный комитет Тедун о необходимости прекращения подачи газа в жилые дома 271, 259, 261 и 273 по второму участку Уилу. Уличный комитет своевременно уведомил всех жильцов, проживающих в этих домах, о предстоящем отключении газа; в 14 часов было завершено отключение подачи газа путем перекрытия чугунного магистрального трубопровода во внутреннем дворе жилого комплекса, а также были закрыты клапан на вводных трубах в жилые дома 271, 259, 261 и 273.

4. Потери среди людей и прямой экономический ущерб, вызванные аварией

Авария привела к гибели 2 человек и ранениям 7 человек.

В результате аварии произошло полное обрушение и возгорание квартиры 504 в доме 271 по второму участку Уилу, частичное обрушение междуэтажного перекрытия между квартирами 504 и 404, взрыв и возгорание внутри квартир 401 и 404, повреждение газовых труб после счетчика, а также повреждение и обрушение окон и дверей во всем здании из-за ударной волны, деформация и обрушение входных дверей в квартирах 401, 402, 403 и 404. (Рис. 9-1-4 до Рис. 9-1-6)

Рис. 9-1-5 Жилой дом, где произошло происшествие

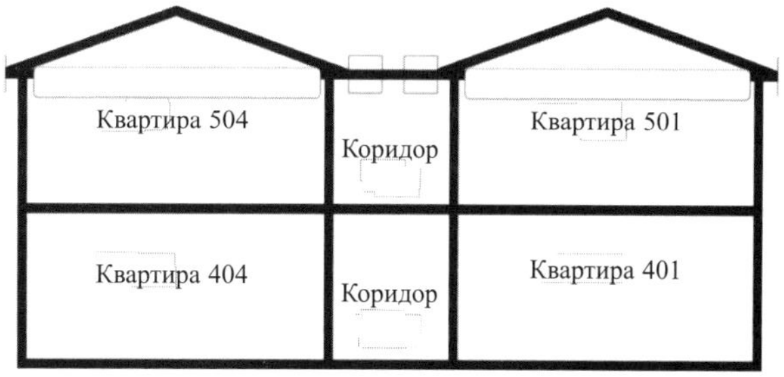

Рис. 9-1-5 Схема структуры здания в зоне взрыва и возгорания

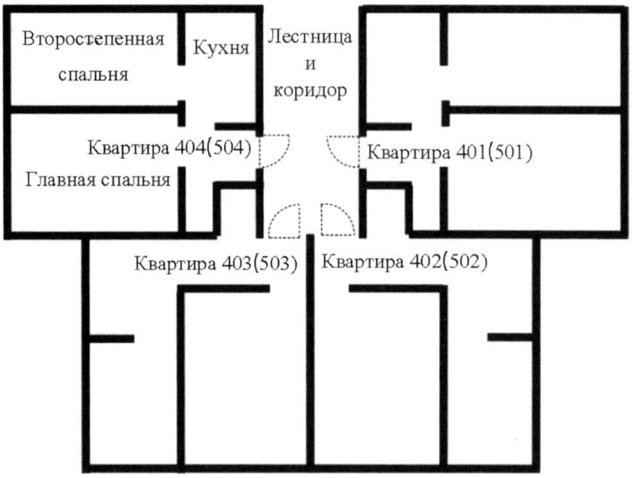

Рис. 9-1-6 Схема плана здания в зоне взрыва и возгорания

Часть окон в жилом доме напротив по второму участку Уилу, 271, были выбиты из-за ударной волны от взрыва бытового газа, и соседние здания также получили частичные повреждения.

Ущерб имуществу в домах 271 и 273 и в магазинчике Фу-Жун составил 1 662 609, 54 юаня.

Оценка ущерба жилым помещениям и сараям в доме 271 составила 4 729 611, 00 юаней.

Расходы на лечение пострадавших в результате взрыва в доме 271, на медикаменты, последующие компенсации и компенсации за повреждение окружающего оборудования и сооружений составили в общей сложности 2 554 446, 96 юаней.

Общий прямой экономический ущерб составил 8 946 667, 50 юаней.

5. Причины аварии и ее характер

Группы экспертов и технические группы неоднократно посещали место аварии для проведения осмотра, общались с сотрудниками пожарной охраны, участвовавшими в тушении пожара, с криминалистами на месте происшествия, чтобы понять обстановку на месте, изучали видеоматериалы о возгорании, тушении и расчистке, опрашивали очевидцев на месте и изучали протоколы допросов соответствующих лиц, чтобы выяснить причины аварии и ее характер.

Жилой дом, где произошло происшествие, представляет собой пятиэтажное здание. Зона, где произошел взрыв и возник пожар, сосредоточена на четвертом и пятом этажах жилого дома, в основном затрагивая четыре квартиры на пятом этаже — 504, 503, 502 и 501, а также четыре квартиры на четвертом этаже — 404, 403, 402 и 401.

Структура здания в квартире 504 крайне неполная, обрушение и разрушения значительны: внешние стены кухни и дополнительной спальни полностью обрушились, потолок полностью разрушен и разлетелся вокруг, пол

полностью провалился в квартиру 404, что свидетельствует о признаках внутреннего сильного взрыва и разрушения от избыточного давления. Двое жильцов, находившиеся на кровати в главной спальне, погибли, без видимых следов возгорания.

Квартиры 501, 502 и 503 сохранили более целостную структуру здания, окна и двери были опрокинуты и разбиты, вещи внутри квартир были повреждены и разбросаны, без явных следов возгорания, что свидетельствует о разрушениях под воздействием вибрации от внешнего взрыва, как показано на рисунке 9-1-7.

6. Анализ причин аварии

1) Определение среды, вызвавшей взрыв

После изучения на месте экспертная группа, учитывая описание ситуации спасателями пожарной охраны и полиции, а также характеристики взрыва на месте, исключила другие взрывчатые вещества и определила, что средой, вызвавшей взрыв и возгорание в данном инциденте, был природный газ.

2) Определение точки взрыва

Анализируя обстоятельства аварии, можно сделать вывод, что данный инцидент был вызван взрывом, который привел к пожару. Анализируя характер разрушений на месте, можно заметить, что в квартире 504 признаки взрыва наиболее очевидны, а разрушения здания наиболее значительны, что свидетельствует о внутреннем взрыве. Поскольку в момент аварии температура была низкой и не был отопительный сезон, жильцы на ночь закрывали окна, поэтому при взрыве квартиры 504 находилась в замкнутом пространстве. Когда внутренний взрыв произошел, избыточное давление от взрыва воздействовало на потолок, стены и пол квартиры 504, что привело к отрыву и разбросу потолка, обрушению стен и провалу пола до четвертого этажа. Жильцы квартиры 504 погибли в процессе взрыва.

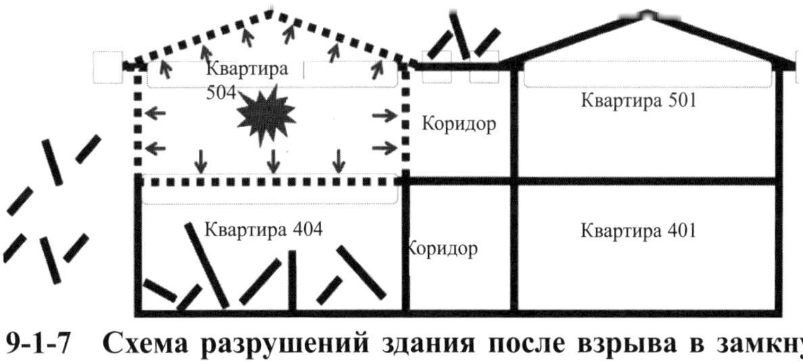

Рис. 9-1-7 Схема разрушений здания после взрыва в замкнутом пространстве квартиры 504

Таким образом, источник взрыва в данной аварии с возгоранием природного газа находился внутри квартиры 504, и это был взрыв в замкнутом пространстве, который привел к возгоранию.

3) Определение источника утечки

На основании формы разрушений от вспышки можно сделать вывод, что зоны, где наблюдались признаки вспышки и пожара, сосредоточены в квартирах 504, 404 и 401. Следовательно, потенциальный диапазон источника утечки также находится в этих трех квартирах. Это связано с тем, что если бы газ в этих трех помещениях проник извне, то после вспышки в этих трех помещениях снаружи обязательно были бы более обширные зоны вспышки и пожара, что противоречит реальной ситуации аварии. Поэтому поиск источника утечки сосредоточен в квартирах 504, 404 и 401.

Тип газа, который вытек и вызвал вспышку, является природным газом, основным компонентом которого является метан. Компания по газоснабжению использует специальную установку для добавления тетрагидротиофена в природный газ в качестве одоранта. Технологический процесс, количество добавки и записи проверок находятся в норме. Количество одоранта, добавленного в природный газ в жилом доме, соответствует требованиям «Правилам проектирования систем газоснабжения городов и поселков (2020 года)».

На рисунке 9-1-8 показана схема подачи газа в жилые помещения. Трубопровод, по которому подается газ, при входе в каждое жилое помещение последовательно соединяется с запорным клапаном перед счетчиком, газовым счетчиком и клапаном перед плитой. Соединение клапана перед плитой с газовой плитой осуществляется с помощью гибкого шланга. Обычно после использования газовой плиты необходимо закрыть все клапаны: клапан на плите и клапан перед плитой.

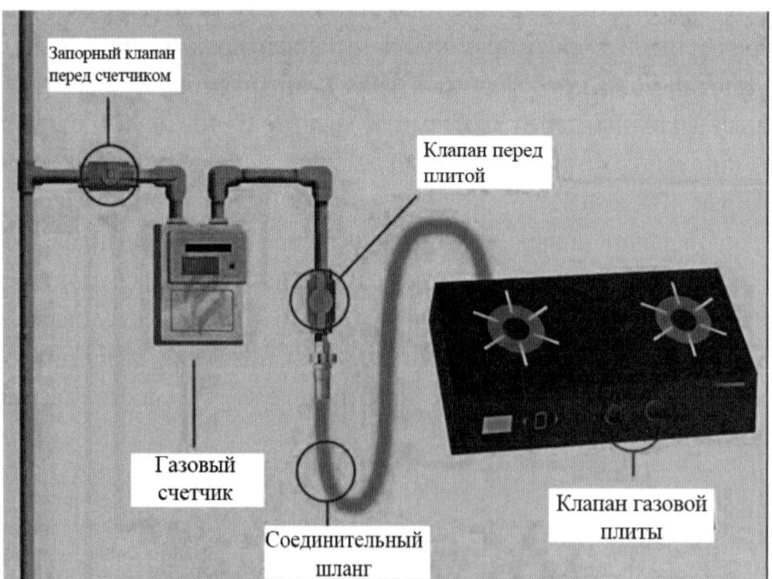

Рис. 9-1-8 Соединение газовой стальной трубы и газовой плиты

Газовое ответвление является стальной трубой. Исследование газового

ответвления на четвертом и пятом этажах, полученных с места аварии, не выявило утечек.

На рисунке 9-1-9 показано состояние клапанов перед плитой в каждой квартире перед аварией.

(a) (b) (c)

Рис. 9-1-9 Состояние закрытия клапана перед плитой

(a) Состояние клапана перед плитой в квартире 504

(b) Состояние клапана перед плитой в квартире 404

(c) Состояние клапана перед плитой в квартире 401

Поскольку вспышка не могла изменить состояние открытия/закрытия клапана перед плитой, состояние клапана перед плитой на месте аварии может отражать его состояние до возникновения вспышки. Определение состояния клапана перед плитой: если ручка клапана параллельна оси трубопровода, это указывает на то, что клапан открыт; если ручка перпендикулярна оси трубопровода, это указывает на то, что клапан закрыт. Можно заметить, что клапан перед плитой в квартире 504 находился в открытом состоянии, а клапаны перед плитой в квартирах 404 и 401 квартирах были закрыты. Клапаны на газовых плитах вовышеупомянутых трех квартирах были закрыты.

Поскольку клапаны перед плитами в квартирах 404 и 401 были закрыты и утечек в газопроводных трубах не было, можно исключить возможность утечки газа в квартирах 404 и 401.

Поскольку клапан перед плитой вквартире 504 находился в открытом состоянии, в соединительном шланге между клапаном перед плитой и газовой плитой присутствовал газ, поэтому необходимо было расследовать, возможна ли утечка в газовом шланге. На рисунке 9-1-10 показаны внешний вид газовой плиты и шланга, извлеченных из квартиры 504 на месте аварии. Можно заметить следующую информацию:

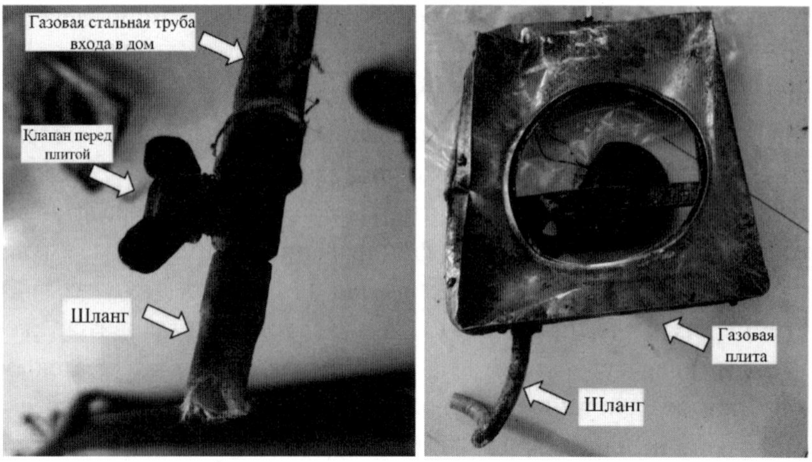

Рис. 9-1-10 Внешний вид газовой плиты и шланга, извлеченных из квартиры 504 на месте вспышки

(1) На поверхности шланга видны следы масла, но все еще можно различить оранжевый цвет резинового шланга, что указывает на то, что шланг не подвергался воздействию огня, а резиновый шланг, соединяющийся с клапаном перед плитой, не был закреплен хомутом.

(2) На шланге имеются три разрыва, как показано на рисунке 9-1-11, в сечениях 1, 2 и 3. Среди них сечение 1 полностью разорвано, в направлении толщины имеется приблизительно треугольный дефект; сечение 2 не полностью разорвано, по окружности осталась только небольшая часть стенки, соединенная; сечение 3 полностью разорвано, разрыв относительно ровный.

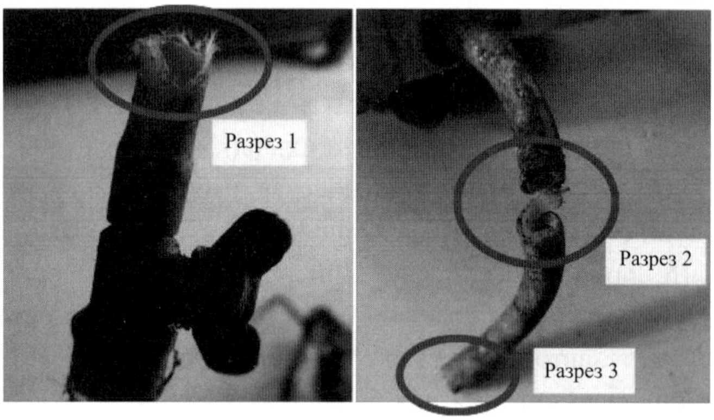

Рис. 9-1-11 Детали разрывов шланга показаны на рисунке.

Особенности многосекционного разрыва этого газового шланга под действием избыточного давления при вспышке отличаются от обычного разрушения газового шланга под действием избыточного давления при вспышке. Обычно, если соединение шланга с клапаном перед плитой не закреплено хомутом, то при воздействии избыточного давления, если шланг имеет достаточную прочность, то его разрушение чаще всего проявляется в том, что

шланг отсоединяется от клапана перед плитой. На самом деле, причина многосекционного разрыва газового шланга в квартире 504 под действием избыточного давления требует дополнительного анализа.

Был проведен анализ газового шланга из квартиры 504 в лаборатории по испытанию пластиковых материалов Даляньского технологического университета. Результаты показали, что материал шланга представляет собой поливинилхлорид（PVC）, пластифицированный большим количеством диоктилфталата, с температурой стеклования 13, 1 ℃. Это указывает на то, что при температуре, близкой к 13, 1 ℃, шланг становится жестким и хрупким; при температуре ниже 13, 1 ℃ шланг переходит в стеклообразное состояние, и при воздействии изгибающей нагрузки шланг будет трескаться. 24 октября 2021 года, в день аварии, температура в городе Вафанцзяо составляла от 7 до 17 ℃. В момент вспышки температура в квартире была близка к температуре стеклования газового шланга, поэтому шланг стал хрупким. Если в этот момент шланг подвергался изгибающей нагрузке, то на нем легко могли образоваться небольшие трещины в направлении толщины. Причин для изгибающей нагрузки на шланг может быть много, например, перемещение пользователем плиты, в результате чего шланг оказался под нагрузкой. Под действием избыточного давления при вспышке хрупкий и потрескавшийся шланг проявляет признаки многосекционного разрыва. Особенно на сечении 1 шланга область отсутствия стенки в форме приблизительного треугольника может свидетельствовать о наличии начальной трещины в шланге.

4）Определение источника зажигания

Источник зажигания находится в месте вспышки. По характеру повреждений от вспышки можно заметить, что кухня и вторая спальня в квартире 504 пострадали значительно сильнее, чем главная спальня, поэтому можно сделать вывод, что источник зажигания находится на кухне и во второй спальне. Поскольку в момент аварии жильцы квартиры 504 находились в состоянии сна, возможно, что автоматическая работа электроприбора вызвала взрыв газовоздушной смеси, находящейся в пределах взрывоопасной концентрации, что привело к взрыву. При осмотре места происшествия было обнаружено, что на кухне квартиры 504 есть холодильник, и было сделано предположение, что автоматическая работа холодильника стала наиболее вероятным источником зажигания для вспышки.

После аварии, по приглашению оперативного штаба по ликвидации последствий на месте происшествия, специалисты по аварийному ремонту из Даляньской компаний Хуажунь по газоснабжениюпровели проверку газопроводов на 4-м и 5-м этажах 271-го здания с помощью газового лазерного течеискателя. Газовый лазерный течеискатель не подал сигнал тревоги, и утечек обнаружено не было.

Таким образом, в результате расследования и анализа можно определить,

что источник утечки газа, вызвавшей данную аварию, находился в шланге внутри квартиры 504, что исключает возможность утечки газа в квартирах 404, 401 или других помещениях или пространствах (таких как газопроводы в коридоре) с последующим распространением газа в квартиру 504.

5) Основные причины аварии

Жилец квартиры 504 использовал несоответствующий соединительный шланг для газовой плиты, и срок службы шланга был превышен. При низких температурах шланг стал хрупким и треснул, что привело к утечке газа. В помещении образовалась взрывоопасная газовая смесь, которая воспламенилась при контакте с открытым огнем, что привело к вспышке.

Жилец квартиры 504 не проявил должной осведомленности в вопросах безопасности при использовании газа. После использования газа не был своевременно закрыт клапан перед плитой, и использовалась плита без защиты от угасания пламени.

6) Второстепенные причины аварии

Даляньская компания Синьшицзи проводила проверки на дому для обеспечения безопасного использования газа пользователями и уведомляла жильца квартиры 504 о существующих проблемах с безопасностью, однако в случае отказа жильцов от исправления ситуации, компания ограничилась только закрытием клапана, не приняв меры по принудительному отключению подачи газа.

【Закрепление знаний】

(1) Описание типичного случая утечки газа и анализ причин аварии Как предотвратить повторение подобных аварий?

(2) Если предположить, что во время проверки на безопасность использования газа вы обнаружили проблему с износом газопровода. Как вы должны поступить в этой ситуации? Какие меры безопасности следует соблюдать в процессе?

(3) Объясните важность плана действий по чрезвычайным ситуациям в области газовой безопасности и приведите пример из практики, чтобы продемонстрировать, как эффективно выполнять план действий при возникновении аварии с газом, чтобы минимизировать ущерб и обеспечить безопасность персонала.

Задача Ⅱ Управление безопасностью городского газа

【Подготовка к задаче】

1. Управление безопасностью городских газопроводных сетей

1) Обход линий городских газопроводных сетей

(1) Зона защиты для газопроводов и сопутствующих объектов должна определяться в зависимости от уровня давления распределительной системы и условий окружающей среды. Минимальные зоны защиты должны соответствовать следующим требованиям:

① Для газопроводов низкого и среднего давления, а также сопутствующих объектов должны иметь зону защиты в радиусе 0, 5 м от внешнего края;

② Для газопроводов вторичного высокого давления и сопутствующих объектов должны иметь зону защиты в радиусе 1, 5 м от внешнего края;

③ Для газопроводов высокого давления и выше, а также сопутствующих объектов должны иметь зону защиты в радиусе 5, 0 м от внешнего края.

(2) Обход и проверка газопроводов должны включать следующее:

① В зоне защиты газопроводных объектов не должно быть таких явлений, как обрушение грунта, оползни или просадка, и трубопроводы не должны быть оголены;

② Без соответствующего разрешения запрещается проводить такие работы, как взрывные работы и выемка грунта;

③ Над газопроводами не должны скапливаться или сжигаться отходы, размещаться легковоспламеняющиеся или взрывоопасные опасные предметы, высаживаться растения с глубокой корневой системой и возводиться строительные (конструктивные) объекты;

④ Вдоль трассы газопроводов не должно быть таких аномальных явлений, как запах газа, пузырьки на поверхности воды, увядание деревьев и травы, желтые пятна на поверхности снега, а также звуки утечки газа;

⑤ Трубопроводы, проходящие через или пересекающие трубопроводы, склоны и другие особые участки, должны быть осмотрены сразу после сильных дождей, сильного ветра или других неблагоприятных погодных условий;

⑥ Антикоррозионное покрытие на воздушных трубопроводах и арматуре

должно быть в хорошем состоянии, а крепление опор должно быть надежным;

⑦ Арматура и маркировка гозопроводов не должны быть утеряны или повреждены;

⑧ Проводятся ли в пределах охранной зоны гозопроводов строительные работы, искусственная выемка грунта, добыча песка и другие подобные виды деятельности;

⑨ Целы ли маркерные столбы и таблички, и четко ли обозначены направления трубопроводов;

⑩ Нет ли на воздушных газопроводах, вводных трубах и стояках признаков коррозии, не ослаблены ли и не отвалились ли опоры и хомуты, не слишком ли большое расстояние между опорами воздушных трубопроводов, не свисают ли с воздушных трубопроводов какие-либо предметы, нет ли на них намотки других линий или обмотки;

⑪ Не пропали ли, не засыпаны ли или не завалены ли колодцы клапанов и конденсационный горшки;

⑫ Соответствуют ли, целы ли и надежно ли закреплены кольца колодец, крышки колодец и бетонные плиты, нет ли случаев их пропажи или обрушения;

⑬ Надежно ли закреплены и не пропали ли устройства интеллектуального мониторинга горючих газов, установленные в газовых колодцах и соседних трубных колодцах.

(3) Обнаружение утечек газа вдоль гозопроводов следует проводить в следующих местах (если вблизи трубопровода наблюдаются аномальные явления, следует расширить зону проверки):

① Вблизи гозопроводов на дорожных швах, трещинах на дорожном покрытии, на грунтовых поверхностях или на газонах;

② На сопутствующих объектов гозопроводов, в отверстиях для обнаружения утечек и в смотровых колодцах;

③ В пределах зоны защиты гозопроводов на других муниципальных колодцах или траншеях.

2) Периодичность обхода линий городских газопроводных сетей

Обход линий гозопроводов и сопутствующих объектов включают в себя осмотр газопроводов и обнаружение утечек.

(1) Периодичность обхода и проверки гозопроводов и сопутствующих объектов должна соответствовать следующим требованиям:

① Гозопроводы высокого и вторичного высокого давления должны проверяться ежедневно;

② Гозопроводы среднего и низкого давления должны проверяться не реже 1 раза в два дня;

(2) Обнаружение утечек газа — это процесс использования измерительных приборов для определения наличия утечки газа в проверяемом объекте и

локализации мест утечки. Периодичность проверки газопроводов на утечки должна соответствовать следующим требованиям:

① Для полиэтиленовых трубопроводов и стальных трубопроводов с катодной защитой периодичность проверки не должна превышать 1 года;

② Для чугунных трубопроводов и стальных трубопроводов без катодной защиты периодичность проверки не должна превышать полугода;

③ Для трубопроводов, срок эксплуатации которых превышает половину проектного срока службы, периодичность проверки должна быть сокращена до половины исходного периода;

④ Периодичность проверки на утечки для сопутствующих трубопроводам объектов должна быть меньше или равна периодичности проверки на утечки для подключенных к ним трубопроводов;

⑤ Периодичность проверки соседних трубопроводных траншей должна совпадать с периодичностью проверки на утечки для сопутствующих трубопроводам объектов;

⑥ Вновь введенные в эксплуатацию подземные трубопроводы должны быть проверены на утечки в течение 24 часов, а сварные швы в местах врезки и подключения, а также места ремонта утечек на трубопроводах должны быть проверены сразу после завершения работ и подачи газа. В обоих случаях должна быть проведена 1 повторная проверка в течение 1 недели;

⑦ Сопутствующие трубопроводам объекты после замены или ремонта и подачи газа должны быть проверены на утечки немедленно, в течение 24-48 часов.

3) Обход и проверка мест, где газопроводы проходят под давлением в городских газопроводных сетей

(1) Соответствующие подразделения второго уровня должны проводить усиленный контроль за местами, где газопроводы подвергаются давлению. При обнаружении утечки они должны немедленно сообщить об этом и принять меры для обеспечения безопасной работы газопроводной сети.

(2) Если в процессе обхода соответствующие подразделения второго уровня обнаруживают возможное давление на газопроводы и объекты, они должны своевременно вмешаться, чтобы предотвратить возникновение новых случаев давления.

(3) После устранения мест давления на газопроводы соответствующие подразделения второго уровня должны следить за тем, чтобы не возникало ситуаций, когда после очистки снова происходит давление или давление продолжается во время очистки.

(4) Если в ходе обхода соответствующие подразделения второго уровня обнаруживают несанкционированное давление на газопроводы, они должны своевременно вручить уведомление о нарушении владельцу или организации, ответственной за объект, создающий давление, и немедленно сообщить об

этом в соответствующие государственные органы.

(5) Соответствующие подразделения второго уровня должны ежегодно пересматривать и повторно выдавать уведомления о нарушениях. Работники, осуществляющие обход линий, должны активно помогать соответствующим ведомствам в работе по устранению несанкционированных объектов, создающих давление.

4) Обход и проверка строительных площадок городских газопроводных сетей

(1) Соответствующие подразделения второго уровня должны проводить усиленные обход и проверку за строительными площадками, устанавливать механизмы связи, следить за ходом строительства и динамикой работ, чтобы избежать повреждений от внешних воздействий.

(2) Соответствующие подразделения второго уровня должны постоянно проверять предупреждающие знаки на газопроводах и объектов. В случае обнаружения поврежденных или утерянных предупреждающих знаков в ходе ежедневных обхода и проверки, их следует своевременно заменить и установить.

(3) Соответствующие подразделения второго уровня должны строго соблюдать систему предотвращения внешних повреждений, установленную корпорацией и компанией, и заключать соответствующие соглашения с застройщиками и подрядчиками до начала строительства. В случае обнаружения нарушений в ходе строительства или варварских методов работы, следует немедленно вмешаться и сообщить в 110, а также уведомить органы управления чрезвычайными ситуациями, комитет по городскому управлению и другие заинтересованные стороны.

5) Требования к работам работников, осуществляющий обход линий

(1) Строго соблюдать соответствующие положения о обходе газопроводов и не допускать нарушений в своей работе.

(2) Работник, осуществляющий обход линий, должны проводить плановые обходы в соответствии с назначенным им районом, в установленное время, в определенных точках и по заданному маршруту. Для новых принятых проектов и изменений в модернизации трубопроводных объектов необходимо своевременно скорректировать план обхода линий и представить его на утверждение руководству, после чего проводить обход по новому плану.

(3) Работник, осуществляющий обход линий, должен выполнять свои обязанности, имея при себе схему, и должен хорошо знать состояние трубопроводов и объектов в своей зоне ответственности, направление, расположение, диаметр и материал труб, соседние каналы, нулевые этажи, длину, глубину залегания и окружающую среду. Должен владеть информацией о распределении промышленных и коммерческих потребителей с высоким, средним и низким давлением в своей зоне ответственности и точно знать

местоположение точек раздела прав собственности, а также уметь читать схемы и составлять простые чертежи, своевременно отмечая изменения в трубопроводах.

(4) Работник, осуществляющий обход линий, должен проводить обход по плану и тщательно заполнять журнал обхода. При обнаружении потенциальных угроз необходимо своевременно предотвращать, устранять, сообщать и регистрировать.

(5) Работник, осуществляющий обход и проверку, тщательно и точно заполнять таблицу регистрации утечек.

(6) Активно сотрудничать с работами по аварийному ремонту и строительству, происходящими в зоне ответственности, и участвовать в приемке новых проложенных трубопроводов и объектов после завершения работ.

(7) Проводить разъяснительную работу по вопросам безопасности использования газа среди организаций и жителей, находящихся вдоль трассы трубопроводов.

(8) Работник, осуществляющий обход линий, должен выполнять установленные вышестоящим руководством показатели самостоятельного обнаружения при обходе линий.

(9) Работник, осуществляющий обход линий, должен в рабочее время использовать простую систему для обхода и проверки в соответствии с требованиями компании и владеть всеми функциями системы.

2. Управление безопасностью пользователей городского газа

1) Использование городского газа

(1) Пользователи газа должны соблюдать правила безопасного использования газа, использовать сертифицированные газовые приборы и баллоны, а также своевременно заменять газовые приборы, соединительные трубки и другие компоненты, которые были запрещены государством или истек срок их службы. Юридические организации газа должны разработать и внедрить систему управления безопасностью, а также усилить обучение сотрудников, занимающихся техническим обслуживанием, по вопросам безопасности использования газа и операционным навыкам. Компания-поставщик газа, должны разрабатывать информационные материалы по безопасному использованию газа и бесплатно распространять их среди пользователей, повышая их осведомленность о безопасном использовании газа.

(2) Пользователи газа должны оплачивать счета за газ в соответствии с установленными сроками. Пользователи газа имеют право запрашивать информацию у компании-поставщика газа, по вопросам стоимости газа, обслуживания и других аспектов. Компании, занимающиеся поставками газа, должны ответить на такие запросы в течение 5 рабочих дней с момента их получения. Пользователи газа имеют право подавать жалобы в органы

регулирования рынка, городские органы управления и другие соответствующие органы по вопросам стоимости газа, обслуживания и других аспектов. Соответствующие органы должны рассмотреть такие жалобы в течение 15 рабочих дней с момента их получения.

(3) Пользователи газа и связанные с ними физические и юридические лица не должны совершать следующие действия:

① Самовольно управлять общими газовыми клапанами;

② Использовать газопроводы в качестве опорных стоек или заземляющих проводников;

③ Устанавливать и использовать газовые приборы, не соответствующие требованиям к источнику газа;

④ Самовольно устанавливать, модифицировать, перемещать или демонтировать внутренние газовые установки и приборы учета газа;

⑤ Использовать и хранить газ в местах, не соответствующих требованиям безопасности;

⑥ Красть газ или повреждать газовые установки;

⑦ Изменять назначение использования газа или перераспределять газ;

⑧ Без уважительной причины отказываться от проведения плановой проверки безопасности, проводимой компанией-поставщиком газа;

⑨ Другие действия, запрещенные законодательством и нормативными актами.

(4) Пользователи газа и соответствующие организации и физические лица при использовании газовых баллонов не должны совершать следующие действия:

① Нагревать, подвергать воздействию солнца, бросать, катать или переворачивать газовые баллоны;

② Использовать газовые баллоны для обратной закачки газа или слива остатков газа из баллона;

③ Использовать автоцистерны для прямой заправки газовых баллонов.

(5) Граждане-пользователи газа, которым необходимо изменить, переместить или демонтировать трубопроводы глаза, клапаны и другие внутренние газовые установки, должны обратиться в компанию-поставщика газа для оформления соответствующих процедур и поручить компании-поставщику газа выполнение работ.

(6) Качество продукции, включая газовые приборы и их комплектующие, произведенные и продаваемые на рынке, должно соответствовать национальным стандартам.

(7) Органы регулирования рынка должны усиливать надзор и контроль за качеством газовых приборов, соединительных трубок и других продуктов, связанных с газом, и публиковать результаты проверок для всеобщего сведения.

(8) Установка и ремонт газовых приборов должны соответствовать

национальным стандартам.

2) Защита городских газовых объектов

(1) Компания-поставщик гозопроводов, отвечает за управление регулирующим оборудованием, газовыми счетчиками, клапанами на границе раздела собственности на трубопроводы и газовые объекты, а также связанными с ними газовыми объектами, которые простираются в направлении, противоположном потоку газа; в то время как юридические лица-пользователи гозопроводов отвечают за управление газовыми объектами, которые простираются в направлении потока газа от клапана на границе раздела собственности (за исключением регулирующего оборудования и газовых счетчиков), а также за газовые приборы, и могут поручить управление этими объектами компании, занимающейся распределением и поставками газа. Если в договоре поставки и использования газа предусмотрены иные условия, то применяются условия, указанные в договоре. Граждане-пользователи гозопроводов несут ответственность за управление газовыми приборами, расположенными после газового счетчика, а также гибкими шлангами и крепежными элементами, которые их соединяют; компания-поставщик гозопроводов, отвечает за управление газовым счетчиком и другими газовыми трубопроводными объектами. Пользователи баллонного газа несут ответственность за управление используемыми ими газовыми баллонами, регуляторами давления и газовыми приборами, а также гибкими шлангами и крепежными элементами, которые их соединяют.

(2) Городские органы управления городским хозяйством должны совместно с органами планирования и управления ресурсами и другими соответствующими ведомствами в соответствии с национальными стандартами и нормативными актами определить зоны защиты газовых объектов и обнародовать их для всеобщего сведения. В пределах зоны защиты газовых объектов запрещается проводить следующие действия, которые могут угрожать безопасности газовых объектов:

① Строительство зданий, объектов или других объектов, которые могут оказывать давление на подземные газопроводы;

② Проведение взрывных работ, земляных работ или использование открытого огня;

③ Слив или выпуск коррозионных веществ;

④ Размещение легковоспламеняющихся или взрывоопасных материалов или посадка растений с глубокой корневой системой;

⑤ Другие действия, которые могут угрожать безопасности газовых объектов.

(3) Компания-поставщик газа, должны в соответствии с национальными стандартами для строительства и правилами управления промышленной безопасностью устанавливать защитные устройства и знаки безопасности для

газовых объектов, такие как антикоррозийные, изоляционные, молниезащитные, понижающие давление и изолирующие устройства, а также регулярно проводить инспекции, тестирования, ремонт и обслуживание для обеспечения безопасной эксплуатации газовых объектов. Компания-поставщик газа, должны устанавливать предупреждающие знаки на общедоступных газовых клапанах, установленных в помещениях пользователей газа и в общественных частях зданий, чтобы предупредить пользователей газа о том, что они не должны самовольно управлять общедоступными газовыми клапанами.

(4) Любые организации и лица не должны захватывать, повреждать, самовольно сносить или перемещать газовые объекты, а также повреждать, закрывать, подделывать, самовольно сносить или перемещать предупреждающие знаки безопасности газовых объектов. Любые организации и лица, обнаружившие действия, которые могут угрожать объектам газового хозяйства и предупреждающим знакам безопасности, имеют право предостеречь и остановить их; если предостережения и попытки остановить оказываются неэффективными, необходимо немедленно уведомить компанию-поставщика газа, или сообщить в органы городского управления, управления коммунальными услугами, управления чрезвычайными ситуациями и полицию.

(5) Компания-поставщик газа, при изменении городских газовых объектов должна разработать план изменений и подать заявку в городской орган управления коммунальными услугами или в районный орган городского управления. Изменения могут быть произведены только после получения разрешения. План изменений должен соответствовать газовому плану развития, четко определять требования к безопасному проведению работ, а также предусматривать меры по обеспечению безопасности и бесперебойного газоснабжения.

(6) При строительстве, реконструкции или расширении объектов не допускается влияние на безопасность газовых объектов. Органы планирования и управления ресурсами при выдаче разрешений на строительство должны в соответствии с национальными и местными нормативными требованиями обеспечивать безопасность существующих газовых объектов газового в зоне строительства.

(7) Застройщики перед началом работы должны выяснить обстоятельства, касающиеся подземных гозопроводов в зоне строительства, а компания-поставщик газа, органы городского управления и другие соответствующие органы и организации должны своевременно предоставлять необходимые данные.

(8) Если в зоне строительной площадки находятся подземные газопроводы и другие газовые объекты, Застройщики должны совместно с подрядчиками и компаниями-поставщиками гозопроводов, разработать план защиты газовых объектов. Застройщики и подрядчики должны принять соответствующие меры безопасности для обеспечения безопасной эксплуатации газовых объектов.

Подрядчики должны включить меры безопасности, определенные в плане защиты газовых объектов, в проектные документы организации строительства и в меры безопасности на строительной площадке, и выполнять строительные работы в соответствии с планом защиты газовых. Компания-поставщик гозопроводов, должна направить специалистов для руководства на месте.

（9）Если компания-поставщик гозопроводов, обнаружит, что в зоне строительных работ находятся подземные газопроводы или другие газовые объекты, но план защиты газовых объектов не был разработан, она должна уведомить подрядчика о необходимости временно приостановить работы; если подрядчик отказывается остановить работы, компания, занимающаяся поставками газа, должна уведомить в органы городского управления и жилищно-коммунального строительства.

（10）Если в результате строительных работ повреждены подземные газопроводы или другие газовые объекты, подрядчик должен немедленно уведомить компанию-поставщика гозопроводов, и оказать ей помощь в проведении аварийного ремонта; если причинен ущерб, должна быть произведена компенсация в соответствии с законом; если произошла авария, должна быть возложена соответствующая юридическая ответственность. Если компания-поставщик гозопроводов, не провела руководство на месте в соответствии с требованиями и это привело к повреждению подземных газопроводов или других газовых объектов, она должна нести ответственность за последствия.

3）Предотвращение и ликвидация аварий на газовых объектах

（1）Органы городского управления должны совместно с соответствующими ведомствами разработать план действий в чрезвычайных ситуациях при авариях на газовом хозяйстве, создать систему статистического анализа аварий на газовом хозяйстве и регулярно сообщать о результатах расследования аварий. Компания-поставщик газа, должны разработать план действий в чрезвычайных ситуациях при авариях на газовом хозяйстве, оснастить персонал для чрезвычайных ситуаций и необходимые средства и оборудование, а также регулярно проводить обучение и тренировки.

（2）Любые организации или лица, обнаружившие аварию на газовом хозяйстве или потенциальную угрозу аварии, должны немедленно уведомить компанию-поставщика газа, или сообщить в органы городского управления, органы управления коммунальными услугами, пожарные службы и другие соответствующие органы и организации.

（3）Компания-поставщик газа, должна немедленно организовать аварийный ремонт и ликвидацию последствий после получения сообщения о повреждении или утечке газовых объектов, за которые она отвечает. Органы полиции, пожарные службы и другие соответствующие органы и организации должны оказывать содействие. Компания-поставщик газа, имеет право

принимать необходимые экстренные меры в отношении деревьев, объектов садово-парковой инфраструктуры, объектов городской инфраструктуры и других объектов, которые препятствуют аварийному ремонту, и одновременно уведомлять соответствующие органы. Если причинен прямой материальный ущерб, должна быть произведена справедливая компенсация.

(4) После возникновения аварии на газовом хозяйстве компания-поставщик газа должна немедленно запустить план действий в чрезвычайных ситуациях при авариях на газовом хозяйстве, организовать спасательные работы и аварийный ремонт, а также в соответствии с национальными нормативными требованиями уведомить в органы городского управления, управления коммунальными услугами, управления чрезвычайными ситуациями, полицию, пожарные службы и другие соответствующие органы и организации. Соответствующие органы и организации должны в соответствии с планом действий в чрезвычайных ситуациях при авариях на газовом хозяйстве немедленно принять меры для предотвращения распространения аварии и выполнить работу по управлению и ликвидации чрезвычайных ситуаций на газовом хозяйстве.

(5) Расследование и обработка аварий на газовом хозяйстве осуществляются в соответствии с соответствующими законами и нормативными актами.

【Выполнение задачи】

Задачи выполняются в соответствии с заданием проекта и отчетом о выполнении заданий проекта, как показано в таблицах 9-2-1 и 9-2-2.

Табл. 9-2-1 Проектное задание

Наименование задачи	Управление безопасностью городского газа		
Члены группы			
Руководитель		Планируемое время	
Время выполнения		Место выполнения	
Содержание и цели задачи			
1. Понимание управления безопасностью городских газопроводных сетей; 2. Понимание управления безопасностью пользователей городского газа.			
Контрольные пункты	1. Управление безопасностью городских газопроводных сетей; 2. Управление безопасностью пользователей городского газа.		
Примечание			

Табл. 9-2-2 Отчет о выполнении задачи проекта

Наименование задачи	Управление безопасностью городского газа		
Члены группы			
Конкретное распределение задач			

<table>
<tr><td>Наименование задачи</td><td colspan="3">Управление безопасностью городского газа</td></tr>
<tr><td>Планируемое время</td><td></td><td>Фактическое время выполнения</td><td></td></tr>
<tr><td>Примечание</td><td colspan="3"></td></tr>
<tr><td colspan="4">1. Краткое описание содержания управления безопасностью городских газопроводных сетей.

2. Краткое описание правильного использования городского газа.

3. Краткое описание требований по предотвращению и обработке аварий на газовом хозяйстве.</td></tr>
</table>

【Оценка задачи】

Оценка задачи проводится согласно таблице комплексной оценки задачи проекта, см. таблицу 9-2-3.

Табл. 9-2-3 Таблица комплексной оценки задачи проекта

Наименование задачи: Дата оценки: год, месяц, день

<table>
<tr><td colspan="2" rowspan="4">Детали оценки</td><td rowspan="4">Стандартный балл</td><td colspan="9">Практический балл</td></tr>
<tr><td colspan="9">Члены группы</td></tr>
<tr><td colspan="3"></td><td colspan="3"></td><td colspan="3"></td></tr>
<tr><td>Самооценка группы</td><td>Взаимная оценка группы</td><td>Оценка преподавателя</td><td>Самооценка группы</td><td>Взаимная оценка группы</td><td>Оценка преподавателя</td><td>Самооценка группы</td><td>Взаимная оценка группы</td><td>Оценка преподавателя</td></tr>
<tr><td rowspan="4">Оценка группы (60 баллов)</td><td>Способность членов группы в целом понимать цели обучения и график</td><td>10</td><td></td><td></td><td></td><td></td><td></td><td></td><td></td><td></td><td></td></tr>
<tr><td>Четкое распределение задачи между членами группы</td><td>10</td><td></td><td></td><td></td><td></td><td></td><td></td><td></td><td></td><td></td></tr>
<tr><td>Наличие духа сотрудничества у членов группы</td><td>10</td><td></td><td></td><td></td><td></td><td></td><td></td><td></td><td></td><td></td></tr>
<tr><td>Наличие инновационных идей (методов) у членов группы</td><td>10</td><td></td><td></td><td></td><td></td><td></td><td></td><td></td><td></td><td></td></tr>
</table>

Детали оценки		Стандартный балл	Практический балл / Члены группы								
			Самооценка группы	Взаимная оценка группы	Оценка преподавателя	Самооценка группы	Взаимная оценка группы	Оценка преподавателя	Самооценка группы	Взаимная оценка группы	Оценка преподавателя
Оценка группы (60 баллов)	Достоверность заполнения отчета о выполнении задачи проекта членами группы	10									
	Наличие проблем и решений у членов группы	10									
Оценка личности (40 баллов)	Подчинение членов групповым решениям	10									
	Выполнение задач, назначенных группой	10									
	Своевременное общение и обмен информацией с членами группы	10									
	Способность серьезно описывать трудности, ошибки и изменения	10									
Итого		100									

【Закрепление знаний】

(1) Какие ключевые факторы необходимо регулярно контролировать, чтобы обеспечить нормальную работу и безопасность газопроводных сетей?

(2) Как жители-пользователи газа должны проверять и обслуживать газовое оборудование в своих домах, чтобы предотвратить потенциальные риски для безопасности?

(3) Какие экстренные меры следует предпринять для обеспечения общественной безопасности при обнаружении риска утечки в газопроводной сети?

(4) Как с помощью эффективного обучения и подготовки пользователей повысить осведомленность общественности о газовой безопасности и способность к экстренному реагированию?

Список литературы

[1] Дуань Чангуй. «Транспортировка и распределение газа Издание [M].5». Пекин: Издательство «Китайская архитектурная промышленность» , 2015.

[2] Чжан Инди, У Лицзюань, Чжан Жуй. «Газотранспортные техники и прикладные технологии [M]». Пекин: Издательство «Нефтяная промышленность» , 2016.

[3] Юй Юнчжан, Гао Цили , Фэн Синцюань , и др. «Оборудование и эксплуатация газовых заправочных станций для автомобилей». Пекин: Издательство «Китайская нефтехимическая промышленность» , 2006.

[4] Ма Лянтао. «Транспортировка и распределение газа» [M]. Пекин: издательство «Китайское издательство электроэнергетики» 2004.

[5] Министерство жилищного, городского и сельского строительства КНР. Правила проектирования систем газоснабжения городов и поселков (2020 года): GB 50028—2006[S]. Пекин: Издательство «Китайская архитектурная промышленность».2020.

[6] Министерство жилищного, городского и сельского строительства КНР. «Правила строительства и приемки качества работ по внутреннему газоснабжению города: CJJ 94—2009 [S]». Пекин: Издательство «Китайская архитектурная промышленность» , 2009.

[7] Министерство жилищного, городского и сельского строительства КНР. «Проект газовой инженерии: GB 55009-2021 [S]». Пекин: Издательство «Китайская архитектурная промышленность» , 2021.

[8] Министерство жилищного, городского и сельского строительства КНР. «Технические правила обнаружения утечек в городских газопроводных сетей: Cjj/T 215-2014 [S]». Пекин: Издательство «Китайская архитектурная промышленность», 2014.

[9] Министерство жилищного, городского и сельского строительства КНР. «Технический регламент по безопасности при эксплуатации, техническом обслуживании и аварийном ремонте газовых объектов в городах и поселках: CJJ 51—2016 [S]». Пекин: Издательство «Китайская архитектурная промышленность», 2016.

[10] Тяньцзиньский комитет по городскому и сельскому строительству и транспорту. «Стандарт управления эксплуатацией газовых объектов городов и поселков Тяньцзиня: DB/T 29—119—2011 [S]».2011.